高等学校教学用书

硅酸盐工业热工过程及设备

（第2版）

西安建筑科技大学　姜金宁　主编

北　京
冶金工业出版社
2025

图书在版编目(CIP)数据

硅酸盐工业热工过程及设备/姜金宁主编．—2 版．—北京：冶金工业出版社，2006. 8（2025. 1 重印）
高等学校教学用书
ISBN 978-7-5024-1419-1

Ⅰ. 硅…　Ⅱ. 姜…　Ⅲ. ①硅酸盐—热工学—高等学校—教材　②硅酸盐—化工设备—高等学校—教材　Ⅳ. TQ170. 1

中国版本图书馆 CIP 数据核字(2006)第 084940 号

硅酸盐工业热工过程及设备（第 2 版）

出版发行	冶金工业出版社	**电　　话**	(010)64027926
地　　址	北京市东城区嵩祝院北巷 39 号	**邮　　编**	100009
网　　址	www. mip1953. com	**电子信箱**	service@ mip1953. com

责任编辑　杨　敏　美术编辑　彭子赫　责任印制　窦　唯
北京印刷集团有限责任公司印刷
1984 年 6 月第 1 版，1994 年 6 月第 2 版，2025 年 1 月第 11 次印刷
787mm × 1092mm　1/16；23. 25 印张；1 插页；563 千字；364 页
定价 40. 00 元

投稿电话　(010)64027932　投稿信箱　tougao@cnmip. com. cn
营销中心电话　(010)64044283
冶金工业出版社天猫旗舰店　yjgycbs. tmall. com
（本书如有印装质量问题，本社营销中心负责退换）

第二版前言

《耐火材料工业热工过程及设备》自 1984 年 6 月出版以来，历经十年的教学实践，满足了教学需要，并受到了广大工程技术人员的欢迎。同时，使用者也对该教材提出了宝贵意见，在此表示谢意。

鉴于耐火材料专业改为无机非金属材料专业，原课程改为硅酸盐工业热工过程及设备。我们根据冶金部 1991～1995 年冶金、有色高等学校教材出版规划对原教材进行修订。本次修订的特点是为扩大专业面的需要，在热工过程基础理论方面增加流态化原理等内容，在热工设备方面较全面介绍耐火材料、水泥、玻璃等硅酸盐领域各类热工设备，其中以耐火材料工业用热工设备为重点。

本次修订版的绪论、第一章至第四章由西安建筑科技大学姜金宁编写；第五章、第九章由鞍山钢铁学院王晶编写；第六章由鞍山钢铁学院赵明昌编写；第七章、第八章由武汉钢铁学院程玉保编写。

参加本书审稿会的有咸阳轻工业学院高力明、西安高压电瓷研究所鲁一元和山东建材学院刘永杰等同志，在此向他们表示感谢。

由于编者水平有限，书中仍可能存在不少缺点和错误，恳请广大读者批评指正。

编者

1993.9

前　言

《耐火材料工业热工过程及设备》一书是根据冶金工业部1978年教材工作会议制订的耐火材料专业教学计划及教学大纲编写的。它着重阐述耐火材料生产热工设备的基本理论，主要包括气体运动、传热、传质及燃料燃烧等理论，并运用这些理论分析、研究各类设备的构造、热工特性、操作原理；供高等工科院校耐火材料专业教学使用，也可供工程技术人员参考。

本书由西安冶金建筑学院姜金宁任主编，气体力学部分由河北矿冶学院沈仰云编写；传热、传质原理及干燥过程、燃料燃烧及燃烧设备部分由姜金宁编写；耐火原料煅烧设备部分由鞍山钢铁学院霍纪稳、刘曼世编写；耐火制品烧成设备部分由武汉钢铁学院李楠编写。

本书于1980年完成初稿，并在有关院校进行了试用，根据试用意见，又作了部分修改，并经天津大学宋嵩副教授审阅。

由于编者水平有限，书中缺点和错误在所难免，希望读者批评指正。

编　者

1983年3月

目　录

绪　论

在硅酸盐工业中，各种产品都需要经过热的加工过程。如某些耐火原料需经煅烧成熟料才可进一步加工生产，配制的水泥生料也需经高温煅烧为水泥熟料。陶瓷、耐火材料坯体需经高温烧成才能达到所要求的物理、化学特性。为了便于生产过程的进行，某些原料（煤、结合粘土）在磨细之前需经干燥处理，坯体在入窑烧成之前为获得足够的强度也需进行干燥处理。玻璃和其它熔铸制品则分别需在特定的熔窑中熔融。在上述各种热加工过程中，物料将进行一系列物理的、化学的变化，并最终决定产品的质量。因此，热加工在各类硅酸盐产品生产中都是不可缺少的重要工序。同时，在热加工过程中要消耗大量的燃料，而且燃烧过程的排放物如烟尘、SO_2、NO_X 等是造成大气污染的重要方面之一。因此设计合理的热工设备（窑炉），组织好燃烧过程，是保证产品产量、质量，节约能源、降低成本、减少公害的重要方面。

在硅酸盐工业中，常用的热工设备包括有以下几个方面：原料煅烧设备，如竖窑、回转窑；制品烧成设备，如间歇式的倒焰窑、梭式窑和连续式的隧道窑；玻璃熔融设备，如池窑、坩埚窑；此外还有各种类型的原料、半成品干燥设备，如转筒干燥器、流态化烘干机、室式干燥器、隧道式干燥器、链式干燥器等。

我国在发展硅酸盐窑炉方面有着悠久的历史，从西安半坡遗址的发掘中，证明远在五千年前就出现了烧制陶瓷的升焰窑，之后又相继出现了利用山坡自然倾斜兴建的龙窑、阶级窑以及景德镇的蛋形窑。随着科学技术的进步，陶瓷、耐火材料及各类硅酸盐产品产量不断扩大，生产工艺不断翻新，对产品产量、质量、能耗及减少公害等方面都提出更高的要求，各种类型新型窑炉不断出现。

在陶瓷、耐火材料工业中，过去长期使用间歇式的倒焰窑，这种窑炉占地面积小、结构简单、投资少、烧成制度灵活，适用于中、小型工厂及小批量生产多品种制品，但这种窑炉由于间歇操作，砌筑体耗热大，烟气余热得不到利用，热效率低，并且装、出窑劳动强度大，所以随着生产发展多数中型以上工厂逐渐采用隧道窑代替传统的倒焰室。

隧道窑由于连续操作，烟气及制品的余热都可以较充分地被利用，热效率高，劳动条件好，在陶瓷、耐火材料领域内得到广泛的应用。隧道窑本身也在逐步发展、完善，逐步演变成适用于各种产品烧成需要、各具特色的窑炉。在耐火材料工业上，我国于1956年建造了第一条60m粘土砖隧道窑，之后又建起了高铝、硅砖、镁砖隧道窑，这些窑的特点是断面尺寸较大，在此基础上，我国开始自行设计适合于我国情况的小断面隧道窑，内宽2～2.2m，并在各耐火厂得到广泛使用。随着直接结合碱性砖等优质耐火材料的出现，要求高温烧成，这样又出现了烧成温度达1750℃以上，甚至达1900℃的超高温隧道窑。在结构上，国外又有断面较大、长度较短的顶燃式隧道窑。在陶瓷行业，在发展隧道窑的同时，用隧道窑的工作原理，结合焙烧制品的特点，发展了辊道窑、推板窑等各种类型的窑炉。

随着筑炉材料的更新，即新型隔热材料（泡沫氧化铝砖、氧化铝空气球砖、耐火纤维）的出现，燃烧装置中高速烧嘴的出现，以及微机控制技术的发展，在发展隧道窑的同时，新型间歇式窑炉在世界各地重新蓬勃发展起来。这主要是由于其灵活、易于调控，再有新型筑炉材料及高效能换热器的采用，使其热效率显著提高。采用高效率的间歇式窑可大大降低产品成本，同时还可根据市场需要随时改变产品结构。

在原料煅烧方面，广泛采用的是竖窑及回转窑，随着耐火原料二步煅烧技术的发展，在原料轻烧方面各种流态化技术得到广泛的应用，如沸腾轻烧、悬浮轻烧等。在原料死烧方面则出现了温度达1900～2000℃的高温竖窑与高温回转窑。

对于水泥熟料的煅烧多采用回转窑。为了利用回转窑烟气热量，提高窑炉热效率，增加水泥生料与气流之间的热交换面积，回转窑处于不断改进的过程中，曾出现了适用于半干法生产的带炉篦子加热机的回转窑，50年代出现了带悬浮预热器的回转窑，之后各种悬浮预热窑相继出现，并且日趋大型化。70年代初由于窑外分解技术的出现，许多种各具特点的带预分解炉的回转窑得到很快发展。

纵观硅酸盐工业窑炉的发展过程及其远景可以看出，窑炉的发展和生产工艺的改进是紧密相联的。要发展新型窑炉，必须具备有关工业窑炉的基础理论和现代的科学研究方法，必须掌握材料科学和现代控制的技术。

窑炉的先进性除表现在操作上广泛采用电子计算机技术，实现自动控制外，其本身的先进性应表现在结构的合理，燃料在窑炉内的充分燃烧，达到所要求的温度与气氛要求，最大限度地利用热能，尽可能地提高传热速率，尽量减少热量的损失，窑内气体运动合理，保证物料加热所需要的温度场与速度场。为能达到上述要求，必须掌握相关的热工理论，这些理论有如下几方面：气体力学，以研究窑炉内气体运动的规律，引导窑炉内气体运动的方法；传热学，以研究窑炉内热量交换规律，提高传热速率减少热量损失的途径；质量交换原理，以研究质量交换过程及其影响因素；燃烧理论，以了解各类燃料性质及燃烧机理，为合理组织燃烧打下基础。所有这些基本理论都是研究各类窑炉所不可缺少的。本课程在学习热工过程基础理论的基础上，将介绍各种类型热工设备的工作原理、热工特性等内容，其中包括燃烧设备、干燥设备、热交换设备、原料煅烧设备、制品烧成设备和熔融设备。

必须指出，硅酸盐工业是一个广泛的领域，涉及的热工设备相当多，要想在有限学时内完全掌握各类热工设备是不可能的。本教材以耐火材料工业用热工设备作为重点，详细介绍各设备的结构、工作原理、热工特性、设计计算等内容；并对陶瓷、水泥、玻璃工业用热工设备作一般性介绍。

各类硅酸盐热工设备都是在共同的热工过程基础理论指导下研究与设计的，相互之间都具有有机地联系，广泛地了解各行业热工设备对学好耐火材料热工设备是会有启发的，而认真学习耐火材料热工设备再去掌握其它行业热工设备也是比较方便的。

综上所述，硅酸盐工业热工过程及设备是无机非金属材料专业的一门重要课程，它所提供的有关气体运动、热量、质量交换的基本理论，不仅在热工设备上广泛应用，同时对于本专业所涉及的工程与材料学的研究都是不可缺少的。

本课程学习是建立在“流体力学、风机与泵”课程基础之上的，凡用到流体力学方面知识则只给出公式结果，不再推导。同时为学好本课程应具有高等数学、工程数学知识及计算机技术。

本课程教学时数为100学时，在学习本教材的基础上，还应通过生产实习、课程设计等教学环节来加深对教学内容的进一步理解。

第一章　气体力学

在硅酸盐工业中大多数窑炉是以燃料燃烧所产生的热烟气做为载热介质的，为此气体的输送、气体在窑炉空间的运动、废气的排出等对窑炉操作都是很重要的。

有关气体运动的基本理论是研究窑炉中热量传递、质量交换、燃料燃烧过程的理论基础。为了更好地掌握有关窑炉热工的基本理论，设计较为完善的窑炉，正确掌握窑炉操作，都应该有气体力学方面的知识。

气体和液体一样，都具有流动性，它们同属于流体。流体力学基本定律在气体力学研究中仍然是适用的，但是气体（特别是热的气体）和液体之间还存在着一定的差别，它们各自具有本身的特性。只有了解了气体的特性，才能把流体力学的知识准确地应用于窑炉系统的气体力学研究中。

第一节　气体的主要特征

一、理想气体状态方程

对于理想气体，温度、压强、体积之间的关系可以用理想气体状态方程式表示

$$pV = nRT \tag{1-1}$$

式中　p——气体的压强[1]，N/m^2；

V——气体的体积，m^3；

n——气体的摩尔数，kmol；

R——气体常数，8314J/kmol·K；

T——气体的热力学温度，K。

由于

$$n = \frac{m}{M}$$

式中　m——气体的质量，kg；

M——气体的分子量，kg/kmol。

公式（1-1）又可写成

$$pV = \frac{m}{M}RT$$

当气体质量 m 为 1kg，理想气体温度、压强、比容或密度之间关系可表示为

[1] 压强在工程上习惯于称为压力。在国际单位制中，压强以牛顿/米^2（N/m^2）表示，称为帕（Pa）。在窑炉系统中，压强多以毫米水柱（mmH_2O）表示，它们之间的关系为

$$1Pa = 0.102mmH_2O 柱$$
$$1mmH_2O 柱 = 9.807Pa$$

当气体压强较大时，可以用大气压表示其压强

$$1 标准大气压（atm）= 101325Pa = 101kPa = 760mmHg 柱 = 10.33mH_2O 柱$$
$$1 工程大气压（at）= 98070Pa = 98kPa = 735.6mmHg 柱 = 10mH_2O 柱$$

压强有绝对压强与相对压强之分，理想气体状态方程中应采用绝对压强。

$$pv=\frac{R}{M}T \tag{1-2}$$

$$\frac{p}{\rho}=\frac{R}{M}T \tag{1-3}$$

式中 v——气体的比容，m^3/kg；

ρ——气体的密度，kg/m^3。

有时也将公式（1-2）及（1-3）表示为 $pv=R'T$ 及 $\frac{p}{\rho}=R'T$，此时的气体常数 R' 将因气体分子量不同而不同，$R'=\frac{8314}{M}$，单位为 J/kg·K。

应当指出，理想气体是一种假想气体，它的分子不占容积，同时分子之间又没有吸引力。一般在工程上常用的气体，如氧、氮、氢、一氧化碳、水蒸气、以及这些气体所组成的空气和烟气，当其压强不太大（与大气压比较）和温度不太低（与室温比较）的情况下，其性质基本符合上述假定。在工程应用所要求的精确度内，可以当作理想气体处理，不会产生太大误差。

在恒温条件下，气体比容和密度随压强变化关系可由公式（1-2）和（1-3）得出

当
$$T=常数, pv=常数, \frac{p}{\rho}=常数$$

由此得
$$\frac{p_1}{p_2}=\frac{v_2}{v_1} \tag{1-4}$$

及
$$\frac{p_1}{p_2}=\frac{\rho_1}{\rho_2} \tag{1-5}$$

式中 p_1、p_2——气体的压强，Pa；

v_1、v_2——相应压强下气体的比容，m^3/kg；

ρ_1、ρ_2——相应压强下气体的密度，kg/m^3。

由公式（1-4）及（1-5）可以看出，随着气体压强的增加，气体体积减小，密度增加，气体被压缩。

但是在多数工业窑炉内，气体压强变化并不大，不会引起气体体积和密度的显著变化，所以仍然可以视为不可压缩流体来处理。但是，在气体流动过程中，若压强差较大、流速较高、气体温度和密度均有显著变化，此时就必须考虑气体的压缩性。例如高压气体经雾化器和喷射器的流动，即属于可压缩气体流动。

在恒压条件下，气体比容和密度随温度变化关系仍可由公式（1-2）和（1-3）得出

当
$$p=常数, \frac{v}{T}=常数, \rho T=常数$$

由此得
$$\frac{v_t}{v_0}=\frac{T_t}{T_0}$$

即
$$v_t=v_0\frac{T_t}{T_0} \tag{1-6}$$

$$V_t=V_0\frac{T_t}{T_0} \tag{1-7}$$

及
$$\frac{\rho_t}{\rho_0}=\frac{T_0}{T_t}$$

即 $$\rho_t=\rho_0\frac{T_0}{T_t} \tag{1-8}$$

式中 v_0、v_t——标准状态下（273.15K 和 1 标准大气压）和温度为 T_t（273+t℃）时气体的比容，m^3/kg；

T_0、T_t——标准状态下和 t℃时气体的热力学温度，K；

V_0、V_t——标准状态下和 T_t 时气体的体积，m^3；

ρ_0、ρ_t——标准状态下和 T_t 时气体的密度，kg/m^3。

由公式（1-6）至（1-8）可以看出，气体的比容或体积与温度成正比，随着温度的升高气体比容或体积增加，而气体密度相应降低。

例题 1 将 1000m^3 0℃的空气送入加热器中加热，当空气在标准状态下的密度（以下简称标态密度）为 1.293kg/m^3 时，求将空气加热至 250℃时气体的体积和密度。

解 根据公式（1-7）

$$V_t=V_0\frac{T_t}{T_0}=1000\times\frac{523}{273}=1916 \quad m^3$$

根据公式（1-8）

$$\rho_t=\rho_0\frac{T_0}{T_t}=1.293\times\frac{273}{523}=0.67 \quad kg/m^3$$

由此例题可以看出，空气经过加热后，体积明显增加，而其密度则显著下降，因此，在窑炉的热工计算中，不能忽略气体体积、密度随温度的变化。由于在一般资料中所提供的经常是标准状态下的数据，在进行热工计算时，当其压强接近于标准大气压时，必须根据气体所处温度进行换算。

二、气体粘度与温度之间的关系

粘性流体流动所产生的内摩擦力可由牛顿粘性定律确定

$$\tau=\mu\frac{du}{dy} \quad N/m^2 \tag{1-9}$$

式中 τ——剪应力，N/m^2；

$\frac{du}{dy}$——速度梯度，1/s；

μ——粘度，也称动力粘度系数，$\frac{N}{m^2}\cdot s$ 即 $Pa\cdot s$。

在流体力学计算中，也经常用 $\nu=\frac{\mu}{\rho}$，m^2/s，ν 称为运动粘度系数。

液体与气体粘度随温度变化的规律不同，液体粘度随温度的升高而减小，而气体粘度随温度升高而增大。所以产生这种差别，是由于流体的粘性一方面由分子间的吸引力引起，另一方面是分子间不规则热运动进行动量交换的结果。温度升高时，分子间距离增大，分子间吸引力降低，使流体粘性减小；另一方面，分子热运动更为剧烈，动量交换的增加又使流体粘性增大。对于液体的粘性而言，分子间的吸引力是主要的决定因素，温度升高，分子间吸引力减小，粘性降低。气体则不然，气体分子间距离比液体分子间距离大，因此分子间吸引力并非主要因素，而动量交换则起决定的作用，所以随着温度升高，分子热运动加剧，促使气体粘性增大。

气体粘度与温度之间的关系可表示为

$$\mu_t = \mu_0 \left(\frac{273 + C}{T + C} \right) \left(\frac{T}{273} \right)^{3/2} \quad \text{Pa} \cdot \text{s} \tag{1-10}$$

式中　μ_t——在 t℃时气体的粘度，Pa·s；

μ_0——在 0℃时气体的粘度，Pa·s；

T——气体的温度，K；

C——与气体性质有关的常数。

各种气体的 μ_0 和 C 值列于表 1-1。

表 1-1　各种气体的 μ_0 和 C 值

气　　体	$\mu_0 \times 10^7$ (Pa·s)	C (K)	C 值适用的温度范围 (℃)
空　　气	1.71	114	0～300
N_2	1.66	118	50～100
O_2	1.87	138	17～186
CO_2	1.37	239.7	−21～302
CO	1.66	118	15～100
H_2	0.84	71.7	−21～302
CH_4	1.20	198	17～100
C_2H_4	0.96	225.9	−21～302
NH_3	0.96	377	15～184
SO_2	1.17	416	18～100
H_2O	0.82	673	—
发生炉煤气	～1.45	～150	—
燃烧产物	～1.47	～170	—

三、气体所受的浮力

在以往的液体计算中，极少考虑大气浮力的影响，而对窑炉中所存在的热气体进行计算时，这种忽略将会造成严重的错误。例如对于 1m³ 的水，其质量为 1000kg，在重力场作用下其重力约为 9810N，在 20℃大气中所受浮力约为 11.76N，只占重力的 0.12%，所以忽略浮力的影响在工程上是允许的。而对于 1m³ 密度为 0.5kg/m³ 的热烟气，其在重力场作用下所受重力仅为 4.9N，浮力仍为 11.76N。由此可见，在对热气体进行计算时必须考虑大气浮力的影响。

第二节　气体力学基本定律

流体力学基本定律在流体力学课程中已做了详尽的叙述。为保持本课程的系统性，本节将对各主要定律的应用条件、公式形式及物理意义做一些必要的重复，而重点是这些基本定律的具体应用。

一、静力学基本方程式

对于重力场作用下的静止流体，将欧拉平衡微分方程式在密度不变的情况下进行积分求解，则可得到静力学基本方程式

$$p + \rho g z = 常数 \tag{1-11}$$

式中　p——流体压强，Pa 在流体力学中，系指流体所具有的静压强；

z——压强为 p 的流体至基准面的距离，m；

ρ——流体的密度，kg/m^3。

对处于平衡状态流体内的 1、2 两点，如图 1-1，可列出静力学基本方程式为

$$p_1 + \rho g z_1 = p_2 + \rho g z_2 \tag{1-12}$$

式中　p_1、p_2——1、2 两点流体压强，Pa；

z_1、z_2——1、2 两点距基准面的距离，m。

为了应用方便，有时将公式（1-12）写成

$$p_1 = p_2 + \rho g(z_2 - z_1) = p_2 - \rho g H \quad \text{Pa} \tag{1-13}$$

式中　H——1、2 两点间的垂直距离，m。

由公式（1-13）可以看出，对于温度均匀（密度不变）的静止流体，压强分布关系是：下部流体所受压强较上部流体为大，二者差值为 ρgH，也就是说和它们所处的高度有关。

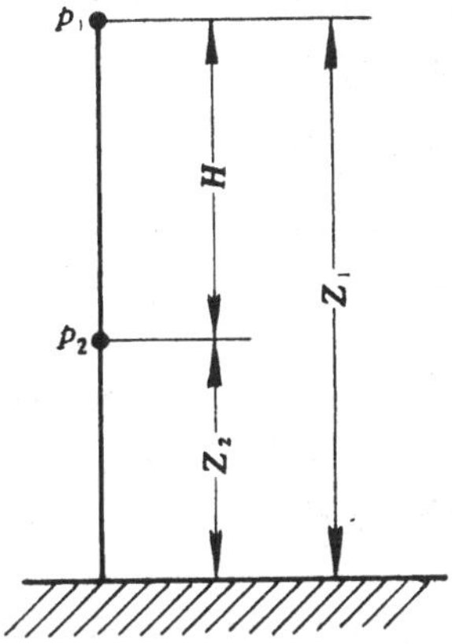

图 1-1　静止气体的压强分布

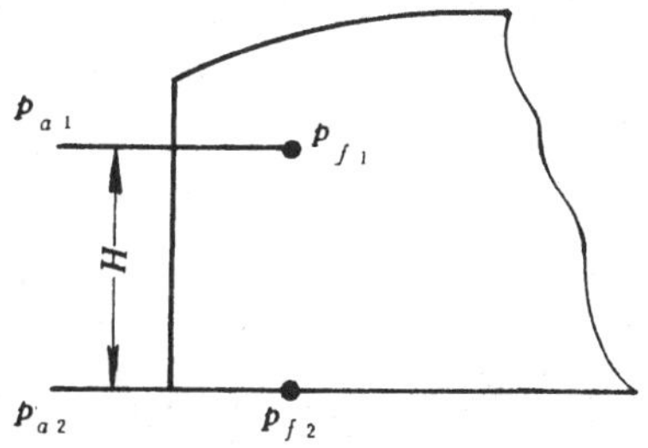

图 1-2　例题 2 附图

例题 2　如图 1-2 所示的窑炉，内部充满热烟气，温度为 1000℃，烟气标态密度 $\rho_{f,0}$ 为 1.30kg/m^3。窑外空气温度为 20℃，空气标态密度 $\rho_{a,0}$ 为 1.293kg/m^3。在窑底处内、外压强相等，均为 1atm（101325Pa）。求距离窑底 0.7m 处窑内、外气体压强各为多少？其相对压强为多少？

解　根据公式（1-8）$\rho_T = \rho_0 \dfrac{T_0}{T_t}$对密度进行换算

$$\rho_a = 1.293 \times \frac{273}{293} = 1.21\text{kg/m}^3$$

$$\rho_f = 1.30 \times \frac{273}{1273} = 0.28\text{kg/m}^3$$

根据公式（1-13）

$$p_{a_1} = p_{a_2} - \rho_a g H = 101325 - 1.21 \times 9.81 \times 0.7 = 101317\text{Pa}$$

$$p_{f_1} = p_{f_2} - \rho_f g H = 101325 - 0.28 \times 9.81 \times 0.7 = 101323\text{Pa}$$

相对压强是指设备中的绝对压强与同高度大气绝对压强的差值。则

窑底平面相对压强为 $p_{f_2} - p_{a_2} = 0$，称为零压。

距窑底 0.7m 处相对压强 $p_{f_1} - p_{a_1} = 101323 - 101317 = 6\text{Pa}$

相当于　$6\times0.102=0.61mmH_2O$。

由上述例题可以看出，对于任何一种温度均匀的气体，上部压强恒小于下部压强。但对于不同的气体，由于密度不同，在同一高度上产生压强变化的数值不同。当底部压强相同（此例中底部相对压强为零，习惯上称为零压面）时，由于热气体密度较小，沿高度压强变化较冷气体小，所以同一高度上热气体的压强较冷气体压强为大，即相对压强为正值称为正压。若将二者连通，热气体将在此压强差推动下漏出。

二、连续性方程式

连续性方程式可以表示为：当流体在管道内作稳定流动时，通过管道任一截面的质量流量都相等。它是质量守恒定律在流体力学中的具体应用。

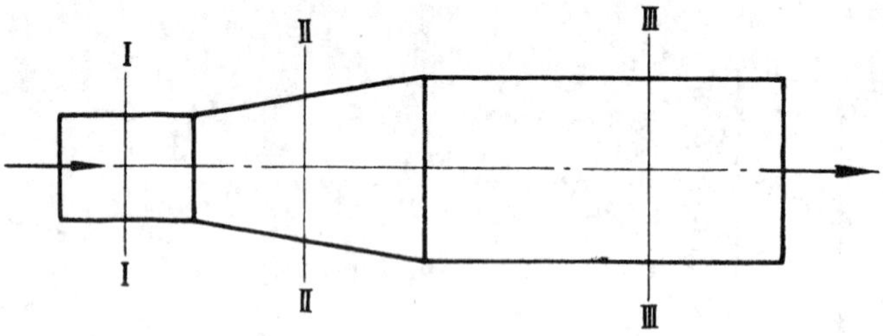

图 1-3　流体在管道中的流动

根据流体在管道中的流动（见图 1-3），可以写出如下关系式

$$q_{m_1}=q_{m_2}=q_{m_3}=\text{常数}$$

即
$$f_1u_1\rho_1=f_2u_2\rho_2=f_3u_3\rho_3=\text{常数} \tag{1-14}$$

式中　q_{m_1}、q_{m_2}、q_{m_3}——分别表示单位时间内流过Ⅰ—Ⅰ、Ⅱ—Ⅱ、Ⅲ—Ⅲ截面流体的质量流量，kg/s；

f_1、f_2、f_3——各截面面积，m^2；

u_1、u_2、u_3——流体通过各截面的平均流速，m/s；

ρ_1、ρ_2、ρ_3——各截面的流体密度，kg/m^3。

对于不可压缩气体，其密度不发生变化，则上式可写成

$$f_1u_1=f_2u_2=f_3u_3=q_V=\text{常数} \tag{1-15a}$$

式中　q_V——气体的体积流量，m^3/s。

该式说明，不可压缩气体在管道内作稳定流动时，通过管道任一截面的体积流量相等。

此外，公式（1-15）还可以写成如下形式

$$\frac{u_1}{u_2}=\frac{f_2}{f_1} \tag{1-15b}$$

该式说明气体流速与截面面积成反比。

三、柏努利方程式

柏努利方程式是能量守恒定律在流体力学中的具体应用。是理想流体欧拉运动微分方程的一个解。由于理想流体运动微分方程是一个普遍形式，因此在积分过程中，对不同情况应规定不同的单值条件。当理想流体的微小流束作稳定流动，且其质量力只有重力的情

况下，欧拉运动微分方程式可表示为

$$\mathrm{d}p + \rho g \mathrm{d}z + \rho \mathrm{d}\left(\frac{u^2}{2}\right) = 0 \tag{1-16}$$

公式（1-16）为柏努利方程式的微分形式，根据密度 ρ 是否为常数，积分上式即可得不可压缩流体的柏努利方程式和可压缩流体的柏努利方程式。本节仅介绍不可压缩流体的柏努利方程式，而可压缩流体的柏努利方程式将在后面讲述。

对于不可压缩的理想流体，ρ=常数，公式（1-16）可写成

$$\mathrm{d}\left(p + \rho g z + \frac{\rho u^2}{2}\right) = 0$$

积分得

$$p + \rho g z + \frac{\rho u^2}{2} = \text{常数} \tag{1-17}$$

式中 p——单位体积流体所具有的压力能，在数值上等于流体静压强。通常称之为静压头，J/m^3 或 Pa；

$\rho g z$——单位体积流体所具有的位能，通常称之为几何压头，J/m^3 或 Pa；

$\frac{\rho u^2}{2}$——单位体积流体所具有的动能，通常称之为动压头，J/m^3 或 Pa。

对于同一流线上的 1、2 两点，柏努利方程式可表示为

$$p_1 + \rho g z_1 + \frac{\rho u_1^2}{2} = p_2 + \rho g z_2 + \frac{\rho u_2^2}{2} \tag{1-18}$$

实际流体具有粘性，它在流动过程中因摩擦和冲击而消耗部分能量，此时列柏努利方程式必须考虑能量的损失。

$$p_1 + \rho g z_1 + \frac{\rho u_1^2}{2} = p_2 + \rho g z_2 + \frac{\rho u_2^2}{2} + h_{l_{1\text{-}2}} \tag{1-19}$$

式中 h_l——单位体积流体在流动过程中的能量损失，通常称之为压头损失，J/m^3 或 Pa。

上述柏努利方程式只适用于流体微小流束，但在工程上所要研究的是运动参数在有限截面的管路上的变化，因此必须研究适用于总流的柏努利方程式。对于均匀流断面，在该断面上各流线的 $p+\rho g z$=常数，即任取截面某点处的压强 p 和高度 z，所得几何压头与静压头之和就代表了整个截面的平均值，但由平均流速计算的动压头与各流线动压头的平均值并不相等，为此，应引入修正系数 a

$$\overline{\frac{\rho u^2}{2}} = a\frac{\rho \bar{u}^2}{2}$$

式中 $\overline{\frac{\rho u^2}{2}}$——流体流经某截面的平均动压头，$J/m^3$；

$\bar{u}$——流体流经某截面的平均流速，m/s；

a——修正系数，圆管层流时：$a=2$；

圆管湍流时：$a=1.03\sim1.1$。

则实际流体由 Ⅰ—Ⅰ 截面流至 Ⅱ—Ⅱ 截面时总流的柏努利方程式为

$$p_1 + \rho g z_1 + a_1\overline{\frac{\rho u_1^2}{2}} = p_2 + \rho g z_2 + a_2\overline{\frac{\rho u_2^2}{2}} + h_{l_{1\text{-}2}} \tag{1-20}$$

在工程计算中，气体在管内流动多属湍流，a 值近似为 1，通常柏努利方程式仍写成（1-19）的形式，而其速度 u 应理解为平均速度。

实际流体总流的柏努利方程式在窑炉系统的气体力学计算中应用很广，为了正确地应用它，根据推导过程，将应用条件及使用注意事项简要归纳如下：

(1) 流体的运动为稳定流动，质量力仅为重力且密度为常数。

(2) 总流的柏努利方程式是建立在流线间夹角很小、曲率半径较大的渐变流或均匀流断面的基础上的，因此，在应用总流柏努利方程式时，所选截面应满足上述要求。但也不是说整个流动过程都必须满足上述要求，例如在流动过程中发生方向的突然改变，只要这个变化离开所选定截面有一定距离，以致不影响该两截面的渐变流或均匀流性质，柏努利方程式仍可应用。

(3) 流体运动沿程流量不变。对于有分支流（或汇流）的情况，如图 1-4，可按总能量的守恒与转化规律列柏努利方程。即当 $q_{V1}=q_{V2}+q_{V3}$时，三个截面间的能量方程应为

$$q_{V_1}\left(p_1+\rho g z_1+\frac{\rho u_1^2}{2}\right)=q_{V_2}\left(p_2+\rho g z_2+\frac{\rho u_2^2}{2}+h_{l_{1-2}}\right)$$
$$+q_{V_3}\left(p_3+\rho g z_3+\frac{\rho u_3^2}{2}+h_{l_{1-3}}\right)$$

式中 q_{V_1}、q_{V_2}、q_{V_3}——分别表示流经Ⅰ—Ⅰ、Ⅱ—Ⅱ、Ⅲ—Ⅲ截面流体的体积流量，m^3/s。

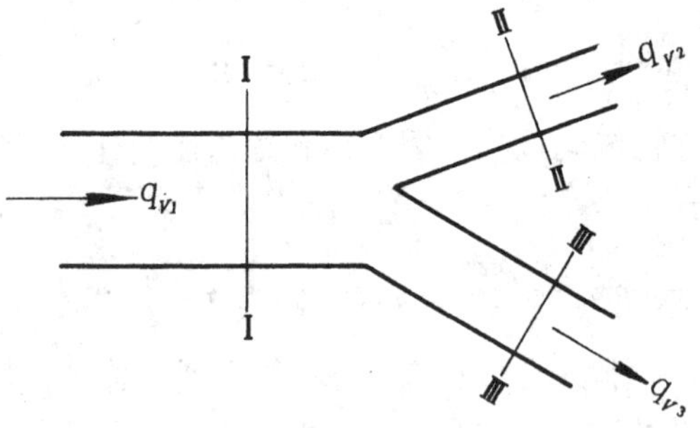

图 1-4 分支流

(4) 在所讨论的两截面间必须没有能量的输入或输出。

(5) 式中 z 为至基准面的高度，对于密度大于周围介质的流体，基准面一般习惯于取在下面；压强 p 应取绝对压强；速度 u 取所选截面的平均流速；压头损失一项应列在流体流动的下游的截面。

例题 3 风机吸入口直径为 200mm，用图示压力计测得水柱高度为 40mm，空气密度为 $1.2kg/m^3$，不计气体流动过程的能量损失，求风机的风量？

解 选取如图所示的Ⅰ—Ⅰ及Ⅱ—Ⅱ截面，列出Ⅰ、Ⅱ两截面的柏努利方程式

$$p_1+\rho g z_1+\frac{\rho u_1^2}{2}=p_2+\rho g z_2+\frac{\rho u_2^2}{2}+h_{l_{1-2}}$$

由于Ⅰ、Ⅱ截面处于同一高度，至任何基准面的距离都相等，即

$$z_1=z_2;$$

风机吸入口外空气视为静止，$u_1=0$；

不计压头损失，$h_{l_{1-2}}=0$；

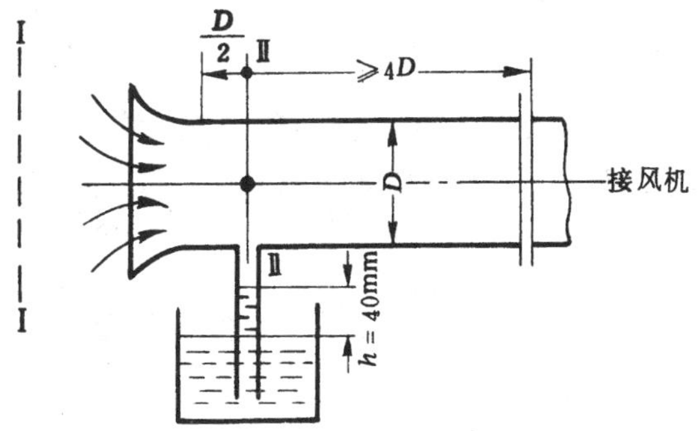

图 1-5 例题 3 附图

则上式可简化为

$$p_1 = p_2 + \frac{\rho u_2^2}{2}$$

因为 p_1 为大气压强，$p_2 = p_1 - 40 \times 9.81 = p_1 - 392.4$，

所以 $$p_1 = p_1 - 392.4 + \frac{1.2u_2^2}{2}$$

$$u_2 = \sqrt{\frac{392.4 \times 2}{1.2}} = 25.6\text{m/s}$$

流量 $q_V = uF = 25.6 \times \frac{\pi}{4} \times 0.2^2 = 0.804\text{m}^3/\text{s}$。

四、两气体柏努利方程式

窑炉系统中充满了热气体，周围为冷空气，二者又相互连通，冷空气对热气体所产生的浮力必然影响窑炉内气体的运动，为此需推导出适合于冷热两种气体同时存在，而又反映它们之间相互作用的柏努利方程式，该方程式简称为两气体柏努利方程式。

1. 两气体柏努利方程式的推导

在如图 1-6 的容器中充满热气体，其密度为 ρ_h，周围为冷空气，密度为 ρ_a。p_{h_1}、p_{h_2} 及 p_{a_1}、p_{a_2} 分别表示容器内、外气体在Ⅰ、Ⅱ截面处的绝对压强。u_1、u_2 分别为热气体在Ⅰ、Ⅱ截面处的平均流速。z_1、z_2 分别表示Ⅰ、Ⅱ两截面至基准面的距离。

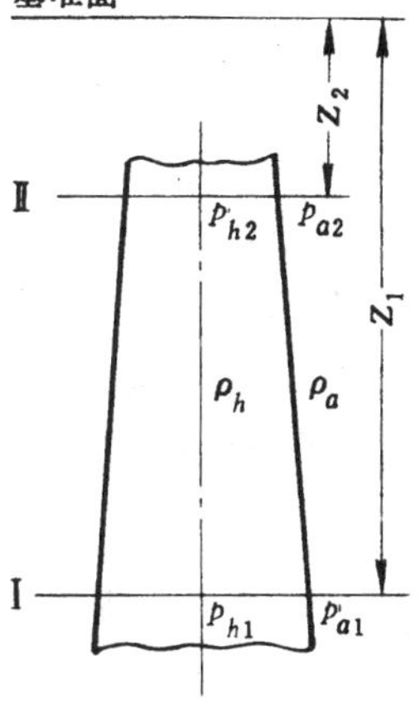

图 1-6 两气体柏努利方程式的推导

对容器内的热气体，列出Ⅰ、Ⅱ两截面的柏努利方程式

$$p_{h_1} + \rho_h g z_1 + \frac{\rho_h u_1^2}{2} = p_{h_2} + \rho g z_2 + \frac{\rho_h u_2^2}{2} + h_{l_{1-2}} \quad (1)$$

对容器外的冷空气，同样列出柏努利方程式。因将容器外的冷空气视为静止状态，$u=0$，所以

$$p_{a_1} + \rho_a g z_1 = p_{a_2} + \rho_a g z_2 \quad (2)$$

式（1）减式（2）得

$$(p_{h_1} - p_{a_1}) + gz_1(\rho_h - \rho_a) + \frac{\rho_h u_1^2}{2} = (p_{h_2} - p_{a_2}) + gz_2(\rho_h - \rho_a) + \frac{\rho_h u_2^2}{2} + h_{l_{1\text{-}2}} \quad (3)$$

容器中为热气体，$\rho_h<\rho_a$，$(\rho_h-\rho_a)$ 总是负值，为了计算方便，可将基准面选在上面。根据一般坐标法则，从基准面向下量取时 z 应取负值，得 $-gz(\rho_h-\rho_a)$，即 $gz(\rho_a-\rho_h)$。式（3）可进一步表示为

$$(p_{h_1} - p_{a_1}) + gz_1(\rho_a - \rho_h) + \frac{\rho_h u_1^2}{2} = (p_{h_2} - p_{a_2}) + gz_2(\rho_a - \rho_h) + \frac{\rho_h u_2^2}{2} + h_{l_{1\text{-}2}} \tag{1-21}$$

公式（1-21）即为适用于两气体的柏努利方程式，该式用符号表示为

$$h_{s_1} + h_{g_1} + h_{k_1} = h_{s_2} + h_{g_2} + h_{k_2} + h_{l_{1\text{-}2}} \tag{1-22}$$

当容器内气体处于静止状态时，$u=0$，公式（1-21）可写成

$$(p_{h_1} - p_{a_1}) + gz_1(\rho_a - \rho_h) = (p_{h_2} - p_{a_2}) + gz_2(\rho_a - \rho_h) \tag{1-23}$$

或

$$h_{s_1} + h_{g_1} = h_{s_2} + h_{g_2} \tag{1-24}$$

公式（1-23）和（1-24）是柏努利方程式在速度等于零时的一个特例，它是适用于两种气体的静力学方程式。

2. 压头概念

如同前述的柏努利方程式一样，公式（1-22）和公式（1-24）中的每一项都具有能量的意义。所不同的是这两个公式中，各项都表示了容器内单位体积气体所具有的能量与外界单位体积空气所具有的能量之差，即具有相对的意义，称之为相对压头，一般简称为压头，以 h 表示，单位仍为 J/m^3 或 Pa。

（1）相对静压头 h_s　相对静压头 h_s 为单位体积气体所具有的相对压力能。h_s 在数值上等于容器内、外同一高度上气体的压强差，也就是气体的表压力值。

$$h_s = p_h - p_a, \qquad J/m^3 \text{ 或 Pa}$$

倒置容器充满热气体时，相对静压头沿高度的分布规律可由研究两气体静力学方程式得出。如图 1-7 所示，容器高为 H，内部充满温度均匀的静止热气体，密度 ρ_h；周围冷空气，密度 ρ_a，容器底部与大气相通，相对静压头为零。列底部（0—0 面）及顶部（Ⅰ—Ⅰ面）的两气体静力学方程式

$$h_{s_0} + h_{g_0} = h_{s_1} + h_{g_1}$$

取Ⅰ—Ⅰ面为基准面，$h_{g_1}=0$，又已知 $h_{s_0}=0$

则

$$h_{s_1} = h_{g_0} = Hg(\rho_a - \rho_h)$$

当底部相对静压头为零时，由于 $\rho_a>\rho_h$ 且 H 为正值，所以，沿容器高度相对静压头为正值（习惯上称为正压），如图 1-7*a*。

应当强调指出：

1）此处所讨论的为相对静压头（相对压强）沿高度分布，如若讨论两种气体绝对压强分布规律，其上部压强仍小于下部压强。

2）此结论也可用例题 2 来说明，二者是一致的。

3）此处所讨论的是底部相对静压头为零的情况（零压面在底部），如果容器中部或顶

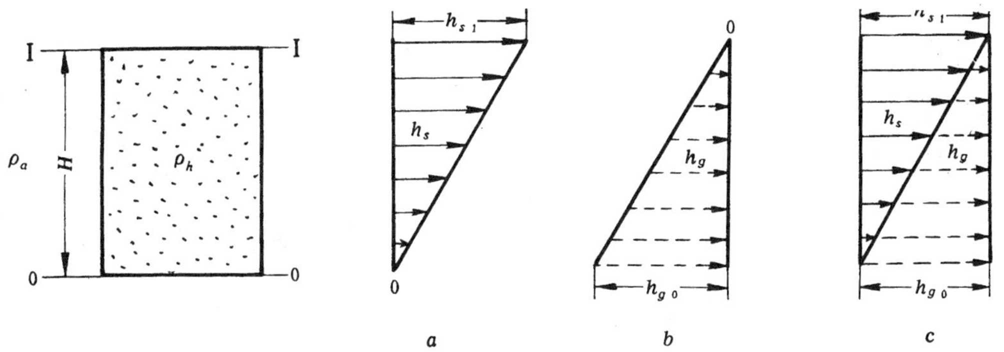

图 1-7　倒置容器中的静压头、几何压头分布及相互关系

部相对静压头为零时，相对静压头的分布规律也可由两气体静力学方程式得出。

（2）相对几何压头 h_g 相对几何压头 h_g 为单位体积气体所具有的相对位能

$$h_g = Hg(\rho_a - \rho_h) \qquad \text{J/m}^3 \text{ 或 Pa}$$

由于热气体密度小于周围介质的密度，根据阿基米德原理可知，它所受的浮力大于自身的重力，这种温度较高、密度较小的气体，具有自动向上运动的趋势。因此，几何压头可理解为气体所具有的上升做功的能力。欲使其向下运动，就需外力克服浮力而做功。

既然几何压头是气体所具有的相对位能，其大小必然和所选基准面位置有关。由于热气体具有向上运动的趋势，为了计算方便，一般将基准面取在容器上部，这样在基准面上，气体几何压头为零，而离基准面愈远，其几何压头值就愈大，其分布情况如图 1-7*b*。此外，几何压头数值还和密度差（$\rho_a-\rho_h$）有关，容器内温度愈高，ρ_h 愈小，外界空气温度愈低，ρ_a 愈大，则气体所具有的几何压头就愈大。

（3）动压头 h_k　动压头 h_k 为单位体积气体所具有的动能

$$h_k = \frac{\rho_h u^2}{2} \qquad \text{J/m}^3 \text{ 或 Pa}$$

它也和上述两项一样，仍具有相对的意义，只不过是将外界空气速度视为零而已。

（4）压头损失 h_l　压头损失 h_l 为单位体积气体流动时的能量损失。其中包括有摩擦阻力损失、局部阻力损失和一些其它阻力损失，将于下一节详述。

3. 压头转换

柏努利方程式是能量守恒定律在流体力学中的具体体现，该式不仅有能量守恒的含义，而且也表明各种能量之间可以相互转换。

（1）静压头和几何压头间的转换，仍以充满静止气体的倒置容器为例，如图 1-7。列 0—0 和 I — I 截面的静力学方程式

$$h_{s_0} + h_{g_0} = h_{s_1} + h_{g_1}$$

选取 I — I 为基准面，$h_{g_1}=0$。容器倒置，底部与大气相通，$h_{s_0}=0$，

则上式可以写成　　　　$h_{g_0} = h_{s_1}$

可以看出，在所研究的两个截面总压头相等，而且任何截面所具有的总压头也相等，并

且压头之间可以相互转换。对于倒置容器，底部和大气相通，静压头为零，此时具有最大几何压头；而顶部的几何压头为零，静压头变为最大。从图 1-7*c* 中就可以清楚地看出静压头和几何压头的相互转换关系。

（2）动压头和静压头间的转换　气体沿截面逐渐收缩的水平管道流动，如图 1-8 所示。

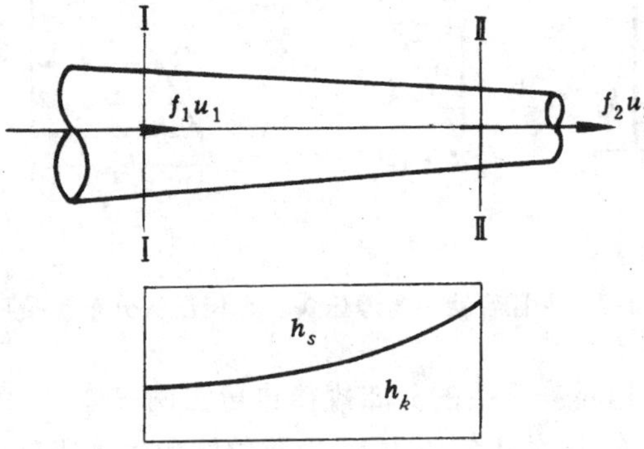

图 1-8　静压头与动压头相互转换

列Ⅰ—Ⅰ、Ⅱ—Ⅱ两截面的柏努利方程式

$$h_{s_1}+h_{g_1}+h_{k_1}=h_{s_2}+h_{g_2}+h_{k_2}+h_{l_{1\text{-}2}}$$

由于两个截面的中心线位于同一水平面上，它们至任意基准面的距离都相等，所以 $h_{g_1}=h_{g_2}$。同时，假定气体在流动过程中的压头损失可以忽略不计，$h_{l_{1\text{-}2}}=0$，

则上式可写成 $$h_{s_1}+h_{k_1}=h_{s_2}+h_{k_2}$$

或 $$h_{s_1}+\frac{\rho u_1^2}{2}=h_{s_2}+\frac{\rho u_2^2}{2}$$

根据连续性方程式 $$f_1u_1=f_2u_2$$

当 $f_1>f_2, u_1<u_2$， $$\frac{\rho u_1^2}{2}<\frac{\rho u_2^2}{2}$$

则 $$h_{s_1}>h_{s_2}$$

即气体在逐渐收缩的管道中流动，部分静压头转变为动压头。其转换关系如图 1-8 所示。

（3）各压头间的相互转换　热气体在垂直管道中运动，当其运动方向不同时（由上向下或由下向上），由于几何压头所起的作用不同，致使压头间的相互转换关系也不同。

当热气体由上向下运动时，如图 1-9*a*。列出气体在管道内由Ⅱ—Ⅱ截面向Ⅰ—Ⅰ截面流动的柏努利方程式

$$h_{s_2}+h_{g_2}+h_{k_2}=h_{s_1}+h_{g_1}+h_{k_1}+h_{l_{2\text{-}1}}$$

由于管道截面未发生变化，所以动压头不变，$h_{k_1}=h_{k_2}$

又因基准面取在Ⅱ—Ⅱ面上，$h_{g_2}=0$

所以 $$h_{s_2}=h_{s_1}+h_{g_1}+h_{l_{2\text{-}1}}$$

或 $$h_{s_1}=h_{s_2}-h_{g_1}-h_{l_{2\text{-}1}}$$

由上式可以看出，当热气体由上向下运动时，动压头转变为压头损失，而部分静压头

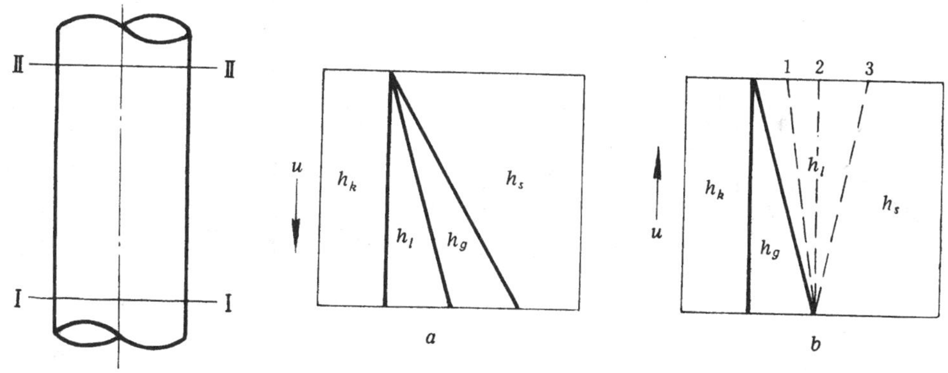

图 1-9　热气体在垂直管道中运动时压头间的相互转换

a—由上向下运动；*b*—由下向上运动

转变为动压头，使动压头保持不变。同时部分静压头又转变为几何压头，最终使Ⅰ—Ⅰ面静压头减少。由此可知，因热气体在浮力作用下具有上升的趋势，所以欲使其向下运动，除克服阻力外，还必须克服其本身的浮力。即在这种情况下，几何压头也可以看成为一种阻力损失。

当热气体由下向上运动时，如图 1-9*b*。列出气体由Ⅰ—Ⅰ截面流向Ⅱ—Ⅱ截面的柏努利方程式

$$h_{s_1} + h_{g_1} + h_{k_1} = h_{s_2} + h_{g_2} + h_{k_2} + h_{l_{1\text{-}2}}$$

同理　$h_{k_1} = h_{k_2}, h_{g_2} = 0,$

所以　$h_{s_1} + h_{g_1} = h_{s_2} + h_{l_{1\text{-}2}}$

当　$h_{g_1} = h_{l_{1\text{-}2}}, h_{s_1} = h_{s_2}$ 如图 1-9*b* 之 2；

当　$h_{g_1} > h_{l_{1\text{-}2}}, h_{s_2} > h_{s_1}$ 如图 1-9*b* 之 1；

当　$h_{g_1} < h_{l_{1\text{-}2}}, h_{s_2} < h_{s_1}$ 如图 1-9*b* 之 3。

可以看出，当热气体由下向上运动时，热气体所具有的几何压头能够用于克服阻力，对气体运动起推动作用。

由上述各例可以看出，气体各种压头之间的相互转换关系。但应注意，只有动压头才能转变为压头损失，而且是不可逆的。动压头的损失则可由其它压头来补充，因此它们之间的转换可概括为

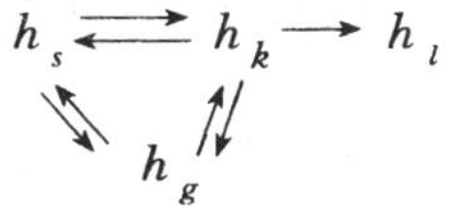

例题 4　如图 1-10 所示倒焰窑，高 3.2m，窑内烟气温度为 1200℃，烟气标态密度 $\rho_{f,0}$ 为 1.30kg/m³，外界空气温度为 20℃，空气标态密度 $\rho_{a,0}$ 为 1.293kg/m³，当窑底平面的静压头为 0Pa、－17Pa、－30Pa 时，不计流体流动阻力损失，求在三种情况下，窑顶以下空间静压头、几何压头分布情况。

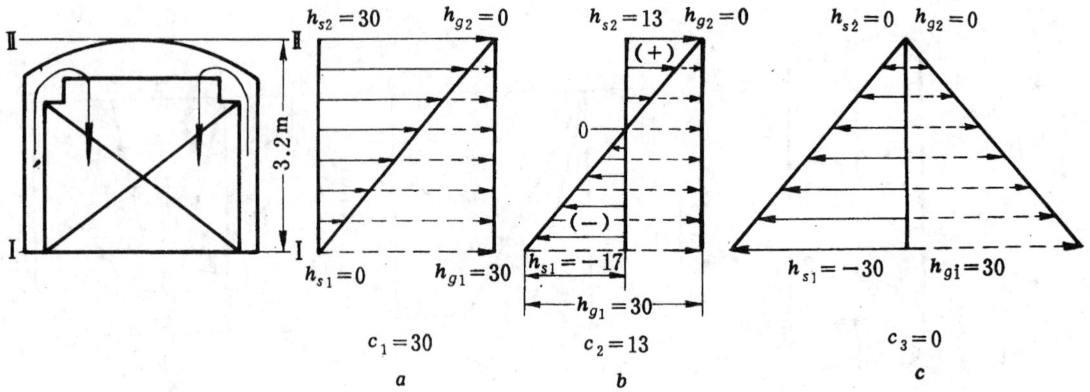

图 1-10 例题 4 附图

解 根据题意分析，由于窑炉空间气体流速不大，且由窑顶至窑底流速变化也不大，又不计阻力损失，因此可近似采用两气体静力学方程式进行计算及分析，其步骤为：

首先选择截面，所选截面应当是包含已知量最多，并包含所求未知量的截面。本题选窑底Ⅰ—Ⅰ和窑顶Ⅱ—Ⅱ两截面。

选取基准面，本题研究窑炉中热气体，基准面选择在窑顶Ⅱ—Ⅱ截面上。

列出静力学方程式

$$h_{s_1}+h_{g_1}=h_{s_2}+h_{g_2}$$

由于基准面取在Ⅱ—Ⅱ截面上，则 $h_{g_2}=0$

上式可简化为 $h_{s_1}+h_{g_1}=h_{s_2}$

代入具体公式进行计算 $h_{g_1}=Hg\ (\rho_a-\rho_f)$

$$\rho_a=\rho_{a,0}\frac{T_0}{T}=1.293\frac{273}{293}=1.20\text{kg/m}^3$$

$$\rho_f=\rho_{f,0}\frac{T_0}{T}=1.30\frac{273}{1473}=0.24\text{kg/m}^3$$

$$h_{g_1}=3.2\times9.81\times(1.20-0.24)=30\text{Pa}$$

当 $h_{s_1}=0$ $h_{s_2}=h_{g_1}=30\text{Pa}$

当 $h_{s_1}=-17$ $h_{s_2}=-17+30=13\text{Pa}$

当 $h_{s_1}=-30$ $h_{s_2}=-30+30=0\text{Pa}$

在第一种情况下，窑炉空间内的静压头、几何压头分布如图 1-10*a*，其能量总和为

$$h_s+h_g=c_1=30\text{Pa}$$

在第二种情况下，窑炉空间内的静压头、几何压头分布如图 1-10*b*，其能量总和为

$$h_s+h_g=c_2=13\text{Pa}$$

在第三种情况下，窑炉空间内的静压头、几何压头分布如图 1-10*c*，其能量总和为

$$h_s+h_g=c_3=0$$

讨论

(1) 沿窑炉高度静压头、几何压头相互转变，但在每一种情况下各截面的能量总和 c 不

变。

（2）当窑底为零压时，全窑为正压，而且距窑底愈高，正压愈大；当窑炉空间某处为零压时，上部为正压，下部为负压，当窑炉顶部为零压时，全窑为负压。

例题 5 热气体沿竖直管道流动，如图 1-11，其密度 ρ_h 为 0.75kg/m³，外界空气密度为 1.2kg/m³，Ⅰ—Ⅰ 面动压头为 12Pa，Ⅱ—Ⅱ 面动压头为 30Pa，沿程压头损失为 15Pa，测得Ⅰ—Ⅰ面相对静压头为 200Pa，求气体由上而下运动和气体由下而上运动时Ⅱ—Ⅱ面的相对静压头为若干？绘出两种情况下的能量分布图，并说明在此两种情况下的能量转换关系。

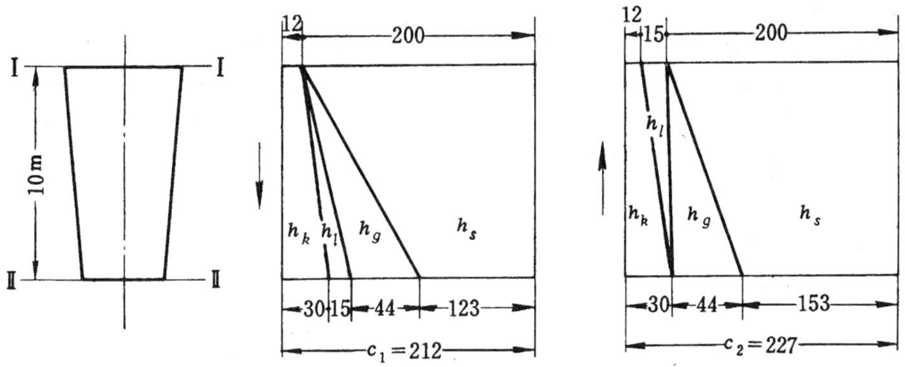

a *b*

图 1-11 例题 5 附图

解 气体由上向下流动

有 $$h_{s_1}+h_{g_1}+h_{k_1}=h_{s_2}+h_{g_2}+h_{k_2}+h_{l_{1\text{-}2}}$$

选 Ⅰ—Ⅰ 为基准面， $$h_{g_1}=0$$

则 $$h_{s_1}-h_{s_2}=h_{g_2}+(h_{k_2}-h_{k_1})+h_{l_{1\text{-}2}}$$

即 $$200-h_{s_2}=10g(1.2-0.75)+(30-12)+15$$

$$200-h_{s_2}=44+18+15$$

$$h_{s_2}=123\text{Pa}$$

其能量转换关系为 $h_s\to h_k\to h_l$，$h_s\searrow h_g$，并示意于图 1-11*a*。

气体由下向上流动

有 $$h_{s_2}+h_{g_2}+h_{k_2}=h_{s_1}+h_{g_1}+h_{k_1}+h_{l_{2\text{-}1}}$$

选 Ⅰ—Ⅰ 为基准面， $$h_{g_1}=0$$

则 $$h_{s_2}+h_{g_2}+h_{k_2}=h_{s_1}+h_{k_1}+h_{l_{2\text{-}1}}$$

$$h_{s_1}-h_{s_2}=h_{g_2}+(h_{k_2}-h_{k_1})-h_{l_{2\text{-}1}}$$

$$200-h_{s_2}=44+18-15$$

$$h_{s_2}=153\text{Pa}$$

其能量转换关系为 $\begin{matrix} h_k \rightarrow h_l \\ \quad\searrow \\ h_g \rightarrow h_s \end{matrix}$，并示意于图 1-11$b$。

第三节　气体运动过程的阻力损失

气体在运动过程所产生的能量损失，可以是由于气体沿固体壁面运动而引起的摩擦阻力，也可以是气体运动时遇到局部障碍，气流方向和速度突变引起的局部阻力。除上述两种阻力外，在窑炉中还会有一些特殊的阻力，如气体通过制品堆垛的阻力；通过燃烧室、散料层的阻力；气体通过换热器管束的阻力等，而这些阻力实质上是上述两种基本阻力的综合。

一、摩擦阻力

气体在管道内流动，由于管壁的摩擦作用以及因此而造成的气体内部的摩擦作用，形成了管道对气体的摩擦阻力。气体在管道内运动，则必须克服该阻力而消耗能量。

摩擦阻力 h_{lm} 的计算公式

$$h_{lm} = \lambda \frac{l}{d} \cdot \frac{\rho u^2}{2} \quad \text{Pa} \tag{1-25}$$

式中　λ——摩擦阻力系数；

l——管道长度，m；对于非圆形管道取当量直径 d_e；

$\frac{\rho u^2}{2}$——气体动压头，Pa。

气体在直管内做层流流动，其摩擦阻力系数可由理论分析求得

$$\lambda = \frac{64}{Re} \tag{1-26a}$$

在湍流流动情况下，摩擦阻力系数 λ 不仅与 Re 有关，同时还与管壁粗糙程度有关。对于 Re 的不同范围可由摩擦系数曲线图查得，也可采用如下公式计算

$$\lambda = \frac{A}{Re^n} \tag{1-26b}$$

光滑的金属管道　$A=0.32$，$n=0.25$；

表面粗糙的金属管道　$A=0.129$，$n=0.12$；

砖砌管道　$A=0.175$，$n=0.12$。

在一般的工程计算时，λ 值可近似选取。

光滑的金属管道　$\lambda=0.02\sim0.025$；

氧化的金属管道　$\lambda=0.035\sim0.04$；

砖砌管道　$\lambda=0.05\sim0.06$。

二、局部阻力

当气体通道发生局部变形，如扩张、收缩、拐弯、通道设闸板等障碍物时，气流速度与方向均发生变化，气体质点与质点间，质点与管壁间发生碰撞，造成了局部的能量损失

局部阻力 h_{lj} 的计算公式

$$h_{lj} = K \frac{\rho u^2}{2} \quad \text{Pa} \tag{1-27}$$

式中　K——局部阻力系数。

K 值主要取决于局部阻力性质（如局部障碍物的形状、尺寸等），各种情况下的 K 值可查阅有关手册。

三、气体通过散料层的阻力

块状或粒状固体物料堆积所组成的物料层叫做散料层。例如燃烧室、煤气发生炉的煤层，竖窑中物料与燃料堆积的料层都属于散料层。

在散料层中，料块形状、尺寸各不相同，大小颗粒互相掺杂，所形成的孔隙小且形状不规则，气体通过时其流速、方向都要发生变化，因此气体通过散料层的能量损失难于计算。

在进行散料层阻力计算时，可以把气体在散料层中的流动，看成在若干不规则的孔隙通道中的流动，仍采用计算摩擦阻力的基本公式，但气体通过孔隙通道的流速和孔隙的当量直径难于确定，为此还需结合散料层的特点进行变换。

1. 固体颗粒的有关参数

（1）平均直径 d_m　在散料层中，固体颗粒的大小不可能均匀，因此在定量研究固体颗粒特征时，就要采用平均粒径的概念。

采用筛分法求平均粒径 d_m 时应用如下公式

$$d_m = \frac{1}{\sum_{i=1}^{n} \frac{x_i}{d_i}} \quad \text{m} \tag{1-28}$$

式中　d_i——某两筛孔的平均直径，m；

x_i——该平均直径的颗粒质量占总颗粒质量的分数，也称质量分率。

（2）物料堆积孔隙率 ε　固体物料堆积时，其孔隙体积与堆积总体积之比，称物料堆积孔隙率。

$$\varepsilon = \frac{V_0}{V} = \frac{V - V_s}{V} \tag{1-29}$$

式中　V_0——颗粒堆积孔隙体积，m^3；

V_s——固体颗粒的真实体积，m^3；

V——颗粒堆积的总体积，m^3。

（3）球形度 ϕ　颗粒状物料多呈不规则的复杂形状。设某一颗粒，它与直径为 d 的球具有相同的体积，就用球体直径表示非球形颗粒直径。此时，颗粒表面积与等体积球的表面积不同，它们的差别用球形度 ϕ 表示。

$$\phi = \left(\frac{\text{球体表面积}}{\text{颗粒表面积}}\right)_{\text{二者体积相等}} \tag{1-30}$$

当颗粒为球形时，$\phi=1$；颗粒为任何其它复杂形状时，则 $0<\phi<1$。各种不同颗粒的球形度数据可由有关手册查出。

（4）比表面积 a　对于单一颗粒的比表面积 a' 可表示为

$$a' = \frac{\text{颗粒表面积}}{\text{颗粒体积}} = \frac{\pi d^2/\phi}{\pi d^3/6} = \frac{6}{\phi d} \tag{1-31}$$

对于料层，比表面积 a 可表示为

$$a = \frac{\text{料层颗粒总表面积}}{\text{料层体积}}$$

料层颗粒数目为 n，则其总表面积为：$n\dfrac{\pi d_m^2}{\phi}$

因为　　颗粒总体积 = 料层体积 − 孔隙总体积

即
$$n\frac{\pi d_m^3}{6}=V-V\varepsilon=V(1-\varepsilon)$$

$$V=\frac{n\frac{\pi d_m^3}{6}}{1-\varepsilon}$$

所以
$$a=\frac{6(1-\varepsilon)}{\phi d_m} \tag{1-32}$$

(5) 料层孔隙当量直径 d_e　按当量直径的定义 $d_e=\frac{4\times 通道截面积}{通道浸润周边}$。如图 1-12 所示，料层高为 H，料层孔隙通道截面积为 f，长度为 l，$l=kH$，长度系数 $k>1$，孔隙通道周边长为 s。

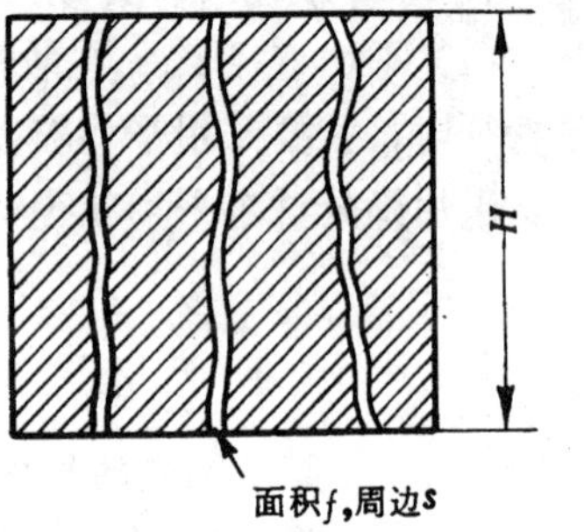

图 1-12　料层孔隙当量直径的推导

则有
$$d_e=\frac{4\sum_{i=1}^{n}f_i}{\sum_{i=1}^{n}s_i}$$

对上式分子、分母同乘以通道长度 l，则

$$d_e=\frac{4\sum_{i=1}^{n}f_il_i}{\sum_{i=1}^{n}s_il_i}$$

式中　$\sum_{i=1}^{n}f_il_i=V\varepsilon$，料层孔隙的体积；

$\sum_{i=1}^{n}s_il_i=Va$，料层孔隙的表面积。

则
$$d_e=\frac{4V\varepsilon}{Va}=4\frac{\varepsilon}{a}$$

将料层比表面积公式（1-32）代入上式，即得料层当量直径的计算公式

$$d_e=\frac{2}{3}\frac{\varepsilon}{1-\varepsilon}\phi d_m \tag{1-33}$$

2. 料层阻力损失的计算公式

计算气体通过散料层流动阻力损失 h_{ls} 的基本公式为

$$h_{ls}=\lambda_0\frac{H}{d_e}\frac{\rho u_0^2}{2}\quad \text{Pa} \tag{1-34}$$

式中　λ_0——气体通过孔隙通道流动的阻力系数；

H——料层高度，m；

d_e——孔隙当量直径，m；

u_0——气体通过孔隙流动的流速，m/s。

当气体通过料层流动时，在孔隙中的流速是难于确定的。为此需把气体在孔隙中的流动速度换算成空窑速度。所谓空窑速度是指通过料层的气体流量 V 除以窑的横截面积 F 所得之值，也称假想速度。

$$u=\frac{V}{F}\ \text{或}\ V=uF \tag{1}$$

$$u_0 = \frac{V}{F_0} \quad F_0 \text{为孔隙截面积} \tag{2}$$

$$F_0 = F\varepsilon \tag{3}$$

将式（1）及式（3）代入式（2）可得

$$u_0 = \frac{u}{\varepsilon} \tag{1-35}$$

公式（1-35）就是以空窑速度表示的通过孔隙的气体流速。

公式(1-34)的阻力系数 $$\lambda_0 = \frac{c}{Re_0^n} \tag{1}$$

式中 Re_0——孔隙中气流的雷诺数，$Re_0 = \dfrac{u_0 \cdot d_e}{\nu}$ (2)

所以 $$\lambda_0 = \frac{c}{\left(\dfrac{u_0 \cdot d_e}{\nu}\right)^n} \tag{3}$$

将公式（1-33）和公式（1-35）代入式（3）并经整理得

$$\lambda_0 = \frac{c}{\left(\dfrac{2}{3} \cdot \dfrac{\phi}{1-\varepsilon} \cdot \dfrac{u \cdot d_m}{\nu}\right)^n} \tag{4}$$

因 c 和 n 为常数，而 $\dfrac{\phi}{1-\varepsilon}$ 的值接近于 1，故式（4）可写成

$$\lambda_0 = \frac{c'}{\dfrac{2}{3} \cdot \dfrac{\phi}{1-\varepsilon}\left(\dfrac{ud_m}{\nu}\right)^n} = \frac{c'}{\dfrac{2}{3} \cdot \dfrac{\phi}{1-\varepsilon}(Re^*)^n} \tag{5}$$

式（5）中的 $Re^* = \dfrac{u \cdot d_m}{\nu}$，$Re^*$ 为以空窑速度、颗粒平均直径表示的雷诺数，称为修正的雷诺数。

若令 $\lambda^* = \dfrac{c'}{(Re^*)^n}$，$\lambda^*$ 称为修正的阻力系数，则式（5）可表示成

$$\lambda_0 = \lambda^* \cdot \frac{3}{2} \cdot \frac{1-\varepsilon}{\phi} \tag{1-36}$$

将空窑速度公式（1-35）、孔隙当量直径公式（1-33）和气体通过孔隙流动的阻力系数公式（1-36）同时代入公式（1-34），经整理可得气体通过散料层的阻力计算公式

$$h_{ls} = \lambda^* \cdot \frac{3}{2} \cdot \frac{(1-\varepsilon)}{\phi} \cdot \frac{H}{\dfrac{2}{3} \cdot \dfrac{\varepsilon}{1-\varepsilon} \cdot \phi \cdot d_m} \cdot \frac{\rho \dfrac{u^2}{\varepsilon^2}}{2}$$

即 $$h_{ls} = \lambda^* \cdot \frac{9}{4} \cdot \frac{(1-\varepsilon)^2}{\varepsilon^3 \cdot \phi^2} \cdot \frac{H}{d_m} \cdot \frac{\rho u^2}{2} \quad \text{Pa} \tag{1-37}$$

式中 H——料层高度，m；

d_m——颗粒平均直径，m；

u——空窑速度，m/s

ε——物料堆积孔隙率；

ϕ——球形度；

λ^*——修正的阻力系数。

$$Re^* < 30, \lambda^* = \frac{220}{Re^*}, \text{层流区；}$$

$$30 < Re^* < 700, \lambda^* = \frac{28}{(Re^*)^{0.4}}, \text{过渡区；}$$

$$700 < Re^* < 7000, \lambda^* = \frac{7.04}{(Re^*)^{0.2}}, \text{湍流区；}$$

$$Re^* > 7000, \lambda^* = 1.26, \text{湍流区。}$$

由公式（1-37）可以看出：料层高度愈高，阻力损失愈大；料块尺寸加大，阻力损失减少；气流速度增加，阻力损失增加；气流温度增高，实际流速增加，阻力损失也随之增加；此外，料块形状 ϕ 及堆积时所形成的孔隙率 ε 都影响料层的阻力。

3. 计算料层阻力的半经验公式——欧根公式

$$\Delta P = \left[150 \frac{(1-\varepsilon)^2}{\varepsilon^3} \frac{\mu \cdot u}{(\phi d_m)^2} + 1.75 \frac{1-\varepsilon}{\varepsilon^3} \frac{\rho u^2}{\phi d_m}\right] H \quad \text{Pa} \tag{1-38}$$

式中　ΔP——气体通过料层的压力降落，Pa。

可以看出，公式（1-38）是由两部分组成的：公式前半部分表示粘性阻力损失，在低雷诺数情况下，即 $Re^* < 20$，它占主导，则公式（1-38）可简化为：

$$\Delta P = 150 \frac{(1-\varepsilon)^2}{\varepsilon^3} \frac{\mu u}{(\phi d_m)^2} H \quad \text{Pa}$$

公式后半部分表示动能阻力损失，在高雷诺数情况下，即 $Re^* > 1000$，它占主导，则公式（1-38）可简化为：

$$\Delta P = 1.75 \frac{1-\varepsilon}{\varepsilon^3} \frac{\rho u^2}{\phi d_m} H \quad \text{Pa}$$

如雷诺数在中间范围，则公式中的两项均须计入。

四、气体通过管束的阻力

当气流通过一组与其前进方向垂直的管束，亦即气体横向通过管束时，其阻力大小与管束的排数、排列方式、雷诺数等因素有关。

管束的排列方式有顺排式及叉排式两大类，如图 1-13。

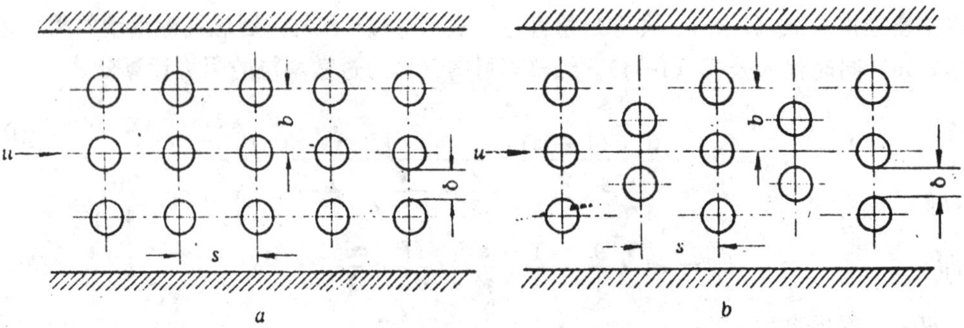

图 1-13　管束在通道内的排列

a—顺排式管束；b—叉排式管束

气体横向通过管束阻力损失 h_{lg}，根据实验可按下式计算

$$h_{lg} = K_g \frac{\rho u^2}{2} \quad \text{Pa} \tag{1-39}$$

式中　u——气体在管束通道内的流速，m/s；

k_g——整个管束的阻力系数。

对于顺排式的管束，当 $Re \geqslant 5\times10^4$ 时

$$k_g = n\frac{s}{b}\alpha + \beta \tag{1-40}$$

式中　n——沿气流方向的管子排数；

s——沿气流方向的管子中心距，m；

α、β——实验常数，$\alpha=0.028\left(\frac{b}{\delta}\right)^2$，$\beta=\left(\frac{b}{\delta}-1\right)^2$。

当 $Re<5\times10^4$ 时，则将阻力系数乘以如下的修正系数 ϕ

Re	4000	6000	10000	30000
ϕ	1.70	1.55	1.37	1.08

对于错排式的管束，当 $Re \geqslant 5\times10^4$ 时，管束的阻力系数 k'_g 为

$$k'_g = (0.8 \sim 0.9)k_g \tag{1-41}$$

当 $Re<5\times10^4$ 时，其修正系数 ϕ' 为

Re	4000	6000	10000	30000
ϕ'	1.40	1.32	1.22	1.05

气体通过管束的阻力，除用上述公式计算外，在工程设计中多采用图表进行计算，可参考有关资料。

五、制品堆垛阻力 h_{ld}

在窑炉中，制品堆垛情况复杂，其阻力难于从理论上进行计算，通常采用经验数据，即制品堆垛阻力约为 1.0Pa/m。

第四节　气体的流出

当窑炉系统的两侧存在压强差时，炉内气体就会通过小孔和炉门从压强高的一侧向压强低的一侧流动。炉内为正压时气体会漏出，炉内为负压时外界空气会被吸入。研究气体通过小孔的流动，可以进一步了解柏努利方程式的应用，同时气体通过小孔流动的计算可以确定流出（漏入）的气体量。此外，气体通过管嘴流动的计算，也是烧嘴设计与计算不可缺少的。

一、不可压缩气体通过孔口、管嘴流出

当气体由一个较大空间突然经过一个较小孔口向外逸出，如图 1-14a，由于惯性的作用，气流流股会发生收缩，也就是由小孔流出的流股会自动地形成一个最小截面 f_2，这种现象称为缩流，气流最小截面 f_2 与小孔截面 f 之比值称为缩流系数 ε。

$$\varepsilon = \frac{f_2}{f} \text{ 或 } f_2 = \varepsilon f \tag{1-42}$$

为了研究气体通过小孔流出的流速和流量，必须列出柏努利方程式。在所研究的系统内取两个截面，Ⅰ—Ⅰ面取在窑内，Ⅱ—Ⅱ面取在气流最小截面处。因为是水平流动，两截面的几何压头没有变化，又假定气体流动时没有阻力损失，则

$$p_1 + \frac{\rho u_1^2}{2} = p_2 + \frac{\rho u_2^2}{2}$$

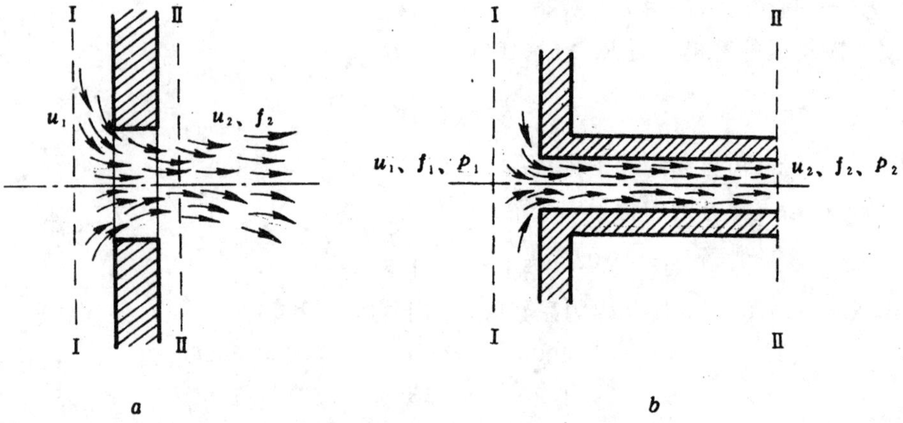

图 1-14 气体通过孔口、管嘴流动

a—薄墙小孔；b—管嘴

式中 p_1、p_2——分别表示Ⅰ、Ⅱ截面的压强，Pa；

u_1、u_2——分别表示Ⅰ、Ⅱ截面的气体流速，m/s；

ρ——窑内气体密度，kg/m³。

因为 $f_1 \gg f_2$，$u_1 \ll u_2$，窑内气体流速 u_1 可忽略不计，且 p_2 为大气压强，即 $p_2 = p_0$，p_0 表示大气压强。则上式可写成

$$p_1 - p_0 = \frac{\rho u_2^2}{2}$$

$$u_2 = \sqrt{\frac{2(p_1 - p_0)}{\rho}} \quad \text{m/s} \tag{1}$$

如考虑气体流动的能量损失，实际流速 u' 应按式（1）乘以速度系数 ϕ

$$u_2' = \phi\sqrt{\frac{2(p_1 - p_0)}{\rho}} \quad \text{m/s} \tag{2}$$

此时通过小孔的气体流量 V 为

$$V = f_2 u_2' = f_2 \phi \sqrt{\frac{2(p_1 - p_0)}{\rho}} \tag{3}$$

将 $f_2 = \varepsilon f$ 代入式（3）可得

$$V = \varepsilon \phi f \sqrt{\frac{2(p_1 - p_0)}{\rho}} \tag{4}$$

令 $\mu = \varepsilon\phi$，μ 称为流量系数，则

$$V = \mu f \sqrt{\frac{2(p_1 - p_0)}{\rho}} \quad \text{m}^3/\text{s} \tag{1-43}$$

（$p_1 - p_0$）为距窑底高为 H 处的内、外静压强之差，若窑底处相对静压强为零，且忽略沿窑高度动压头变化时，则有

$$p_1 - p_0 = gH(\rho_a - \rho)$$

表 1-2　气体通过孔嘴时的系数

孔嘴类型	示意图	ε	φ	μ
薄壁孔口（圆型或正方形）	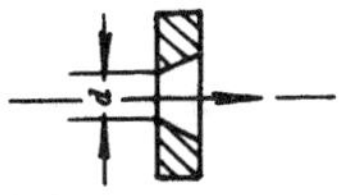	0.64	0.97	0.62
厚壁孔口（圆型或正方形）	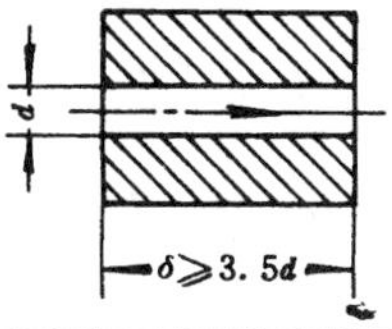	1	0.82	0.82
棱角圆柱形外管嘴	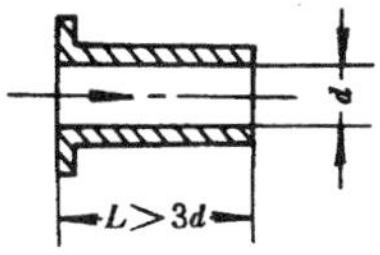	0.82	1	0.82
圆角圆柱形外管嘴	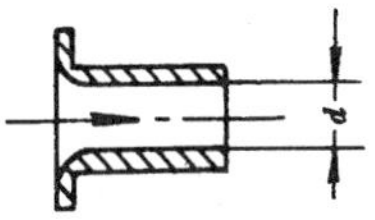	1	0.9	0.9
棱角圆柱形内管嘴	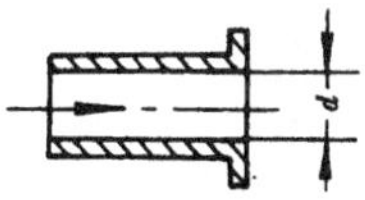	1	0.71	0.71
流线圆柱形管嘴	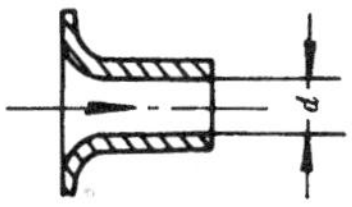	1	0.97	0.97
圆锥形收缩管嘴	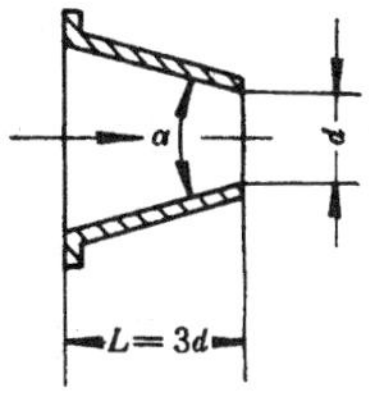 $\alpha=13°$ $\alpha=30°$ $\alpha=45°$ $\alpha=90°$	0.98 0.92 0.87 —	0.96 0.975 0.98 —	0.945 0.896 0.85 0.75
圆锥形扩散管嘴	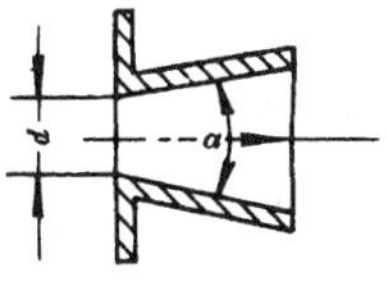 $\alpha=8°$ $\alpha=45°$ $\alpha=90°$	1 1 1	0.98 0.55 0.58	0.98 0.55 0.58

代入公式（1-43）得

$$V = \mu f \sqrt{\frac{2gH(\rho_a - \rho)}{\rho}} \quad \mathrm{m^3/s} \tag{1-44}$$

公式（1-43）和公式（1-44）对薄墙小孔及管嘴均适用，其中 μ、ϕ、ε 值可由表 1-2 查得。

这里所说的厚墙和薄墙，是按气流最小截面的位置来区分的。气流最小截面在小孔外，则该墙称为薄墙；若气流最小截面在小孔内，则该墙称为厚墙。经验证明，厚墙的条件是

$$l \geqslant (3.5 \sim 4)d$$

式中　d——小孔当量直径，m；

　　l——窑墙厚度，m。

二、炉门溢气

炉门开启后会有热气体由炉内逸出，炉门溢气量的计算原理和气体从小孔流出相同，但小孔直径一般都较小，可以认为沿小孔高度气体的静压头不变，而炉门垂直高度一般都较大，所以必须考虑沿炉门高度的静压头变化。

当窑底部静压头为零时，原则上可根据公式（1-44）进行溢气量计算，但由于气体由炉门溢出时，压强沿高度变化，必须先计算单元面积的溢气量，再以炉门高度为限进行积分。

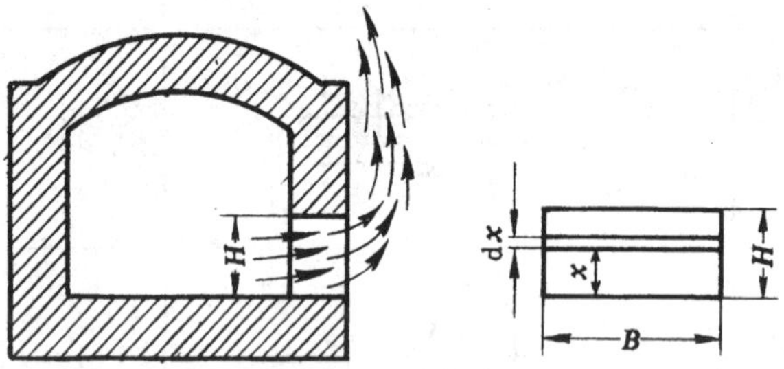

图 1-15　炉门溢气

设炉门宽度为 B，高度为 H，如图 1-15 所示。在距窑底 x 处取一单元面积 $\mathrm{d}f = B\mathrm{d}x$，单位时间通过这一小单元面积的气体流量为

$$\mathrm{d}V = \mu \mathrm{d}f \sqrt{\frac{2gx(\rho_a - \rho)}{\rho}} = \mu B \sqrt{\frac{2gx(\rho_a - \rho)}{\rho}} \mathrm{d}x$$

单位时间通过炉门的总溢气量为

$$\int_0^V \mathrm{d}V = \mu B \sqrt{\frac{2g(\rho_a - \rho)}{\rho}} \int_0^H x^{1/2} \mathrm{d}x$$

$$V = \frac{2}{3} \mu BH \sqrt{\frac{2gH(\rho_a - \rho)}{\rho}} \quad \mathrm{m^3/s} \tag{1-45}$$

第五节　可压缩气体的流动

流体力学中，把液体看作是不可压缩的，在处理问题时，液体密度可视为常数。而气体的密度随压强、温度而变化，但当气体的流速相对于音速很小时，其密度的相对变化也不大，因此近似将气体看作不可压缩流体，不会造成很大误差。

但当气体由高压喷射器喷出，或由高压雾化油烧嘴喷出时，由于气体具有几个大气压以上的压强，气体喷出的速度可达到音速或超音速。由于气体的压强变化较大，气体密度将发生显著变化，此时必须考虑气体的压缩性。

对于可压缩气体流动，一般可以近似地按一元流动处理，即所有的动力学参数和热力学参数，除随时间变化外，仅沿流动方向有显著变化。对于稳定流动，则运动参数只是流动方向坐标的函数。

一、一元稳定流动的柏努利方程式

根据公式（1-16），柏努利方程式的微分式

$$dp + \rho g dz + \rho d\left(\frac{u^2}{2}\right) = 0$$

式中 $\rho g dz$ 为气体几何压头的变化，在气体静压头和流速变化较大的情况下，该项可忽略不计，于是对于单位质量的气体而言，上式可表示为

$$\frac{dp}{\rho} + d\left(\frac{u^2}{2}\right) = 0 \tag{1}$$

积分得

$$\int \frac{dp}{\rho} + \frac{u^2}{2} = C_1 \tag{2}$$

对于可压缩气体，可根据气体状态的变化过程来确定 p 与 ρ 之间的函数关系，然后对式（2）中的积分项进行积分。由于压缩性气体具有较高流速，单位质量气体在运动过程中交换的热量相应减少，因此，可近似按绝热过程处理。

在绝热过程中，p 与 ρ 的关系为

$$\frac{p}{\rho^\gamma} = C \tag{3}$$

式中　γ——绝热指数，单原子气体：$\gamma=1.66$；

双原子气体（包括空气）：$\gamma=1.4$；

多原子气体（包括过热蒸汽）：$\gamma=1.33$。

$$\rho = C^{-\frac{1}{\gamma}} p^{\frac{1}{\gamma}} \tag{4}$$

将 p 对于 ρ 的函数关系代入 $\int \frac{dp}{\rho}$ 并积分

$$\int \frac{dp}{\rho} = C^{\frac{1}{\gamma}} \int p^{-\frac{1}{\gamma}} dp = \frac{\gamma}{\gamma - 1} \frac{p}{\rho} + C_2 \tag{5}$$

将式（5）代入式（2）得

$$\frac{\gamma}{\gamma - 1} \cdot \frac{p}{\rho} + \frac{u^2}{2} = C \tag{1-46a}$$

对于任意的Ⅰ、Ⅱ两截面，绝热流动的柏努利方程式可表示为

$$\frac{\gamma}{\gamma - 1} \cdot \frac{p_1}{\rho_1} + \frac{u_1^2}{2} = \frac{\gamma}{\gamma - 1} \cdot \frac{p_2}{\rho_2} + \frac{u_2^2}{2} \tag{1-46b}$$

公式（1-46a）和（1-46b）即为绝热流动的柏努利方程式。该式与不计几何压头变化的不可压缩流体流动柏努利方程式$\frac{p}{\rho}+\frac{u^2}{2}=C$相比较，由于绝热变化而使压力能增加了$\frac{\gamma}{\gamma-1}$倍。

公式（1-46）可进一步表示为

$$\frac{1}{\gamma-1}\frac{p}{\rho}+\frac{p}{\rho}+\frac{u^2}{2}=C \tag{1-47}$$

由此可见，可压缩气体绝热流动的能量比不可压缩流体流动的能量多出了一项$\frac{1}{\gamma-1}\frac{p}{\rho}$，此项为绝热流动中单位质量气体所具有的内能$U$，即

$$U=\frac{1}{\gamma-1}\frac{p}{\rho}$$

这是因为理想气体的内能U与定容比热C_V和温度T之间的关系为

$$U=C_VT$$

又根据 $\frac{p}{\rho}=R'T$，$T=\frac{1}{R'}\frac{p}{\rho}$及$R'=C_p-C_V$，$\frac{C_p}{C_V}=\gamma$

则 $$U=C_V\frac{1}{R'}\cdot\frac{p}{\rho}=C_V\frac{1}{C_p-C_V}\frac{p}{\rho}=\frac{1}{\gamma-1}\frac{p}{\rho}$$

因此公式（1-46）至（1-47）也称全能方程。即在绝热流动中，任一截面上单位质量气体所具有的内能、压力能、动能之和为常数。

在气体力学中常以焓为参数表示全能方程，从热力学中可知，压力能与内能之和为焓，即

$$i=\frac{\gamma}{\gamma-1}\cdot\frac{p}{\rho}$$

这是因为理想气体的焓与定压比热C_p和温度T之间的关系为

$$i=C_pT$$

又根据 $T=\frac{1}{R'}\frac{p}{\rho}$及$R'=C_p-C_V$和$\gamma=\frac{C_p}{C_V}$得

$$i=C_pT=C_p\frac{1}{R'}\frac{p}{\rho}=C_p\frac{1}{C_p-C_V}\frac{p}{\rho}=\frac{\gamma}{\gamma-1}\frac{p}{\rho}$$

用焓i表示的全能方程为

$$i+\frac{u^2}{2}=C \tag{1-48}$$

如果气体处于静止状态的参数用i_0、T_0、$u_0=0$表示，则

$$i+\frac{u^2}{2}=i_0 \tag{1-49a}$$

或

$$C_pT+\frac{u^2}{2}=C_pT_0 \tag{1-49b}$$

该式说明可压缩气体流动与不可压缩流体流动有显著差别，在不可压缩流动中，只有热交换才能引起流体温度的改变，而速度变化并不引起温度的变化；但在可压缩流动中则不然，其温度随流速变化而改变，若静止状态下温度为T_0，则温度随流速增加而降低。

例题 6 为了获得较高的空气流速，使煤气与空气充分混合，采用高压空气流经如图 1-

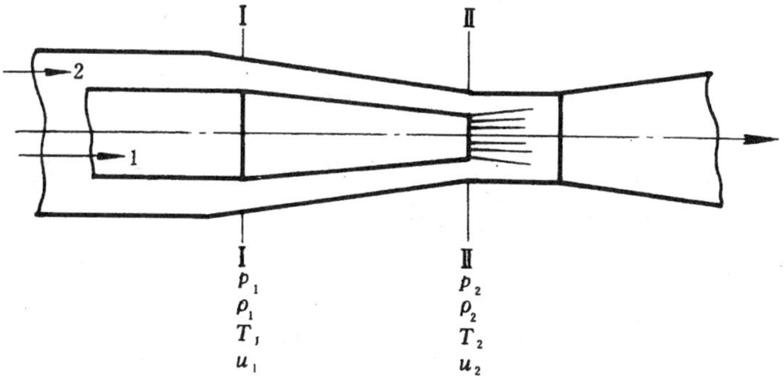

图 1-16　气体喷嘴简图

1—高压空气；2—煤气

16 的气体喷嘴，在Ⅰ、Ⅱ两截面测得高压空气参数 p_1 为 12at（12×98070Pa），p_2 为 10at（980700Pa），u_1 为 100m/s 及 t_1 为 27℃。求喷嘴出口速度 u_2 为若干？

解　因为气流速度高、喷嘴短，来不及与外界进行热交换，故可视为绝热流动，忽略阻力损失。可按公式（1-46*b*）计算

$$\frac{\gamma}{\gamma-1}\frac{p_1}{\rho_1}+\frac{u_1^2}{2}=\frac{\gamma}{\gamma-1}\frac{p_2}{\rho_2}+\frac{u_2^2}{2}$$

对于空气 $\gamma=1.4$，上式又可简化为

$$3.5\frac{p_1}{\rho_1}+\frac{u_1^2}{2}=3.5\frac{p_2}{\rho_2}+\frac{u_2^2}{2}$$

即
$$u_2=\sqrt{7\left(\frac{p_1}{\rho_1}-\frac{p_2}{\rho_2}\right)+u_1^2}$$

因为
$$p_1=12\times 98070=1176840\quad \text{Pa}$$
$$p_2=10\times 98070=980700\quad \text{Pa}$$
$$T_1=300\text{K}$$
$$\rho_1=\frac{Mp_1}{RT_1}=\frac{29\times 1176840}{8314\times 300}=13.68\quad \text{kg/m}^3$$
$$\rho_2=\rho_1\left(\frac{p_2}{p_1}\right)^{\frac{1}{\gamma}}=13.68\times\left(\frac{10}{12}\right)^{\frac{1}{1.4}}=12.01\quad \text{kg/m}^3$$

所以
$$u_2=\sqrt{7\left(\frac{1176840}{13.68}-\frac{980700}{12.01}\right)+100^2}=201\quad \text{m/s}$$

本题也可采用另一种方法计算，根据 $\frac{p}{\rho}=\frac{R}{M}T$，$R=8314$，$M=29$，代入公式（1-46*b*）得

$$2000T_1+u_1^2=2000T_2+u_2^2$$

即
$$u_2=\sqrt{2000(T_1-T_2)+u_1^2}$$

因为
$$T_1=300\text{K},$$
$$T_2=T_1\left(\frac{p_2}{p_1}\right)^{\frac{\gamma-1}{\gamma}}=300\left(\frac{10}{12}\right)^{\frac{1.4-1}{1.4}}=285\text{K}$$

所以 $u_2=\sqrt{2000\times(300-285)+100^2}=200\quad \text{m/s}$

二、音速、滞止参数、马赫数

1. 音速 a

声音来源于物体的振动。当物体在可压缩介质中振动时，这种振动便引起介质压强和密度的微弱变化，这种微弱扰动在介质中依次传播下去，就是声音的传播过程。因而音速就是指在可压缩介质中微弱扰动的传播速度。

音速的公式可表示为

$$a=\sqrt{\frac{\mathrm{d}p}{\mathrm{d}\rho}} \tag{1-50}$$

上式表明，音速 a 取决于$\frac{\mathrm{d}p}{\mathrm{d}\rho}$，其物理意义是：单位密度改变所需要的压强改变。若改变单位密度所需压强改变愈小，则说明气体愈容易压缩。反之，单位密度变化所需压强改变愈大，则说明气体愈不易被压缩。因此音速可以作为一种表征流体压缩性的指标。

在实际应用中，必须根据气体状态变化过程所服从的状态参数关系来确定其音速。

对于绝热过程， $\frac{p}{\rho^\gamma}=C$，$\frac{\mathrm{d}p}{\mathrm{d}\rho}=\gamma\frac{p}{\rho}=\gamma\frac{R}{M}T$

则绝热过程的音速

$$a=\sqrt{\gamma\frac{p}{\rho}}=\sqrt{\gamma\frac{R}{M}T}\left(\text{或}\sqrt{\gamma R'T}\right) \tag{1-51}$$

由上式可以看出，气体的音速取决于气体的压强与密度的比值，即取决于热力学温度 T。

例如在海平面上，15℃的空气，其绝热过程的音速

$$a=\sqrt{1.4\times\frac{8314}{29}\times288}=340\quad \text{m/s}$$

2. 滞止参数

介质处于静止（如贮气罐中的气体）或滞止（如气体撞击壁面或皮托管口）时，其速度 $u=0$ 时的参数称为滞止参数，一般以 p_0、ρ_0、T_0、u_0、a_0 表示，容器所连接的管道上的任意截面参数以 p、ρ、T、u、a 表示。

公式（1-46b）又可表示为

$$\frac{\gamma}{\gamma-1}\frac{p_0}{\rho_0}=\frac{\gamma}{\gamma-1}\frac{p}{\rho}+\frac{u^2}{2}$$

根据 $a=\sqrt{\gamma\frac{p}{\rho}}$，则

$$\frac{a_0^2}{\gamma-1}=\frac{a^2}{\gamma-1}+\frac{u^2}{2} \tag{1-52}$$

式中 a_0——滞止音速，m/s；

a——流动介质音速，或称当地音速，m/s。

由公式（1-52）可以看出，对于滞止参数为定值的情况下，气流中的音速大小取决于气流速度，当气流速度沿流动方向增大时，当地音速减小。显然，由于气流速度的存在，同一系统中，当地音速 a 总是小于滞止音速 a_0 的。

3. 马赫数 M

由上所述，气流速度 u 愈大，当地音速 a 愈小，气体愈容易被压缩。也就是说气流速度愈大，压缩现象便愈显著。

马赫将影响压缩效果的 u 和 a 两个物理量联系起来，取 u 与 a 的比值，并以 M 表示，即马赫数

$$M = \frac{u}{a} \tag{1-53}$$

$M>1$，$u>a$，超音速流动；

$M=1$，$u=a$，等音速流动；

$M<1$，$u<a$，亚音速流动。

三、流速与断面的关系

不可压缩流体沿管道流动，其流速与断面成反比。而对于可压缩气体，其流速与断面关系可由下述推导得出。

根据连续性方程式　　$\rho uA=C$，取对数并微分

$$\lg\rho + \lg u + \lg A = \lg C$$

$$\frac{1}{\rho}\mathrm{d}\rho + \frac{1}{u}\mathrm{d}u + \frac{1}{A}\mathrm{d}A = 0 \tag{1}$$

根据 $a^2=\frac{\mathrm{d}p}{\mathrm{d}\rho}$ 及 $a^2=\frac{u^2}{M^2}$ 得 $\mathrm{d}\rho=\mathrm{d}p\cdot\frac{M^2}{u^2}$

代入式(1)得

$$\frac{\mathrm{d}p}{\rho}\cdot\frac{M^2}{u^2} + \frac{1}{u}\mathrm{d}u + \frac{1}{A}\mathrm{d}A = 0 \tag{2}$$

再根据柏努利方程式的微分式

$$\frac{\mathrm{d}p}{\rho} + \mathrm{d}\left(\frac{u^2}{2}\right) = 0,\quad \frac{\mathrm{d}p}{\rho} = -u\mathrm{d}u$$

代入式（2）并经整理得

$$\frac{\mathrm{d}A}{A} = (M^2 - 1)\frac{\mathrm{d}u}{u} \tag{1-54}$$

上式表明可压缩气体的流动速度与断面的关系，对上式进行分析可得出如下结论：

（1）当 $M<1$，即 $u<a$ 时，$(M^2-1)<0$，$\mathrm{d}A$ 与 $\mathrm{d}u$ 符号相反。这表明气体作亚音速流动时，流速与断面成反变化。。即流速随断面增大而减小，随断面减小而增大，与不可压缩流体运动的规律一致。

（2）当 $M>1$，即 $u>a$ 时，$(M^2-1)>0$，$\mathrm{d}A$ 与 $\mathrm{d}u$ 符号相同。表明气体作超音速流动时，流速与断面成正变化。即流速随断面减小而减小，随断面增大而增大，与不可压缩流体运动的规律相反。这是超音速气流与亚音速气流的原则区别，其原因是由于超音速气流密度的变化大于速度的变化，或者说是由于气体膨胀程度非常显著这一物理实质所决定的。

（3）当 $M=1$，$u=a$，这时 $(M^2-1)=0$，则必有 $\mathrm{d}A=0$，此时的断面 A 称为临界断面 A_c，为最小断面。

在临界断面上，气流速度等于当地音速 a_c，也称为临界速度 u_c。临界断面上的各参数均称为临界参数。

根据上述分析可以得出结论，在初始断面为亚音速的气流，经过收缩管嘴，如图 1-17a，不可能得到超音速气流，最多只能在收缩管出口断面得到音速。因为在收缩管嘴的中间断

面上，不可能有 dA=0 的最小断面。

为了获得超音速气流，可使亚音速气流经收缩管嘴，并使其在最小断面处达到音速，然后再进入扩张管，满足气流的进一步膨胀，便可获得超音速气流。此种喷管称为拉伐尔管，拉伐尔管及其特性见图 1-17b、c。

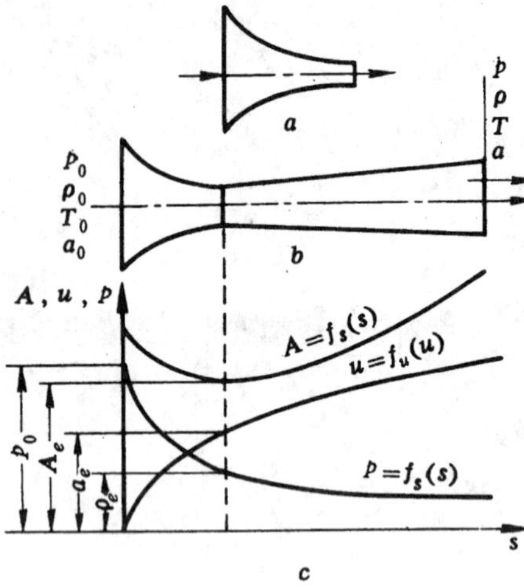

图 1-17 收缩管嘴与拉伐尔管

a—收缩管嘴；b—拉伐尔管；c—拉伐尔管 p、u、A 变化特征

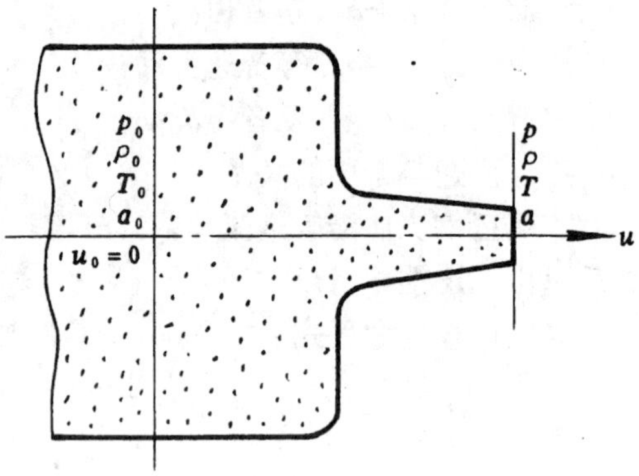

图 1-18 高压气体经收缩管嘴流动

四、可压缩气体经收缩管嘴的流动

气体经收缩管嘴流出的计算包括两个方面：一方面是在滞止参数、外部介质参数以及出口面积已知时计算出口速度 u 和质量流量 m；另一方面是在滞止参数和外部介质参数已知的条件下，按所需要的质量流量 m 来确定出口面积 A。

气体由容器中经收缩管嘴流出的情况如图 1-18，容器尺寸比管嘴出口尺寸大得多，可以认为速度 $u_0=0$，容器中的其它参数为 p_0、ρ_0、T_0、a_0，高压气体经截面为 A 的管嘴流出，外部介质参数为 p、ρ、T、a。

列容器中和出口两截面的绝热流动柏努利方程式

$$\frac{\gamma}{\gamma-1}\frac{p_0}{\rho_0}=\frac{\gamma}{\gamma-1}\frac{p}{\rho}+\frac{u^2}{2}$$

$$u=\sqrt{\frac{2\gamma}{\gamma-1}\frac{p_0}{\rho_0}\left(1-\frac{\rho_0}{\rho}\cdot\frac{p}{p_0}\right)}$$

根据 $\frac{p}{\rho^\gamma}=C$，$\frac{\rho_0}{\rho}=\left(\frac{p_0}{p}\right)^{1/\gamma}$

$$u=\sqrt{\frac{2\gamma}{\gamma-1}\frac{p_0}{\rho_0}\left[1-\left(\frac{p}{p_0}\right)^{\frac{\gamma-1}{\gamma}}\right]}\quad \text{m/s} \tag{1-55}$$

或

$$u=\sqrt{\frac{2\gamma}{\gamma-1}\frac{p_0}{\rho_0}\left(1-\beta^{\frac{\gamma-1}{\gamma}}\right)}\quad \text{m/s} \tag{1-56}$$

式中 β——压力比，$\beta=\frac{p}{p_0}$。

由公式（1-55）和（1-56）可以看出，气体经收缩管嘴流出，出口速度只取决于滞止参数 p_0、ρ_0（或 T_0）及外部介质压强 p。或者说气体流出速度是压力比 $\left(\frac{p}{p_0}\right)$ 的函数，而不是压强差的函数，这是压缩性气体与不可压缩流体的重要差别之一。

计算气体由收缩管嘴流出的流量时，根据 $m=\rho uA$，将速度计算公式（1-55）和 $\rho=\rho_0\left(\frac{p}{p_0}\right)^{1/\gamma}$ 代入得

$$m=A\sqrt{\frac{2\gamma}{\gamma-1}p_0\rho_0\left[\left(\frac{p}{p_0}\right)^{\frac{2}{\gamma}}-\left(\frac{p}{p_0}\right)^{\frac{\gamma+1}{\gamma}}\right]}\quad \mathrm{kg/s} \tag{1-57}$$

或

$$m=A\sqrt{\frac{2\gamma}{\gamma-1}p_0\rho_0\left(\beta^{\frac{2}{\gamma}}-\beta^{\frac{\gamma+1}{\gamma}}\right)}\quad \mathrm{kg/s} \tag{1-58}$$

在实际计算时，若考虑到阻力损失，则应对质量流量的计算公式乘以流量系数 μ 进行修正。

有关公式（1-55）至（1-58）的应用条件，现做如下讨论

当 $p=p_0$，即压力比 $\beta=\frac{p}{p_0}=1$ 时，由公式（1-55）至（1-58）可知，$u=0$，$m=0$，此时容器内外压强相等，不能产生流动。

当 $p<p_0$，即压力比 $\beta=\frac{p}{p_0}<1$ 时，由上述各公式可知，速度 u 随 β 的减小而增大。质量流量 m 却随着 $\left(\beta^{\frac{2}{\gamma}}-\beta^{\frac{\gamma+1}{\gamma}}\right)$ 的增大而增大，而 m 达到极大值的数学条件应为

$$\frac{\mathrm{d}\left(\beta^{\frac{2}{\gamma}}-\beta^{\frac{\gamma+1}{\gamma}}\right)}{\mathrm{d}\beta}=0$$

即

$$\frac{\mathrm{d}\left(\beta^{\frac{2}{\gamma}}-\beta^{\frac{\gamma+1}{\gamma}}\right)}{\mathrm{d}\beta}=\frac{2}{\gamma}\beta^{\frac{2-\gamma}{\gamma}}-\frac{\gamma+1}{\gamma}\beta^{\frac{1}{\gamma}}=0$$

化简可得

$$\beta=\left(\frac{2}{\gamma+1}\right)^{\frac{\gamma}{\gamma-1}}=\beta_c \tag{1-59}$$

式中　β_c——临界压力比，它是质量流量达到最大值（$m=m_{\max}$）时出口压强 p_c（临界压强）和容器内部压强 p_0 之比，即 $\beta_c=\frac{p_c}{p_0}$。

对于双原子气体（包括空气），$\gamma=1.4$，$\beta_c=0.528$，

对于过热蒸汽　　　　　　　$\gamma=1.3$，$\beta_c=0.546$。

当压力比小于临界压力比，即 $\beta<\beta_c$ 时，则其质量流量下降。当 $\frac{p}{p_0}=0$，即 $p=0$（绝对真空）时，由公式（1-58）可知，质量流量为零。质量流量随压力比变化曲线如图 1-19 所示。而依公式（1-55），出口速度为最大值。这表明压力比在 $0\leqslant\beta<\beta_c$ 范围内 u 与 m 的关系是矛盾的，亦即上述各公式在这个范围内是不能使用的。因此上述各公式的应用条件应为

$$\frac{p_c}{p_0}\leqslant\frac{p}{p_0}<1$$

或

$$p_c\leqslant p<p_0$$

由上述分析可知，只有当压力比为临界压力比时，才能获得最大质量流量。此时气流

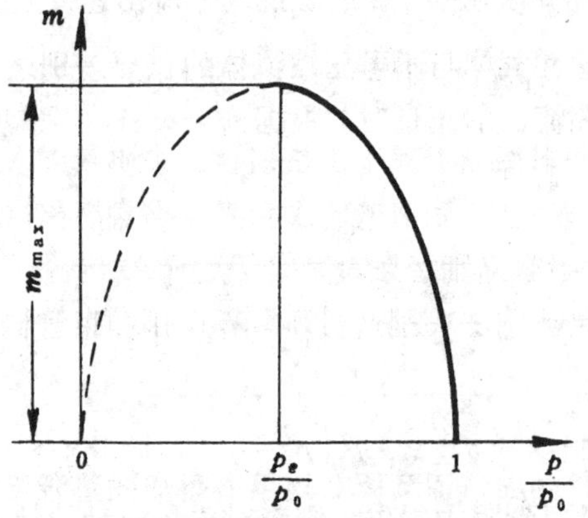

图 1-19 质量流量与压力比关系曲线

由收缩管嘴的流出速度为当地音速，将临界压力比 $\beta_e=\left(\frac{2}{\gamma+1}\right)^{\frac{\gamma}{\gamma-1}}$ 及 $\frac{p_0}{\rho_0}=\frac{R}{M}T_0$ 代入公式（1-56）即可看出

$$u_e=\sqrt{\frac{2\gamma}{\gamma-1}\frac{R}{M}T_0\left[1-\left(\frac{2}{\gamma+1}\right)^{\frac{\gamma}{\gamma-1}\cdot\frac{\gamma-1}{\gamma}}\right]}=\sqrt{\frac{2\gamma}{\gamma+1}\frac{R}{M}T_0}$$

因为 $\frac{p_0}{p}=\left(\frac{T_0}{T}\right)^{\frac{\gamma}{\gamma-1}}$

在临界条件下 $\left(\frac{T_0}{T}\right)^{\frac{\gamma}{\gamma-1}}=\frac{1}{\beta_e}=\frac{1}{\left(\frac{2}{\gamma+1}\right)^{\frac{\gamma}{\gamma-1}}}$

$$T_0=\frac{\gamma+1}{2}T$$

所以 $$u_e=\sqrt{\frac{2\gamma}{\gamma+1}\frac{R}{M}\frac{\gamma+1}{2}T}=\sqrt{\gamma\frac{R}{M}T}=a_e \tag{1-60}$$

由此可见，对于收缩管嘴，当其压力比为临界压力比时质量流量为最大，其出口速度只能达到当地音速。无论怎样降低外界压强 p 或增大容器内压强 p_0 都不能获得超音速气流。

例题 7 已知压缩空气的压强 p_0 为 5at（5×98070Pa），反压室压强 p 为 2.8at（2.8×98070Pa），压缩空气的温度 T_0 为 288K，如采用圆形断面喷管，计算出口流速为若干？又当质量流量为 0.065kg/s 时，计算其出口面积为多少？

解 确定压力比 $\frac{p}{p_0}=\frac{2.8}{5}=0.56>0.528$

可知属于亚音速气流。

根据公式（1-55）确定出口速度

$$u=\sqrt{\frac{2\gamma}{\gamma-1}\frac{p_0}{\rho_0}\left[1-\left(\frac{p}{p_0}\right)^{\frac{\gamma-1}{\gamma}}\right]}$$

由 $\frac{p}{\rho}=\frac{R}{M}T$ 得 $\rho_0=\frac{Mp_0}{RT_0}=\frac{29\times5\times98070}{8314\times288}=5.94\quad kg/s^3$

所以 $u=\sqrt{\frac{2\times1.4}{1.4-1}\times\frac{5\times98070}{5.94}\times[1-(0.56)^{\frac{1.4-1}{1.4}}]}=294\quad m/s$

此时的当地音速 a 可按下式计算 $a=\sqrt{\gamma\frac{p}{\rho}}$

$$\rho=\rho_0\left(\frac{p}{p_0}\right)^{1/\gamma}=5.94(0.56)^{\frac{1}{1.4}}=3.93\quad kg/m^3$$

$$a=\sqrt{1.4\times\frac{2.8\times98070}{3.93}}=313\quad m/s$$

可见当压力比小于临界压力比时气流出口速度 u 小于当地音速 a，为亚音速气流。收缩管嘴出口面积可按公式（1-57）计算

$$A=\frac{m}{\sqrt{\frac{2\gamma}{\gamma-1}p_0\rho_0\left[\left(\frac{p}{p_0}\right)^{\frac{2}{\gamma}}-\left(\frac{p}{p_0}\right)^{\frac{\gamma+1}{\gamma}}\right]}}$$

$$=\frac{0.065}{\sqrt{\frac{2\times1.4}{1.4-1}\times5\times98070\times5.94[(0.56)^{\frac{2}{1.4}}-(0.56)^{\frac{1.4+1}{1.4}}]}}$$

$$=5.56\times10^{-5}m^2=55.6\quad mm^2$$

$$d=\sqrt{\frac{4A}{\pi}}=\sqrt{\frac{4\times55.6}{\pi}}=8.41\quad mm$$

五、气体通过拉伐尔管流出

当高压气体由收缩管嘴流出，最大流速只能达到音速，要想得到超音速气流，必须将喷管做成先渐缩后渐扩的形状，即拉伐尔管嘴。同时，在选择原始压强 p_0 与周围介质压强 p 时，应使 $\frac{p}{p_0}<\beta_c$，又使 $p_c>p$，这样气流达到拉伐尔管喉部（临界断面）时达到音速之后，得以在扩张管继续膨胀，以获得超音速气流。

在拉伐尔管喉部，即临界断面，压力比为临界压力比，流速为当地音速，质量流量为最大质量流量，因此，其流速及质量流量可按公式（1-55）至（1-58）代以临界压力比进行计算。其临界断面积

$$A_c=\frac{m_{max}}{\sqrt{\frac{2\gamma}{\gamma-1}p_0\rho_0[\beta_c^{2/\gamma}-\beta_c^{\frac{\gamma+1}{\gamma}}]}}\quad m^2 \tag{1-61}$$

在拉伐尔管出口处，其质量流量仍为最大流量，其流速可由容器内及出口处两截面列绝热流动柏努利方程式求得，结果仍同于公式（1-55）。

其出口断面积为

$$A=\frac{m_{max}}{\sqrt{\frac{2\gamma}{\gamma-1}p_0\rho_0\left[\left(\frac{p}{p_0}\right)^{2/\gamma}-\left(\frac{p}{p_0}\right)^{\frac{\gamma+1}{\gamma}}\right]}}\quad m^2 \tag{1-62}$$

例题 8 过热蒸汽温度为250℃，压强为10at（10×980 70Pa），由拉伐尔管流出，出口

处压强为 1at（98070Pa），过热蒸汽质量流量为 0.0875kg/s，计算该拉伐尔管临界断面及出口断面直径及其它尺寸。

解 对于过热蒸汽，已知其临界压力比 $\beta_e=\dfrac{p_e}{p_0}=0.546$

分析本题，出口断面压强与起始压强之比 $\dfrac{p}{p_0}=\dfrac{1}{10}=0.1$ 小于临界压力比，且临界断面压强 $p_e=\beta_e\cdot p_0=10\times0.546=5.46$，大于外界压强，在这种情况下，在拉伐尔管喉部可以获得音速，在其扩张部分可以进一步绝热膨胀获得超音速。

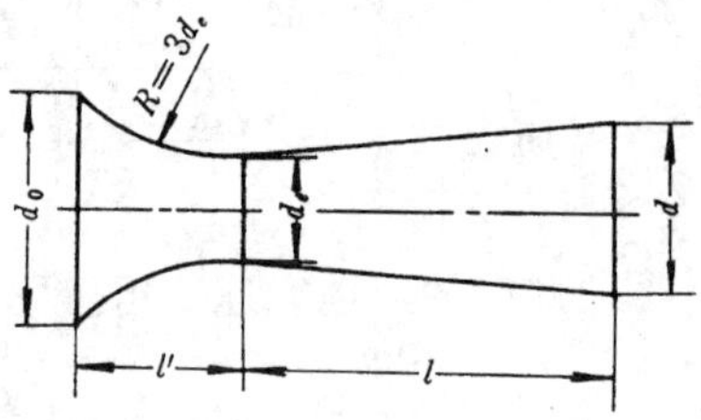

图 1-20 例题 9 附图

（1）拉伐尔管临界断面 A_e 可按公式（1-61）计算

$$A_e=\frac{m_{\max}}{\sqrt{\dfrac{2\gamma}{\gamma-1}p_0\rho_0\left(\beta_e^{\frac{2}{\gamma}}-\beta_e^{\frac{\gamma+1}{\gamma}}\right)}}$$

依题意，质量流量为最大质量流量，$m_{\max}=0.0875\quad kg/s$

$$T_0=523K\qquad \gamma=1.33$$

$$\rho_0=\frac{M}{R}\cdot\frac{p_0}{T_0}=\frac{18\times10\times98070}{8314\times523}=4.06\quad kg/m^3$$

$$A_e=\frac{0.0875}{\sqrt{\dfrac{2\times1.33}{1.33-1}\times10\times98070\times4.06\left[(0.546)^{\frac{2}{1.33}}-(0.546)^{\frac{1.33+1}{1.33}}\right]}}$$

$$=6.6\times10^{-5}m^2=66\quad mm^2$$

$$d_e=\sqrt{\frac{4A_e}{\pi}}=9.2\quad mm$$

（2）拉伐尔管出口断面 A 按公式（1-62）计算

$$A=\frac{m_{\max}}{\sqrt{\dfrac{2\gamma}{\gamma-1}p_0\rho_0\left[\left(\dfrac{p}{p_0}\right)^{\frac{2}{\gamma}}-\left(\dfrac{p}{p_0}\right)^{\frac{\gamma+1}{\gamma}}\right]}}$$

$$=\frac{0.0875}{\sqrt{\dfrac{2\times1.33}{1.33-1}\times10\times98070\times4.06\left[\left(\dfrac{1}{10}\right)^{\frac{2}{1.33}}-\left(\dfrac{1}{10}\right)^{\frac{1.33+1}{1.33}}\right]}}$$

$$=1.35\times10^{-4}m^2=135\quad mm^2$$

$$d=\sqrt{\frac{4A}{\pi}}=\sqrt{\frac{4\times135}{\pi}}=13.11\quad mm$$

（3）拉伐尔管扩张管长度计算。由实验测得扩张角 $\alpha=7°\sim8°$，则

$$l=\frac{d-d_e}{2\text{tg}\dfrac{\alpha}{2}}\quad m$$

$$l = \frac{13.11 - 9.2}{2\text{tg}\,\frac{8}{2}} = 31 \quad \text{mm}$$

(4) 确定拉伐尔管收缩段长度方法有两种

由实验测得收缩角 $\beta=30°\sim45°$

$$l' = \frac{d_0 - d_e}{2\text{tg}\,\frac{\beta}{2}} \quad \text{m}$$

在本题中入口直径 $d_0=16$mm，则

$$l' = \frac{16 - 9.2}{2\text{tg}\,\frac{30}{2}} = 14 \quad \text{mm}$$

也可取收缩段曲率半径 R 等于临界直径的三倍作图，即 $R=3d_e$，圆心在临界直径的延长线上。

在本例题计算中没有考虑气体流出时的能量损失，但实际流体在流动过程中必然有能量损失。因此在流速及面积的精确计算时，其相应的计算式应乘以速度系数 ϕ，ϕ 值一般取 0.96～0.99。

第六节　流股及流股作用下窑内气体运动

在使用烧嘴的窑炉中，窑内气体运动在很大程度上取决于烧嘴所喷出的流股，这种情况和自然流动完全不同。本节将介绍有关流股理论的几个基本概念，作为分析在流股作用下窑内气体运动的基础。

一、自由流股

气体由管内向自由空间喷出以后便形成自由流股。自由流股需具备两个条件：四周静止气体的物理性质与喷出气体完全相同；它在整个流动过程中不受任何表面的限制。

自由流股在流出管口时，流股横截面上各点速度相同，但由于流股中气体质点的不规则运动，使流出气体的质点与周围静止气体的质点发生碰撞，进行动量交换。喷出的气体把自己的一部分动量传递给相邻的静止气体，带动它们运动，被带动的气体在流动过程中逐渐向流股中心扩散，流股截面逐渐扩大，被带动的气体量逐渐增多，速度逐渐衰减。所以，自由流股实际上就是喷出气体与周围静止气体进行动量和质量的交换过程，即喷出气体与周围气体的混合过程。

喷出的气体由于碰撞造成了能量损失，而静止气体的质点被碰撞后获得了动量开始运动，所以喷出气体与被带动气体二者的动量之和不变，即沿流股进程总动量不变，$mu=$常数。由于动量不变，沿流股进程压强也将保持不变，这是自由流股的主要特点。

在管嘴出口附近的一段距离内，被带动的气体质点还没有扩散到流股中心线，中心线上流速仍保持原有的喷出速度，这一段叫始段。始段长度约为喷口直径 d_0 的 6 倍。在始段以后的流股叫主段。流股主段的周边为一锥面，圆形自由流股锥面夹角为 18°～26.5°。图 1-21 综合地表示出自由流股的各种特性。

流股中心线上任何一点速度都与喷出初速度有关，如果以中心线上的速度 u_c 与喷出的初速度 u_0 之比 $\frac{u_c}{u_0}$ 和离喷口相对距离 $\frac{x}{d_0}$ 组成无因次坐标，便发现不同条件下的自由流股，其

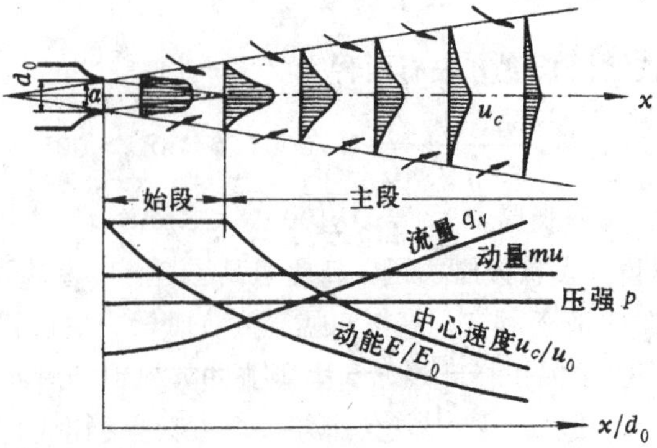

图 1-21　自由流股

实验结果全落在一条曲线上，如图 1-22。

对于圆形截面流股，中心线上的相对速度可按下式计算

$$\frac{u_c}{u_0}=\frac{0.96}{\frac{ax}{d_0}+0.29} \tag{1-63}$$

式中　a——实验常数，$a=0.14 \sim 0.16$；

d_0——流股开始截面的直径，m。

理论与实践证明，自由流股主段不同截面的速度场相似，即以无因次坐标所表示的速度分布曲线是相同的，圆形流股主段内截面上的速度分布如图 1-23。对于圆形截面流股，设某一截面的半径为 r_x，在该截面上离中心线为 r 处的气体流速为 u，则它与该截面中心处的

图 1-22　自由流股中心线上的相对速度

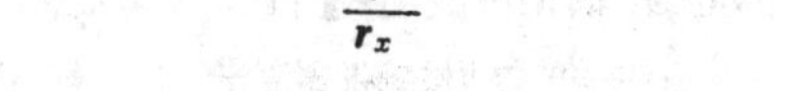

图 1-23　圆形流股主段内速度分布

流速 u_c 之间的关系为

$$\frac{u}{u_c}=\left[1-\left(\frac{r}{r_x}\right)^{1.5}\right]^2 \tag{1-64}$$

流股截面的平均速度 u_m，如果用中心线上的速度 u_c 表示，则为

$$u_m \doteq Ku_c \tag{1-65}$$

式中　K——系数，圆形流股主段 $K=0.257$

而流体在管内层流流动　　　　$K=0.5$；

湍流流动　　　　$K=0.82\sim0.86$。

由此可见，在流股截面上速度分布极不均匀。

自由流股的流量沿流动方向是逐渐增加的，可用下式表示

$$\frac{qV_x}{qV_0}=0.207\frac{x}{d_0}+1 \tag{1-66}$$

式中　qV_x——离出口距离为 x 处截面上的气体流量，m^3/s；

qV_0——喷口流出的气体流量，m^3/s。

二、相交的自由流股

中心线在同一平面上的两个流股相遇后，由于相互作用，引起流股形状的改变，合并成为一个统一的流股，如图1-24。相交的自由流股可分为三段，即开始段、过渡段和主段。

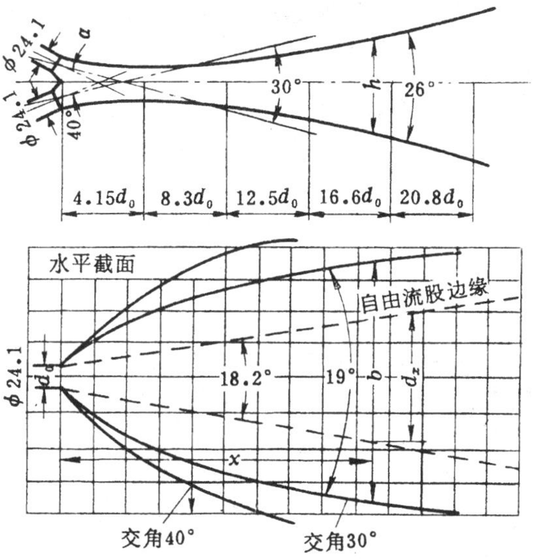

图 1-24　相交自由流股

开始段所指的是在流股相遇之前，它们各自保持自由流股的形状和方向。主段是指汇合成的统一流股，它已不再受到变形的作用力。开始段与主段之间称为过渡段，在该段内，流股受到相互的冲击作用而发生变形，从两个流股合成一个。这一段流股的边界呈曲线形。

流股汇合后的流动方向，决定于两流股原有的方向和它们的动量。如果用两流股的动量向量作为平行四边形的两邻边，其对角线便代表汇合后流股的方向。但是，实验证明，平行四边形原理只能用于喷出口相同的两流股。若两流股喷出口大小不同，则情况比较复杂，其中一个流股的一部分气体并不会遇到另一流股的冲击。

两个平行流股往同一方向流动时，它们张开以后也能相遇，混合成一个流股。该流股边缘并不弯曲而是直的。因为它并不受什么使它变形的作用力。汇合后的流股张角比自由流股小些（为 14°～15°），这是因为汇合后流股界面相对减少，周围气体吸入量也随之变小的原故。

三、流股与平面相遇

流股与平面以任意交角相遇时，流股形态随即发生变化如图 1-25a。当流股平行于平面运动时，如图 1-25b，其最大速度逐渐接近平面，流股射程也比自由流股远，这是因为受平面限制的一面不能从外界吸入介质的缘故。它的厚度比自由流股小，而在平面上的气流宽度比自由流股的直径大，张角也较大（约 30°左右），这就是所谓“铺展现象”。

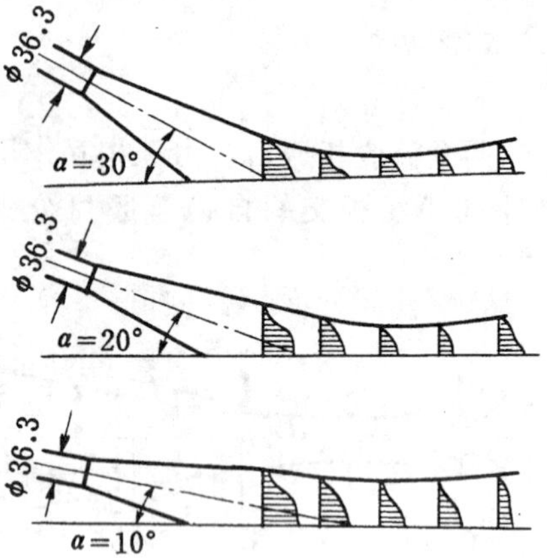

a

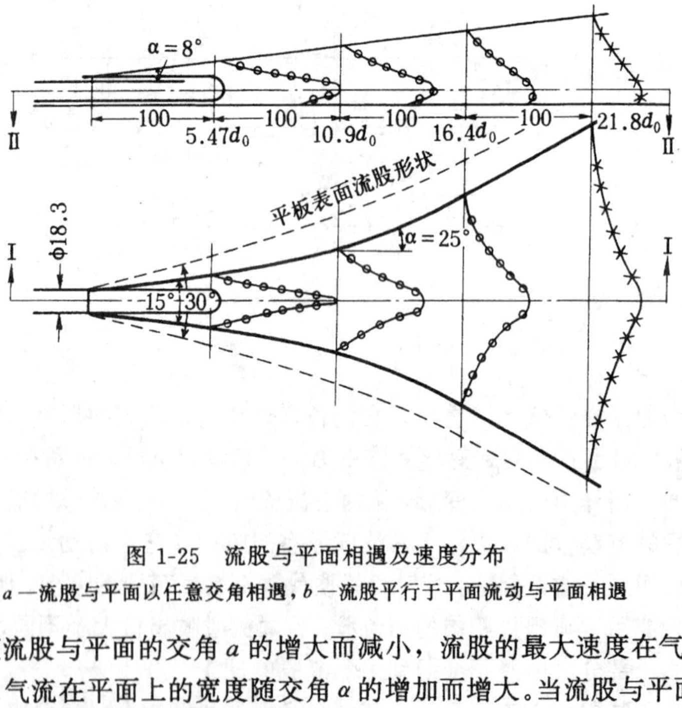

图 1-25　流股与平面相遇及速度分布

a—流股与平面以任意交角相遇，*b*—流股平行于平面流动与平面相遇

流股的射程随流股与平面的交角 a 的增大而减小，流股的最大速度在气流与平面接触后，逐渐靠近平面。气流在平面上的宽度随交角 α 的增加而增大。当流股与平面交角 α 在 10°到 40°范围内时，流股在平面上铺开的张角 α_1 为

$$\alpha_1 = 30° + 3\alpha \tag{1-67}$$

式中　α——流股与平面相遇的角度。当流股与平面平行时，$\alpha=0$，流股在平面上的铺开张角 α_1 等于 30°。

四、同心流股的混合

在窑炉中，大多采用套管式烧嘴。研究同心流股的混合，特别是流股中心轴线上的混合，对于套管式烧嘴中煤气、空气的混合，以保证燃料完全燃烧具有重要意义。

同心流股的混合过程是极其复杂的，根据湍流理论，可以把混合过程看作是可能同时发生的三个过程：

(1) 分子扩散　由于分子热运动而引起气体分子迁移的现象。这种扩散速度很小，一般只发生在流股的边界上，它们对混合的影响也不大。

(2) 脉动扩散　由于气体质点不规则的脉动而引起的分子扩散。当流股的平均流速增加时，湍流脉动速度也增加，脉动扩散愈剧烈，气体的混合就愈快。

(3) 机械涡动　由于气流旋转、互相冲击以及在混合过程中碰撞固体表面或受到机械搅动等而形成机械涡动，它将加速气流的混合。

为了加速同心流股的混合，缩短混合路径长度，根据实验结果，找到了如下的一些规律。

1. 中心流股轴线上的混合过程，随外层同心流股的相对速度增加而加快。即当外层气流的速度 u_2 与中心气流速度 u_1 之比值 $\frac{u_2}{u_1}$ 增加时，中心轴线上的浓度 C 降低较快。亦即混合速度大。如图 1-26。

上述情况说明，混合速度仅与速度比有关，而与两流股的绝对速度无关。这是因为两流股的绝对速度增加，气体质点的湍流扩散速度加快，使混合路径缩短；然而由于质点向前运动的速度也同时加快，使质点在一定时间内向前运动的距离增加。即提高两流股的绝对速度，而速度比保持不变，混合路径的缩短与质点运动距离的增加大致相同，因而混合速度变化不大。反之，当两流股的速度比增加，湍流扩散加快使混合路径缩短的幅度大于质点向前运动距离增加的幅度，使达到一定混合程度所需的路径缩短了，即混合速度加快。

2. 减小中心流股喷口直径有利于混合，因为当中心流股直径减小，外层流股的质点达到流股轴线所要穿过的路程缩短，有利于混合加快。

3. 使同心流股具有一定交角，混合速度增加。这是因为在流股互撞处形成了强化混合过程的新旋动物质。

4. 在喷管处安装导向叶片，使内外层气流产生旋转，混合速度加快。特别是二者同向

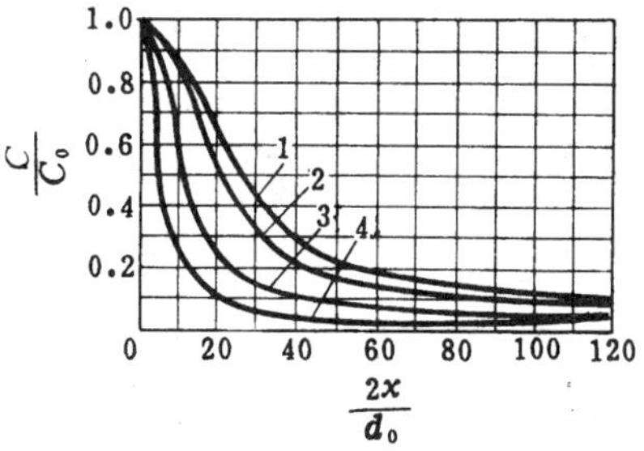

图 1-26　当中心流速 u_1 与外层流速 u_2 比值不同时，中心流股轴线上的浓度变化

1—$\frac{u_2}{u_1}=0$；2—$\frac{u_2}{u_1}=\frac{1}{3}$；3—$\frac{u_2}{u_1}=2$；4—$\frac{u_2}{u_1}=3$

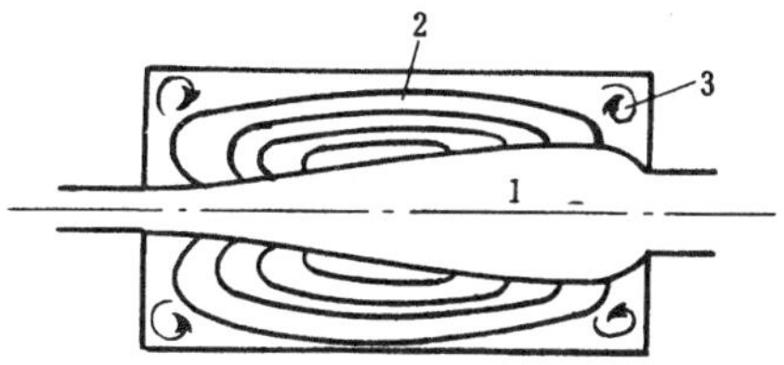

图 1-27　限制流股简图

1—流股本身；2—循环区；3—旋涡区

旋转时，由于速度衰减较慢，因而比逆向旋转作用大。

五、限制流股

喷入有限空间的流股叫做限制流股

如果流股开始截面比有限空间截面小很多，则这个流股仍可看成自由流股。随着两截面的接近，限制流股的特点逐渐明显起来。在两者十分接近的情况下，便象气体通过微小张角的扩张管一样，又没有限制流股特点了。

在限制空间里,气流喷出后只能从喷嘴附近的有限空间里吸入气体并带着向前运动。经过一段距离后，一部分气体又从流股分离出来沿相反方向流回至喷嘴附近，形成一个循环区。除此之外，在限制空间局部变形处存在着旋涡区。限制流股简图如图 1-27 所示。

在气流从喷口流出不远的一段内，流股由循环区带入气体，流量增加，周边速度降低，速度沿长度方向趋于不均匀化，与自由流股相似。此后，由于从周围带入的气体受到限制，特别是在流股的后半段，流股还要向循环区分出一部分气体，使本身的流量减少，速度分布趋于均匀化。当流股开始进入限制空间时，其动量保持不变，后来则由于流量减小、速度减慢且趋于均匀化，使动量显著降低。随流股动量的降低，沿流股进程压强增加。

六、限制空间内的气体循环

在窑炉空间内的气体循环是保证炉内温度均匀的一个重要措施。同时对保证炉内的热交换程度，温度分布及压强分布也具有重要意义。

窑炉内气体循环程度用循环倍数 B 表示。设单位时间内由烧嘴喷出的气体量为 m_1（即新鲜的燃烧产物量），废气循环返回量为 m_2，则

$$B=\frac{m_1+m_2}{m_1} \tag{1-68}$$

设新鲜燃烧产物温度为 t_1，比热为 C_1，所带入的热量 Q_1 为

$$Q_1=m_1C_1t_1$$

循环废气温度为 t_2，比热为 C_2，所带入的热量 Q_2 为

$$Q_2=m_2C_2t_2$$

这两部分热量之和就是混合后的气体热量，如混合气体温度为 t_m，比热为 C_m，则有

$$(m_1+m_2)C_mt_m=m_1C_1t_1+m_2C_2t_2$$

当 $C_1=C_2=C_m$ 时，

$$t_m=\frac{m_1t_1+m_2t_2}{m_1+m_2}$$

则温度差

$$\Delta t=t_m-t_2=\frac{m_1t_1+m_2t_2}{m_1+m_2}-t_2$$

即

$$\Delta t=\frac{t_1-t_2}{B} \tag{1-69}$$

可见循环倍数 B 愈大，温度差愈小，窑内温度分布愈均匀。

限制空间内气流循环与下列因素有关。

(1) 限制空间的大小，主要是炉膛截面与喷口面积之比。只有二者有适当比值时，才能造成最大的气流循环。

(2) 流股喷入口与气流出口的相对位置。喷入口与出口处于同一侧时，将使气流循环

加剧。如图 1-28，在空间中心部位形成了较大而强烈的循环区。这种循环气流有利于炉内的高温、低温气流相互混合，使炉温均匀。

当流股喷入口与出口位置在限制空间两侧时，循环气流发生在流股主段两边、循环区较小，循环减弱，如图 1-29。

图 1-28 同侧排气限制空间流股流动情况

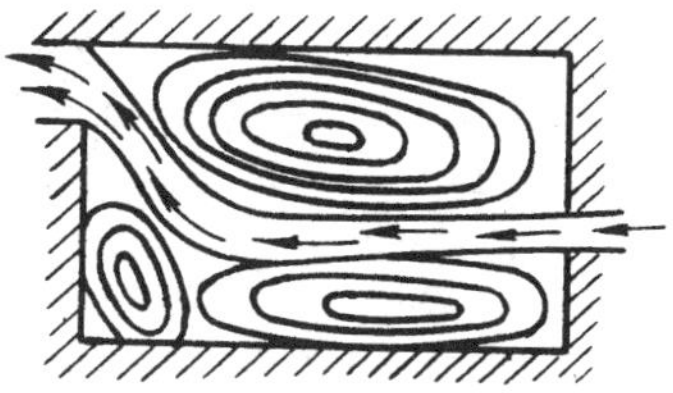

图 1-29 异侧排气限制空间流股流动情况

（3）流股的喷出动能和流股与壁面交角。动能愈大，可以带动的回流区气体愈多，引起的气体循环就愈强烈。流股与壁面交角愈大，流股与壁面碰撞后易较早脱离壁面而改变方向，形成倒流，使循环区向前移动，循环区也就缩小了。

窑炉当中气体运动时，除以上所分析的循环气流外，也会象气体在管道内运动一样出现漩涡区。

窑炉内漩涡区对窑炉工作的影响主要表现在如下各方面。

窑炉漩涡区对传热的影响非常明显。漩涡区里的气流方向是不规则的，温度较低，使该区域热交换受到显著的影响。

漩涡气体也影响窑炉寿命，第一，如果漩涡产生是由于气流与固体的冲击，那末漩涡的存在就意味着气流对窑壁的冲刷；第二，在漩涡区里，气体中的固体质点（多半为熔渣或灰分）将从气流中分离而沉降下来，则耐火材料在高温下要受沉积物的侵蚀。

另外，漩涡区的存在将加大窑内气流的阻力。

总之，恰当地设计窑炉内形，避免或减少漩涡区是必要的。

第七节 烟囱与喷射器

欲使窑炉维持正常操作，一方面要提供足够的燃料以及供燃料完全燃烧所必须的空气，另一方面，还应及时地将燃烧产物排出窑外。为引导窑内气体运动，常用的装置有烟囱、喷射器及风机等。有关风机的基本理论，已在“流体力学、泵与风机”课程中述及，本节仅介绍有关烟囱及喷射器的原理和计算。

一、烟囱

对于自然通风的窑炉，烟囱的作用是引导窑内气体运动并将废气排出，其过程如图 1-30。

1. 烟囱底部所需负压的计算

烟囱底部的静压头值可通过对窑炉系统列柏努利方程式求得。而在窑炉的不同部位，温度是变化的，应当分段列柏努利方程。在每一段都取平均温度进行计算，并以某一段的上部截面为基准面，同时由于窑内气体流速不大，忽略了动压头随温度的变化。根据图 1-30。

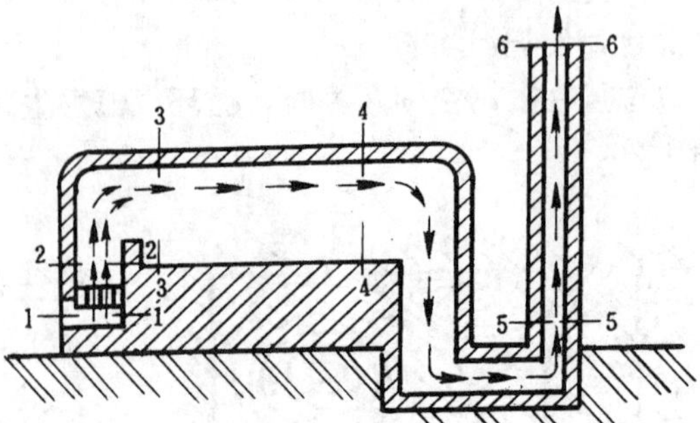

图 1-30 窑炉排烟系统

1、2 截面，$h_{g_2}=0$，$h_{s_1}+h_{g_1}+h_{k_1}=h_{s_2}+h_{k_2}+h_{l_{1-2}}$；

2、3 截面，$h_{g_3}=0$，$h_{s_2}+h_{g_2}+h_{k_2}=h_{s_3}+h_{k_3}+h_{l_{2-3}}$；

3、4 截面，$h_{g_3}=h_{g_4}$，$h_{s_3}+h_{k_3}=h_{s_4}+h_{k_4}+h_{l_{3-4}}$；

4、5 截面，$h_{g_4}=0$，$h_{s_4}+h_{k_4}=h_{s_5}+h_{g_5}+h_{k_5}+h_{l_{4-5}}$。

将上述四式相加，并经整理得

$$h_{s_1}-h_{s_5}=(h_{k_5}-h_{k_1})+[h_{g_5}-(h_{g_1}+h_{g_2})]+\Sigma h_l \tag{1-70}$$

式中 $\Sigma h_l=h_{l_{1-2}}+h_{l_{2-3}}+h_{l_{3-4}}+h_{l_{4-5}}$

由公式 (1-70) 可以看出，由窑前至烟囱底部静压头的减少是用来克服动压头增量、压头损失及当气体由上向下运动时克服热气体的几何压头所消耗的能量（此时把几何压头也看作一种阻力）。

如果忽略动压头的变化，则静压头的减少是用来克服窑炉系统的总阻力，其中包括 $\Sigma h_l+\Sigma(\pm h_g)$（其中气体向上运动，几何压头起推动力作用，与阻力符号相反；气体由上向下运动，几何压头起阻力作用，与阻力符号相同）。

当从窑炉系统的零压面进行计算时，$h_{s_1}=0$，则公式 (1-70) 可写成

$$-h_{s_5}=(h_{k_5}-h_{k_1})+[h_{g_5}-(h_{g_1}+h_{g_2})]+\Sigma h_l \tag{1-71}$$

即当窑前为大气压，烟囱底部为负压，在此压强差的推动下，气体得以克服窑炉系统阻力，并以一定速度在窑内运动。而这个负压值是靠烟囱的高度和内外气体密度的差来提供的。这可以由列 5-5、6-6 截面的柏努利方程式而得知

$$h_{s_5}+h_{g_5}+h_{k_5}=h_{s_6}+h_{g_6}+h_{k_6}+h_{l_{5-6}}$$

将基准面取在 6-6 面上，$h_{g_6}=0$，且 $h_{s_6}=0$，则上式可写成

$$h_{s_5}+h_{g_5}+h_{k_5}=h_{k_6}+h_{l_{5-6}}$$

$$-h_{s_5}=h_{g_5}-(h_{k_6}-h_{k_5})-h_{l_{5-6}} \tag{1-72}$$

由上式可以看出，烟囱底部的几何压头 h_{g_5} 除克服沿烟囱高度的动压头增量和阻力损失外，其余的转变为烟囱底部的负压，以引导窑内气体运动，这就是烟囱工作的基本原理。

2. 烟囱计算

从热工角度而言，烟囱计算主要是确定烟囱直径与高度。

（1）烟囱直径计算　烟囱出口直径根据废气排出量和规定的出口速度求得

$$d=\sqrt{\frac{4q_{V_n}}{\pi u_n}}\ \text{m} \tag{1-73}$$

式中　q_{V_n}——烟气标态流量，m^3/s；

u_n——规定的烟气出口标态流速，m/s。

对于自然通风的窑炉，烟囱适宜的出口标态速度可取 $2\sim4m^3/s$，机械通风时可取 8～15m/s。选用出口速度小，烟囱出口直径大，容易造成倒风现象。选用速度过大，出口直径小，增加气体流动过程的能量损失，并造成施工困难。一般砖砌烟囱最小出口直径为 0.7m，通常为 0.8～1.8m。

金属烟囱底部直径和出口直径一样。砖砌烟囱和钢筋混凝土结构烟囱，为考虑其稳定性，底部直径适当加大。一般底部直径为顶部直径的 1.3～1.5 倍。

（2）烟囱高度的计算　根据公式（1-72），烟囱高度可按下式计算

$$s=-h_s=Hg(\rho_a-\rho)\frac{p}{p_0}-\frac{\rho}{2}(u_2^2-u_1^2)-\lambda\frac{\rho u_m^2}{2}\frac{H}{d_m}\ \text{Pa} \tag{1-74}$$

式中　s——烟囱底部负压，即为 $-h_s$，习惯上称之为抽力，即外界冷空气柱对热烟气柱产生的顶推力，可按公式（1-71）计算，为保证烟囱工作的可靠性，还应考虑 1.2～1.3 的储备系数；

H——烟囱高度，m；

p——大气压强，Pa；

p_0——标准大气压强，Pa；

ρ_0——空气密度，kg/m^3；

ρ——按烟囱高度的平均温度计算的烟气密度，kg/m^3；

u_2、u_1——分别表示烟囱顶部和底部的气体流速，m/s；

λ——烟气流动的摩擦阻力系数，对于砖砌烟囱取 0.05～0.06；

u_m——按烟囱高度的平均温度、平均直径计算的烟气平均流速，m/s；

d_m——烟囱的平均直径，m。

在进行烟囱高度计算时，为求出烟气密度 ρ 必须知道烟囱内的平均温度，烟囱底部温度是已知的，烟囱顶部温度则必须按烟囱高度及每米温度降落求出（对于砖砌烟囱，每米温度降落 1～2℃），为此必须事先估计烟囱的高度 H' 才能进行烟囱高度 H 的计算，其相对误差应小于 5%。当烟囱中动压头增量较小时，烟囱高度 H' 的估计，可先用烟囱底部温度计算烟气密度，再用公式（1-74）中第一项求出 H，即为 H'。或采用公式 $H'=25\sim30d_2$ 进行估算。

在进行烟囱计算时，应注意如下几个问题：

（1）几个窑合用一个烟囱，烟囱抽力应按几个窑中阻力最大者进行计算，而不是各窑阻力之和。烟囱直径则按几个窑的总烟气量进行计算。

（2）燃料消耗量有变化的窑，应按最大燃耗时产生的烟气量进行计算。

（3）空气密度 ρ_a 应按该地区全年最高气温时的密度进行计算，这样才能保证设计的烟囱在任何季节都有足够的抽力。

（4）在进行烟囱高度计算时，应根据烟囱所在地的海拔高度进行气压校正。

(5) 烟囱高度的确定，还应考虑环境卫生要求，应将烟气排至高空，以减轻对环境的污染。

根据公式 (1-74)，可以进一步讨论影响烟囱底部负压即烟囱抽力大小的因素。已如前述，公式中动压头增量及压头损失都较小时，烟囱抽力主要取决于烟囱底部的几何压头 $Hg(\rho_a-\rho)$。烟囱高度愈高，产生的抽力愈大。随烟囱底部烟气温度的提高，烟囱抽力随之加大，这就是间歇式窑炉在点火初期，烟囱抽力不如旺火期大的原因。如果由烟道或烟道闸板处漏入冷空气，加大了气体流量，降低了烟气温度，则烟囱抽力也随之降低。随着大气温度降低，空气密度增大，烟囱抽力随之加大，所以夜间烟囱抽力较白天大，冬季烟囱抽力较夏季为大。除此之外，大气压强、空气湿度、风速的改变等也都会在一定程度上影响烟囱的抽力。

例题 9 经烟囱排出的最大标态烟气量 q_{V_n} 为 12000m³/h，烟囱底部温度为 400℃，该地区 7 月份地面平均温度为 27℃，平均气压为 96000Pa，烟囱底部负压根据计算为 130Pa，计算烟囱直径与高度。

解 根据公式 (1-73) 计算烟囱出口直径 d_2

$$d_2=\sqrt{\frac{4q_{V_n}}{\pi u_n}}$$

取烟气出口标态流速 $u_n=3$m/s

则 $$d_2=\sqrt{\frac{4\times12000}{3600\times\pi\times3}}=1.19\quad \text{m，取 } d_2=1.2\quad \text{m}$$

计算烟囱底部直径 d_1

$$d_1=1.5d_2=1.5\times1.2=1.8\quad \text{m}$$

根据公式 (1-74) 计算烟囱高度

$$s=Hg(\rho_a-\rho)\frac{p}{p_0}-\frac{\rho}{2}(u_2^2-u_1^2)-\lambda\frac{\rho u_m^2}{2}\frac{H}{d_m}$$

烟囱底部负压，考虑 30% 的储备能力

$$s=1.3\times130=169\quad \text{Pa}$$

空气密度 ρ_a $\rho_a=1.293\dfrac{273}{300}=1.18$ kg/m³

初步确定烟囱高度 H'，设 $H'=26d_2$，$H'=26\times1.2=31.2$m，取 31m

烟囱顶部温度 t_2 对于砖砌烟囱，每米温度降落取 2℃/m，则

$$t_2=400-2\times31=338\quad ℃$$

烟气平均温度 t_m $t_m=\dfrac{400+338}{2}=369$ ℃

烟气平均温度下的密度 ρ $\rho=1.3\dfrac{273}{642}=0.55$ kg/m³

烟囱顶部烟气实际流速 u_2 $u_2=3\dfrac{611}{273}=6.71$ m/s

烟囱底部烟气实际流速 u_1 $u_1=\dfrac{12000}{3600\times\dfrac{\pi(1.8)^2}{4}}\times\dfrac{673}{273}=3.23$ m/s

烟囱平均直径 d_m $d_m=\dfrac{1.2+1.8}{2}=1.5$ m

烟囱平均截面积 F_m　$F_m=\frac{\pi\ (1.5)^2}{4}=1.77\quad m^2$

烟气平均流速 u_m　$u_m=\frac{12000}{3600\times1.77}\times\frac{642}{273}=4.43\quad m/s$

将所有数据代入公式（1-74）

$$169=H\times9.81(1.18-0.55)\frac{96000}{101325}-\frac{0.55}{2}(6.71^2-3.23^2)$$

$$-0.05\frac{0.55\times(4.43)^2}{2}\times\frac{H}{1.5}$$

$$H=31.43m$$

相对误差　$\frac{H-H'}{H'}100\%=\frac{31.43-31}{31}100\%=1.39\%$

说明计算结果正确。

二、喷射器

喷射器是利用高速气流由小管流入两端开口的大管中，在大管入口处形成负压，带动低速（静止）的气体运动，使后者增加能量，以便克服气体运动的阻力，并随高速气体一道向前运动。

喷射器是一种间接抽风设备，当窑炉内气体温度很高，不能用风机来输送时，可以采用喷射器。例如可以采用喷射器由隧道窑冷却带抽出热风并送至烧成带各烧嘴；利用喷射器喷射排烟来输送窑内废气；同时由于在喷射器内两种气体（喷射气体、被喷射气体）可以互相混合，所以它也是一种良好的混合设备。喷射式无焰燃烧器就是利用这一原理设计而成的。

1. 喷射器原理

喷射器由喇叭形入口、混合管、扩张管等部分组成，如图 1-31。

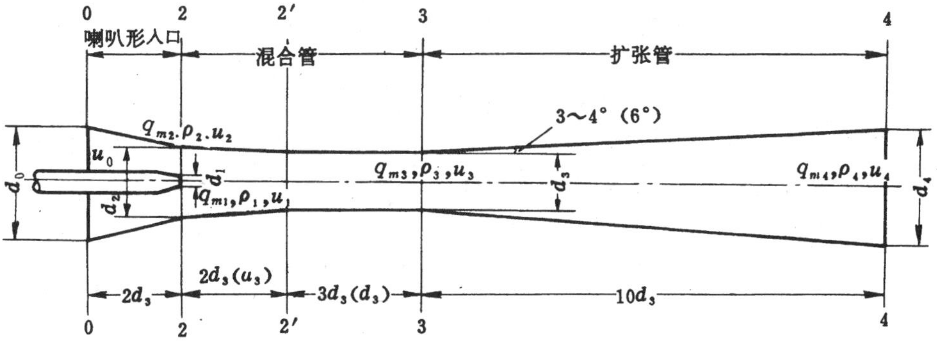

图 1-31　喷射器

图中各符号说明如下

q_{m_1}、q_{m_2}、q_{m_3}——喷射气体、被喷射气体、混合气体质量流量，kg/s；

u_1——喷射气体流速，m/s；

u_0、u_2——被喷射气体在 0、2 截面处的流速，m/s；

u_3、u_4——混合气体在3、4截面处的流速，m/s；

ρ_1、ρ_2、ρ_3——喷射气体、被喷射气体、混合气体的密度，kg/m³；

d_1、d_2、d_3、d_4——分别为喷射气体、被喷射气体、混合管、扩张管管道直径，m。

喷射器各部分的作用及工作原理分述如下。

（1）喇叭形气体入口　为了减少被喷射气体进入喷射器的阻力损失，将入口处做成喇叭形管口。对0、2截面列柏努利方程式则有

$$p_0+\frac{\rho_2 u_0^2}{2}=p_2+\frac{\rho_2 u_2^2}{2}+K_2\frac{\rho_2 u_2^2}{2}$$

$$p_0-p_2=\frac{\rho_2 u_2^2}{2}(1+K_2)-\frac{\rho_2 u_0^2}{2} \tag{1}$$

式中　K_2——喇叭形气体入口收缩管阻力系数。

（2）混合管　截面2和3之间，是喷射器最主要部分，其作用在于使喷射气体与被喷射气体速度趋于均匀，因而使动量趋于降低，使混合管内产生压强差，引射气体流动。

单位时间内通过2和3截面气体动量各为$q_{m_1}u_1+q_{m_2}u_2$和$q_{m_3}u_3$，根据动量定理

$$q_{m_3}u_3-(q_{m_1}u_1+q_{m_2}u_2)=(p_2-p_3)f_3 \tag{2}$$

该式即为喷射器的基本方程式，说明2和3两截面压强差取决于动量之差。动量较大截面压强较低，反之，动量较小截面则压强较大。在气体流量和管径不变的情况下，动量大小仅取决于截面气流的速度分布，同一截面气流速度分布愈不均匀，则气体所具有的总动量愈大。在2截面处由于喷射气体与被喷射气体开始进行混合，两种气体流速不均匀，而在3截面处，两种气体混合成均匀的气体，流速均匀，所以2截面的动量大于3截面的动量，因此2截面的压强小于3截面的压强，即$p_2<p_3$。若3截面与大气相通，其压强等于大气压强，$p_3=p$，p_2即为负压，由于在喷射器入口端造成负压，此时即可将被喷射气体引入管中。这个压强差$p_2-p=$负值，是促进被喷射气体进入管内的推动力，在其它条件一定时，负压的绝对值愈大，被喷射气体进入量愈多。

一般的混合管包括了如图所示的收缩管（截面2和2′）和圆筒形管（截面2′和3），收缩管更有利于管内速度的均匀化。

（3）扩张管　混合气体流过扩张管，流速降低，部分动压头转变为静压头，利用扩张管出口的静压头可使混合后的气体继续克服阻力沿管道流动。同时在混合管末端安装扩张管，可以增大喷射器两端压强差，以增大气体吸入量。

对于3和4截面列柏努利方程式

$$p_3+\frac{\rho_3 u_3^2}{2}=p_4+\frac{\rho_4 u_4^2}{2}+K_3\frac{\rho_3 u_3^2}{2}$$

$\rho_3=\rho_4$，且$u_3f_3=u_4f_4$，$u_4=u_3\dfrac{f_3}{f_4}$

所以
$$p_4-p_3=\frac{\rho_3 u_3^2}{2}(1-K_3)-\frac{\rho_3 u_3^2}{2}\left(\frac{f_3}{f_4}\right)^2$$

$$p_4-p_3=\frac{\rho_3 u_3^2}{2}\left[1-K_3-\left(\frac{f_3}{f_4}\right)^2\right]$$

式中　K_3——扩张管阻力系数，

令　$\eta_s=\left[1-K_3-\left(\dfrac{f_3}{f_4}\right)^2\right]$为扩张管效率，则

$$p_4 - p_3 = \eta_s \frac{\rho_3 u_3^2}{2} \tag{3}$$

在一般情况下扩张管的角度为6°～8°。在设计喷射器时，一般取$\frac{d_4}{d_3}=1.5$左右，扩张管效率约为0.5。

式（3）与式（2）联立，并考虑到$f_3=\frac{q_{m_3}}{u_3\rho_3}$得

$$p_4 - p_2 = \frac{u_3\rho_3(q_{m_1}u_1 + q_{m_2}u_2 - q_{m_3}u_3)}{m_3} + \eta_s \frac{\rho_3 u_3^2}{2} \tag{1-75}$$

公式（1-75）与式（1）联立得

$$p_4 - p_0 = \frac{u_3\rho_3(q_{m_1}u_1 + q_{m_2}u_2 - q_{m_3}u_3)}{q_{m_3}} + \eta_s \frac{\rho_3 u_3^2}{2} + \frac{\rho_2 u_0^2}{2} - \frac{\rho_2 u_2^2}{2}(1 + K_2) \tag{1-76}$$

由公式（1-75）可以看出，扩张管末端和混合管入口处压强差与各参数的关系。在其它条件相同的情况下，喷射气体速度u_1愈大，（p_4-p_2）之值愈大。但（p_4-p_2）与u_3的关系则不然，u_3过大或过小对喷射作用都会产生不利影响。同时由公式（1-76）也可以看出，被喷射气体进入混合管的流速u_2过大或过小对喷射作用也都会产生不良影响，因此在设计喷射器时，u_2和u_3都应当选择一个最佳值，以便尽可能提高喷射器效率。

2. 喷射器效率及合理尺寸的确定

喷射器效率是指喷射器在单位时间内所作有效功与供给喷射器能量之比。

当略去4和0截面上流速的差别时，喷射器所作有效功W

$$W = q_{V_2}(p_4 - p_0) \tag{1}$$

作这些有效功所消耗的能量E

$$E = q_{V_1}\left[\left(\frac{\rho_1 u_1^2}{2} + p_2\right) - \left(\frac{\rho_3 u_4^2}{2} + p_4\right)\right] \tag{2}$$

q_{V_1}和q_{V_2}分别表示喷射气体、被喷射气体的体积流量，m^3/s。

式（2）中第一项是喷射气体在截面2上的总能量，第二项为喷射气体在截面4上的总能量，二者之差就是消耗在喷射作用上的能量。因为$u_4^2 \ll u_1^2$，所以喷射器效率可以表示为

$$\eta = \frac{q_{V_2}(p_4 - p_0)}{q_{V_1}\left[\frac{\rho_1 u_1^2}{2} - (p_4 - p_2)\right]} \tag{1-77}$$

由此可以看出，欲使喷射器效率为最大，需使（p_4-p_0）及（p_4-p_2）为最大，而公式（1-75）、（1-76）表明（p_4-p_0）及（p_4-p_2）为许多参数的函数，当喷射效率为最大时，它们之间应具有一定关系，要找出这个关系，需求出（p_4-p_2）及（p_4-p_0）对u_2及u_3的一阶导数，并令其为0。

将公式（1-75）对u_3求一阶导数，并令其为0则有

$$\frac{\partial(p_4 - p_2)}{\partial u_3} = \frac{\rho_3(q_{m_1}u_1 + q_{m_2}u_2 - 2q_{m_3}u_3)}{q_{m_3}} + \eta_s\rho_3 u_3 = 0$$

整理后得喷射器效率最大时的u_3值，即u_3的最佳值，以$(u_3)_G$表示

$$(u_3)_G = \frac{q_{m_1}u_1 + q_{m_2}u_2}{q_{m_3}(2 - \eta_s)} \tag{1}$$

将公式（1-76）对 u_2 求一阶导数，并令其为 0 则有

$$\frac{\partial(p_4-p_0)}{\partial u_2}=\frac{\rho_3 q_{m_2} u_3}{q_{m_3}}-\rho_2 u_2(1+K_2)=0$$

$$(u_2)_G=u_3\frac{q_{m_2}}{q_{m_1}}\frac{1}{\left(\frac{\rho_2}{\rho_1}+\frac{q_{m_2}}{q_{m_1}}\right)}\frac{1}{1+K_2} \tag{2}$$

根据式（1）和式（2）找出 $(u_2)_G$ 与 $(u_3)_G$ 与 u_1 的关系为

$$(u_2)_G=u_1\frac{q_{m_2}}{q_{m_1}}\frac{1}{(2-\eta_s)\left(1+\frac{q_{m_2}}{q_{m_1}}\right)\left(\frac{q_{m_2}}{q_{m_1}}+\frac{\rho_2}{\rho_1}\right)(1+K_2)-\left(\frac{q_{m_2}}{q_{m_1}}\right)^2} \tag{1-78}$$

$$(u_3)_G=u_1\frac{\left(\frac{q_{m_2}}{q_{m_1}}+\frac{\rho_2}{\rho_1}\right)(1+K_2)}{(2-\eta_s)\left(1+\frac{q_{m_2}}{q_{m_1}}\right)\left(\frac{q_{m_2}}{q_{m_1}}+\frac{\rho_2}{\rho_1}\right)(1+K_2)-\left(\frac{q_{m_2}}{q_{m_1}}\right)^2} \tag{1-79}$$

根据上述公式确定 $(u_2)_G$ 及 $(u_3)_G$ 之后，相应的面积 f_2 和 f_3 可按连续性方程式进行计算，其它各部分尺寸可按经验数据确定，也可参照图 1-32，将各部分尺寸表示为 d_3 的倍数。当喷射器仅做为输送气体的设备而不做为混合设备时，可采用图中括号内数据。

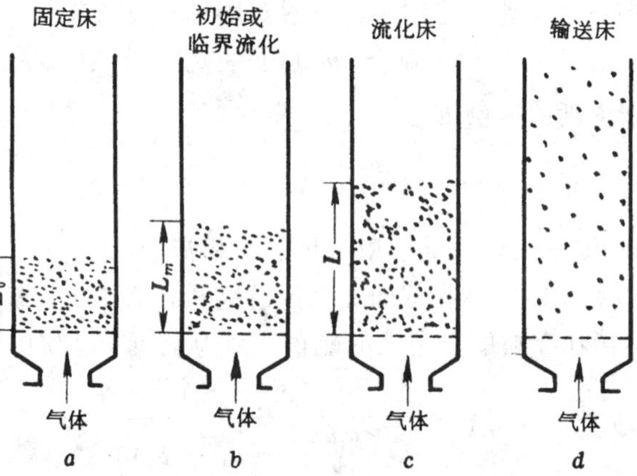

图 1-32　不同流速时床层的变化

第八节　流态化原理

当流体自下向上通过固体颗粒床层时，由于流体的作用，使固体颗粒悬浮起来，在床层内作剧烈的运动，上下翻滚如沸腾的液体，具有流动性。这种现象称为流态化。流态化技术近年来已成为一种发展十分迅速、应用日趋广泛的新技术，目前我国已在化工、石油、冶金、电力、医药、食品等工业中采用。在硅酸盐工业中，流态化技术也有了较为广泛的应用，如流态化干燥、水泥窑外分解等都是流态化技术应用的实例。

一、流态化过程的基本概念

1. 流态化现象

使流体通过一个多孔板（分布板）上的固体颗粒床层，如图 1-32 所示，当流速比较低时，流体从颗粒间的空隙穿过床层，床层的高度不变，这时称为固定床。

继续增加流速，颗粒互相分开，少量颗粒在一定的区间内振动和游动，床层略有膨胀，这时称膨胀床。

流速增加到一定数值时，颗粒之间失去接触关系而悬浮于流体中，床层显著膨胀，这时称为初始流化或临界流化。临界流化是固定床向流化床的转折点。继续增加流速，床层进一步膨胀，但有明显的上界面，床层中的颗粒运动加剧，整个床层具有类似液体的性质，这时称为流态化或流化床。

在更高的流速下，一部分固体颗粒被气流带出，流速增大，带出增多，上界面消失，颗粒间的孔隙加大、密度减小，固体颗粒在流体中形成悬浮状态的稀相，并随气流一起被吹送出去，这时称为气力输送，亦称稀相输送床。

2. 流化床类似液体的性质

气-固系统流化床非常象沸腾的液体，并在许多方面表现出类似液体的性质。如图 1-33 所示，一个大而轻的物体可以很容易地被推入床层，去掉外力它就上浮在床层表面上；容器倾斜时，它们的床面也和液体一样自找水平；此外，床层中任一不同高度两点间的压强差，能满足流体力学的静力学方程式；气、固流化床也具有象液体一样的流动性，固体颗粒可以从小孔喷出，并象液体那样从一个容器流入另一个容器。

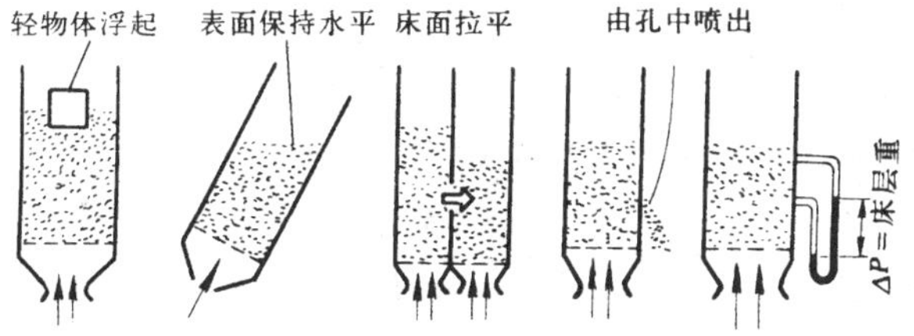

图 1-33　气固流化床类似液体的性质

二、流化床的基本原理

1. 压降与流速的关系

如上所述，当气体通过固体颗粒床层时，随着气流速度的增加，可以看出床层经历了固定床、流化床、气力输送各阶段。气流速度 u（以空床速度表示）和床层压强降落（压降）Δp 的关系如图 1-34 所示。图中以 $\lg\Delta p$ 为纵坐标，以 $\lg u$ 为横坐标。气流通过颗粒床层，在流速不大时，床层压降随气流速度增加而增加，二者具有一般固定床的关系，此为固定床阶段，如图中 AB 段所示。

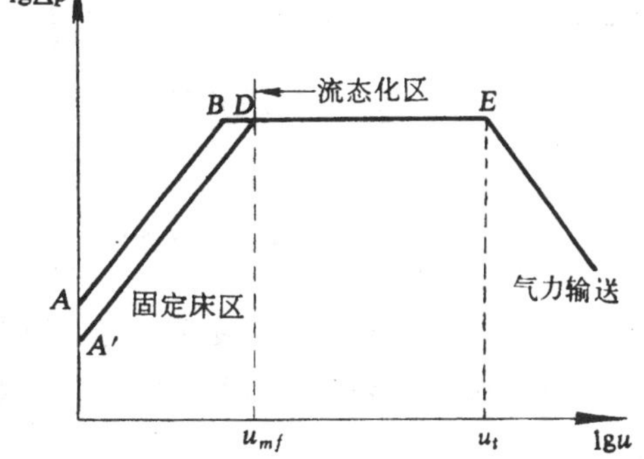

图 1-34　床层中压降与流速的关系

当流速增大至 B 点，床层开始膨胀，压降不再增加，如图中 BD 段，相当于膨胀床。

当流速增加至 u_{mf} 时，床层开始流化，继续增大流速，压降仍基本保持不变，如图 DE 段所示为流态化阶段，床层开始流化时气流的速度称为临界流化速度，用 u_{mf} 表示，此时床层的孔隙率称临界孔隙率 ε_{mf}。

继续增加流速至 u_t 时，如图中 E 点，呈气力输送状态，随流速增加压降反而减少。u_t 称为流化极限速度。

如果使气流速度由 E 点下降，则沿 DE 线返回，至 D 点时固体颗粒互相接触形成固定床，若继续降低流速，则压降并不沿 DB、BA 线下降，而是沿 DA' 线下降，这是由于床层曾被吹松、流化过，比未吹松、流化过的床层具有较大的孔隙率的原故。

2. 临界流化速度

如前所述，固定床压降可用欧根公式（1-38）表示，即

$$\frac{\Delta p}{L} = 150\,\frac{(1-\varepsilon)^2}{\varepsilon^3}\,\frac{\mu \cdot u}{(\phi d_m)^2} + 1.75\,\frac{1-\varepsilon}{\varepsilon^3}\,\frac{\rho_g u^2}{\phi d_m}$$

上式中的压降包括两个因素：粘性损失和动能损失。在低雷诺数的情况下，$Re^* < 20$，粘性损失占主导，可忽略动能损失，则上式可表示为

$$\frac{\Delta p}{L} = 150\,\frac{(1-\varepsilon)^2}{\varepsilon^3}\,\frac{\mu \cdot u}{(\phi d_m)^2} \tag{1-80a}$$

雷诺数 Re^* 是以颗粒平均直径 d_m、空床速度 u 计算的，$Re^* = \frac{d_m \rho_g u}{\mu}$

高雷诺数时，$Re^* > 1000$，则仅考虑动能损失，

$$\frac{\Delta p}{L} = 1.75\,\frac{1-\varepsilon}{\varepsilon^3}\,\frac{\rho_g u^2}{\phi d_m} \tag{1-80b}$$

临界流化时，气体向上运动的力与颗粒重力平衡

气体向上运动的力 $= \Delta p \cdot A$，A 为床层截面积；

颗粒的重力 $= L_{mf} A\ (1-\varepsilon_{mf})\ \rho_s g$，$L_{mf}$ 为流化床高度；

颗粒所受的浮力 $= L_{mf} A\ (1-\varepsilon_{mf})\ \rho_g g$；

平衡时 $\quad L_{mf} A\ (1-\varepsilon_{mf})\ \rho_s g - L_{mf} A\ (1-\varepsilon_{mf})\ \rho_g g = \Delta p \cdot A$

整理得

$$\frac{\Delta p}{L_{mf}} = (1-\varepsilon_{mf})(\rho_s - \rho_g) g \tag{1-81}$$

临界点是固定床与流化床的转折点，所以临界流化时，由欧根公式表示的固定床压降与由公式（1-81）表示的流化床的压降在数值上相等，即

$$150\,\frac{(1-\varepsilon_{mf})^2}{\varepsilon_{mf}^3}\,\frac{\mu u_{mf}}{(\phi d_m)^2} + 1.75\,\frac{1-\varepsilon_{mf}}{\varepsilon_{mf}^3}\,\frac{\rho_g u_{mf}^2}{\phi d_m} = (1-\varepsilon_{mf})(\rho_s - \rho_g) g$$

上式可变换为下式

$$150\,\frac{(1-\varepsilon_{mf})}{\phi^2 \varepsilon_{mf}^3}\left(\frac{d_m u_{mf} \rho_g}{\mu}\right) + \frac{1.75}{\varepsilon_{mf}^3 \phi}\left(\frac{d_m u_{mf} \rho_g}{\mu}\right)^2 = \frac{d_m \rho_g (\rho_s - \rho_g) g}{\mu^2} \tag{1-82}$$

式中 d_m、ρ_g、ρ_s、μ 是已知量，假如知道 ε_{mf} 和 ϕ 即可用该式计算临界流化速度 u_{mf}。如果 ε_{mf} 和 ϕ 为未知，可用下列关系式代入上式近似计算出 u_{mf}

$$\frac{1}{\phi \varepsilon_{mf}^3} \approx 14 \tag{1-83a}$$

$$\frac{1-\varepsilon_{mf}}{\phi^2 \varepsilon_{mf}^3} \approx 11 \tag{1-83b}$$

代入整理后得

$$\frac{d_m u_{mf} \rho_g}{\mu} = \left[(33.7)^2 + 0.0408 \frac{d_m^3 \rho_g (\rho_s - \rho_g) g}{\mu^2}\right]^{1/2} - 33.7 \tag{1-84}$$

式（1-84）就是适用于全部雷诺数范围计算 u_{mf} 的公式。

对于低雷诺数，$Re^* < 20$，使式（1-80a）和式(1-81)相等，并将(1-83b)代入整理得

$$u_{mf} = \frac{d_m^2 (\rho_s - \rho_g) g}{1650\mu} \quad \text{m/s} \tag{1-85}$$

对于高雷诺数，$Re^* > 1000$，使式（1-80b）和式（1-81）相等，并将式（1-83a）代入整理得

$$u_{mf}^2 = \frac{d_m (\rho_s - \rho_g) g}{24.5 \rho_g} \quad \text{m/s} \tag{1-86}$$

还有不少计算 u_{mf} 的公式，它们同样是在一定的实验条件下结合理论推导得到的结果。下面介绍一个较简单且较常用的公式，该公式适用于 $Re^* < 5$ 的范围。

$$u_{mf} = 0.00923 \frac{d_m^{1.82} (\rho_s - \rho_g)^{0.94}}{\mu^{0.88} \rho_g^{0.059}} \quad \text{m/s} \tag{1-87}$$

若 $Re^* > 5$，所得的 u_{mf} 应乘以校正系数 F 校正，系数 F 可根据图 1-35 查得。

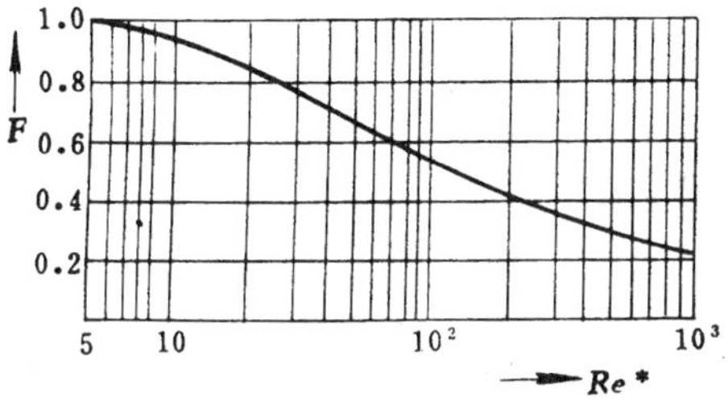

图 1-35　临界速度的校正系数

3. 流化极限速度

当通过床层的气流速度超过颗粒的自由沉降速度时，颗粒为气流所带走，进入气力输送阶段。因此颗粒的自由沉降速度在数值上可视为流化极限速度，亦称带出速度。

固体颗粒在气体介质中自由降落时，最初呈匀加速运动，当气体介质的摩擦阻力等于颗粒的剩余重力（重力减浮力）时，就开始进入匀速运动，这种匀速降落速度称为沉降速度。

根据牛顿定律，光滑球形颗粒在流体中的沉降阻力 S 为

$$S = \xi' \frac{F \rho_g u^2}{2} \tag{1-88}$$

式中　u——颗粒沉降速度，m/s；

F——球形颗粒在其降落方向的投影面积，m^2；

ρ_g——流体密度，kg/m^3；

ξ'——阻力系数。

设球形颗粒直径为 d，则颗粒在重力场作用下，其重力 f_1 为

$$f_1 = \frac{\pi d^3 \rho_s g}{6}$$

气体对球形颗粒的浮力 f_2 为

$$f_2 = \frac{\pi d^3 \rho_g g}{6}$$

达沉降速度时，$S = f_1 - f_2$

即 $$\frac{\pi d^3}{6}(\rho_s-\rho_g)g=\xi'\frac{\pi d^2\rho_g u^2}{8}$$

则 $$u=\sqrt{\frac{4}{3}\frac{d(\rho_s-\rho_g)g}{\rho_g\xi'}}\quad \text{m/s} \tag{1-89}$$

达流化极限时，$u_t=u$（数值上），u_t 为流化极限速度。

ξ' 为雷诺数的函数，根据实验对于球形颗粒 ξ' 与 Re_t（$Re_t=\frac{u_t\rho_g d}{\mu}$）有如下关系

$Re_t<1$ 时称层流区，$\xi'=\frac{24}{Re_t}$；

$1<Re_t<500$ 时称过渡区，$\xi'=\frac{18.5}{Re_t^{0.6}}$；

$500<Re_t<2\times10^5$ 时称湍流区，$\xi'=0.44$

将上述关系代入公式（1-89）得

$Re_t<1$ 时， $$u_t=\frac{d^2(\rho_s-\rho_g)g}{18\mu}\quad \text{m/s} \tag{1-90}$$

此式就是斯托克斯公式，适用于细颗粒。

$1<Re_t<500$ 时， $$u_t=0.27\sqrt{\frac{d(\rho_s-\rho_g)gRe_t^{0.6}}{\rho_g}} \tag{1-91}$$

上式称为阿伦公式，适用于中等颗粒。

$500<Re_t<2\times10^5$ 时， $$u_t=1.74\sqrt{\frac{d(\rho_s-\rho_g)g}{\rho_g}}\quad \text{m/s} \tag{1-92}$$

上式称为牛顿公式，适用于粗颗粒。

用上述三式计算 u_t 时，需要根据 Re_t 的大小来确定所选用的公式，但 Re_t 包含未知量 u_t，因此要先假定流动区域（流动状态），选用计算式，然后按算出的 u_t 验算 Re_t 与假定是否相符，若不符则重新假设，选用公式重新计算，直至相符为止。但也可按下列简易方法计算，先用斯托克斯公式算出 u_t，然后算出 Re_t，再根据图 1-36 查得修正系数 F_0，算出的 u_t 乘以修正系数即为所求的球形颗粒的流化极限速度。

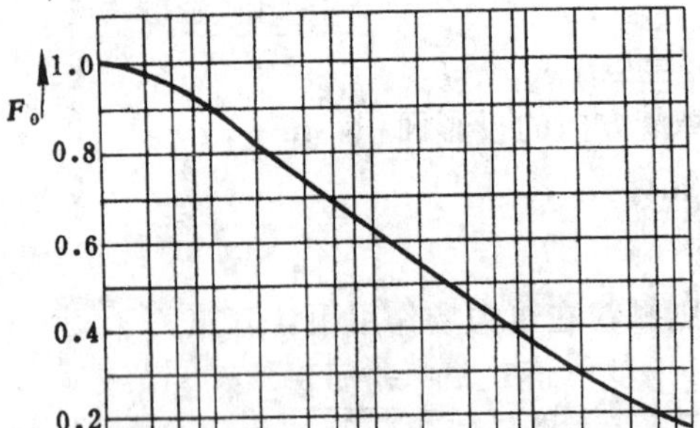

图 1-36　颗粒极限速度校正值

若颗粒为非球形，还需要乘以球形度的校正系数 C，C 为球形度的函数。

$$C = 0.843\lg\left(\frac{\phi}{0.065}\right) \tag{1-93}$$

还需要指出，计算临界流化速度 u_{mf} 时采用的是颗粒的平均直径 d_m，而计算流化极限速度 u_t 时，为了避免流化时大量颗粒被气流带走，所用的颗粒直径必须是具有相当数量的最小颗粒的直径。

例题 10 计算临界流化速度和流化极限速度。参数如下：

（1）颗粒分布

直径小于（μm）	50	75	100	125	150	175
360 克的积累质量（g）	0	60	150	270	330	360

（2）其它数据：$\rho_s=1000\text{kg/m}^3$，$\rho_g=1.205\text{kg/m}^3$，$\phi=0.696$，$\mu=1.78\times10^{-5}\text{Pa}\cdot\text{s}$。

解 （1）根据公式（1-28）计算颗粒平均直径 d_m

$$d_m=\frac{1}{\sum\limits_{i=1}^{n}\frac{X_i}{d_i}}$$

$$=\frac{1}{\frac{0.17}{62.5}+\frac{0.25}{87.5}+\frac{0.33}{112.5}+\frac{0.17}{137.5}+\frac{0.08}{162.5}}=98\quad\mu\text{m}$$

（2）计算临界流化速度 u_{mf}

按公式（1-85）计算

$$u_{mf}=\frac{d_m^2(\rho_s-\rho_g)g}{1650\mu}$$

$$=\frac{(98\times10^{-6})^2(1000-1.205)\times9.81}{1650\times1.78\times10^{-5}}=0.0032\quad\text{m/s}$$

校验 Re^*，$Re^*=\dfrac{d_m u_{mf}\rho_g}{\mu}=\dfrac{98\times10^{-6}\times0.0032\times1.205}{1.78\times10^{-5}}=0.02$

$Re^*<20$，与公式条件相符。

（3）计算流化极限速度

由于要避免固体颗粒被气流带出，因而取颗粒直径为 $d=50\mu\text{m}$，先按公式（1-90）计算

$$u_t=\frac{d^2(\rho_s-\rho_g)g}{18\mu}=\frac{(50\times10^{-6})^2(1000-1.205)\times9.81}{18\times1.78\times10^{-5}}=0.0765\quad\text{m/s}$$

验算 Re_t，　　$Re_t=\dfrac{du_t\rho_g}{\mu}=\dfrac{50\times10^{-6}\times0.0765\times1.205}{1.78\times10^{-5}}=0.259$

$Re_t<1$，与选用的计算公式要求的 Re_t 相符。

对于非球形颗粒，按公式（1-93）修正

$$C=0.843\lg\left(\frac{\phi}{0.065}\right)=0.843\lg\left(\frac{0.696}{0.065}\right)=0.868$$

流化极限速度　　$u_t'=Cu_t=0.868\times0.0765=0.066\quad\text{m/s}$

习题与思考题

1. 流体静力学方程式、连续性方程式、柏努利方程式推导的前题条件、公式的形式、式中各项的意义是什么，应用这些公式应注意什么，举例说明这些公式对工业窑炉的研究与计算有哪些应用处？

2. 说明热气体在各种类型管道中流动能量之间的相互转换关系，如何才能减少气体运动过程的能量损失？

3. 可压缩气体流动的特点是什么，如何才能获得音速和超音速气流？

4. 自由流股与限制流股分别具有那些特点，如何促进同心流股的混合，如何促进限制空间的气体循环，这些对窑炉作业具有什么意义？

5. 烟囱的工作原理及影响烟囱抽力的因素有哪些？

6. 倒置容器高 1.6m，内部充满 200℃的热空气，外界为 0℃的冷空气，试计算：

(1) Ⅰ—Ⅰ、Ⅱ—Ⅱ、Ⅲ—Ⅲ截面处的几何压头与静压头值？

(2) 三种情况下的能量总和各为多少？

(3) 将三种情况图示并加以讨论。

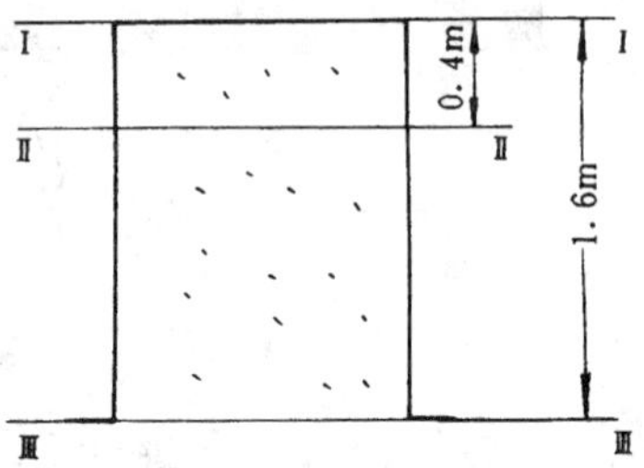

习题 6　附图

7. 炉子高 3m，内部充满 1000℃的热烟气，外界为 20℃的冷空气，忽略气体运动速度的变化及能量损失，计算当 0 压面在窑底、窑中、及窑顶时，各截面的静压头和几何压头各为若干，并将此三种情况分别绘图表示。

8. 有一如图所示的逐渐收缩的水平管道，其中气体的密度为 $1.2kg/m^3$，在Ⅰ—Ⅰ截面表压为 138Pa，Ⅱ—Ⅱ截面表压为 92Pa，$F_1 = 0.1m^2$，$F_2 = 0.08m^2$，计算在不计阻力损失情况下，气体通过管道的体积流量。

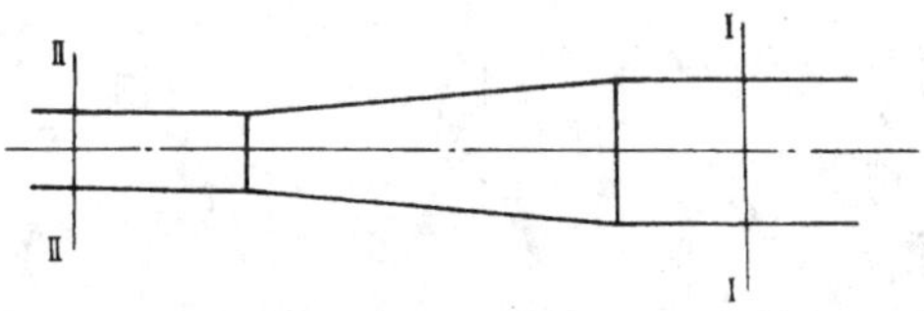

习题 8　附图

9. 热空气在 6m 高的竖直管道内运动，温度为 200℃，外界空气温度为 20℃，气体运动过程的摩擦阻力为 12Pa，试计算：

(1) 当管内气体由下向上运动时，在Ⅱ—Ⅱ截面测得静压头为 85Pa，Ⅰ—Ⅰ截面的静压头为多少，并将两截面间的能量转换关系绘制成图。

(2) 当管内气体由上向下运动时，在Ⅰ—Ⅰ截面测得静压头为 120Pa，Ⅱ—Ⅱ截面处静压头为多少，并将两截面间的能量转换关系绘制成图。

10. 图示的竖直渐缩管道流过热空气，标态流量 q_{V_n} 为 $4320m^3/h$，温度为 100℃，外界空气温度为 20℃，气体由上向下流动，其能量损失为 18Pa，测得Ⅰ—Ⅰ截面处静压为 168Pa，计算Ⅱ—Ⅱ截面处流体静压头？

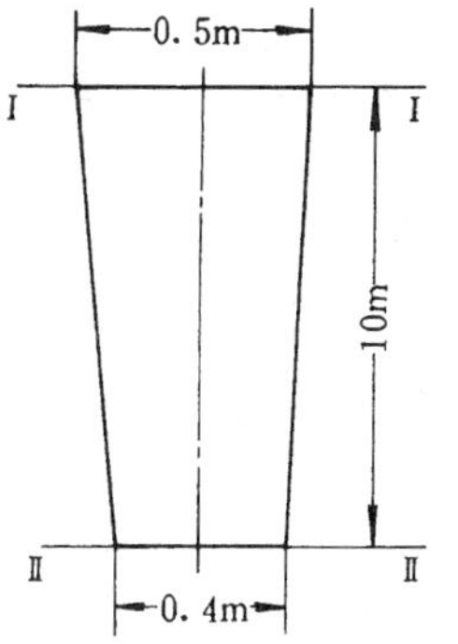

习题 9　附图

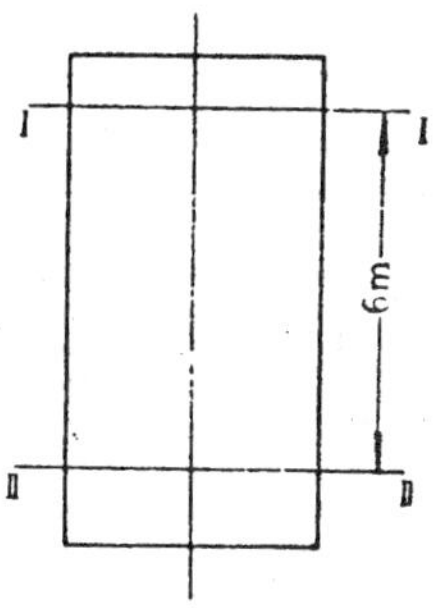

习题 10　附图

11. 工业炉中安装有管式换热器，管外径 57mm，按顺排方式排列，每排 6 根共 12 排，其中 $s=1.5d$，$b=2d$，$\delta=d$，烟气在管外流动，其平均温度为 600℃，在最窄截面处的标态流速为 2.5m/s，求烟气通过该换热器所产生的能量损失。

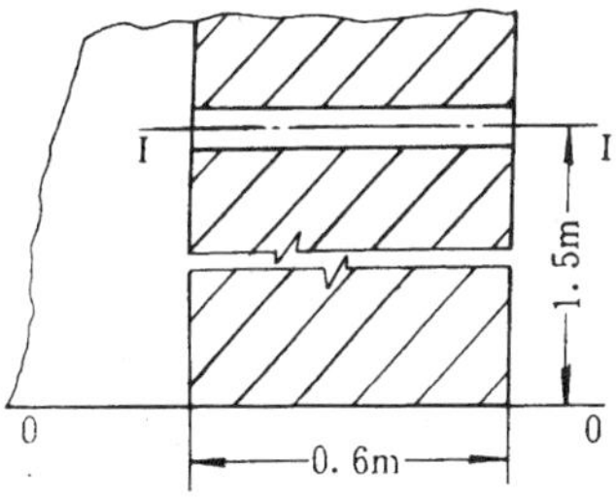

习题 12　附图

12. 某窑炉炉底以上 1.5m 处炉墙有一小孔，直径为 100mm，炉内气体温度为 1200℃，车间温度为 20℃，炉底处相对压力为 0，求通过此小孔每小时损失的气体量。

13. 炉门宽 0.9m、高 0.8m，炉气温度 1400℃，周围空气温度 0℃，试计算：

(1) 当炉门下缘处相对压力为 0 时，求开启炉门溢气量。

(2) 当炉门中心处相对压力为 0 时，求炉门溢气量及吸入空气量。

14. 空气在 6.6at (6.6×98070Pa)、70℃于气罐内通过一管嘴作绝热膨胀至 3.8at (3.8×98070Pa)，计算空气最终温度 T_2、比容 v_2 及空气流速 u_2？

15. 有一收缩管嘴，已知参数 $p_1=140$kPa、$p_2=100$kPa、$u_1=80$m/s、$T_1=293$K，计算流速 u_2。又当 p_1、T_1、u_1 不变，$p_2=120$kPa 时，密度 ρ_2 及流速 u_2 为多少？

16. 已知某双原子气体压强 $p_0=118$kPa、密度 $\rho_0=1.12\text{kg/m}^3$，经收缩管嘴流入压强为 $p=101$kPa 的空气中，喷嘴出口面积为 $5\times10^{-4}\text{m}^2$，当按绝热过程处理，管嘴流量系数 $\mu=0.6$ 时，计算压力比、经喷嘴流出的速度及此时的音速及质量流量？

17. 已知氧气滞止压力 $p_0=2$at (2×98070Pa)，滞止温度 $t_0=15$℃。大气压强 $P=1.056$at (1.056×98070Pa)，喷口最小截面为 1cm^2，计算压力比及在此压力比下气流喷出速度，并求通过此截面氧气的质量流量？

18. 氧气在拉伐尔管的原始参数 $p_0=11$at (11×98070Pa)，$T_0=313$K，外界压力为 1at (98070Pa)，质量流量 $q_m=2.74$kg/s，计算该拉伐尔管的临界压力、临界流速与临界断面，计算出口流速、出口断面及拉伐尔管的其它尺寸？

19. 某窑炉砌烟囱高 30m，烟囱底部直径与上部直径之比为 1.25 倍，烟囱出口处温度为 200℃，出口处标态流速为 3m/s，外界空气温度为 20℃，烟囱标态排烟量 q_{V_n} 为 $6.0\text{m}^3/\text{s}$，烟囱内每米温度降落 2℃，计算该烟囱底部所产生的负压为多少？

20. 某窑炉标态排烟量 q_{V_n} 为 8000m³/h，烟气标态密度 1.34kg/m³，烟囱底部烟气温度为 400℃，窑炉系统总阻力 180Pa，夏季空气最高温度为 38℃，平均大气压 740mmHg 柱，计算该烟囱直径与高度？

21. 某炉子排烟系统如图所示，标态排烟量 q_{V_n} 为 2.08m³/s，烟气出炉至换热器前平均温度 900℃，经换热器后温度下降了 280℃，空气温度 20℃，气象条件同 20 题，烟道尺寸如下：

烟道 a　0.5×0.8×3.5m，　烟道 b　0.7×0.8×2.0m，

烟道 c　1.0×1.2×18.0m，　烟道 d　1.0×1.2×20.0m。

气体通过换热器的能量损失 120Pa，烟道闸板开度 80%

计算为引导窑内气体运动，烟囱底部所需负压值，并计算烟囱的直径与高度？

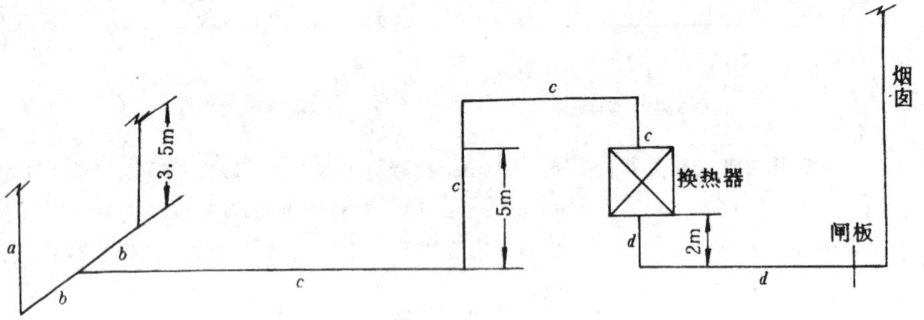

习题 21　附图

22. 将某种颗粒在流化床流化，如果其中直径大于 0.25mm 颗粒必须避免逸出，求床层允许气流速度的最大值和最小值？已知数据如下：颗粒密度 $\rho_s=1450\text{kg/m}^3$，球形度 $\phi=1$，平均直径 $d_m=0.45\text{mm}$，气流温度 200℃，粘度 $2.6\times10^{-5}\text{Pa}\cdot\text{s}$，密度 0.747kg/m³。

第二章 传　　热

物理学中已指出，传热有三种方式，即传导、对流、辐射。在实际的传热过程中很少有一种传热方式单独存在，往往是两种、三种传热方式同时发生，而在某种条件下以某种传热方式为主。

在对各种传热方式进行分析之前，首先应建立有关传热的几个基本概念。

温度场：在物体（固体、液体、气体）中有温度差存在时，热量将自动地由高温流向低温，也就是说物体相互间或同一物体各部分之间存在温度差是产生传热的必要条件，因此要了解物体当中的传热情况，首先必须了解物体当中的温度分布。

物体在加热或冷却过程中，不同部位的温度是不同的，同一部位的温度也随时间而改变，因此可以得出这样的结论：温度是空间坐标和时间的函数，即

$$t = f(x, y, z, \tau) \tag{2-1}$$

温度场就是指某一瞬间物体（空间）各点温度分布的总和，公式（2-1）即为温度场的数学表达式。

温度场可以是三个坐标、两个坐标或一个坐标的函数，所以有“三维”、“二维”和“一维”之分。最简单的情况是温度沿一个方向变化，如仅沿 x 方向变化，则公式（2-1）可写成

$$t = f(x, \tau) \tag{2-2}$$

稳定传热与不稳定传热：如果温度场不随时间改变，公式（2-1）可写成

$$t = f(x, y, z) \tag{2-3}$$

称为稳定温度场，此时所进行的传热为稳定传热。例如隧道窑的窑墙、窑顶，各点温度虽不同，但均不随时间改变，因此属于稳定温度场，通过窑墙、窑顶的传热为稳定传热。

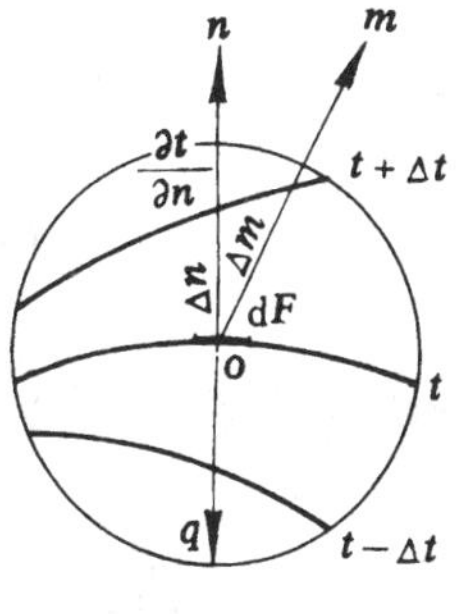

图 2-1　温度梯度和热流

如果温度场随时间改变，则温度场的数学表达式即为公式（2-1），称为不稳定温度场，所进行的传热为不稳定传热。例如在隧道窑中行进的窑车及装载的制品，在加热和冷却过程中，不仅各点温度不同，而且同一点的温度也随时间改变，因此属于不稳定温度场，所进行的传热为不稳定传热。

温度梯度：在物体（空间）当中，具有相同温度的各点相连接就得到等温面，因为同一点不可能具有两个不同的温度，所以等温面不可能相交。在穿过等温面方向（如图 2-1 的 m 方向）能观察到温度的变化，而且在穿过等温面的法线方向温度变化最显著。等温面之间温度差 Δt 与其法线方向距离 Δn 之比值的极限称为温度梯度，记为 grad$t$ 。

$$\mathrm{grad}\, t = \lim_{\Delta n \to 0} \frac{\Delta t}{\Delta n} = \frac{\partial t}{\partial n} \quad ℃/\mathrm{m} \tag{2-4}$$

温度梯度是沿等温面法线方向的向量，沿着温度升高的方向为正，朝着温度降落的方

向为负。温度梯度的负值，也称为温度降度。

第一节　传导传热——导热

“导热”是指物体各部分无相对位移或不同的物体直接接触，依靠物质的分子、原子、自由电子等微观粒子热运动而进行的热量传递现象。在气体中，导热是分子不规则热运动时相互碰撞的结果。由于分子的动能和温度有关，因此在高温范围内分子具有较大动能，当其与较冷分子碰撞时进行了能量的交换。在液体当中导热机理类似于气体，但由于液体分子之间更接近，并且在碰撞过程中分子力场产生强烈影响，因此情况较为复杂。在固体当中热能的传递有两种方式，即自由电子传递和晶格的振动。对于良导电体，围绕材料晶格结构有大量自由电子运动，正如电子可以传递电荷一样，它们也可以携带热能从高温部位至低温部位，为此良导电体几乎总是良热导体。在不导电的固体中，导热是通过晶格结构的振动（即原子、分子在其平衡位置附近的振动）来实现的。这种晶格结构振动的传递常称之为弹性波。

关于导热的微观机理目前仍在研究中，本书仅讨论导热现象的宏观规律。

一、导热基本定律——傅立叶定律

傅立叶在研究固体导热现象时确定：单位时间内传递的热流量 Φ，与温度降度及垂直于导热方向的截面积 F 成正比。

$$\Phi = -\lambda \frac{\partial t}{\partial n} F \quad \mathrm{W} \tag{2-5}$$

对于每单位时间，通过每单位截面积所传递的热流量，可表示为

$$q = -\lambda \frac{\partial t}{\partial n} \quad \mathrm{W/m^2} \tag{2-6}$$

这就是傅立叶定律的数学表达式。

式中　q——单位时间，通过单位面积的热流量，称为热流密度（热流通量），热流密度也是个向量，它的正方向是朝向温度降落的一面，即和温度梯度方向相反，所以在公式（2-5）和公式（2-6）的右边为负号。

λ——材料导热系数，也称为热导率。

根据公式（2-5）得

$$\lambda = \frac{\Phi}{\left(-\frac{\partial t}{\partial n}\right) F} \qquad \mathrm{W/(m \cdot ^\circ C)} \tag{2-7}$$

可见导热系数就是当物体内温度降度为1℃/m，单位时间内通过单位面积的热流量，导热系数的大小标志着物质的导热能力。

气体的导热系数约在0.006～0.6W/（m·℃）范围内。如前所述，气体导热是分子热运动和相互碰撞的结果，所以随温度升高，其导热系数增加。其中氢和氦的导热系数远高于其它气体（5～10倍），这可以从它们的分子质量很小，因而具有较高的运动速度来解释。

液体的导热系数一般在0.07～0.7W/m·℃之间，对于大多数液体，随温度升高导热系数下降。只有水和甘油例外，它们的导热系数随温度升高而增大。

各种金属的导热系数在2.2～420W/m·℃的范围内变化，金属导热与导电机理一致，其导热系数与导电率成正比，故以纯金属导热系数为最高，金属中如混有微量杂质，则导

热系数大为减小。

耐火材料、建筑材料及隔热保温材料，它们的导热系数值在0.025～4W/（m·℃）之间。其中导热系数小于0.25的材料称为绝热材料。该类材料的特点是内部具有较多的孔隙，热量通过材料实体和孔隙两部分进行传递。通过实体的部分是靠固体的导热，而通过孔隙的部分是以辐射以及其中介质的导热和对流的复杂方式进行的。因此各种材料的导热系数相差很大，而同一种材料还受结构、湿度、温度等因素的影响。

结构对材料的导热系数有很大影响，若结构疏松多孔，则孔隙被气体所充满，气体导热系数远较固体为小，从而降低了材料的导热系数。但必须注意，材料中的孔隙应属于较多细小且封闭的孔隙，才不会引起明显的对流作用，如果孔隙连成较大孔洞，可能会因介质对流作用增强，反而使材料的导热能力提高。

材料潮湿其导热系数将会提高，这不仅是因为孔隙中水的导热系数比空气导热系数为大，而且因为当水分由高温向低温迁移时也要携带热量，因此湿材料的导热系数比干材料和水的导热系数都要大。例如干砖的λ=0.35，水的λ=0.58，而湿砖的λ=1.0W/（m·℃）左右。

实验证明，大多数耐火材料和建筑材料的导热系数与温度都近似呈直线关系，而且是随着温度升高而增大的。但也有一些耐火材料（如镁砖、铬镁砖），其导热系数随温度升高而降低。导热系数和温度的关系可表示为

$$\lambda_t = \lambda_0(1 \pm \beta t) \tag{2-8}$$

或

$$\lambda_t = \lambda_0 \pm bt \tag{2-9}$$

式中　λ_t——t ℃时的导热系数，W/（m·℃）；

λ_0——0℃时的导热系数，W/（m·℃）；

β、b——实验常数，1/℃。

常用的耐火材料、建筑材料及隔热保温材料的导热系数（λ_0）和温度系数（b）载于附录4。

在导热过程中物体各部分温度不同，此时可依据物体两端面温度t_1和t_2的算术平均值，即$t_m = \frac{t_1 + t_2}{2}$来计算该物体的平均导热系数$\lambda_m$，这种方法用于稳定导热问题求解时是合理的。

$$\lambda_m = \lambda_0 \pm bt_m \tag{2-10}$$

二、平壁导热

1. 通过单层平壁导热

设有一同质单层平壁，如图2-2。其厚度为δ，两个表面各维持一定的温度，分别为t_1和t_2，且$t_1 > t_2$，材料的导热系数λ为常数，平壁温度只沿x方向变化。在这种情况下，温度场是“一维”的，所有的等温面都是平面，并且垂直于x轴。为求得通过该平壁的热流密度及平壁内的温度分布，可在距内表面x处取一厚度为$\mathrm{d}x$的薄层，对于一维稳定导热傅立叶定律可表示为

$$q = -\lambda \frac{\mathrm{d}t}{\mathrm{d}x} \tag{1}$$

将上式分离变量

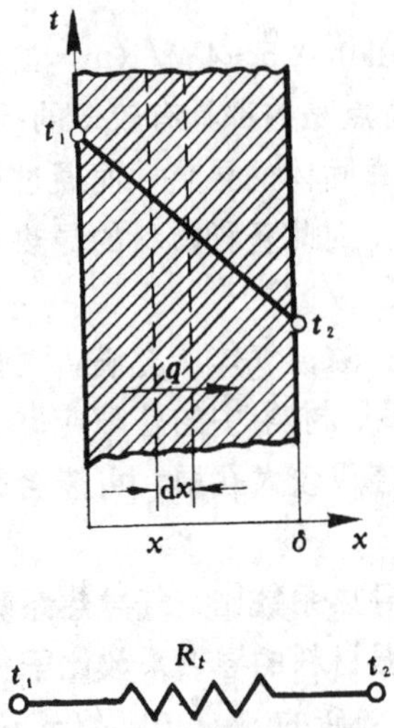

图 2-2　单层平壁导热

$$dt = -\frac{q}{\lambda}dx \tag{2}$$

积分可得

$$t = -\frac{q}{\lambda}x + C \tag{3}$$

所得积分常数 C 可由边界条件确定

当 $x = 0, t = t_1$，代入式(3) 得

$$C = t_1 \tag{4}$$

当 $x = \delta, t = t_2$，代入式(3) 得

$$t_2 = -\frac{q}{\lambda}\delta + t_1 \tag{5}$$

式（5）经整理后可得 q 为

$$q = \frac{\lambda}{\delta}(t_1 - t_2) \quad \text{W/m}^2 \tag{2-11}$$

从公式（2-11）可以看出，通过单层平壁每单位时间、单位面积所传导的热量与材料的导热系数、内外表面温度差成正比，与平壁厚度成反比。

通过 F 平方米面积所传导的热流量为

$$\Phi = qF = \frac{\lambda}{\delta}(t_1 - t_2)F \quad \text{W} \tag{2-12}$$

平壁内距内表面 x 处温度的计算：将式（4）及公式（2-11）代入式（3）经整理得

$$t_x = t_1 - \left(\frac{t_1 - t_2}{\delta}\right)x \tag{2-13}$$

--即当材料的导热系数为常数时，单层平壁内温度的分布呈直线。

例题 1　有一红砖墙，其厚度 δ 为 240mm（它的长度和宽度远大于厚度，可视为"一维"导热），墙的两表面温度分别为 $t_1 = 140℃$ 和 $t_2 = 20℃$。求通过此墙壁的热流密度 q 以及平壁内 a、b、c 各平面的温度 t_a、t_b 和 t_c，这些平面相距均为 60mm，如图 2-3。

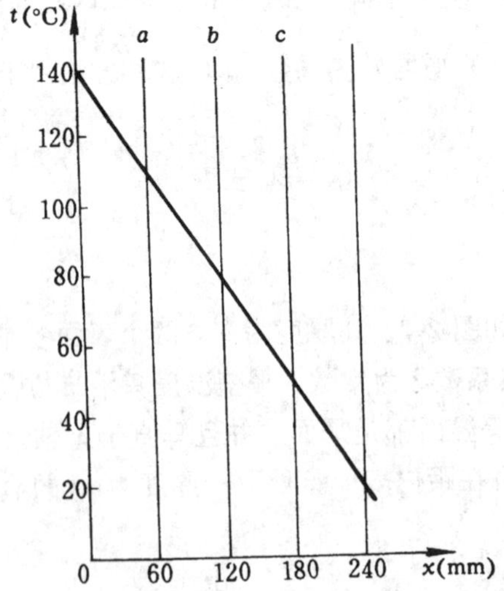

图 2-3　例题 1 附图

解 不考虑红砖的导热系数随温度变化，取 $\lambda = 0.50 W/(m \cdot ℃)$

根据公式（2-11），（2-13）

$$q = \frac{\lambda}{\delta}(t_1 - t_2) = \frac{0.50}{0.24} \times (140 - 20) = 250 \quad W/m^2$$

$$t_a = t_1 - \left(\frac{t_1 - t_2}{\delta}\right)x = 140 - \left(\frac{140 - 20}{0.24}\right) \times 0.06 = 110 \quad ℃$$

$$t_b = 140 - \left(\frac{140 - 20}{0.24}\right) \times 0.12 = 80 \quad ℃$$

$$t_c = 140 - \left(\frac{140 - 20}{0.24}\right) \times 0.18 = 50 \quad ℃。$$

由此例题可以看出，当导热系数为常数时，单层平壁内温度按直线分布。

热阻概念：热量的转移是自然界中一种常见的转移过程，在其基本规律方面，同另外的一些转移过程（如电量的转移，动量的转移，质量的转移）有不少相类似的地方。对各种转移过程的规律进行分析、比较，充分揭示相互之间的类同之处，是研究转移过程的一种行之有效的方法。

公式（2-12）及公式（2-11）可以表示为

$$\Phi = \frac{t_1 - t_2}{\dfrac{\delta}{\lambda F}} = \frac{\Delta t}{R_t} \tag{2-14}$$

$$q = \frac{t_1 - t_2}{\dfrac{\delta}{\lambda}} = \frac{\Delta t}{R_t'} \tag{2-15}$$

上述两个公式可以与电学上的欧姆定律 $I = \dfrac{U}{R}$ 相比拟，可以看出，它们在形式上是相类似的。公式中的热流量 Φ 或热流密度 q 相当于电流 I，温度差 Δt 对应于电位差 U，有温度差就有热量的传递，就象导线中有电位差就有电流一样，温差是传热过程的推动力，所以在传热学中也将温差称为温压。公式中的 $R_t = \dfrac{\delta}{\lambda F}$ 为传热过程的阻力，称为热阻（℃/W）。R_t 是传热总面积的热阻；$R_t' = \dfrac{\delta}{\lambda}$ 为单位面积的热阻（$m^2 \cdot ℃$）/W。当在传热路径上传热面积沿途不变时，可以采用单位面积热阻，但当传热面积沿途变化时，则以采用总面积的热阻较为方便。

将热量转移与电量转移的基本规律相比较，可得出如下共同规律

$$过程的转移量 = \frac{过程的动力}{过程的阻力}$$

热阻是传热学中的一个基本概念，热阻分析的方法在解决各类传热问题时应用甚广，必须予以重视。

2. 通过多层平壁导热

设由三种不同材料组成的多层平壁，层与层之间彼此紧密接触，壁面很大，视温度仅沿 x 方向变化，如图 2-4。每层厚度分别为 δ_1、δ_2、δ_3，导热系数依次为 λ_1、λ_2、λ_3，并且均为常数，多层壁内外表面温度分别为 t_1 和 t_4，且 $t_1 > t_4$，层与层之间的温度为 t_2 和 t_3。

因为稳定导热，各层温度都不随时间而变，通过各层的热流量也不随时间改变，因此通过各层的热流量可用下式表示。

$$\left.\begin{aligned}\Phi &= \frac{\lambda_1}{\delta_1}(t_1 - t_2)F = \frac{1}{R_{t_1}}(t_1 - t_2) \\ \Phi &= \frac{\lambda_2}{\delta_2}(t_2 - t_3)F = \frac{1}{R_{t_2}}(t_2 - t_3) \\ \Phi &= \frac{\lambda_3}{\delta_3}(t_3 - t_4)F = \frac{1}{R_{t_3}}(t_3 - t_4)\end{aligned}\right\} \quad (1)$$

移项可得

$$\left.\begin{aligned}t_1 - t_2 &= R_{t_1} \cdot \Phi \\ t_2 - t_3 &= R_{t_2} \cdot \Phi \\ t_3 - t_4 &= R_{t_3} \cdot \Phi\end{aligned}\right\} \quad (2)$$

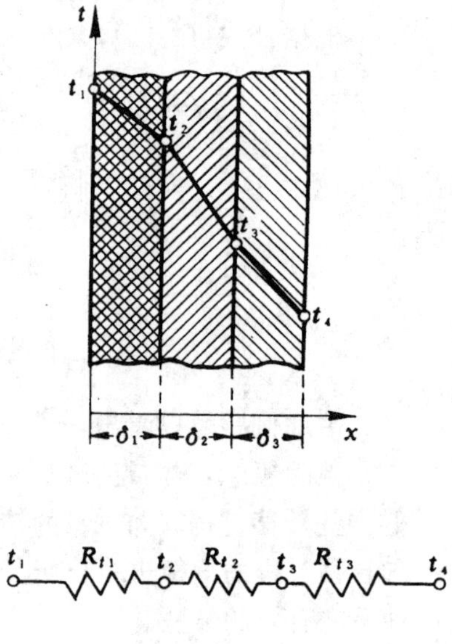

图 2-4 多层平壁导热

将式（2）中各项相加，并整理得通过该平壁热流量计算公式

$$\Phi = \frac{t_1 - t_4}{R_{t_1} + R_{t_2} + R_{t_3}} = \frac{\Delta t}{\Sigma R_t} \quad (\text{W}) \qquad (2\text{-}16)$$

式中 $R_{t_1} = \dfrac{\delta_1}{\lambda_1 \cdot F}$—— 第一层导热热阻，℃/W；

$R_{t_2} = \dfrac{\delta_2}{\lambda_2 \cdot F}$—— 第二层导热热阻，℃/W；

$R_{t_3} = \dfrac{\delta_3}{\lambda_3 \cdot F}$—— 第三层导热热阻，℃/W。

$\Sigma R_t = R_{t_1} + R_{t_2} + R_{t_3}$是三层平壁的总热阻，这和电阻串联的原理是一样的。在串联电路里，总电阻为各串联电阻之总和，而热流量Φ通过三层平壁所遇到的总热阻是三层热阻之总和。

依此类推，对于由n层不同材料组成的多层平壁，即可写出

$$\Phi = \frac{t_1 - t_{n+1}}{\sum_{i=1}^{n} R_t} \qquad (2\text{-}17)$$

对于各层之间的温度，可将计算的Φ值代入式（2）中则有

$$t_2 = t_1 - \Phi R_{t_1}$$

$$t_3 = t_1 - \Phi(R_{t_1} + R_{t_2})$$

或

$$t_3 = t_4 + \Phi R_{t_3}$$

对于多层平壁第i层和第$i+1$层之间的温度可表示为

$$t_{i+1} = t_1 - \Phi(R_{t_1} + R_{t_2} + \cdots\cdots + R_{t_i}) \qquad (2\text{-}18)$$

例题 2 某隧道窑烧成带的砌筑材料如下

砌筑材料	导热系数 W/（m·℃）	砌筑厚度（mm）
硅砖（内层）	1.80	460
轻质砖（ρ=1.30）	0.79	230
轻质砖（ρ=0.8）	0.47	460
粘土砖（外层）	0.81	113

窑墙内表面温度 $t_1=1400℃$，外表面温度 $t_5=80℃$。

求通过该窑墙的热流密度 q 及各层温度分布。

解 根据公式（2-16），先计算各层单位面积的热阻

$$R'_{t_1}=\frac{\delta_1}{\lambda_1}=\frac{0.46}{1.8}=0.26 \quad ℃/W$$

$$R'_{t_2}=\frac{\delta_2}{\lambda_2}=\frac{0.23}{0.79}=0.29 \quad ℃/W$$

$$R'_{t_3}=\frac{\delta_3}{\lambda_3}=\frac{0.46}{0.47}=0.98 \quad ℃/W$$

$$R'_{t_4}=\frac{\delta_4}{\lambda_4}=\frac{0.113}{0.81}=0.14 \quad ℃/W$$

则有

$$q=\frac{t_1-t_5}{R'_{t_1}+R'_{t_2}+R'_{t_3}+R'_{t_4}}=\frac{1400-80}{0.26+0.29+0.98+0.14}=790 \quad W/m^2$$

$$t_2=t_1-q\cdot R'_{t_1}=1400-790\times0.26=1195 \quad ℃$$

$$t_3=t_1-q(R'_{t_1}+R'_{t_2})=1400-790\times(0.26+0.29)=966 \quad ℃$$

$$t_4=t_1-q(R'_{t_1}+R'_{t_2}+R'_{t_3})=1400-790\times(0.26+0.29+0.98)=191 \quad ℃$$

例题 3 窑墙砌筑材料如下

砌筑材料	砌筑厚度（mm）
粘土砖（内层）	230
硅藻土砖（$\rho=500kg/m^3$）	65
红砖	500

窑墙内表面温度 $t_1=1000℃$，外表面温度 $t_4=50℃$，如图 2-6。

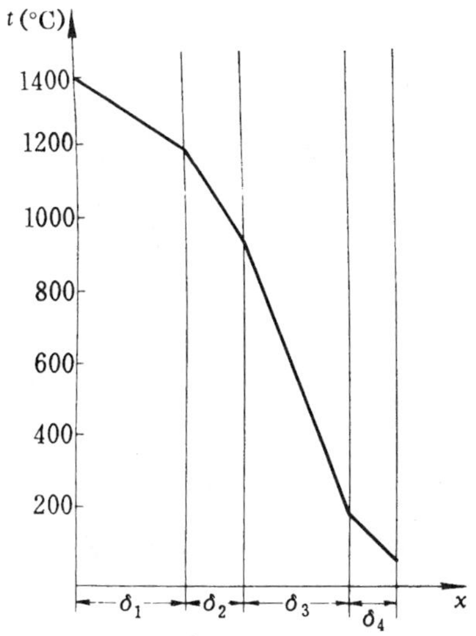

图 2-5 例题 2 附图

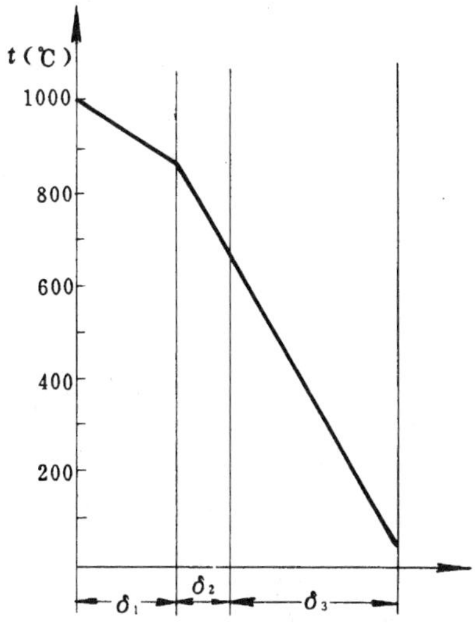

图 2-6 例题 3 附图

求通过窑墙的热流密度 q。

解 在例题 2 中给出了各温度下的平均导热系数 λ，但在一般情况下由于不知道中间各层温度，因此平均导热系数值不易给出，此时可采用试算法，即先假定 t_2 和 t_3 为一定数值，算出各层平均温度，从而计算各层的平均导热系数。根据公式

$$q_1 = \frac{t_1 - t_2}{R'_{t_1}}, q_2 = \frac{t_2 - t_3}{R'_{t_2}}, \cdots\cdots$$

计算通过各层的热流密度，因为是稳定导热，通过各层的热流密度应当相等，即 $q_1 = q_2 = q_3 = \cdots\cdots$ 。如果各层温度假定的不合适，通过各层的热流密度将相差很大；如果温度选择的恰当，通过各层的热流密度也应相差不多，当 $\frac{q_{\max} - q_{\min}}{q_{\min}} < 4\ \%$时，在工程上是允许的，但超过 4%则需重新进行计算。

按照上述方法进行本题计算：先假定 $t_2 = 855℃, t_3 = 670℃$ ，

各层平均温度

$$t_{1-2} = \frac{1000 + 855}{2} = 927.5 \quad ℃$$

$$t_{2-3} = \frac{855 + 670}{2} = 762.5 \quad ℃$$

$$t_{3-4} = \frac{670 + 50}{2} = 360 \quad ℃$$

各种材料的导热系数根据附录 4 及附录 5

$$\lambda_1 = 0.698 + 0.64 \times 10^{-3}t = 0.698 + 0.64 \times 10^{-3} \times 927.5 = 1.2916 \quad W/(m \cdot ℃)$$

$$\lambda_2 = 0.093 + 0.244 \times 10^{-3}t = 0.093 + 0.244 \times 10^{-3} \times 762.5 = 0.2791 \quad W/(m \cdot ℃)$$

$$\lambda_3 = 0.465 + 0.51 \times 10^{-3}t = 0.465 + 0.51 \times 10^{-3} \times 360 = 0.6486 \quad W/(m \cdot ℃)$$

各层的热阻

$$R'_{t_1} = \frac{0.23}{1.2916} = 0.1781 \quad ℃/W$$

$$R'_{t_2} = \frac{0.065}{0.2791} = 0.2329 \quad ℃/W$$

$$R'_{t_3} = \frac{0.50}{0.6486} = 0.7709 \quad ℃/W$$

所以有

$$q_1 = \frac{1000 - 855}{0.1781} = 814.15 \quad W/m^2$$

$$q_2 = \frac{855 - 670}{0.2329} = 794.33 \quad W/m^2$$

$$q_3 = \frac{670 - 50}{0.7709} = 804.25 \quad W/m^2$$

相对误差 $\frac{814.15 - 794.33}{794.33} \times 100\% = 2.5\% < 4\%$ ，故认为假定合适，可进一步计算通过该墙壁的热流密度 q

$$q = \frac{t_1 - t_4}{R'_{t_1} + R'_{t_2} + R'_{t_3}} = \frac{1000 - 50}{0.1781 + 0.2329 + 0.7709} = 804 \quad W/m^2$$

3. 复合平壁的导热

前面所讨论的多层平壁，每一层都由同种材料构成，但在工程上也会遇到如图 2-7 的复合平壁，由于不同材料的热阻不同，热流的分布不均匀，因此经过热阻较小的部分传递的热流量要多于热阻较大的部分。如果各种材料的导热系数相差不大，可近似认为热流沿垂直壁面的方向平行地通过壁内。此复合壁导热仍按公式（2-17）进行计算。

并按照串联、并联电路的计算方法，可得总热阻 R_t，其热流量为

$$\Phi = \frac{t_1 - t_5}{R_t} \quad \text{W}$$

如果复合壁内材料的导热系数相差较大，则仍可用上述方法计算总热阻，然后再参考有关资料加以修正。

三、圆筒壁导热

1. 通过单层圆筒壁导热

单层圆筒壁如图 2-8。内半径 r_1，外半径为 r_2，内、外表面温度分别为 t_1 和 t_2，且 $t_1 > t_2$。圆筒壁的长度比直径大得多，温度沿轴向变化很小，因此视温度仅沿径向变化，当采用 $r—\theta$ 圆柱坐标时，就属于一维导热。所有等温面都是与圆筒同轴心的圆柱面。

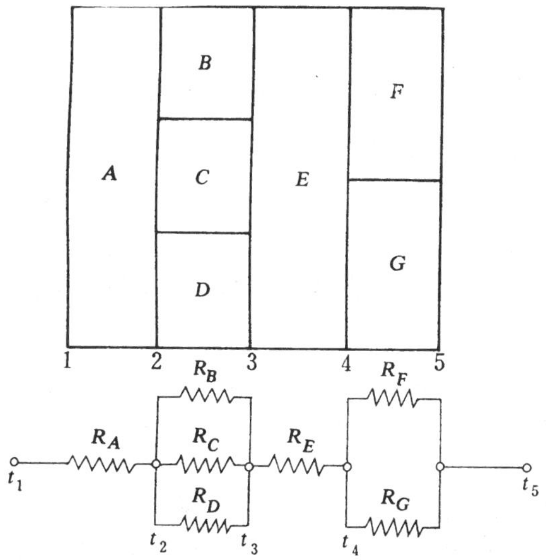

图 2-7 通过复合壁一维串联和并联的热传导及模拟电路

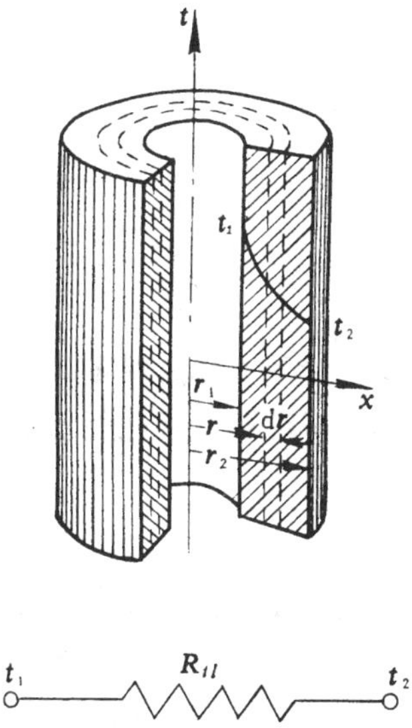

图 2-8 单层圆筒壁

对于圆筒壁，它的导热面积随半径的增大而加大，但通过整个圆筒壁的热流量 Φ 不变，而热流密度 q 将随半径的增加而减小，这是圆筒壁导热的特点。因此一般来说，不能用平壁导热的计算公式来计算圆筒壁的导热问题，而是要通过傅立叶定律积分来求解。

在轴向长度为 l 的圆筒壁内选定半径为 r，厚度为 dr 的环形薄层，根据傅立叶定律，通过这一薄层的热流量 Φ 为

$$\Phi = -\lambda \frac{dt}{dr} F = -\lambda \frac{dt}{dr} 2\pi r l \tag{1}$$

分离变量

$$dt = -\frac{\Phi}{2\pi\lambda l}\frac{dr}{r} \quad (2)$$

积分得

$$t = -\frac{\Phi}{2\pi\lambda l}\ln r + C \quad (3)$$

积分常数C可由边界条件确定

当$r = r_1, t = t_1$，代入式（3）得

$$t_1 = -\frac{\Phi}{2\pi\lambda l}\ln r_1 + C \quad (4)$$

当$r = r_2, t = t_2$，代入式（3）得

$$t_2 = -\frac{\Phi}{2\pi\lambda l}\ln r_2 + C \quad (5)$$

式（4）与式（5）相减得

$$t_1 - t_2 = \frac{\Phi}{2\pi\lambda l}(\ln r_2 - \ln r_1) = \frac{\Phi}{2\pi\lambda l}\ln\frac{r_2}{r_1} = \frac{\Phi}{2\pi\lambda l}\ln\frac{d_2}{d_1} \quad (6)$$

整理可得通过该圆筒壁热流量计算公式

$$\Phi = \frac{2\pi\lambda l}{\ln\frac{r_2}{r_1}}(t_1 - t_2) = \frac{2\pi\lambda l}{\ln\frac{d_2}{d_1}}(t_1 - t_2) = \frac{t_1 - t_2}{\frac{1}{2\pi\lambda l}\ln\frac{d_2}{d_1}} \quad \text{W} \quad (2\text{-}19)$$

鉴于圆筒壁导热的特点，在工程计算中，一般不以单位面积为基准，而是以单位轴向长度为基准来计算热流密度q_l，即

$$q_l = \frac{\Phi}{l} = \frac{t_1 - t_2}{\frac{1}{2\pi\lambda}\ln\frac{d_2}{d_1}} \quad \text{W/m} \quad (2\text{-}20)$$

若采用圆筒壁的导热热阻形式，则有

$$q_l = \frac{\Delta t}{R_{t,l}} \quad \text{W/m} \quad (2\text{-}21)$$

式中　$R_{t,l}$—— 每米长度的单层圆筒壁导热热阻，

$$R_{t,l} = \frac{1}{2\pi\lambda}\ln\frac{d_2}{d_1} \quad (\text{m}\cdot{}^\circ\text{C})/\text{W}$$

2. 多层圆筒壁导热

设有一圆筒壁如图 2-9。它由三种不同材料组成，内直径为d_1，外直径为d_4，中间各层直径分别为d_2和d_3。内外表面温度分别为t_1和t_4，且$t_1 > t_4$，层与层之间接触良好，层间温度分别为t_2和t_3。

根据单层圆筒壁的计算公式，并根据总热阻为各层热阻之总和的原则可得通过多层圆筒壁热流密度的计算公式，即

$$q_l = \frac{t_1 - t_4}{R_{t,l_1} + R_{t,l_2} + R_{t,l_3}} \quad \text{W/m} \quad (2\text{-}22)$$

式中 $R_{t,l_1}=\frac{1}{2\pi\lambda_1}\ln\frac{d_2}{d_1}$；

$R_{t,l_2}=\frac{1}{2\pi\lambda_2}\ln\frac{d_3}{d_2}$；

$R_{t,l_3}=\frac{1}{2\pi\lambda_3}\ln\frac{d_4}{d_3}$。

对于 n 层圆筒壁，则

$$q_l=\frac{t_1-t_{n+1}}{\sum_{i=1}^{n}R_{t,l_i}} \quad \text{W/m} \tag{2-23}$$

第 i 层与第 $i+1$ 层之间的温度为

$$t_{i+1}=t_1-q_l(R_{t,l_1}+R_{t,l_2}+\cdots\cdots+R_{t,l_i}) \quad ℃ \tag{2-24}$$

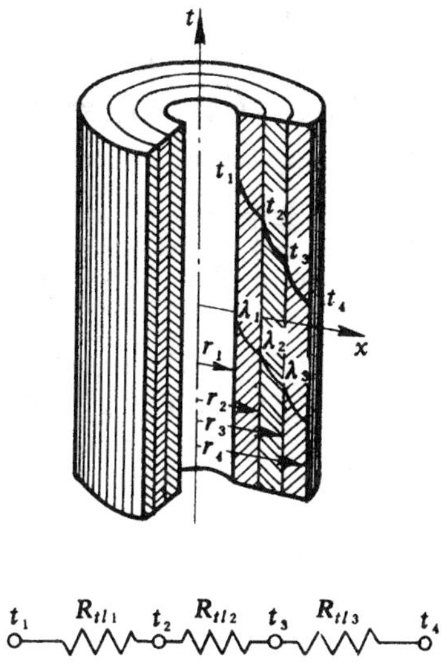

图 2-9 多层圆筒壁

例题 4 蒸汽管内径和外径分别为 160mm 和 170mm，管外裹着两层隔热材料，如图 2-10。第一层隔热材料的厚度 $\delta_2=30\text{mm}$，第二层隔热材料的厚度 $\delta_3=50\text{mm}$，管壁及两层隔热材料的导热系数分别为 $\lambda_1=58, \lambda_2=0.17, \lambda_3=0.09$ W/(m·℃)。蒸汽管内表面温度 $t_1=300℃$，外表面温度 $t_4=50℃$。求通过每米长度蒸汽管的热损失和各层之间温度。

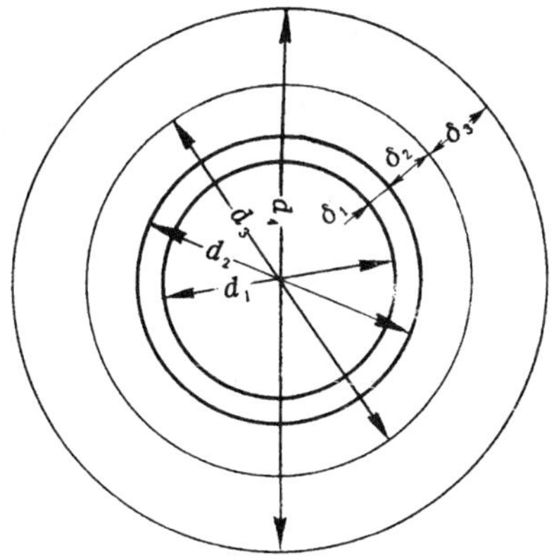

图 2-10 例题 4 附图

解 $r_1=\frac{d_1}{2}=\frac{0.16}{2}=0.08\text{m}$

$r_2=\frac{d_2}{2}=\frac{0.17}{2}=0.085\text{m}$

$r_3=r_2+\delta_2=0.085+0.03=0.115\text{m}$

$r_4=r_3+\delta_3=0.115+0.05=0.165\text{m}$

各层热阻为

$$R_{t,l_1}=\frac{1}{2\pi\lambda_1}\ln\frac{r_2}{r_1}=\frac{1}{2\pi\times58}\ln\frac{0.085}{0.08}\approx0$$

$$R_{t,l_2}=\frac{1}{2\pi\lambda_2}\ln\frac{r_3}{r_2}=\frac{1}{2\pi\times0.17}\ln\frac{0.115}{0.085}=0.28 \quad (\text{m}\cdot℃)/\text{W}$$

$$R_{t,l_3}=\frac{1}{2\pi\lambda_3}\ln\frac{r_4}{r_3}=\frac{1}{2\pi\times0.09}\ln\frac{0.165}{0.115}=0.64 \quad (\text{m}\cdot℃)/\text{W}$$

所以得出

$$q_l=\frac{t_1-t_4}{R_{t_1}+R_{t_2}+R_{t_3}}=\frac{300-50}{0+0.28+0.64}=272 \quad \text{W/m}$$

层间温度为

$$t_2=t_1-q_l\cdot R_{t,l_1}=300-272\times0=300℃$$

$$t_3=t_1-q_l(R_{t,l_1}+R_{t,l_2})=300-272(0+0.28)=224℃$$

四、球壁的导热

设有一空心球如图 2-11，球的内表面半径为 r_1，外表面半径为 r_2；假定材料的导热系数 λ 为常数；球的内外表面温度分别为 t_1 和 t_2，且 $t_1 > t_2$，温度仅沿半径方向变化。

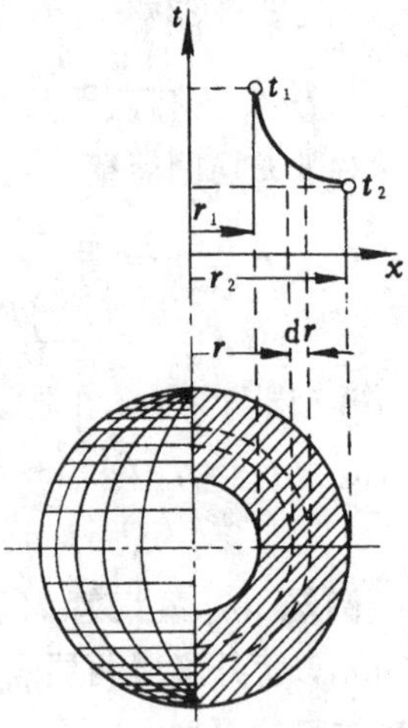

图 2-11 单层球壁

在壁内选定半径为 r，厚度为 dr 的空心球层，根据傅立叶定律，每小时通过该层的热流量为

$$\Phi = -\lambda F \frac{dt}{dr} = -\lambda 4\pi r^2 \frac{dt}{dr} \tag{1}$$

分离变量

$$dt = -\frac{\Phi}{4\pi\lambda} \cdot \frac{dr}{r^2} \tag{2}$$

积分可得

$$t = \frac{\Phi}{4\pi\lambda} \cdot \frac{1}{r} + C \tag{3}$$

积分常数 C 可由边界条件确定

当 $r = r_1, t = t_1$，代入式（3）得

$$t_1 = \frac{\Phi}{4\pi\lambda} \cdot \frac{1}{r_1} + C \tag{4}$$

当 $r = r_2, t = t_2$，代入式（3）得

$$t_2 = \frac{\Phi}{4\pi\lambda} \cdot \frac{1}{r_2} + C \tag{5}$$

式（4）减式（5）得

$$t_1 - t_2 = \frac{\Phi}{4\pi\lambda} \cdot \left(\frac{1}{r_1} - \frac{1}{r_2}\right)$$

所以得出

$$\Phi = \frac{4\pi\lambda}{\dfrac{1}{r_1} - \dfrac{1}{r_2}}(t_1 - t_2) \quad \text{W} \tag{2-25}$$

第二节 对 流 换 热

对流传热是由于流体在运动过程中质点发生相对位移而引起的热量转移。在工程上所研究的对流传热是指流体与固体壁面间的热交换，一般称为对流换热或对流给热。这种过程既包括了由于流体质点位移所产生的对流作用，同时也包括了流体边界层内的导热作用。

由于在对流换热时，热量转移和流体运动不可分割地联系在一起，因此流体运动的特性和对流换热有密切关系。如流体运动发生的原因、运动的情况（层流、湍流）、流体种类和物性以及物体表面形状和大小等因素都影响对流换热，因此对流换热是一个极其复杂的过程。

按流体发生运动的原因不同，对流换热可分为两大类，即自由运动换热和受迫运动换热。凡由于流体冷热部分密度不同所引起的运动叫做自由运动，此时流体与壁面的热交换称为流体自由运动换热。凡受外力影响所发生的流体运动叫做流体受迫运动，此时所进行的热交换称为流体受迫运动换热。

本节将讨论对流换热过程，用相似理论寻求对流换热系数的方法，并介绍几种典型的流体运动过程对流换热系数的计算公式。

一、对流换热过程

对流换热的基本公式是牛顿冷却公式

$$\Phi = \alpha(t_f - t_w)F \qquad \text{W} \tag{2-26}$$

$$q = \alpha(t_f - t_w) \qquad \text{W/m}^2 \tag{2-27}$$

式中 t_f—— 流体温度，℃；

t_w—— 壁面温度，℃；

F—— 壁面面积，m^2；

α—— 对流换热系数，其意义是指 1 米^2 壁表面积，流体同壁面间温度差为 1℃，每秒钟所能传递的热量，单位为 $J/(m^2 \cdot s \cdot ℃)$ 或 $W/(m^2 \cdot ℃)$。α 值的大小反映了对流换热的强弱。

将公式（2-26）及公式（2-27）改写为

$$\Phi = \frac{t_f - t_w}{\dfrac{1}{\alpha F}} \qquad \text{W} \tag{2-28}$$

$$q = \frac{t_f - t_w}{\dfrac{1}{\alpha}} \qquad \text{W/m}^2 \tag{2-29}$$

式中 $\dfrac{1}{\alpha F}$—— 对流换热热阻，℃/W；

$\dfrac{1}{\alpha}$—— 对于单位面积的对流换热热阻，$(m^2 \cdot ℃)/W$。

在对流换热过程中，热阻主要发生在靠近壁面的边界层内，因此流体流经壁面时边界层的厚度及其特征，对于对流换热的研究具有重要意义。为了对对流换热过程有较为深入的了解，必须对边界层的形成、发展及其特征作一概括介绍。

1. 流动边界层

粘性流体流经壁面时，与壁面产生摩擦力，它限制了流体的运动，使靠近壁面的流体速度降低直至壁面处速度为零。如图 2-12 的速度分布，该图表明在 $y=0$ 处流体在 x 方向的速度 $u_x = 0$，u_x 随 y 值的增加而迅速增大，经过厚为 δ 的薄层，u_x 接近于主流速度 u_∞，我们把 $y=\delta$ 的薄层称为流动边界层（一般将接近达到主流速度，即 $\dfrac{u_x}{u_\infty} = 0.99$ 处距壁面的垂直距离定义为边界层）。厚度 δ 可以通过计算得出，例如 20℃的空气以 $u_\infty = 10m/s$ 的速度掠过平板，在离前缘 100mm 和 200mm 处的边界层厚度分别为 1.8mm 和 2.5mm，可见边界层厚度相对于壁面是一个很小的数值，在这样薄的一层流体中速度由零变化到接近主流速度 u_∞，其平均速度梯度是很大的，而紧靠壁面处速度梯度还要远大于其平均值。这样尽管工业用流体（如空气、烟气、水等）粘度很低，但因速度梯度大，边界层内仍具有较大的粘滞剪应力，于是流体沿壁面流动的流场可以分为两个区，即边界层区和主流区，流体边界层区是流体粘性起作用的区域，而主流区速度梯度为零，可视为无粘性的理想流体。

边界层在壁面上的形成和发展过程如图 2-13。流体以速度 u_∞ 流进平板前缘，此时边界层厚度为零，流进平板后，壁面粘滞剪应力将逐渐地向流体内部传递，边界层也逐渐加厚，

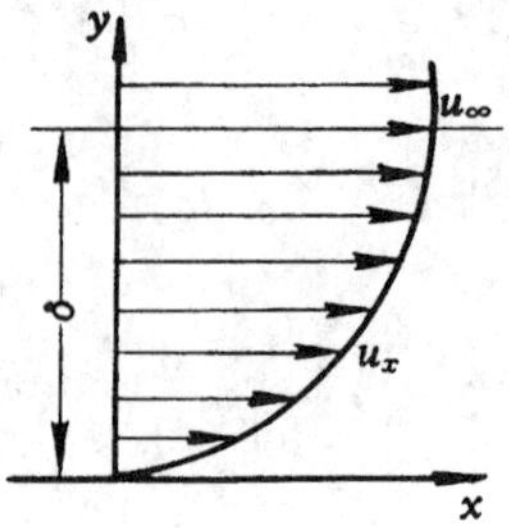

图 2-12　流动边界层

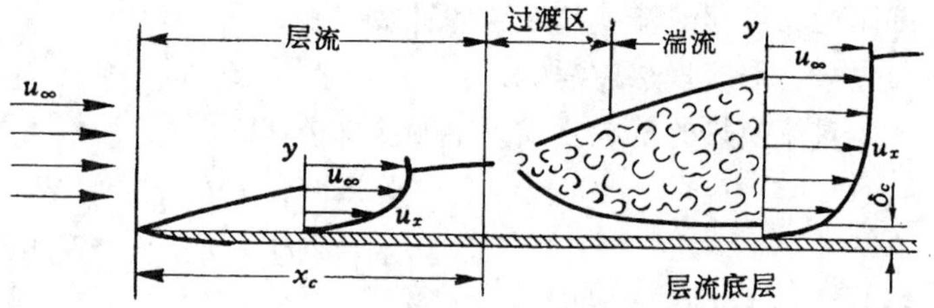

图 2-13　流体掠过平板时边界层的形成和发展

而边界层流态在某一距离 x_c 以前一直保持层流，称之为层流边界层。随着边界层厚度增加，必然导致壁面粘滞力对边界层外缘影响的减弱，这样边界层外缘的速度梯度就变小了，这里惯性力的影响相对地增大，促使层流边界层的外缘逐渐变得不稳定起来，外界任何微小的扰动都会引起旋涡和脉动，自距前缘距离 x_c 开始，层流即向湍流过渡。由旋涡开始出现起，边界层明显加厚，再向下游流动，边界层最终发展成旺盛湍流。由层流边界层开始向湍流过渡的距离 x_c 称为临界距离，x_c 由雷诺数 $Re_c = \frac{u_\infty \cdot x_c}{\nu}$ 确定（Re_c 处于 $3 \times 10^5 \sim 3 \times 10^6$ 之间）。对于粗糙壁面而且有扰动时，转变可能在 Re_c 低于 3×10^5 处发生，但若小心地消除扰动源，可使层流一直保持在 Re_c 的上限。

对于湍流边界层，紧靠壁面处粘滞剪应力仍然占绝对优势，致使紧靠壁面的薄层仍保持层流，它具有最大的速度梯度，这个薄层称为层流底层。

图 2-13 给出了边界层速度分布曲线的形状。对于层流，速度分布曲线为抛物线形；湍流时，在层流底层速度分布较陡斜，近于直线，而在层流底层以外的区域，由于流体质点的紊乱运动，速度变化趋于平坦。

当流体在平板上作层流运动，边界层厚度与 Re 的关系为

$$\delta = 4.64 \frac{x}{\sqrt{Re_x}} \tag{2-30}$$

式中　δ—— 边界层厚度，m；

x—— 距平板前缘的距离，m；

Re_x—— 距平板前缘距离 x 处的雷诺数，$Re_x = \frac{u_\infty x}{\nu}$。

例题 5　根据上式计算空气流过平板前缘 100mm 处的边界层厚度。已知空气流速为 10m/s，空气温度为 20℃。

$$Re_x = \frac{10 \times 0.1}{15.06 \times 10^{-6}} = 66400$$

$$\delta = 4.64 \frac{0.1}{\sqrt{66400}} = 0.0018\text{m} = 1.8\text{mm}$$

由此可以看出，在普通的流速和距离下，边界层厚度小于 2mm。

流体在平壁上作湍流流动，边界层厚度 δ_t 与 Re 数的关系为

$$\delta_t = 0.376 \frac{x}{Re_x^{1/5}} \tag{2-31}$$

其层流底层厚度 δ_c 为

$$\delta_c = \delta_t \frac{194}{Re_x^{0.7}} \tag{2-32}$$

根据上述二式可计算例题 5 中距平板前缘 500mm 处所形成的湍流边界层的厚度和层流底层的厚度。

$$Re_x = \frac{10 \times 0.5}{15.06 \times 10^{-6}} = 33200$$

根据公式（2-31），$\delta_t = 0.376 \frac{0.5}{33200^{1/5}} = 0.023\text{m} = 23\ \ \text{mm}$

根据公式（2-32），$\delta_c = 23 \frac{194}{33200^{0.7}} = 3.05\ \ \text{mm}$

当流体在管内受迫流动时，边界层的形成和发展如图 2-14。流体以匀速流入管口后，管壁处的速度由于粘滞力的作用而降低形成边界层，随着粘滞力向管中心的传播，边界层逐渐加厚，在稳定流动的情况下，管的各断面流量维持不变，故管的中心处流速随边界层厚度增大而增大，经过一段距离 L 后，管壁两侧的边界层在管中心处汇合，边界层停止发展，它的厚度等于管的半径，$\delta = R$，至此流动状态达到定型。这时的流态由管截面平均流速计算的 Re 数判断。当 $Re < 2320$ 时为层流，$Re > 10000$ 时为湍流，在二者之间为过渡区。这就是说，当 $Re > 10000$ 时，边界层在管中心汇合前已发展为湍流。

流体在直径为 d 的管中流动时，层流底层厚度可用下式计算

$$\delta_c = d \frac{63.5}{Re^{7/8}} \tag{2-33}$$

2. 热边界层

如前所述，由于速度在壁面法线方向上的变化出现了流动边界层。同理，当流体与壁面之间有温度差时，由于温度在壁面法线方向上的变化，出现了热边界层或称温度边界层。图 2-15 给出了湍流边界层当流体温度高于壁面温度时（$t_f > t_w$）壁面法线方向上的温度变化情况。在 $y = 0$ 处，流体温度等于壁面温度；在 $y = \delta_t$ 处，流体温度接近于主流温度 t_f，厚度 δ_t 的区域称为热边界层，δ_t 即为热边界层厚度。这样只有在热边界层才有最显著的温度变化，而在热边界层以外可以认为温度梯度等于零，视为等温流动区。

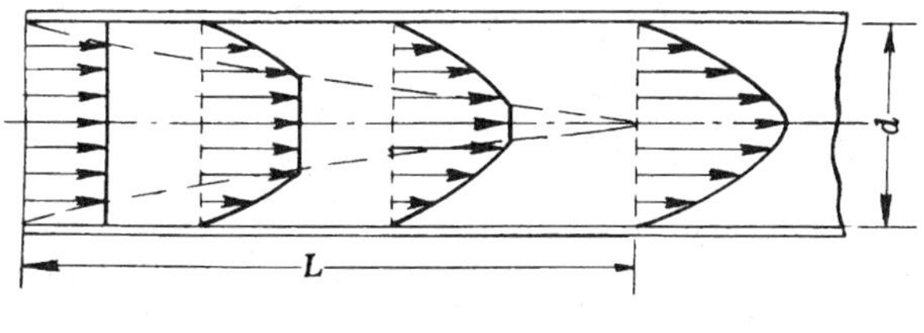

图 2-14　管内受迫运动边界层的形成和发展

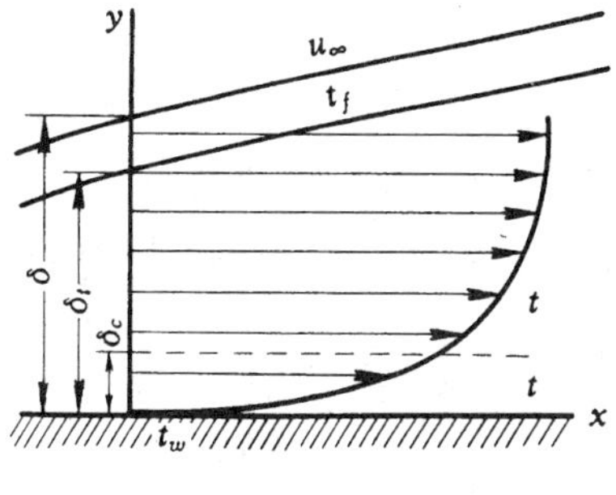

图 2-15　热边界层

流动边界层和热边界层的状况决定了边界层热量的传递方式。对于层流边界层，壁面法线方向的热量传递依靠导热，边界层内的温度分布呈抛物线形。对于湍流边界层，其中层流底层的热量转移靠导热，而在底层以外的湍流区，主要依靠旋涡扰动的对流混合作用，对于导热系数不高的流体，由于对流方式传递热量比导热方式强，故湍流换热热阻主要取

决于层流底层的导热过程，边界层的温度梯度在层流底层最大，而在湍流区变化平缓。

应当指出：热边界层厚度 δ_t 不一定等于流动边界层厚度 δ 。如果流动边界层和热边界层都从同一地点开始发展，则二者厚度之比，取决于流体的物性。

$$\frac{\delta_t}{\delta} = Pr^{-1/3} \tag{2-34}$$

式中　Pr—— 普朗特准数，$Pr = \frac{\nu}{a}$，其中 a 为导温系数，$a = \frac{\lambda}{C_P \cdot \rho}(m^2/s)$，$\nu$ 为运动粘度系数(m^2/s)。

在 Pr 准数中，ν 反映了流体分子传递动量的能力，a 反映了流体分子扩散热量的能力，故 Pr 准数的大小表明了流体动量传递和热量传递能力的相对大小。当 $Pr = 1, \delta = \delta_t$ ，则边界层内速度分布和温度分布曲线就完全一致，它揭示了动量传递和热量传递的类比关系，启发我们用动量传递的规律来研究热量传递。

3. 影响对流换热的因素

(1) 流态与流速，由于层流与湍流的物理机构的不同，确定了热量转移的规律不同，因此在研究对流换热时，首先区分湍流与层流具有十分重要的意义。层流时热量的转移主要依靠导热，而湍流时热量的转移除层流底层的导热外，还有湍流核心处的涡流扰动，其换热强度远大于层流流动。

由公式（2-30）至（2-33）可以看出，边界层厚度随 Re 的增大而减薄。对于同一种流体，无论在平板或圆管内流动，随着流速的增大，雷诺数增大，层流边界层或湍流边界层的层流底层均减薄，对流换热热阻减少，换热强度增大。

(2) 流体的物理性质　流体的物理性质主要指流体的导热系数、比热、密度、粘度等，它们对对流换热影响较大。

流体的导热系数大，层流层的热阻小，对流换热增强；比热和密度大，即 $C_P \cdot \rho$(kJ/m³·℃)大，说明单位体积能携带更多能量，故以对流作用转移热量的能力也大；而粘性大的流体，粘性剪应力大，边界层增厚，对流换热效果降低。但是，流体的物性对对流换热的影响不是单一的结果而是综合的结果。例如水的粘性比空气大，对对流换热是不利的，但是其导热系数比空气大很多，对对流换热又是有利的因素，综合其结果，用水作为冷却介质比用空气反而效果好。

(3) 放热表面的几何尺寸、形状和位置　由于壁面的几何因素会影响边界层的形成和发展以及温度场、速度场的状况，从而影响了对流换热。

综上所述，可得如下结论：对流换热系数 α 是上述所有因素的复杂函数，即

$$\alpha = f(u, t_w, t_f, \lambda, C_P, \rho, \mu, L, \Phi) \tag{2-35}$$

式中　L—— 壁面几何尺寸；

Φ—— 壁面几何因素。

对流换热系数 α 的求解通常有两种方法：一是数学解析法，通过分析现象的微元过程，建立它的微分方程式，再加上一些具体条件用数学方法求解，这种方法有理论概括的意义，但对于十分复杂的问题，方程式的建立与求解较为困难，因此数学解析法在实际应用中受到一定限制；另一种是直接实验法，但实验结果只能适用于实验具体条件，在变量很多的情况下这种办法困难很大，以致无法实现。因此在上述两种方法的基础上采用相似理论指导实验的方法得到了普遍的应用。

当采用相似理论来求对流换热系数 α 时，首先应建立描述该现象的微分方程式，接着求出相似准数，然后在相似理论的指导下进行实验并整理数据，这样就可能用少数实验得到的数据找出现象的普遍规律，简化了实验求解的工作。

二、换热的微分方程式

对流换热不仅取决于热现象，而且也取决于流体动力学现象，这两方面的总和就不能只用一个微分方程式，而是要用一组微分方程式去描述。这些方程式是：边界换热微分方程式、导热方程式、运动方程式和连续性方程式。有关流体运动的方程式已于流体力学中介绍过，本节仅介绍描述对流换热的两个方程式。

1. 边界换热微分方程式

如前所述，在流体与固体壁面进行热交换时，由于通过流体的层流边界层时，热量的传递完全依靠导热，根据傅立叶定律计算其热流密度为

$$q = -\lambda \frac{\partial t}{\partial n} \tag{1}$$

另一方面根据牛顿公式计算其热流密度为

$$q = \alpha \cdot \Delta t \tag{2}$$

使式（1）与式（2）右边部分相等，得到

$$\alpha \cdot \Delta t = -\lambda \frac{\partial t}{\partial n} \tag{2-36}$$

上式即为描述边界上换热过程的边界换热微分方程式。

2. 导热方程式

这一方程式普遍地描述了流动流体的温度场。

在流动的流体中选定各边长为 dx、dy、dz 的单元正六面体，如图 2-16。把物性参数

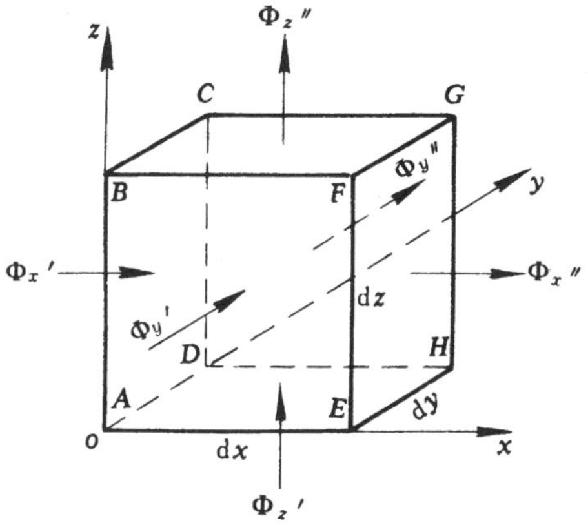

图 2-16　导热微分方程式的推演

λ、C_p、ρ 当作常数，列出该平行六面体的热平衡方程式。如果忽略压强的变化，那末根据能量守恒原理，则物体所接受的热量等于该物体焓的增值。

根据傅立叶定律，在 dτ 时间内沿 x 轴进入单元体的热量为

$$\Phi'_x = -\lambda \frac{\partial t}{\partial n} \mathrm{d}y\mathrm{d}z\mathrm{d}\tau$$

同时通过温度为$\left(t+\frac{\partial t}{\partial x}\mathrm{d}x\right)$的另一面离开单元体的热量

$$\Phi''_x = -\lambda\frac{\partial}{\partial x}\left(t+\frac{\partial t}{\partial x}\mathrm{d}x\right)\mathrm{d}y\mathrm{d}z\mathrm{d}\tau$$

则沿 x 轴进入单元体的净热量为 $\mathrm{d}\Phi_x = \Phi'_x - \Phi''_x$

$$\mathrm{d}\Phi_x = \lambda\frac{\partial^2 t}{\partial x^2}\mathrm{d}x\mathrm{d}y\mathrm{d}z\mathrm{d}\tau$$

同理沿 y 轴和 z 轴进入单元体的净热量为

$$\mathrm{d}\Phi_y = \lambda\frac{\partial^2 t}{\partial y^2}\mathrm{d}x\mathrm{d}y\mathrm{d}z\mathrm{d}\tau$$

$$\mathrm{d}\Phi_z = \lambda\frac{\partial^2 t}{\partial z^2}\mathrm{d}x\mathrm{d}y\mathrm{d}z\mathrm{d}\tau$$

单元体 $\mathrm{d}x\mathrm{d}y\mathrm{d}z$ 所接受的总热量

$$\mathrm{d}\Phi = \mathrm{d}\Phi_x + \mathrm{d}\Phi_y + \mathrm{d}\Phi_z = \lambda\left(\frac{\partial^2 t}{\partial x^2}+\frac{\partial^2 t}{\partial y^2}+\frac{\partial^2 t}{\partial z^2}\right)\mathrm{d}x\mathrm{d}y\mathrm{d}z\mathrm{d}\tau$$

在 $\mathrm{d}\tau$ 期间，从各方面进入单元体的热量用来提高它自身的温度，其热含量增加为

$$\mathrm{d}\Phi = C_P\cdot\rho\frac{\mathrm{d}t}{\mathrm{d}\tau}\mathrm{d}x\mathrm{d}y\mathrm{d}z\mathrm{d}\tau$$

将上两式恒等

$$C_P\cdot\rho\frac{\mathrm{d}t}{\mathrm{d}\tau}\mathrm{d}x\mathrm{d}y\mathrm{d}z\mathrm{d}\tau = \lambda\left(\frac{\partial^2 t}{\partial x^2}+\frac{\partial^2 t}{\partial y^2}+\frac{\partial^2 t}{\partial z^2}\right)\mathrm{d}x\mathrm{d}y\mathrm{d}z\mathrm{d}\tau$$

即

$$C_P\cdot\rho\frac{\mathrm{d}t}{\mathrm{d}\tau} = \lambda\left(\frac{\partial^2 t}{\partial x^2}+\frac{\partial^2 t}{\partial y^2}+\frac{\partial^2 t}{\partial z^2}\right)$$

令 $a=\frac{\lambda}{C_P\cdot\rho}$，则

$$\frac{\mathrm{d}t}{\mathrm{d}\tau} = a\left(\frac{\partial^2 t}{\partial x^2}+\frac{\partial^2 t}{\partial y^2}+\frac{\partial^2 t}{\partial z^2}\right) \tag{2-37}$$

此式即为傅立叶-克希荷夫导热微分方程式，式中 $a=\frac{\lambda}{C_P\cdot\rho}$ 称为导温系数（热扩散率），单位是 $\mathrm{m^2/s}$。a 值反映了物体在加热或冷却过程中各部分温度趋向一致的能力。a 值愈大，则在同样的加热条件下，物体内部各处之间的温度差别就愈小。导温系数对不稳定导热过程具有重要意义。

根据全微分的概念

$$\frac{\mathrm{d}t}{\mathrm{d}\tau} = \frac{\partial t}{\partial \tau}+\frac{\partial t}{\partial x}\ \frac{\mathrm{d}x}{\mathrm{d}\tau}+\frac{\partial t}{\partial y}\ \frac{\mathrm{d}y}{\mathrm{d}\tau}+\frac{\partial t}{\partial z}\ \frac{\mathrm{d}z}{\mathrm{d}\tau}$$

其中 $\frac{\mathrm{d}x}{\mathrm{d}\tau}$、$\frac{\mathrm{d}y}{\mathrm{d}\tau}$、$\frac{\mathrm{d}z}{\mathrm{d}\tau}$ 分别等于相应方面的分速度 u_x、u_y、u_z 。

所以

$$\frac{\mathrm{d}t}{\mathrm{d}\tau} = \frac{\partial t}{\partial \tau}+u_x\frac{\partial t}{\partial x}+u_y\frac{\partial t}{\partial y}+u_z\frac{\partial t}{\partial z}$$

导热微分方程式则可写成

$$\frac{\partial t}{\partial \tau}+u_x\frac{\partial t}{\partial x}+u_y\frac{\partial t}{\partial y}+u_z\frac{\partial t}{\partial z}=a\left(\frac{\partial^2 t}{\partial x^2}+\frac{\partial^2 t}{\partial y^2}+\frac{\partial^2 t}{\partial z^2}\right) \tag{2-38}$$

上式适用于流动的流体，如果应用于固体时，$u_x=u_y=u_z=0$，则可写成

$$\frac{\partial t}{\partial \tau}=a\left(\frac{\partial^2 t}{\partial x^2}+\frac{\partial^2 t}{\partial y^2}+\frac{\partial^2 t}{\partial z^2}\right) \tag{2-39}$$

对于固体单向导热

$$\frac{\partial t}{\partial \tau}=a\frac{\partial^2 t}{\partial x^2} \tag{2-40}$$

3. 单值条件

微分方程式是根据一般物理定律推导来的，它们普遍地描述某一种类型的现象。一组微分方程可以描述无数种彼此具有不同特点而属于同一种类的现象。如要描述一个特定的现象，则必须用附加条件来限制微分方程式，这些附加条件称为单值条件。单值条件包括以下几个方面：

(1) 几何条件　说明参与过程的物体的几何形状和大小；

(2) 时间条件　说明在时间上过程进行的特点，如现象中各物理量是否随时间变化、怎样变化等；

(3) 物理条件　说明有关物质的物理现象，如流体的类别和物性，流体的速度等；

(4) 开始和边界条件　说明现象在开始时或在边界上进行的特点，如进口温度、壁面温度、通过壁面的热流量等。

单值条件可以用数字的形式、用函数关系的形式或者用微分方程的形式表达出来。

三、相似理论在对流换热中的应用

相似理论是实验的理论，对于一些以实验为基础的学科，相似理论具有特别重要的意义。

1. 相似的概念

相似的概念首先出现在几何学里，如图 2-17 给出的三个相似的三角形，它们具有这样的性质：各对应角彼此相等，对应边互成比例，即

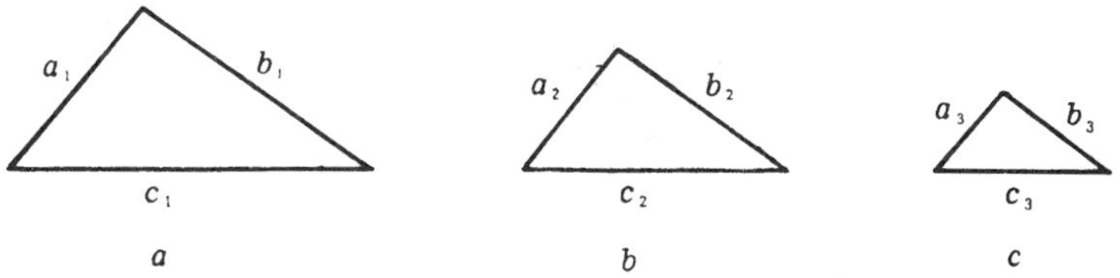

图 2-17　几何学上的相似三角形

$$\left.\begin{array}{ll}\triangle(1)\text{ 与 }\triangle(2)\text{ 相似} & \dfrac{a_1}{a_2}=\dfrac{b_1}{b_2}=\dfrac{c_1}{c_2}=C_{l_1}\\[2ex] \triangle(1)\text{ 与 }\triangle(3)\text{ 相似} & \dfrac{a_1}{a_3}=\dfrac{b_1}{b_3}=\dfrac{c_1}{c_3}=C_{l_2}\end{array}\right\} \tag{1}$$

上式中 C_l 为几何量的比例常数，将△（2）的边长乘以 C_{l_1} 就变成△（1）的边长，所以 C_l 又称为相似倍数。

若取同一三角形对应边之比则有

$$\left.\begin{aligned} \frac{b_1}{a_1} = \frac{b_2}{a_2} = \frac{b_3}{a_3} = L_A \\ \frac{c_1}{a_1} = \frac{c_2}{a_2} = \frac{c_3}{a_3} = L_B \end{aligned}\right\} \quad (2)$$

式 (2) 进一步表明了三角形相似的一条重要性质，即两三角形相似不仅具有式 (1) 所描述的相似性质，而且两个三角形的 $L_A = \dfrac{b}{a}, L_B = \dfrac{c}{a}$ 数值必定分别相等。L_A、L_B 具有判断两个三角形是否相似的作用，它们是无因次的，这就是几何相似准数。

同类物理现象的相似是指两个或两个以上的一组现象，它们彼此之间诸对应量之比为一定值。也就是说，在空间中相对应的各点和在时间上相对应的瞬间，第一个现象的任何一种量 ϕ' 和第二个现象的同类量 ϕ'' 成比例，即

$$\frac{\phi'_1}{\phi''_1} = \frac{\phi'_2}{\phi''_2} = \frac{\phi'_3}{\phi''_3} = \cdots\cdots = C_\phi$$

相似现象可以具体分为如下几个方面。

(1) 几何相似　就是指相似现象的几何形状相似，即相似现象相对应的几何长度之比值为一常数

$$\frac{l'_1}{l''_1} = \frac{l'_2}{l''_2} = \frac{l'_3}{l''_3} = \cdots\cdots = C_l$$

(2) 时间相似　时间相似是指同一瞬间开始算起，两个几何相似的现象中一切相对应变化所经过的时间都成比例，以 τ 表示时间，则有

$$\frac{\tau'_1}{\tau''_1} = \frac{\tau'_2}{\tau''_2} = \frac{\tau'_3}{\tau''_3} = \cdots\cdots = C_\tau$$

(3) 物理相似　物理相似是指在几何相似和时间相似的前提下，在相对应的点和部位上，在相对应的时间内，所有用来说明两个现象的一切物理量都成比例。这些物理量包括如温度 t、密度 ρ、粘度 μ、速度 u 等等，即

$$\frac{t'_1}{t''_1} = \frac{t'_2}{t''_2} = \cdots\cdots = C_t, \frac{\rho'_1}{\rho''_1} = \frac{\rho'_2}{\rho''_2} = \cdots\cdots = C_\rho, \cdots\cdots$$

(4) 开始和边界条件相似　开始和边界条件相似指的是现象之间在开始和边界处具有几何相似、时间相似和物理相似。例如流股性状受喷口几何形状——开始处的几何条件，同时也受外界气体介质的种类——边界物理条件的影响，因此若要完整地表达这一现象，指出其开始、边界条件是必要的。

2. 相似准数

相似准数是由两个或两个以上的量所组成的无因次数群。当两个现象相似，相似准数之间关系的推导可由下面的例子说明。

对于两个对流换热现象相似，可以分别列出其边界换热微分方程式

$$\alpha' \Delta t' = -\lambda' \frac{\partial t'}{\partial x'} \quad (1)$$

$$\alpha'' \Delta t'' = -\lambda'' \frac{\partial t''}{\partial x''} \quad (2)$$

根据两个现象相似，可以得出下列关系

$$\frac{\alpha''}{\alpha'} = C_\alpha, \frac{t''}{t'} = C_t, \frac{\lambda''}{\lambda'} = C_\lambda, \frac{x''}{x'} = C_l \tag{3}$$

即

$$\left.\begin{aligned} \alpha'' &= C_\alpha \alpha' \\ t'' &= C_t t' \\ \lambda'' &= C_\lambda \lambda' \\ x'' &= C_l x' \end{aligned}\right\} \tag{4}$$

将式（4）代入式（2）并经整理后得到

$$\frac{C_\alpha C_l}{C_\lambda} \alpha' \Delta t' = -\lambda' \frac{\partial t'}{\partial x'} \tag{5}$$

将式（5）和式（1）进行比较，必然是

$$\frac{C_\alpha C_l}{C_\lambda} = 1 \tag{6}$$

式（6）说明了两个对流换热现象相似时各相似倍数之间存在的制约关系。再将式（3）代入式（6）得出

$$\frac{\alpha' x'}{\lambda'} = \frac{\alpha'' x''}{\lambda''} \tag{7}$$

习惯上把系统的几何量 x 用换热表面定形尺寸 l 表示，所以上式可改写为

$$\frac{\alpha' l'}{\lambda'} = \frac{\alpha'' l''}{\lambda''} \tag{8}$$

式（8）说明，对于对流换热现象相似，$\frac{\alpha l}{\lambda}$ 的无因次数群必然相等。这个无因次数群就是相似准数。$\frac{\alpha l}{\lambda}$ 这个相似准数称为努赛特准数（Nu）。

$$Nu = \frac{\alpha l}{\lambda} \tag{2-41}$$

各种相似准数都是由表示现象性质的若干量组成的无因次数群。零因次是相似准数的主要属性，可用来检验相似准数组成的正确与否。

相似准数的物理意义应从推导过程进行分析。努赛特准数来自边界换热微分方程式，它表明流体的边界换热情况，即在流体的边界层中温度场与换热强度的相互关系，Nu 准数愈大，则表明对流换热过程愈强烈。努赛特准数包括有对流换热系数 α，因此在研究对流换热过程中，Nu 准数是个重要的准数。

采用同样方法根据导热方程式可推导出其它几个热相似准数；

傅立叶准数 $$Fo = \frac{a\tau}{l^2} \tag{2-42}$$

傅立叶准数表明传热现象的不稳定程度，因之在稳定的导热过程中 Fo 为一常数。

贝克利准数 $$Pe = \frac{ul}{a} \tag{2-43}$$

贝克利准数表示对流换热与分子导热的相互关系。

用雷诺准数 Re 除贝克利准数 Pe 可以得到另一个相似准数：

$$\frac{Pe}{Re}=\frac{\frac{ul}{a}}{\frac{\rho ul}{\mu}}=\frac{\mu}{a\rho}=\frac{\nu}{a}=Pr \tag{2-44}$$

Pr 为普朗特准数，其意义如前所述，它表明流体动量传递能力和热量传递能力的相对大小。值得注意的是该准数仅包括了流体的物性参数，因此它表示流体的物理性质对换热的影响。Pr 大的流体热扩散的能力弱，如各种油类；Pr 小的流体热扩散能力强，如液态金属；Pr 处于 1 左右的流体，如水 $Pr=1.75$（在 100℃），空气 $Pr\approx 0.7$，其性质介于前述两流体之间。

在研究对流换热时，除应用上述热相似准数外，还需要有流体动力相似准数，如反映流体惯性力与粘性力相对关系的雷诺准数 Re

$$Re=\frac{u\rho l}{\mu} \tag{2-45}$$

反映重力与惯性力相对关系的弗鲁德准数 Fr

$$Fr=\frac{gl}{u^2} \tag{2-46}$$

反映由于流体各部分温度不同而引起的浮升力与粘性力相对关系的葛拉晓夫准数 Gr

$$Gr=\frac{\beta g\Delta t l^3}{\nu^2} \tag{2-47}$$

其中 $\beta=\frac{1}{273+t}$

有关流体动力相似的其它准数可参考有关书籍。

以上各式中的定形尺寸和定性温度分别说明如下。

定形尺寸：如上所述的 Nu、Re、Gr 准数均包括有几何尺寸 l，在相似准数中包含的几何尺寸称为定形尺寸。定形尺寸的选择是决定准数数值的一个重要因素，由于定形尺寸选择的不同，对同一物理现象可以有不同的准数数值。常用的相似准数采用如下的定形尺寸：圆管取它的直径；非圆形槽道取当量直径；对气体横掠单管或管簇取管的外径；对气流纵掠平壁取沿流动方向的壁面长度作为定形尺寸等等。

定性温度：决定准数中物性参数值的温度称为定性温度。由于相似准数中所包含的物性参数随温度的变化而变化，因此如何选择定性温度是个重要问题，一般选用流体平均温度 t_f 作为定性温度，也有取流体与壁面的算术平均温度 t_m 或选壁面温度 t_w 作为定性温度的。

3. 相似定理

相似理论作为实验的理论是以相似三定理为依据的。

相似第一定理：彼此相似的现象必定具有相同的相似准数。

这一定理告诉我们，在实验中应测定哪些物理量，它指出所需测定的物理量乃是包含在各有关准数中的物理量。这样一来，当研究某一现象时，就不会错误地引进一些不相干的物理量，而是可以肯定地用包含在各有关相似准数中的物理量来进行观察和测量。

相似第二定理：凡是用来说明某一种现象性质的各变数之间的关系都可以表示成各相似准数 K_1、K_2、……K_n 之间的关系式，即

$$f(K_1,K_2,\cdots\cdots,K_n)=0 \tag{2-48}$$

该定理确定了以相似准数函数式的形式来表明积分的结果。

因为对于所有彼此相似的现象，相似准数都保持同样的数值，所以彼此相似的现象的准数关系式也一定相同。由此可见，如果把任何实验结果表示成相似准数关系式，我们就可得出对于一切彼此相似现象都正确适用的综合关系式。

这一定理告诉我们如何整理实验数据的问题，即必须把实验结果整理成若干相似准数，而且把相似准数之间的关系表示成准数方程式的形式。

在相似准数 $K_1, K_2, \cdots\cdots, K_n$ 中，由单值条件的物理量所组成的准数为决定性准数，以 K 表示。而包括非单值条件的物理量所组成的准数称为非决定性准数，以 Ku 表示。由于决定性准数是决定现象的准数，所以它们确定之后非决定性准数也随之被确定，这种因果关系使准数方程式可表示为

$$Ku = f(K_1, K_2, \cdots\cdots K_n) \tag{2-49}$$

在用实验方法研究对流换热时，对流换热系数 α 为未知量，因此包括 α 的努赛特准数 Nu 为非决定性准数，同时流体力学相似又是热相似的前题，因此表示对流换热的准数方程式为

$$Nu = f(Fo, Re, Gr, Pr) \tag{2-50}$$

公式（2-50）所指出的一般形式在具体应用时可简化。如流体稳定流动，可以不考虑包括时间 τ 的 Fo 准数；对于管内受迫运动，可以不考虑反映流体自由运动的 Gr 准数。因此对于稳定受迫运动的对流换热，其准数方程式的形式为

$$Nu = f(Re, Pr) \tag{2-51}$$

对于单纯由温度差引起的流体自由运动换热，其准数方程式可表示为

$$Nu = f(Gr, Pr) \tag{2-52}$$

对于空气或其它气体，当它的 Pr 准数可作为常数处理时，公式（2-51）和公式（2-52）则可写成

$$Nu = f(Re) \tag{2-53}$$

$$Nu = f(Gr) \tag{2-54}$$

相似第三定理：凡是单值条件相似，而且由单值条件构成的准数（决定性准数）相等，现象必定相似。

这里提出了判断相似的充分和必要条件。该定理指明了模型实验应遵守的条件，即模型实验时，为了保证模型与原型所研究的现象相似，必须使模型与原型的现象单值条件相似，相似准数相等。

应当指出，随着定性准数数量的增多，使模型的实现愈益困难，有时甚至无法实现，因此当决定性准数较多时，常常忽略一些对现象影响较少的决定性准数。例如当流体处于受迫运动时，则对流体起主要作用的为粘性力和惯性力，而重力的影响很小，因此反映重力影响的 Fr 准数可以忽略，只考虑反映粘性力和惯性力影响的 Re 准数。此时二现象相似，其 Re 准数应相等，$Re' = Re''$，即

$$C_u = \frac{C_\mu}{C_\rho C_l}$$

若模型采用与实物一样的介质，$\mu'' = \mu'$，$\rho'' = \rho'$，则 $C_\mu = 1, C_\rho = 1$，上式可变为

$$C_u = \frac{1}{C_l} \text{ 或 } C_u C_l = 1$$

由此可见，若模型尺寸较实物缩小 C_l 倍，则模型流速就应较实物流速大 C_l 倍，这样才能保证二者具有相同的相似准数。

四、流体自由运动换热

自由运动换热根据流体所处的空间大小分为两类。一类是流体处在很大的空间中，如炉墙、炉顶向周围空间散热，因空间大，自由运动不受干扰，称为无限空间自由运动换热。另一类为流体封闭在小空间内自由运动，如窑砌筑物的空心夹层、空心砖内气体运动等，称为有限空间自由运动换热。

1. 无限空间流体自由运动换热

窑炉的墙、顶等部位向周围空间的对流换热即属于无限空间流体自由运动换热。其热流量取决于流体和固体壁面的温度差，也取决于固体表面的几何形状和在空间的位置。

垂直放置的平壁或圆管在空气中冷却，根据边界层的形成和发展过程，局部换热系数 α 将发生如图 2-18 的变化。在平壁和圆管下端，由于边界层厚度的增加，对流换热系数相应较低，之后随着流体流动由层流向湍流过渡，对流换热系数增加，然后沿平壁或圆管高度保持恒定。

水平放置于大气中的平壁，使热表面朝上，则热空气的上升和冷空气的补充会形成一个上升的气柱，如图 2-19*a* 。如果平壁很大，会产生多处上升与下降的气流，如图 2-19*b* ，炉顶散热即属于此种情况。如果热表面朝下，此时只有在热表面下面的一薄层气体在流动，再往下气体基本上保持静止，如图 2-19*c* 。

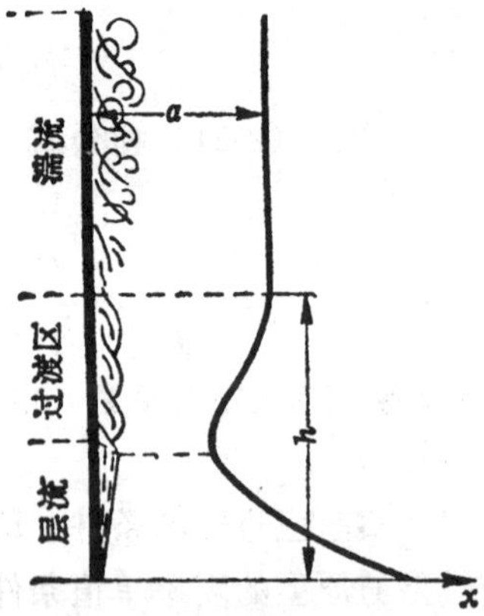

图 2-18 空气自由运动时，对流换热系数沿平壁高度的变化情况

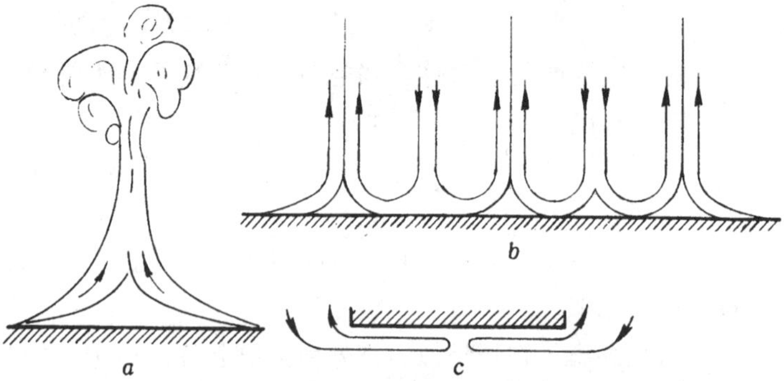

图 2-19 靠近热平壁流体自由运动的性质

无限空间流体自由运动换热时，相似准数之间的关系可表示为

$$Nu_m = C(Gr \cdot Pr)_m^n \tag{2-55}$$

准数的角码 m 表示取流体与壁面的平均温度作为定性温度 $t_m = \dfrac{t_f + t_w}{2}$ 。式中常数 C 及 n 值由实验确定，根据表面形状及 Gr、Pr 的数值范围列于表 2-1。根据上述公式求出 Nu_m 之后，则流体沿竖壁流动的平均对流换热系数即可求出。

对于湍流，公式（2-55）中的 $n = \dfrac{1}{3}$ ，因此公式两边的定形尺寸可以消去，这表明自由湍流换热与定形尺寸无关。利用这一特征，自由湍流换热的实验研究可以采用较小尺寸的壁面进行。

在工程计算中，也常用下列简化公式计算平壁对无限大空间的自由对流换热系数

$$\alpha = A(t_w - t_f)^{0.25} \quad W/(m^2 \cdot ℃) \tag{2-56}$$

式中　A——系数，垂直平壁　$A = 2.56$；

热表面朝上　$A = 3.26$；

热表面朝下　$K = 1.63$。

表 2-1　无限空间自由运动换热的 C 和 n 值

表面形状及位置	C、n 值			定型尺寸	适用范围 Gr、Pr
	流　态	C	n		
垂直平壁及直圆筒	层　流	0.59	$\frac{1}{4}$	高度 h	$10^4 \sim 10^9$
	湍　流	0.10	$\frac{1}{3}$		$10^9 \sim 10^{13}$
水　平　圆　筒	层　流	0.53	$\frac{1}{4}$	外径 d	$10^4 \sim 10^9$
	湍　流	0.13	$\frac{1}{3}$		$10^9 \sim 10^{12}$
热面朝上或冷面朝下的水平壁	层　流	0.54	$\frac{1}{4}$	平板取面积与周长之比值，圆盘取 $0.9d$	$2\times10^4 \sim 8\times10^6$
	湍　流	0.15	$\frac{1}{3}$		$8\times10^6 \sim 10^{11}$
热面朝下或冷面朝上的水平壁	层　流	0.58	$\frac{1}{5}$	矩形取两个边长的平均值，圆盘取 $0.9d$	$10^5 \sim 10^{11}$

例题 6　竖壁外表面温度 $t_w = 60℃$，外界空气温度 $t_f = 20℃$，壁高 $h = 3m$，求每小时通过每平方米壁表面自由运动换热量（热流密度）为若干？

解　根据公式 (2-55) $Nu_m = C(Gr \cdot Pr)_m^n$

定性温度　$t_m = \frac{t_w + t_f}{2} = \frac{60 + 20}{2} = 40℃$

根据定性温度 $t_m = 40℃$ 查附录 1 得出空气物性参数

$$\lambda = 0.0276 \quad W/(m \cdot ℃)$$

$$\nu = 16.96 \times 10^{-6} \quad m^2/s$$

$$Pr = 0.699$$

定形尺寸取墙高　　$h = 3m$

$$Gr = \frac{g\beta h^3 \Delta t}{\nu^2} = \frac{9.81 \times \frac{1}{273 + 40} \times 3^3 \times (60 - 20)}{(16.96 \times 10^{-6})^2} = 11.77 \times 10^{10}$$

$$Gr \cdot Pr = 11.77 \times 0.699 \times 10^{10} = 8.23 \times 10^{10}$$

查表 2-1，$C = 0.10, n = \frac{1}{3}$，

$$Nu_m = 0.10 \times (8.23 \times 10^{10})^{1/3} = 435$$

由 $Nu_m = \frac{\alpha h}{\lambda}$ 可得

$$\alpha = \frac{Nu_m \cdot \lambda}{h} = \frac{435 \times 0.0276}{3} = 4 \quad W/(m^2 \cdot ℃)$$

热流密度为

$$q = \alpha(t_w - t_f) = 4 \times (60 - 20) = 160 \quad W/m^2$$

2. 有限空间流体自由运动换热

分析有限空间流体自由运动换热的目的，是用于计算热量由高温壁面通过封闭空间传到低温壁面的对流换热系数和对流换热量。

在有限空间中，流体自由运动的情况除与流体性质、两壁温差有关外，还将受空间的形状、尺寸的影响，情况比较复杂。

对于垂直夹层，如图 2-20 *a*，由于靠近热壁的气体向上流动和靠近冷壁的气体向下流

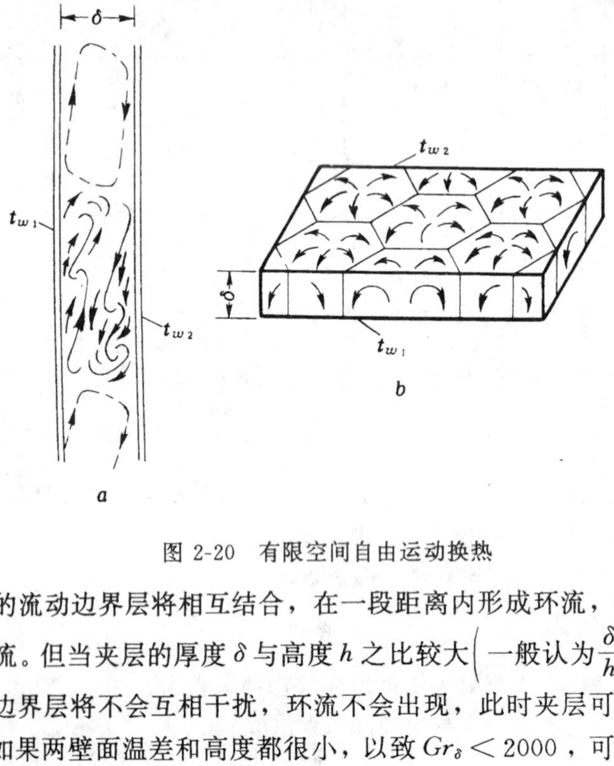

图 2-20　有限空间自由运动换热

动，冷热两流股的流动边界层将相互结合，在一段距离内形成环流，在整个夹层内可能有若干个这样的环流。但当夹层的厚度 δ 与高度 h 之比较大$\left(一般认为\frac{\delta}{h} > 0.3\right)$时，则冷热两壁的自由流动边界层将不会互相干扰，环流不会出现，此时夹层可按无限空间自由运动换热计算。此外如果两壁面温差和高度都很小，以致 $Gr_\delta < 2000$，可以认为夹层内没有流动发生，则通过夹层的热量应按纯导热计算。

对于水平壁，如图 2-20*b*。对于气体，当 $Gr_\delta < 1700$，可按纯导热过程计算。$Gr_\delta > 1700$，夹层内的气体流动如图所示，形成有秩序的蜂窝状分布环流。在 $Gr_\delta = 50000$ 以后，蜂窝状流动消失，出现无秩序的湍流。

为了方便起见，通常把夹层对流换热计算按平壁导热计算方式处理，即通过夹层的热流密度

$$q = \frac{\lambda_e}{\delta}(t_{w1} - t_{w2}) \quad W/m^2 \tag{2-57}$$

式中　t_{w1}、t_{w2}—— 分别为热壁和冷壁的温度，℃；

δ—— 冷、热两壁的距离，m；

λ_e—— 当量导热系数，W/(m²·℃)。

在计算中用当量导热系数的大小来反映夹层内对流换热过程的强弱，并把 λ_e 与流体导热系数之比 $\frac{\lambda_e}{\lambda}$ 整理成准数方程式

$$\frac{\lambda_e}{\lambda} = C(Gr_\delta \cdot Pr)^m \left(\frac{\delta}{h}\right)^n \tag{2-58}$$

公式中 Gr_δ 的定形尺寸为夹层厚度 δ，定性温度 $t_m = \frac{1}{2}(t_{w1} + t_{w2})$，$h$ 为垂直夹层的高度，准数方程式中各系数见表 2-2。

表 2-2 有限空间自由对流换热当量导热系数

夹层位置	$\frac{\lambda_e}{\lambda}$ 准数方程式	适用范围
垂直夹层	$=0.197\ (Gr \cdot Pr)^{1/4}\left(\frac{\delta}{h}\right)^{1/9}$	$6000<Gr \cdot Pr<2\times10^5$
	$=0.073\ (Gr \cdot Pr)^{1/3}\left(\frac{\delta}{h}\right)^{1/9}$	$2\times10^5<Gr \cdot Pr<1.1\times10^7$
水平夹层（热面在下）	$=0.059\ (Gr \cdot Pr)^{0.4}$	$1700<Gr \cdot Pr<7000$
	$=0.212\ (Gr \cdot Pr)^{1/4}$	$7000<Gr \cdot Pr<3.2\times10^5$
	$=0.061\ (Gr \cdot Pr)^{1/3}$	$Gr \cdot Pr>3.2\times10^5$
倾斜夹层（热面在下与水平夹角为 θ）	$=1+1.446\left(1-\frac{1708}{Gr \cdot Pr \cdot \cos\theta}\right)$	$1708<Gr \cdot Pr \cdot \cos\theta<5900$
	$=0.229\ (Gr \cdot Pr \cdot \cos\theta)^{0.252}$	$5900<Gr \cdot Pr \cdot \cos\theta<9.23\times10^4$
	$=0.157\ (Gr \cdot Pr \cdot \cos\theta)^{0.285}$	$9.23\times10^4<Gr \cdot Pr \cdot \cos\theta<10^6$

例题 7 两块边长为 0.5m 的正方形竖板构成空心夹层，夹层之间距离为 15mm，温度分别为 100℃和 40℃，竖板间充满空气。试计算通过该空气夹层对流换热的热流量？

解 根据公式 (2-57) $q = \frac{\lambda_e}{\delta}(t_{w1} - t_{w2})$，为求当量导热系数 λ_e，应用公式 (2-58) $\frac{\lambda_e}{\lambda} = C(Gr_\delta \cdot Pr)^m \left(\frac{\delta}{h}\right)^n$：

定性温度 $t_m = \frac{t_{w1} + t_{w2}}{2} = \frac{100 + 40}{2} = 70℃$ 查附录 1，可得空气物性参数为

$$\nu = 20.02 \times 10^{-6} \quad m^2/s$$

$$\lambda = 2.96 \times 10^{-2} \quad W/m \cdot ℃$$

$$Pr = 0.694$$

所以

$$Gr_\delta \cdot Pr = \frac{9.81 \times \frac{1}{273 + 70} \times 0.015^3 \times (100 - 40)}{(20.02 \times 10^{-6})^2} \times 0.694$$

$$= 10028$$

根据 $Gr_\delta \cdot Pr$ 值查表 2-2，可得

$$\frac{\lambda_e}{\lambda} = 0.197(Gr_\delta \cdot Pr)^{1/4} \cdot \left(\frac{\delta}{h}\right)^{1/9}$$

$$= 0.197 \times (10028)^{1/4} \times \left(\frac{0.015}{0.5}\right)^{1/9} = 1.34$$

$$\lambda_e = 1.34\lambda = 1.34 \times 2.96 \times 10^{-2} = 0.04 \quad W/(m \cdot ℃)$$

则对流换热的热流量为

$$\Phi = \frac{0.04}{0.015} \times (100 - 40) \times 0.5^2$$
$$= 40W$$

五、流体在管内受迫运动换热

根据流体在管道内受迫运动时边界层的形成和发展过程，对流换热系数将发生如图 2-21 的变化。在入口段边界层最薄，局部换热系数 α_x 具有最大值，随边界层的增厚，α_x 逐渐降低。层流时 α_x 变化持续的距离比较长，达到 $\frac{L}{d} = 100$ 以后，趋于稳定。湍流时，当边界层转变为湍流后 α_x 将回升，并迅速趋于稳定值，随着 Re 的增加，趋于稳定值的距离缩短，当 $Re = 1.5 \times 10^4$、$\frac{L}{d} = 20$ 左右时换热过程就能达到稳定。鉴于入口段 α_x 的变化，管内流动平均换热系数的计算应区分为短管和长管两种情况。对于湍流，一般认为 $\frac{L}{d} > 50$ 称为长管，这时入口段对全管平均换热系数的影响可忽略不计。对于短管则在长管计算的基础上加以修正。

另外，流体在管内运动换热，当流体与壁面存在着较大的温度差时，使管中心与壁面

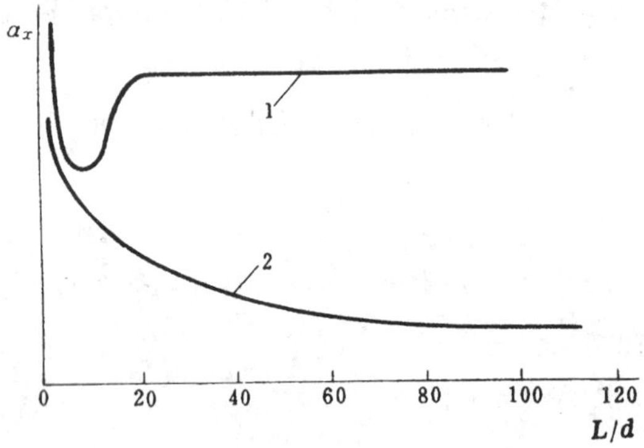

图 2-21 入口段局部换热系数 α_x

1—湍流；2—层流

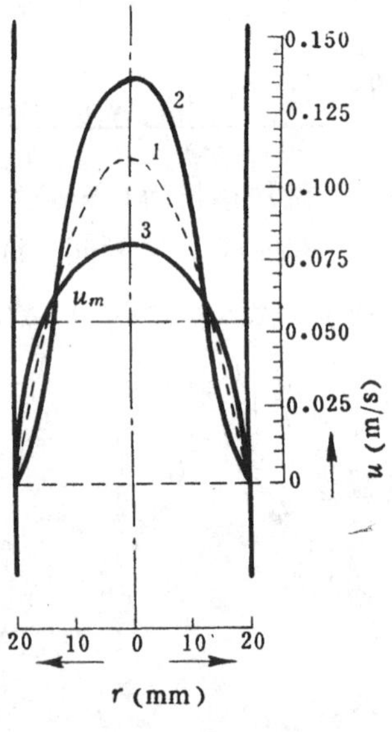

图 2-22 截面上的速度分布

1—等温流动；2—液体被冷却；3—液体被加热

处流体物性发生变化，特别是粘度的变化导致速度分布的变化。以液体在管内流动被加热的情况为例，如图 2-22。此时靠近壁面处的温度高，液体粘度低，因此靠近壁面处的液体要比等温流动快一些。从边界层状况对换热的影响来看，在流体温度相同的情况下，加热液体的换热系数应高于等温流动或冷却液体的换热系数。对于气体，它的粘度随温度增大而增大，所以情况与液体恰恰相反。

对于弯管，在转弯处流体质点受到离心力作用，造成质点间更大程度的混合，结果使

对流换热系数加大，因此在弯管处的对流换热系数应在直管的基础上加以修正。

流体在光滑管内湍流流动，当加热液体或冷却气体时

$$Nu_f = 0.023Re_f^{0.8} \cdot Pr_f^{0.4} \tag{2-59}$$

当冷却液体或加热气体时

$$Nu_f = 0.023Re_f^{0.8} \cdot Pr_f^{0.3} \tag{2-60}$$

公式适用条件为 $\frac{L}{d} > 50, Re_f = 10^4 \sim 12 \times 10^4, Pr_f = 0.7 \sim 120$ 。定性温度取流体平均温度（一般可取管子进出口截面平均温度的算术平均值作为 t_f）；定形尺寸取管内径，对于非圆形管取当量直径 d_e 。

为了反映不均匀温度场的影响，也可采用如下计算公式

$$Nu_f = 0.023Re_f^{0.8} \cdot Pr_f^{1/3}\left(\frac{\mu_f}{\mu_w}\right)^{0.14} \tag{2-61}$$

式中　μ_f、μ_w—— 分别表示流体温度和壁面温度下的流体动力粘度，Pa · s。

该公式适用于 $Pr_f = 0.7 \sim 120, Re_f > 10^4, \frac{L}{d} > 50$ 的情况。

对于管长小于 $50d$ 的短管，Nu_f 可由上列公式计算之值乘以短管修正系数 ε_L 求得，ε_L 可由图 2-23 查取，也可由有关公式计算得出。

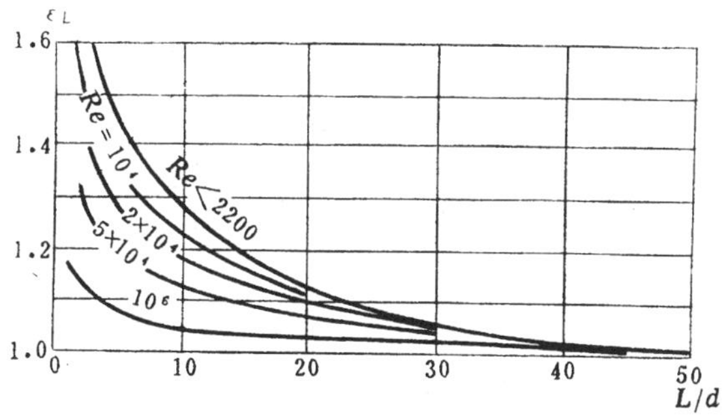

图 2-23　短管换热的修正系数

对于弯管，Nu_f 由上列公式计算之值乘以弯管修正系数 ε_R，ε_R 由下述公式计算

对于气体

$$\varepsilon_R = 1 + 1.77\frac{d}{R} \tag{2-62}$$

对于液体

$$\varepsilon_R = 1 + 10.3\left(\frac{d}{R}\right)^3 \tag{2-63}$$

式中　R—— 弯管曲率半径，m；

　　　d—— 管子直径，m。

当流体在管内流动 $Re < 2320$ 时为层流，层流换热热阻较湍流大，通常工业设备都不设计在层流范围内工作，除非对于粘性很大的流体，如油类。层流换热，考虑到自由流动对速度场的影响，Nu_f 可用下述公式计算

$$Nu_f = 0.15Re_f^{0.33} \cdot Pr_f^{0.43} \cdot Gr_f^{0.1}\left(\frac{Pr_f}{Pr_w}\right)^{0.25} \tag{2-64}$$

上式中的定性温度（除 Pr_w 以外）、定形尺寸均与公式（2-59）相同，短管校正系数 ε_L 也由图 2-25 查取。

也可采用下述公式计算层流换热

$$Nu_f = 1.86 Re_f^{0.33} \cdot Pr_f^{0.33} \cdot \left(\frac{d}{L}\right)^{1/3}\left(\frac{\mu_f}{\mu_w}\right)^{0.14} \quad (2\text{-}65)$$

由于在层流状态下，入口段的影响比较大，故式中引入了几何参数准数 $\left(\frac{d}{L}\right)$。该式不能用于很长的管子，因 $\frac{d}{L}$ 将趋于零，它的适用范围是 $Re \cdot Pr \cdot \frac{d}{L} > 10$；$Re_f = 13 \sim 2030$。

例题 8 空气以 5m/s 的速度流经一直径为 60mm 的直管而被加热，管长 4.0m，已知空气平均温度为 90℃，管壁温度为 140℃，求管壁与空气间的对流换热系数，若提高空气流速至 10m/s 和 15m/s，对流换热系数各为若干？

解 首先确定 Re 准数，以确定流态。

当 $t_f = 90℃$，查附录 1 得空气物性参数

$$\nu = 22.10 \times 10^{-6} \quad m^2/s$$

$$\lambda = 3.13 \times 10^{-2} \quad W/(m \cdot ℃)$$

$$Pr = 0.69$$

$Re_f = \dfrac{5 \times 0.06}{22.10 \times 10^{-6}} = 13575$ 属于湍流，并且为气体被加热的情况，根据公式（2-60）进行计算

$$Nu_f = 0.023 Re_f^{0.8} Pr_f^{0.3} = 0.023 \times (13575)^{0.8} \times (0.69)^{0.3} = 41.43$$

$$\alpha = \frac{Nu_f \lambda}{d} = \frac{41.43 \times 3.13 \times 10^{-2}}{0.06} = 21.61 \quad W/(m^2 \cdot ℃)$$

$\dfrac{l}{d} = \dfrac{4}{0.06} = 66.67 > 60$，不需要进行短管校正。

当提高流速时，可依下述方法进行计算：

因为 $\alpha \propto u^{0.8}$，所以 $\dfrac{\alpha_2}{\alpha_1} = \left(\dfrac{u_2}{u_1}\right)^{0.8}$

即

$$\alpha_2 = \alpha_1\left(\frac{u_2}{u_1}\right)^{0.8} = 21.61 \times \left(\frac{10}{5}\right)^{0.8} = 37.63 \quad W/(m^2 \cdot ℃)$$

$$\alpha_3 = \alpha_1\left(\frac{u_3}{u_1}\right)^{0.8} = 21.61 \times \left(\frac{15}{5}\right)^{0.8} = 52.08 \quad W/(m^2 \cdot ℃)。$$

由此例题可以看出，当流体在管内流动时，随气流速度提高，对流换热系数明显增加。

六、流体横向流过圆管的换热

流体绕光滑圆柱体表面的流动，如图 2-24 所示。当流体垂直流向圆柱体表面的 N 点时流体滞止，速度为零，压强最大。在压强差作用下，流体由此分道向圆柱体两侧流动，在粘性作用下圆柱体表面形成边界层。由于圆柱面的弯曲，流体收缩、压强沿程下降、流速增加，即边界层内的流动处于加速、减压的情况（能量损失用压强下降来补偿）。到达 A 点，流速增至最大，压强降至最低。再由此点向前流，由于圆柱面的弯曲，使流动转为扩散，压强增加，边界层内的流体动能，一部分用来克服由于流体粘性造成的损失，一部分转变为压力能，流速逐渐降低，边界层内处于减速、增压过程，愈向前进，动能愈小，到达 C 点时，表面附近质点的动能，由于摩擦而完全损失了，因而不能再往前流动，此时在压强差的推动下开始产生倒流，倒流的质点把上部流线挤开，而使边界层在 C 点与物体表面分离，C 点称为分离点。该点的位置是不固定的，它和物体形状、表面粗糙程度，以及流体运动状

态有关。

壁面边界层的状况，决定了横掠圆管对流换热的特征，如图 2-25。局部换热系数 α_ϕ 从管正面 $\phi = 0°$ 的停滞点开始，由于边界层厚度的增加而下降。在 $\phi = 90 \sim 100°$ 时降至最低值，在管的后面，流体具有强烈的旋涡，换热系数又重新增加。在工程计算中，一般只要求其平均值，故下面的计算均为平均换热系数的计算。

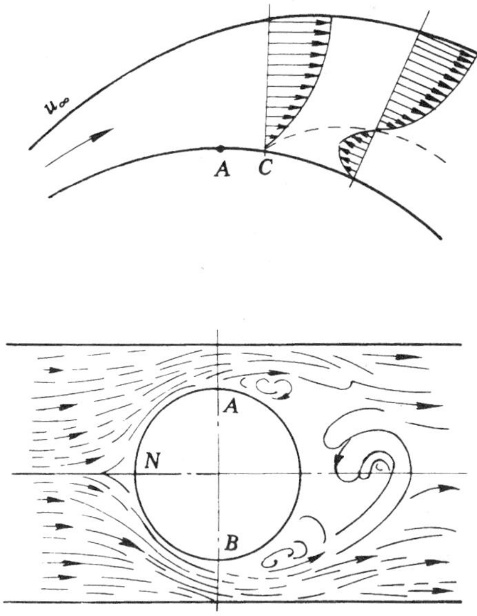

图 2-24　横掠单圆管流动边界层

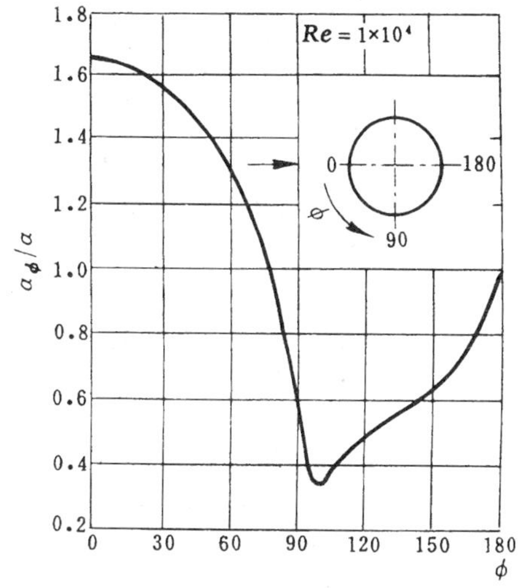

图 2-25　横掠圆管局部换热系数的变化

对于空气横掠单圆管，$Pr = 0.7$，其计算公式为

$$Nu_m = 1.12CRe_m^n \cdot Pr_m^{1/3} \tag{2-66}$$

定性温度 $t_m = \dfrac{1}{2}(t_w + t_f)$，定形尺寸取管外径，速度取管外流速最大值，$C$ 和 n 值根据 Re 数的范围由表 2-3 查出。

在工业设备中，多为气体横向流过管束，这时流速将受到各排管子的连续干扰，因此对管束的换热，必须考虑一些新的影响因素，即管子排列方式（叉排及顺排）、管子间的距离（横向距离 s_1 和纵向距离 s_2）、管子排数、管子直径等。流体横掠管束时的流动情况如图 2-26。

流体在管束中流动，除第一排保持了外掠单管的特征外，从第二排管子起流动将被前面几排管子引起的旋涡所干扰，因此管束中的流动情况较复杂。在低 Re 数的情况下，前排管子的尾部只能出现一些旋涡，由于粘滞力作用及克服尾部压强的增长，旋涡很快消失，对下一排管子前部边界层的影响很小，故管表面边界层层流占优势。随着 Re 数增加，在管子间的湍流旋涡加强，当 $Re = 5 \times 10^2 \sim 2 \times 10^5$ 时，大约管的前半周处于湍流旋涡影响下的层流边界层，后半周则为旋涡流。只有当 $Re > 2 \times 10^5$ 之后，管子表面湍流边界层才占优势，此时必须考虑管子排列方式、管子距离、管子排数、管径等对换热的影响，同时因为前排的扰动加剧了后排的换热，故各排换热逐渐加强，原则上只有管束的排数和每排的管数都大于 10，才可以消除进口和边缘条件对平均换热系数的影响。

当管子排数大于 10 时，顺排及叉排的平均换热系数可按表 2-4 的公式计算，表中各公式的定性温度用流体在管束中的平均温度，定形尺寸为管外径，Re 数中的速度用流通截面最窄处的流速。当排数小于 10 时，应乘以表 2-5 中的修正系数 ε。

表 2-3 C 及 n 值

Re	C	n
1～4	0.891	0.330
4～40	0.821	0.385
40～4×10^3	0.615	0.466
4×10^3～4×10^4	0.174	0.618
4×10^4～2.5×10^5	0.0239	0.805

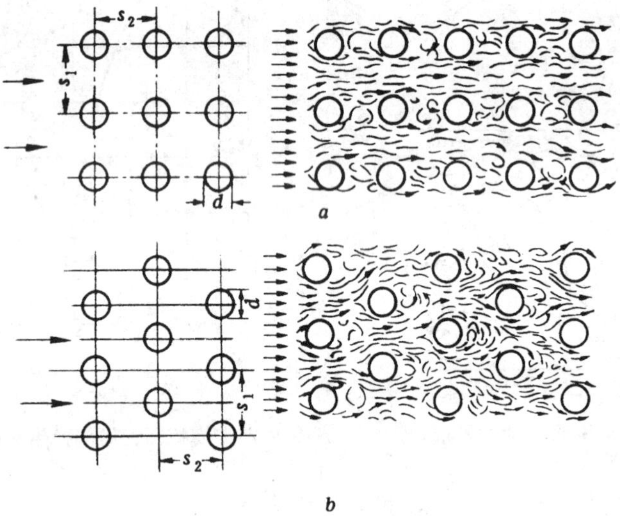

图 2-26 流体横掠管束流动情况

a— 顺排；b— 叉排

表 2-4 管束平均换热系数准数方程式

排列方式	适用范围		准数方程式	对空气或烟气的简化式 ($Pr=0.7$)
顺排	$Re=10^3\sim2\times10^5$		$Nu_f=0.27Re_f^{0.63}\cdot Pr_f^{0.36}\left(\frac{Pr_f}{Pr_w}\right)^{0.25}$	$Nu_f=0.24Re_f^{0.63}$
	$Re>2\times10^5$		$Nu_f=0.021Re_f^{0.84}\cdot Pr_f^{0.36}\left(\frac{Pr_f}{Pr_w}\right)^{0.25}$	$Nu_f=0.018Re_f^{0.84}$
叉排	$Re=10^3\sim2\times10^5$	$\frac{s_1}{s_2}\leqslant2$	$Nu_f=0.35Re_f^{0.6}\cdot Pr_f^{0.36}\left(\frac{Pr_f}{Pr_w}\right)^{0.25}\left(\frac{s_1}{s_2}\right)^{0.2}$	$Nu_f=0.31Re_f^{0.6}\left(\frac{s_1}{s_2}\right)^{0.2}$
		$\frac{s_1}{s_2}>2$	$Nu_f=0.40Re_f^{0.6}\cdot Pr_f^{0.36}\left(\frac{Pr_f}{Pr_w}\right)^{0.25}$	$Nu_f=0.35Re_f^{0.6}$
	$Re>2\times10^5$		$Nu_f=0.022Re_f^{0.84}\cdot Pr_f^{0.36}\left(\frac{Pr_f}{Pr_w}\right)^{0.25}$	$Nu_f=0.019Re_f^{0.84}$

表 2-5 管排数的修正系数 ε

排数	1	2	3	4	5	6	7	8	9	10
顺排	0.64	0.80	0.87	0.90	0.92	0.94	0.96	0.98	0.99	1.0
叉排	0.68	0.75	0.83	0.89	0.92	0.95	0.97	0.98	0.99	1.0

例题 9 烟气流经换热器管束的平均温度为 900℃，换热器壁面温度为 600℃，换热器部分烟气流速为 4.5m/s，换热器管外径为 57mm，管束按叉排方式排列，$s_1 = 2d, s_2 = 2d$，共 6 排。求烟气流经换热器管束的平均换热系数 α。

解 当烟气温度 $t_f = 900$℃ 时，查附录 2 得烟气物性参数

$$\lambda = 10 \times 10^{-2} \quad \mathrm{W/(m \cdot ℃)}$$

$$\nu = 152.5 \times 10^{-6} \quad \mathrm{m^2/s}$$

$$Pr_f = 0.59, Pr_w = 0.62$$

$$Re = \frac{u \cdot d}{\nu} = \frac{4.5 \times 0.057}{152.5 \times 10^{-6}} = 1682$$

因此由表 2-4 可得

$$Nu = 0.35 Re_f^{0.6} \cdot Pr_f^{0.36} \left(\frac{Pr_f}{Pr_w}\right)^{0.25} \left(\frac{s_1}{s_2}\right)^{0.2}$$

$$= 0.35 \times (1682)^{0.6} \times (0.59)^{0.36} \times \left(\frac{0.59}{0.62}\right)^{0.25}$$

$$= 24.79$$

所以 $$\alpha = \frac{Nu \cdot \lambda}{d} = \frac{24.79 \times 10 \times 10^{-2}}{0.057} = 43.49 \quad \mathrm{W/(m^2 \cdot ℃)}$$

因排数小于 10，故应乘以校正系数 ε，查表 2-5 知 $\varepsilon = 0.95$

则 $$\alpha = 43.49 \times 0.95 = 41.32 \quad \mathrm{W/(m^2 \cdot ℃)}。$$

第三节 热 辐 射

物体由带电粒子所组成，当带电粒子振动和激动时，都能发射电磁波向空间传播。不同波长的电磁波投射到物体上可以产生不同的效应，人们根据这些不同的效应将电磁波分成许多波段，如图 2-27。其中 0.4～0.76μm 的电磁波为可见光，0.76～600μm 的为红外线。0.4～40μm 范围的电磁波（可见光和红外线的短波部分）由于其热效应特别显著，故称之为热射线，热射线的传播过程称为热辐射。

与导热、对流不同，热辐射不依靠常规物质的接触而进行热量的传递，如阳光能穿过太空向地面辐射，而导热和对流都必须由冷、热物体的直接接触或通过中间介质相接触才能进行热量传递。

热射线产生于物体内部电子的振动或激动，支配这种振动或激动的因素是物体的温度，故一切物体不论温度高低都在不断地发射电磁波，并且随着温度的升高热辐射增强。

因为热射线和可见光的本性相同，所以光的传播、反射和折射定律完全可以应用到热射线上。当投射在物体上的总能量为 Q，其中一部分 Q_A 被物体吸收，一部分 Q_R 被反射，

另一部分 Q_D 则透过物体，如图 2-28。

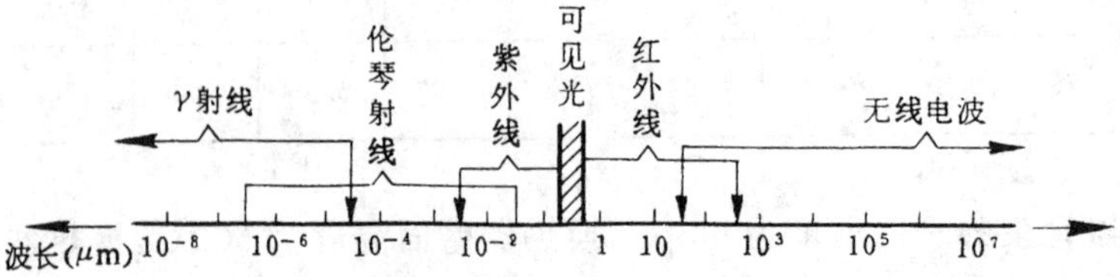

图 2-27 电磁波谱

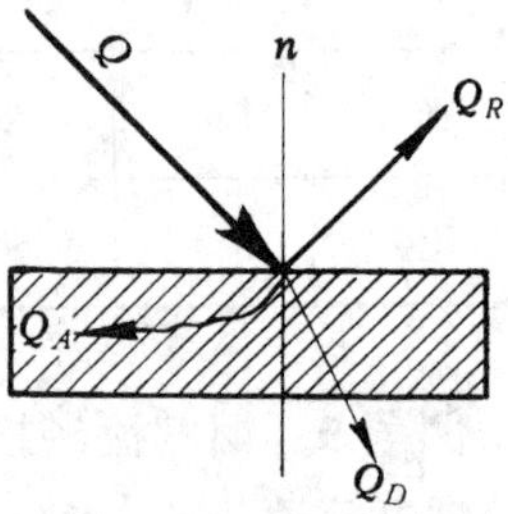

图 2-28 热射线被吸收、反射和透过示意图

即
$$Q_A + Q_R + Q_D = Q$$

等号两边都除以 Q 得

$$\frac{Q_A}{Q} + \frac{Q_R}{Q} + \frac{Q_D}{Q} = 1$$

或
$$A + R + D = 1 \tag{2-67}$$

式中 A—— 物体的吸收率，它表示投射的总能量中被吸收的能量所占的比例，$A = \frac{Q_A}{Q}$；

R—— 物体的反射率，它表示投射的总能量中被反射的能量所占的比例，$R = \frac{Q_R}{Q}$；

D—— 物体的透过率，它表示投射的总能量中被透过的能量所占的比例，$D = \frac{Q_D}{Q}$。

A、R 和 D 都是无因次的，每一种量的数值在 0～1 的范围内变化。它们的大小与物体性质和表面情况有关，同时也和物体的温度和射线波长有关。

如果 $A = 1$，则 $R = D = 0$，即所有投射在物体上的辐射能全部被物体吸收，该物体称为绝对黑体，简称黑体。

如果 $R = 1$，则 $A = D = 0$，即所有投射在物体上的辐射能完全被该物体所反射，该物体称为绝对白体，简称白体。

如果 $D = 1$，则 $A = R = 0$，即所有投射在该物体的辐射能完全透过该物体，该物体称为绝对透明体，或称透热体。

自然界中并不存在绝对黑体、绝对白体或绝对透明体，但它们却是实际物体热辐射的极限情况。必须指出，这里所指黑体、白体和透明体都是对热射线而言，应与物体的颜色区别开来。白颜色物体不一定是白体，例如白雪对可见光反射率极高，但对红外线其吸收率 $A = 0.98$，非常接近于黑体。又如白布和黑布它们对可见光的吸收率不同，但对红外线，其吸收率基本相同。

一般说来，固体和液体都是不透明体，即 $D = 0$，因此 $A + R = 1$，由此可知，凡是善于反射的物体，则一定不善于吸收。

黑体对于研究热辐射具有重要意义，它可用人工方法制造出来。如图 2-29 所示的空腔壁上的小孔。若空腔内的壁面黑度较大，且面积比小孔面积大的多，则投射到小孔上的射线进入空腔后经过多次反射和吸收，可认为全部被吸收了，因此空腔壁上的小孔具有黑体的特征。

一、热辐射基本定律

1. 普朗克定律

为了阐明普朗克定律，先说明两个基本概念。

辐射力：表明单位时间内，单位面积上物体向半球空间辐射的波长 λ 从 0～∞范围内的总能量。用符号 E 表示，单位为 W/m^2。绝对黑体的辐射力用 E_0 表示。

单色辐射力：物体辐射的能量按波长分布规律是不均匀的，设在波长 λ 到 $\lambda+d\lambda$ 这一波段范围内，辐射的能量为 dE，则

$$E_\lambda=\frac{dE}{d\lambda}=\lim_{\Delta\lambda\to 0}\frac{\Delta E}{\Delta\lambda}$$

$\frac{\Delta E}{\Delta\lambda}$ 表示单位波长范围内的辐射力，其极限叫做单色辐射力，以 E_λ 表示，单位为 $W/m^2\cdot\mu m$。

普朗克定律说明了黑体的单色辐射力 $E_{0\lambda}$ 和波长 λ、热力学温度 T 之间的函数关系，它的表达式为

$$E_{0\lambda}=\frac{C_1\lambda^{-5}}{e^{\frac{C_2}{\lambda T}}-1}\quad W/(m^2\cdot\mu m) \tag{2-68}$$

式中 λ—— 波长，m；

T—— 热力学温度，K；

C_1—— 第一常数，其值为 $C_1=3.743\times10^{-16}$ $W\cdot m^2$；

C_2—— 第二常数，其值为 $C_2=1.44\times10^{-2}$ $m\cdot K$。

普朗克定律所揭示的关系可以表示如图 2-30。从图中可以看出，当 $\lambda=0$ 时，$E_{0\lambda}=0$，波长增加时 $E_{0\lambda}$ 也随之增大，当波长增加到一定值时，$E_{0\lambda}$ 达到最大值，之后随波长增加，又逐渐减少，当 $\lambda=\infty$ 时，$E_{0\lambda}=0$。

单色辐射力的最大值是随着温度升高而移向波长较短的一边。对应于最大值的波长 λ_{max} 与温度 T 之间的关系由维恩定律确定

$$\lambda_{max}T=2.9\times10^{-3}\quad m\cdot K \tag{2-69}$$

图 2-30 的曲线特性表明，在低温范围内（800K 以下）黑体的单色辐射力很小，但随着温度的升高其值逐渐增长。同时可以看出，黑体温度在 1400K 以下时，辐射能量的绝大部分在 0.76～10μm 的范围内，而可见光的辐射能量与辐射总能量相比是相当小的。随着温度的升高，最大单色辐射力向波长较短的方向移动，辐射能量中的可见光部分越来越多，因此该物体的亮度发生变化，从暗红色、黄色、亮黄色变为亮白色。但即使在 2800K 的高温下，可见光部分的能量还是很小的，辐射能仍以红外线为主。

灰体的辐射：实际物体单色辐射力随波长和温度所发生的变化，可以根据该物体辐射光谱的实验测定。如果实验所得辐射光谱是连续的，而且曲线 $E_\lambda=f(\lambda)$ 又和同温度下黑体相当的曲线相似，则称该物体为理想灰体，简称灰体。由图 2-31 可以看出，理想灰体与黑体在同温度下单色辐射力有如下关系

$$\frac{E_{\lambda_1}}{E_{0\lambda_1}}=\frac{E_{\lambda_2}}{E_{0\lambda_2}}=\cdots\cdots=\frac{E_{\lambda_n}}{E_{0\lambda_n}}=\varepsilon_\lambda=\text{常数} \tag{2-70}$$

式中 ε_λ—— 理想灰体的单色黑度，其值不随波长发生变化。

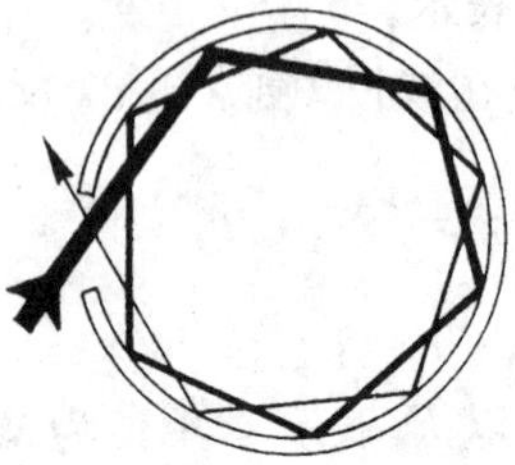

图 2-29 人工黑体模型

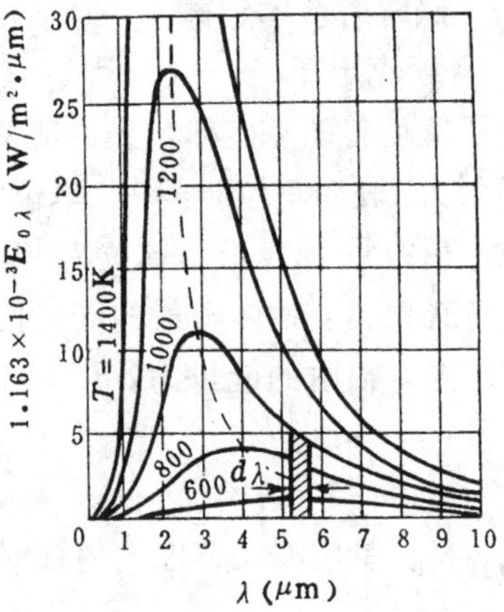

图 2-30 普朗克定律所揭示的关系 $E_{0\lambda}=f(\lambda,T)$

由图 2-31 还可以看出，与黑体和理想灰体不同，一般工程材料单色黑度将随波长而发生变化。但对于大多数工程材料在热射线范围内都可以近似作为灰体处理。

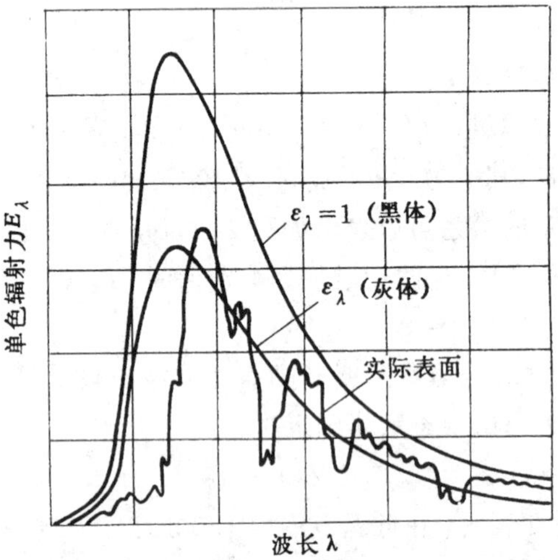

图 2-31 在同一温度下，黑体、灰体和实际表面单色辐射力的比较

2. 斯梯芬-波尔兹曼定律

斯梯芬-波尔兹曼定律确定了黑体辐射力 E_0 随温度变化的关系。由图 2-30 可以看出，由等温线、横轴和两条纵坐标 λ 与 $\lambda+\mathrm{d}\lambda$ 所包围的面积就是 $\mathrm{d}\lambda$ 波长间隔的辐射力

$$\mathrm{d}E_0=E_{0\lambda}\mathrm{d}\lambda \tag{1}$$

将 $E_{0\lambda}$ 在波长从 0 到 ∞ 的范围内对 λ 进行积分，就可以得出黑体的辐射力

$$E_0=\int_0^\infty E_{0\lambda}\mathrm{d}\lambda \tag{2}$$

将公式（2-68）的 $E_{0\lambda}$ 的数值代入式（2）并积分得

$$E_0=\sigma_0T^4 \quad \mathrm{W/m^2} \tag{2-71a}$$

式中 σ_0—— 黑体的辐射常数，其值为 $5.67\times10^{-8}\mathrm{W/(m^2\cdot K^4)}$。

或者

$$E_0 = C_0\left(\frac{T}{100}\right)^4 \quad W/m^2 \tag{2-71b}$$

式中 C_0—— 黑体的辐射系数，其值为 $5.67W/m^2 \cdot K^4$。

公式（2-71a）和公式（2-71b）是斯梯芬-波尔兹曼定律的数学表达式。它说明黑体的辐射力同它的热力学温度的四次方成比例，所以又称为四次方定律。对于灰体，辐射力 E 可写出如下关系式

$$E = \int_0^{\infty} E_\lambda d\lambda$$

根据$\frac{E_\lambda}{E_{0\lambda}}=\varepsilon_\lambda$ 可得

$$E = \int_0^{\infty} \varepsilon_\lambda \cdot E_{0\lambda} d\lambda$$

由于灰体的单色黑度与波长无关，即

$$\varepsilon_\lambda = \varepsilon = 常数$$

所以

$$E = \varepsilon \int_0^{\infty} E_{0\lambda} d\lambda$$

即

$$E = \varepsilon E_0 \quad W/m^2 \tag{2-72a}$$

将公式（2-71b）代入，则上式可进一步写成

$$E = \varepsilon C_0\left(\frac{T}{100}\right)^4 \quad W/m^2 \tag{2-72b}$$

或

$$E = C\left(\frac{T}{100}\right)^4 \quad W/m^2 \tag{2-72c}$$

式中 C—— 灰体辐射系数，$C = \varepsilon C_0$，它由物体的性质、表面状况及温度而定，其值一般在 $0\sim5.67W/m^2 \cdot K^4$ 之间。

由公式（2-72a）也可看出，灰体的黑度 ε 可表示为

$$\varepsilon = \frac{E}{E_0} \tag{2-73}$$

ε 即为灰体辐射力和同温度下黑体辐射力的比值。某些物体的黑度 ε 见附录 6。

3. 克希荷夫定律

克希荷夫定律确定了任意物体辐射力 E 和吸收率 A 之间的关系。

设有两个相互平行的表面，其面积很大，同时相互间的距离很小，如图 2-32 所示。在这种情况下，一个表面的辐射能将全部投射到另一个表面上，设表面 Ⅰ 为任意物体，表面 Ⅱ 为黑体，这两个表面的温度、辐射力、黑度和吸收率分别为 T_1、E_1、ε_1、A_1 和 T_0、E_0、ε_0、A_0。当物体表面的辐射力 E_1 投射到黑体表面上时，全部被黑体表面所吸收。而黑体表面的辐射力 E_0 落到物体表面上时，只有一部分 A_1E_0 被吸收，其余部分被反射回去，重新落在黑体表面上而被全部吸收。物体表面得到的能量为 A_1E_0，失去的能量为 E_1，因此能量收支差额为

$$q = E_1 - A_1E_0$$

当 $T_1=T_0$ 时，两表面之间的热交换仍在进行，不过每一表面上的能量收支相等，体系处在热辐射的动平衡状态，即 $q=0$，在此种情况下

$$E_1 - A_1E_0 = 0$$

即

$$E_1 = A_1E_0$$

$$\frac{E_1}{A_1} = E_0$$

由于物体表面 I 可以用别的任意物体来代替，因此可写成

$$\frac{E_1}{A_1} = \frac{E_2}{A_2} = \frac{E_3}{A_3} = \cdots\cdots = \frac{E_n}{A_n} = E_0 \qquad (2\text{-}74)$$

于是，克希荷夫定律可以表述为：任何物体的辐射力与吸收率之间的比值都相等，恒等于同温度下黑体的辐射力，并且只和温度有关。由此可以看出，物体的吸收能力愈强，辐射能力也愈强，而物体吸收能力愈弱，辐射能力就愈弱，即善于辐射的物体必善于吸收。同时，由于物体的吸收率永远小于1，所以其辐射力永远小于同温度下黑体的辐射力。

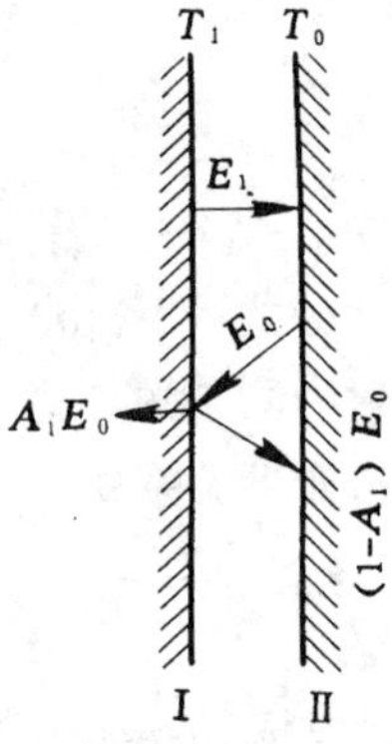

图 2-32　克希荷夫定律的推演

把公式（2-72*a*）$E=\varepsilon E_0$ 代入公式（2-74）得

$$\frac{\varepsilon_1}{A_1} = \frac{\varepsilon_2}{A_2} = \frac{\varepsilon_3}{A_3} = \cdots\cdots = \frac{\varepsilon_n}{A_n} = 1$$

即

$$\varepsilon = A \qquad (2\text{-}75)$$

公式（2-75）也称为克希荷夫恒等式，它可以表述为：在热平衡条件下，任何物体对黑体辐射的吸收率等于同温度下该物体的黑度。

根据推导可知，克希荷夫定律是在投射物为黑体，而且处于辐射平衡的条件下得到的，因此在使用时必须注意。

但是对于灰体，根据定义可知，其单色黑度 ε_λ 不随波长发生变化，且等于全辐射的黑度 ε。同时由图 2-33 可知，灰体的单色吸收率 A_λ（单色吸收率是指物体对某一波长辐射所能吸收的百分数）也与波长无关，且等于全辐射的吸收率。即灰体的吸收率没有选择性，只取决于自身的表面状况和温度。

既然灰体的吸收率和黑度一样只取决于本身情况，也就是说当灰体温度一定时，其吸收率和黑度也是恒定的。此时不论投射物是否为黑体，也不论是否处于热平衡状态，灰体的吸收率恒等于同温度下的黑度。可以看出，引出灰体的概念给工程计算带来了很大方便，对于接近灰体性质的材料可以近似当作灰体处理，此时吸收率可取黑度的数值。

4. 兰贝特定律

到现在为止，我们所研究过的是物体沿一切方向辐射的总能量，而没有涉及辐射能在各个方向的分布问题。黑体沿各方向的辐射变化服从于兰贝特定律。该定律指出：微元表面 dF_1 沿各个方向所辐射的能量是不同的，随该方向和微元表面法线间所构成的夹角 ϕ 而变化，如图 2-34。在法线方向上（$\phi=0$）辐射能量最大，当 ϕ 角增大时，辐射能量逐渐减小，直至 $\phi=\frac{\pi}{2}$时减少至零。

它们之间的关系可表示为

$$E_\phi = E_n \cdot \cos\phi \quad \mathrm{W/(sr \cdot m^2)} \qquad (2\text{-}76)$$

公式（2-76）即为兰贝特定律，也称之为辐射的余弦定律。

式中 E_n 及 E_ϕ 是指微元表面沿法线方向及 ϕ 方向每单位表面积在单位时间内，单位立

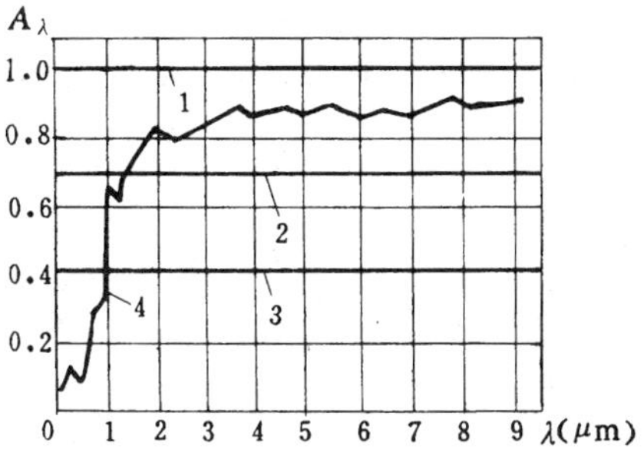

图 2-33 黑体、灰体和实际物体的 A_λ 与 λ 的关系

1—黑体；2—$A=0.7$ 的灰体；3—$A=0.4$ 的灰体；4—实际物体

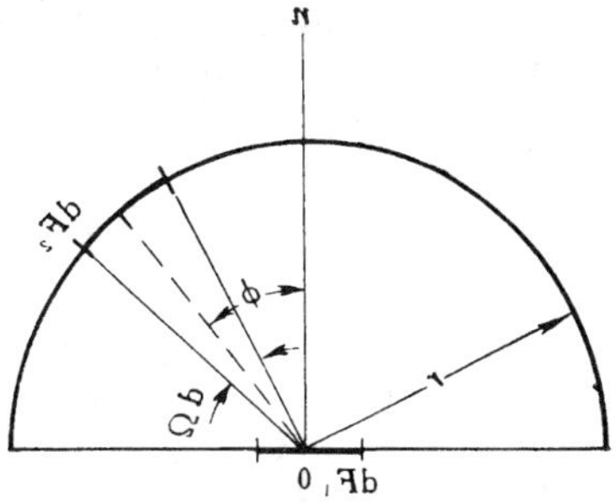

图 2-34 兰贝特定律的推演

体角内所辐射的能量。

所谓单位立体角可做如下定义：立体角顶点位于球心，而它在球面上所截取的面积等于以球半径为边长的正方形面积，即构成单位立体角，叫做一个球面度，其国际单位制代号为 Sr。半球面的立体角为 2π 球面度。

在公式（2-76）中 E_n 为未知数，E_n 和总辐射力之间的关系可做如下推导。

对于微单元表面在所有方向的总辐射力 E，应按立体角以整个半球面（$\Omega=2\pi$）为范围加以积分，如图 2-35 所示。

$$E=\int_0^{2\pi}E_\phi \mathrm{d}\Omega=\int_0^{2\pi}E_n\cos\phi \mathrm{d}\Omega \tag{1}$$

立体角为

$$\mathrm{d}\Omega=\frac{\mathrm{d}F_2}{r^2} \tag{2}$$

球面上的微元面积 $\mathrm{d}F_2$ 可视为平行四边形，四边形各相应边长为 $r\mathrm{d}\phi$ 和 $\rho\mathrm{d}\psi=r\sin\phi\mathrm{d}\psi$，因此有

$$\mathrm{d}F_2=r^2\sin\phi\mathrm{d}\phi\mathrm{d}\psi \tag{3}$$

将式（3）代入式（2）得立体角 $\mathrm{d}\Omega$ 为

$$\mathrm{d}\Omega=\frac{r^2\sin\phi\mathrm{d}\phi\mathrm{d}\psi}{r^2}=\sin\phi\mathrm{d}\phi\mathrm{d}\psi \tag{4}$$

将式（4）代入式（1）后进行积分

$$\begin{aligned}E&=E_n\int_0^{\pi/2}\cos\phi\sin\phi\mathrm{d}\phi\int_0^{2\pi}\mathrm{d}\psi\\&=E_n\left[\frac{1}{2}\sin^2\phi\right]_0^{\pi/2}2\pi=\pi\cdot E_n\end{aligned}$$

$$E_n=\frac{E}{\pi}=\frac{1}{\pi}C\left(\frac{T}{100}\right)^4=\frac{1}{\pi}\varepsilon C_0\left(\frac{T}{100}\right)^4\quad \mathrm{W/(sr\cdot m^2)} \tag{2-77}$$

公式（2-77）表明，物体沿法线方向的辐射力为总辐射力的 $\frac{1}{\pi}$。把 E_n 数值代入公式（2-76）得

$$E_\phi=\frac{1}{\pi}E\cos\phi\quad \mathrm{W/(sr\cdot m^2)} \tag{2-78}$$

兰贝特定律对于黑体是完全正确的；对于不光滑的物体，由经验证明，这一定律只适用于 $\phi=0°\sim60°$的范围内；对于表面磨光的金属，由于镜面反射的影响，与此定律有明显的偏差。

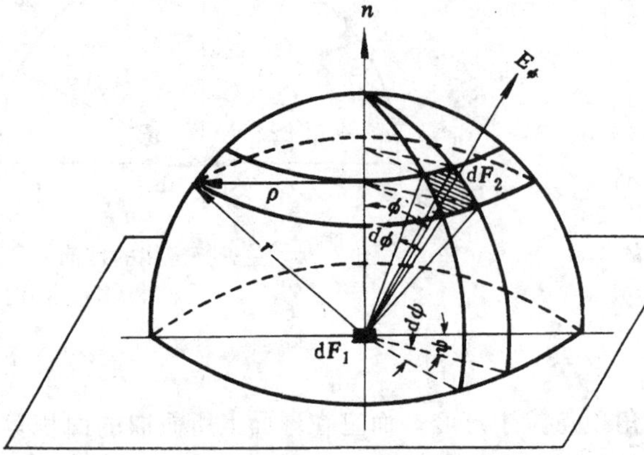

图 2-35 微元面积 dF_1 向半球空间辐射

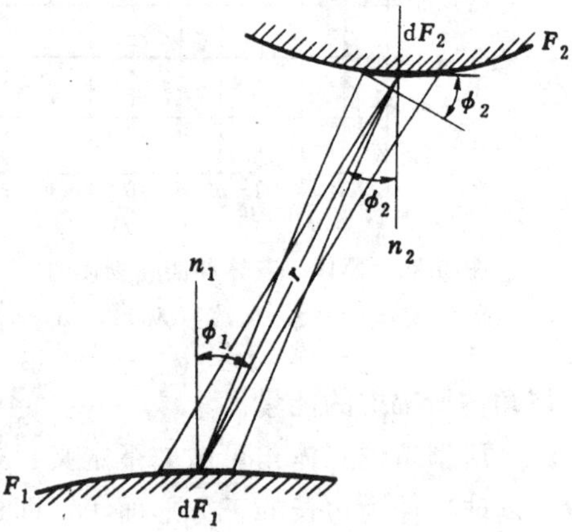

图 2-36 任意放置两表面之间的辐射换热

二、物体之间的辐射换热计算

分析热辐射的目的之一是要计算物体间的辐射换热量，而物体间的辐射换热除与物体表面温度和黑度有关外，还与物体尺寸、形状、相互位置等几何因素有关。

如果微元表面 dF_1 和 dF_2 在空间任意放置，如图 2-36，彼此间距离为 r，两个微元体中间的联线与法线 n_1、n_2 之间的夹角为 ϕ_1 和 ϕ_2，微元面积 dF_1 朝微元面积 dF_2 所辐射的能量为

$$d\Phi_{12}=\frac{E_1}{\pi}\cos\phi_1 d\Omega_1 dF_1 \tag{2-79}$$

$d\Omega_1$ 为从 1 点观察微元面积 dF_2 的立体角

$$d\Omega_1=\frac{dF_2\cdot\cos\phi_2}{r^2}$$

即得

$$d\Phi_{12}=\frac{E_1}{\pi}\ \frac{\cos\phi_1\cos\phi_2}{r^2}dF_1dF_2\quad W \tag{2-80}$$

当两个表面任意放置时，每个表面所辐射的能量只有一部分可达到另一个表面，其余部分则落到体系以外的空间。为了说明物体接受的辐射能占总辐射能的份额，提出了角系数的概念。

对于两个任意放置的表面，由第一个表面辐射到第二个表面的能量占第一个表面所辐射出的总能量（包括反射部分）的份数，叫做第一个表面对第二个表面的角系数，以 ϕ_{12}表示。如果 F_1 面的辐射力为 E_1，在辐射的总能量中有 Φ_{12}部分投向任意放置的 F_2 面上，则

$$\phi_{12}=\frac{\Phi_{12}}{E_1F_1}$$

即

$$\Phi_{12}=\phi_{12}E_1F_1 \tag{1}$$

同理

$$\phi_{21}=\frac{\Phi_{21}}{E_2F_2}$$

即 $$\Phi_{21}=\phi_{21}E_2F_2 \tag{2}$$

同时，F_1 面的辐射又服从兰贝特定律，根据公式（2-80），且 F_1 面温度均匀时则有

$$\Phi_{12}=E_1\int_0^{F_1}\int_0^{F_2}\frac{\cos\phi_1\cos\phi_2 \mathrm{d}F_1\mathrm{d}F_2}{\pi r^2}$$

该式与式（1）比较

$$\phi_{12}F_1=\int_0^{F_1}\int_0^{F_2}\frac{\cos\phi_1\cos\phi_2 \mathrm{d}F_1\mathrm{d}F_2}{\pi r^2} \tag{3}$$

同理也可以得

$$\phi_{21}F_2=\int_0^{F_1}\int_0^{F_2}\frac{\cos\phi_1\cos\phi_2 \mathrm{d}F_1\mathrm{d}F_2}{\pi r^2} \tag{4}$$

由式（3）与（4）可得

$$\phi_{12}F_1=\phi_{21}F_2 \tag{2-81}$$

计算物体间的辐射换热量，首先要求得角系数，对于符合兰贝特定理的物体，可以直接通过它的表达式（式 3 及式 4）通过积分运算求得。在实际应用中，对于各种物体不同相对位置的角系数，已由理论导出计算式，或将精确结果制成图表（可参阅有关传热学方面资料）。另外，可以用实验的方法测定角系数的值，也可以利用简单的几何关系，导出角系数的基本性质，利用这些性质，就可以用代数法求解。角系数有如下一些性质。

（1）相对性　角系数的相对性已如前所导出，即

$$\phi_{12}F_1=\phi_{21}F_2$$

此式说明任意两个物体间的角系数 ϕ_{12} 和 ϕ_{21} 不是独立的，它们要受到上式的制约。

（2）自见性　是指一个物体表面所辐射出来的能量，投向自身表面的分数。对于平面或凸面，其自见性等于零，即 $\phi_{1,1}=0$，对于凹面，其自见性不等于零，即 $\phi_{1,1}\neq0$。

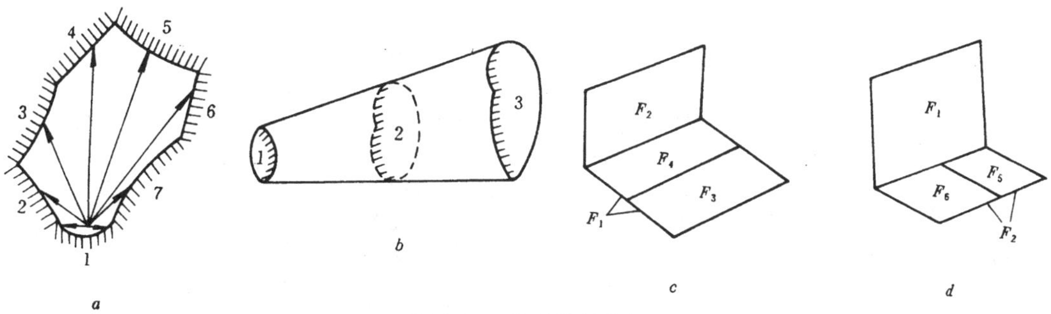

图 2-37　角系数的性质

a—完整性；*b*—兼顾性；*c*—分解性；*d*—分解性

（3）完整性　对于由几个物体组成的封闭体系而言，如图 2-37*a* 任何一个表面辐射出的能量将全部分配在体系内的各个表面上，以表面 1 为例

$$\Phi_{11}+\Phi_{12}+\Phi_{13}+\cdots\cdots+\Phi_{1n}=\Phi_1$$

$$\frac{\Phi_{11}}{\Phi_1}+\frac{\Phi_{12}}{\Phi_1}+\frac{\Phi_{13}}{\Phi_1}+\cdots\cdots+\frac{\Phi_{1n}}{\Phi_1}=1$$

即 $$\phi_{11}+\phi_{12}+\phi_{13}+\cdots\cdots+\phi_{1n}=1$$

（4）兼顾性　如图 2-37*b*，在任意两个物体 1 和 3 之间，设置一透热体 2，当不考虑路

程对辐射能量的影响时，那么就有

$$\phi_{12} = \phi_{13}$$

这是因为从物体 1 辐射到物体 2 上的热流量为

$$\Phi_{12} = E_1\phi_{12}F_1$$

从物体 1 辐射到物体 3 的热流量为

$$\Phi_{13} = E_1\phi_{13}F_1$$

由于不考虑路程对辐射能的影响，所以

$$\Phi_{12} = \Phi_{13}$$

$$\phi_{12} = \phi_{13}$$

如果在物体 1 与 3 之间设有一不透明的物体，则 $\phi_{13}=0$。

(5)分解性　当两个表面 F_1 和 F_3 之间进行辐射换热时，如单独把 F_1 分解成 F_3 和 F_4，如图 2-37c，则

$$F_1\phi_{12} = F_3\phi_{32} + F_4\phi_{42}$$

如果单独把表面 F_2 分解为 F_5 与 F_6，如图 2-37d，则

$$F_1\phi_{12} = F_1\phi_{15} + F_1\phi_{16}$$

利用角系数的上述性质，就可以用简单的代数方法求某些物体之间的角系数，见表 2-6。

表 2-6　某些物体之间角系数的推导

名　称	图　示	角系数的推导
两个无限大平行平面	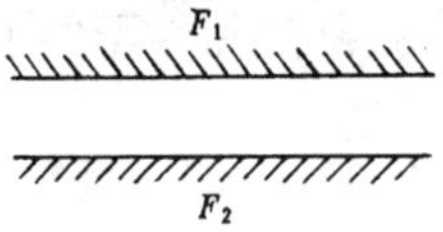	根据完整性　$\phi_{11}+\phi_{12}=1$ 根据自见性　$\phi_{11}=0$ 故　$\phi_{12}=1$ 同理　$\phi_{21}=1$
一个物体被另一个物体包围	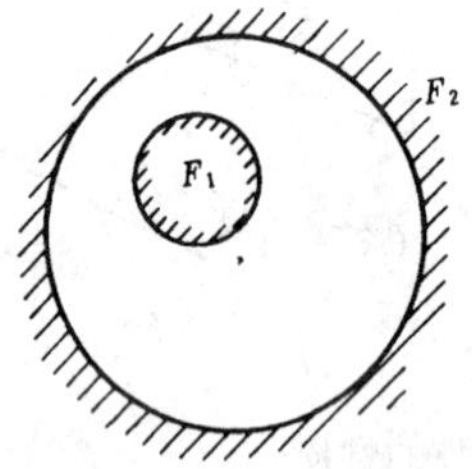	对于物体 1： 根据完整性　$\phi_{11}+\phi_{12}=1$ 根据自见性　$\phi_{11}=0$ 故　$\phi_{12}=1$ 对于物体 2： 根据完整性　$\phi_{22}+\phi_{21}=1$ 根据相对性　$F_1\phi_{12}=F_2\phi_{21}$ 故　$\phi_{21}=\phi_{12}\frac{F_1}{F_2}=\frac{F_1}{F_2}$ $\phi_{22}=1-\phi_{21}=\frac{F_2-F_1}{F_2}$
一个平面和一个曲面组成的封闭体系	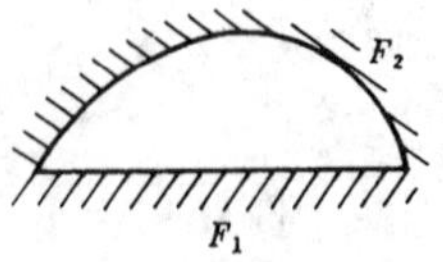	根据完整性　$\phi_{11}+\phi_{12}=1$ 根据自见性　$\phi_{11}=0$ 故　$\phi_{12}=1$ 根据相对性　$F_1\phi_{12}=F_2\phi_{21}$ 故　$\phi_{21}=\frac{F_1}{F_2}$ $\phi_{22}=1-\phi_{21}=\frac{F_2-F_1}{F_2}$

名　　称	图　　示	角 系 数 的 推 导
两个曲面组成的封闭体系	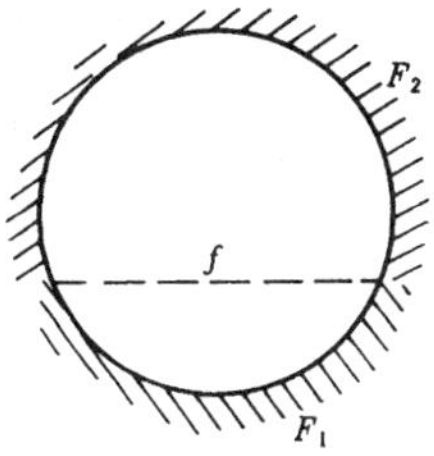	根据兼顾性　$\phi_{12}=\phi_{1,f}=\dfrac{f}{F_1}$ 从上例已知　$\phi_{11}=\dfrac{F_1-f}{F_1}$ 同理　$\phi_{21}=\phi_{2f}=\dfrac{f}{F_2}$ $\phi_{22}=\dfrac{F_2-f}{F_2}$
表面 1 与表面 3 之间的角系数（表面 1 与表面 2，3 垂直）	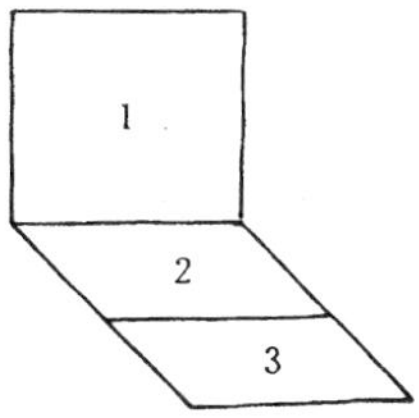	根据分解性　$F_{(2,3)}\phi_{(2,3)1}=F_3\phi_{31}+F_2\phi_{21}$ 根据相对性　$F_1\phi_{1(2,3)}=F_1\phi_{13}+F_1\phi_{12}$ 故　$\phi_{13}=\phi_{1(2,3)}-\phi_{12}$

1. 平行平面间的辐射换热

首先研究最简单情况下的辐射换热。设有两个无限大的平行平面 Ⅰ 和 Ⅱ，如图 2-38，两者均为黑体，表面温度维持一定，分别为 T_1 和 T_2，且 $T_1>T_2$；Ⅰ 面和 Ⅱ 面的辐射力分别为 E_{01}和 E_{02}。由于二平面均为黑体，Ⅰ 面所辐射的能量 E_{01} 全部被 Ⅱ 面吸收，Ⅱ 面所辐射的能量 E_{02}也全部被 Ⅰ 面所吸收。因为温度 $T_1>T_2$，故辐射换热的最终结果是 Ⅰ 面净给 Ⅱ 面热流密度。

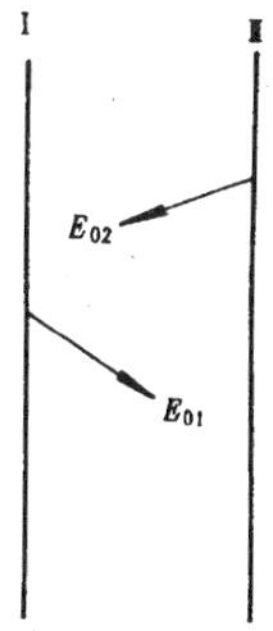

图 2-38　两个互相平行的黑体表面间辐射换热

$$q = E_{01} - E_{02}$$

根据公式　$E_0 = C_0\left(\dfrac{T}{100}\right)^4$，可得

$$q_{12} = C_0\left[\left(\frac{T_1}{100}\right)^4 - \left(\frac{T_2}{100}\right)^4\right] \quad \mathrm{W/m^2} \qquad (2\text{-}82)$$

如果两个平面都是灰体，那末情况就复杂多了。对于两个无限大的平行平面，虽然从任一表面所辐射的能量全部投到另一个表面上，但只有一部分被吸收，另一部分被反射，后者又被原表面部分吸收和反射，热交换过程就是这样多次吸收和反射的复杂过程。

为了导出灰体之间辐射换热的基本公式，引出有效辐射、投射辐射和反射辐射的概念。假定有一个温度均匀，且发射特性和吸收特性是常数的表面，我们把在单位时间内离开这个表面单位面积的总辐射能称为这个表面的有效辐射，用符号 J 表示。把在单位时间内投射到这个表面上单位面积的总辐射能称为对该表面的投射辐射，用符号 G 表示。被反射的部分称为反射辐射，用 RG 表示。

图 2-39 表示了有效辐射、投射辐射和反射辐射之间的关系，它表明灰体 Ⅰ 的有效辐射 J_1 为灰体每单位表面的本身辐射和反射辐射之和

$$
\begin{aligned}
J_1 &= \varepsilon_1 E_{01} + R_1 G \\
&= \varepsilon_1 E_{01} + (1 - A_1) G \quad \mathrm{W/m^2}
\end{aligned}
\tag{2-83}
$$

根据上述概念，可导出两相互平行的灰体表面间的辐射换热的热流密度。

如图 2-40 所示，平面 I 和 Ⅱ 彼此平行放置，平面的尺寸比它们的距离要大的多，以致于一个表面所辐射的能量全部落在另一个表面上。F 表示平面面积，R_1、R_2 分别表示它们的反射率，T_1、T_2 分别表示它们的温度。

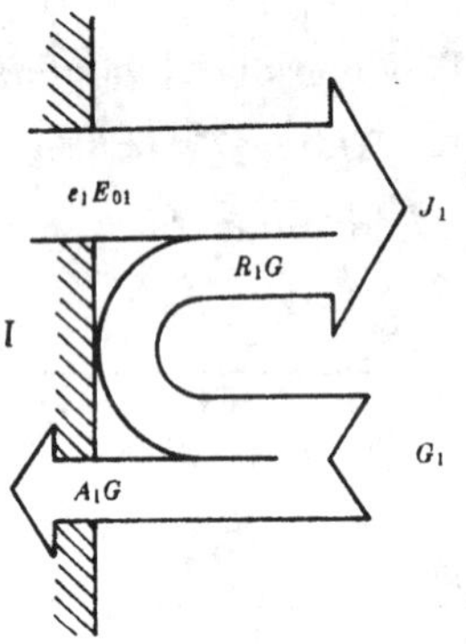

图 2-39　有效辐射示意图

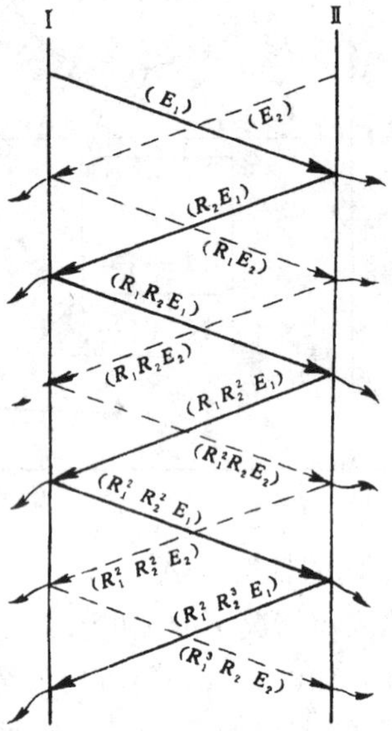

图 2-40　两个互相平行的灰体表面间辐射换热

I 面的有效辐射应为本身辐射 E_1 和全部反射辐射之总和，其中包括

$$E_1(1 + R_1R_2 + R_1^2R_2^2 + \cdots\cdots)$$

及

$$E_2R_1(1 + R_1R_2 + R_1^2R_2^2 + \cdots\cdots)$$

I 面的有效辐射即为上述两个无穷级数所表示的能量之总和，并可表示为

$$J_1 = \frac{E_1}{1 - R_1R_2} + \frac{E_2R_1}{1 - R_1R_2} = \frac{E_1 + R_1E_2}{1 - R_1R_2} \tag{1}$$

同理，Ⅱ 面的有效辐射为

$$J_2 = \frac{E_2 + R_2E_1}{1 - R_1R_2} \tag{2}$$

在单位时间内两表面单位面积的辐射换热热流密度应为其有效辐射之差

$$q_{12} = J_1 - J_2 \tag{3}$$

将式（1）、式（2）代入式（3），并注意到：对于固体 $A+R=1$，$R=(1-A)$ 以及灰体 $A=\varepsilon$ 等关系，式（3）则可变成如下形式

$$q_{12} = \frac{E_{01} - E_{02}}{\dfrac{1}{\varepsilon_1} + \dfrac{1}{\varepsilon_2} - 1} = \frac{C_0\left[\left(\dfrac{T_1}{100}\right)^4 - \left(\dfrac{T_2}{100}\right)^4\right]}{\dfrac{1}{\varepsilon_1} + \dfrac{1}{\varepsilon_2} - 1} \tag{4}$$

令 $$\varepsilon_s = \frac{1}{\frac{1}{\varepsilon_1} + \frac{1}{\varepsilon_2} - 1}$$

则 $$q_{12} = \varepsilon_s(E_{01} - E_{02}) = \varepsilon_s C_0 \left[\left(\frac{T_1}{100}\right)^4 - \left(\frac{T_2}{100}\right)^4\right] \quad \text{W/m}^2 \tag{2-84}$$

式中 T_1、T_2——分别表示Ⅰ、Ⅱ两平面的温度，K；

ε_s——该辐射换热系统的系统黑度，其中 ε_1、ε_2 为两平面的黑度，由于它们均小于1，所以系统黑度 ε_s 也小于1。

将公式（2-84）和公式（2-82）进行比较可以看出，系统黑度就是指在其它情况相同时，灰体间的换热量与黑体间的换热量之比。ε_1 和 ε_2 之值愈高，系统黑度 ε_s 就愈大，就愈接近于黑体。当 $\varepsilon_1=\varepsilon_2=1$ 时，$\varepsilon_s=1$，即变成了黑体系统，因此可以认为系统黑度是因实际表面为非黑体而引入的一个修正系数。

2. 一灰体包围另一灰体表面之间的辐射热交换

根据图2-41，灰体每单位表面积单位时间净辐射热量，为该表面有效辐射与投射辐射之差，也可表示为该表面本身辐射与吸收辐射之差，即

$$q = J - G \tag{1}$$

$$q = E - AG \tag{2}$$

将式（1）代入式（2）并从中消去投射辐射 G 可得

$$J = \frac{E}{A} - q\left(\frac{1}{A} - 1\right) \tag{3}$$

对于灰体 $\varepsilon=A$，且 $E=\varepsilon E_0$，则式（3）可进一步表示为

$$J = E_0 - q\left(\frac{1}{\varepsilon} - 1\right) \tag{2-85}$$

公式（2-85）表明了有效辐射、吸收率、换热量之间的内在联系。

现在来求解一灰体被另一灰体包围时的辐射换热量，如图2-41。

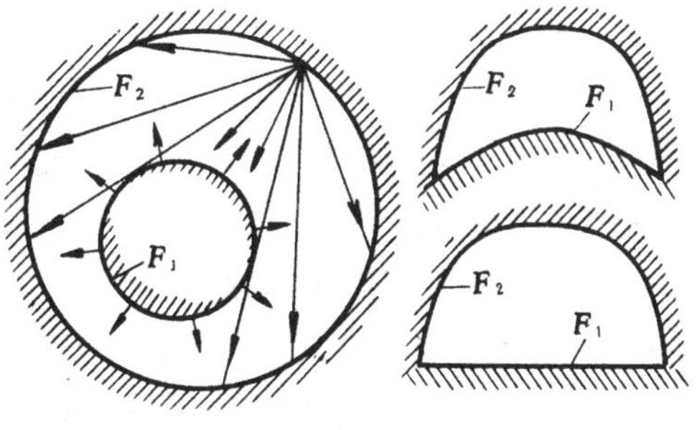

图2-41 一灰体被另一灰体包围时的辐射热交换

灰体1的外表面与包壳2的内表面的温度、黑度、以及面积分别为 T_1、T_2，ε_1、ε_2，F_1、F_2。两表面间的辐射换热流量 Φ_{12} 应为

$$\Phi_{12} = J_1 F_1 \phi_{12} - J_2 F_2 \phi_{21} \quad \text{W} \tag{2-86}$$

表面1为凸面（或平面）且完全被表面2所包围，因此有效辐射 J_1 可以全部到达表面2，角系数 $\phi_{12}=1$。而表面2的有效辐射 J_2 只有一部分投射到表面1上，其余部分又投射到

本身表面上，根据 $F_1\phi_{12}=F_2\phi_{21}$ 可得 $\phi_{21}=\dfrac{F_1}{F_2}$。

将公式（2-85）及 $\phi_{12}=1$ 代入公式（2-86）则有

$$\begin{aligned}\Phi_{12}&=\left[E_{01}-\left(\frac{1}{\varepsilon_2}-1\right)q_{12}\right]F_1-\phi_{21}\left[E_{02}-\left(\frac{1}{\varepsilon_2}-1\right)q_{21}\right]F_2\\&=\left[E_{01}F_1-\left(\frac{1}{\varepsilon_1}-1\right)\Phi_{12}\right]-\phi_{21}\left[E_{02}F_2-\left(\frac{1}{\varepsilon_2}-1\right)\Phi_{21}\right]\end{aligned}$$

因为所研究的是封闭体系，因此1面的热收入应等于2面的热支出 $\Phi_{12}=-\Phi_{21}$，将其代入上式并简化得

$$\Phi_{12}=\frac{E_{01}-E_{02}}{\dfrac{1}{\varepsilon_1}+\left(\dfrac{1}{\varepsilon_2}-1\right)\phi_{21}}F_1$$

即
$$\Phi_{12}=\frac{C_0\left[\left(\dfrac{T_1}{100}\right)^4-\left(\dfrac{T_2}{100}\right)^4\right]F_1}{\dfrac{1}{\varepsilon_1}+\left(\dfrac{1}{\varepsilon_2}-1\right)\phi_{21}}$$

令 $\varepsilon_s=\dfrac{1}{\dfrac{1}{\varepsilon_1}+\left(\dfrac{1}{\varepsilon_2}-1\right)\phi_{21}}$ 即为该换热场合的系统黑度。

于是
$$\Phi_{12}=\varepsilon_s C_0\left[\left(\frac{T_1}{100}\right)^4-\left(\frac{T_2}{100}\right)^4\right]F_1\quad \text{W} \tag{2-87}$$

公式（2-87）在特殊情况下可以简化，如当表面积 F_1 和 F_2 相差很小，即 $\dfrac{F_1}{F_2}\approx1$ 时，公式（2-87）与公式（2-84）相当，亦即相当于无限大平面之间的换热。当表面积 F_2 比 F_1 大的多，即 $\dfrac{F_1}{F_2}\approx0$ 时，公式（2-87）可以简化为

$$\Phi_{12}=\varepsilon_1 C_0\left[\left(\frac{T_1}{100}\right)^4-\left(\frac{T_2}{100}\right)^4\right]F_1\quad \text{W} \tag{2-88}$$

此时系统黑度 $\varepsilon_s=\varepsilon_1$。

例题 10 钢管长度为3m，直径为70mm，管壁温度 T_1 为500K，将其放置于截面为0.3×0.3m² 的砖槽内，槽内壁温度 T_2 为300K，求该钢管的辐射热损失。

解 设钢管壁面为1面，砖壁面为2面。

根据公式（2-87），钢管与砖壁之间的辐射换热量为

$$\Phi_{12}=\varepsilon_s C_0\left[\left(\frac{T_1}{100}\right)^4-\left(\frac{T_2}{100}\right)^4\right]F_1$$

由于砖槽包围钢管 $\phi_{12}=1,\phi_{21}=\dfrac{F_1}{F_2}$，故系统黑度为

$$\varepsilon_s=\frac{1}{\dfrac{1}{\varepsilon_1}+\left(\dfrac{1}{\varepsilon_2}-1\right)\dfrac{F_1}{F_2}}$$

由附录6查得钢管黑度 $\varepsilon_1=0.8$，砖壁黑度 $\varepsilon_2=0.93$，代入上式可得

$$\varepsilon_s=\frac{1}{\dfrac{1}{0.8}+\left(\dfrac{1}{0.93}-1\right)\times\dfrac{(0.07\times3\times\pi)}{(0.3\times3\times4)}}=0.79$$

所以 $\Phi_{12}=0.79\times5.67\times\left[\left(\frac{500}{100}\right)^4-\left(\frac{300}{100}\right)^4\right]\times(0.07\times\pi\times3)$

$=1608\quad W$

3. 有遮热板存在时的辐射热交换

由上述计算可以看出，为了增强辐射热交换，显然要提高辐射物体的温度和增加系统黑度，相反，为了减少辐射换热，就必须降低辐射物体的温度或减小黑度。如果温度不能变化，可以采用遮热板来减少辐射换热。

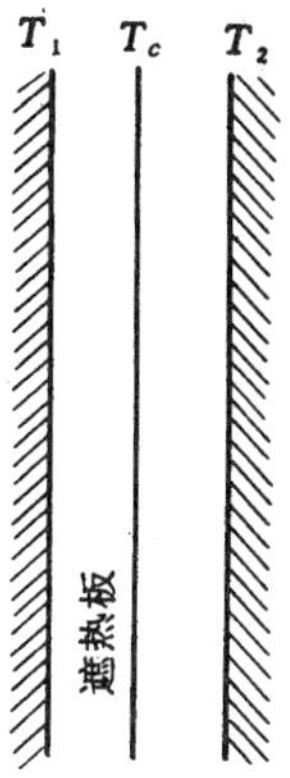

图 2-42 有遮热板时的辐射热交换

设有两个平行平面，在它们中间装置一块薄片遮热板，如图 2-42。该二平面和遮热板的温度分别为 T_1、T_2 和 T_c，且 $T_1>T_2$，遮热板和两平面的黑度假定相同 $\varepsilon_1=\varepsilon_2=\varepsilon_c$。

在没有遮热板时，两表面所交换的热流密度为

$$q_{12}=\varepsilon_s C_0\left[\left(\frac{T_1}{100}\right)^4-\left(\frac{T_2}{100}\right)^4\right] \quad (1)$$

有了遮热板之后，从第一个表面传到遮热板的热流密度为

$$q_{1c}=\varepsilon'_s C_0\left[\left(\frac{T_1}{100}\right)^4-\left(\frac{T_c}{100}\right)^4\right] \quad (2)$$

从遮热板到第二个表面所传递的热量为

$$q_{c2}=\varepsilon''_s C_0\left[\left(\frac{T_c}{100}\right)^4-\left(\frac{T_2}{100}\right)^4\right] \quad (3)$$

因为 $\varepsilon_1=\varepsilon_2=\varepsilon_c$，所以 $\varepsilon_s=\varepsilon'_s=\varepsilon''_s$。

当体系达到稳定状态时，$q_{1c}=q_{c2}$，即

$$\left(\frac{T_1}{100}\right)^4-\left(\frac{T_c}{100}\right)^4=\left(\frac{T_c}{100}\right)^4-\left(\frac{T_2}{100}\right)^4 \quad (4)$$

整理得

$$\left(\frac{T_c}{100}\right)^4=\frac{1}{2}\left[\left(\frac{T_1}{100}\right)^4+\left(\frac{T_2}{100}\right)^4\right] \quad (5)$$

把式（5）代入式（2）或式（3）得

$$q_{1c}=q_{c2}=\frac{1}{2}\varepsilon_s C_0\left[\left(\frac{T_1}{100}\right)^4-\left(\frac{T_2}{100}\right)^4\right] \quad (2\text{-}89)$$

比较式（1）和公式（2-89）可得

$$q_{1c}=q_{c2}=\frac{1}{2}q_{12}$$

该式表明，装上一块薄遮热板的结果，使传热流密度减少一半。同样可以证明，装上 n 块遮热板，热流密度可减少到原有传热流密度的 $\frac{1}{n+1}$，即

$$q_n=\frac{1}{n+1}q$$

4. 通过小孔口的辐射热损失

窑炉上都有看火孔、测温孔、取样孔或其它各种开孔。通过这种小孔的散热损失可按下式计算

$$\Phi = C_0\left[\left(\frac{T_1}{100}\right)^4 - \left(\frac{T_2}{100}\right)^4\right]\beta F \quad \mathrm{W} \tag{2-90}$$

式中 T_1——炉膛内的温度，K；

T_2——外界环境温度，K；

F——小孔截面积，m^2；

β——门孔系数，取决于小孔形状、尺寸及窑墙厚度，可查图 2-43。

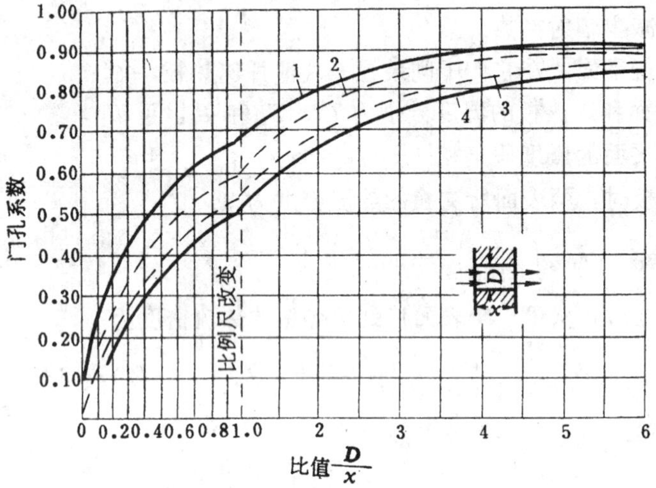

图 2-43 门孔系数

1—扁长方形；2—长方形（2∶1）；3—正方形；4—圆形

小孔口若用金属板盖住，辐射换热损失按下式计算

$$\Phi = \varepsilon_m C_0\left[\left(\frac{T_1}{100}\right)^4 - \left(\frac{T_2}{100}\right)^4\right]\frac{\beta}{1+\beta}\cdot F \quad \mathrm{W} \tag{2-91}$$

式中 ε_m——金属板的黑度。

三、气体辐射

1. 气体辐射的特点

气体同样具有辐射和吸收辐射能的能力，但对于不同的气体，这种能力的大小不同。单原子气体和双原子气体的辐射能力是微不足道的，只有多原子气体，如二氧化碳（CO_2）、水蒸汽（H_2O）和二氧化硫（SO_2）等具有相当大的辐射和吸收辐射能的能力。在窑炉中燃料燃烧产生的二氧化碳和水蒸气占有相当大的比例，因此研究这些气体辐射的特点和它们与固体壁面之间的热交换具有很大实际意义。气体辐射不同于固体辐射，它们具有如下特点：

（1）固体具有完整的辐射光谱，它能够辐射和吸收从 0 至∞所有波长的辐射能。气体则只能辐射和吸收某一波长间隔 $\Delta\lambda$ 中的辐射能，亦即只能辐射和吸收散布在光谱不同部位的所谓“光带”的那部分能量，对于光带以外其它波长的辐射能，气体则变成透明体。由此可见，气体的辐射和吸收具有选择性。二氧化碳和水蒸气在光谱中各部分的吸收率如图 2-44。

二氧化碳和水蒸气的辐射光谱非常复杂，为了计算方便将其简化为三个辐射和吸收带

二氧化碳

第一光带 λ：2.36～3.02μm；

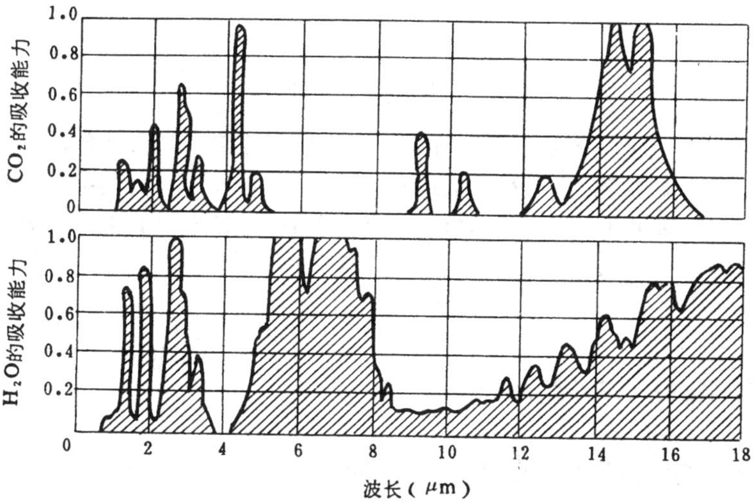

图 2-44　二氧化碳和水蒸气在光谱中各部分的吸收率

第二光带　λ：4.01～4.80μm；

第三光带　λ：12.50～16.50μm。

水蒸气

第一光带　λ：2.24～3.27μm；

第二光带　λ：4.80～8.50μm；

第三光带　λ：12.0～25.0μm。

由二氧化碳和水蒸气所辐射的光带可以看出，它们都没有波长为 0.4～0.76 微米的可见光带，因此它们的辐射无可见光。此外二氧化碳和水蒸气的辐射区域有一部分相互重合，这就使得当二者同时存在时，要相互吸收一部分辐射能，从而减少了对外界的辐射能力。

(2) 固体的辐射和吸收是在很薄的表面层上进行的，而气体的辐射和吸收则在整个容器中进行。当热射线穿过气体层时，沿途被气体分子吸收而减弱，这种减弱程度取决于沿途所遇到的分子数目，遇到的分子数目愈多，被吸收的辐射能量也愈多，所以射线减弱的程度就直接和射线穿过气体层的路程长短以及气体的分压大小有关。因此气体的单色吸收率 A_λ 是气体温度 T、气体层厚度 s 与气体分压 p 的乘积的函数，即

$$A_\lambda = f(T, ps)$$

2. 气体的辐射力 E

二氧化碳和水蒸气的辐射力也随温度升高而增大，然而气体辐射力并不与热力学温度的四次方成正比，对于二氧化碳和水蒸气，其辐射力分别为

$$E_{CO_2} = 4.07(p \cdot s)^{1/3}\left(\frac{T}{100}\right)^{3.5} \quad W/m^2$$

$$E_{H_2O} = 4.07(p^{0.8} \cdot s^{0.6})\left(\frac{T}{100}\right)^{3} \quad W/m^2$$

式中　p——气体（二氧化碳或水蒸气）的分压，Pa；

s——气体层厚度，或称射线行程长度，m。

但在实际计算时，为了方便起见，仍以四次方定律为基础，而在气体黑度 ε_g 中加以修

正，即

$$E=\varepsilon_g C_0\left(\frac{T}{100}\right)^4 \qquad \mathrm{W/m^2} \tag{2-92}$$

气体黑度的计算：为了计算气体黑度，必须知道气体温度、气体分压和射线行程。对于燃烧产物的黑度计算须知二氧化碳和水蒸气的分压 p_{CO_2} 和 p_{H_2O}。而射线行程长度 l 就比较复杂，它与容器大小形状有关，并且在同一容器内射线长度也有很大不同，在计算中有效平均射线长度可按下式计算

$$s=0.9\frac{4V}{F} \qquad \mathrm{m} \tag{2-93}$$

式中 V——充满辐射气体容器的体积，m^3；

F——包围气体的表面积，m^2。

对于某些形状的气体空间，有效平均射线长度数值列于表 2-7。

表 2-7 不同形状的气体空间中有效平均射线长度

气体空间的形状	s
直径为 d 的球体内部	$0.60d$
边长为 a 的正方形内部	$0.60d$
直径为 d 的无限长圆筒内部	$0.90d$
厚度为 δ 的两平行的无限大平板之间	1.80δ
直径为 d，管与管之间的中心距为 x 的管簇	
顺排式（当 $x=2d$）	$3.50d$
错排式（当 $x=2d$）	$2.80d$
错排式（当 $x=4d$）	$3.80d$
半径为 R 的无限长的半圆柱体对平侧面的辐射	$1.26R$

已知各气体的 p、s 及 T 可查图确定其黑度。图 2-45 给出了二氧化碳的黑度 $\varepsilon^*_{CO_2}$，该图的总压力为 10^5Pa (1bar)，当混合气体的总压力不是 10^5Pa 时，压力对 $\varepsilon^*_{CO_2}$ 的修正值 C_{CO_2} 可见图 2-46。

则

$$\varepsilon_{CO_2}=C_{CO_2}\varepsilon^*_{CO_2} \tag{2-94a}$$

图 2-47 为水蒸气的黑度 $\varepsilon^*_{H_2O}$，该图总压力为 10^5Pa (1bar)，且因 p_{H_2O} 与 s 不是同方次，水蒸气的黑度不仅与 $p_{H_2O}\cdot s$ 的乘积有关，还与水蒸气分压有关，因此由图 2-48 查得的 $\varepsilon^*_{H_2O}$ 还必须乘上图 2-53 的修正系数 C_{H_2O}。

即

$$\varepsilon_{H_2O}=C_{H_2O}\varepsilon^*_{H_2O} \tag{2-94b}$$

考虑到 CO_2 和 H_2O 的吸收光带有部分是重叠的，当两种气体并存时，CO_2 辐射的能量有部分被 H_2O 所吸收，而 H_2O 辐射的能量也有部分被 CO_2 所吸收，这样混合气体的辐射能要减少 $\Delta\varepsilon$，$\Delta\varepsilon$ 值可由图 2-49 查得。此时混合气体的黑度可表示为

$$\varepsilon_g=\varepsilon_{CO_2}+\varepsilon_{H_2O}-\Delta\varepsilon \tag{2-95}$$

在一般情况下校正量 $\Delta\varepsilon$ 数值不大，不超过 2 ～ 4%，工程计算上可以忽略不计。

3. 气体与固体壁面间的辐射热交换

气体被固体壁面所包围，气体和固体壁面温度分别为 T_g 和 T_w，假定固体壁面为黑体，

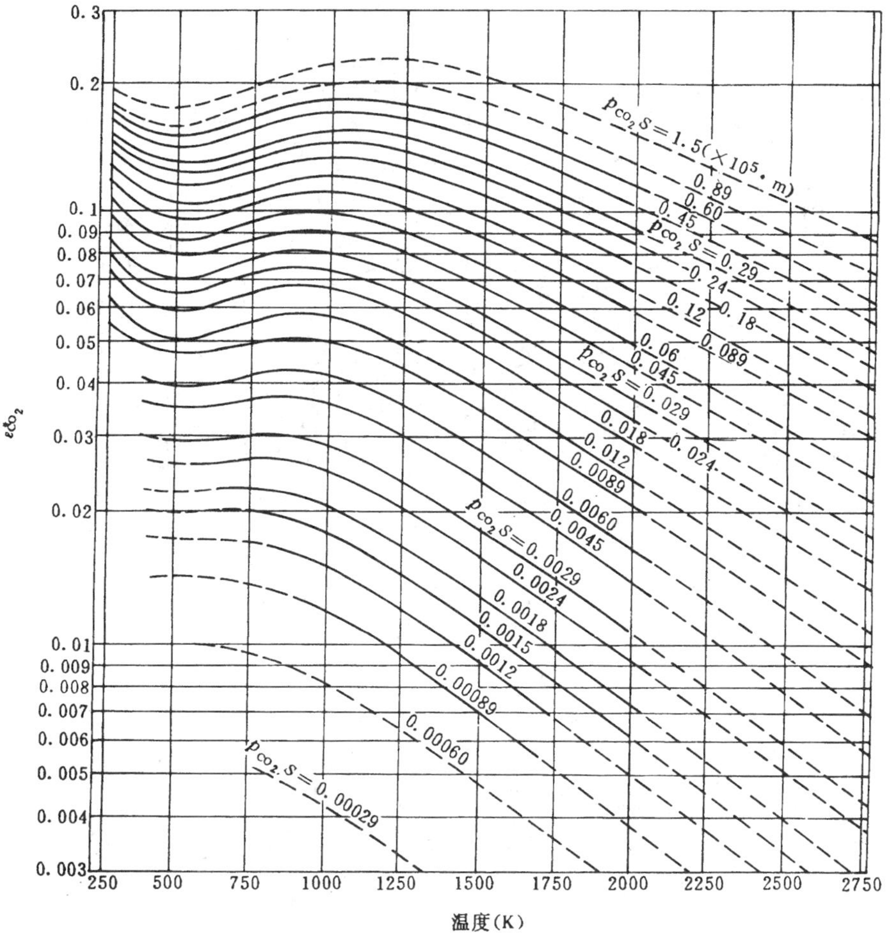

图 2-45 二氧化碳的黑度（$\varepsilon^*_{CO_2}$）

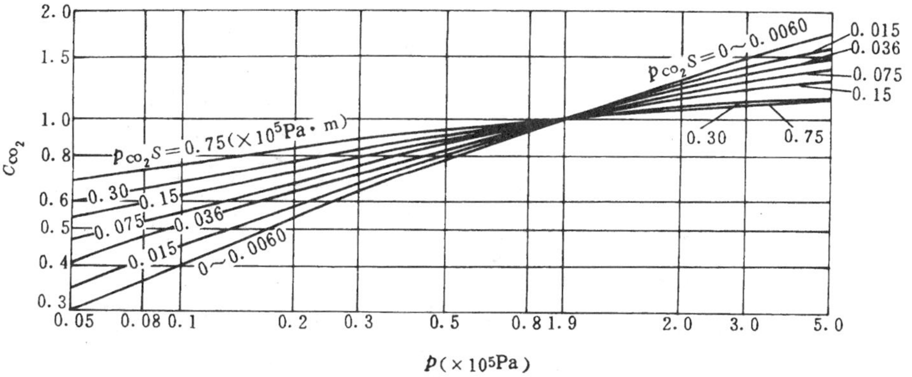

图 2-46 二氧化碳黑度的压力修正（C_{CO_2}）

气体和固体壁面间的辐射热交换的热流密度可以按气体辐射的能量与气体吸收固体表面辐射来的能量差额进行计算。

$$q_{g-w}=E_g-A_gE_w$$

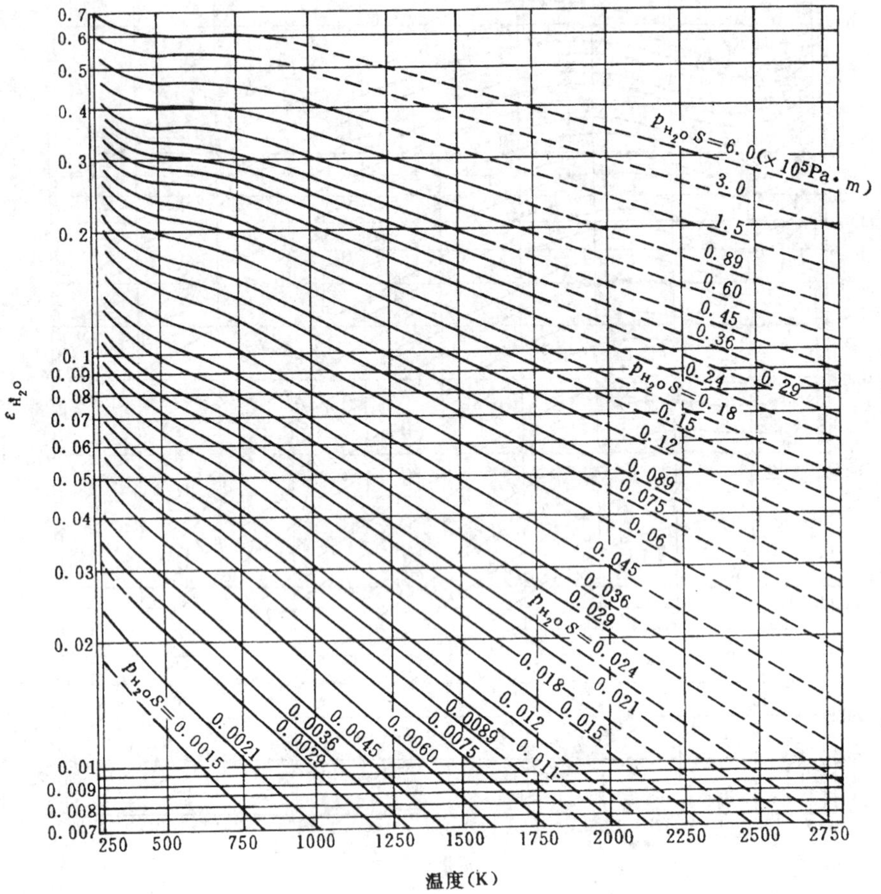

图 2-47 水蒸气的黑度（$\varepsilon^*_{H_2O}$）

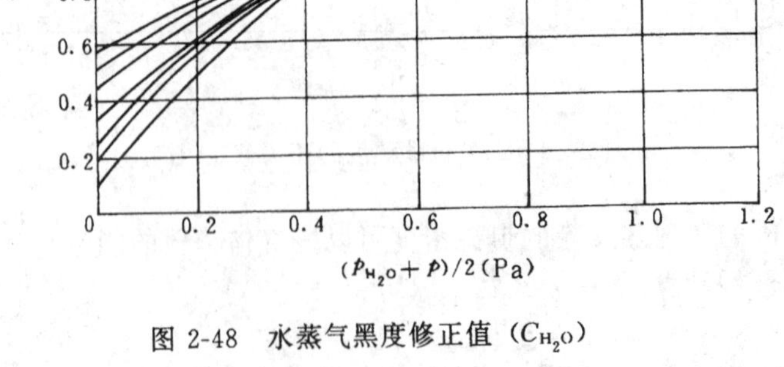

图 2-48 水蒸气黑度修正值（C_{H_2O}）

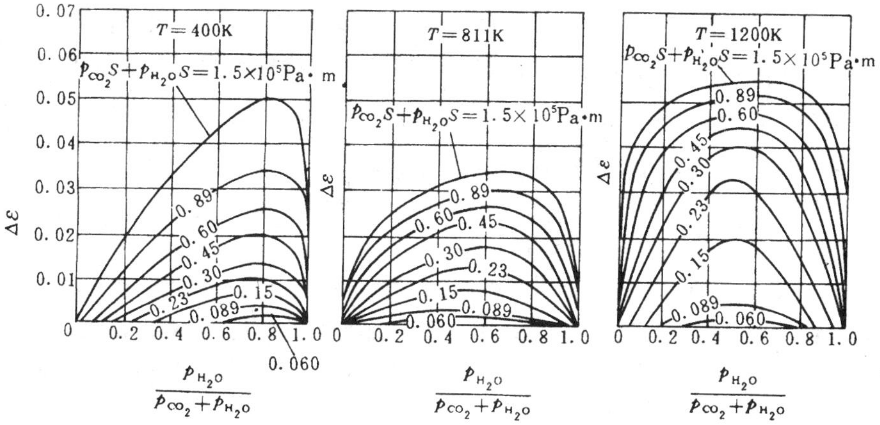

图 2-49　CO_2 和 H_2O 气体吸收光带重叠的修正值（Δε）

$$=\varepsilon_g C_0\left(\frac{T_g}{100}\right)^4-A_g C_0\left(\frac{T_w}{100}\right)^4$$

$$=C_0\left[\varepsilon_g\left(\frac{T_g}{100}\right)^4-A_g\left(\frac{T_w}{100}\right)^4\right]\quad \mathrm{W/m^2} \tag{2-96}$$

式中　ε_g——气体黑度，$\varepsilon_g=\varepsilon_{CO_2}+\varepsilon_{H_2O}$；

A_g——气体吸收率，$A_g=A_{CO_2}+A_{H_2O}$。

现在来着重讨论一下气体的黑度和吸收率的关系。克希荷夫定律指出，任何物体对黑体辐射的吸收率等于同温度下该物体的黑度；对于气体，当投射物为黑体，且在热平衡条件下也服从上述关系。可做如下证明：设有一个由黑体构成的任意形状容器，其中充满辐射气体，器壁各处温度相同且等于气体温度，整个容器表面积为 F。器壁辐射热流密度 $q=C_0\left(\frac{T}{100}\right)^4$，当通过气体时，其中一部分被气体吸收，$q_{w-g}=A_g C_0\left(\frac{T}{100}\right)^4$，其它部分透过气体又为黑体表面全部吸收。另外，气体本身辐射给器壁的热流密度 $q_{g-w}=\varepsilon_g C_0\left(\frac{T}{100}\right)^4$。由于已知各处温度相等，处于热辐射的动平衡状态，因此气体吸收器壁的热流密度与给予器壁的热流密度应相等，即 $q_{g-w}=q_{w-g}$，则 $A_g=\varepsilon_g$。

但当气体温度与壁面温度不相同时，即处于热辐射的不平衡状态，由于气体的吸收具有选择性，不能当作灰体处理，因此，此时气体的吸收率不仅取决于本身状况（即气体种类、温度等），而且取决于投射物的性质和温度。即 $t_g\neq t_w$，则 $\varepsilon_g\neq A_g$。

此时，二氧化碳和水蒸汽的吸收率 A_{CO_2} 及 A_{H_2O} 可按如下公式近似计算

$$A_{CO_2}=\varepsilon'_{CO_2}\left(\frac{T_g}{T_w}\right)^{0.65}$$

$$A_{H_2O}=\varepsilon'_{H_2O}\left(\frac{T_g}{T_w}\right)^{0.45}$$

ε'_{CO_2}和 ε'_{H_2O}的数值，应按壁面温度 T_w 和 $p\cdot s\left(\frac{T_w}{T_g}\right)$ 作为参数分别由图 2-45 到图 2-48 中查出。

当包围气体的壁面不是黑体，而是黑度为 ε_w 的灰体时，气体辐射到壁面的能量只有一部分被吸收，而其余部分被反射。被反射的部分又部分地被气体吸收，其余的穿透气体层再度投射到壁面上，如此无限往返并渐次削弱。由于这种多次的反射和吸收，使壁面有效黑度 ε'_w 将大于 ε_w，当 $\varepsilon_w=0.8\sim1.0$ 时，ε'_w 大约为$\frac{1}{2}$ (ε_w+1)，故气体和围绕它的固体壁面之间的辐射热交换的热流密度公式最后可以写成

$$q_{g-w}=\varepsilon'_w C_0\left[\varepsilon_g\left(\frac{T_g}{100}\right)^4-A_g\left(\frac{T_w}{100}\right)^4\right] \quad \text{W/m}^2 \tag{2-97}$$

例题 11 烟气中含 8%的二氧化碳和 10%的水蒸气，流过一圆形管道 $d=0.6$m，烟气温度在进口处 $t'_g=1000$℃，在出口处 $t''_g=800$℃，管道内表面温度在进口处 $t'_w=625$℃，在出口处 $t''_w=575$℃，管道表面黑度 $\varepsilon_w=0.8$。求气体辐射给每平方米管道内表面的热流密度为多少？(混合气体的压力为 10^5Pa)

解 根据气体和包围它的固体壁面间的辐射热交换的计算公式

$q_{g-w}=\varepsilon'_w C_0\left[\varepsilon_g\left(\frac{T_g}{100}\right)^4-A_g\left(\frac{T_w}{100}\right)^4\right]$依次计算有关数值

$$\varepsilon'_w=\frac{\varepsilon_w+1}{2}=\frac{0.8+1}{2}=0.9$$

气体黑度的计算：

气体的平均温度 $$t_g=\frac{1000+800}{2}=900 \quad ℃$$

对于无限长圆管有效平均射线长度可由表 2-7 查出

$$s=0.9d=0.9\times0.6=0.54\text{m}$$

$$p_{CO_2}=0.08\text{bar}, P_{CO_2}s=0.08\times0.54=0.043(\times10^5\text{Pa}\cdot\text{m})$$

$$p_{H_2O}=0.10\text{bar}, P_{H_2O}s=0.10\times0.54=0.054(\times10^5\text{Pa}\cdot\text{m})$$

由图查得

$$\varepsilon_{CO_2}=0.08, \varepsilon_{H_2O}=0.07, C_{H_2O}=1.08$$

$$\varepsilon_g=\varepsilon_{CO_2}+C_{H_2O}\varepsilon_{H_2O}=0.08+1.08\times0.07=0.156$$

气体吸收率的计算：

根据公式 $$A_{CO_2}=\varepsilon'_{CO_2}\left(\frac{T_g}{T_w}\right)^{0.65}, A_{H_2O}=\varepsilon'_{H_2O}\left(\frac{T_g}{T_w}\right)^{0.45}$$

壁面平均温度 $$t_w=\frac{625+575}{2}=600℃$$

$$p_{CO_2}s\left(\frac{T_w}{T_g}\right)=0.08\times0.54\times\left(\frac{873}{1173}\right)=0.032$$

$$p_{H_2O}s\left(\frac{T_w}{T_g}\right)=0.1\times0.54\times\left(\frac{873}{1173}\right)=0.04$$

根据 t_w 及 $ps\left(\frac{T_w}{T_g}\right)$ 查图可得

$$\varepsilon_{CO_2}=0.080, \varepsilon_{H_2O}=0.085, C_{H_2O}\varepsilon_{H_2O}=1.08\times0.085=0.092$$

$$A_{CO_2}=0.08\times\left(\frac{1173}{873}\right)^{0.65}=0.097$$

$$A_{H_2O} = 0.092 \times \left(\frac{1173}{873}\right)^{0.45} = 0.105$$

$$A_g = A_{CO_2} + A_{H_2O} = 0.097 + 0.105 = 0.202$$

故
$$q_{g-w} = 0.9 \times 5.67 \times \left[0.156 \times \left(\frac{1173}{100}\right)^4 - 0.202 \times \left(\frac{873}{100}\right)^4\right]$$
$$= 9084 \quad W/m^2。$$

四、火焰辐射

当煤气或重油在燃烧室中完全燃烧成烟气后送入窑中时，辐射传热完全属于气体辐射范围。但是如果将煤气或重油直接喷入窑内燃烧，由于碳氢化合物在受热情况下进行分解，在气流中出现了处于悬浮状态的固体碳的微粒。在燃烧煤粉时，煤粉或燃烧后的灰粒也构成了气流中的固体微粒。此时，不仅有气体的辐射，还有固体微粒的辐射。由于这些固体微粒可以辐射可见光波，因此在窑炉空间出现了明亮的火焰，所以这种辐射称之为火焰辐射。

固体微粒悬浮于气流中，每一微粒本身近似于黑体，但在气流中粒子与粒子之间有一定距离，当外来辐射线穿过时，部分碰到固体微粒被吸收，其余部分则透过，因此，辐射和吸收都是在整个空间中进行的。

固体微粒群的黑度与粒子浓度、粒子大小和有效平均射线长度（火焰厚度）有关。

当每单位体积气体所含的固体粒子浓度提高，或在固体粒子总含量不变的情况下，减小粒度，增加固体粒子的总表面积，或者增加火焰厚度时，都会使固体粒子群的黑度 ε_c 提高。

由于火焰辐射为气体辐射和悬浮于其中的固体微粒辐射的综合，同时固体微粒和气体又要相互吸收一部分辐射能，因此火焰辐射的黑度 ε_f 应为

$$\varepsilon_f = \varepsilon_c + \varepsilon_g - \varepsilon_g\varepsilon_c$$

在燃烧过程中，固体微粒的大小及数量均在不断改变，火焰温度也在变化，粒子的温度与气体温度也不一定相同，因此火焰黑度很难计算，一般只能用经验数据。

各种燃料的火焰黑度的大致数值列于表 2-8。

表 2-8　气层厚度无限大时的火焰黑度

火　焰　种　类	ε_f
不明亮的气体火焰和无烟煤“层燃”时的火焰	0.4
无烟煤煤粉的发光火焰	0.45
瘠煤的发光火焰	0.60
高挥发分烟煤、褐煤、泥煤等在“层燃”或磨成煤粉燃烧时的发光火焰	0.70
重油发光火焰	0.85

燃烧含碳氢化合物愈多的燃料，火焰黑度就愈高。因为碳氢化合物含量愈多，燃烧过程中分解出的固体碳粒就愈多，因而增加了火焰黑度。高炉煤气的火焰黑度最低，半净化的发生炉煤气较净化煤气的火焰黑度为高，液体燃料的火焰黑度最高。

如果已知火焰黑度，则火焰辐射可按下式计算

$$\Phi_f = \varepsilon_w \varepsilon_f C_0 F \left[\left(\frac{T_f}{100} \right)^4 - \left(\frac{T_w}{100} \right)^4 \right] \quad \text{W} \tag{2-98}$$

式中 ε_w——壁面黑度；

ε_f——火焰黑度；

F——辐射面积，m^2；

T_w——壁面温度，K；

T_f——火焰有效温度，K。一般可取理论燃烧温度 T_1 和燃烧产物排出燃烧空间温度 T_2 的几何平均值 $T_f = \sqrt{T_1 T_2}$。

有时为了增加火焰黑度以增加其辐射能力，在燃烧不含碳氢化合物的燃料时（如高炉煤气），用人工方法加入一些含碳氢化合物的燃料，使其在燃烧时产生微小碳粒，这种增加火焰黑度的方法叫增碳，而加入物叫增碳剂。

第四节 综 合 传 热

把传热过程划分为三种基本现象——导热、对流换热和辐射换热，主要是从研究方法上考虑的，实际上这些现象可能是同时发生的。将几种传热方式同时起作用的过程称为综合传热。综合传热是一种十分复杂的传热过程，在生产实践中存在许多综合传热现象，例如窑炉内热气体通过窑墙向外界散热，换热器内冷、热流体之间的热交换，窑炉内火焰与物料之间的热交换等都属于综合传热。

兹举窑炉空间的热气体通过窑墙向外界散热为例加以说明。高温热气体通过辐射和对流方式将热量传给窑墙内表面，再以传导传热的方式将热量由窑墙内表面传至窑墙外表面，热量又以对流方式和辐射方式传向周围空间。

当热量同时以对流和辐射方式通过窑墙外表面向周围空间散热时，其传递总热流量为

$$\Phi = \alpha_c (t_w - t_f) F + \varepsilon_s C_0 \left[\left(\frac{T_w}{100} \right)^4 - \left(\frac{T_f}{100} \right)^4 \right] F$$

将上式表示成对流换热方程式的形式

$$\Phi = \alpha_c (t_w - t_f) F + \frac{\varepsilon_s C_0 \left[\left(\frac{T_w}{100} \right)^4 - \left(\frac{T_f}{100} \right)^4 \right]}{t_w - t_f} (t_w - t_f) F$$

令
$$\alpha_r = \frac{\varepsilon_s C_0 \left[\left(\frac{T_w}{100} \right)^4 - \left(\frac{T_f}{100} \right)^4 \right]}{t_w - t_f}$$

则有
$$\Phi = \alpha_c (t_w - t_f) F + \alpha_r (t_w - t_f) F$$

令
$$\alpha_t = \alpha_c + \alpha_r$$

即得

$$\Phi = \alpha_t (t_w - t_f) F \quad \text{W} \tag{2-99}$$

式中 α_t——总换热系数，$\alpha_t = \alpha_c + \alpha_r$，W/（$m^2 \cdot ℃$）；

α_c——对流换热系数，W/（$m^2 \cdot ℃$）；

α_r——辐射换热系数，W/（$m^2 \cdot ℃$）。

应当指出，该公式是用来计算砌筑体外表面向空气中散热，t_f 为空气温度，对辐射热交换来讲空气可算作透明体，用空气温度计算实际上是把参与辐射换热的其它表面温度近似

看作空气温度。另外，如果计算窑炉空间高温火焰气体对窑墙内表面的辐射对流热交换，则公式中的辐射部分仍应采用气体与固体间辐射换热计算公式(2-100)。只不过因通常认为内表面温度近似为火焰气体温度，在简化计算时省略了高温火焰气体向内表面传热计算。

在稳定导热过程中，热气流通过窑墙向外界的散热热流量如图 2-50 可用下述方法计算。

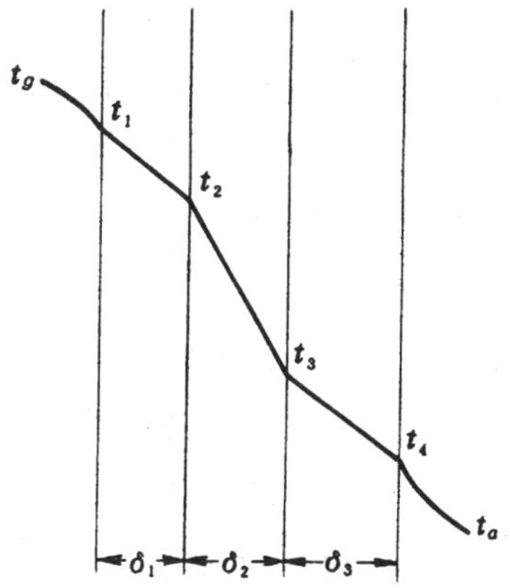

图 2-50 通过多层平壁的综合传热

首先，热流量以对流、辐射方式传至墙壁内表面

$$\Phi_1 = \alpha_{t_1}(t_g - t_1)F \text{ 或 } t_g - t_1 = \frac{1}{\alpha_{t_1}} \cdot \frac{\Phi_1}{F} \tag{1}$$

通过各层墙壁的热流量分别为

$$\Phi_2 = \frac{\lambda_1}{\delta_1}(t_1 - t_2)F \text{ 或 } t_1 - t_2 = \frac{\delta_1}{\lambda_1} \cdot \frac{\Phi_2}{F} \tag{2}$$

$$\Phi_3 = \frac{\lambda_2}{\delta_2}(t_2 - t_3)F \text{ 或 } t_2 - t_3 = \frac{\delta_2}{\lambda_2} \cdot \frac{\Phi_3}{F} \tag{3}$$

$$\Phi_4 = \frac{\lambda_3}{\delta_3}(t_3 - t_4)F \text{ 或 } t_3 - t_4 = \frac{\delta_3}{\lambda_3} \cdot \frac{\Phi_4}{F} \tag{4}$$

由外表面向周围空间的散热量为

$$\Phi_5 = \alpha_{t_2}(t_4 - t_a)F \quad \text{或} \quad t_4 - t_a = \frac{\Phi_5}{F} \cdot \frac{1}{\alpha_{t_2}} \tag{5}$$

因为是稳定导热，故通过各层的热流量均相等

$$\Phi_1 = \Phi_2 = \Phi_3 = \Phi_4 = \Phi_5 = \Phi$$

将（1）至（5）式相加得

$$t_g - t_a = \frac{\Phi}{F}\left(\frac{1}{\alpha_{t_1}} + \frac{\delta_1}{\lambda_{1_l}} + \frac{\delta_2}{\lambda_2} + \frac{\delta_3}{\lambda_3} + \frac{1}{\alpha_{t_2}}\right)$$

即

$$\Phi = \frac{t_g - t_a}{\frac{1}{\alpha_{t_1}} + \frac{\delta_1}{\lambda_1} + \frac{\delta_2}{\lambda_2} + \frac{\delta_3}{\lambda_3} + \frac{1}{\alpha_{t_2}}}F$$

令

$$K = \frac{1}{\frac{1}{\alpha_{t_1}} + \frac{\delta_1}{\lambda_1} + \frac{\delta_2}{\lambda_2} + \frac{\delta_3}{\lambda_3} + \frac{1}{\alpha_{t_2}}}$$

K 称为传热系数，W/(m^2 · ℃) (2-100)

即得

$$\Phi = K(t_g - t_a)F \quad \text{W}$$

在公式（2-100）中，t_g 为窑炉内高温火焰气体的温度，或简称“炉温”。关于炉温，应着重加以说明，一般提到的炉温，实际上是某测温装置所显示的某一特定温度，它随测温方式与测温地点不同而有很大变化，所以提到“炉温”，必须说明其测定条件。

对于圆筒壁，若其长度为 l，内半径为 r_1，外半径为 r_2，管内热气体温度为 t_g，周围空气温度为 t_a，则其综合传热计算公式为

$$\Phi = \frac{t_g - t_a}{\frac{1}{2\pi l \alpha_{t_1} r_1} + \frac{1}{2\pi\lambda}\ln\frac{r_2}{r_1} + \frac{1}{2\pi l \alpha_{t_2} r_2}} \quad \text{W} \tag{2-101}$$

例题 12 已知气体温度 t_g=1400℃，空气温度 t_a=25℃；由热气体到内壁的总换热系

数 $\alpha_{t_1}=82\text{W}/(\text{m}^2\cdot℃)$，由外表面到空气的总换热系数 $\alpha_{t_2}=23\text{W}/(\text{m}^2\cdot℃)$；窑墙由粘土耐火砖构成，厚度 $\delta=0.345\text{m}$。求通过每平方米窑墙向周围空间所散失的热量。

解 由于导热系数与温度有关，故先假定内表面温度 $t_1=1350℃$，外表面温度 $t_2=200℃$，其平均温度 $t_m=\dfrac{1350+200}{2}=775℃$。

在此温度下材料的导热系数为

$$\lambda=0.698+0.64\times10^{-3}t=0.698+0.64\times10^{-3}\times775=1.194$$

综合传热系数为

$$K=\frac{1}{\frac{1}{82}+\frac{0.345}{1.194}+\frac{1}{23}}=2.90\quad \text{W}/(\text{m}^2\cdot℃)$$

则通过 1 米^2 窑墙散失于周围空间的热流密度为

$$q=K(t_g-t_a)=2.90\times(1400-25)=3987.5\quad \text{W/m}^2$$

在这样的热流下，墙壁内外表面温度为

$$t_1=t_g-\frac{q}{\alpha_{t_1}}=1400-\frac{3987.5}{82}=1351\quad ℃$$

$$t_2=t_a+\frac{q}{\alpha_{t_2}}=25+\frac{3987.5}{23}=198\quad ℃$$

可见，所得的内、外表面温度与假定温度十分接近，故不再进行计算。

例题 13 用裸露热电偶测得炉膛内烟气温度 $t_1=792℃$，炉壁面温度（水冷壁）$t_w=600℃$，烟气对热电偶表面的对流换热系数 $\alpha=58.2\text{W}/(\text{m}^2\cdot℃)$，热电偶表面黑度 $\varepsilon_1=0.3$，试求烟气的真实温度和测温误差。

解 烟气通过对流换热方式传给热电偶的热流密度 $q_c=\alpha(t_f-t_1)$；同时热电偶又以辐射方式把热量传给温度较低的炉壁，由于热电偶工作端为凸表面，它的表面积 F_1 相对于炉壁表面积 F_2 很小，即 $\dfrac{F_1}{F_2}\approx0$，因此其辐射换热量为 $q_r=\varepsilon_1C_0\left[\left(\dfrac{T_1}{100}\right)^4-\left(\dfrac{T_w}{100}\right)^4\right]$。

当热电偶对流受热量等于其辐射散热量时，热电偶达到某一平衡温度（指示温度），这一指示温度必低于气体的真实温度，则有

$$\alpha(t_f-t_1)=\varepsilon_1C_0\left[\left(\frac{T_1}{100}\right)^4-\left(\frac{T_w}{100}\right)^4\right]$$

即得烟气的真实温度

$$t_f=t_1+\frac{\varepsilon_1C_0}{\alpha}\left[\left(\frac{T_1}{100}\right)^4-\left(\frac{T_w}{100}\right)^4\right]$$

$$=792+\frac{0.3\times5.67}{58.2}\times\left[\left(\frac{1065}{100}\right)^4-\left(\frac{873}{100}\right)^4\right]=998\quad ℃$$

测温绝对误差为 206℃，相对误差为 26%，这样大的误差是不允许的。为了减少热电偶的测温误差，由上述计算式分析，可以采用如下措施：降低热电偶的黑度 ε_1；提高气体流速，以增加对流换热系数；对于输送热气流的管道，可以采取保温措施，以减少其温度差等，而行之有效的方法是采用遮热罩抽气式热电偶，如图 2-51。

仍在本例题中，将热电偶加上遮热罩。若遮热罩的表面黑度也为 0.3，由于抽气的原因，气流速度提高，对流换热系数增大，$\alpha=116\text{W}/(\text{m}^2\cdot℃)$，当烟气真实温度仍为 998℃时，求

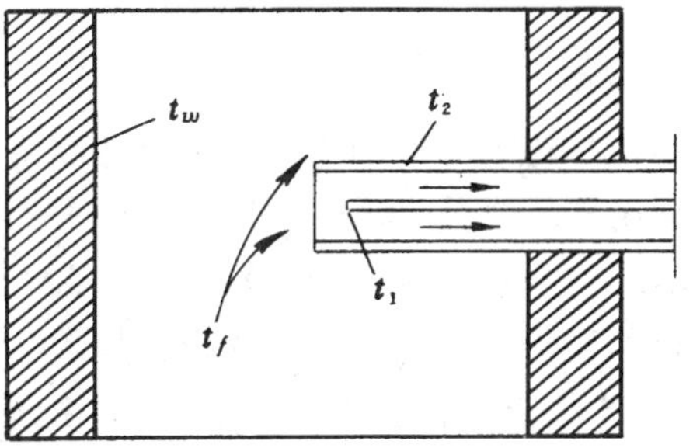

图 2-51　例题 13 附图

此时热电偶的指示温度为若干？

解　烟气以对流方式传给遮热罩内、外两个表面的热流密度 q_1 为

$$q_1 = 2\alpha(t_f - t_2)$$

遮热罩以辐射方式传给壁面的热流密度 q_2 为

$$q_2 = \varepsilon C_0\left[\left(\frac{T_2}{100}\right)^4 - \left(\frac{T_w}{100}\right)^4\right]$$

在稳定状态下　$q_1 = q_2$

即

$$2\alpha(t_f - t_2) = \varepsilon C_0\left[\left(\frac{T_2}{100}\right)^4 - \left(\frac{T_w}{100}\right)^4\right]$$

$$2 \times 116 \times (998 - t_2) = 0.3 \times 5.67 \times \left[\left(\frac{T_2}{100}\right)^4 - \left(\frac{873}{100}\right)^4\right]$$

解之得　$t_2 = 901℃$

烟气对热电偶的对流换热热流密度 q_3 为

$$q_3 = \alpha(t_f - t_1)$$

热电偶对遮热罩的辐射换热热流密度 q_4 为

$$q_4 = \varepsilon C_0\left[\left(\frac{T_1}{100}\right)^4 - \left(\frac{T_2}{100}\right)^4\right]$$

热平衡时，　$q_3 = q_4$

即

$$\alpha(t_f - t_1) = \varepsilon C_0\left[\left(\frac{T_1}{100}\right)^4 - \left(\frac{T_2}{100}\right)^4\right]$$

$$116 \times (998 - t_1) = 0.3 \times 5.67 \times \left[\left(\frac{T_1}{100}\right)^4 - \left(\frac{1174}{100}\right)^4\right]$$

解之得热电偶的指示温度为

$$t_1 = 950\ ℃$$

此时测量绝对误差为 48℃，相对误差为 5.05%，与裸露热电偶相比较，测量精度大为提高。

第五节　换　热　器

换热器是实现温度不同的两种流体相互换热的设备。热流体通过金属或陶瓷器壁将热量传递给被加热的冷流体，其传热过程属于通过器壁的稳定状综合传热。本节将在传热基本理论基础上结合换热器特点进行有关换热器的热工计算，并对有关换热器类型及特点进行介绍。

一、换热器内流体流动方式

换热器按照其内部冷热流体流动方向的不同，可分为顺流式、逆流式和错流式三种形式。两流体平行流动且方向相同的叫做“顺流式”；两流体平行流动且方向相反叫做“逆流式”；两流体交叉流动的叫做“错流式”（正交式）。

顺流式和逆流式冷热流体温度随换热面积变化情况如图 2-52 所示。图中 t_h 表示热流体温度，t_c 表示冷流体温度，“′”表示进口，“″”表示出口，由图可以看出，顺流式换热器冷流体预热的最高温度低于热流体的出口温度，而逆流式换热器能把冷流体预热到较高温度，在极限情况下可预热至热流体进口温度，因此可以更好地利用热能。但从器壁温度、即从换热器材质的工作条件来看，顺流式两端温度大致相等而且较低，这样就可以用比较便宜的材质来制造。在逆流式换热器的高温端，换热器壁面温度接近于热流体的最高温度，这样就对换热器材质的耐热性提出了更高的要求。

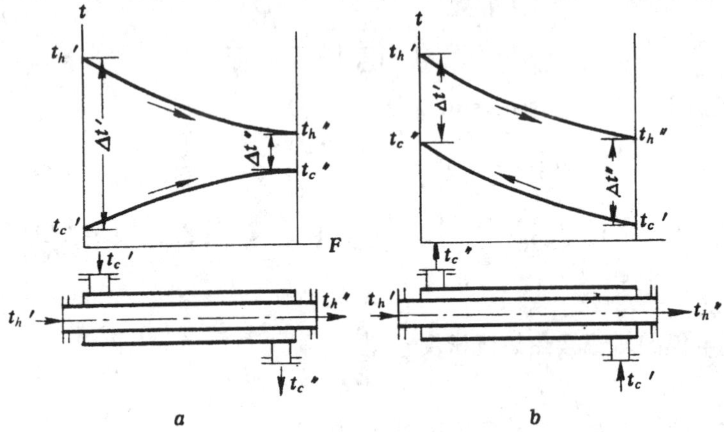

图 2-52　换热器内温度变化

a—顺流式；*b*—逆流式

在工程实际中，单纯的顺流式或逆流式是不多的，一般均为几种流动方式的组合，如正交逆流式、正交顺流式等。

二、换热器的传热计算

按照综合传热理论，换热器冷热流体间交换的热量可根据公式（2-100）改写为

$$\Phi = K\Delta t_m F \quad \mathrm{W} \tag{2-102}$$

现结合换热器特点，对上式中的各项进行计算。

1. 换热器对数平均温度差的计算

公式中 Δt_m 为换热器冷热流体的平均温度差，在前述各节计算中，温度差 Δt 是作为定值来处理的，即壁面两侧的温度不变，而对于换热器，冷热流体沿传热面发生热交换，其温度沿流动方向不断发生变化，因此在进行换热器计算时，首先应确定冷热流体间的平均温度差。

首先研究在顺流情况下的平均温度差，如图 2-53。

由于冷热流体温度差沿换热面是变化的，从换热器 F_x 处取微元面积 $\mathrm{d}F$，它的传热量

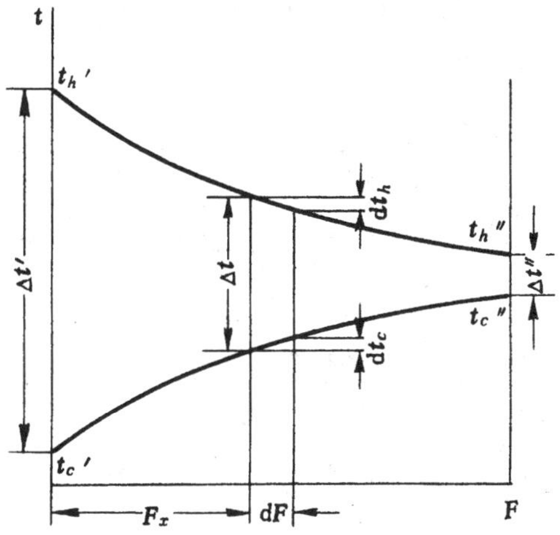

图 2-53 顺流时平均温度差的推导

为

$$d\Phi = K(t_h - t_c)_x dF \tag{1}$$

则全部面积换热量应为式（1）积分

当 K 为常数
$$\Phi = K\int_0^F (t_h - t_c)_x dF \tag{2}$$

比较公式（2-102）及式（2）得

$$K\Delta t_m F = K\int_0^F (t_h - t_c)_x dF$$

$$\Delta t_m = \frac{1}{F}\int_0^F (t_h - t_c)_x dF = \frac{1}{F}\int_0^F \Delta t_x dF \tag{3}$$

如果已知 Δt_x 沿换热面的变化规律，则 Δt_m 即可求出。

对于微元面积 dF，热流体放出热量 $d\Phi$，温度下降 dt_h

$$d\Phi = -q_{m_h} C_h dt_h \tag{4}$$

而冷流体接受热量后温度上升 dt_c，当不考虑热损失时则有

$$d\Phi = q_{m_c} C_c dt_c \tag{5}$$

在式（4）及式（5）中，q_m 为流体质量流量，kg/s，C 为流体定压质量比热，kJ/（kg ℃），$q_m C$ 表示质量流量为 q_m 的流体温度升高 1℃所需热量，二者乘积也称为流体热容量。

式（4）和式（5）可以改写为

$$dt_h = -\frac{d\Phi}{q_{m_h} C_h} \qquad dt_c = -\frac{d\Phi}{q_{m_c} C_c}$$

$$dt_h - dt_c = d(t_h - t_c)_x = -d\Phi\left(\frac{1}{q_{m_h} C_h} + \frac{1}{q_{m_c} C_c}\right)$$

为简化计算，令 $\mu = \left(\frac{1}{q_{m_h} C_h} + \frac{1}{q_{m_c} C_c}\right)$，且为常数

$$d(t_h - t_c)_x = -\mu d\Phi \tag{6}$$

将式（1）代入式（6）

$$d(t_h - t_c)_x = -\mu K (t_h - t_c)_x dF$$

$$\frac{d(t_h - t_c)_x}{(t_h - t_c)_x} = \frac{d(\Delta t)_x}{\Delta t_x} = -K\mu dF \tag{7}$$

将式（7）由 0 至 F_x 积分

$$\int_{\Delta t'}^{\Delta t_x} \frac{d(\Delta t)_x}{\Delta t_x} = -K\mu\int_0^{F_x} dF \tag{8}$$

$$\ln\frac{\Delta t_x}{\Delta t'} = -KF_x\mu$$

或

$$\Delta t_x = \Delta t' e^{-KF_x\mu} \tag{2-103}$$

公式（2-103）表明了冷热流体温度差沿换热面变化规律为指数函数关系。

将公式（2-103）代入式（3）

$$\Delta t_m = \frac{1}{F}\int_0^F \Delta t' e^{-KF_x\mu} dF$$

$$= \frac{\Delta t'}{-KF\mu}(e^{-KF\mu} - 1) \tag{9}$$

再将式（7）由 0 至 F 积分

$$\int_{\Delta t'}^{\Delta t''} \frac{d(\Delta t)_x}{\Delta t_x} = -K\mu\int_0^F dF$$

$$\ln\frac{\Delta t''}{\Delta t'} = -KF\mu \tag{10}$$

或

$$\frac{\Delta t''}{\Delta t'} = e^{-KF\mu} \tag{11}$$

将式（10）及式（11）代入式（9）并整理得

$$\Delta t_m = \frac{\Delta t'' - \Delta t'}{\ln\frac{\Delta t''}{\Delta t'}}$$

或

$$\Delta t_m = \frac{\Delta t' - \Delta t''}{\ln\frac{\Delta t'}{\Delta t''}} = \frac{(t'_h - t'_c) - (t''_h - t''_c)}{\ln\frac{t'_h - t'_c}{t''_h - t''_c}} \tag{2-104}$$

Δt_m 为对数平均温度差，对于逆流也可采用同样方法推出与公式（2-104）同样形式的对数平均温度差，但应区别各项所代表的意义，参照图 2-52（b），逆流式对数平均温度差应为

$$\Delta t_m = \frac{\Delta t' - \Delta t''}{\ln\frac{\Delta t'}{\Delta t''}} = \frac{(t'_h - t''_c) - (t''_h - t'_c)}{\ln\frac{t'_h - t''_c}{t''_h - t'_c}} \tag{2-105}$$

在推导对数平均温度差时，假定流体热容量（mC）及传热系数 K 都是常数，但在实际换热器中，由于进口不稳定段的影响及流体比热、粘度、导热系数等都随温度而变化，所以对数平均温度差值也是近似的，但对工程计算已足够准确。

工程上有时为简化计算，在误差允许范围内，常用算术平均温差计算。算术平均温差为换热器进、出口两端部温差的算术平均值

$$\Delta t_m = \frac{\Delta t' + \Delta t''}{2} \tag{2-106}$$

当 $\frac{\Delta t'}{\Delta t''}<2$,算术平均温差与对数平均温差相差不到 4%，在工程上是允许的。

对于错流式，其平均温度差的计算方法，可先按逆流式计算，再乘以温度校正系数 $\varepsilon_{\Delta t}$

$$\Delta t_m = \varepsilon_{\Delta t} \frac{\Delta t' - \Delta t''}{\ln \frac{\Delta' t}{\Delta'' t}} \tag{2-107}$$

式中　$\varepsilon_{\Delta t}$—— 温度校正系数。它反映了错流流动时的温差接近于逆流温差的程度。

$\varepsilon_{\Delta t}$ 的数值是 P 和 R 的函数

$$P=\frac{t''_c - t'_c}{t'_h - t'_c} = \frac{\text{冷流体的加热度}}{\text{两流体初温差}}$$

$$R=\frac{t'_h - t''_h}{t''_c - t'_c} = \frac{\text{热流体的冷却度}}{\text{冷流体的加热度}}$$

根据 P 和 R 值在相应的图上查得 $\varepsilon_{\Delta t}$,如图 2-54 给出二管程正交逆流及正交顺流的 $\varepsilon_{\Delta t}$ 值,其余流动方式的 $\varepsilon_{\Delta t}$ 值 可以从有关手册查得。

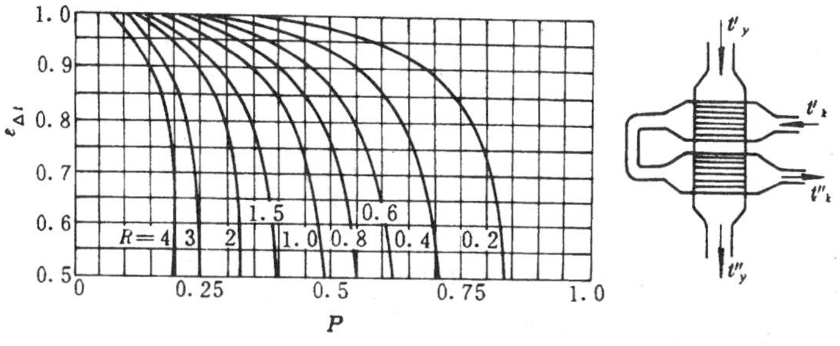

a

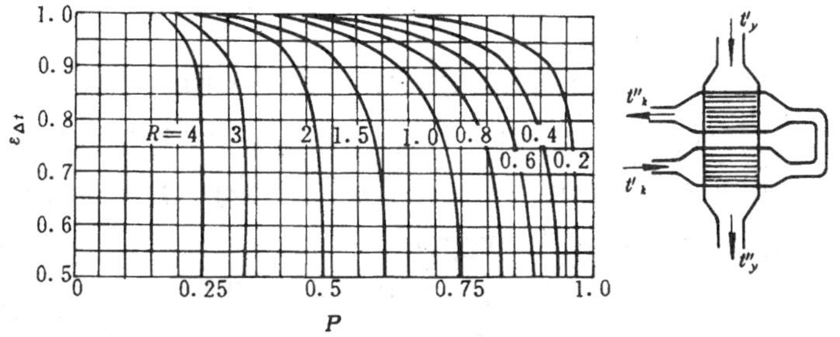

b

图 2-54　对数平均温度差修正系数 $\varepsilon_{\Delta t}$

a— 正交逆流式;b— 正 交顺流式

2. 传热系数 K 的计算

在换热器计算中，传热系数 K 仍可按综合传热理论进行计算，即

$$K=\frac{1}{\frac{1}{\alpha_h}+\frac{\delta}{\lambda}+\frac{1}{\alpha_c}} \quad \text{W/(m}^2\cdot\text{℃)}$$

式中 α_h 及 α_c 分别为热、冷流体对流、辐射换热系数的总和。当采用金属换热器时，由

于导热系数的数值远较器壁厚度数值为大，因此 $\frac{\delta}{\lambda}$ 一项可以忽略不计，此时 K 可表示为

$$K = \frac{\alpha_h \cdot \alpha_c}{\alpha_h + \alpha_c} \quad \mathrm{W/(m^2 \cdot ℃)} \tag{2-108}$$

换热器的传热系数可以由理论计算确定，也可以通过对换热器的实际测量而得出。

若对数平均温度差及传热系数均已确定，则可根据所需换热量来计算换热器面积 F，从而选定所需换热器。

3. 换热器器壁温度的验算

换热器器壁温度的高低决定着换热器材质的选择，同时影响着换热器的使用寿命，特别是对于逆流式换热器，热端局部温度高，因此必须对其进行验算。

根据稳定传热原理，高温流体传给器壁的热量应等于器壁传给低温流体的热量，且由于器壁热阻 δ/λ 很小，可认为器壁两侧温度相同，$t_{wh}=t_{wc}=t_w$，根据上述原则可写出

$$q = \alpha_h(t_h - t_w) \tag{1}$$

$$q = \alpha_c(t_w - t_c) \tag{2}$$

由式(1)得

$$t_w = t_h - \frac{q}{\alpha_h} = t_h - \frac{K(t_h - t_c)}{\alpha_h} \tag{3}$$

由式(2)得

$$t_w = t_c + \frac{q}{\alpha_c} = t_c + \frac{K(t_h - t_c)}{\alpha_c} \tag{4}$$

$$t_w - t_c = \frac{K(t_h - t_c)}{\alpha_c} \tag{5}$$

式（3）=式（4）得

$$t_h - t_c = K(t_h - t_c)\left(\frac{1}{\alpha_h} + \frac{1}{\alpha_c}\right) \tag{6}$$

式（6）除式（5）并经整理得

$$\frac{t_w - t_c}{t_h - t_c} = \frac{1}{1 + \frac{\alpha_c}{\alpha_h}} \tag{2-109}$$

为了观察 $\frac{\alpha_c}{\alpha_h}$ 对 t_w 的影响，将上式绘制成图 2-55。从图中可以看出，$\frac{\alpha_c}{\alpha_h}$ 的值对 t_w 有很大影响，当比值增大器壁温度显著下降。因此当高温流体的温度较高时，高温流体与低温流体的流速应有一定的比值，提高低温流体的流速，器壁温度可以降低。喷流换热器较其它型式换热器壁面温度低就是由于这个原因。

应当指出，在对逆流式换热器热端器壁温度进行验算时，其 α_c、α_h 之值都应在热端温度下进行计算，流体温度也应取热端温度，而不能采用平均温度。

三、换热器类型

换热器根据所选用的材质不同可分为金属与陶瓷换热器两大类。在金属换热器中有针片管换热器、管状换热器、辐射换热器等。

1. 针片管换热器

针片管换热器是由个别的铸铁标准管子联结起来的，管子一面或两面带针以增加其热交换面积，如图 2-56。针片管换热器适用于炉膛排出废气温度 700～1000℃，可将空气预热至 200～400℃。其传热系数单面针片管为 23～47W/（m^2·℃），双面针片管为 47～93W/（m^2·℃），故传递单位热量所需要的金属比其它换热器少，所占体积小，当正确选择材质时在耐热方面也能得到满意的结果。它的主要缺点是法兰盘接头多，气密性不好，只适用

于预热空气，不能预热煤气。

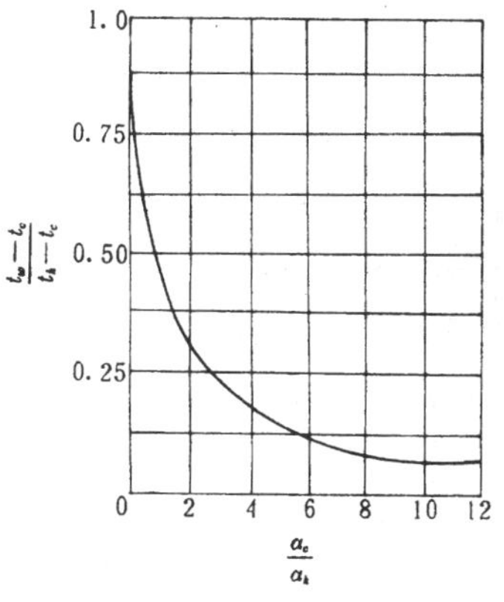

图 2-55 $\frac{\alpha_c}{\alpha_h}$与$t_w$的关系

2. 管状换热器

管状换热器构造如图 2-57，采用无缝钢管或耐热钢管作为换热元件。管状换热器构造简单，使用比较广泛。同时由于气密性好，不仅可以预热空气，也可以用来预热煤气。但此种换热器传热系数低，一般为 17～20W/(m²·℃)，材料用量比其它型式换热器要大。

3. 辐射换热器

辐射换热器构造如图 2-58。当炉内排出烟气温度较高，(1100～1300℃）时，在多数情况下安装辐射换热器更为合适。这种换热器的特点是烟气通过大截面的通道，有足够的气体层厚度，这样就可以充分发挥热交换的效果。此外空气在环形通道内流动速度也较大，对流换热系数高，因此其传热系数可达 23～47W/（m²·℃）。

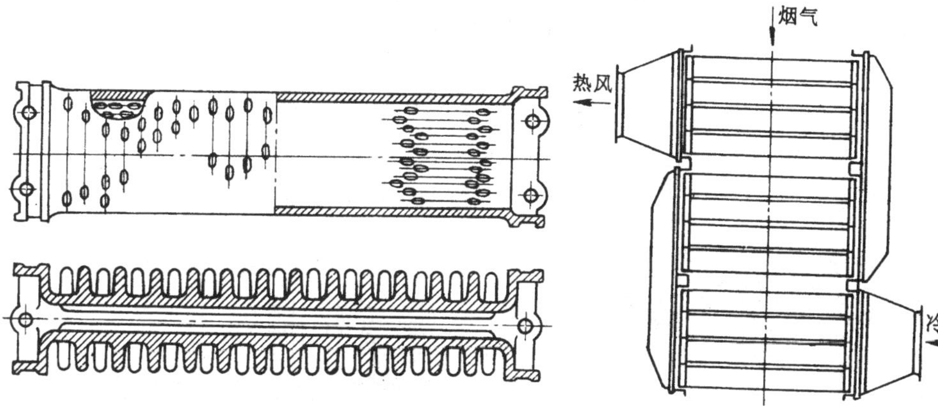

图 2-56 针片管换热器

4. 喷流换热器

喷流换热器是以气流冲击表面为原理的。当气流通过小孔喷向固体表面时，具有较大的速度，使流体与固体壁面间的边界层湍流化，增加了流体质点与表面的撞击，从而强化它们之间的热交换，亦即喷流是强化对流换热的有力措施。喷流换热器试验装置如图 2-59。

喷流换热器的对流换热系数 α 取决于喷流速度及雷诺数，也与喷孔直径 d，喷孔之间距离 s，喷孔与热交换面之间的距离 l 有关，也可用 Nu 准数与其它准数之间关系表示，即

$$Nu = f(Re, Pr, l/d, s/d)$$

随气流由小孔喷出速度的提高，Re 加大，Nu 也随之加大，对流换热效果增强，但流速增加也使阻力损失加大。气流由小孔喷出较为合适的速度为 20～25m/s。喷孔间距过大或喷射相对距离过大，喷射气体不能全部敷盖管壁表面，使部分管壁表面没有受到气流冲击，边界层不能全部湍流化，从而影响换热效果，因此应当选择最佳结构参数。

实际应用的喷流换热器有管式和辐射式两大类，而且多数仅为空气侧喷流。

喷流换热器传热系数比较高，最高可达 70W/（m²·℃)，单位面积传热量大，交换同

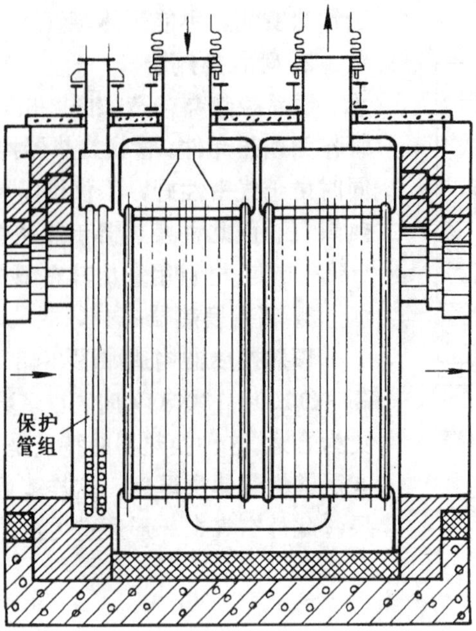

图 2-57 管状换热器

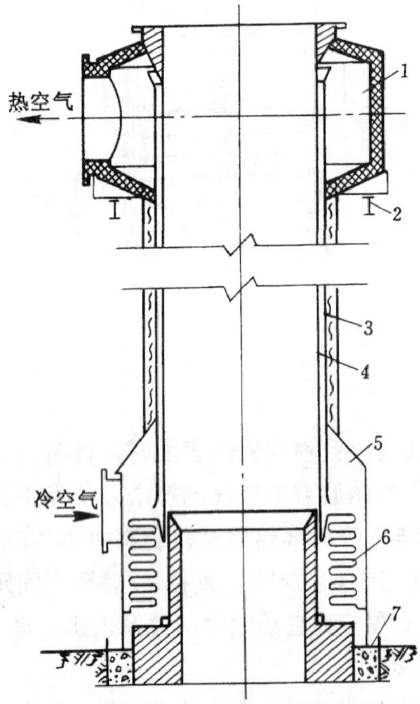

图 2-58 辐射换热器

1—上部风环；2—支架；3—外筒；4—内筒；
5—下部风环；6—膨胀器；7—沙封

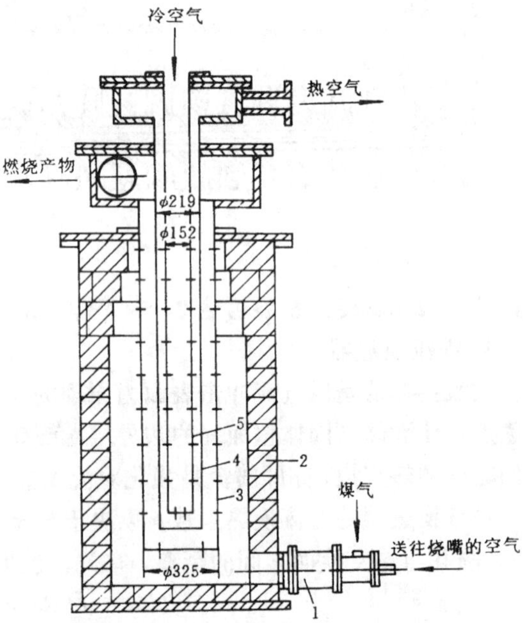

图 2-59 喷流换热器试验装置

1—烧嘴；2—隔热围墙；3—烟气喷流带孔管；
4—换交换管；5—空气喷流带孔管

样热量换热器体积可减小。由于空气侧对流换热系数大，故壁面温度低，可以允许较高温度烟气进入换热器。此种换热器由于气流以较高速度由小孔喷出，其阻力损失相应增大。

5. 陶瓷换热器

金属换热器器壁所能承受的温度有限，即使采用耐热合金，其烟气温度一般也不能超过 1000℃。当烟气温度过高时，则必须掺入部分冷空气。烟气余热不能得到充分利用。采用陶瓷质换热器（粘土质、高铝质、高铝碳化硅质等）可以承受高温，烟气温度可达 1000～1350℃，可将空气预热至 600～900℃。但陶瓷换热器由于砖管尺寸短，接缝多，则气密性差，只能预热空气不能预热煤气。若采用离心成型长管（达 1.6m），则砌筑接缝减少，气孔率降低，漏气损失减少，若在长管表面施釉密封，则效果更好。

第六节　不稳定导热

在不稳定温度场中所进行的导热过程称不稳定导热。对制品或间歇式窑炉砌筑体的加热或冷却过程均属于不稳定导热。

研究不稳定导热，就是要找出物体中任一点温度或热流量随时间变化的规律，亦即要找出温度场与时间的关系。

描述不稳定导热温度与时间、空间关系的一般微分方程式（傅立叶-克希荷夫导热微分方程式）已于前面得出，对于固体导热

$$\frac{\partial t}{\partial \tau} = a\left(\frac{\partial^2 t}{\partial x^2} + \frac{\partial^2 t}{\partial y^2} + \frac{\partial^2 t}{\partial z^2}\right)$$

将该方程式与单值条件联立求解，就可得出在具体情况下温度或热流量随时间、空间的变化规律。但数学运算过程复杂，限于教材篇幅。我们只给出在几种简单情况下分析求解的最后结果，并介绍在窑炉实际计算中广为采用的近似计算法——有限差分法，以及用有限差分法对窑炉砌筑体计算的实例。

一、单值条件

傅立叶-克希荷夫导热微分方程式，只是代表物体内部导热现象基本规律的一般方程式，为了得到具体情况下的解，就必须附加单值条件，以便说明该现象的具体特征。

单值条件有四个方面：几何条件，物理条件，边界条件和开始条件。

1. 几何条件

几何条件就是说明物体的形状和大小。

物体加热或冷却时，根据物体几何形状的不同，其温度场变化规律也有所不同。例如无限大平板，温度场为“一维”的；无限长圆柱体，温度场为“二维”的；平行六面体的温度场为“三维”的，因此求解不稳定导热必须知道单值条件之一的几何条件。

2. 物理条件

物理条件就是说明物体的热物理性质，由于热物理性质常随温度而变，为了简化计算，往往假设在一定温度范围内热物理性质不变。

3. 边界条件

物体表面上的温度或热流变化情况，或周围介质对物体表面之间换热情况，也是影响导热过程温度场变化规律的基本因素，因此它们也是研究不稳定导热的单值条件，称为边界条件。

边界条件分为下列三类

（1）第一类边界条件，给出物体表面温度随时间变化的关系，即

$$t_w = f(\tau)$$

最简单的情况是，t_w＝常数

而在一般情况下表面温度随时间变化，当其为直线关系时

$$t_w = t_b + c\tau$$

式中 t_w——壁面温度,℃；

t_b——开始温度,℃；

c——加热或冷却速度,℃/h。

(2) 第二类边界条件，给出了通过物体表面热流密度随时间变化关系，即

$$q_w = f(\tau)$$

最简单情况是通过物体表面热流密度始终不变

$$q_w = \text{常数}$$

(3) 第三类边界条件，给出周围介质温度变化规律以及周围介质和物体表面之间的热交换规律。当介质温度为定值，介质与固体壁面之间进行换热时

$$t_g = \text{常数}$$

$$\alpha(t_w - t_g) = -\lambda\left(\frac{\partial t}{\partial n}\right)_w$$

式中 t_g——周围介质温度,℃；

α——换热系数，$W/m^2 \cdot ℃$；

$\left(\frac{\partial t}{\partial n}\right)_w$——物体内部靠近壁面处温度梯度,℃/m。

此类边界条件可将每一瞬间物体内部温度分布和表面换热情况联系起来。

4. 开始条件

物体加热或冷却时，开始时的温度分布当然影响导热过程温度场的变化，因此在求解不稳定导热时，应当考虑其开始条件。

最简单的情况是开始加热或冷却时，物体各点温度一致，即

当 $\tau=0$ $t_b=t_0$＝常数

用分析法来求解不稳定导热问题，就是要在具体的单值条件下对傅立叶-克希荷夫微分方程式进行积分求解。对于一些典型的不稳定导热过程，往往将分析解的结果归纳为准数函数的形式，并把准数之间的关系以图表的形式表示出来。即

$$\frac{t_w - t}{t_w - t_b} = f(Bi、Fo、L)$$

其中 t 为物体中任意断面的温度。

Bi 称为毕欧准数，$Bi = \frac{\alpha s}{\lambda}$，其中 α 为对流换热系数，s 为透热深度，λ 为固体材料的导热系数（注意与 Nu 准数中 λ 的区别）。Bi 准数表示在加热或冷却过程中，物体内部单位面积导热热阻 $\frac{s}{\lambda}$ 和表面换热热阻 $\frac{1}{\alpha}$ 的比值，$Bi = \frac{s/\lambda}{1/\alpha}$，$Bi$ 准数小则意味着该物体导热热阻小或表面换热热阻大；反之，Bi 准数大则意味着导热热阻大或表面换热热阻小，因此利用 Bi 准数可以估计那方面的热阻是主要的。

Fo 称为傅立叶准数，$Fo = \frac{a\tau}{s^2}$，其中 a 为导温系数，τ 为加热或冷却时间，s 仍为透热

深度。傅立叶准数表示在加热或冷却过程中，物体内部温度分布及变化特征，或表示加热或冷却过程进展程度，傅立叶准数愈大，物体内部温度分布及变化愈趋于稳定。

L 表示为 $\frac{x}{s}$ 或 $\frac{x}{r}$ ，称为几何准数，x 表示被研究的断面在物体中的位置，s 或 r 为透热深度，对称加热透热深度为物体厚度的一半，对圆柱体则为半径。

二、不稳定导热的分析解

1. 第一类边界条件下的不稳定导热

第一类边界条件给出了物体表面温度随时间变化的规律。最简单的情况为物体表面温度等于常数。提出这类问题的目的是要研究在物体表面温度不变的情况下，物体内部温度特别是中心温度随时间变化的规律。

以厚度为 $2s$ 的无限大平壁对称加热为例说明这一类问题的解法，见图 2-60。

图中平壁开始加热前没有温度梯度，即开始温度等于某一常数，开始加热后表面温度瞬时即达到既定数值，并保持不变。因为是无限大平壁，平壁长度和宽度比它的厚度大得多，可以认为只有厚度方向上有温度变化，因此属于单向导热过程。

根据上述条件，其微分方程式及单值条件可写成下列形式

$$\frac{\partial t}{\partial \tau} = a\frac{\partial^2 t}{\partial x^2}$$

边界条件　　$x=\pm s$　　$t=t_w=$ 常数

开始条件　　$\tau=0$　　$t=t_b=$ 常数

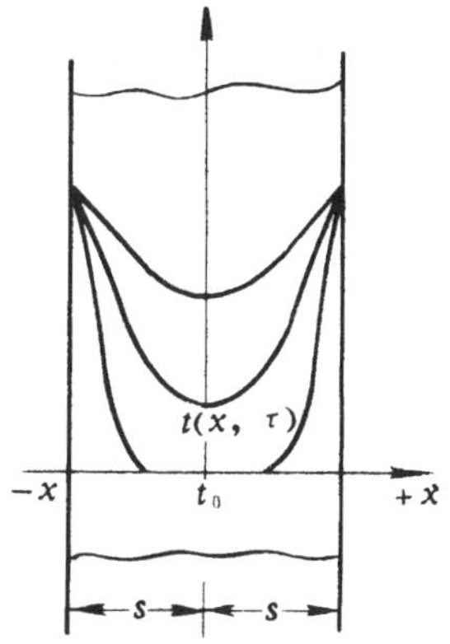

图 2-60　无限大平壁的加热

此时导热微分方程的解为

$$\frac{t_w - t}{t_w - t_b} = \frac{4}{\pi}\sum_{n=1}^{\infty}\frac{(-1)^{n+1}}{2n-1}e^{-\left[\frac{(2n-1)\pi}{2}\right]^2\frac{a\tau}{s^2}}\cos\left[\frac{(2n-1)\pi}{2}\cdot\frac{x}{s}\right] \tag{2-110}$$

写成函数的形式

$$\frac{t_w - t}{t_w - t_b} = f\left(\frac{a\tau}{s^2},\frac{x}{s}\right) \tag{2-111a}$$

或

$$\frac{t_w - t}{t_w - t_b} = f\left(Fo,\frac{x}{s}\right) \tag{2-111b}$$

上式说明 x 断面温度 t 随时间变化的关系。可以根据时间 τ 来决定任一断面所达到的温度，或者根据某断面所要求的温度决定达到该温度所需要的时间。

但一般研究有限厚物体加热时，重要的问题通常是表面温度和中心温度随时间变化的关系。在这里，表面温度是已知的，要求的是中心温度 t_c 随时间变化的关系。

当 $x=0$，$t=t_c$，t_c 为中心温度，则

$$\frac{t_w - t_c}{t_w - t_b} = f_c\left(\frac{a\tau}{s^2}\right) \tag{2-112}$$

函数 f_c 值可以从图 2-61 查得。

同样，对于柱体、球体等形状的物体，也可以根据它们的微分方程式和边界条件得到相应的函数关系和曲线。

例题 14 边长为200mm的粘土质耐火材料，形状为立方体，将其加热至850℃，并长时间保温使断面温度分布均匀，然后浸入20℃循环水中。求经过30分钟、60分钟、90分钟中心温度各为若干？粘土质耐火材料的导温系数 $\alpha=2.0\times10^{-3}m^2/h$。

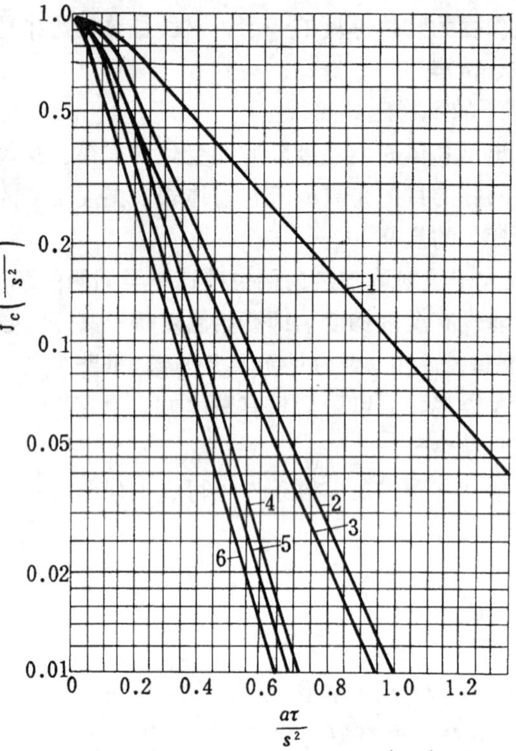

图 2-61 表面温度一定时，函数 $f_c\left(\frac{\alpha\tau}{s^2}\right)$ 的值

1—平板；2—方柱体；3—圆柱体；4—立方体；5—$H=d$ 的圆柱体；6—球体

解 根据题意可以认为，耐火材料表面温度瞬时即达到循环水温度，$t_w=20℃$，起始温度 $t_b=850℃, s=\frac{0.2}{2}=0.1m, \tau_1=\frac{30}{60}=0.5h, \tau_2=\frac{60}{60}=1.0h, \tau_3=\frac{90}{60}=1.5h$

$$FO_1=\frac{a\tau_1}{s}=\frac{0.002\times0.5}{(0.1)^2}=0.10$$

$$FO_2=\frac{a\tau_2}{s}=\frac{0.002\times1.0}{(0.1)^2}=0.20$$

$$FO_3=\frac{a\tau_3}{s}=\frac{0.002\times1.5}{(0.1)^2}=0.30$$

根据图 2-61 曲线 4 查得：$f_{c_1}\left(\frac{a\tau_1}{s^2}\right)=0.70, f_{c_2}\left(\frac{a\tau_2}{s^2}\right)=0.35, f_{c_3}\left(\frac{a\tau_3}{s^2}\right)=0.22$，

则

$$\frac{t_w-t_{c_1}}{t_w-t_b}=0.70 \qquad t_{c_1}=601\ ℃$$

$$\frac{t_w-t_{c_2}}{t_w-t_b}=0.35 \qquad t_{c_2}=315\ ℃$$

$$\frac{t_w-t_{c_3}}{t_w-t_b}=0.22 \qquad t_{c_3}=203\ ℃$$

2. 第二类边界条件

第二类边界条件给出的是通过物体表面的热流密度随时间变化的情况。当表面热流密度 q_w 一定，即 q_w=常数时，对于厚度为 2s 的无限大平壁，其导热微分方程式的解为

$$t = t_b + \frac{q_w s}{2\lambda}\left[\frac{2a\tau}{s^2} + \left(\frac{x}{s}\right)^2 - \frac{1}{3} + \frac{4}{\pi^2}\sum_{n=1}^{\infty}\frac{(-1)^{n+1}}{n^2}e^{-\frac{(n\pi)^2 a\tau}{s^2}} \cdot \cos\left(n\pi\frac{x}{s}\right)\right] \quad (2\text{-}113)$$

写成函数形式

$$t - t_b = f\left(\frac{a\tau}{s^2}, \frac{x}{s}\right) \quad (2\text{-}114)$$

式中 $f\left(\frac{a\tau}{s^2}, \frac{x}{s}\right)$ 值同样可以由有关的图中查得。

3. 第三类边界条件

第三类边界条件给出了周围介质温度，以及介质与物体之间的热交换方式。

现以无限大平壁对称加热来说明这一类问题的解法。平壁厚度为 2s，开始温度为 t_b，在温度为 t_g 的恒温介质中从两面对称加热。

根据上述条件，导热一般微分方程式为

$$\frac{\partial t}{\partial \tau} = \frac{\partial^2 t}{\partial x^2}$$

开始条件　$\tau=0$，$t=t_b$

边界条件　$x=\pm s$，$\left(\frac{\partial t}{\partial x}\right)_w = \pm\frac{\alpha}{\lambda}(t_g - t_w)$

最后的解为

$$\frac{t_g - t}{t_g - t_b} = \sum_{n=1}^{\infty}\frac{2\sin\delta_n}{\delta_n + \sin\delta_n\cos\delta_n}e^{-\frac{\delta_n^2 a\tau}{s^2}} \cdot \cos\left(\delta_n\frac{x}{s}\right) \quad (2\text{-}115)$$

δ_n 是毕欧准数 Bi 的函数

$\frac{a\tau}{s^2}$ 是傅立叶准数 Fo

由此可以看出，$\frac{t_g - t}{t_g - t_b}$ 是 Fo、Bi、及 $\frac{x}{s}$ 准数的函数，公式（2-115）可以表示为

$$\frac{t_g - t}{t_g - t_b} = f\left(\frac{a\tau}{s^2}, \frac{as}{\lambda}, \frac{x}{s}\right) \quad (2\text{-}116a)$$

或

$$\frac{t_g - t}{t_g - t_b} = f\left(Fo, Bi, \frac{x}{s}\right) \quad (2\text{-}116b)$$

当 $x=\pm s$，$t=t_w$

$$\frac{t_g - t_w}{t_g - t_b} = f_w(Fo, Bi) \quad (2\text{-}117)$$

当 $x=0$，$t=t_c$

$$\frac{t_g - t_c}{t_g - t_w} = f_c(Fo, Bi) \quad (2\text{-}118)$$

f_w（Fo，Bi）和 f_c（Fo，Bi）之值可由图 2-62 和图 2-63 查得。

前面所讨论的为无限厚平壁的加热和冷却，在实际计算时，对于高和长较厚度大的多的平壁，可以采用上述方法近似计算，但对长、宽及高相差不多的六面体则不能采用上述方法计算。

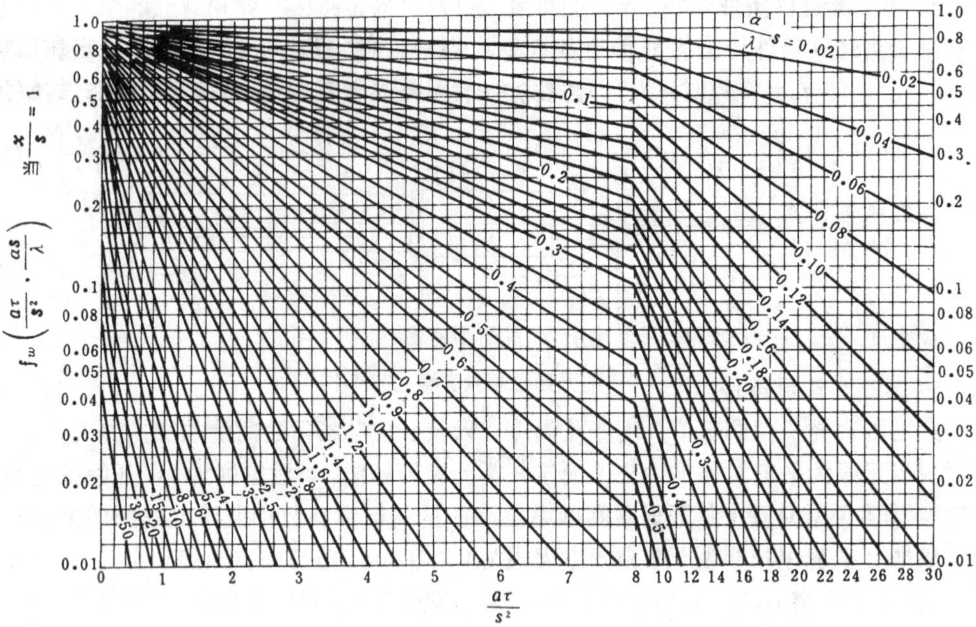

图 2-62　当气体温度为常数时无限大平壁 f_w（Fo，Bi）值

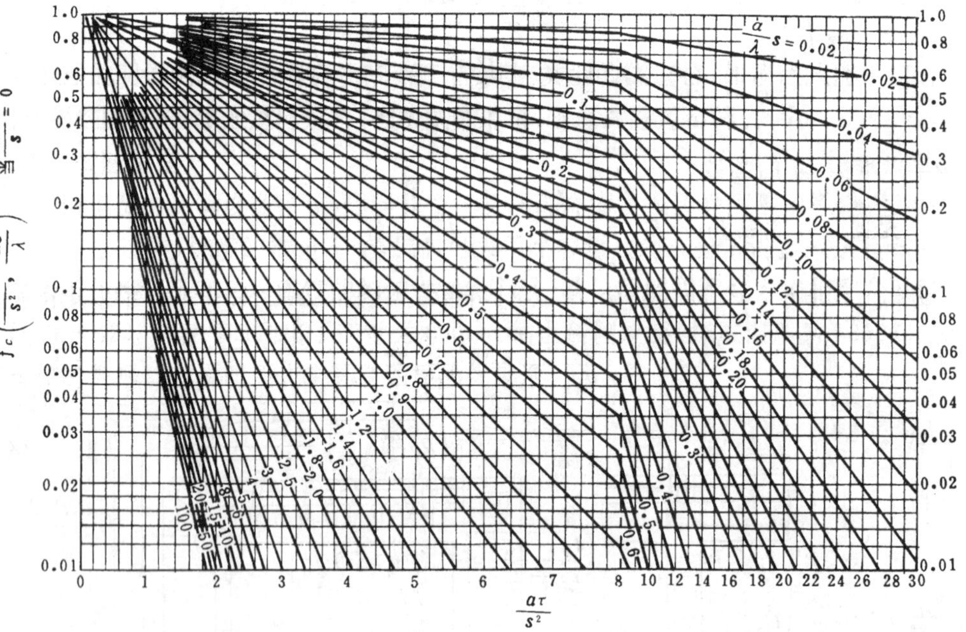

图 2-63　当气体温度为常数时无限大平壁 f_c（Fo，Bi）值

对于如图 2-64 所示的六面体

开始条件　$\tau=0$，$t=t_b=$常数

边界条件　$x=\pm s$，　$\frac{\partial t}{\partial x}=\pm\frac{\alpha}{\lambda}(t_g-t)$

$$y=\pm B,\ \frac{\partial t}{\partial y}=\pm\frac{\alpha}{\lambda}(t_g-t)$$

$$z=\pm l,\ \frac{\partial t}{\partial z}=\pm\frac{\alpha}{\lambda}(t_g-t)$$

解的最后函数关系可表示为

$$\frac{t_g-t}{t_g-t_b}=f_1\left(\frac{a\tau}{s^2}、\frac{as}{\lambda}、\frac{x}{s}\right)\cdot f_2\left(\frac{a\tau}{B^2}、\frac{aB}{\lambda}、\frac{y}{B}\right)\cdot f_3\left(\frac{a\tau}{l^2}、\frac{al}{\lambda}、\frac{z}{l}\right) \tag{2-119}$$

即将 $\frac{t_g-t}{t_g-t_b}$ 看成厚度分别为 $2s$、$2B$、$2l$ 的三个无限大平壁函数的乘积，其函数关系仍可由图 2-62 和图 2-63 得出。

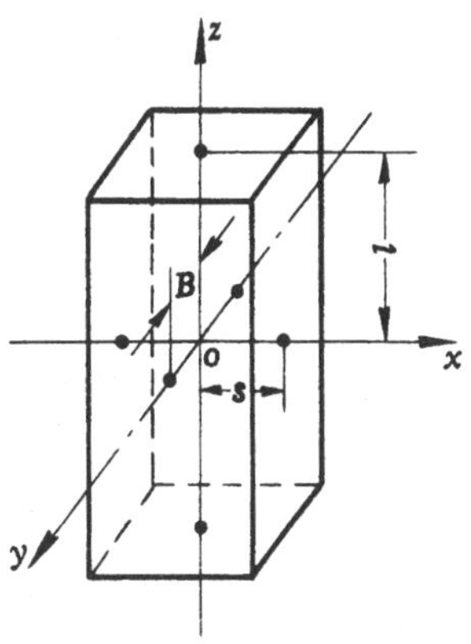

图 2-64　定长柱体的图形

例题 15　粘土质耐火制品其尺寸为 400×300×500mm，出窑温度为 120℃，假定出窑时制品内部温度均匀一致，外界空气温度为 20℃，粘土制品导热系数为 0.74W/（m·℃），导温系数为 $1.6\times10^{-3}m^2/h$，制品与空气间的综合换热系数为 $14W/(m^2\cdot ℃)$，问经过 12 小时后制品中心温度为若干？

解　欲求有限厚物体中心处温度，可将此立方体看成由三个无限大的平板所构成，其尺寸分别为 $2s$、$2b$、$2l$，气体与立方体中心处温度之间的关系可以看成此三个无限大平板函数的乘积，即根据公式（2-119）

$$\frac{t_g-t_c}{t_g-t_b}=f_1\left(\frac{a\tau}{s^2}、\frac{as}{\lambda}\right)\cdot f_2\left(\frac{a\tau}{B^2}、\frac{aB}{\lambda}\right)\cdot f_3\left(\frac{a\tau}{l^2}、\frac{al}{\lambda}\right)$$

$$\frac{a\tau}{s^2}=\frac{0.0016\times12}{0.2^2}=0.48\qquad \frac{as}{\lambda}=\frac{14\times0.2}{0.74}=3.78\quad f_1=0.60$$

$$\frac{a\tau}{b^2}=\frac{0.0016\times12}{0.15^2}=0.85\qquad \frac{aB}{\lambda}=\frac{14\times0.15}{0.74}=2.84\quad f_2=0.40$$

$$\frac{a\tau}{l^2}=\frac{0.0016\times12}{0.25^2}=0.31\qquad \frac{al}{\lambda}=\frac{14\times0.25}{0.74}=4.73\quad f_3=0.70$$

$$\frac{t_g-t_c}{t_g-t_b}=0.60\times0.70\times0.40=0.168$$

$$t_c=t_g-0.168(t_g-t_b)=20-0.168(20-120)=36.8\quad ℃$$

三、有限差分法

用数学分析法求解不稳定导热问题，只有在某些简单的单值条件下才有可能。如果开始加热前物体内部温度分布复杂；或表面温度随时间变化，其变化速率不是常数；或导热平壁由多种材料组成。碰到上述复杂情况时，用数学分析法求解就变得非常困难，因此在实际计算中，常采用一种近似的计算方法，这就是“有限差分法”。这种方法的基础是以不连续的过程来代替空间里和时间上连续变化的过程。例如对于单向不稳定导热的微分方程式 $\frac{\partial t}{\partial\tau}=a\frac{\partial^2 t}{\partial x^2}$ 可以用有限差量来代替其中的无限小量得

$$\frac{\Delta t}{\Delta\tau}=a\frac{\Delta^2 t}{\Delta x^2} \tag{2-120}$$

由于这种代替，解的精确性降低了一些，但却简单得多。解的精确性与选择的有限差量 Δx 与 $\Delta\tau$ 的大小有关，Δx 与 $\Delta\tau$ 选择的愈小计算结果愈精确。

采用有限差分法来计算平壁内温度分布的原理及方法叙述如下。

图 2-65 表示一个厚度为 x 的平壁，将此平壁分为若干薄层，厚度各为 Δx，在某一个时间内具有如图所示的温度分布。

首先写出 $abcd$ 区域的热平衡，这个区域的平均温度以 t_1 表示，在平面 ab 上的温度降度为 $-\dfrac{dt}{dx}=\dfrac{t_0-t_1}{\Delta x}$，在平面 cd 上的温度降度为 $-\dfrac{dt}{dx}=\dfrac{t_1-t_2}{\Delta x}$

通过 ab 面的热流密度 $q_1=\lambda\dfrac{t_0-t_1}{\Delta x}$

通过 cd 面的热流密度 $q_2=\lambda\dfrac{t_1-t_2}{\Delta x}$

$\Delta q=q_1-q_2$，这个差额便是热流通过时留下来的部分，它用来加热物体，使 $abcd$ 区域的平均温度由 t_1 升至 t'_1，其热平衡关系为

$$\frac{\lambda(t_0-t_1)}{\Delta x}-\frac{\lambda(t_1-t_2)}{\Delta x}$$

$$=\frac{(\Delta x)\rho C_p(t'_1-t_1)}{\Delta\tau}$$

整理上式，并以 $a=\dfrac{\lambda}{C_p\rho}$ 代入

$$t_0-2t_1+t_2=\frac{\Delta x^2}{a\Delta\tau}(t'_1-t_1)$$

令 $\dfrac{\Delta x^2}{a\Delta\tau}=2$

则 $t'=\dfrac{t_0+t_2}{2}$

这就是说，只要知道前一个时间间隔 $\Delta\tau$ 相邻两层温度，就可用算术平均值的方法求出下一个时间间隔 $\Delta\tau$ 后该层温度。也即该层温度为前一时间间隔 $\Delta\tau$ 相邻两层温度和的一半。若用 n 表示层数，k 表示时间，写成通式为

$$t_{n\Delta x(K+1)\Delta\tau}=\frac{t_{(n-1)\Delta x\cdot K\Delta\tau}+t_{(n+1)\Delta x\cdot K\Delta\tau}}{2} \tag{2-121}$$

必须指出，由于在推导过程中令 $\dfrac{\Delta x^2}{a\Delta\tau}=2$，当选定了 Δx 值后，$\Delta\tau$ 就不能再任意选择，而是与被选定的 Δx 有如下关系

$$\Delta\tau=\frac{\Delta x^2}{2a} \tag{2-122}$$

当平壁由两种或两种以上材料组成时，由于所取的时间间隔 $\Delta\tau$ 必须相同，因此当第一种材料 Δx_A 确定后，第二种材料 Δx_B 不能任意选取。二者之间关系为

$$\Delta\tau=\frac{\Delta x_A^2}{2a_A}=\frac{\Delta x_B^2}{2a_B}$$

$$\Delta x_B=\Delta x_A\sqrt{\frac{a_B}{a_A}} \tag{2-123}$$

对于两种或两种以上材料组成的平壁，由于两种材料的性质不同，影响了交界面处的温度分布。

对于由两种材料 A 和 B 组成的平壁，如图 2-66，在同一时间间隔 $\Delta\tau$，ab 表面的温度

为 t_A，cd 表面温度为 t_B，交界面的温度为 t，经过一个时间间隔 $\Delta\tau$ 后交界面处的温度 t' 可按如下方法求出。

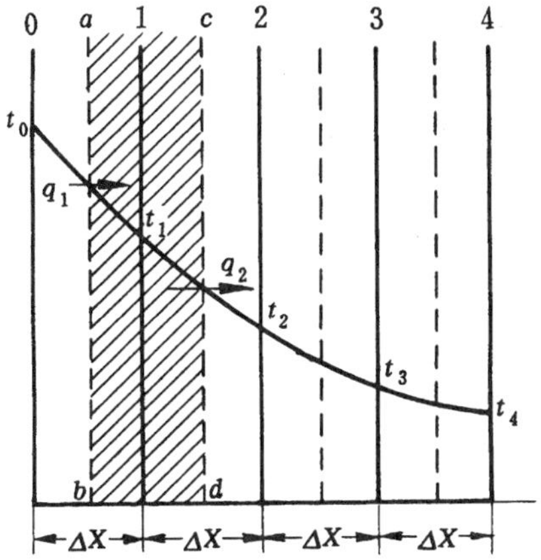

图 2-65　有限差分法计算图解

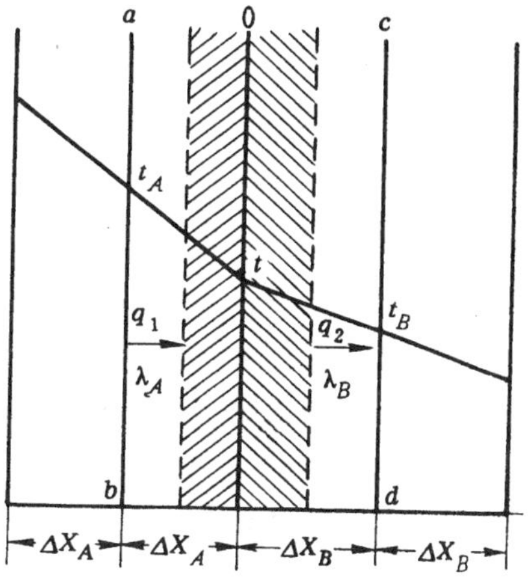

图 2-66　多层平壁交界面温度的计算

$$q_1=\frac{t_A-t}{\dfrac{\Delta x_A}{\lambda_A}}\qquad q_2=\frac{t-t_B}{\dfrac{\Delta x_B}{\lambda_B}}$$

$$\Delta q=q_1-q_2=\frac{t_A-t}{\dfrac{\Delta x_A}{\lambda_A}}-\frac{t-t_B}{\dfrac{\Delta x_B}{\lambda_B}}=\left(\frac{\Delta x_A}{2}\rho_A C_A+\frac{\Delta x_B}{2}\rho_B C_B\right)\frac{t'-t}{\Delta\tau}\tag{1}$$

其中 $$\frac{\Delta x_A}{2}\rho_A C_A=\frac{\Delta x_A^2}{2}\ \frac{\rho_A C_A}{\lambda_A}\cdot\frac{\lambda_A}{\Delta x_A}=\frac{\Delta x_A^2}{2a_A}\cdot\frac{\lambda_A}{\Delta x_A}=\Delta\tau\,\frac{\lambda_A}{\Delta x_A}\tag{2}$$

$$\frac{\Delta x_B}{2}\rho_B C_B=\frac{\Delta x_B^2}{2}\ \frac{\rho_B C_B}{\lambda_B}\cdot\frac{\lambda_B}{\Delta x_B}=\frac{\Delta x_B^2}{2a_B}\cdot\frac{\lambda_B}{\Delta x_B}=\Delta\tau\,\frac{\lambda_B}{\Delta x_B}\tag{3}$$

将式（2）、（3）代入式（1）并经整理得

$$t'=t_B+K_B(t_A-t_B)\tag{2-124}$$

或 $t'=t_A+K_A\ (t_B-t_A)$　　(2-125)

式中 $$K_B=\frac{\dfrac{\Delta x_B}{\lambda_B}}{\dfrac{\Delta x_A}{\lambda_A}+\dfrac{\Delta x_B}{\lambda_B}}=\frac{R_B}{R_A+R_B}$$

$$K_A=\frac{\dfrac{\Delta x_A}{\lambda_A}}{\dfrac{\Delta x_A}{\lambda_A}+\dfrac{\Delta x_B}{\lambda_B}}=\frac{R_A}{R_A+R_B}$$

R_A 和 R_B 分别为 A、B 两种材料的热阻。

当已知气体温度和气体与壁面的热交换条件时，固体壁面温度可按下述方法计算。

由固体壁面向气体所传递的热流密度为

$$q_{w\to g}=\frac{t_w-t_g}{\dfrac{1}{\alpha}}$$

假定在最外一层平壁（$1\Delta x$）或（$n-1$）Δx 中热流不变，即从 $1\Delta x$ 或（$n-1$）Δx 处至表面的热流密度为

$$q_{1\to 0}=\frac{t_{1\Delta x}-t_w}{\dfrac{\Delta x}{\lambda}}\approx q_{w\to g}=\frac{t_w-t_g}{\dfrac{1}{\alpha}}$$

经整理后得

$$t_w=t_g+k_g(t_{1\Delta x}-t_g) \tag{2-126}$$

式中 $k_g=\dfrac{\dfrac{1}{\alpha}}{\dfrac{\Delta x}{\lambda}+\dfrac{1}{\alpha}}=\dfrac{R_g}{R+R_g}$

t_g——气体温度，℃；

t_w——壁面温度，℃；

λ——固体材料导热系数，W/（m^2·℃）；

α——气体对壁面的综合换热系数，W/（m^2·℃）。

例题 16 间歇式窑炉最高烧成温度为 1400℃，窑墙由三种材料构成，内层为粘土砖，厚 0.23m，中间为轻质粘土砖，厚 0.113m，外层为红砖，厚 0.24m。升温曲线：第一阶段 20～200℃为 8 小时，第二阶段，200～500℃为 4 小时，第三阶段 500～1400℃为 10 小时。视内壁温度等于火焰气体温度，外墙对空气的对流辐射总换热系数为 9.8W/（m^2·℃）。

求 加热至 1400℃时砌筑体内的温度分布，并求出加热至最高温度时每平方米砌筑体的蓄热量为多少？

解 （1）首先设定各种材料加热终了时的最高温度，以求该种材质在加热过程中的平均温度，进一步确定其物性参数。

设粘土砖加热终了时的温度为 360℃，则粘土砖的平均温度可按开始加热前及加热终了两表面温度平均值计算，即

$$t_{m_1}=\frac{20+20+1400+360}{4}=450\quad ℃$$

设轻质粘土砖加热终了温度为 80℃，则

$$t_{m_2}=\frac{20+20+360+80}{4}=120\quad ℃$$

设红砖加热终了温度为 22℃，则

$$t_{m_3}=\frac{20+20+80+22}{4}=35.5\quad ℃$$

（2）各种材质的物性参数

粘土砖 $\lambda_1=0.698+0.64\times10^{-3}t$

$=0.698+0.64\times10^{-3}\times450=0.986\quad W/(m\cdot ℃)$

$c_1=840+0.26t=840+0.26\times450=957\quad J/(kg\cdot ℃)$

$\rho_1=1900\quad kg/m^3$

$$a_1=\frac{\lambda_1}{C_1\rho_1}\times3600=\frac{0.986}{957\times1900}\times3600=0.00195\quad m^2/h$$

轻质粘土砖 $\lambda_2=0.291+0.256\times10^{-3}t$

$$=0.291+0.256\times10^{-3}\times120=0.322\quad \mathrm{W/(m\cdot ℃)}$$

$$c_2=840+0.26t=840+0.26\times120=871.2\quad \mathrm{J/(kg\cdot ℃)}$$

$$\rho_2=1000\quad \mathrm{kg/m^3}$$

$$a_2=\frac{\lambda_2}{C_2\rho_2}\times3600=\frac{0.322}{871.2\times1000}\times3600=0.00133\quad \mathrm{m^2/h}$$

红砖 $\lambda_3=0.456+0.51\times10^{-3}t$

$$=0.456+0.51\times10^{-3}\times35.5=0.483\quad \mathrm{W/(m\cdot ℃)}$$

$$c_3=800+0.31t=800+0.31\times35.5=850\quad \mathrm{J/(kg\cdot ℃)}$$

$$\rho_3=1750\quad \mathrm{kg/m^3}$$

$$a_3=\frac{\lambda_3}{C_3\rho_3}\times3600=\frac{0.483}{849\times1750}\times3600=0.00117\quad \mathrm{m^2/h}$$

（3）分层并计算各层热阻及有关系数

首先将粘土砖分为三层，$n_1=3$ 每层厚度

$$\Delta x_1=\frac{0.23}{3}=0.0767\mathrm{m}$$

计算时间间隔 $\Delta\tau$ $\quad \Delta\tau=\frac{\Delta x_1^2}{2a_1}=\frac{(0.0767)^2}{2\times0.00195}=1.51\mathrm{h}$ 取 1.5h。

确定第二、三层的层数与厚度

$$\Delta x_2=\Delta x_1\sqrt{\frac{a_2}{a_1}}=0.0767\sqrt{\frac{0.00133}{0.00195}}=0.063\quad \mathrm{m}$$

$$n_2=\frac{0.113}{0.063}=1.79\ \text{取 2 层}$$

$$\Delta x_3=\Delta x_1\sqrt{\frac{a_3}{a_1}}=0.0767\sqrt{\frac{0.00117}{0.00195}}=0.059\quad \mathrm{m}$$

$$n_3=\frac{0.24}{0.059}=4.07\ \text{取 4 层}$$

热阻 $\quad R_1=\frac{\Delta x_1}{\lambda_1}=\frac{0.0767}{0.986}=0.078$

$$R_2=\frac{\Delta x_2}{\lambda_2}=\frac{0.063}{0.322}=0.196$$

$$R_3=\frac{\Delta x_3}{\lambda_3}=\frac{0.059}{0.483}=0.122$$

$$\frac{1}{\alpha}=\frac{1}{9.8}=0.102$$

系数 $\quad K_2=\frac{R_2}{R_1+R_2}=\frac{0.196}{0.078+0.196}=0.72$

$$K_3=\frac{R_3}{R_2+R_3}=\frac{0.122}{0.196+0.122}=0.38$$

$$K_g=\frac{\frac{1}{\alpha}}{R_3+\frac{1}{\alpha}}=\frac{0.102}{0.122+0.102}=0.46$$

（4）确定窑墙内表面温度（$t_{0\Delta x_1}$）

根据升温曲线，第一阶段 20～200℃，8 小时

升温速率 $\frac{200-20}{8}=22.5$ ℃/h

$$t_{0\Delta\tau}=20℃$$

$$t_{1\Delta\tau}=20+22.5\times1\times1.5=53.75 \quad ℃$$

$$t_{2\Delta\tau}=20+22.5\times2\times1.5=87.5 \quad ℃$$

……………………………

6$\Delta\tau$ 时，第一升温阶段结束，并转入第二升温阶段，其中属于第一升温阶段的温度

$$t'_{6\Delta\tau}=t_{5\Delta\tau}+(8-7.5)\times22.5=200 \quad ℃$$

第二阶段的升温速度为 $\frac{500-200}{4}=75$ ℃/h

$$t_{6\Delta\tau}=200+(1.5-0.5)\times75=275 \quad ℃$$

$$t_{7\Delta\tau}=275+1.5\times75=387.5 \quad ℃$$

$$t_{8\Delta\tau}=387.5\times1.5\times75=500 \quad ℃$$

第三阶段升温速度为 $\frac{1400-500}{10}=90$ ℃/h

$$t_{9\Delta\tau}=500+1.5\times90=635 \quad ℃$$

……………………

（5）交界面温度及外表面温度计算

$$t_{4\Delta\tau,3\Delta x_1}=20+K_2(28.44-20) \qquad K_2=0.72$$

$$=20+0.72(28.44-20)=26.08$$

$$t_{7\Delta\tau,2\Delta x_2}=20+K_3(23.04-20) \qquad K_3=0.38$$

$$=20+0.38(23.04-20)=21.16 \quad ℃$$

$$t_{10\Delta\tau,4\Delta x_3}=20+\mathrm{kg}(20.29-20) \qquad \mathrm{kg}=0.46$$

$$=20+0.46(20.29-20)=20.13 \quad ℃$$

温度分布计算见表 2-9。

（6）对所假设的加热终了温度验算

粘土砖加热终了温度 361.33℃ 误差 $\frac{361.33-360}{360}100\%=0.37\%$

轻质砖加热终了温度 79.84℃ $\frac{79.84-80}{79.84}100\%=-0.20\%$

红砖加热终了温度 22.01℃ $\frac{22.01-22}{22}100\%=0.05\%$

（7）窑墙蓄热计算

粘土砖蓄热量 Q_1 的计算

根据公式 $Q_1=G_1$（$c''_1t''_{M1}-c'_1t'_{M1}$）计算

$$t'_{M1}=20℃$$

$$t''_{M1}=\frac{\frac{1400+361.33}{2}+854.84+524.47}{3}=753.33 \quad ℃$$

$$c'_1=840+0.26\times20=845.2 \quad \mathrm{J/(kg\cdot ℃)}$$

$$c''_1 = 840 + 0.26 \times 753.33 = 1035.87 \quad J/(kg \cdot ℃)$$

$$G_1 = 1900 \times 0.23 \times 1 = 437 \quad kg$$

$$Q_1 = 437(1035.87 \times 753.33 - 845.2 \times 20)1/1000$$

$$= 332627 \quad kJ/m^2$$

轻质砖蓄热量 Q_2 的计算

根据公式 $Q_2 = G_2 \ (c''_2 t''_{M2} - c'_2 t'_{M2})$ 计算

$$t'_{M2} = 20℃$$

$$t''_{M2} = \frac{\dfrac{361.33 + 79.84}{2} + 181.93}{2} = 201.26 \quad ℃$$

$$c'_2 = 840 + 0.26 \times 20 = 845.2 \quad J/(kg \cdot ℃)$$

$$c''_2 = 840 + 0.26 \times 201.26 = 892.33 \quad J/(kg \cdot ℃)$$

$$G_2 = 1000 \times 0.113 \times 1 = 113 \quad kg$$

$$Q_2 = 113(892.33 \times 201.26 - 845.2 \times 20)1/1000$$

$$= 18384 \quad kJ/m^2$$

红砖蓄热量 Q_3 的计算

根据公式 $Q_3 = G_3 \ (c''_3 t''_{M3} - c'_3 t'_{M3})$ 计算

$$t'_{M3} = 20 \quad ℃$$

$$t''_{M3} = \frac{\dfrac{79.84 + 22.01}{2} + 46.13 + 30.76 + 24.36}{4} 38.09 \quad ℃$$

$$c'_3 = 800 + 0.31 \times 20 = 800.62 \quad J/(kg \cdot ℃)$$

$$c''_3 = 800 + 0.31 \times 38.09 = 811.81 \quad J/(kg \cdot ℃)$$

$$G_3 = 1750 \times 0.24 \times 1 = 420kg$$

$$Q_3 = 420(811.81 \times 38.09 - 800.62 \times 20)1/1000$$

$$= 6262 \quad kJ$$

窑墙总蓄热量 $Q = Q_1 + Q_2 + Q_3$

$$= 332627 + 18384 + 6262 = 357273 \quad kJ$$

粘土砖蓄热量占总蓄热量的百分数 $\frac{Q_1}{Q} 100\% = \frac{332627}{357273} 100\% = 93.10\%$

轻质砖蓄热量占总蓄热量的百分数 $\frac{Q_2}{Q} 100\% = \frac{18384}{357273} 100\% = 5.15\%$

红砖蓄热量占总蓄热量的百分数 $\frac{Q_3}{Q} 100\% = \frac{6262}{357273} 100\% = 1.75\%$

由此例题可以看出，砌筑体蓄热主要在靠窑炉空间的第一种材料内部，因此要减少蓄热损失，主要应解决第一种材料的材质问题。如能在靠近内表面选取质量轻，导热系数小，热扩散能力小并具有足够强度的材料，则砌筑体蓄热可大为减少，这对间歇式窑炉节能是非常重要的。

应当强调指出，本例题是用来说明用有限差分法计算砌筑体蓄热的步骤与方法，为节省篇幅，选择的升温速度快，窑墙厚度也薄，这与实际情况是有出入的。在实际计算中，由于所需运算过程较长，一般可编制程序用电子计算机进行计算，以获得快速，准确的结果。

表 2-9 例题 16 附表

时间		粘土砖				轻质粘土砖		红砖			
$\Delta\tau$	小时	$0\Delta x_1$	$1\Delta x_1$	$2\Delta x_1$	$3\Delta x_1$ $0\Delta x_2$	$1\Delta x_2$	$2\Delta x_2$ $0\Delta x_3$	$1\Delta x_3$	$2\Delta x_3$	$3\Delta x_3$	$4\Delta x_3$
0	0	20	20	20	20	20	20	20	20	20	20
1	1.5	53.75	20	20	20	20	20	20	20	20	20
2	3.0	87.50	36.88	20	20	20	20	20	20	20	20
3	4.5	121.25	53.75	28.44	20	20	20	20	20	20	20
4	6.0	155.00	74.85	36.88	26.08	20	20	20	20	20	20
5	7.5	188.75	95.94	50.47	32.15	23.04	20	20	20	20	20
6	9.0	275.00	119.61	64.05	42.79	26.08	21.16	20	20	20	20
7	10.5	387.50	169.53	81.20	53.42	31.98	22.31	20.58	20	20	20
8	12.0	500.00	234.35	111.48	67.42	37.87	24.91	21.16	20.29	20	20
9	13.5	635.00	305.74	150.89	90.87	46.17	27.51	22.60	20.58	20.15	20
10	15.0	770.00	392.95	198.31	121.57	59.19	31.56	24.05	21.38	20.29	20.13
11	16.5	905.00	484.16	257.26	159.36	76.57	37.40	26.47	22.17	20.76	20.35
12	18.0	1040.00	581.13	321.76	206.67	98.38	45.51	29.79	23.62	21.26	20.60
13	19.5	1175.00	680.88	393.90	259.21	126.09	55.85	34.57	25.53	22.11	20.97
14	21.0	1310.00	784.45	470.05	318.91	157.53	69.35	40.69	28.34	23.25	21.50
15	22.5	1445.00	890.03	551.68	382.54	194.13	85.09	48.85	31.97	24.92	22.26
	22.0	1400	854.84	524.47	361.33	181.93	79.84	46.13	30.76	24.36	22.01

第七节 传 质 原 理

物质的分子总是处于不规则的热运动中，在有两种或两种以上物质组成的混合物中，如果存在着浓度差，物质分子就会从浓度高的区域向浓度低的区域转移，从而产生质交换即质量传递，简称传质。正如温度差是传热的先决条件一样，浓度差是产生质交换的先决条件。

工业生产中有不少过程是涉及传质过程的，例如物料干燥、燃料燃烧、物料烧结、固体在液体中的溶解等。传质过程往往和传热过程同时存在，且传质和传热所依据的原理相类似。研究传热问题主要在于求取各具体情况下的传热系数，同样，研究传质问题则主要在于求取各种具体情况下的传质系数。本章将简要介绍传质的概念，基本定律及其计算。

传质过程可以在一相（气、液或固相）内进行，也能发生在直接接触的两相或多相系统中，对于前者，组分的浓度差是传质的先决条件，对于后者，不仅组分必须存在浓度差，而且相际间应未达到平衡状态。相际间的平衡只在两相经过极长时间才能建立，而在实际操作中，相际间的接触时间是有限的，所以相平衡是传质过程的极限。

物理化学中指出，当两相相接触后，两相中的同一组分建立平衡，称相平衡，相平衡遵守一定的规律，并可用平衡线表示，图 2-67 就是相平衡曲线：

$$y^{*}=f(x)$$

图中 y 轴表示甲相中 A 组分的浓度，x 轴表示乙相中 A 组分的浓度。从图可看出，平衡时甲相中 A 组分的一个浓度相对于乙相中 A 组分的某个浓度，因此从平衡线中可知传质进行的极限，同时还可知传质进行的方向。如果甲相中 A 组分的浓度为 y，且 $y>y^{*}$，则 A 组分由甲相向乙相迁移。反之，如果 $y<y^{*}$，则 A 组分由乙相向甲相迁移。如果 $y=y^{*}$，则两相处于平衡状态，此时建立动平衡，表面上看不出物质的迁移现象。当然此时 y 不一定等于 x。因此直接接触的两相，在未达到平衡状态的条件下存在浓度差才发生传质。

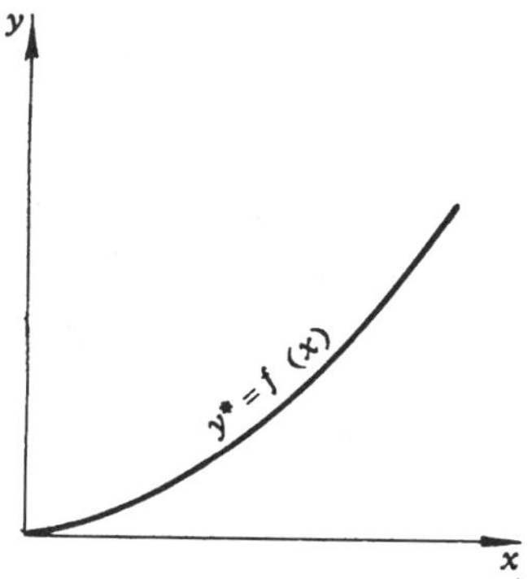

图 2-67　相平衡图

两种或两种以上物质组成的混合物中，各组成成分在混合物中的多寡常用浓度来表示。浓度表示方法很多，如质量浓度、摩尔浓度等。

单位体积的混合物中所含某组成成分的质量称为该组分的质量浓度。设有 A、B 两种物质组成的混合物，其总体积为 V（m^3），A、B 两种物质的质量分别为 m_A（kg）和 m_B（kg），则混合物中 A 种物质的质量浓度为：

$$C_A=\frac{m_A}{V}\quad kg/m^3 \tag{2-127a}$$

混合物中 B 种物质的质量浓度为：

$$C_B=\frac{m_B}{V}\quad kg/m^3 \tag{2-127b}$$

对于混合气体，应用理想气体状态方程式可得：

$$P_AV=\frac{m_A}{M_A}RT$$

$$P_BV=\frac{m_B}{M_B}RT$$

$$C_A=\frac{M_AP_A}{RT}\quad kg/m^3 \tag{2-128a}$$

$$C_B=\frac{M_BP_B}{RT}\quad kg/m^3 \tag{2-128b}$$

式中　M_A、M_B、——A、B 气体的分子量。

可见，对于混合气体，各组分的质量浓度与该组分的分压有关，组分的分压大，则其浓度高。由此，也可以用分压的大小来表示该组分浓度的高低。

单位体积的混合物中所含某组分的摩尔量称为该组分的摩尔浓度。以 n_A、n_B 表示，单位为 $kmol/m^3$。

一、传质的基本方式

传质的基本方式有两种：分子扩散和湍流扩散。

物质在静止的（或在垂直于浓度梯度方向作层流流动的）流体及固体中的扩散是分子扩散。分子扩散是由微观分子运动作用所引起的，它的机理类似于导热。在流体中由于湍流流动引起的物质传递称为湍流扩散，实际工程中，大多数流体的流动属于湍流。物质通过湍流流动的传质，除了湍流扩散外，还有通过边界层的分子扩散，把这类扩散总称为对流扩散（或对流传质），其机理与对流换热相类似。

正如用热流密度来表示过程中传递热量的速率一样，可用质流量来表示质量传递的速率。质流量是单位时间、单位传质面积所传递质量的千克数，单位是 $kg/m^2 \cdot h$。

和传热一样，传质有稳定传质和不稳定传质。稳定传质是指传质过程中浓度场不随时间而改变。不稳定传质则是浓度场随时间而改变。一般工程操作中所涉及的多为稳定传质。

应该注意，传质与传热有本质的区别，传热是能量的传递，不涉及物质之间的交换，而传质是物质的移动。因此传质较传热复杂。

二、传质过程的基本方程式

1. 费克定律——等摩尔逆扩散定律

在静止或层流流体中，物质扩散是靠分子扩散。大量实验证明，分子扩散的速率（质流量）与浓度梯度成正比。

$$g = -D\frac{\mathrm{d}C}{\mathrm{d}x} \quad kg/(m^2 \cdot h) \tag{2-129}$$

该式即为费克定律的一般表达式

式中 g——扩散质流量，$kg/m^2 \cdot h$；

D——比例系数，称扩散系数，m^2/h；

$\frac{\mathrm{d}C}{\mathrm{d}x}$——浓度梯度，$kg/m^4$。

式中负号表示扩散质流量是朝着浓度降低的方向。

由于分子扩散、热传导以及流体的内摩擦均为分子运动的结果，因而表示扩散质流量的费克定律和表示导热过程的傅立叶定律，以及表达运动流体的牛顿粘性定律有相同的形式，则

$$g = -D\frac{\mathrm{d}C}{\mathrm{d}x}$$

$$q = -\lambda\frac{\mathrm{d}t}{\mathrm{d}x}$$

$$\tau = -\mu\frac{\mathrm{d}u}{\mathrm{d}x}$$

对于气体，费克定律也可用分压表示，即

$$g_i = -\frac{M_i D_i}{RT}\frac{\mathrm{d}p_i}{\mathrm{d}x} \quad kg/(m^2 \cdot h) \tag{2-130}$$

现在我们研究由 A、B 两组分组成的混合物的相互扩散，如图 2-68。

设有一容器，中间用很薄的隔板隔开，隔板两侧盛有同温度同压强的两种气体 A 和 B，把隔板抽开后，两种气体就会相互扩散，直至平衡，此时容器中组成成分的浓度各处相同。

组分 A 扩散质流量 g_A 为

$$g_A = -D_{AB}\frac{\mathrm{d}C_A}{\mathrm{d}x}$$

或

$$g_A = -\frac{M_A D_{AB}}{RT}\frac{\mathrm{d}P_A}{\mathrm{d}x} \tag{1}$$

组分 B 扩散质流量 g_B 为

$$g_B = - D_{BA} \frac{\mathrm{d}C_B}{\mathrm{d}x}$$

或
$$g_B = - \frac{M_B D_{BA}}{RT} \frac{\mathrm{d}p_B}{\mathrm{d}x} \tag{2}$$

上两式两边同除以该组分的分子量 M_A、M_B，得 A、B 组分的扩散摩尔质流量，即

$$N_A = - \frac{D_{AB}}{RT} \frac{\mathrm{d}p_A}{\mathrm{d}x} \quad \mathrm{kmol/(m^2 \cdot h)} \tag{3}$$

$$N_B = - \frac{D_{BA}}{RT} \frac{\mathrm{d}p_B}{\mathrm{d}x} \quad \mathrm{kmol/(m^2 \cdot h)} \tag{4}$$

式中 D_{AB}——组分 A 向组分 B 扩散的扩散系数，$\mathrm{m^2/h}$；

D_{BA}——组分 B 向组分 A 扩散的扩散系数，$\mathrm{m^2/h}$。

根据道尔顿定律，混合气体总压强等于各单独气体分压强之和

$$p = p_A + p_B$$

$$\frac{\mathrm{d}p_A}{\mathrm{d}x} = - \frac{\mathrm{d}p_B}{\mathrm{d}x}$$

在稳定情况下，当 A、B 两组分以相同的摩尔数进行反方向扩散时

$$N_A = - N_B$$

比较式（3）与式（4），则得

$$D_{AB} = D_{BA} = D$$

这种过程称为等摩尔逆扩散过程（$N_A = -N_B$），蒸馏过程属于这种情况。严格地说，费克定律仅适用于这种过程。

实际应用上，须对式（1）进行积分，得到

$$g_A = D \frac{C_{A1} - C_{A2}}{x} \quad \mathrm{kg/(m^2 \cdot h)} \tag{2-131}$$

和
$$g_A = \frac{M_A D}{RT} \frac{p_{A1} - p_{A2}}{x} \quad \mathrm{kg/(m^2 \cdot h)} \tag{2-132}$$

式中 $C_{A1} - C_{A2}$——扩散距离 x 内，组分 A 的质量浓度自 C_{A1} 变化到 C_{A2}；

$p_{A1} - p_{A2}$——扩散距离 x 内，组分 A 的分压自 p_{A1} 变化到 p_{A2}。

2. 斯蒂芬定律—单向扩散定律

工程上遇到的某些扩散过程并不是等摩尔逆扩散过程，而只是一种组分进行扩散，并无相反方向的扩散（即 $N_B = 0$），此种扩散称为单向扩散。例如干燥过程属于单向扩散。对于这种情况，扩散质流量可按如下推导进行计算。

设有一水槽（图 2-69），槽内盛水，水面距槽口有一段距离，槽口上端有一股空气平缓流过，槽内水作等温蒸发，由于水面上的水蒸气分压 p_{A1} 大于空气中的水蒸气分压 p_{A2}，所以产生的水蒸气由水面通过静止空气层向槽口空气扩散，并不断被空气流带走。p_{B2} 大于 p_{B1}（$p_{A1} + p_{B1} = p_{A2} + p_{B2} = P$），空气（干空气）则由槽口向水面扩散。但是，由于空气不溶于水，则在槽内必然有一反向（自下而上）的补偿流动（亦称总体流动）以抵消空气向下的扩散，从而使槽内空气状态不发生任何变化。设此补偿流动的速度为 u_d，则单位时间水蒸气流过单位 x—x 断面的附加流量为 $u_d \cdot C_A$。由此，通过 x—x 断面水蒸气的扩散质量流量

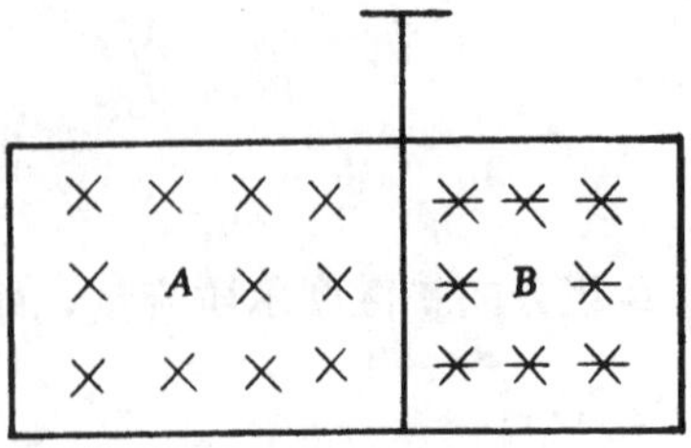

图 2-68　A、B 的相互扩散

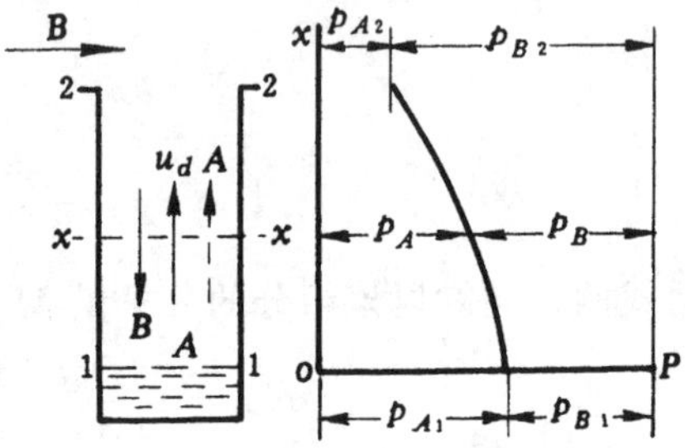

图 2-69　经过静止气膜的水蒸汽扩散

为

$$g_A = -\frac{M_A D}{RT}\cdot\frac{\mathrm{d}p_A}{\mathrm{d}x} + u_d C_A$$

$$= -\frac{M_A D}{RT}\cdot\frac{\mathrm{d}p_A}{\mathrm{d}x} + u_d\frac{M_A p_A}{RT} \tag{2-133}$$

显然，上述关系式也适用于空气，即

$$g_B = -\frac{M_B\cdot D}{RT}\ \frac{\mathrm{d}p_B}{\mathrm{d}x} + u_d\frac{M_B p_B}{RT}$$

在稳定状态下，g_A=常数，而 $g_B=0$，所以

$$\frac{M_B D}{RT}\cdot\frac{\mathrm{d}p_B}{\mathrm{d}x} = u_d\frac{M_B p_B}{RT}$$

$$u_d = \frac{D}{p_B}\cdot\frac{\mathrm{d}p_B}{\mathrm{d}x} \tag{1}$$

又

$$p_A + p_B = P$$

即

$$\frac{\mathrm{d}p_A}{\mathrm{d}x} = -\frac{\mathrm{d}p_B}{\mathrm{d}x}$$

代入式（1）

$$u_d = -\frac{D}{p - p_A}\cdot\frac{\mathrm{d}p_A}{\mathrm{d}x} \tag{2}$$

把式（2）代入公式（3-7），可得

$$g_A = -\frac{M_A D}{RT}\cdot\frac{\mathrm{d}p_A}{\mathrm{d}x} - \frac{D}{p - p_A}\cdot\frac{M_A p_A}{RT}\cdot\frac{\mathrm{d}p_A}{\mathrm{d}x}$$

$$= -\frac{M_A D}{RT}\cdot\frac{D}{p - p_A}\cdot\frac{\mathrm{d}p_A}{\mathrm{d}x} \tag{2-134}$$

这就是单向扩散定律——斯蒂芬定律。显然，它与等摩尔逆扩散质流量的计算公式（2-130）不同。

将公式（2-134）积分，并注意到 $p_{A1}-p_{A2}=p_{B2}-p_{B1}$，则可得

$$g_A = \frac{M_A D}{RT}\cdot\frac{P}{x}\ln\frac{P - p_{A2}}{P - p_{A1}}$$

$$= \frac{M_A D}{RT}\cdot\frac{P}{x}\ \frac{p_{A1} - p_{A2}}{p_{Bm}} \tag{2-135}$$

或

$$g_A = \frac{D}{x} \cdot \frac{P}{p_{Bm}}(C_{A1} - C_{A2}) \tag{2-136}$$

式中 $p_{Bm} = \dfrac{p_{B2} - p_{B1}}{\ln \dfrac{p_{B2}}{p_{B1}}}$，是组分 B（在此为空气）的分压对数平均值。由于$\dfrac{P}{p_{Bm}}$通常大于1，所以单向扩散比等摩尔逆扩散的扩散质流量大，这是因为出现了与扩散方向一致的总体流动所致。但当组分 A 的分压与总压相比很小时，则 $\dfrac{P}{p_{Bm}} \approx 1$，此时可直接应用费克定律。

3. 扩散系数

扩散系数表示物质在介质中的扩散能力，它是物质的物理特征之一。扩散系数可以理解为沿扩散方向，在单位时间内每单位浓度降的情况下，通过单位表面积所扩散的物质的量，其单位为 m^2/h 或 cm^2/s。扩散系数的大小与扩散物质、介质的种类和温度、压强等因素有关。

扩散系数的数值需由实验求得，如无可靠实验数据，可由经验公式计算确定，下式是用于计算气体 A 在气体 B 中（或 B 在 A 中）扩散系数的吉里兰半经验公式

$$D = 435.7 \frac{T^{3/2}}{P(V_A^{1/3} + V_B^{1/3})^2} \sqrt{\frac{1}{M_A} + \frac{1}{M_B}} \quad cm^2/s \tag{2-137}$$

式中 T——热力学温度，K；

P——气体的总压，N/m^2 (Pa)；

M_A、M_B——气体 A 和 B 的分子量；

V_A、V_B——气体 A 和 B 在正常沸点下，其液态的分子容积，cm^3/mol。

常见气体分子容积见表 2-10。

几种气体在空气中的扩散系数见表 2-11。

表 2-10　常见气体分子容积

气　　体	分子容积 (cm^3/mol)	气　　体	分子容积 (cm^3/mol)
H_2	14.3	CO_2	34
O_2	25.6	SO_2	44.8
N_2	31.1	NH_3	25.8
空气	29.9	H_2O	18.9
CO	30.7	Cl_2	48.4

表 2-11　气体在空气中的扩散系数

(P_0=101325Pa (1atm)，T_0=273K)

气　　体	$D_0(cm^2/s)$	气　　体	$D_0(cm^2/s)$
H_2	0.611	SO_2	0.103
N_2	0.132	NH_3	0.17
O_2	0.178	H_2O	0.22
CO_2	0.138	HCl	0.13

由式（2-147）可见，对于压强与大气压相近的气体，扩散系数 D 的数值与气体本身的浓度无关，但随温度的升高而较快地增大，这是由于温度的升高，分子的运动速度和动能增大使扩散更迅速所致。该式还表明，扩散系数与系统的压强 p 成反比，这是由于压强升高使分子更靠近，从而使分子的扩散遇到更大的阻力。

物质在液相中的扩散系数小于在气相中的扩散系数，一般为 $1.15\times10^{-5}cm^2/s$ 左右。液相扩散系数不仅与物质的种类、温度有关，而且随溶液的浓度而变化。

气体、液体和固体在固体中的扩散速率小于在液体及气体中的扩散速率。固体中的扩散情况更为复杂，一类是扩散基本上与固体结构无关，其扩散系数值一般为 $10^{-9}\sim10^{-14}$ cm^2/s；另一类是多孔结构内的扩散，其扩散系数与固体结构有关。

在非标准状态下的扩散系数需经换算，换算公式如下：

$$D = D_0 \frac{p_0}{p}\left(\frac{T}{T_0}\right)^{3/2} \tag{2-138}$$

式中 D_0、p_0、T_0——分别表示标准状态下的扩散系数、压强和温度；

D、p、T——分别表示非标准状态下的扩散系数、压强和温度。

例题 17 有一直径为 30mm 的容器，底部盛有 20℃的水，水面至容器口为 200mm。当流过容器口的空气温度为 20℃，总压强 P 为 1atm，容器出口处的水蒸气分压 p_{A2}为 700Pa，试计算（1）水蒸气往空气中的扩散系数，（2）水的蒸发速率。

解 （1）计算扩散系数 D

查表 2-10 得 $D_0=0.22cm^2/s$，换算成 20℃的 D 值为：

$$D = D_0 \frac{p_0}{p}\left(\frac{T}{T_0}\right)^{3/2} = 0.22\left(\frac{293}{273}\right)^{3/2} = 0.244cm^2/s = 0.088 \quad m^2/h$$

也可用公式（2-147）计算 D 值

水蒸气的分子容积　　$V_A=18.9 \quad cm^3/mol$

水蒸气的分子量　　$M_A=18$

空气的分子容积　　$V_B=29.9 \quad cm^3/mol$

空气的分子量　　$M_B=28.9$

$$D = \frac{435.7\times(293)^{3/2}}{101325\times[(18.9)^{1/3}+(29.9)^{1/3}]^2}\sqrt{\frac{1}{18}+\frac{1}{28.9}} = 0.1946cm^2/s = 0.0701m^2/h$$

（2）计算水的蒸发速率

水表面的蒸汽分压 p_{A1}相当于水温 20℃时的饱和水蒸气压，可由附录 8 查得，$p_{A1}=2338Pa$，容器口处的蒸汽分压已知为 700Pa

相应的空气分压　　$p_{B1}=p-p_{A1}$

$$p_{B1}=101325-2338=98987Pa$$

$$p_{B2}=101325-700=100625Pa$$

根据公式（2-135）计算扩散质流量，其中 $p_{Bm}=\dfrac{p_{B2}-p_{B1}}{\ln\dfrac{p_{B2}}{p_{B1}}}=\dfrac{100625-98987}{\ln\dfrac{100625}{98987}}$

$$= 99804 \quad Pa, g_A = \frac{DM_A}{RT}\cdot\frac{p}{x}\frac{p_{A1}-p_{A2}}{p_{Bm}} = \frac{0.088\times18}{8314\times293}\cdot\frac{101325}{0.2}\cdot\frac{2338-700}{99804}$$

$$= 5.4\times10^{-3} \quad kg/(m^2\cdot h)$$

由于水蒸气分压小，空气分压接近于大气压，因而也可直接用费克定律计算扩散质流量

$$g_A=\frac{DM_A}{RT}\cdot\frac{p_{A1}-p_{A2}}{x}=\frac{0.088\times18}{8314\times293}\times\frac{(2338-700)}{0.2}=5.33\times10^{-3}\quad \text{kg/(m}^2\cdot\text{h)}$$

每小时蒸发水分量 W 为

$$W=g_A\cdot f=5.33\times10^{-3}\times\frac{\pi}{4}\times\frac{30^2}{10^6}=3.77\times10^{-6}\quad \text{kg/h}$$

三、对流传质的基本公式

如前所述，对流传质过程可看成是分子扩散和湍流扩散的综合，对流传质是与流体流动相联系的，它将受流动状态和速度分布的影响。当流动过程中发生热量交换时，它还将受温度梯度的影响。

对应于公式（2-129），对流传质的质流量可写成

$$g_A=-(D+D_E)\frac{\mathrm{d}C_A}{\mathrm{d}x}\tag{2-139}$$

式中 D_E 为湍流扩散系数，D_E 不是流体的物性参数，它将随湍流的程度而变化。计算 D_E 是很困难的，但是可以类比对流换热系数的处理方法来解决对流传质时的扩散系数。

以空气掠过静止的水面为例，如图 2-70，当作湍流流动的空气流经静止的水面，在水的表面有一层极薄的层流底层（厚度为 x_1），层流底层以外是过渡区，再外是湍流主体。水蒸气自界面向空气流中心区的扩散过程是，首先水蒸气在层流底层靠分子扩散进行传递，由于只能靠分子扩散，所以传质阻力较大，浓度（或分压）降较大，浓度降落呈直线变化。然后在过渡区和湍流主体内进行传质，由于过渡区湍流扩散开始起作用到湍流主体中湍流扩散起主导作用，所以浓度（或分压）变化较缓，直至基本不变。现在假设有一厚度为 l 的膜层，在此膜层内传质只靠分子扩散，且在此膜层中水蒸气扩散所遇到的阻力和水蒸气由界面扩散到气流中心区所遇到的总阻力相当。厚度为 l 的这一膜层称为虚拟的层流底层或有效层流扩散层。这种假设称为“膜理论”。因此 l 可由层流底层的浓度（或分压）梯度线延长交于 C_{A2}（或 p_{A2}）于 d 点，d 与界面的垂直距离即为 l。这样，对流传质质流量仿照公式（2-136）写成

$$g_A=\frac{D}{l}\cdot\frac{p}{p_{Bm}}(C_{A1}-C_{A2})$$

或

$$g_A=\frac{D}{l}\cdot\frac{p}{p_{Bm}}\cdot\frac{M_A}{RT}(p_{A1}-p_{A2})$$

令

$$\frac{D}{l}\cdot\frac{p}{p_{Bm}}=\alpha_D$$

$$\left.\begin{aligned}g_A&=\alpha_D\ (C_{A1}-C_{A2})=\alpha_D\Delta C\quad \text{kg/(m}^2\cdot\text{h)}\\ g_A&=\alpha_D\frac{M_A}{RT}\ (p_{A1}-p_{A2})\quad \text{kg/(m}^2\cdot\text{h)}\end{aligned}\right\}\tag{2-140}$$

公式（2-139）与牛顿冷却公式 $q=\alpha\ (t_g-t_w)$ 具有相同的形式，可见对流传质与对流换热是相类似的。同时也可以同对流换热一样表示成 $g=\dfrac{\Delta C}{\frac{1}{\alpha_D}}$，即传递质流量与浓度差成正比，与传质阻力成反比。$\alpha_D$ 称为对流传质系数，它表示在单位时间内，在单位浓度差的情

况下，单位面积内所传递的质量，单位为 m/h 或 cm/s。和对流换热系数一样，对流传质系数可以在相似理论指导下通过实验确定。

以上所讨论的是一相内的传质，如果两相间进行传质，可采用同样的处理方法。设传质的阻力在两相内部，且集中于界面两侧的虚拟的层流底层内，两相界面上没有阻力。这种设想称为"双膜理论"。此时对流传质质流量可表示成

$$对流传质质流量=\frac{总推动力}{总阻力}$$

总推动力为一相浓度与另一相平衡浓度之差；总阻力为两相内传质阻力之和。

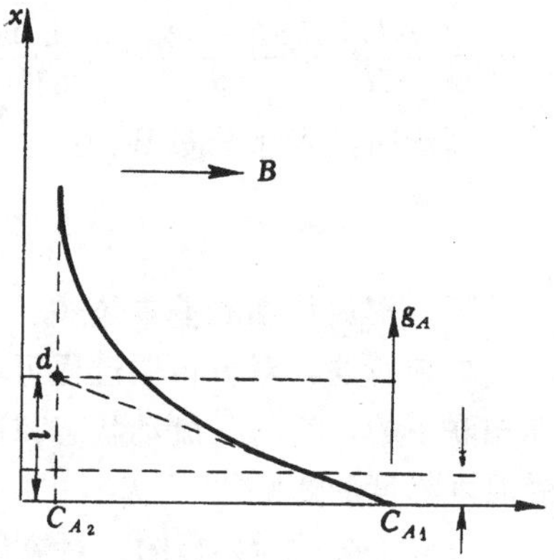

图 2-70 对流传质

四、对流传质微分方程式及对流传质相似

处于稳定连续流动的流体，对流传质的微分方程式，可根据理论推导得出

$$\frac{\partial C}{\partial \tau}+u_x\frac{\partial C}{\partial x}+u_y\frac{\partial C}{\partial y}+u_z\frac{\partial C}{\partial z}=D\left(\frac{\partial^2 C}{\partial x^2}+\frac{\partial^2 C}{\partial y^2}+\frac{\partial^2 C}{\partial z^2}\right) \tag{2-141}$$

它和适用于流动流体导热微分方程形式完全相同，所以对流传质和对流换热两者是相类似的现象，这种类似现象将给研究问题带来很大的好处。

稳定传质时，浓度场不随时间而变，$\frac{\partial C}{\partial \tau}=0$，则式（2-141）可以表示为

$$u_x\frac{\partial C}{\partial x}+u_y\frac{\partial C}{\partial y}+u_z\frac{\partial C}{\partial z}=D\left(\frac{\partial^2 C}{\partial x^2}+\frac{\partial^2 C}{\partial y^2}+\frac{\partial^2 C}{\partial z^2}\right) \tag{2-142}$$

对于固体或不流动的流体，$u_x=0\quad u_y=0\quad u_z=0$，而 $D\neq 0$，则公式（2-142）可以表示为

$$\frac{\partial^2 C}{\partial x^2}+\frac{\partial^2 C}{\partial y^2}+\frac{\partial^2 C}{\partial z^2}=0 \tag{2-143}$$

如果考虑浓度场只沿一个方向变化，如 x 方向，公式（2-143）可以表示为

$$\frac{\partial^2 C}{\partial x^2}=0\quad \frac{dC}{dx}=常数 \tag{2-144}$$

因而 $D\frac{dC}{dx}$ 为定值，此种情况相当于分子扩散的情况。

在一般情况下，要得到解决问题的计算式，必须对上述微分方程式进行积分求解，但除了几种简单情况外，进行积分是困难的，所以在解决实际复杂问题时，也和对流换热一样，先由微分方程式导出确定对流传质的相似准数，然后通过实验确定准数之间的函数关系，从而求得对流传质系数 α_D，最后按传质基本公式进行所需要的计算。下面简要讨论对流传质相似问题。

要两个单相介质中的物质扩散相似，首先要求几何相似和流体力学相似，除此以外，还需保持运动介质内的物质扩散相似。

通过对在稳定情况下对流传质微分方程式进行相似转换可获得如下准数。

$$Pe'=\frac{ul}{D} \tag{2-145}$$

Pe' 称为对流传质的贝克列准数，与对流传热的贝克列准数相类似。在实际应用中，为了方便往往用施米特准数 Sc（或称传质的普朗特准数 Pr'）代替贝克列准数 Pe'

$$Sc=\frac{Pe'}{Re}=\frac{ul}{D}\cdot\frac{\nu}{ul}=\frac{\nu}{D}=\frac{\mu}{\rho D} \tag{2-146}$$

通过对边界的扩散方程式进行相似转换，可获得下列准数

$$Sh=\frac{\alpha_D l}{D} \tag{2-147}$$

Sh 称宣乌特准数，与对流换热的努赛特准数相类似（或称对流传质的努赛特准数 Nu'）。

准数式中 D——物质在介质中的扩散系数，m^2/h；

u——流体的流速，m/s；

l——定形尺寸，m；

α_D——对流传质系数，m/h。

描述对流传质过程的一般性准数函数关系为

$$\phi(Sh,Sc,Re,Fr)=0 \tag{2-148}$$

在介质强制流动情况下，重力影响可以不计，上式可写成

$$\phi(Sh,Sc,Re)=0 \tag{2-149}$$

或表示为

$$Sh=f(Re,Sc) \tag{2-150}$$

或

$$Sh=ARe^m Sc^n \tag{2-151}$$

当 A、m、n 的数值由实验确定后，对流传质系数即可求得

$$\alpha_D=A\frac{D}{l}Re^m Sc^n \tag{2-152}$$

在很多复杂过程中，发生对流换热的同时伴随着对流传质，如水分的蒸发就属于这种情况。由上述讨论可知，这两种情况是类似的，两者在同一条件下的指数关系式完全相同。

在稳定连续的强制流动中，对流换热的准数关系式为

$$Nu=ARe^m Pr^n$$

对流传质的准数关系式为

$$Sh=ARe^m Sc^n$$

上两式相比较

$$Sh=Nu\left(\frac{Sc}{Pr}\right)^n \tag{2-153}$$

式中

$$\frac{Sc}{Pr}=\frac{\nu}{D}\cdot\frac{\alpha}{\nu}=\frac{\alpha}{D}$$

则

$$Sh=Nu\left(\frac{\alpha}{D}\right)^n \tag{2-154}$$

式中 $\frac{\alpha}{D}$——称为刘易斯准数，以 Le 表示，在给定的 Re 数值情况下，若 $Sc=Pr$，$\alpha=D$，

则 $Sh=Nu$，即 $\frac{\alpha_D l}{D}=\frac{\alpha l}{\lambda}$

整理可得

$$\alpha_D = \alpha \frac{D}{\lambda} = \alpha \frac{\alpha}{\lambda} = \frac{\alpha}{C_p \rho} \tag{2-155}$$

上式称为刘易斯关系式，它揭示了 α_D 和 α 之间的简单关系，说明对流传质系数可以从已知的对流换热系数求得。因此对于一些复杂现象，我们可以通过研究传热来研究传质，或通过研究传质来研究传热。

需要指出，在湍流情况下，即使 $Pr \neq Sc$ 或 $D \neq \alpha$，刘易斯关系仍然可以认为是正确的。因为对湍流流体，只有层流底层里的传热、传质靠分子扩散进行，并且雷诺数 Re 愈大，层流底层愈薄，分子扩散所起的作用愈不重要，因而可以认为 $Nu = Sh$。湍流的程度愈大，则该式的可靠性愈大。但在层流情况下，刘易斯关系式只适用于 $D = \alpha$ 的特定情况。

下面介绍通过实验结果整理得出的一些对流传质准数方程式

(1) 流体在管内受迫流动时的传质，其准数方程式为

$$Sh = 0.023 Re^{0.83} Sc^{0.44} \tag{2-156}$$

上式应用的范围是，$2000 < Re < 35000$ 和 $0.6 < Sc < 2.5$，包括在准数中的定形尺寸用管壁内径，速度用气体对管壁表面的绝对速度。

(2) 流体沿平壁流动时的传质

层流时（$Re < 10^5$）

$$Sh = 0.664 Re^{1/2} Sc^{1/3} \tag{2-157}$$

湍流时（$Re > 10^5$）

$$Sh = 0.037 Re^{4/5} Sc^{1/3} \tag{2-158}$$

式中的定形尺寸用沿流动方向平壁的长度，速度用边界层外的气流速度，计算所得的 α_D 为整个壁面上的平均值。

(3) 当流体与壁面之间既有传质又有传热，即传热传质同时发生时，可通过 α 来计算 α_D。

$$\frac{\alpha}{\alpha_D} = C_p \rho \left(\frac{\alpha}{D} \right)^{2/3} = C_p \rho Le^{2/3} \tag{2-159}$$

习题与思考题

1. 导热系数的物理意义与单位是什么？影响固体材料导热系数的因素有哪些？

2. 什么叫对流换热？对流换热过程与哪些因素有关，边界层理论对研究对流换热的意义是什么？

3. 对流换热系数的物理意义及单位是什么？影响对流换热系数的因素有哪些，通过哪些途径可以求取对流换热系数？

4. 热辐射与导热、对流两种传热方式有什么本质上的差别，热辐射有哪几个基本定律，内容是什么？

5. 吸收率、反射率、透过率、黑体、黑度、角系数的概念分别是什么？

6. 气体辐射与固体辐射相比有哪些特点？

7. 换热器有哪些类型，各具什么特点？分析顺流式与逆流式换热器各有哪些优、缺点？

8. 什么叫不稳定导热，在硅酸盐工业窑炉中哪些过程属于不稳定导热，如何用有限差分法进行不稳定温度场的计算？

9. 质量传递过程有哪两种基本形式，描述两种类型传质过程的基本方程式有哪些，说明传质过程与传热过程的类似之处及如何通过研究传热过程来研究传质过程？

10. 为了测定石棉板的导热系数，选定一厚度为 20mm 的石棉板作试件，试件两表面温度分别为 180℃和 30℃，测得通过试件的热流量为 10.6W，求石棉板的导热系数？

11. 窑墙由耐火粘土砖砌成，内表面温度 1200℃，外表面温度 40℃，窑墙厚度为 0.48m，求通过该墙壁的热流密度，并计算在距内墙 0.12m、0.24m、0.36m 处的温度？

12. 炉墙砌筑材料厚度及导热系数如下

	粘土砖	轻质粘土砖	红砖
厚度 δ（mm）	230	113	240
导热系数 λ（W/(m·℃)）	1.29	0.44	0.58

内表面温度 1000℃，外表面温度 20℃

(1)计算各层热阻；

(2)通过该墙的热流密度；

(3)不同材料的界面温度；

(4)其它条件不变，去掉轻质粘土砖，欲使热损失与原来相同，红砖的厚度应为多少？

13. 求通过如图所示复合平壁的热流量。假定热流是一维的，

$\lambda_A=1.2$、$\lambda_B=0.6$、$\lambda_C=0.3$、$\lambda_\varphi=0.8$W/(m·℃)；

$t_A=370$℃，$t_D=66$℃；面积为 0.1m^2。

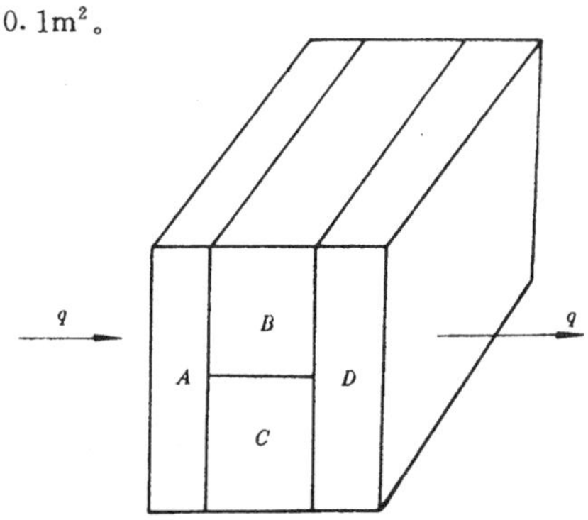

习题 13 附图

14. 蒸汽管内、外直径分别为 150 和 159mm，各种保温层厚度及导热系数如下

	厚度(mm)	导热系数(W/m·℃)
钢材		4.5
第一保温层	5	0.1
第二保温层	80	0.09
第三保温层	5	0.12

管道内表面温度 170℃，保温层最外表面温度 30℃，试计算该蒸汽管每米长热损失及保温层内的温度分布。

15. 炉顶为拱形，其中粘土质耐火砖厚 230mm，轻质粘土砖厚为 113mm，拱心角为 90°，拱半径 1558mm，内表面温度为 1000℃，外表面温度为 100℃，计算每米拱长的热损失？

16. 温度为 27℃的空气沿表面温度为 14℃、高为 2.8m 的竖壁冷却，计算对流换热系数及热流密度。

17. 有一水平放置的空气夹层，夹层厚度为 20mm，热面温度为 130℃，冷面温度为 30℃，砌筑物表面积为 0.6×0.5m，计算热面在下冷面在上的对流换热量，并计算厚度为多少时可忽略夹层对流换热而按纯导热进行计算？

18. 空气以 10m/s 的速度流过直径 50mm、长 1.75m 的管道，管壁温度为 150℃，如果空气温度为 100℃，计算对流换热系数？

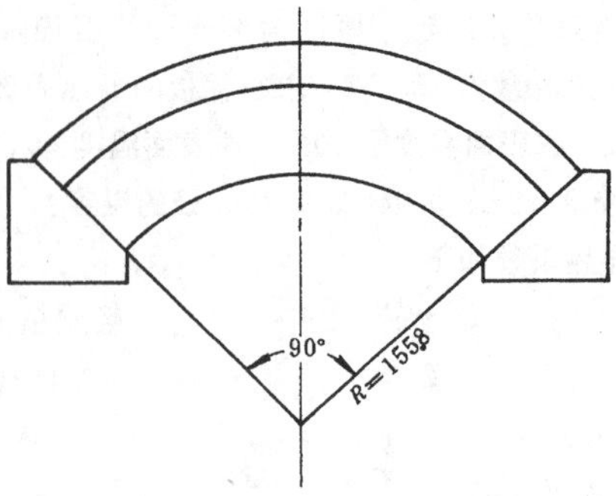

习题15附图

19. 空气以 5m/s 的速度在热风管道内流动，管径 60mm、管长 4m，管壁平均温度为 40℃，空气温度为 100℃，求热风与管壁之间的换热量？

20. 空气流过光滑管束，已知管束为 5 排 、每排 20 根，管长 1.5m，管外径为 25mm，采用叉排，$s_1=50$mm、$s_2=40$mm，管壁温度为 120℃，空气流入管束前温度为 15℃，离开管束温度为 45℃，空气在管束最窄截面处流速为 2m/s，计算对流换热系数及管壁与空气之间的换热量？

21. 两无限平行大平壁，其表面温度分别为 20℃和 600℃，黑度均为 0.8，计算该平行平壁间(1)本身辐射；(2)投射辐射；(3)吸收辐射；(4)反射辐射；(5)有效辐射；(6)净辐射热量。

22. 两个相距很近的平行平面，其温度分别为 300℃和 50℃，黑度均为 0.85，试计算

(1)它们之间的净辐射换热量为多少？

(2)两板之间置一黑度相同的遮热板，其辐射换热量为多少？

(3)两板之间置一黑度为 0.228 的光泽镀锌铁皮，其辐射换热量为多少？

(4)遮热板黑度为 0.04 的抛光铝箔，其辐射换热量为多少？

23. 直径 200mm 的圆管放在横截面为长方形的槽中，槽宽 500mm、高 400mm，管与槽的黑度分别为 0.735 和 0.92，管外表面温度为 500℃，槽的内表面温度为 100℃，求每米长管道的辐射热损失？

24. 烟气中 CO_2 含量为 8.9%，水蒸气含量为 10%，流经一长管，管径为 0.5m，烟气进口温度 1000℃，出口温度 800℃，求此烟气所具有的辐射力？

25. 窑炉热烟气经过平滑钢管换热器，烟气中 CO_2 含量为 12.4%，水蒸气含量为 11.1%，烟气平均温度为 850℃，钢管表面平均温度为 650℃，钢管黑度为 0.8，管外径 57mm，交错排列，$s=d$，计算烟气与管壁间经过辐射方式交换的热量。

26. 温度为 800℃的热空气经热风管道流动，管壁由三种材料组成

耐火砖	$\delta_1=250$ mm	$\lambda_1=4.86$ W/(m·℃)
钢　管	$\delta_2=10$ mm	$\lambda_2=194$ W/(m·℃)
隔热层	$\delta_3=200$ mm	$\lambda_3=0.73$ W/(m·℃)

管内径 1000mm，已知管内热空气对内表面总换热系数 $\alpha_{t,1}=26$W/(m²·℃)，隔热层表面与外界空气间的总换热系数 $\alpha_{t,2}=6.94$W/(m²·℃)，外界空气温度为 15℃，计算通过该热风管道每米长的热损失及管壁温度？

27. 遂道窑某车位窑墙外表面温度 100℃，外界空气温度 20℃，外表面与空气间总换热系数为 14.54W/(m²·℃)，窑墙内表面温度为 1450℃，试为此窑墙选择合适的砌筑材料，并计算各层材料的厚度。

28. 热烟气进入换热器前温度为 1000℃，出换热器温度为 870℃，空气经换热器由 20℃加热至 350℃。

(1)计算在顺流、逆流、正交逆流时的对数平均温度差。

(2)若已知要求换热量为 4.4×10^5W，换热器传热系数为 25.56W/(m²·℃)，计算在顺流、逆流所需换热面积各为多少？

29. 要求预热标态空气量 $q_{V_{n_1}}$ 为 0.6m^3/s，空气初温 20℃，要求预热至 300℃，进入换热器烟气温度为 950℃，标态烟气量 $q_{V_{n_2}}$ 为 0.8m^3/s，换热器采用逆流式，各类换热器传热系数分别为

平滑钢管换热器	辐射换热器	喷流换热器
20W/(m^2·℃)	34.8W/(m^2·℃)	52W/(m^2·℃)

计算在这三种情况下所需换热面积各为多少？

30. 炉墙由三种材料砌成，粘土砖 230mm，轻质粘土砖($\rho=1.3$)113mm，红砖 240mm，10 小时等速由 20℃上升至 420℃，保温 2 小时，计算保温结束时砌筑体内的温度分布并计算砌筑体蓄热量，外表面与空气间的总传热系数为 4W/(m^2·℃)。

31. 计算在标准状态下氧在二氧化碳气中的扩散系数，并计算在 1000℃和 1.1 大气压下，氧在二氧化碳中的扩散系数？

32. 浅槽内有水深 5mm，槽底面积 1m^2，水温维持在 20℃，与标准大气压下 20℃的干空气相接触，假定水分的蒸发靠分子扩散，扩散时通过一层 5mm 厚的静止空气层，试计算

(1)水在空气中的扩散系数；

(2)分别用费克定律及斯蒂芬定律计算质流量并进行比较。

33. 120℃热空气以 2.5m/s 速度流过直径 0.3m 的圆形杯件并蒸发其中水分，计算在此种情况下的对流传质系数及每米管长的质流量。

第三章 干燥过程及干燥设备

利用热能将固体物料中的水分蒸发并排除的过程称为干燥。潮湿物料或半成品在有热源存在的情况下，其表面水分蒸发，固体内部的水分在浓度差的推动下移至表面（内扩散），经汽化后的水分再从表面扩散到附近的气流中（外扩散）而被带走。因此，整个干燥过程由蒸发、内扩散、外扩散所组成，它包括了热的交换与质的传递，是一个传热、传质的综合过程。

在硅酸盐工业中，很多材料如粘土、矿渣、燃料等需要干燥，以便于以后的磨碎、筛分、混合、配料等过程的顺利进行。陶瓷、耐火材料的半成品也需要进行干燥，以增加其机械强度，便于运输和装窑，并可减少烧成的废品。

根据干燥过程传热方式的不同，干燥方法包括利用热空气（烟气）为干燥介质的对流干燥，以及辐射干燥、工频电干燥、高频电干燥等。

常用的干燥设备包括有干燥散状物料的转筒干燥器、流态化烘干机等；干燥陶瓷、耐火材料半成品的干燥设备有室式干燥器、隧道干燥器等。

本章将在传质原理的基础上介绍干燥原理及各种类型干燥设备。

第一节 湿 空 气

在物料或制品的干燥过程中一般均采用热空气或烟气做为干燥介质，而这些干燥介质不可能是绝对干燥的，其中总含有一定数量呈蒸汽状态的水分，特别在干燥器中随物料或制品水分的蒸发，干燥介质中含有更多的水分，所以我们所研究的干燥介质属于湿空气（或湿烟气），即由干空气（或干烟气）和水蒸气所组成的混合气体。

从干燥过程的角度来看，湿烟气与湿空气性质很接近，下面讨论的湿空气的主要性质对于湿烟气也同样适用。

由于湿空气是混合气体，因此适用于混合气体的定律及公式对于湿空气也是适用的。当湿空气中各组成成分远离液体状态，水分以蒸汽状态存在，且其分压很低时，湿空气很接近于理想气体，因此将湿空气当作理想气体处理是足够准确的。现就湿空气的主要参数及参数间的关系分述如下。

一、湿空气的主要参数

1. 绝对湿度

每立方米湿空气中所含水蒸气的质量称为空气的绝对湿度，以 ρ_w 表示，单位为 kg/m^3 或 g/m^3。空气的绝对湿度在数值上就是水蒸气在其分压及湿空气温度下的密度。

当空气被饱和时，空气的绝对湿度称为饱和绝对湿度，以 ρ_s 表示，对应的饱和水蒸气分压以 p_s 表示。

在一立方米湿空气中水蒸气的最大含量即饱和绝对湿度随温度的升高而升高。饱和绝对湿度及其水蒸气分压随温度变化关系见附录 8。

空气的绝对湿度不能反映空气被水蒸气饱和的程度。

2. 相对湿度

相对湿度是指空气的绝对湿度和同温度下饱和绝对湿度之比，用 ϕ 表示：

$$\phi = \frac{\rho_w}{\rho_s} \times 100\% \tag{3-1}$$

相对湿度表示空气接近饱和的程度。如果空气的相对湿度小，表示空气还有较大的吸收水蒸气的能力，反之吸收水蒸气的能力小。

把水蒸气当做理想气体，运用理想气体状态方程式的关系，

$$\frac{p_w}{\rho_w} = \frac{R}{M}T$$

$$\frac{p_s}{\rho_s} = \frac{R}{M}T$$

二式相除得

$$\frac{p_w}{p_s} = \frac{\rho_w}{\rho_s}$$

由此可见，相对湿度也可表示为

$$\phi = \frac{p_w}{p_s} \times 100\% \tag{3-2}$$

即相对湿度是湿空气中水蒸气分压 p_w 与同一温度下饱和水蒸气分压 p_s 之比。

相对湿度也可以用小数表示。

3. 湿含量

湿含量指在湿空气中，每千克干空气中所含水蒸气的质量（千克），以 X 表示，单位为 kg/kg 干空气。

$$X = \frac{m_w}{m_a}(\text{kg/kg 干空气}) \tag{3-3}$$

式中 m_w——水蒸气质量，kg；

m_a——干空气质量，kg。

设湿空气的温度为 T，体积为 V，分别对此湿空气所含水蒸气及干空气写出状态方程式

$$p_w V = \frac{m_w}{M_w}RT$$

$$p_a V = \frac{m_a}{M_a}RT$$

二式相除，并根据 X 的定义

$$X = \frac{m_w}{m_a} = \frac{M_w p_w}{M_a p_a} = \frac{18}{29} \cdot \frac{p_w}{p_a} = 0.622\frac{p_w}{p_a}$$

又因 $p_a = p - p_w$，p 为大气压，则

$$X = 0.622\frac{p_w}{p - p_w} = 0.622\frac{\phi p_s}{p - \phi p_s} \tag{3-4}$$

由上式可以看出，当大气压 p 为一定值时，湿含量 X 只取决于水蒸气的分压，即湿含量数值随水蒸气分压增大而增大。

4. 热含量

湿含量为 X 的湿空气的热含量是指：1 千克干空气的热含量和 X 千克水蒸气热含量的

总和。以 I 表示，单位为 kJ/kg 干空气。

当温度为 t℃时，1 千克干空气所具有的热含量 $I_a=c_a t$，c_a 为空气比热，近似可取 1.0kJ/kg·K。则 $I_a=t$（kJ/kg）。

水蒸气的热含量 $I_w=2490+1.93t$　kJ/kg

式中　2490——0℃水的汽化潜热，kJ/kg；

1.93——水蒸气的比热，kJ/（kg·℃）。

因此湿含量为 X 的湿空气的热含量为

$$I = I_a + XI_w = t + (2490 + 1.93t)X(\text{kJ/kg 干空气}) \qquad (3\text{-}5)$$

5. 干球温度、湿球温度及露点

将一般温度计（如水银温度计）置于湿空气中，图 3-1a，该温度计所示的温度即为干球温度。干球温度反映了湿空气的实际温度。图 3-1b 温度计的温包用浸没在水里的纱布包起来，当空气的相对湿度 $\phi<100\%$时，纱布上的水蒸发，水分蒸发首先从水的本身吸取所需要的汽化潜热，因而导致水温下降，使纱布上的水与周围形成温度差，空气将向纱布上的水传热，当水温降到某一温度时，空气传给水的热量，恰等于水分蒸发所消耗的热量，无需再从水中吸取热量，此时水温不再下降，温度计所指示的温度即为湿球温度。

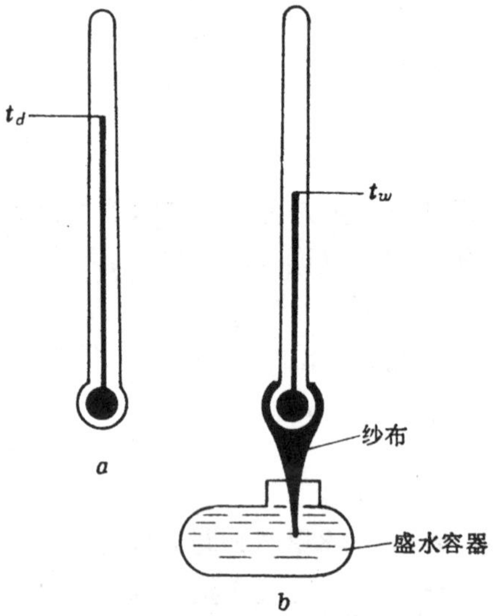

图 3-1　干湿球温度计

湿球温度并不代表空气的真实温度，而是说明空气的一种状态和性质的物理量，它只决定于湿空气的温度和相对湿度。当气温一定时，相对湿度愈小，水分愈易蒸发，水温下降愈多，亦即湿球温度愈低。

对于未饱和空气，湿球温度恒低于干球温度。根据干球温度 t_d 和干湿球温度差 $\Delta t=t_d-t_w$，可由附录 7 中查出空气的相对湿度。例如当 $t_d=24.4$℃，$t_w=20$℃，$\Delta t=24.4-20=4.4$℃时，根据 $t_d=24.4$℃和 $\Delta t=4.4$℃，查表得 $\phi=67\%$。

若空气与足量水接触，在绝热情况下，水向空气中汽化所需要的潜热只有取自空气的显热，空气温度将逐渐降低，同时空气将逐渐为水气所饱和。当此空气达到饱和，其温度不再下降，这时的温度称为空气的绝热饱和温度。该过程为空气经绝热冷却而达到饱和的过程，与湿物料在空气中进行湿热交换的冷却过程在机理上完全不同，因此湿球温度和绝热饱和温度在物理意义上不能混淆。对于水蒸气、空气系统，当空气温度不太高，相对湿度不太低时，这两个温度极为接近。

如果湿空气的湿含量不变而被冷却，一直冷却到湿空气达饱和状态而即将凝结成水的温度称为露点，以 $t_{d,p}$℃表示。未饱和的湿空气，其露点温度恒低于湿球温度，而湿球温度恒低于干球温度。若湿空气已饱和，则干球温度、湿球温度及露点三者相等。

例题 1　干湿球温度计的干球温度为 22℃，湿球温度为 16℃，试计算空气的相对湿度。

解 由于湿球温度的意义可知，这是一个传质、传热同时发生的例子。相对湿度是指空气中的水蒸气分压与同温度下饱和水蒸气分压之比。

设干球温度为 t_d，湿球温度为 t_w，空气中的水蒸气浓度为 C_∞，湿球表面上的水蒸气浓度为 C_w。

根据湿球温度计的热平衡，湿球从空气中所得热量应等于水蒸发所消耗的热量，即

$$\alpha(t_d - t_w) = g \cdot \gamma \tag{1}$$

式中 α——对流换热系数，W/（m²·℃）；

γ——湿球温度下，水的汽化热，kJ/kg；

g——蒸发的水分量，kg/（m²·h）。

对湿球的传质过程，可表示为

$$g = \alpha_D(C_w - C_\infty) \tag{2}$$

式中 α_D——对流传质系数，m/s。

式（2）代入式（1）得

$$\frac{\alpha}{\alpha_D}(t_d - t_w) = (C_w - C_\infty)\gamma$$

根据公式（2-159）

$$c_P\rho Le^{2/3}(t_d - t_w) = (C_w - C_\infty)\gamma \tag{3}$$

式中 c_P——空气的定压比热，kJ/（kg·℃）；

ρ——空气的密度，kg/m³。

$$Le = \frac{Sc}{Pr};$$

$$Sc = \frac{\nu}{D}。$$

空气在平均温度$\frac{22+16}{2}=19$℃时的密度 $\rho=1.210$kg/m³；比热 $c_P=1.005$kJ/(kg·℃)；$Pr=0.703$；$\nu=14.97\times10^{-6}$m²/s。

$$D = D_0\left(\frac{T}{T_0}\right)^{3/2} = 0.22\left(\frac{292}{273}\right)^{3/2} = 24.4\times10^{-6}\quad \text{m}^2/\text{s}$$

$$Sc = \frac{14.97\times10^{-6}}{24.4\times10^{-6}} = 0.614$$

$$Le = \frac{0.614}{0.703} = 0.873$$

湿球表面上的空气可认为是饱和的，其饱和蒸汽压可按湿球温度从附录 8 中查得 $P_w=$ 1817Pa

则
$$C_w = \frac{M_A P_w}{RT} = \frac{18\times1817}{8314\times289} = 0.0136\quad \text{kg/m}^3$$

16℃时，水的汽化热 $\gamma=2463$kJ/kg

将上述有关数值代入式（3）得

$$\frac{1.005\times1.21\times(0.873)^{2/3}\times(22-16)}{2463} = 0.0136 - C_\infty$$

$$C_\infty = 0.0136 - 0.0027 = 0.0109\quad \text{kg/m}^3$$

根据理想气体状态方程，可求出水蒸气在空气中的分压为

$$p_{\infty}=\frac{RTC_{\infty}}{M}=\frac{8314\times 295\times 0.0109}{18}=1485.2\quad \text{Pa}$$

由附录 8 查得 22℃水蒸气的饱和蒸汽压为

$$P'_w=2644\quad \text{Pa}$$

所以相对湿度为

$$\phi=\frac{1485.2}{2644}\times 100\%=56.17\%$$

二、湿空气的 *I-X* 图

I-X 图表示在既定的大气压下湿空气各主要参数：热含量 I、湿含量 X、温度 t、相对湿度 ϕ 以及水蒸气分压 p_w 之间的图解关系。见附图。

为了使图中各种线条表示清楚，*I-X* 图用斜角坐标绘制，二坐标轴的夹角为135°，纵坐标为湿空气的热含量，单位为 kJ/kg (kcal/kg) 斜坐标为空气的湿含量 X，单位为 kg/kg，热含量 I 和湿含量 X 均以每千克干空气做为基准。图中各线条的绘制及意义分述如下，见图 3-2。实际计算应用的 *I-X* 图见附图。

1. 等湿含量线

做水平辅助轴 OX'，在该轴上取一定的间隔距离标出湿含量的数值，然后做辅助轴的垂直线（即平行于纵轴的线），即为等湿含量线（X=常数的线）。

2. 等热含量线

在纵坐标上标出零点 O_1 ($t=0$, $X=0$)，以零点为起点，以一定间隔距离（可采用二倍于水平辅助轴上的刻度距离）标出热含量的数值。通过各点作与 OX 轴的平行线，即为等热含量线（I=常数的线）。显然这些线与等湿含量线相交成135°。从公式 (3-5) 可知，热含量是湿空气干球温度与湿含量的函数，所以从 *I-X* 图可看出，对于等温度的湿空气，I 随 X 增加而增加，而对于等湿含量的湿空气，I 将随温度的增加而增加。

3. 等干球温度线

从公式 (3-5) 可知，当温度为定值时，I 与 X 成直线关系，故在 *I-X* 图上，等干球温度线是一系列直线，因此定出两点即可绘出等干球温度线。

按式 (3-5) 绘制干球温度线，当 $t=0$，$X=0$ 时 $I=0$ 为 O_1 点；当 $t=0$，$X=X_1$ 时，$I=2490X_1$，得 A 点，联结 O_1A 即为 $t=0$ 时的等干球温度线。当 $t=t_1$，$X=0$ 时，$I=t_1$，得 B 点，当 $t=t_1$，$X=X_1$ 时，按公式 (3-5) 计算出 I 值得 C 点，联结 BC 即为 $t=t_1$ 的等干球温度线。从公式 (3-5) 可以看出，等干球温度线是一系列互不平行的变斜率的直线，其斜率为 $(2490+1.93t)$，它随温度的提高而增大。

4. 等相对湿度线

在绘制等干球温度线后，可根据公式 (3-4) $X=0.622\frac{\phi p_s}{p-\phi p_s}$绘制等相对湿度线。可以看出在一定大气压强下，当 ϕ 值一定时，X 与 p_s 有一系列相对应之值。而 p_s 又是温度的单值函数，所以当 ϕ 为某一定值时，把不同温度下的饱和蒸汽压之值（可查表得到）代入上式，就可求出相应温度下的 X 值，这样在 *I-X* 图上可得到许多点（这些点也就是许多等干球温度线与等湿含量线的交点），联结这些点即得出该 ϕ 值的等相对湿度线。例如，要绘制 $\phi=$

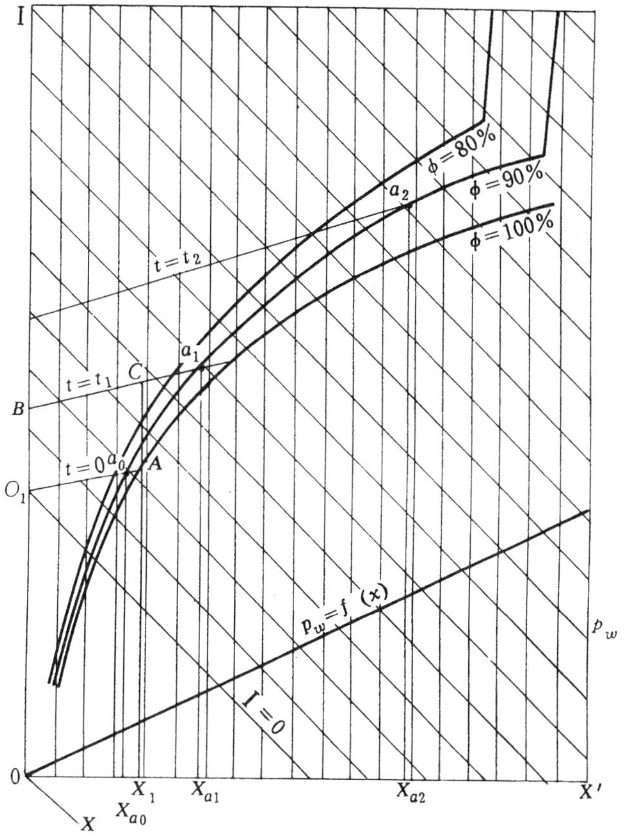

图 3-2　I-X 图的绘制

90% 的等相对湿度线，设 $p=101325\text{Pa}$，当温度 $t=0$ 时，由表查得 $p_s=p_0$，计算得 $X=X_{a0}$，得 a_0 点。同理，根据不同 t 值，可得 a_1、a_2……等点，联结 a_0、a_1、a_2……即可得 $\phi=90\%$ 的等相对湿度线。

当湿空气的温度达到水的沸点及沸点以上时（$p=1\text{atm}$，水的沸点为 100℃），饱和水蒸气压上升到湿空气的总压 p，即 $p_s=p$，此时，按 $X=0.622\dfrac{\phi p_s}{p-\phi p_s}$，当 ϕ 为一定值时，湿含量 X 为一常数，故高于沸点时等相对湿度线垂直向上而与等湿含量线的方向相同。

显然，从式 $\phi=\dfrac{p_w}{p_s}$ 可知，在沸点以下，饱和水蒸气压 p_s 随温度升高而增大，故湿含量不变时温度愈高，其相对湿度愈低。

$\phi=100\%$ 的等相对湿度线称为饱和湿空气线，或称临界曲线，此时空气完全被水蒸气饱和。此线将 I-X 图分为两部分，在该曲线以上范围表示湿空气处于未饱和状态，曲线以下范围表示湿空气处于过饱和状态。

5. 水蒸气分压线

在 I-X 图右下部有一条水蒸气分压线，此线是根据公式 (3-4) 变换为下式，$p_w=\phi p_s=$

$\frac{Xp}{0.622+X}$而绘制的。由上式可看出，当总压 p 不变时，水蒸气分压 p_w 仅系湿含量 X 的函数，而与温度或相对湿度无关。每给出一定的 X 值，得到相应的 p_w 值，将这种关系绘成直线即为水蒸气分压线。水蒸气分压值标于右纵坐标上，单位为 mmHg 或 Pa。

本书所附的 I-X 图是在 $p=101325\text{Pa}$ 的情况下绘制的，从上面的讨论可以看出，I-X 图绘制与总压有关，对于常压操作过程此图可以应用，但对于减压操作过程则不能应用。

三、I-X 图应用举例

1. 用 I-X 图确定湿空气的参数

举例说明利用 I-X 图确定湿空气参数的方法，例如，某湿空气的温度 $t=45℃$，相对湿度 $\phi=60\%$，求该湿空气的热含量 I_1、湿含量 X_1，湿球温度 t_w，露点温度 $t_{d.p}$及水蒸气分压 p_w。

求法见图 3-3。

(1) 热含量 I_1 由 $t=45℃$，$\phi=60\%$的交点得出该湿空气在 I-X 图上的状态点 A，过 A 点作平行于等 I 线的直线 AI_1，交纵轴于 I_1，读出单位干空气热含量 $I_1=34\text{kcal/kg}$ (142kJ/kg)。

(2) 湿含量 X_1 过 A 点作平行于等 X 线的直线 AX_1 交水平轴于 X_1，读出单位干空气湿含量 $X_1=0.037\text{kg/kg}$。

(3) 湿球温度 t_w 如前所述，对于空气、水系统湿球温度与空气的绝热饱和温度极为接近，因此可按空气绝热冷却达到饱和的绝热冷却线来确定湿球温度。即由 A 点出发，延伸等热含量线 I_1A 和 $\phi=100\%$相交于 C 点，C 点所示温度为该湿空气的湿球温度，$t_w=37℃$。

(4) 露点 $t_{d.p}$由露点的定义可知，湿空气的露点是该空气的湿含量不变而被冷却达到饱和的温度，在 I-X 图上表示为等 X 过程。因此由 A 点作垂直于水平轴 OX 的垂线，交 $\phi=100\%$曲线于 B 点，B 点所示温度即为露点 $t_{d.p}=35.2℃$。

(5) 水蒸气分压 p_w 由 A 点向水平轴作垂线交于水蒸气分压线 $p_w=f(X)$ 的 E 点，然后由 E 点作平行于水平轴的直线 EP_1 交右面纵坐标轴于 P_1 点，读出水蒸气分压 $p_w=43.5\text{mmHg}$ ($5.79\times10^3\text{Pa}$)。

2. 冷热空气的混合

在干燥过程中，为了获得适宜的干燥介质，经常需要冷热空气的混合（或热烟气与冷空气的混合），或利用一部分排出干燥器的废气重新加入到干燥器的干燥介质中进行废气循环。此时一般需要计算相互混合的气体量。这种计算可用 I-X 图进行，见图 3-4。

已知热空气参数为 t_1、X_1 (B 点)，冷空气参数为 t_0、X_0 (A 点)，将两者混合后要求混合气体的温度为 t_2。设 n 为每千克干热空气需要混合的干冷空气的千克数。在 I-X 图上查到热空气的热含量 I_1 和冷空气的热含量 I_0。混合气体的热含量 I_2 应为冷、热空气热含量之和，即

$$I_2(1+n)=I_1+nI_0 \tag{1}$$

同理

$$X_2(1+n)=X_1+nX_0 \tag{2}$$

整理上述两式得

$$\frac{I_1-I_2}{X_1-X_2}=\frac{I_2-I_0}{X_2-X_0} \tag{3-6}$$

这是直线方程式，混合气体的状态点 M 在 BA 的联线上，它即为混合气体温度 t_2 的等

温线与 BA 的交点，已知 M 点的位置混合气体的其它参数即可求得。

由式（2）可得

$$n=\frac{X_2-X_1}{X_0-X_2}=\frac{BM}{MA} \tag{3-7}$$

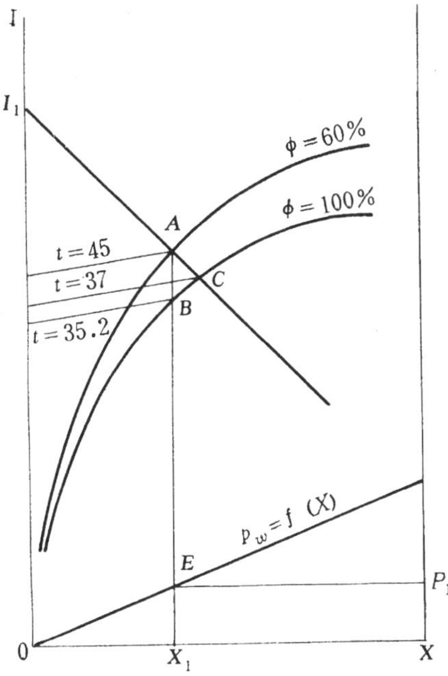

图 3-3　用 I-X 图求湿空气参数

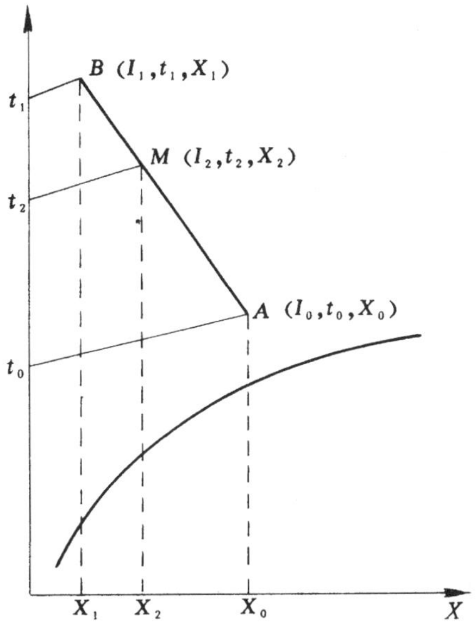

图 3-4　冷热气体混合

由上式看出，欲得湿含量为 X_2 的混合气体，每千克干热空气需与其混合的干冷空气量是 BM 与 MA 的比值。亦即热干空气量为 MA，冷干空气量为 BM。若混合气体的温度愈低，则所需冷空气量愈大。

第二节　干燥器的物料平衡与热量平衡

利用热空气对物料进行干燥的流程如图 3-5 所示，空气进入加热器被加热后进入干燥器，在干燥器内把热量传给物料用于蒸发物料中的水分，然后排出干燥器。湿物料进入干燥器后被热空气加热，并蒸发其中的水分，干燥后的物料由干燥器卸出。

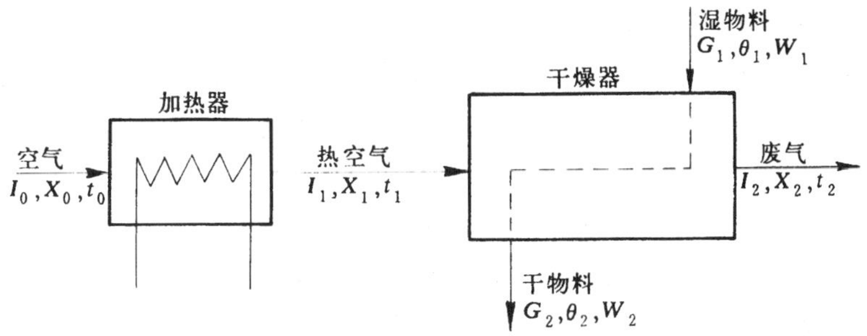

图 3-5　干燥流程示意图

一、物料平衡

为建立干燥器内的物料平衡，首先介绍绝对水分和相对水分。同一物料中的水分含量可以用绝对水分或相对水分表示。所谓物料的绝对水分是指物料中所含水分量 M 与绝对干物料量 G_d 之比，并用百分数表示，即

$$w_a = \frac{M}{G_d}100\% \tag{3-8}$$

而物料的相对水分是指物料中所含水分量 M 与湿物料量 G_w 之比，并以百分数表示，即

$$w_r = \frac{M}{G_w}100\% \tag{3-9}$$

它们之间的关系如下：

绝对水分×绝对干物料量＝相对水分×湿物料量

所以
$$w_a = \frac{w_r}{1 - w_r}100\% \tag{3-10}$$

或
$$w_r = \frac{w_a}{1 + w_a}100\% \tag{3-11}$$

例如，当物料中绝对水分为 12%，则其相对水分为 $w_r=\frac{0.12}{1+0.12}100\%=10.7\%$，而相对水分为 10.7%时，则绝对水分 $w_a=\frac{0.107}{1-0.107}100\%=12\%$，一般用相对水分表示物料的含水量，但在干燥计算时采用绝对水分比较方便。

应用相对水分（或绝对水分）可计算干燥器中蒸发的水分量。

$$W = G_1 - G_2 = M_1 - M_2 = G_1 w'_r - G_2 w''_r = G_d(w'_a - w''_a) \quad \text{kg/h} \tag{1}$$

又 $G_d=G_1(1-w'_r)=G_2(1-w''_r)$

$$\frac{G_1}{G_2} = \frac{1 - w''_r}{1 - w'_r} \tag{2}$$

将式（2）代入式（1）得

$$W = G_1\frac{w'_r - w''_r}{1 - w''_r} = G_2\frac{w'_r - w''_r}{1 - w'_r} \tag{3-12}$$

式中 W——每小时蒸发的水分量，kg/h；

G_1、G_2——进出干燥器的物料量，kg/h；

M_1、M_2——进出干燥器物料中含水量，kg/h；

w'_r、w''_r——进出干燥器物料的相对水分，%；

w'_a、w''_a——进出干燥器物料的绝对水分，%。

下面进行物料平衡。参照图3-5，以每小时进出的质量为基准。假定进入干燥器的物料没有损失，且干燥介质也没有漏逸，那么进入干燥器的物质的量应等于出干燥器物质的量

$$L_1 + L_1X_1 + G_1 = L_2 + L_2X_2 + G_2$$

式中 L_1、L_2——进出干燥器干空气量，kg/h；

X_1、X_2——进出干燥器空气（干燥介质）的湿含量，kg/kg；

G_1、G_2——进出干燥器的物料量，kg/h。

由于进出干燥器干空气的量不变，故 $L_1=L_2=L$，物料进出干燥器减少的量即为被蒸发

的水分量，$W=G_1-G_2$，故上式可进一步表示为

$$L=\frac{W}{X_2-X_1}\quad \mathrm{kg/h}$$

L 也就是干燥器每小时所消耗的空气量。若以每蒸发 1 千克水所消耗的干空气量 l 表示，则

$$l=\frac{L}{W}=\frac{1}{X_2-X_1}\quad \mathrm{kg/kg}$$

由于空气经过加热器湿含量不变，即 $X_0=X_1$，上式可写成

$$l=\frac{1}{X_2-X_0}\quad \mathrm{kg/kg} \tag{3-13}$$

二、热量平衡

进行干燥器热平衡，首先应确定热平衡范围，此处的热平衡计算仅考虑干燥器本身热量收、支的平衡关系，因此其范围为干燥器。其次应确定计算基准，本计算取 0℃作为基准温度，以每蒸发 1kg 水所消耗的热量为计算单位。

热量平衡所用的物料和干燥介质的参数见图 3-5。

1. 干燥器收入热量

(1) 每千克水分带入热 $q_h=lI_1$ kJ/kg

(2) 湿砖坯带入显热，为绝对干坯及其中水分带入热量之总和

$$q'_m=(G_0C_0\theta_1+M_1C_w\theta_1)\frac{1}{W}\quad \mathrm{kJ/kg}$$

式中 G_0——绝对干物料质量，kg/h；

C_0、C_w——分别为绝对干物料及水的比热，kJ/(kg·℃)；

θ_1——入干燥器物料温度，℃。

(3) 托板或运输设备带入热

$$q_{tr}'=(G_{tr}\cdot C_{tr}t_1)\frac{1}{W}\quad \mathrm{kJ/kg}$$

式中 G_{tr}——托板或运输设备质量，kg/h；

C_{tr}——托板或运输设备比热，kJ/(kg·℃)；

t_1——托板或运输设备入干燥器温度，℃。

(4) 每千克水分在干燥器中补充的热量

$$q_{ad}=\frac{Q_{ad}}{W}\quad \mathrm{kJ/kg}$$

式中 Q_{ad}——在干燥器中补充的热量，kJ/h。

2. 干燥器支出热量

(1) 空气离开干燥器带走热量

$$q_0=lI_2\quad \mathrm{kJ/kg}$$

(2) 干坯带走显热

$$q''_m=(G_0C_0\theta_2+M_2C_w\theta_2)\frac{1}{W}\quad \mathrm{kJ/kg}$$

（3）托板或运输设备带走热

$$q_{tr}'' = (G_{tr}C_{tr}t_2)\frac{1}{W} \quad \text{kJ/kg}$$

（4）散失到干燥器周围的热量

$$q_l = KF(t_w - t_a)\frac{1}{W} \quad \text{kJ/kg}$$

式中　F——干燥器外表面积，m^2；

t_w、t_a——干燥器壁面及环境温度，℃。

列出热平衡方程式

$$q_h + q'_m + q_{tr}' + q_{ad} = q_0 + q''_m + q_{tr}'' + q_l \tag{3-14}$$

三、理论干燥过程和实际干燥过程

1．理论干燥过程

若式（3-14）中的q'_m、q_{tr}'、q_{ad}及q''_m、q_{tr}''、q_l均为零，则这样的干燥器中所进行的干燥过程称理论干燥过程，即

$$q_h = q_0$$

$$lI_1 = lI_2, \text{即} I_1 = I_2$$

对于理论干燥过程而言，进出干燥器热空气的热含量相等，即干燥过程是等热含过程。也就是热空气的热含量只用于蒸发水分，而蒸发水分的热量又全部随着被蒸发的水分回至热空气内。

理论干燥过程在I-X图上的表示和计算见图3-6。初始空气的状态由A点表示，经过加热器，空气按等湿线AB变化，至出加热器时，热空气的状态由B点表示，经过干燥器，热空气按等热含线BC变化至C点，C点即为出干燥器废气的状态点。理论干燥过程在I-X图上表示为ABC折线。

用I-X图来计算理论干燥过程时，蒸发每千克水空气消耗量l_{th}根据式（3-13）

$$l_{th} = \frac{1}{X_2 - X_0} \quad \text{kg/kg} \tag{3-15a}$$

如用线段长度表示

$$l_{th} = \frac{1}{DC \cdot M_x} \quad \text{kg/kg} \tag{3-15b}$$

式中　DC——(X_2-X_0)线段长度，mm；

M_x——湿含量比例尺，kg/（kg·mm）。

热量消耗q_{th}即为空气在加热器中所获得的热量

$$q_{th} = l_{th}(I_1 - I_0) \quad \text{kJ/kg} \tag{3-16a}$$

如用线段长度表示

$$q_{th} = \frac{AB \cdot M_i}{DC \cdot M_x} \quad \text{kJ/kg} \tag{3-16b}$$

式中　AB——(I_2-I_0)线段长度，mm；

M_i——热含量比例尺，每千克干空气单位长度热含量，kJ/kg·mm（kcal/kg·mm）。

2. 实际干燥过程

公式（3-14）就是实际干燥过程的热量平衡方程式，这样的干燥器所进行的干燥过程称实际干燥过程。由式（3-14）移项得

$$q_h - q_0 = (q''_m + q_{tr}'' + q_l) - (q'_m + q_{tr}' + q_{ad})$$

即
$$l(I_1 - I_2) = (q''_m + q_{tr}'' + q_l) - (q'_m + q_{tr}' + q_{ad})$$

上式等号右边第一项简称热量损失，第二项简称补充热量，两者之差以 Δ 代表，则

$$l(I_1 - I_2) = \Delta \tag{3-17a}$$

或
$$\frac{I_1 - I_2}{X_2 - X_1} = \Delta \tag{3-17b}$$

在大多数情况下，$\Delta > 0$，即损失的热量大于补充的热量，此时：

$$I_1 > I_2$$

它说明实际干燥过程中热空气的热量一部分用于蒸发湿物料中的水分，一部分损失了。

同样地，实际干燥过程也可以在 I-X 图上表示和计算（见附录 9）。下面以 $\Delta > 0$ 为例说明，见图 3-7。

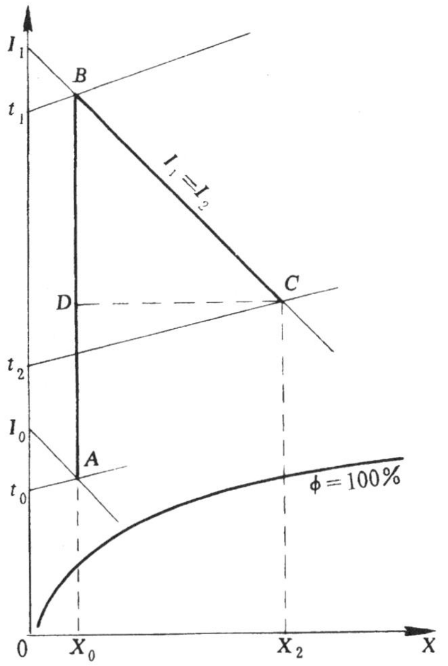

图 3-6 理论干燥过程

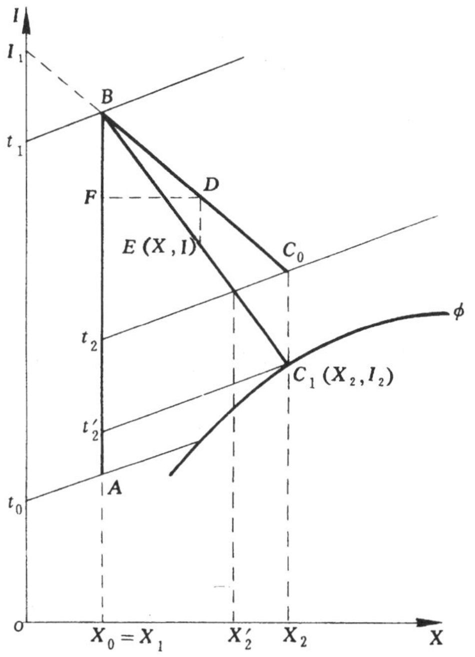

图 3-7 实际干燥过程，Δ>0

空气经加热器由状态 A 到达状态 B 后。对于理论干燥过程，则沿等热含线 I_1 到达 C_0，即 BC_0 表示理论干燥过程；对于实际干燥过程，由于其热含量 $I_2 < I_1$，BC_1 必然要比 BC_0 为陡。设 E 点为实际干燥过程的某一状态点，其参数为（X、I），由 E 点沿等湿含量线引直线向上交 BC_0 于 D 点，由 D 点引水平线 DF 交 AB 于 F 点。对于实际干燥过程中任意点 E 根据式（3-17b）有如下关系

$$\frac{I_1 - I}{X - X_1} = \frac{I_1 - I_2}{X_2 - X_1} = \Delta$$

而 $I_1-I=DE\cdot M_i$，$X-X_1=DF\cdot M_x$

则
$$\frac{I_1-I}{X-X_1}=\frac{DE\cdot M_i}{DF\cdot M_x}=\Delta$$
$$DE=\Delta\cdot DF\frac{M_x}{M_i} \tag{3-18}$$

在 I-X 图上先绘出理论干燥过程 ABC_0（出干燥器湿含量为 X_2），然后在 BC_0 线上任取一点 D，量出线段 DF，再按热平衡计算出 Δ 值，并已知 M_x 和 M_i 后，利用式（3-18）计算 DE 值，也就是实际干燥过程与理论干燥过程在 D 点的偏差量。由 B 点经 E 点引实际干燥过程线 BE，并将其延长至干燥器排出废气的湿含量 X_2，得到 C_1 点。实际干燥过程 BC_1 线显然低于 BC_0 线。实际干燥过程在 I-X 图上即可用 ABC_1 折线表示。

从图中比较理论干燥过程与实际干燥过程可以看出，如果两者出干燥器的废气湿含量相同时（皆为 X_2），理论干燥过程排出废气温度高于实际干燥过程排出废气温度（$t_2>t'_2$）。如果两者出干燥器的废气温度相同，皆为 t_2，则实际干燥过程消耗的空气量大于理论干燥过程消耗的空气量，（因 $X'_2<X_2$）此时实际干燥过程蒸发每千克水消耗的空气量为
$$l=\frac{1}{X'_2-X_0}\quad \text{kg/kg} \tag{3-19}$$

而蒸发 1 千克水分加热器应供给空气的热量或称实际热量消耗为
$$q=\frac{I_1-I_0}{X'_2-X_0}\quad \text{kJ/kg} \tag{3-20}$$

例题 2 耐火砖坯在干燥器中进行干燥，进料量 G_1 为 1000kg/h，进口处坯体相对水分 W'_r 为 6.0%，出口处坯体相对水分 W''_r 为 1.5%，计算每蒸发 1kg 水分所需的空气量和消耗的热量。

空气温度 t_0 为 15℃，每千克干空气湿含量 x_0 为 0.008kg/kg，进干燥器的空气温度 t_1 为 140℃，出干燥器废气相对湿度 ϕ_2 为 60%，坯体进干燥器温度为 25℃，出干燥器温度为 80℃，干坯比热 0.85kJ/（kg·℃）。

解 （1）根据公式（3-12）计算每小时蒸发水分量
$$W=G_1\frac{W'_r-W''_r}{1-W''_r}=1000\frac{0.06-0.015}{1-0.015}=45.69\quad \text{kg/h}$$

（2）进行干燥器热量平衡计算，以求得在干燥器中损失的热量。根据公式（3-14）移项得
$$l(I_1-I_2)=(q''_m+q_{tr}''+q_l)-(q'_m+q_{tr}'+q_{ad})$$

其中 $q'_m=(G_0C_0\theta_1+M_1C_w\theta_1)\dfrac{1}{W}$

$G_0=G_1(1-W'_r)=1000(1-0.06)=940\quad \text{kg}$

$M_1=1000\times 6\%=60\quad \text{kg}$

$q'_m=(940\times 0.85\times 25+60\times 4.187\times 25)\dfrac{1}{45.69}=574.64\quad \text{kJ/kg}$

根据 $\dfrac{G_1}{G_2}=\dfrac{1-W''_r}{1-W'_r}$,$G_2=G_1\dfrac{1-W'_r}{1-W''_r}=1000\dfrac{1-0.06}{1-0.015}=954\quad \text{kg/h}$
$$M_2=954\times 1.5\%=14.31\quad \text{kg/h}$$
$$q''_m=(940\times 0.85\times 80+14.31\times 4.187\times 80)\frac{1}{45.69}=1504.00\quad \text{kJ/kg}$$

加热运输设备实际消耗热量，计算过程略，其结果为，蒸发每千克水分耗热量为

$$q_{tr}'' - q_{tr}' = 990 \quad kJ/kg$$

散失于周围的热量，其计算结果

$$q_l = 1045 \quad kJ/kg\text{水}$$

则实际干燥过程中，蒸发每千克水分所损失的热量

$$l(I_1 - I_2) = \Delta = (1504 - 574.64) + 990 + 1045 = 2964.36 \quad kJ/kg$$

$$(708kcal/kg)$$

(3)在 I-X 图上作出理论干燥过程 ABC_0 线，见图 3-8。根据 t_0 为 15℃，每千克干空气具有的热量 x_0 为 0.008kg/kg，在 I-X 图上作 A 点，I_0=8kcal/kg（33kJ/kg）沿等湿含量线与 140℃等温线相交于 B 点，B 点参数为 t_1=140℃，$x_1=x_0$=0.008kg/kg，I_1=39kcal/kg（163kJ/kg），然后沿等 I 线至 ϕ=60%相交于 C_0 点，得 x_2=0.044kg/kg。

再求出实际干燥过程线 BC_1。在 BC_0 线上任取一点 D，量取 DF=57mm，根据公式（3-18），$DE=\Delta \cdot DF\dfrac{M_x}{M_i}=708\times57\times\dfrac{0.0004}{0.2}$=81mm，连接 BE 线与 ϕ=60%线相交于 C_1 点，C_1 点即为实际干燥过程的终点，根据 C_1 点查得在实际干燥过程中每千克干空气的湿含量 X'_2=0.027kg/kg。

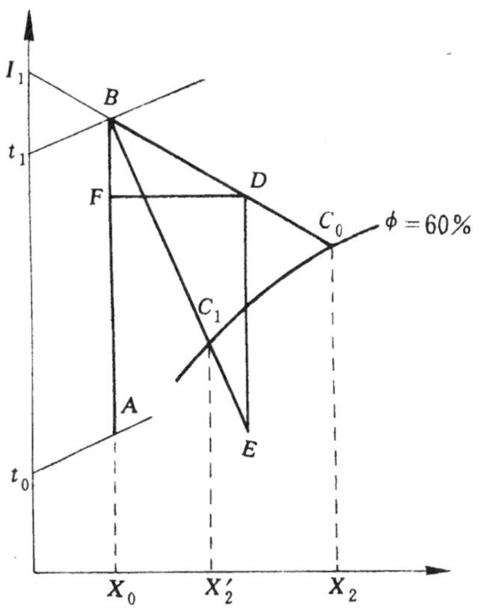

图 3-8 例题 2 附图

(4) 计算每小时消耗空气量及热量

空气量 $L=lW=\dfrac{1}{x'_2-x_0}W=\dfrac{1}{0.027-0.008}45.69=2405 \quad kg/h$

热量 $Q=l\ (I_1-I_0)\ W=2405\ (163-33)\ =312650 \quad kJ/h$

第三节 干 燥 过 程

一、物料中水分的结合形式

物料中所含的水分包括物理水和化学结合水两大类。物理水不与物料中任何成分相化合，随着温度的提高它将从物料中排出。化学结合水由于和组成中某些成分相化合，在干燥过程中不可能从物料中排出，只有在烧成过程中达到其分解温度时才可能排出，已不属于干燥范围。因此在干燥过程所讨论的均为物理水。

1. 自由水

自由水是由物料直接与水接触而吸收的水分，存在于物料的大毛细管（ϕ>0.1μm）中，它与物料结合松弛。

物料中自由水分的蒸发，就象自由液面上水的蒸发一样，因此物料表面水蒸气分压就等于物料表面温度下的饱和水蒸气压。

粘土质物料中自由水分排除时，物料颗粒相互靠拢，从而产生收缩。

2. 大气吸附水

大气吸附水是存在于物料微细毛细管中（$\phi<0.1\mu m$）及物料细分散的胶体颗粒表面的水，它被固体表面所吸附，与物料结合较牢。

物料中存在大气吸附水时，其表面的水蒸气分压小于同温度下的饱和水蒸气压。

对于粘土质物料，在排除大气吸附水阶段不产生收缩。

当物料表面水蒸气分压等于周围介质水蒸气分压时，水分不能够再排除，此时物料中的水分称平衡水分。平衡水分属于大气吸附水，其值取决于空气的温度和相对湿度。

自由水和大气吸附水之间的关系可由图 3-9 表示。在图中与 $\phi=1$ 相平衡的水分是大气吸附水分的最高点，超过此点即为自由水。而与 $\phi<1$ 相平衡的水分都属于大气吸附水，因此大气吸附水是一个总称。图中曲线为等温吸附线，在曲线左边不能进行干燥反而吸湿，只有在曲线右边干燥过程才能进行。同时根据在某一温度下的曲线可以求出在一定相对湿度下，物料中的平衡水分，即可确定在一定干燥制度下物料可能达到的最小水分。

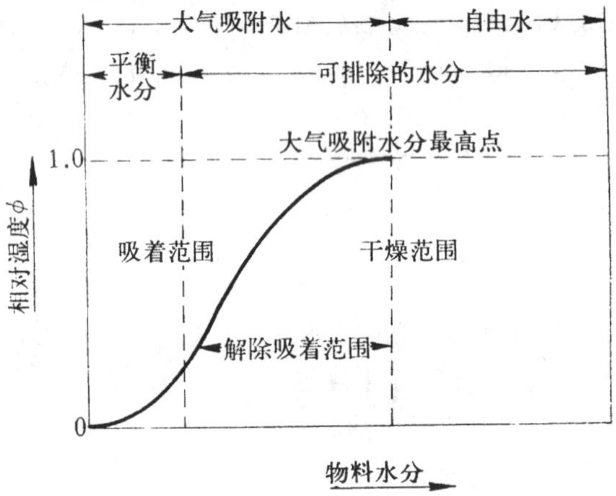

图 3-9　自由水与大气吸附水

二、对流干燥过程

假如耐火材料在干燥过程中不发生化学变化，而且干燥介质具有恒定的温度和相对湿度时，物料干燥速度（单位时间，单位面积所蒸发的水分量，$kg/m^2\cdot h$），蒸发水分量（kg/h）及表面温度随时间变化关系可以用图 3-10 表示，整个干燥过程可分为如下几个阶段。

1. 加热阶段

加热阶段由于单位时间传给物料表面的热量大于表面水分蒸发所消耗的热量，因此受热表面温度升高。当达到 A 点后被物料所吸收的热量等于蒸发水分所消耗的热量时就达到热平衡状态，物料表面温度不再升高，等于干燥介质的湿球温度。

2. 等速干燥阶段

等速干燥阶段进行自由水的蒸发，在表面水分蒸发的同时，内部水分在浓度差的推动下顺利到达表面，使物料表面始终存在着自由水，其蒸发过程与自由液面蒸发实质上是一样的，所以干燥以恒定的速度进行。

该阶段物料表面温度不变，等于干燥介质的湿球温度，物料表面的水蒸气分压等于物料表面温度下的饱和水蒸气压。

由于等速干燥阶段，物料中自由水的蒸发与自由液面蒸发一样，因此干燥速度只取决

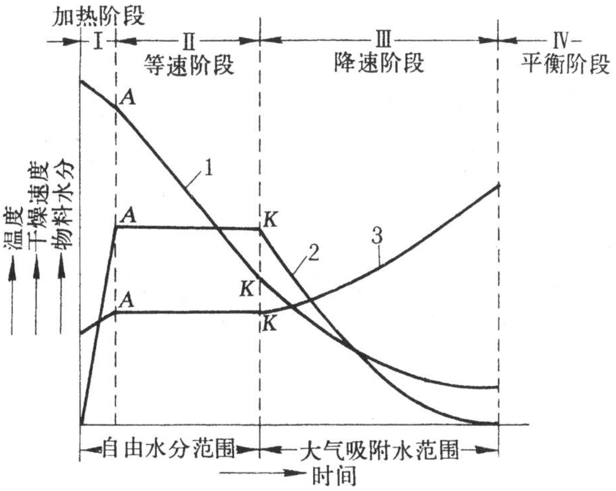

图 3-10　干燥过程

曲线 1—物料水分随时间的变化关系；曲线 2—干燥速度与时间的关系；
曲线 3—物料表面温度改变与时间的关系

于外扩散能力的大小，即只受干燥介质状况的影响，因此也称外扩散控制阶段，此时干燥速度与介质的温度、湿度、流速等有关。干燥介质的温度愈高、湿度愈低、气流速度愈快，愈有利于干燥过程的进行。

等速干燥阶段其干燥速度可用外扩散公式（2-150）表示

$$g = \alpha_D \frac{M}{RT}(p_f - p_m) \qquad \text{kg/(m}^2 \cdot \text{h)}$$

式中　α_D——对流传质系数，m/h；

p_f——物料表面水蒸气分压，Pa；

p_m——介质水蒸气分压，Pa。

由此式可以看出，介质水蒸气分压愈低，愈有利于外扩散进行。

同时由于蒸发水分量与传递热量成正比，因此干燥速度也可用传热公式来表示。

$$\frac{\mathrm{d}Q}{\mathrm{d}\tau} = \gamma \frac{\mathrm{d}W}{\mathrm{d}\tau} \quad \text{kJ/h}$$

式中　γ——水分在物料表面温度下的汽化潜热，kJ/kg；

Q——通过对流换热传给物料表面热量，kJ；

W——物料表面汽化水分量，kg；

τ——汽化时间，h。

干燥介质通过对流换热传给物料的热量也可表示为

$$\frac{\mathrm{d}Q}{\mathrm{d}\tau} = \alpha F(t_m - t_f) \quad \text{kJ/h}$$

式中　α——对流换热系数，W/（m^2・℃）；

t_m——干燥介质温度，℃；

t_f——物料表面温度，℃。

将上述二式进行比较

$$g=\frac{dW}{Fd\tau}=\frac{\alpha}{\gamma}(t_m-t_f)=B(t_m-t_f)\quad kg/(m^2\cdot h) \tag{3-21}$$

式中　$B=\frac{\alpha}{\gamma}$称汽化系数，kg/（m^2·h·℃）。

由上式看出，凡影响对流换热系数的因素，同样影响汽化系数，即影响对流干燥过程。

在等速干燥阶段，随着自由水的排除，物料颗粒靠拢，从而产生体积收缩。在不适当的干燥制度下会造成干燥缺陷，必须予以注意。

随着物料中水分的排除，表面上很薄一层水分含量降低到等于大气吸附水分最高点，亦即表面自由水消失时，开始进入降速阶段，如图所示 K 点即为等速阶段转向降速阶段的转变点。此时物料总的平均水分称临界水分。

3. 降速干燥阶段

随着物料中水分的排出，当超过 K 点后，进入了大气吸附水的排除阶段。此时物料表面的水蒸气分压低于同温度的饱和水蒸气分压。干燥速度逐渐降低，即进入降速干燥阶段。

在此阶段，物料表面不再维持连续的水膜，个别部分出现已干斑点，蒸发面小于制品的几何表面，甚至蒸发面移至物料内部。此时干燥速率受内扩散速率的限制，因此也称内扩散控制阶段。

降速干燥阶段蒸发速度大为降低，物料表面温度逐渐上升。

对于粘土质物料，在此阶段不再产生收缩，干燥过程可以较快地进行。

4. 平衡阶段

在平衡阶段物料中所含水分达到平衡水分，物料中水分不再随时间而变化，干燥速度为零。物料表面温度被加热至介质干球温度，其表面水蒸气分压等于介质水蒸气分压，干燥过程停止。

如上所述的干燥过程，对于水分含量大的物料，具有完整的曲线，对于水分含量少的物料，某些阶段不明显。

例题3　空气以 3.1m/s 的速度沿水平砖坯表面流动，湿砖坯表面温度为 15℃，其上空气温度为 20℃，空气中水蒸气分压为 750Pa，在空气流动方向上水平表面长度 l 为 0.1m。求每平方米表面积每小时蒸发水分量。

解　由附录 1 查得 20℃时空气的 $\nu=1.506\times10^{-5}\ m^2/s$；

则空气的雷诺数　　$Re=\frac{ul}{\nu}=\frac{3.1\times0.1}{1.506\times10^{-5}}=20600$

对流传质的准数方程式为

$$Sh=0.664Re^{1/2}Sc^{1/3}$$

根据公式　　$Sc=\frac{\nu}{D}$

从表 2-11 查得水蒸气在空气中的扩散系数 $D_0=0.22cm^2/s$，并给以温度修正（温度 T 采用水温与空气温度的算术平均值）

$$D=D_0\frac{P_0}{P}\left(\frac{T}{T_0}\right)^{3/2}=0.22\left(\frac{290.5}{273}\right)^{3/2}=0.241\quad cm^2/s$$

$$\frac{\nu}{D}=\frac{1.506\times10^{-5}}{0.241\times10^{-4}}=0.625$$

$$Sh=0.664\times(20600)^{1/2}\times(0.625)^{1/3}=81.47$$

$$Sh=\frac{\alpha_D l}{D}$$

$$\alpha_D=Sh\frac{D}{l}=81.47\frac{0.241}{10}=1.963\text{cm/s}=70.68\quad \text{m/h}$$

蒸发水分量 $g=\alpha_D\frac{M_A}{RT}\ (p_{A1}-p_{A2})$

在干燥开始阶段，表面水分多，其表面水蒸气分压可以认为是在该温度下的饱和水蒸气压，温度 15℃，查附录 8 得水蒸气分压为 1708Pa

则 $p_{A1}=1708\text{Pa}$

而 $p_{A2}=750\text{Pa}$

所以 $g=70.68\frac{18}{8314\times288}\ (1708-750)\ =0.51\quad \text{kg/}\ (\text{m}^2\cdot\text{h})$

三、物料中水分的内扩散——湿传导与热湿传导

在潮湿物料中，由水分梯度引起的内扩散，称为湿传导（湿扩散）。根据扩散基本定律，单位时间内从单位表面积排出的水分量，按式(2-139)可表示为

$$g_w=-D\left(\frac{\text{d}C}{\text{d}X}\right)_f\qquad \text{kg/(m}^2\cdot\text{h)}$$

式中 D——水分湿扩散系数，m/h；

$\left(\frac{\text{d}C}{\text{d}X}\right)_f$——表面水分梯度，kg/m^4。

对厚度为 δ 的制品进行两面干燥，在等速干燥阶段，在截面上的水分按抛物线分布，如图 3-11 所示。随着水分排出，抛物线平移。在这种情况下靠近表面的水分梯度为平均水分梯度的两倍。

$$\left(\frac{\text{d}C}{\text{d}X}\right)_f=\frac{2(C_c-C_f)}{\delta/2}$$

只有当物料中仅存在水分梯度而无温度梯度时，才能只用湿传导定律来计算水分的移动，这种情况只适用于等速干燥阶段。

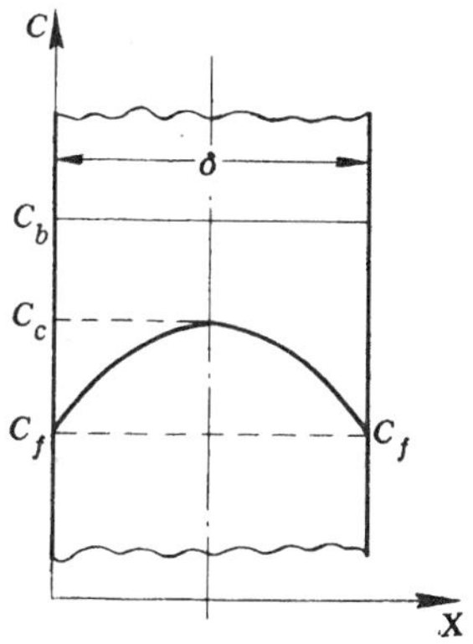

图 3-11 物料干燥时水分的分布
C_b—开始时物料的水分；
C_c—物料中心的水分；
C_f—物料表面的水分

物料中存在温度梯度也会引起水分的移动，这种由于温度梯度所引起的水分移动称为热湿传导。

干燥时物料内部水分的移动可以看成水沿毛细管的流动，如图 3-12。

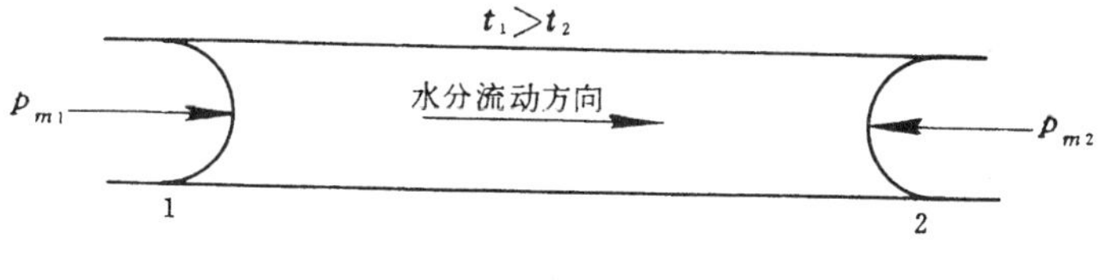

图 3-12 水分沿毛细管流动

毛细管液体弯月面上的压强可表示为

$$p_m = p - \frac{2a}{r}$$

式中　p_m——液体弯月面上所受的压强，Pa；

p——大气压强，Pa；

a——液体表面张力，N/m；

r——圆形毛细管半径，m。

当毛细管两端 1 和 2 的温度为 t_1 和 t_2，且 $t_1 > t_2$，则

$$p_{m1} = p - \frac{2a_1}{r}$$

$$p_{m2} = p - \frac{2a_2}{r}$$

$$p_{m1} - p_{m2} = \frac{2}{r}(a_2 - a_1)$$

即在较高温度下，液体弯月面压强大于较低温度下液体弯月面压强，在此压强差推动下液体向低温方向流动。

由于热湿传导引起水分移动的速度为

$$g_{hw} = -B\frac{\partial t}{\partial X} = -D\rho_0 K\frac{\partial t}{\partial X} \qquad \text{kg/(m}^2\cdot\text{h)} \tag{3-22}$$

式中　D——水分湿扩散系数，m^2/h；

ρ_0——绝对干物料密度，kg/m^3；

K——热湿传导系数，1/℃。

内扩散的总速度应为湿传导与热湿传导引起水分移动速度的总和。

$$g = g_w \pm g_{hw} \tag{3-23}$$

当湿传导与热湿传导方向一致时

$$g = g_w + g_{hw}$$

而当两者方向相反时

$$g = g_w - g_{hw}$$

此时的干燥速度小于由于湿传导所引起的干燥速度。合理的干燥方法应使湿传导与热湿传导具有相同的方向。对于对流干燥的降速阶段及辐射干燥，物料表面温度均高于内部温度，总干燥速度要低于湿传导的干燥速度。

四、物料在干燥过程的收缩与变形

耐火制品在干燥时，由于水分的减少其线尺寸将发生变化，即产生收缩。但收缩仅发生在排除自由水阶段，当制品表面失去自由水之后收缩停止，其过程如图 3-13 所示。

制品线尺寸与所含水分之间关系可以表示为

$$l = l_0 + (W_1 - W_2)M_W \text{tg}\phi \tag{3-24}$$

式中　l——潮湿制品线尺寸，m；

l_0——停止收缩后制品线尺寸，m；

$\text{tg}\phi$——线收缩的斜率；

W_1——制品的初水分，%；

W_2——制品不收缩时的水分，%；

M_W——水分含量比例尺，每$\frac{1}{100}$的水分含量相当于长度的尺寸，m。

此式可进一步改写为

$$l = l_0\left[1 + (W_1 - W_2)M_W \frac{\mathrm{tg}\phi}{l_0}\right]$$

令 $\alpha=\frac{\mathrm{tg}\phi}{l_0}$，$\alpha$称为线收缩系数，则

$$l = l_0[1 + \alpha(W_1 - W_2)M_W] \quad (\mathrm{m}) \quad (3\text{-}25)$$

对于某些粘土，α变动在0.004到0.007之间。

对于薄壁制品，物料中水分梯度不大，试验证明线收缩系数与干燥条件无关，即在不同的空气参数下干燥同一种粘土时，线收缩系数几乎相同。但在干燥厚壁制品时，由于水分梯度大，此时干燥条件对线收缩系数有显著影响。

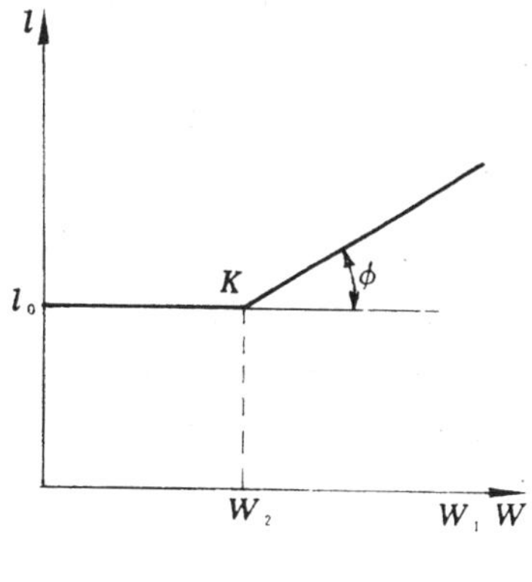

图 3-13 收缩曲线

在干燥过程中，由于制品中水分分布不均匀，不同部位收缩不一致，因此造成收缩应力。一般制品表面，棱角等处比内部干燥的快些，从而产生较大收缩，而内部由于水分排出要滞后于表面，收缩也较表面为少，这样就阻碍了表面的收缩。在这样情况下制品表面产生张应力而对内层产生压应力，因此在制品中产生一对剪力，当应力超过材料强度极限时就造成制品开裂，即使不开裂也往往在应力的作用下造成制品的变形。

因此在干燥制品时，需要限制制品中心和表面的水分差，以防止变形和开裂。在最大允许水分差的条件下的干燥速度称为最大安全干燥速度，显然，当湿传导与热湿传导方向一致时的最大安全干燥速度要大于方向不一致时的干燥速度。

第四节 干 燥 设 备

在硅酸盐工业中，对于含水量大的软质粘土，在粉碎之前需要干燥，否则难以粉碎且降低磨机生产能力。如以煤粉做燃料时，在粉碎之前也需干燥。成型制品需经干燥后方可入窑，干燥后的制品强度显著提高，有利于运输和装窑，并可以减少高水分成型制品在烧成过程中出现的裂纹，提高成品率。

常用的散状物料干燥设备为转筒干燥器，此外还有流态化烘干设备和粉碎兼烘干的设备。制品干燥设备主要有间歇式的室式干燥器和连续式的隧道干燥器。

一、转筒干燥器

转筒干燥器是以对流换热为主的干燥设备，一般均以热烟气做为干燥介质。

转筒干燥器主体为一个回转的金属圆筒，物料由一端加入由另一端卸出，干燥介质可按顺流或逆流方式与物料进行热交换，蒸发其中水分。它适用于干燥块状和粒状物料，如粘土、煤等。

转筒干燥器的筒体是由厚为10～15mm的锅炉钢板焊接或铆接而成。筒体长度一般为8～18m，直径为1.5～2.4m，筒体长度与直径比一般为5～8，筒体转数一般为2～5r/min，筒体斜度为3～6%。

1. 转筒干燥器的型式

转筒干燥器按传热方式不同可分为三种型式：直接传热、间接传热和复式传热式。

直接传热式：干燥介质与物料在筒体内直接接触。按物料与气流运动方向又可分为顺流式和逆流式两种，当采用逆流干燥时，物料与气流运动方向相反，气流与物料平均温度差大，传热效果好，但物料出筒体温度高，容易使所干燥的粘土失掉可塑性，干燥煤粉时易发生燃烧，所以干燥上述物料一般均采用气流与物料运动方向一致的顺流干燥。

间接传热式：转筒为双套筒式。热气体由内筒通过，物料由外套筒通过，热气体通过套筒壁间接传热给物料，因此传热效率低，这种方式只适用于物料不能与高温接触，或避免受煤灰污染等情况。

复式传热式：转筒也为双套筒式，热气体先由内筒通过，间接传热给物料，然后再到达外套筒直接与物料接触，传热效果介于上述二者之间。

为了增加物料与气流的热交换面积，在筒体内安装有不同型式的热交换装置，如在筒体内安装扬料板、分格板等装置，可使物料扬起后均匀撒布在整个筒体截面上，以增加其传热效果。

不同结构转筒干燥器的结构特点及适用范围列于表 3-1。

表 3-1 转筒干燥器类型

结构型式	单筒式		
图形		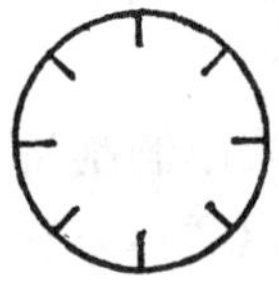	
适用物料	松散性物料	粘性物料	粘性较大的物料，如粘土
结构特点和优缺点	筒内装扬料板，结构简单，维护方便	筒内装扬料板，结构简单，维护方便	在扬料板上加挂链条，以击碎物料的粘块
结构型式	双筒式	扇形	蜂窝式
图形	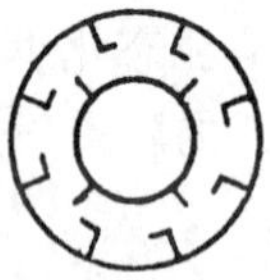	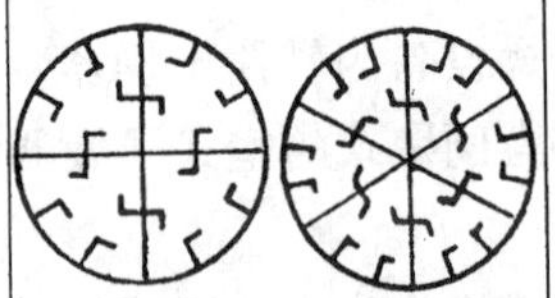	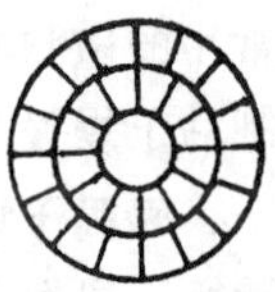
适用物料	不能与高温接触的物料，如煤	比重较大的块状物料，如石灰石、页岩	易形成粉尘的物料，如矿渣
结构特点和优缺点	热气体与物料不直接接触，传热效率较低	物料在筒体截面上分布均匀，传动功率较小，清理和维护不方便	物料分布均匀，磨损较小，传动功率小，但清理和维护困难

干燥软质粘土的顺流式干燥筒如图 3-14。

2. 转筒干燥器有关参数的选择

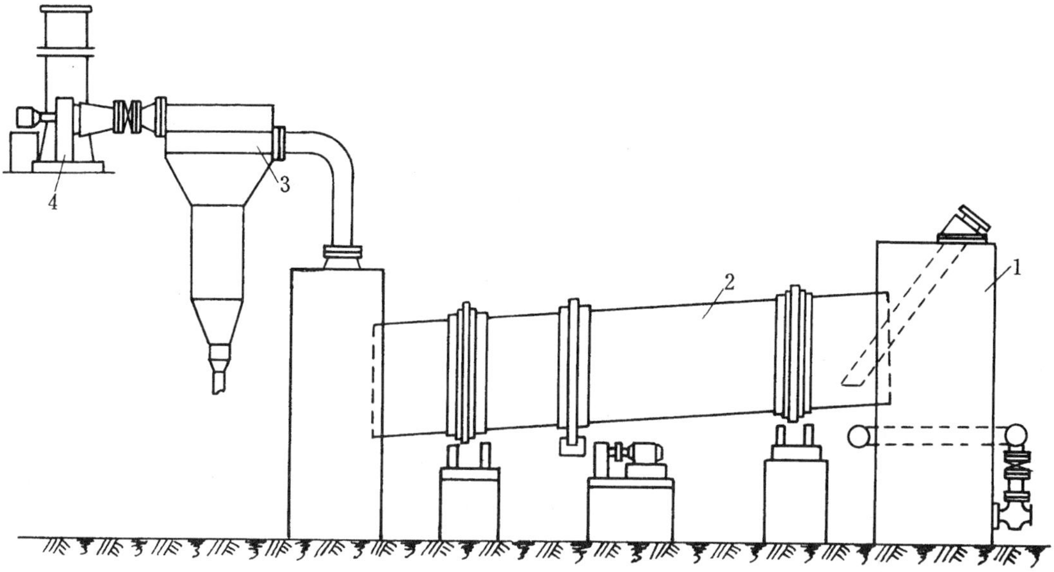

图 3-14 ϕ2.2×12 米转筒干燥器系统图
1—燃烧室；2—转筒干燥器；3—旋风除尘器；4—排烟机

（1）进出干燥器气体温度的确定　当干燥粘土物料时，加热至 400～600℃，由于结合水的放出使粘土失去可塑性，干燥烟煤时，加热至 400～500℃，易使其失去挥发分或着火，因此必须在整个干燥过程中保持物料温度低于物料允许的加热温度，为达此目的，一般采用顺流方式进行干燥。同时，还必须对进出干燥器的温度加以控制，一般进出干燥器气体温度可参考表 3-2。

表 3-2　进出干燥器气体温度

	进干燥器烟气温度（℃）	出干燥器废气温度（℃）
粘　　土	600～800	100～150
烟　　煤	500～700	100～120

（2）干燥器末端烟气流速的确定　为了保证热气流与物料之间热交换，又要避免烟气带走大量粉尘，因此必须具有适当的烟气出口速度，一般可取 1.5～2.5 米/秒。

（3）蒸发强度的确定　转筒干燥器蒸发强度可表示为：每小时每立方米转筒容积内蒸发的水分量 $(kg/m^3 \cdot h)$。蒸发强度与物料性质、块度、水分含量以及干燥筒结构，操作制度等因素有关，一般可采用表 3-3 的经验数据。

表 3-3　转筒干燥器蒸发强度

物　料　种　类	干燥筒型式	转筒内结构	蒸发强度〔$kg/(m^3 \cdot h)$〕
粘　　土	顺　　流	扬料槽	30～40
烟　　煤	顺　　流	扬料槽	40

3. 转筒干燥器的选型计算

根据每小时所需蒸发水分量，转筒干燥器容积 V 可按下式计算

$$V = \frac{W}{A} \quad m^3 \tag{3-26}$$

式中 W——每小时蒸发水分量，kg/h；

A——蒸发强度，kg/（$m^3 \cdot h$）。

已知转筒容积，筒体长度和直径可按下式计算

$$L = \sqrt[3]{\frac{VK^2}{0.785}} \quad m \tag{3-27}$$

式中 L——筒体长度，m；

K——筒体长度与直径之比，$K=\frac{L}{D}$。

D——筒体直径，m。

例题 3 若每小时要求干燥软质粘土 5000kg（按干燥前重量计），粘土干燥前相对水分 $w_r=14\%$，干燥后相对水分 $w''_r=4\%$。转筒干燥器采用顺流式，内部装有扬料板。试选取标准转筒干燥器。

解 $G_1=5000 \quad kg/h$

每小时蒸发的水分量

$$W = G_1\frac{w'_r - w''_r}{1 - w''_r} = 5000\frac{0.14 - 0.04}{1 - 0.04} = 520 \quad kg/h$$

取蒸发强度 $A=30kg/(m^3 \cdot h)$

则所需干燥器容积为

$$V = \frac{W}{A} = \frac{520}{30} = 17.3 \quad m^3$$

当取 $K=\frac{L}{D}=8$ 时，

筒体长度 $L=\sqrt[3]{\frac{VK^2}{0.785}}=\sqrt[3]{\frac{17.3\times8^2}{0.785}}=11.2 \quad m$

筒体直径 $D=\frac{L}{K}=\frac{11.2}{8}=1.4 \quad m$

根据现有标准产品选型，查表 3-4，取 $L=12m$，$D=1.5m$。

二、气流干燥器

气流干燥器是固体流态化原理在干燥技术方面应用之一。根据流态化原理，当气流速度等于临界流化速度（悬浮速度）时，颗粒处于悬浮状态。而当气流速度大于临界流化速度时，颗粒为气体所夹带，随气流而运动。在气流干燥器中，具有一定流速的热气体与被干燥的颗粒状物料直接接触，并使物料均匀地悬浮于气流中，气、固两相接触面积大，强化了传热与传质过程，缩短了干燥时间。

气流干燥器用的最多的是直管式，干燥管长约 10～20m，管径约 300～500mm。图 3-15 为直管式气流干燥器流程图。在直管式干燥器中，颗粒进入干燥管，上升速度为零，之后因其与热风相遇而得到向上的速度，并不断被上升气流所加速称为加速段。当气流与颗

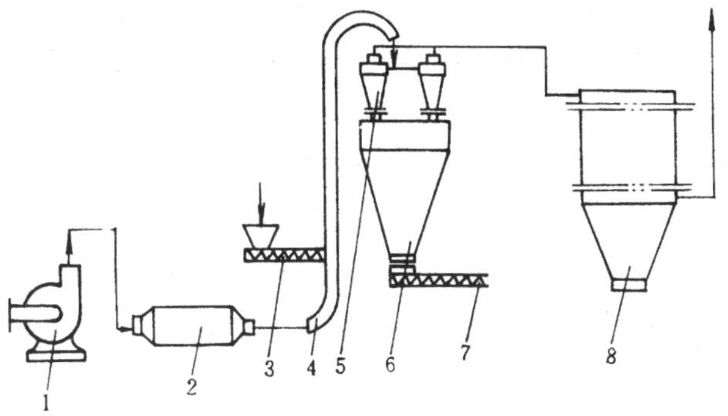

图 3-15　直管式气流干燥器

1—风机；2—加热器；3—加料器；4—干燥管；5—旋风分离器；6—料仓；7—螺旋卸料器；8—袋滤器

粒间的相对速度等于颗粒在热风中的沉降速度，颗粒上升速度保持不变直到出口，此段称等速运动段。在等速段由于相对速度不变，颗粒雷诺数不变，因此与雷诺数有关的对流换热、对流传质系数也不变。由于颗粒小，悬浮速度不大，其对流换热系数、对流传质系数也不大。而在加速段，由于相对速度大，致使对流传热、传质系数大，再加上并流操作传热温差大，所以颗粒大部分干燥过程在加速段进行。

直管式气流干燥器设备高，气、固两相同流运动相对速度逐渐降低，且热利用率较低，因此又发展了一些新型高效的气流干燥设备，如旋风气流干燥器、脉冲气流干燥器、气流沸腾干燥器、喷雾气流干燥器等。

表 3-4　转筒干燥器产品的规格和性能

规格 (m)	转数 (r/min)	斜度 (%)	电动机 型号	电动机 功率 (kW)	减速机型号	质量 (t)
φ1×5	2.44；4.1	5	JO-62-8	4.5	JZQ500-Ⅲ-3F	8.05
φ1×12	5	3	JO-72-8	10	JZQ500-Ⅲ-2Z	14.35
φ1.2×6	1；2	5	JO-62-8	4.5	JZQ500-Ⅲ-4F	10.33
φ1.2×6	4	5		5.5	JZQ500-Ⅲ-2Z	9.67
φ1.2×8	4.09；5.49 8.18	5.24	JO-72-8 JO-72-6 JO-72-4	5 6.5 7	伞齿轮减速器	14.5
φ1.5×12	2.08；4.06	5	JO-73-6	20	JZQ650-Ⅳ-2F	17.46
φ1.5×12	3.02；5.9	5	JO_2-61-6	10	JZQ500-Ⅳ-2F	16.46
φ1.5×15	2.08	5	JO_2-72-6	22	PM650-Ⅳ-2K	20.32
φ2.2×12	4.7	5	JO_2-71-6	17	JZQ650-Ⅲ-1K	27.86
φ2.2×14	4.9	5.24	JO-72-6	14	ZL-75	59.00
φ2.2×14	4.72	5.24	JO-72-6	14	JZQ750-Ⅲ-2K	31.83
φ2.2×17	4.72	5.24	JO-72-6	14	JZQ750-Ⅲ-2K	36.09
φ2.4×18	3.2	4	JO_2-81-6	30	PM650-Ⅵ-2K	48.27
φ2.4×18.35	3	4	JO-93-6	55	PM750-Ⅶ-1II	46.32
φ2.8×14	4.7	8.75	JO-93-6	55	ZL-115	71.00

三、流化床干燥器

根据流态化原理，当气体通过具有分布板的颗粒床层时，若其速度大于临界流化速度，则固体颗粒悬浮起来，在床层内作剧烈运动，上下翻滚，象沸腾的液体一样具有流动性，即为流化床。采用流化床进行物料干燥，由于固体颗粒悬浮于气流中，气、固之间的接触面积大，同时由于物料剧烈搅动的结果，大大减少了气膜阻力，加速了传热与传质过程。

目前的流化床干燥设备有单层、多层之分。单层流化床又可分为间歇与连续两种操作方法。

图 3-16 为单层流态化干燥器的工作流程图，其中干燥器为圆筒形流化床，气体加热后进入干燥器，在流态化状态将物料加热并排出水分，带有部分粉尘的废气经除尘后排出。

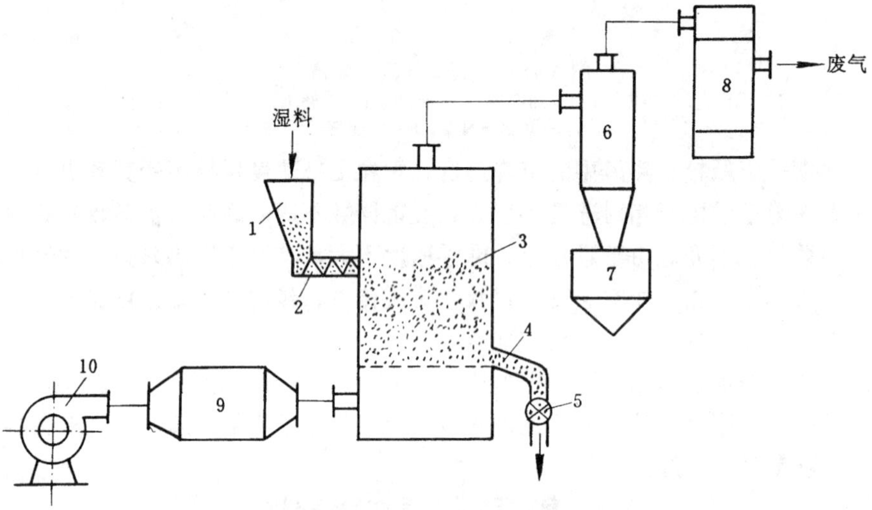

图 3-16 单层流态化干燥器

1—料斗；2—螺旋加料器；3—干燥器；4—卸料管；5—卸料器；6—旋风分离器；7—料斗；8—袋滤器；9—加热器；10—鼓风机

单层流态化烘干机采用连续操作时，由于物料在设备内停留时间不均匀，致使产品水分不均匀，有可能使未经干燥的物料随产品一起排出床层，因此多用于比较容易干燥的产品，或对干燥程度要求不很严格的产品。

在多层流态化干燥器中，物料由顶部加入，逐步向下经过 2～3 床层，最后由底部排出；热气体由底部通入，向上通过各床层最后由顶部排出。多层流态化干燥器如图 3-17。由于

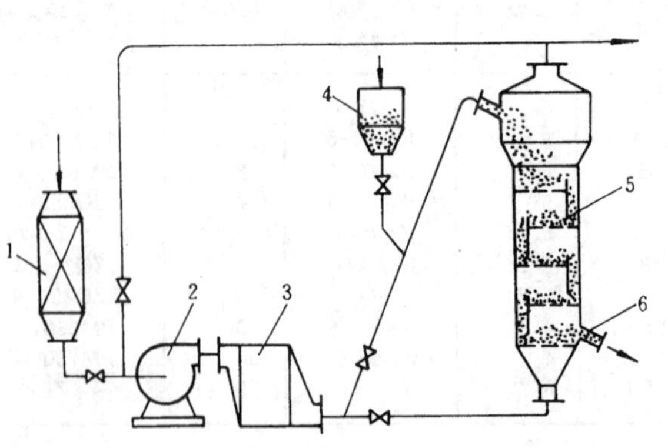

图 3-17 多层流态化干燥器

1—空气过滤器；2—鼓风机；3—加热器；4—料斗；5—干燥器；6—卸料管

物料有规则地从上向下移动，停留时间分布均匀，干燥质量及热量利用均较好。

多层床既要形成稳定的流化床，又要定量地移出物料到下一层，如操作不当流化床会遭破坏。将物料移到下一层的结构多采用溢流管。

流化床中均装有气体分布板。分布板的作用是支撑物料，均匀分布气流。分布板的型式有筛板、筛网，以及烧结密孔板等。分布板孔道面积与分布板总面积之比称为开孔率，开孔率越大，流化质量越差，减少开孔率会改善流化质量，但开孔率过小，将使设备阻力加大。分布板开孔率一般为 3～10%，孔径 1.5 ～ 2.5mm。

四、喷雾干燥器

喷雾干燥是对原料液（溶液、乳浊液、悬浮液）进行干燥的设备。其原理是将原料液分散成为雾滴，并用热空气干燥雾滴而获得产品的一种干燥方法。由于将液滴雾化成非常微细的雾滴（20～60 微米），因而具有很大的表面积，增大了水分蒸发面积，缩短了干燥时间。喷雾干燥器工作原理如图 3-18。

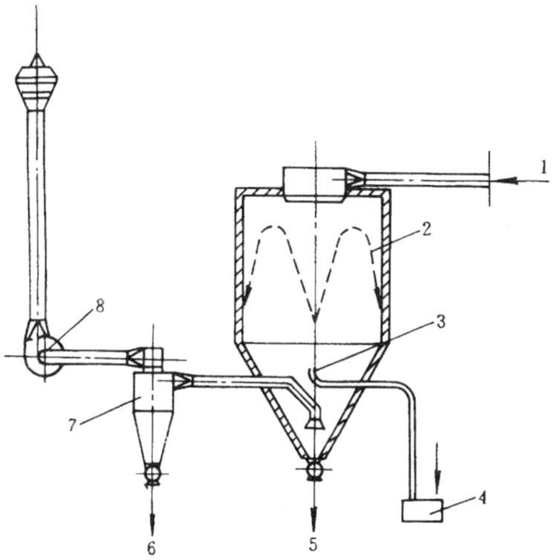

图 3-18　喷雾干燥器

1—热风入口；2—干燥器；3—喷嘴；4—泵；5—粉料；6—细粉；7—旋风分离器；8—排风机

在喷雾干燥器中，雾滴大小和均匀程度对干燥产品质量和技术经济指标影响很大，在喷雾干燥器中常用的喷雾器有三种。

1. 气流式喷嘴

用压缩空气或蒸汽由喷嘴高速喷出，靠气、液两相间速度差所产生的摩擦力使料液分离成雾滴。

2. 压力式喷嘴

采用高压泵使液体加压通过喷嘴，液体经喷嘴其压力能转变为动能高速喷出而分散成雾滴。

3. 旋转式雾化器

料液在高速转盘中受离心力作用从盘中甩出而雾化。

为了使热气流与雾滴很好混合，在热风进口处设置有热风分布装置，以控制在干燥室中气流的流动状态。热气流可以旋转方式进入干燥室，有利于气、固接触与混合，也可以采用筛板式空气分布器，使气流沿干燥室截面均匀分布。

五、室式干燥器

室式干燥器属于间歇操作的干燥成型制品的干燥设备，其热工制度易于调节，适用于干燥大型和异型制品。

图 3-19 所示为一种喷射式的室式干燥器。

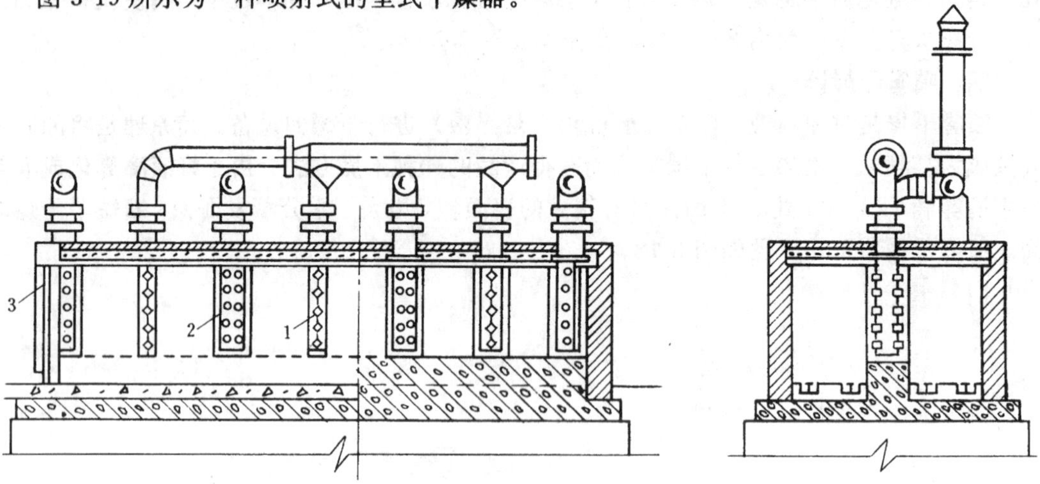

图 3-19　室式喷射干燥器
1—喷射管；2—排废气管；3—干燥室门

干燥器由两个独立的室组成，长度为 8.6m，室宽 1.1m，室高 1.65m，热空气从送风管上多处喷孔送入，废气则由相邻的排风管排出，干燥介质喷出速度较大时，则可带动周围气体运动，使干燥器温度及湿度都较均匀。

室式干燥器也可以用蒸汽做为热源，蒸汽通过预热器将空气加热做为干燥介质，预热器安装在干燥器内壁两侧墙壁上或地面上，这种干燥器热效率低，一般只用来干燥少量大型和异型制品。

六、隧道干燥器

隧道干燥器属于连续操作的干燥成型制品的干燥设备，它由若干条隧道并列组成，其长度为 24～36m，宽度 0.95m 左右，轨面至干燥器顶的净空高度为 1.65m 左右。在每条隧道内铺设轨道，其轨距为 600mm。墙壁由建筑砖砌筑，顶部铺以混凝土板，为减少散热损失还铺有矿渣隔热层。

隧道干燥器构造如图 3-20。

在隧道干燥器中，干燥介质与装载制品小车运动方向有三种不同形式，即逆流、顺流和错流。逆流时气流与制品依相反方向运动，高温气流与水分含量已减少的制品接触，而刚进入干燥器水分含量大的制品则与低温且湿度大的干燥介质相遇，因此可以减少干燥废品。顺流时制品与气流方向相同，适合于快速干燥。错流时气流方向与制品移动方向垂直，适合于快速干燥大量制品。

采用逆流式隧道干燥器干燥各种耐火制品时，适当提高干燥介质温度，可以加快干燥速度，缩短干燥时间。其主要参数可参考表 3-5。

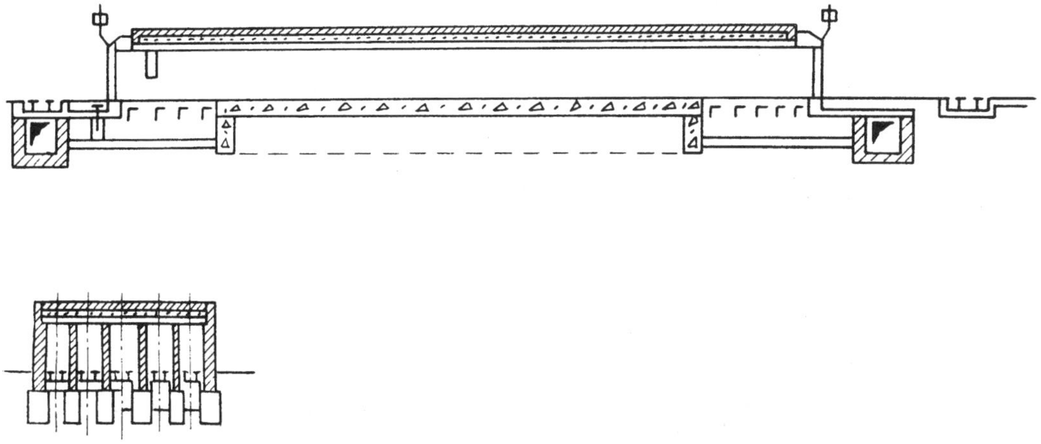

图 3-20 隧道干燥器

当以热空气做为干燥介质时，干燥器可以在正压下工作，干燥均匀性较好。若采用热烟气做为干燥介质，为防止烟气逸出污染环境，就必须在不大的负压下工作，此时必须保证干燥器的严密，防止由于冷空气漏入破坏干燥器的热工制度。

表 3-5 逆流式隧道干燥器设计参数

砖坯种类	砖坯单重(kg)	干燥车容量(t/车)	干燥时间(h)	热量消耗(kJ/kg)	干燥废品率(%)	干燥前水分(%)	干燥后水分(%)	进干燥器热风温度(℃)	出干燥器热风温度(℃)
粘土砖及高铝砖	<8 8～15 >15	0.5 0.4 0.4	8～10 20 30	5000～5860	3 4 5	5～7	<3	130～150	<70
硅　砖	<8 8～15 >15	0.6 0.4 0.4	10～14 20 24	9200～10500	4 4～5 5	5	1.0～1.5	120～160	<70
镁　砖 铬镁砖 镁铝砖		1.0 1.1	10～15 15～20	12600	3～6	2.5～3	0.3～0.6	115～125 110～120	<70

隧道干燥器主要尺寸和条数可按如下步骤确定。

(1) 干燥器长度 L

$$L = nl + l' \quad \text{m} \tag{3-28}$$

式中 n——隧道中干燥车的数量，辆；

l——一个干燥车的长度，m；

l'——干燥器的备用长度，一般取 0.5m。

(2) 干燥器宽度 B

$$B = b + 2b' \quad \text{m} \tag{3-29}$$

式中 b——干燥车最大宽度，m；

b'——干燥车一边距墙的距离，m。

(3) 干燥器净高 H

$$H = h + h' \quad \text{m} \tag{3-30}$$

式中　h——干燥车最大高度，m；

h'——干燥车最大高度距顶的空隙，m。

（4）干燥器的条数 m

$$m = \frac{G\tau}{gn} \quad （条） \tag{3-31}$$

式中　G——每小时需要干燥的各种成型制品量，kg/h；

τ——干燥时间，h；

g——每辆车装载量，kg/辆；

n——一条隧道容车数，辆。

七、链式干燥器

链式干燥器是一种连续式干燥器，由干燥室及吊篮运输机组成。在两根闭路链带上，每隔一定的距离悬挂一个吊篮，吊篮上搁置垫板，板上放置待干燥的坯体，由传动链轮带动链带，而使整个吊篮运输机运动。由于吊篮与链带绞接，故垫板及其上的坯体始终保持水平。坯体在干燥室的一端放入吊篮，经干燥后由另一端取出。干燥介质多为热空气，也可为烟气。为使干燥器内温度均匀，干燥介质应从顶部集中或分散送入，废气由底部集中或分散排除。为利用余热及调节干燥介质的温度和湿度，可采用部分废气循环。

根据链带走向的不同，链式干燥器可分为卧式、立式、及综合式三种。示意如图 3-21。链式干燥器适用于日用陶瓷及薄壁坯体的干燥，目前已广泛用于大规模生产的流水作业线中。

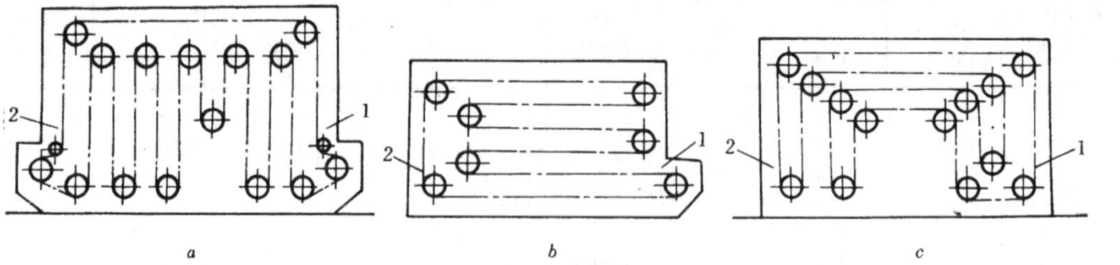

图 3-21　链式干燥器示意图

a—立式；b—卧式；c—综合式

1—入坯处；2—出坯处

八、其它干燥方法

前述的干燥过程及所用设备，均以热气体（热空气、热烟气）作为干燥介质，与被干燥物料进行对流热交换蒸发其水分而进行干燥的，一般也称之为对流干燥。除此之外还有电干燥、辐射干燥等方法也在硅酸盐工程领域得到了应用。

1. 工频电干燥

工频电干燥原理就是将欲干燥的若干坯体并联于工频电路中，如图 3-22。当电流通过时，制品相当于电阻而产生热量，制品表面由于水分蒸发及热量散失，使表面的水分浓度及温度均较低，坯体的水分梯度与温度梯度方向相同，湿传导与热湿传导具有一致的方向，从而提高了最大安全干燥速度。

当被干燥坯体中的某一部分水分含量较多时则电阻小，通过电流多因而产生热量多，可以加速水分蒸发。而水分含量少的部位电阻大、通过电流少，因而产生热量少、干燥速度慢。由此可以认为电干燥具有自动调节坯体中水分的作用，使坯体获得均匀的干燥。

采用工频电干燥时，当坯体水分含量多时电阻小，导电性好。但随着水分减少电阻加大，为了有效地进行干燥，必须增高电压。因此对于被干燥坯体，残存水分较高时电力消耗少，但欲将坯体干燥到较少水分时则耗电量将显著增加。

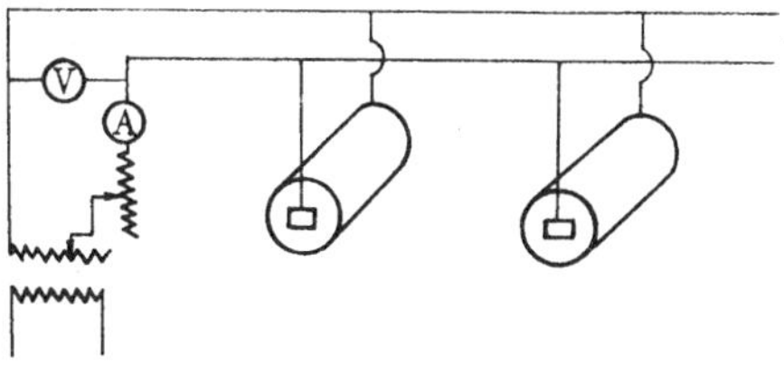

图 3-22　工频电干燥示意图

工频电干燥适用于大型坯体干燥，如玻璃熔窑大砖的干燥。工频电干燥不需要特殊设备，方法简便，同时干燥速度快，干燥均匀。

2. 高频电干燥

高频电干燥是把被干燥的坯体置于高频电场中（50 万～60 万赫兹），由于电磁波的高频振荡，使坯体中的分子发生振荡、发热而使水分蒸发。坯体中水分越多，或电场频率越高，则介电损失越大，也就是产生的热能越多干燥越快。与工频电干燥一样，由于坯体表面水分蒸发及热量损失，使湿传导与热湿传导方向一致，提高了最大安全干燥速度。但电能消耗大，设备复杂，因而还未得到更普遍应用。

高频电干燥的基本组成部分包括有整流器，变交流电为高压直流电；振荡器，变高压直流电为高频交流电，带有平板电容器的二次振荡电路。坯体的干燥就在两板之间进行，如图 3-23。

3. 红外线干燥

红外线干燥是利用辐射作用进行干燥的方法。红外线是一种比可见光长、比微波短、波长在 0.72～1000μm 范围内的电磁波，其中波长在 4μm 以下的称为近红外线，波长在 4～1000μm 范围内的称远红外线。

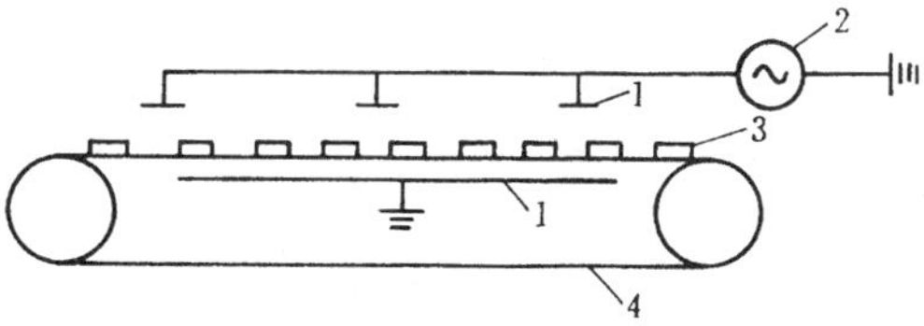

图 3-23　高频电干燥示意图

1—电极；2—高频发生装置；3—坯体；4—输送带

当红外线照射到物体上时，其中一部分被物体吸收转变为热能并使其温度升高。物体吸收红外线的程度与物体性质、表面状况、及红外线波长有关。当采用红外灯泡作为红外线的辐射源时，由于玻璃透射特性的限制，它发出的波长为 0.75～3μm，为近红外线并含有可见光，而被加热物体对近红外线的吸收率低，用于物体干燥不够理想。大部分物体吸收 3～50μm 的远红外线，如水在 2、3、5～7、14～16μm 及以上都有强烈的吸收峰，各种含水物质在远红外区也都有强烈的吸收峰，所以要选择与物质的吸收波长相适应的远红外线辐射源，才能发挥红外干燥的优越性。

一些金属氧化物、碳化物、氮化物、硼化物都具有发射远红外线的特点，可以作为远红外线的辐射元件。比较常用的有氧化钛、氧化锆、氧化铬、氧化钴、氧化铁、碳化硅等。它们可以单独使用，也可混合使用，可将它们作为涂敷材料，也可直接作为加热器。其中碳化硅在整个辐射波段内都具有相当大的辐射力，当在碳化硅基体表面上涂敷金属氧化物涂层，并使其黑度接近于 1 时，可大大增强其辐射能力。此外锆英石可辐射 5μm 以上的红外线，若在锆英石中加以黑色添加物（氧化铁、氧化锰、氧化镍、氧化钴、氧化铬等），并经成型、干燥、烧成，其黑度可达0.96接近黑体，能辐射5～40μm的远红外线。

远红外线元件可作成板形、管形或其它特殊形式。可以采用电加热、煤气加热、高温烟气或蒸汽加热。图3-24给出了管状辐射元件的示意图。将电阻发热体通电，产生的热通过绝缘物传给金属管壁，再加热金属表面的远红外线辐射物质，并使其辐射出所需波长的远红外线。

远红外干燥器的结构与一般对流式干燥器相同，只是以远红外线辐射器作为热源，代替热气流即可。但需考虑辐射面与被干燥物体的相对位置、辐射器的形状与被干燥物体形状相近似，且辐射面与被干燥物体应尽量靠近，以便能更好地接受辐射能。此外干燥器内要特别注意排湿，以免水蒸气吸收红外线而降低其辐射能力。

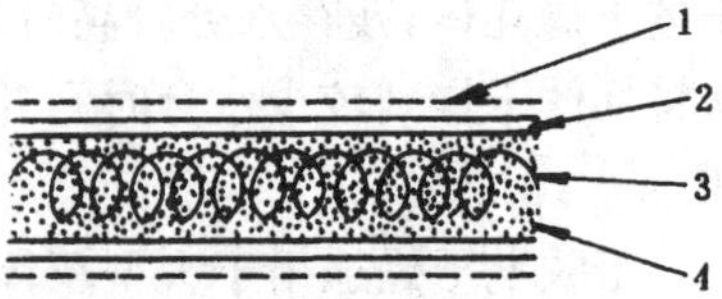

图3-24　远红外辐射元件

1—金属氧化物；2—金属管；3—发热体；4—绝缘物

远红外干燥特别适用于各种有机、高分子物质和含有水分的各种薄膜与涂层的加热与干燥，也适用于含水量较大的板状耐火材料的干燥。

习题与思考题

1. 表明湿空气特征的参数有哪些？如何根据这些参数之间关系制作*I-X*图，*I-X*图应用有什么条件？

2. 等速干燥阶段为什么也称外扩散控制阶段，降速干燥阶段也称内扩散控制阶段，在这两个阶段中提高干燥速率的因素分别是什么？

3. 为什么采用转筒干燥器干燥软质粘土采用顺流式，在隧道干燥器干燥粘土质坯体采用逆流式？

4. 坯体干燥过程的收缩与开裂是怎么产生的，采取哪些措施可以减少干燥废品？

5. 散状物料的干燥设备有哪几种，特点如何，适用于什么情况下？

6. 已知空气温度为20℃，绝对湿度为12.5g/m³，计算其相对湿度为多少，当时的水蒸气分压为多少？并计算该空气的湿含量及热含量各为多少？

7. 已知空气干球温度30℃，湿球温度25℃，用*I-X*图求该湿空气的湿含量、热含量、相对湿度、露点温度及水蒸气分压？

8. 用20℃、相对湿度50%的冷空气与50℃、相对湿度80%的热气体以1∶3的比例混合，用计算法与作图法求出混合气体的湿含量、热含量及干球温度？

9. 20℃、相对湿度40%的空气与70℃、相对湿度70%的空气混合。混合温度为45℃，再将此空气经加热器加热至95℃进入干燥器，出干燥器废气相对湿度为80%，求在理论干燥过程每蒸发1kg水所消耗的空气量及热量？

10. 有一干燥器，空气预热前温度为20℃，相对湿度40%，预热后空气温度升至170℃，送入干燥器，离开干燥器废气温度为60℃。进入干燥器湿物料相对水分为5.5%，出干燥器相对水分为1%。

(1) 计算理论干燥过程，干燥每吨物料（产品计）所需空气量及消耗热量？

(2) 计算实际干燥过程，当蒸发每千克水的热损失Δ=1256kJ/kg，干燥每吨物料（产品计）所需空气量及热量？

第四章　燃料燃烧及燃烧设备

凡在燃烧时能放出大量热，并且此热量能有效地利用在工业或其它方面的物质统称为燃料。根据这一概念，燃料应当满足的条件是蕴藏量大，便于开采，其中可燃物质的含量多；燃烧产物为气体，以便于在窑炉空间运动，并将热量传给被加热物品，又能及时排出；燃烧产物必须对产品、设备、人体及周围环境是无害的。由此可见，并非所有燃烧时能放出热量的物质都可作为燃料，只有由有机物为来源的物质（如煤、石油及其加工产品），以及各类气体燃料才能满足上述要求。

燃料根据物态不同可分为气体燃料、液体燃料和固体燃料。根据来源不同，又可分为天然燃料和人造燃料。工业燃料按物态及其来源不同分类如表 4-1。

表 4-1　燃料的一般分类

来　源	物　态		
	气　态	液　态	固　态
天然的	天然气	石　油	泥煤、褐煤、烟煤、无烟煤、可燃页岩等
人造的	高炉煤气、焦炉煤气、发生炉煤气、等	汽油、煤油、柴油、重油等	焦炭、煤粉等

在硅酸盐工业中，燃料费用在生产成本中占有较大的比例，同时燃料燃烧过程对产品产量、质量也具有较大影响。为了保证烧成产品的产量与质量、降低燃料消耗，提高窑炉使用寿命，防止环境污染，必须合理地选择燃料和组织好燃烧过程。为此，必须了解各类燃料的主要特性、燃烧机理和燃烧计算。

第一节　燃料特性及各类燃料

一、燃料组成

1. 气体燃料组成

气体燃料是由若干可燃气体与不可燃气体组成的混合物。其中可燃气体如 CO、H_2、CH_4 和其它碳氢化合物，不可燃气体如 CO_2、N_2、水汽等。

气体燃料组成是以各组成成分的体积百分数表示的。由于气体燃料中通常含有水分（以蒸汽状态存在），因此其组成表示方法有湿组成及干组成两种。

湿组成：

$$CO^w\% + H_2^w\% + CH_4^w\% + C_nH_m^w\% + CO_2^w\% + N_2^w\% + \cdots\cdots + H_2O^w\% = 100\% \tag{4-1a}$$

式中　$CO^w\%$、$H_2^w\%$——分别表示 CO、H_2……在湿组成中的百分含量；

干组成：

$$CO^d\% + H_2^d\% + CH_4^d\% + C_nH_m^d\% + CO_2^d\% + N_2^d\% + \cdots\cdots = 100\% \tag{4-1b}$$

式中　$CO^d\%$、$H_2^d\%$……——分别表示 CO、H_2……在干组成中的百分含量；

气体燃料中水分含量，往往是在该温度下的饱和水蒸气含量。当温度发生变化时，饱和水蒸气量也要发生变化，从而引起气体燃料湿组成的改变，所以只有干组成才是表示气体燃料特性的稳定指标。但湿组成是气体燃料的实际组成，进行燃烧计算时必须以湿组成作为依据。

干、湿煤气组成的换算：已知在湿煤气中水分含量为 $H_2O^w\%$，干、湿煤气组成之间换算可按下述方法进行。

取 100m³ 湿煤气，其中 CO 含量为 $CO^w\%$，则 CO 体积为

$$V_{CO} = 100 \times CO^w\%$$

在 100m³ 湿煤气中，干煤气体积为 $(100 - H_2O^w)$，干煤气中 CO 含量为 $CO^d\%$，则 CO 体积也可表示为

$$V_{CO} = (100 - H_2O^w)CO^d\%$$

则有

$$100 \times CO^w\% = (100 - H_2O^w)CO^d\%$$

即

$$CO^w\% = \frac{100 - H_2O^w}{100}CO^d\% \tag{4-2}$$

式中　$\frac{100 - H_2O^w}{100}$——换算系数。已知换算系数，则气体燃料中其它成分可采用同样方法进行换算。

如果已知 1 标准立方米干煤气在某一温度下所能吸收的饱和水蒸气量为 G (g/m_n^3)，气体燃料干、湿组成之间的换算可推导如下：

取标态干煤气 100m³，其中 $V_{CO} = 100CO^d\%$ (1)

1kg 水汽的体积应为 $\frac{22.4}{18} = 1.24$ (m_n^3/kg)，与 100m_n^3 干煤气相应的水汽质量为 $100 \times \frac{G}{1000}$ (kg)，标态水汽体积则为 $100 \times \frac{G}{1000} \times 1.24 = 0.124G$　m³

与标态 100m³ 干煤气相应的标态湿煤气体积则为

$$(100 + 0.124G) \quad m^3$$

煤气中 CO 的体积也可表示为

$$V_{CO} = (100 + 0.124G)CO^w\% \tag{2}$$

由 (1) 式及 (2) 式得

$$CO^w\% = \frac{100}{100 + 0.124G}CO^d\% \tag{4-3}$$

例题 1　已知发生炉煤气组成

%	CO^d	H_2^d	CH_4^d	O_2^d	N_2^d	CO_2^d
%	29.8	15.4	3.7	0.2	43.2	7.7

煤气温度为 26℃，求该煤气的湿组成百分含量。

解　查附录 8，当煤气温度为 26℃时，其饱和水蒸气标态含量 $G = 27.60g/m^3$，根据公式 (4-3)，换算系数为 $\frac{100}{100+0.124\times 27.60} = 0.967$。或根据公式 (4-2)，换算系数为 $\frac{100 - H_2O^w}{100} = \frac{100 - 3.23}{100} = 0.967$

湿煤气组成

$$CO^{w}\% = 29.8\% \times 0.967 = 28.82\%$$

$$H_2^{w}\% = 15.4\% \times 0.967 = 14.89\%$$

$$CH_4^{w}\% = 3.7\% \times 0.967 = 3.58\%$$

$$O_2^{w}\% = 0.2\% \times 0.967 = 0.19\%$$

$$N_2^{w}\% = 43.2\% \times 0.967 = 41.77\%$$

$$CO_2^{w}\% = 7.7\% \times 0.967 = 7.45\%$$

2. 固体、液体燃料组成

固体燃料和液体燃料都是由古代动、植物埋藏地下，经长期的地质和化学作用而生成，因此它们的基本组成物是各种有机化合物。这些有机物质的组成元素有碳 (C)、氢 (H)、氧 (O)、氮 (N)、硫 (S)，除此之外还含有一定数量的灰分 (A) 和水分 (W)。

由于燃料中的元素是以复杂的化合物形式存在的，分析这些化合物的方法比较复杂，所以，通常是把燃料看成由单独的化学元素所组成，通过元素分析确定燃料中碳、氢、氧、氮、硫的质量百分含量。用这种组成可以间接地表示燃料的性质并进行燃烧计算。

燃料的组成根据所选用的基准不同，可有如下几种表示方法。

(1) 应用基组成　按燃料应用状态进行分析所得的组成称为应用基组成。

$$C^{y}\% + H^{y}\% + O^{y}\% + N^{y}\% + S^{y}\% + A^{y}\% + W^{y}\% = 100\% \tag{4-4}$$

式中　$C^{y}\%$、$H^{y}\%$ ……——分别表示 C、H……在应用基组成中的质量百分数。

以应用基表示的组成是燃烧计算的依据，当提供的资料不是以应用基为基准时必须进行换算。

(2) 分析基组成　燃料中所包含的水分有外在水分（W_{WZ}）和内在水分（W_{NZ}）。燃料在 20℃，相对湿度 70%的条件下经风干排除外在水分，残留在燃料中的水分称内在水分，也称为分析基水分（W^{f}）。则分析基组成可表示为

$$C^{f}\% + H^{f}\% + O^{f}\% + N^{f}\% + S^{f}\% + A^{f}\% + W^{f}\% = 100\% \tag{4-5}$$

式中　$C^{f}\%$、$H^{f}\%$ ……——分别表示 C、H……在分析基组成中的质量百分数。

分析基组成是分析试验室所提供的风干煤样的组成。

(3) 干燥基组成　绝对干燥燃料的组成称为干燥基组成。

$$C^{g}\% + H^{g}\% + O^{g}\% + N^{g}\% + S^{g}\% + A^{g}\% = 100\% \tag{4-6}$$

式中　$C^{g}\%$、$H^{g}\%$ ……——分别表示 C、H……在干燥基组成中的质量百分数。

用干燥基表示燃料组成，由于不受水分波动的影响，因此比较稳定。

(4) 可燃基组成　不考虑燃料中水分、灰分的燃料组成称为可燃基组成。

$$C^{r}\% + H^{r}\% + O^{r}\% + N^{r}\% + S^{r}\% = 100\% \tag{4-7}$$

式中　$C^{r}\%$、$H^{r}\%$ ……——分别表示 C、H……在可燃基组成中的质量百分数。

由于燃料中灰分受外界条件影响波动也较大，因此用可燃基表示燃料组成更为稳定。

用不同基准所表示的燃料组成之间的关系见表 4-2。

不同基准表示的燃料组成之间可按表 4-3 的系数进行换算。

表 4-3 中应用基与分析基之间换算关系推导如下。

应用基水分为内在水分与外在水分之和，但均在应用基的基准上，对于 100kg 燃料，

表 4-2 不同基准表示的燃料组成的关系

角码	燃料组成			
	C, H, O, N, S	A	W	
			W_{nz}	W_{uz}
r	←可燃基→			
g	←干燥基	→		
f	←分析基	———	→	
y	←应用基	———	———	→

表 4-3 燃料组成的换算系数

已知燃料的组成	希望换算的燃料组成：应用基	分析基	干燥基	可燃基
应用基	1	$\frac{100-W^f}{100-W^y}$	$\frac{100}{100-W^y}$	$\frac{100}{100-W^y-A^y}$
分析基	$\frac{100-W^y}{100-W^f}$	1	$\frac{100}{100-W^f}$	$\frac{100}{100-W^f-A^f}$
干燥基	$\frac{100-W^y}{100}$	$\frac{100-W^f}{100}$	1	$\frac{100}{100-A^g}$
可燃基	$\frac{100-W^y-A^y}{100}$	$\frac{100-W^f-A^f}{100}$	$\frac{100-A^g}{100}$	1

$$W^y = W^y_{wz} + W^f \frac{100 - W^y_{wz}}{100} \tag{1}$$

同时当以 100kg 应用基燃料为基准，应用基含碳质量应与分析基含碳质量相等，即

$$100 \times C^y\% = (100 - W^y_{wz})C^f\% \tag{2}$$

将（1）式整理得 $W^y_{wz} = 100\frac{W^y - W^f}{100 - W^f}$ 代入（2）式经整理得

$$C^y\% = C^f\% \frac{100 - W^y}{100 - W^f}$$

例题 2 已知烟煤组成如下：

$C^r\%$	$H^r\%$	$O^r\%$	$N^r\%$	$S^r\%$	$A^g\%$	$W^y\%$
80.67	4.85	13.10	0.80	0.58	10.92	3.20

将其换算成以应用基表示的燃料组成。

解 由干燥基换算成应用基的换算系数为：

$$\frac{100 - W^y}{100} = \frac{100 - 3.2}{100} = 0.968$$

以应用基表示的灰分组成为

$$A^y\% = A^g\% \times 0.968 = 10.92\% \times 0.968 = 10.57\%$$

由可燃基换算为应用基的换算系数为

$$\frac{100 - (A^y + W^y)}{100} = \frac{100 - (10.57 + 3.20)}{100} = 0.86$$

以应用基表示的其它各成分为

$$C^y\% = C^r\% \times 0.86 = 80.67\% \times 0.86 = 69.38\%$$

$$H^y\% = H^r\% \times 0.86 = 4.85\% \times 0.86 = 4.17\%$$

$$O^y\% = O^r\% \times 0.86 = 13.10\% \times 0.86 = 11.27\%$$

$$N^y\% = N^r\% \times 0.86 = 0.80\% \times 0.86 = 0.69\%$$

$$S^y\% = S^r\% \times 0.86 = 0.58\% \times 0.86 = 0.50\%$$

此烟煤的应用基组成为

$C^y\%$	$H^y\%$	$O^y\%$	$N^y\%$	$S^y\%$	$A^y\%$	$W^y\%$
69.38%	4.17%	11.27%	0.69%	0.50%	10.57%	3.20%

对于固体燃料，除用上述的元素分析法表示燃料的组成外，还可采用工业分析法来表示其组成，其中包括有固定碳 C、挥发分 V、灰分 A、水分 W。以应用基为基准，用工业分析结果表示燃料组成为

$$C^y\% + V^y\% + A^y\% + W^y\% = 100\% \tag{4-8}$$

同样也可以用其它基准来表示其组成，如

$$C^f\% + V^f\% + A^f\% + W^f\% = 100\% \tag{4-9}$$

二、燃料的热值（发热量）

1. 热值定义

单位质量或体积的燃料完全燃烧，燃烧产物冷却到参加燃烧反应物质的起始温度（室温）时所放出的热量，称为热值，以 Q 表示。对于固体、液体燃料，单位为 kJ/kg；对于气体燃料，单位为 kJ/m^3（标准状态）。

由于燃料燃烧后，燃烧产物中水的状态不同，放出热量的多少也就不同，为此，又将热值分为高位热值（Q_{GW}）和低位热值（Q_{DW}）两种。高位热值是指燃烧产物中的水汽冷凝为0℃的液态水，低位热值是指燃烧产物中的水汽冷凝为20℃的水蒸气。

由此可见，高位热值与低位热值之差，仅取决于燃烧产物中水的最终状态（前者为0℃水，后者为20℃水蒸气）所形成的热含之差。

0℃水的热含　　$i''_0 = 0$　kJ/kg

20℃水汽的热含　　$i'_{20} = 2537$　kJ/kg

$i''_{20} - i'_0 = 2537$　kJ/kg，近似取　2500kJ/kg 。

对于固体、液体燃料，燃料中水分来源有两方面：一为燃料中所含水分，对于1千克燃料所含的水分为 $1 \times \dfrac{W^y}{100}$；另一部分为氢燃烧生成的水。根据化学反应式 $H_2 + \frac{1}{2}O_2 = H_2O$ 可得出生成的水量为 $9 \times \dfrac{H^y}{100}$，因此，1千克燃料共计含水量为

$$\left(\frac{W^y}{100} + 9\frac{H^y}{100}\right) \quad \text{kg 水 /kg}$$

则对于1千克固体、液体燃料，以应用基表示的每千克燃料高位与低位热值之差为

$$Q^y_{GW} - Q^y_{DW} = 2500\left(\frac{W^y}{100} + \frac{9H^y}{100}\right) = 25(W^y + 9H^y) \quad \text{kJ/kg} \tag{4-10}$$

其它基准时

$$Q^f_{GW} - Q^f_{DW} = 25(W^f + 9H^f) \quad \text{kJ/kg} \tag{4-11}$$

$$Q_{GW}^{r} - Q_{DW}^{r} = 225H^{r} \quad kJ/kg \tag{4-12}$$

对于气体燃料1标准立方米煤气生成水气的体积，可按各可燃成分化学反应式进行计算

$$H_2 + \frac{1}{2}O_2 = H_2O$$

$$1kmol \qquad 1kmol$$

$$1m^3 \qquad 1m^3$$

把气体燃料看成理想气体，标准状态下每千摩尔的体积为22.4m^3，则上式中千摩尔之间的关系可以表示成体积之间关系，即1标准立方米H_2生成1标准立方米水气，亦即生成水气体积与氢的体积相同。其它各可燃成分燃烧生成水气的体积也可同样计算，如

$$H_2S + \frac{3}{2}O_2 = SO_2 + H_2O$$

$$C_nH_m + \left(n + \frac{m}{4}\right)O_2 = nCO_2 + \frac{m}{2}H_2O$$

1标准立方米煤气燃烧生成水气的体积为

$$\frac{1}{100}\left(H_2 + H_2S + \frac{m}{2}C_nH_m + H_2O\right) \quad m^3$$

1标准立方米煤气生成水气质量为

$$\frac{1}{100}\left(H_2 + H_2S + \frac{m}{2}C_nH_m + H_2O\right)\frac{18}{22.4} \quad kg/m^3$$

则对于1标准立方米煤气，以湿组成表示的高位与低位热值之差为

$$Q_{GW}^{w} - Q_{DW}^{w} = 2500\left[\frac{1}{100}\left(H_2^{w} + H_2S^{w} + \frac{m}{2}C_nH_m^{w} + H_2O^{w}\right)\frac{18}{22.4}\right]$$

$$= 20.1\left(H_2^{w} + H_2S^{w} + \frac{m}{2}C_nH_m^{w} + H_2O^{w}\right) \quad kJ/m^3 \tag{4-13}$$

2. 热值计算

(1) 气体燃料热值计算　气体燃料热值为各可燃组分热值和其百分含量乘积的总和

$$Q = \sum_{i=1}^{n} x_iQ_i \quad kJ/m^3 \tag{4-14}$$

式中　Q_i—— 各可燃组分热值，kJ/m^3(标准状态下)；

　　　x_i—— 各可燃组分百分含量。

各可燃组分热值见表4-4。

例题3　发生炉煤气的干组成如下

$CO_2^d\%$	$CO^d\%$	$H_2^d\%$	$O_2^d\%$	$CH_4^d\%$	$H_2S^d\%$	$N_2^d\%$
5.5	28.0	13.4	0.4	0.5	0.2	52.0

水分含量　$H_2O^w\% = 3.13\%$ 。试计算该煤气以湿组成表示的低位热值。

解　将干组成换算为湿组成，其换算系数

$$\frac{100 - H_2O^w}{100} = \frac{100 - 3.13}{100} = 0.969$$

所以　$$CO_2^w\% = 5.5\% \times 0.969 = 5.33\%$$

$$CO^{w}\% = 28\% \times 0.969 = 27.13\%$$
$$H_2^{w}\% = 13.4\% \times 0.969 = 12.98\%$$
$$O_2^{w}\% = 0.4\% \times 0.969 = 0.39\%$$
$$CH_4^{w}\% = 0.5\% \times 0.969 = 0.48\%$$
$$H_2S^{w}\% = 0.2\% \times 0.969 = 0.19\%$$
$$N_2^{w}\% = 52\% \times 0.969 = 50.39\%$$

由公式（4-14）得：$Q_{DW}^{w} = 0.2713 \times 12648 + 0.1298 \times 10806 + 0.0048 \times 35960 + 0.0019 \times 23170 = 5051 \quad kJ/m^3$

表 4-4 可燃气体燃烧反应式及热值等数据

气体名称	燃烧反应式	热值		理论空气需要量 (m^3/m^3)	理论燃烧产物量 (m^3/m^3)	量热计温度 (℃)
		高位 (kJ/m³)	低位 (kJ/m³)			
氢	$H_2+0.5O_2=H_2O$	12778	10806	2.381	2.881	2230
一氧化碳	$CO+0.5O_2=CO_2$	12648	12648	2.381	2.881	2370
甲烷	$CH_4+2O_2=CO_2+2H_2O$	39904	35960	9.524	10.524	2030
乙烷	$C_2H_6+3.5O_2=2CO_2+3H_2O$	69585	63673	16.667	18.167	2090
丙烷	$C_3H_8+5O_2=3CO_2+4H_2O$	98369	90485	23.810	25.810	2105
丁烷	$C_4H_{10}+6.5O_2=4CO_2+5H_2O$	128589	118386	30.593	33.453	2115
戊烷	$C_5H_{12}+8O_2=5CO_2+6H_2O$	157968	146174	38.096	41.096	2212
乙烯	$C_2H_4+3O_2=2CO_2+2H_2O$	63757	59813	14.286	15.286	2290
丙烯	$C_3H_6+4.5O_2=3CO_2+3H_2O$	92855	86939	21.429	22.929	2220
丁烯	$C_4H_8+6O_2=4CO_2+4H_2O$	121447	113584	28.572	30.572	2195
苯	$C_6H_6+7.5O_2=6CO_2+3H_2O$	147480	141589	35.715	37.215	2230
乙炔	$C_2H_2+2.5O_2=2CO_2+H_2O$	58058	56091	11.905	12.405	2620
硫化氢	$H_2S+1.5O_2=SO_2+H_2O$	25142	23170	7.143	7.643	1850

注：表中 m^3 均指标准状态下的体积。

（2）固体、液体燃料热值计算　固体、液体燃料的热值可根据燃料的元素分析数据进行计算：在把固体、液体燃料中的各元素看成独立存在，同时考虑到燃料中由于氧的存在使部分可燃元素失去燃烧能力的影响的原则基础上，许多研究工作者提出了各种不同的计算公式，其中较多采用的有门捷列夫公式

$$Q_{DW}^{y} = 339C^{y} + 1030H^{y} - 109(O^{y} - S^{y}) - 25W^{y} \quad kJ/kg \tag{4-15}$$

但用门氏公式计算我国煤的热值误差较大。下面介绍几个适合于我国各种煤的热值计算公式：

无烟煤（包括低灰分石煤）及贫煤高位热值经验公式

$$H^{r}\% > 1.5\% \text{ 或 } C^{r}\% < 95\%$$

$$Q_{GW}^{r} = [80C^{r} + 320H^{r} + 22(S^{r} - O^{r}) - 8(A^{g} - 10)] \times 4.1868 \quad kJ/kg \tag{4-16}$$

炼焦煤（气煤、肥煤、焦煤、瘦煤）高位热值经验公式

$$Q_{GW}^{r} = [80C^{r} + 310H^{r} + 22S^{r} - 26O^{r} - 4(A^{g} - 10)] \times 4.1868 \quad kJ/kg \tag{4-17}$$

年轻烟煤（长焰煤、弱粘结煤、不粘结煤）

$$Q_{GW}^{r} = [80C^{r} + 310H^{r} + 22S^{r} - 26O^{r} - 4(A^{g} - 10)] \times 4.1868 \quad kJ/kg \tag{4-18}$$

根据煤的工业分析，按经验公式计算热值：

计算无烟煤低位热值的经验公式

$$Q_{DW}^{f} = K_0 - 360W^f - 385A^f - 100V^f \quad kJ/kg \tag{4-19}$$

式中 Q_{DW}^{f}——分析基低位热值，kJ/kg；

W^f、A^f、V^f——分别是以分析基为基准的 100kg 燃料中水分、灰分、挥发分含量；

K_0—— 系数，根据 V_1^r 由表 4-5 查出；

V_1^r——经重液洗选后 100kg 精煤可燃基挥发分含量，可由原煤可燃基挥发分 V^r 按下式计算：

$A^g\% > 30 \sim 40\%$　　$V_1^r = 0.8V^r - 0.1A^g$；

$A^g\% > 25 \sim 30\%$　　$V_1^r = 0.85V^r - 0.1A^g$；

$A^g\% > 20 \sim 25\%$　　$V_1^r = 0.95V^r - 0.1A^g$；

$A^g\% > 15 \sim 20\%$　　$V_1^r = 0.8V^r$；

$A^g\% > 10 \sim 15\%$　　$V_1^r = 0.9V^r$；

$A^g\% \leqslant 10\%$　　$V_1^r = 0.95V^r$。

例题 4　某地产无烟煤，其分析基组成为

$$W^f\% = 2.0\%, A^f\% = 39.2\%, V^f\% = 5.59\%。$$

计算该无烟煤分析基低位热值。

解　$A^g\% = A^f\% \dfrac{100}{100 - W^f} = 39.2\% \times \dfrac{100}{100 - 2} = 40.0\%$

$$V^r\% = V^f\% \frac{100}{100 - W^f - A^f} = 5.59\% \times \frac{100}{100 - 2 - 39.2} = 9.5\%$$

当 $A^g\%$ 为 40% 时，$V_1^r = 0.8V^r - 0.1A^g$

$$= 0.8 \times 9.5 - 0.1 \times 40 = 3.6$$

查表 4-5 可知

表 4-5　K_0 与 V_1^r 的关系

V_1^r	≤3	>3～5.5	>5.5～8.0	>8
K_0	34300	34800	35200	35600

$$K_0 = 34800$$

所以　$Q_{DW}^{f} = 34800 - 360 \times 2.0 - 385 \times 39.2 - 100 \times 5.59$

$= 18429$　kJ/kg(4402kcal/kg)

计算烟煤低位热值的经验公式

$$Q_{DW}^{f} = 100K_1 - (K_1 + 25.12)(W^f + A^f) - 12.56V^f \tag{4-20}$$

式中　K_1——系数，随 $V^r\%$ 及焦渣特征变化，可由表 4-6 查出。

例题 5　某矿区烟煤的分析基组成为

$$W^f\% = 2.17\%, A^f\% = 14.90\%, V^f\% = 27.64\%,$$

应用基水分 $W^y\% = 8.00\%$，焦渣特征为 5，计算其分析基及应用基低位热值。

解　$$V^r\% = V^f\% \frac{100}{100 - W^f - A^f}$$

$$=27.64\% \times \frac{100}{100-2.17-14.90}$$

$$=33.33\%$$

根据可燃基挥发分及焦渣特征查表 4-6 得 $K_1=341$

所以 $Q_{DW}^f=100\times 341-(341+25.12)\times(2.17+14.90)-12.56\times 27.64$

$=27500\ \ \text{kJ/kg}\ \ (6569\text{kcal/kg})$

表 4-6 K_1 与 V^r 及焦渣特征的关系

焦渣特征 \ K_1	V^r (%)									
	10～13.5	13.5～17	17～20	20～23	23～29	29～32	32～35	35～38	38～42	>42
1	352	337	335	329	320	320	306	306	306	304
2	352	350	343	339	329	327	325	320	316	312
3	354	354	350	345	339	335	331	329	327	320
4	354	356	352	348	343	339	335	333	331	325
5～6	354	356	356	352	350	345	341	339	335	333
7	354	356	356	356	354	352	348	345	343	339
8	354	356	356	358	356	354	350	348	345	343

焦渣特征：测定挥发分时所残留焦渣外形特征，分成八类：

1）粉态；2）粘着；3）弱粘着；4）不熔融粘结；5）不膨胀熔融粘结；6）微膨胀熔融粘结；7）膨胀熔融粘结；8）强膨胀熔融粘结

采用不同基准时，高位热值换算可采用表 4-2 的换算系数，按 $Q_{GW}^y=Q_{GW}^f\frac{100-W^y}{100-W^f}$ 进行换算。对于低位热值，则可按公式

$$Q_{DW}^f=Q_{DW}^y\frac{100-W^y}{100-W^f}-25\left(W^y-W^f\frac{100-W^y}{100-W^f}\right)$$ 进行换算。

则

$$Q_{DW}^y=27500\frac{100-8.00}{100-2.17}-25\left(8.00-2.17\frac{100-8.00}{100-2.17}\right)$$

$$=25701\text{kJ/kg}(6139\text{kcal/kg})$$

3. 标准燃料

为了比较各类燃料，规定热值为 29300kJ/kg（7000kcal/kg）的燃料为标准燃料。某种燃料的热值与标准燃料的热值之比称为该种燃料的热当量。例如重油的热值为 41000kJ/kg，则其热当量为 41000/29300=1.4，即 1 千克重油相当于 1.4 倍的标准燃料发出的热量。

采用标准燃料的概念，就可以对使用不同燃料的窑炉燃料消耗情况用统一的标准进行比较，同时在进行窑炉设计时，采用标准燃料消耗量，就有了统一的指标。

三、各类燃料

1. 气体燃料

气体燃料包括天然气、高炉煤气、焦炉煤气、发生炉煤气等。不同种类的气体燃料由于各种可燃组分所占的比例不同，其热值也各不相同。各种气体燃料的组成及热值见表 4-7。

（1）天然气　天然气主要成分为可燃烃类，其中以甲烷为主，不可燃物质很少。开采出来的天然气经清洗、除尘后可以远距离输送。

表 4-7 各类气体燃料的组成及热值

气体名称	平均组成（体积百分数）							热值	
	CO_2+H_2S	O_2	CO	H_2	CH_4	C_nH_m	N_2	(kJ/m^3)	$(kcal/m^3)$
天然气	0.1～2			0～2	85～97	0.1～4	1.2～4.0	33440～38460	8000～9200
焦炉煤气	2～3	0.7～1.2	4～8	53～60	19～25	1.6～2.3	7～13	15470～16720	3700～4000
高炉煤气	8～14		23～31	10～15	0.1～2.6		48～60	3762～5288	900～1265
水煤气	5～7	0.1～0.2	35～40	47～52	0.3～0.6	0.2～0.4	2～6	10030～10450	2400～2500
混合煤气	5～7	0.1～0.3	24～30	12～15	0.5～3		46～55	4807～6479	1150～1550
空气发生炉煤气	0.5～1.5		32～33	0.5～0.9			64～66	4138～4305	990～1030

注：表中 m^3 指标准状态下的体积。

液化天然气是将天然气除去固体杂质、硫、二氧化碳及水之后进行液化处理所得。使用时需再经预热、气化等过程，因此液化天然气是经过加工的更纯净的燃料。

液化石油气是石油开采及炼制过程的副产物，主要成分为丙烷（C_3H_8）和丁烷（C_4H_{10}），它们在常温、常压下以气态存在。丙烷沸点－11.6℃，丁烷沸点＋5℃，降低温度或增加压力则成为液体。为了贮存和运输方便，石油气一般是加压使其变成液体装在容器内，因此，称为液化石油气。

液化石油气主要优点是热值高，且成分和热值都比较稳定，杂质很少，不需脱除氨及硫化物，设备费用低，操作简便。其缺点是虽然热值高，但不含氢，燃烧速度慢。

（2）高炉煤气　高炉煤气是炼铁副产物，可燃成分以一氧化碳为主，氢含量次之，同时含有大量的氮。因此，其热值低，只适用于作低温窑炉的燃料。

（3）焦炉煤气　焦炉煤气是炼焦副产品，其中含有较多的氢和碳氢化合物，因此其热值较高。由于氢的燃烧速度比较快，所以焦炉煤气燃烧产生的火焰短、火力集中。一般在冶金联合企业中常将高炉煤气与焦炉煤气混合使用。

（4）发生炉煤气　发生炉煤气是以固体燃料为原料，在煤气发生炉中经气化而得到的人造气体燃料。根据采用气化介质的不同，又可分为空气发生炉煤气、水煤气和混合煤气。有关煤的气化过程及设备将于第六节叙述。

2. 液体燃料

工业用液体燃料通常指石油及石油加工产品。由油井开采出来的石油主要由各种烷属碳氢化合物所组成。原油经分馏后可以获得不同的石油产品，如汽油、煤油、柴油、润滑油、燃料油、炼油残渣。燃料油是从原油中蒸馏出轻质油后剩下的较重部分，也称之为重油。用裂化或减压蒸馏等方法所得到的渣油有时比重油更重，也是一种燃料油，统称之为重油。在窑炉中所采用的液体燃料主要为重油。

重油的性质对于油的装卸、输送、储存、加热处理以及喷射燃烧都有密切关系。有关重油的组成及主要性质分述如下。

（1）重油的组成　重油是一些有机化合物的混合物，主要由不同族的液体碳氢化合物和溶在其中的固体碳氢化合物所组成、它们包括有烷烃、环烷烃、芳香烃和少量烯烃，此外还有少量的硫化物、氧化物、水分及混入的机械杂质。

以可燃基表示的重油组成平均范围如下：

$C^r\%:85 \sim 88;H\ \%:10 \sim 13;N^r\% + O^r\%:0.5 \sim 1;S^r\%:0.2 \sim 1$

碳和氢是重油主要成分，它们占重油成分的95%以上，一般说来重油含碳量愈高，粘度愈大。

硫对于生产、设备及人体均有害，所以重油中含硫量要少，一般要求不大于1.0～3.0%。

除上述组分外，重油中还含有水分。重油中的水分是运输和贮存过程中混入的，因而其含量不稳定，而且分布不均匀。含水分高时不仅要降低重油热值和燃烧温度、提高废气中水分含量，而且可能造成燃烧时火焰不稳定。所以，重油中水分过高时应予以排除。

重油灰分极少，一般不大于0.3%。机械杂质含量和运输、贮存条件有关，使用时应用过滤办法除去。

综上所述可以看出，重油主要成分为碳氢化合物，而且杂质很少，所以重油热值高。其低位热值约为38000～42000kJ/kg（9000～10000kcal/kg）。

(2) 粘度　粘度是重油的重要性质指标。为了使重油迅速卸出，便于管道输送，提高油泵效率以及在燃烧时能很好地雾化，都要求重油粘度具有较低的数值。

重油的粘度常用恩氏粘度（°E）来表示，恩氏粘度是在测定温度下，油从恩格勒粘度计中流出200毫升所需时间（秒）与20℃蒸馏水流出200毫升所需时间的比值。

油的粘度与组成、压力、温度有关。

油中含胶状、沥青状物质越多，粘度就越大；油组成分子量越大，粘度越大。

压力较低时（1～2MPa），压力对粘度的影响可以忽略，但当压力较高时，粘度随压力升高而增大。

温度升高时油的粘度降低，但油温对粘度的影响是不均衡的。50℃以下，温度对粘度影响很大；50～100℃对粘度影响较小（对粘度小的油更是这样）；而温度在100℃以上变化时，对粘度的影响就更小（但某些高粘度油除外）。图4-1是某100号重油的粘度-温度曲线，用对数坐标表示则为一条直线。

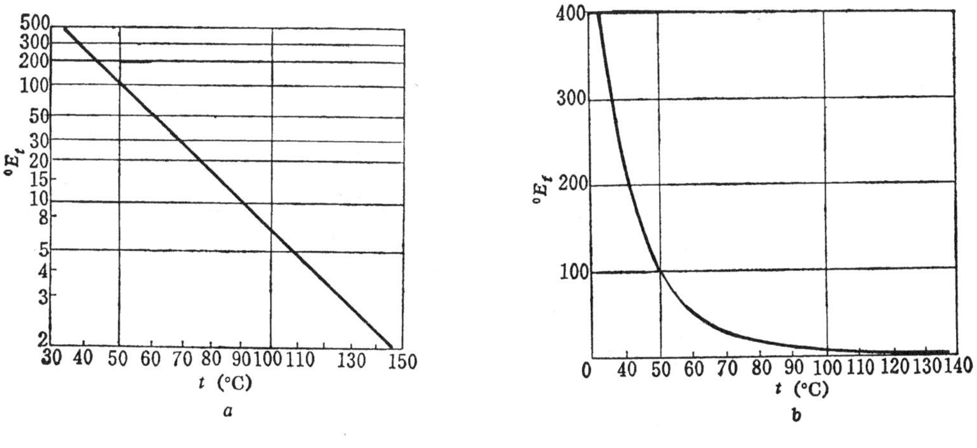

图 4-1　某100号重油的粘度-温度曲线

a—用对数坐标表示；b—用普通坐标表示

（3）密度　重油的密度与温度有关，常随温度的增加而略有减小。

$$\rho_t = \frac{\rho_{20}}{1 + \beta(t - 20)} \tag{4-21}$$

式中　ρ_t、ρ_{20}——分别为 t℃ 和 20℃ 时重油的密度，t/m^3；

t——重油温度，℃；

β——重油的体积膨胀系数，1/℃，β 值见表 4-8。

表 4-8　重油的体积膨胀系数 β 与密度的关系

密度 ρ_{20} (t/m^3)	β 值　(1/℃)	密　度　ρ_{20} (t/m^3)	β 值　(1/℃)
0.93～0.9399	0.000635	0.98～0.9899	0.000536
0.94～0.9499	0.000615	0.99～0.9999	0.000518
0.95～0.9599	0.000594	1.0～1.0099	0.000499
0.96～0.9699	0.000574	1.01～1.0199	0.000482
0.97～0.9799	0.000555	1.02～1.0299	0.000464

（4）闪点、燃点、凝固点　油的闪点和燃点与油的贮运安全性有很大关系，它们反映了油的着火性能。

当油被加热时，油表面将产生蒸气，油的温度越高，产生蒸气越多，在油表面上产生蒸气浓度越大。当油被加热至一定温度时，油蒸气浓度达到一定值，此时如有明火接触油表面即发生闪火现象，发生闪火时油的温度称为油的闪点。油的闪点与油的组成有关，油中只要含有少量分子量小的成分，闪点就会显著下降。

测定闪点的仪器和方法不同，所测出的闪点也不同，其中有开口杯法和闭口杯法。开口杯法是将油放在敞开的容器中加热进行测定，闭口杯法是将油放在有盖的容器中加以测定。由于测定方法不同，故闪点的数值有开口、闭口之分，通常给的是开口闪点。一般重油的闪点（开口）为 80～130℃。

闪火只是瞬时的现象，油表面闪火后不能继续燃烧。如继续提高油的温度，使产生油蒸气的速度加快，浓度加大，闪火后能继续燃烧（持续时间不少于 5 秒），则此时油的最低温度称为油的燃点。

重油开始凝固的温度叫凝固点，在油的输送过程中，必须保持油温高于凝固点，否则会堵塞管路。重油的凝固点约为 11～25℃，有的高达 36℃。

（5）比热　重油的比热常随密度的增加而减少，随温度的升高而加大，一般可用下式作近似计算。

$$C_t = 1.74 + 0.0025t \tag{4-22}$$

式中　C_t——t℃时重油的比热，kJ/（kg・℃）；

t——重油的温度，℃。

（6）重油分类标准　重油和渣油按 50℃的恩氏粘度分为 20#、60#、100#和 200#四个牌号，其分类标准见表 4-9。实际上工业炉所用重油不完全是标准牌号，而是混合渣油。大多数炼油厂重油粘度大于规定标准，而硫分比标准低的多，我国重油大多数属于高粘度、低硫分的重油。

表 4-9 重油分类标准

指　　标	$20^{\#}$	$60^{\#}$	$100^{\#}$	$200^{\#}$
恩氏粘度 (°*E*)80℃ 时不大于	5.0	11.0	15.5	
恩氏粘度 (°*E*)100℃ 时不大于				5.5～9.5
开口闪点（℃）不低于	80	100	120	130
凝固点（℃）不高于	15	20	25	36
灰分（%）不大于	0.3	0.3	0.3	0.3
水分（%）不大于	1.0	1.5	2.0	2.0
硫分（%）不大于	1.0	1.5	2.0	3.0
机械杂质（%）不大于	1.5	2.0	2.5	2.5

注：恩氏粘度（°E）为非法定计量单位，且与法定计量单位无换算关系，它由特定实验仪器测出。因目前工程上广泛采用，故保留于本书中。

3. 固体燃料

如前所述，固体燃料是由复杂的有机化合物组成的，其基本组成元素为碳、氢、氧、氮、硫，除此之外还含有一定的水分和灰分。

碳是固体燃料最基本的组成，是热量的主要来源。固体燃料中含碳量愈高，则其热值就愈大。

氢在燃料中有两种存在形态：一种是与碳相结合的氢（即可燃氢），燃烧时热效应高；另一种是和燃料中氧相结合的氢（称为化合氢），不参加燃烧反应，它的存在降低了可燃物的含量。

硫在燃料中有三种存在形式，即有机硫——与有机碳氢化合物结合在一起；黄铁矿硫——与燃料中杂质铁结合在一起。这两种形式的硫都参加燃烧反应，所以统称为可燃硫。可燃硫燃烧后生成二氧化硫 SO_2，部分 SO_2 氧化生成三氧化硫 SO_3，SO_3 遇水汽形成酸雾，腐蚀金属管道及设备，排出的烟气中含有酸雾则使大气污染，直接影响人体健康及植物生长。因此，要对燃料中含硫量加以限制。燃料中硫的第三种形式为硫酸盐硫，如 $CaSO_4$、$MgSO_4$、$FeSO_4$、Na_2SO_4、K_2SO_4 等。存在于硫酸盐中的硫除一小部分在高温下分解生成 SO_3 外，其余均留在灰分中。

灰分是燃料中不能燃烧的矿物杂质，灰分的主要成分为 SiO_2、Al_2O_3、Fe_2O_3、CaO、MgO，还有 Na_2O、K_2O（以硫酸盐形式存在）。灰分的组成影响灰分的结渣性。当灰分中 SiO_2、Al_2O_3 含量多时，灰分熔点高；而当 FeO、Na_2O、K_2O 等含量多时，灰分熔点低，易结渣。由于灰分易于结渣，使操作困难，燃烧不稳定，且灰渣中易带走未燃烧的燃料，造成燃料损失。

燃料中水分的存在能够降低燃料的热值、不易于着火、使炉温降低、增加烟气量及烟气带走的热损失，因此燃料中水分不宜过多。

此外，固体燃料中的挥发分含量影响燃料燃烧时火焰的长度和着火温度，一般说来挥发分含量高时，火焰长、着火温度低。

天然的固体燃料是煤，按其形成年代的不同，可分为如下各类：

(1) 泥煤　泥煤是由植物刚刚转化来的煤，即最年轻的煤。它具有如下特点：含有大量水分，热值低，灰分含量低，挥发分含量高，为长焰燃料；机械强度低，不便于远途运输，仅能作地方性燃料。

(2) 褐煤　泥煤经过进一步变化放出所含水分和挥发分，固定碳增多，进一步密实形成褐煤。它较泥煤所含的挥发分和水分少，固定碳多，热值及机械强度均较泥煤为高。但褐煤长期贮存易自燃和碎裂，且热值仍较低、水分较大，因此也只能作地方性燃料。褐煤除直接燃烧外，还可用来产生发生炉煤气。

(3) 烟煤　褐煤经进一步变化，放出水分和挥发分，固定碳增加，热值提高便形成烟煤。烟煤是近代化学工业的重要原料，也是冶金、动力工业不可缺少的燃料，所以烟煤极为宝贵。为了合理利用，烟煤按其挥发分及固定碳含量，进一步分为长焰煤、气煤、肥煤、焦煤、瘦煤及贫煤。

(4) 无烟煤　烟煤再进一步变化，挥发分及水分进一步逸出之后，就成为挥发分最少的煤——无烟煤，它是炭化程度最高的煤。无烟煤的特点是含碳最多，挥发分很少，热值高，组织细致坚硬不易吸水，便于长期贮存。

各种煤的热工特性列于表 4-10。

表 4-10　煤的热工特性

煤的种类		挥发分（%）	着火温度（℃）	低位热值 Q_{DW}	
				〔4.1868kJ/kg (kcal/kg)〕	(kJ/kg)
褐煤		＞37	250～450	3000～4000	12540～16720
烟煤	长焰煤	＞37	400～500	5000～8000	20900～33440
	气煤	＞37			
	肥煤	26～37			
	焦煤	＜26			
	瘦煤	＜20			
	贫煤	10～20			
无烟煤		～10	650～700	6000～7800	25080～32604

人造的固体燃料有焦炭、煤粉等。焦炭是将煤在炼焦炉内经高温干馏（在隔绝空气的情况下加热至 900～1100℃）。煤中的挥发分、焦油、水分等挥发出去，剩余的就是焦炭。焦炭的机械强度大，坚硬耐磨，且挥发分含量很少，固定碳含量高，适用于作冶金工业的燃料及在竖窑中用作煅烧耐火材料原料的燃料。高温干馏所得煤气即为焦炉煤气。

第二节　燃烧计算

燃烧计算的主要内容包括：一定量燃料燃烧所需空气量、生成烟气量及燃烧温度等的计算。

为了保证燃料完全燃烧，必须供给足够的空气量，但空气量过多反而会降低燃烧温度，因此，一定量燃料燃烧所需空气量应以燃烧计算为依据。同时，计算燃烧所需空气量及生成烟气量也是选择通风设备的依据。根据已知燃料组成，判断能否达到预期的燃烧温度，也需进行计算。此外，根据测定的烟气组成进行空气过剩系数计算，是对燃烧操作进行监督的重要方面。因此不论从合理组织燃烧、对燃烧操作进行监督，还是从设备的设计计算来看，燃烧计算都是重要的。

一、气体燃料的燃烧计算

1. 气体燃料完全燃烧所需空气量的计算

气体燃料完全燃烧所需空气量可按各可燃组分燃烧所需空气量的总和进行计算，如

$$CO+\frac{1}{2}O_2=CO_2$$

$$1\text{kmol} \qquad \frac{1}{2}\text{kmol} \qquad 1\text{kmol}$$

$$1\text{m}^3 \qquad \frac{1}{2}\text{m}^3 \qquad 1\text{m}^3$$

由上述反应式看出，1 标准立方米 CO 燃烧需$\frac{1}{2}$标准立方米 O_2，即需 O_2 的体积可表示为$\frac{CO}{2}$，其它成分也可采用同理进行计算，见表 4-11。

表 4-11 气体燃料的燃烧计算

组成名称	反应式	需氧体积	燃烧产物体积			
			CO_2	H_2O	N_2	SO_2
CO	$CO+\frac{1}{2}O_2=CO_2$ 1 $\frac{1}{2}$ 1	$\frac{1}{2}CO$	CO			
H_2	$H_2+\frac{1}{2}O_2=H_2O$ 1 $\frac{1}{2}$ 1	$\frac{1}{2}H_2$		H_2		
CH_4	$CH_4+2O_2=CO_2+2H_2O$ 1 2 1 2	$2CH_4$	CH_4	$2CH_4$		
C_nH_m	$C_nH_m+\left(n+\frac{m}{4}\right)O_2=nCO_2+\frac{m}{2}H_2O$ 1 $\left(n+\frac{m}{4}\right)$ n $\frac{m}{2}$	$\left(n+\frac{m}{4}\right)C_nH_m$	nC_nH_m	$\frac{m}{2}C_nH_m$		
H_2S	$H_2S+1\frac{1}{2}O_2=H_2O+SO_2$ 1 $1\frac{1}{2}$ 1 1	$1\frac{1}{2}H_2S$		H_2S		H_2S
CO_2	$CO_2 \longrightarrow CO_2$		CO_2			
H_2O	$H_2O \longrightarrow H_2O$			H_2O		
N_2	$N_2 \longrightarrow N_2$				N_2	
O_2	参加燃烧	$-O_2$				

当燃烧1标准立方米煤气时，所需标准立方米氧的总体积为[1]

$$\left[\frac{1}{2}CO+\frac{1}{2}H_2+2CH_4+\left(n+\frac{m}{4}\right)C_nH_m+1\frac{1}{2}H_2S-O_2\right]\frac{1}{100}\quad m^3$$

由于空气中氧的体积占21%，因此所需空气体积为所需氧体积的$\frac{100}{21}=4.762$倍，则1标准立方米煤气完全燃烧理论计算所需的空气量，即理论空气需要量L_0可表示为

$$L_0=4.762\left[\frac{1}{2}CO+\frac{1}{2}H_2+2CH_4+\left(n+\frac{m}{4}\right)C_nH_m+1\frac{1}{2}H_2S-O_2\right]\times\frac{1}{100}\quad m^3/m^3 \tag{4-23}$$

式中　CO、H_2……——是100m^3气体燃料中CO、H_2……的含量。

在实际燃烧过程中，若仅提供理论计算的空气量，当空气、煤气的混合达不到理想的均匀程度时，会造成燃料的不完全燃烧。为了保证燃料完全燃烧，每标准立方米煤气燃烧实际供给的空气量（L_a）应大于理论空气量（L_0），二者的比值称为空气过剩系数α

$$\alpha=\frac{L_a}{L_0} \tag{4-24}$$

空气过剩系数α与燃料种类、燃烧设备构造、烧成制品气氛要求有关。α值的一些经验数据如下：

气体燃料：　$\alpha=1.05\sim1.15$；

液体燃料：　$\alpha=1.15\sim1.25$；

块状固体燃料：　$\alpha=1.3\sim1.7$；

煤粉燃料：　$\alpha=1.1\sim1.3$。

当空气过剩系数α为已知时，则每标准立方米煤气燃烧所需实际标准立方米空气量L_a应为

$$L_a=\alpha L_0 \tag{4-25}$$

2. 气体燃料完全燃烧生成烟气量的计算。

生成烟气的总体积应为各可燃组分燃烧生成物的体积、燃料中的不可燃组分及燃烧所用空气带入氮的体积之总和。计算方法见表4-11。对于1标准立方米煤气完全燃烧生成的理论烟气量V_0有

$$V_0=\left[CO+H_2+3CH_4+\left(n+\frac{m}{2}\right)C_nH_m+2H_2S+CO_2+H_2O+N_2\right]\frac{1}{100}+0.79L_0\quad m^3/m^3\text{ 煤气} \tag{4-26}$$

1标准立方米煤气完全燃烧后生成的实际标准立方米烟气量V_a应为

$$V_a=V_0+(\alpha-1)L_0\quad m^3/m^3 \tag{4-27}$$

3. 燃烧产物组成计算

已知烟气中每种组分的体积和烟气总体积，即可求出每种组分的体积百分数，参照表4-11按下述方法计算：

---

[1] 进行燃烧计算时，均以气体燃料的湿组成CO^w、H_2^w、……进行计算。为简便起见，各公式中均省略其上角标，计算时应注意。

$$\left.\begin{aligned}
CO_2\% &= \frac{(CO + CH_4 + nC_nH_m + CO_2)\frac{1}{100}}{V_a} \times 100\% \\
H_2O\% &= \frac{\left(H_2 + 2CH_4 + \frac{m}{2}C_nH_m + H_2S + H_2O\right)\frac{1}{100}}{V_a} \times 100\% \\
SO_2\% &= \frac{H_2S\frac{1}{100}}{V_a} \times 100\% \\
N_2\% &= \frac{N_2\frac{1}{100} + \frac{79}{100}L_a}{V_a} \times 100\% \\
O_2\% &= \frac{\frac{21}{100}(\alpha - 1)L_0}{V_a} \times 100\%
\end{aligned}\right\} \tag{4-28}$$

4. 燃烧产物密度 ρ 的计算

根据燃烧产物组成和各组分密度，燃烧产物密度 ρ 按下述方法计算。

例如　CO_2 的标态密度　$\rho_{CO_2} = \frac{44}{22.4}(kg/m^3)$；

　　H_2O 汽的标态密度　$\rho_{H_2O} = \frac{18}{22.4}(kg/m^3)$；

　　……

则烟气的标态密度 ρ 可表示为

$$\rho = \frac{44CO_2 + 18H_2O + 64SO_2 + 32O_2 + 28N_2}{22.4 \times 100} \quad kg/m^3 \tag{4-29}$$

例题 6　已知发生炉煤气组成如下

$CO^w\%$	$H_2^w\%$	$CH_4^w\%$	$C_2H_4^w\%$	$CO_2^w\%$	$O_2^w\%$	$N_2^w\%$	$H_2O^w\%$
29.0	15.0	3.0	0.6	7.5	0.2	42.0	2.7

空气过剩系数 α 为 1.2，求该煤气完全燃烧所需空气量、生成烟气量、烟气组成以及标态烟气密度。

解　该煤气完全燃烧所需的理论空气量，根据公式（4-23）计算

$$\begin{aligned}
L_0 &= 4.762\left(\frac{1}{2}CO + \frac{1}{2}H_2 + 2CH_4 + 3C_2H_4 - O_2\right)\frac{1}{100} \\
&= 4.762 \times \left(\frac{1}{2} \times 29 + \frac{1}{2} \times 15 + 2 \times 3.0 + 3 \times 0.6 - 0.2\right) \times \frac{1}{100} \\
&= 1.41 \quad m^3/m^3
\end{aligned}$$

所需实际空气量根据公式（4-25）计算

$$L_a = \alpha L_0 = 1.2 \times 1.41 = 1.69 \quad m^3/m^3$$

该煤气完全燃烧所生成的理论烟气量，根据公式（4-26）计算

$$\begin{aligned}
V_0 &= (CO + H_2 + 3CH_4 + 4C_2H_4 + CO_2 + H_2O + N_2)\frac{1}{100} + 0.79L_0 \\
&= (29 + 15 + 3 \times 3.0 + 4 \times 0.6 + 7.5 + 2.7 + 42.0) \times \frac{1}{100} + 0.79 \times 1.41
\end{aligned}$$

$$=2.19 \quad m^3/m^3 \text{煤气}$$

所生成的实际烟气量根据公式（4-27）计算

$$V_a = V_0 + (\alpha - 1)L_0 = 2.19 + (1.2 - 1) \times 1.41 = 2.47 m^3/m^3$$

烟气组成可根据公式（4-28）计算

$$CO_2\% = \frac{(CO + CH_4 + 2C_2H_4 + CO_2)\frac{1}{100}}{V_a} \times 100\%$$

$$= \frac{(29 + 3.0 + 2 \times 0.6 + 7.5) \times \frac{1}{100}}{2.47} \times 100\%$$

$$=16.48\%$$

$$H_2\% = \frac{(H_2 + 2CH_4 + 2C_2H_4 + H_2O)\frac{1}{100}}{V_a} \times 100\%$$

$$= \frac{(15.0 + 2 \times 3.0 + 2 \times 0.6 + 2.7)\frac{1}{100}}{2.47} \times 100\%$$

$$=10.08\%$$

$$N_2\% = \frac{N_2\frac{1}{100} + \frac{79}{100}L_a}{V_a} \times 100\%$$

$$= \frac{42 \times \frac{1}{100} + \frac{79}{100} \times 1.69}{2.47} \times 100\%$$

$$=71.06\%$$

$$O_2\% = \frac{\frac{21}{100}(\alpha - 1)L_0}{V_a} \times 100\% = \frac{\frac{21}{100} \times (1.2 - 1) \times 1.41}{2.47} \times 100\% = 2.40\%$$

标态烟气密度可根据公式（4-29）计算

$$\rho = \frac{44CO_2 + 18H_2O + 32O_2 + 28N_2}{22.4 \times 100}$$

$$= \frac{44 \times 16.48 + 18 \times 10.08 + 32 \times 2.4 + 28 \times 71.06}{22.4 \times 100}$$

$$=1.33 \quad kg/m^3$$

二、固体（液体）燃料燃烧计算

1. 固体燃料完全燃烧所需空气量的计算

燃烧 1 千克固体燃料所需空气量的计算是以燃料的元素分析为依据的，采用类似计算气体燃料的原理，先计算各可燃组分燃烧所需氧量，然后进一步计算所需空气量。

为计算方便，先取 100 千克燃料，以应用基表示其组成，并把各组分的质量换算成千摩尔数

$$\frac{C^y}{12}, \frac{H^y}{2}, \frac{O^y}{32}, \frac{N^y}{28}, \frac{S^y}{32}, \frac{W^y}{18}$$

燃料中的灰分不参加反应，故不必计算。

计算各可燃组分燃烧所需氧的千摩尔数：

例如
$$\begin{array}{ccc} C+O_2=CO_2 \\ 1kmol\ 1kmol\ 1kmol \end{array}$$

1 千摩尔碳燃烧需 1 千摩尔氧，生成 1 千摩尔二氧化碳。若燃料中的碳为 $\frac{C^y}{12}$ 千摩尔，则需氧的千摩尔数也可用 $\frac{C^y}{12}$ 表示。其它可燃组分燃烧所需氧的千摩尔数也可采用同理计算，见表 4-12。

燃料完全燃烧所需氧的千摩尔数

表 4-12 固体燃料的燃烧计算

组分	100kg 燃料所含的有 kmol 数	反应式	所需氧的千摩尔数	燃烧产物的 kmol 数			
				CO_2	H_2O	SO_2	N_2
C^y	$\frac{C^y}{12}$	$C+O_2=CO_2$ 1 1 1	$\frac{C^y}{12}$	$\frac{C^y}{12}$			
H^y	$\frac{H^y}{2}$	$H_2+\frac{1}{2}O_2=H_2O$ 1 $\frac{1}{2}$ 1	$\frac{1}{2}\times\frac{H^y}{2}=\frac{H^y}{4}$		$\frac{H^y}{2}$		
S^y	$\frac{S^y}{32}$	$S+O_2=SO_2$ 1 1 1	$\frac{S^y}{32}$			$\frac{S^y}{32}$	
N^y	$\frac{N^y}{28}$	$N\longrightarrow N$					$\frac{N^y}{28}$
W^y	$\frac{W^y}{18}$	$W\longrightarrow H_2O$			$\frac{W^y}{18}$		
O^y	$\frac{O^y}{32}$	参加燃烧	$-\frac{O^y}{32}$				

$$\frac{C^y}{12}+\frac{H^y}{4}+\frac{S^y}{32}-\frac{O^y}{32}\quad kmol$$

需氧体积为

$$\left(\frac{C^y}{12}+\frac{H^y}{4}+\frac{S^y}{32}-\frac{O^y}{32}\right)\times 22.4\quad m^3$$

1 千克燃料完全燃烧所需的理论空气量 L_0 则为

$$L_0 = 4.762\times\left(\frac{C^y}{12}+\frac{H^y}{4}+\frac{S^y}{32}-\frac{O^y}{32}\right)\times\frac{22.4}{100}$$
$$= 0.0889C^y + 0.2666H^y + 0.0333S^y - 0.0333O^y\quad m^3/kg \tag{4-30}$$

1 千克燃料完全燃烧实际空气需要量 L_a 仍为

$$L_a = \alpha L_0\quad m^3/kg$$

2. 固体燃料完全燃烧生成烟气量的计算

固体燃料完全燃烧生成烟气的体积由两部分组成，一部分是由燃料燃烧生成，另一部分是燃料燃烧所需空气带入的氮，其值为 $0.79L_0$。

根据表 4-12 计算 1 千克固体燃料完全燃烧所生成的理论标态烟气量 V_0：

$$\left.\begin{aligned}
&\text{烟气中 }CO_2\text{ 的体积，} && V_{CO_2}=\frac{C^y}{12}\times\frac{22.4}{100}\quad m^3/kg;\\
&H_2O\text{ 汽的体积，} && V_{H_2O}=\left(\frac{H^y}{2}+\frac{W^y}{18}\right)\times\frac{22.4}{100}\quad m^3/kg;\\
&SO_2\text{ 的体积，} && V_{SO_2}=\frac{S^y}{32}\times\frac{22.4}{100}\quad m^3/kg;\\
&N_2\text{ 的体积，} && V_{N_2}=\frac{N^y}{28}\times\frac{22.4}{100}+0.79L_0\quad m^3/kg;\\
&O_2\text{ 的体积，} && V_{O_2}=0.21\ (\alpha-1)\ L_0\quad m^3/kg
\end{aligned}\right\}\tag{4-31}$$

所以 $V_0 = V_{CO_2} + V_{H_2O} + V_{SO_2} + V_{N_2}$

$$= \left(\frac{C^y}{12} + \frac{H^y}{2} + \frac{W^y}{18} + \frac{S^y}{32} + \frac{N^y}{28}\right)\frac{22.4}{100} + 0.79L_0$$

$$= 0.0889C^y + 0.3226H^y + 0.0124W^y + 0.0333S^y + 0.008N^y - 0.0263O^y \quad m^3/kg \tag{4-32}$$

1 千克固体燃料完全燃烧所生成的实际标态烟气量 V_a 同公式（4-27）

$$V_a = V_0 + (\alpha - 1)L_0 \quad m^3/kg$$

例题 7 已知烟煤组成如下

$C^y\%$	$H^y\%$	$O^y\%$	$N^y\%$	$S^y\%$	$W^y\%$	$A^y\%$
69.54	4.18	11.29	0.69	0.50	3.20	10.59

空气过剩系数 α 为 1.3。计算该烟煤完全燃烧所需的空气量、生成的烟气量及烟气组成。

解 该烟煤完全燃烧所需的理论空气量根据公式（4-30）计算

$$L_0 = 0.0889C^y + 0.2666H^y + 0.0333S^y - 0.0333O^y$$
$$= 0.0889 \times 69.54 + 0.2666 \times 4.18 + 0.0333 \times 0.5 - 0.0333 \times 11.29$$
$$= 6.94 \quad m_n^3/kg$$

则所需实际标态空气量为

$$L_a = \alpha L_0 = 1.3 \times 6.94 = 9.02 \quad m^3/kg$$

该烟煤完全燃烧所产生的烟气量可按公式（4-31）或公式（4-32）计算。因本题还要求计算烟气组成，故按公式（4-31）计算较为方便。如公式中的 V_0 以 V_a 代替，可直接计算燃烧 1 千克煤所产生的实际标态烟气量。

$$V_{CO_2} = \frac{C^y}{12} \times \frac{22.4}{100} = \frac{69.54}{12} \times \frac{22.4}{100} = 1.30;$$

$$V_{H_2O} = \left(\frac{H^y}{2} + \frac{W^y}{18}\right) \times \frac{22.4}{100} = \left(\frac{4.18}{2} + \frac{3.20}{18}\right) \times \frac{22.4}{100} = 0.51;$$

$$V_{SO_2} = \frac{S^y}{32} \times \frac{22.4}{100} = \frac{0.5}{32} \times \frac{22.4}{100} = 0.004;$$

$$V_{N_2} = \frac{N^y}{28} \times \frac{22.4}{100} + 0.79L_a = \frac{0.69}{28} \times \frac{22.4}{100} + 0.79 \times 9.02 = 7.13;$$

$$V_{O_2} = 0.21(\alpha - 1)L_0 = 0.21 \times (1.3 - 1) \times 6.94 = 0.44。$$

则 $V_a = V_{CO_2} + V_{H_2O} + V_{SO_2} + V_{N_2} + V_{O_2}$

$= 1.30 + 0.51 + 0.004 + 7.13 + 0.44$

$= 9.38 \quad m^3/kg$

烟气组成

$$CO_2\% = \frac{V_{CO_2}}{V_a} = \frac{1.30}{9.38} \times 100\% = 13.86\%;$$

$$H_2O\% = \frac{V_{HO_2}}{V_a} = \frac{0.51}{9.38} \times 100\% = 5.44\%;$$

$$SO_2\% = \frac{V_{SO_2}}{V_a} = \frac{0.004}{9.38} \times 100\% = 0.04\%;$$

$$N_2\% = \frac{V_{N_2}}{V_a} = \frac{7.13}{9.38} \times 100\% = 76.01\%;$$

$$O_2\% = \frac{V_{O_2}}{V_a} = \frac{0.44}{9.38} \times 100\% = 4.69\%。$$

例题 8 某倒焰窑所用煤的应用基组成为

$C^y\%$	$H^y\%$	$O^y\%$	$N^y\%$	$S^y\%$	$W^y\%$	$A^y\%$
72	6.0	4.8	1.4	0.3	3.6	11.9

其干烟气组成为

$CO_2\%$	$O_2\%$	$N_2\%$
13.6	5.0	81.4

灰渣分析结果含碳 17%，灰分 83%。

计算每千克煤燃烧所需空气量及烟气生成量。

解 由于灰渣中仍含有碳，说明燃料没有完全燃烧，不能采用前述方法计算，而要采用碳平衡来确定其烟气量，采用氮平衡确定空气量。

(1) 烟气量

根据碳平衡：煤中碳=烟气中碳+灰渣中碳；

基准：取 100kg 煤；

煤中碳量：72kg；

灰渣中碳量：$11.9 \times \frac{17}{83} = 2.44 \quad kg$

设 100kg 煤生成标态干烟气量为 x (m^3)，根据碳平衡则有

$$72 = \frac{13.6}{100} \cdot x \times \frac{12}{22.4} + 2.44$$

即 $$x = 955 \quad m^3/100kg$$

生成的标态水蒸气量$= \left(\frac{6}{2} + \frac{3.6}{18}\right) \times 22.4 = 71.7 \quad m^3/100kg$；

则每千克煤燃烧生成的标态湿烟气量为

$$V_a = (955 + 71.7) \times \frac{1}{100} = 10.27 \quad m^3/kg$$

(2) 空气量

根据氮平衡：空气中氮+煤中氮=烟气中氮；

基准：煤 100kg；

煤中氮量：$\frac{1.4}{28}\times 22.4=1.12\quad m^3$

空气中氮量：设 100kg 煤燃烧所需标态空气量为 $y(m^3)$，则空气中标态氮量为 $\frac{79}{100}y(m^3)$；

烟气中氮量：$\frac{81.4}{100}x=\frac{81.4}{100}\times 955=777\quad m^3$；

根据氮平衡：$1.12+0.79y=777$

即 $y=982\quad m^3/100kg$；

则每千克煤燃烧所需空气量为 9.82 m^3/kg。

三、空气过剩系数 α 的计算

对于工作中的窑炉，空气过剩系数是根据烟气组成的分析结果计算而得到的。当燃料完全燃烧时其干烟气组成包括有二氧化碳（CO_2）、二氧化硫（SO_2），二者也可以共同用 RO_2 表示。此外还有氮（N_2）及过剩的氧（O_2）。用气体分析器对烟气进行分析，分析结果用体积百分数表示，则有

$$RO_2\%+O_2\%+N_2\%=100\%$$

式中 $RO_2\%$、$O_2\%$、$N_2\%$分别表示 RO_2、O_2、N_2 的体积百分含量。

有了烟气分析结果，就可以对空气过剩系数进行计算。

1. 燃料完全燃烧，燃料中 N_2 含量不计时空气过剩系数的计算

由空气过剩系数 α 的定义式得知

$$\alpha=\frac{L_a}{L_0}=\frac{L_a}{L_a-\Delta L}=\frac{1}{1-\frac{\Delta L}{L_a}} \tag{1}$$

式中 ΔL—— 过剩空气量，m^3；

当燃料完全燃烧时，过剩空气量可以由烟气中的氧含量 L_{O_2} 来确定

$$L_{O_2}=\frac{21}{100}\Delta L, L_{O_2}=\frac{O_2}{100}V_a$$

则有

$$\Delta L=\frac{O_2}{21}V_a \tag{2}$$

不考虑燃料中的 N_2，实际空气量可以由烟气中的 N_2 含量 L_{N_2} 来确定

$$L_{N_2}=\frac{79}{100}L_a, L_{N_2}=\frac{N_2}{100}V_a$$

则有

$$L_a=\frac{N_2}{79}V_a \tag{3}$$

将式（2）及式（3）代入式（1）则

$$\alpha=\frac{1}{1-\frac{\frac{O_2}{21}V_a}{\frac{N_2}{79}V_a}}=\frac{1}{1-3.762\frac{O_2}{N_2}} \tag{4-33a}$$

或

$$\alpha=\frac{1}{1-3.762\frac{O_2}{100-(RO_2+O_2)}} \tag{4-33b}$$

2. 燃料不完全燃烧，燃料中氮含量不计时空气时剩系数的计算

当燃料没有完全燃烧，烟气中还将出现CO、H_2、CH_4等可燃气体时，这些可燃气体燃烧还需要氧气，如CO燃烧仍需$\frac{1}{2}$CO体积的氧。烟气中的氧减去各可燃成分燃烧所需要的氧后才是真正过剩的氧，此时空气过剩系数应表示为

$$\alpha = \frac{1}{1 - 3.762\dfrac{\left[O_2 - \frac{1}{2}CO - \frac{1}{2}H_2 - \left(n + \frac{m}{4}\right)C_nH_m\right]}{N_2}} \tag{4-34}$$

3. 当燃料完全燃烧且考虑燃料中带入N_2量（发生炉煤气）时，空气过剩系数的计算

根据公式（4-33a），空气过剩系数也可以表示为

$$\alpha = \frac{N_2}{N_2 - 3.762O_2}$$

当燃料中N_2含量较高时，不能用烟气中的N_2含量来确定实际空气量，为此空气过剩系数的计算公式应为

$$\alpha = \frac{N_2 - N_f}{(N_2 - N_f) - 3.762O_2} \tag{4-35}$$

式中　N_f—— 燃料中带入的N_2量，m^3。

在计算中若取100标准立方米干烟气为基准，则燃料中氮的组成也应换算成同一基准，即以干组成表示。此外燃料中氮体积的求法，可根据碳平衡原理先求出产生100标准立方米干烟气所需的燃料体积，然后根据燃料组成，计算燃料中的氮体积。具体计算方法参见例题9。

例题9　隧道窑以发生炉煤气为燃料，其组成如下

CO_2^d%	CO^d%	H_2^d%	CH_4^d%	$C_2H_4^d$%	O_2^d%	N_2^d%
5.6	28.5	15.5	2.1	0.2	0.5	47.6

在烧成带处取烟气进行分析，其干烟气组成为

CO_2%	O_2%	N_2%
17.6	2.6	79.8

计算空气过剩系数α。

解　由于燃料中含N_2量高，故不能忽略，应按公式（4-35）计算。

100标准立方米干烟气所需燃料体积V_f，可运用碳平衡原理计算：

$$\text{烟气中}CO_2\text{的体积} = V_f\frac{CO_2 + CO + CH_4 + 2C_2H_4}{100}$$

即

$$17.6 = V_f \times \frac{5.6 + 28.5 + 2.1 + 2 \times 0.2}{100}$$

$$V_f = 48.1 \quad m^3/100m^3$$

该煤气中所含N_2的体积为

$$N_f = 48.1 \times \frac{47.6}{100} = 22.90 \quad m^3/100m^3$$

因此，空气过剩系数为

$$\alpha = \frac{N_2 - N_f}{(N_2 - N_f) - 3.762O_2}$$

$$=\frac{79.8-22.9}{(79.8-22.9)-3.762\times 2.6}$$

$$=1.21$$

四、燃烧温度的计算

1. 燃烧温度的概念

燃料燃烧时气态燃烧产物所能达到的温度叫做燃料的燃烧温度。它的高低取决于燃烧产物所含热量的多少，即取决于燃烧过程的热平衡。

(1) 实际燃烧温度 t_p　在实际燃烧过程中，燃烧达稳定状态，通过建立热平衡关系，可以求得实际燃烧温度。

基准：1kg（或 $1m^3$）燃料，0℃；

热平衡收入项目包括有：

Q_{DW}^{y} ——燃料低位热值，kJ/kg 或 kJ/m^3；

Q_f ——燃料带入物理热，kJ/kg 或 kJ/m^3；

Q_a ——空气带入物理热，kJ/kg 或 kJ/m^3。

热平衡支出项目包括有：

Q_p ——燃烧产物所具有的热量；

$$Q_p=V_aC_Pt_p=C_pt_p[V_0+(\alpha-1)L_0],\text{kJ/kg 或 kJ/m}^3。$$

式中　C_p ——标准状态下燃烧产物在实际温度下的定压比热，kJ/（m^3・℃）；

t_p ——实际燃烧温度，℃。

Q_c ——由于化学不完全燃烧所造成的热损失，kJ/kg 或 kJ/m_n^3；

Q_m ——由于机械不完全燃烧所造成的热损失，kJ/kg 或 kJ/m_n^3；

Q_l ——燃烧产物向周围空间所散失的热量，kJ/kg 或 kJ/m_n^3；

Q_d ——高温时燃烧产物热分解所消耗的热量，kJ/kg 或 kJ/m_n^3。

根据热平衡原理可列出下式

$$Q_{DW}^{y}+Q_f+Q_a=V_aC_pt_p+Q_c+Q_m+Q_l+Q_d$$

即得

$$t_p=\frac{(Q_{DW}^{y}+Q_f+Q_a)-(Q_c+Q_m+Q_l+Q_d)}{C_p[V_0+(a-1)L_0]}\ ℃ \tag{4-36}$$

实际燃烧温度是在窑炉中实际起作用的温度，它不仅和燃料性质有关，而且和燃烧条件有关。由于实际条件复杂，Q_c、Q_m、Q_l、Q_d 等项难以确定，因此实际燃烧温度难以从理论上进行计算。

(2)理论燃烧温度 t_{th}　假定燃料的燃烧过程在绝热条件下进行：$Q_l=0$，并且完全燃烧：$Q_m=0$，$Q_c=0$，此时燃烧产物所能达到的温度称为理论燃烧温度。

$$t_{th}=\frac{Q_{DW}^{y}+Q_f+Q_a-Q_d}{V_aC_p}\ ℃ \tag{4-37}$$

理论燃烧温度是高温燃烧过程所能达到的极限温度，理论燃烧温度的分析，对于高温燃烧过程是很重要的。在燃料燃烧过程中，气态燃烧产物组成主要有 CO_2、H_2O、N_2，在高温下由于上述各成分的热分解将吸收部分热量，从而降低了燃烧温度。在高温下上述各成分的分解反应如下：

$$CO_2=CO+\frac{1}{2}O_2$$

$$H_2O = H_2 + \frac{1}{2}O_2$$

$$\frac{1}{2}H_2 = H$$

$$\frac{1}{2}O_2 = O$$

$$\frac{1}{2}O_2 + \frac{1}{2}N_2 = NO$$

在这些反应式中，分解的难易首先取决于分子结构，三原子分子比二原子分子容易分解。在某些计算中，温度低于1800℃时，仅考虑H_2O、CO_2分解也可得到足够精确的结果。此外温度也是影响分解的重要因素，随着温度升高，分解反应将随之增加。由于分解反应是吸热反应，因此限制了理论燃烧温度的提高。

还应指出，高温热分解所产生的CO与化学不完全燃烧所产生的CO有区别。前者为完全燃烧产物CO_2在高温下分解产生，在较低温度下还会重新结合为CO_2并放出热量；后者为一种不完全燃烧热损失。

（3）量热计温度t_c❶　不考虑燃烧产物热分解，燃烧产物所达到的温度称为量热计温度。

$$t_c = \frac{Q_{DW}^y + Q_f + Q_a}{V_a C_P} \quad ℃ \tag{4-38}$$

在一般的窑炉设计中，都是先计算量热计温度，再根据不同窑炉的高温系数η（经验数据）求出实际燃烧温度。

$$\eta = \frac{t_p}{t_c} \tag{4-39}$$

工业窑炉高温系数见表4-13。

表4-13　窑炉高温系数

窑炉类型	室式窑		隧道窑	竖窑		回转窑
	煤气	煤		煤炭	煤气	
系数 η	0.73～0.78	0.66～0.70	0.78～0.83	0.52～0.62	0.67～0.73	0.70～0.75

2. 燃烧温度计算　实际燃烧温度受多方面因素的影响，不易从理论上进行计算。一般是先计算量热计温度，然后再乘以高温系数η求得实际燃烧温度。

根据
$$t_c = \frac{Q_{DW}^y + Q_f + Q_a}{V_a C_p}$$

令
$$Q = Q_{DW}^y + Q_f + Q_a$$

则
$$t_c = \frac{Q}{V_a C_p}$$

令
$$i = \frac{Q}{V_a}$$

---

❶ 在各种不同资料中，对理论燃烧温度、量热计温度定义不同，有的资料将上述两个温度合为一个，或称为理论燃烧温度，或称为量热计温度，只是在高温下考虑热分解，温度较低情况下不考虑热分解。

式中　i——每标准立方米燃烧产物所具有的热含量，kJ/m³。

则有
$$t_c = \frac{i}{C_P}, i = C_p \cdot t_c$$
$$C_P = a + bt + ct^2 + \cdots\cdots$$

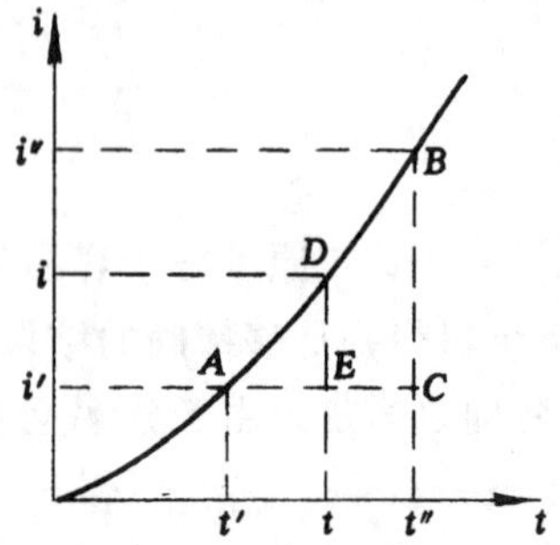

图 4-2　比例法求燃烧温度

由于c_p随温度变化，需采用试算法，即先假定温度t''，查出C''_P，求出i''，若$i'' > i$，则再将温度降低为t'，同样求i'，直至二者相等时的温度t即为t_c。

在具体计算时，先确定两个温度t'和t''，二者相差100℃，而且使燃烧产物热含量介于t'和t''相对应的热含量i'和i''之间，如图 4-2。
$$\triangle ABC \sim \triangle ADE, \frac{BC}{DE} = \frac{AC}{AE}$$
即
$$\frac{i'' - i'}{i - i'} = \frac{t'' - t'}{t - t'}$$
则
$$t = \frac{(t'' - t')(i - i')}{i'' - i'} + t' \quad ℃ \tag{4-40}$$

例题 10　隧道窑用发生炉煤气的组成及有关数据见例题 5。求 (1) 当煤气、空气均不采取预热措施时，实际燃烧温度为多少？(2) 当一次空气预热至 200℃，一次空气占总空气量的 70%，二次空气预热至 1000℃，此时的实际燃烧温度为多少？

解　(1) 当空气、煤气不采取预热措施时燃烧温度的计算

首先根据发生炉煤气组成计算热值。
$$Q_{DW}^{w} = 126.48CO + 108.06H_2 + 359.60CH_4 + 598.13C_2H_4$$
$$= 126.48 \times 29 + 108.06 \times 15 + 359.60 \times 3 + 598.13 \times 0.6$$
$$= 6726.50 \quad kJ/m^3$$

每标准立方米燃烧产物的热含　$i = \frac{6726.50}{2.47} = 2723.28 \quad kJ/m^3$

假设燃烧产物温度介于 1600～1700℃之间，燃烧产物中各成分比热可由附录 3 查出：

温度	C_{CO_2}	C_{H_2O}	C_{N_2}	C_{O_2}
1600℃	2.3848	1.8619	1.4553	1.5399
1700℃	2.4041	1.8841	1.4624	1.5483

1600℃燃烧产物热含量为其中各组分热含量之总和
$$i_{CO_2} = 2.3848 \times 0.1648 \times 1600 = 628.82$$
$$i_{H_2O} = 1.8619 \times 0.1008 \times 1600 = 300.29$$
$$i_{N_2} = 1.4553 \times 0.7106 \times 1600 = 1654.62$$
$$i_{O_2} = 1.5399 \times 0.0240 \times 1600 = 59.13$$
则
$$i' = 628.82 + 300.29 + 1654.62 + 59.13 = 2642.86 \quad kJ/m^3$$

1700℃燃烧产物热含量
$$i_{CO_2} = 2.4041 \times 0.1648 \times 1700 = 673.53$$
$$i_{H_2O} = 1.8841 \times 0.1008 \times 1700 = 322.86$$
$$i_{N_2} = 1.4624 \times 0.7106 \times 1700 = 1766.61$$

$i_{O_2} = 1.5483 \times 0.0240 \times 1700 = 63.17$

则 $i'' = 673.53 + 322.86 + 1766.61 + 63.17 = 2826.17 \quad kJ/m^3$

根据公式（4-39）

$$t_c = \frac{(t'' - t')(i - i')}{i'' - i'} + t'$$

$$= \frac{(1700 - 1600) \times (2723.28 - 2642.86)}{2826.17 - 2642.86} + 1600$$

$$= 1644 \quad ℃$$

取隧道窑高温系数 η 为 0.8，则实际燃烧温度 t_p 应为

$$t_p = \eta t_c = 0.8 \times 1644 = 1315℃$$

（2）当空气采取预热措施时，实际燃烧温度的计算

已知 $Q_{DW}^{w} = 6726.50 \quad kJ/m^3$

一次空气物理热 $Q_{a_1} = 0.7L_aC_{a_1}t_1 = 0.7 \times 1.69 \times 1.3096 \times 200 = 309.85 \quad kJ/m^3$

二次空气物理热 $Q_{a_2} = 0.3L_aC_{a_2}t_2 = 0.3 \times 1.69 \times 1.4118 \times 1000 = 715.78 \quad kJ/m^3$

燃烧 1 标准立方米煤气所带入的热量

$$Q = Q_{DW}^{w} + Q_{a_1} + Q_{a_2} = 6726.50 + 309.85 + 715.78 = 7752.13 \quad kJ/m^3$$

$$i = \frac{Q}{V_a} = \frac{7752.13}{2.47} = 3138.51 \quad kJ/m^3$$

设燃烧产物温度在 1800～1900℃之间，燃烧产物中各成分比热为：

温度	C_{CO_2}	C_{H_2O}	C_{N_2}	C_{O_2}
1800℃	2.4225	1.9054	1.4704	1.5558
1900℃	2.4392	1.9251	1.4779	1.5638

1800℃燃烧产物热含量

$i_{CO_2} = 2.4225 \times 0.1648 \times 1800 = 718.61$

$i_{H_2O} = 1.9054 \times 0.1008 \times 1800 = 345.72$

$i_{N_2} = 1.4704 \times 0.7106 \times 1800 = 1880.76$

$i_{O_2} = 1.5558 \times 0.0240 \times 1800 = 67.21$

则 $i' = 718.61 + 345.72 + 1880.76 + 67.21 = 3012.30$

1900℃燃烧产物热含量

$i_{CO_2} = 2.4392 \times 0.1648 \times 1900 = 763.76$

$i_{H_2O} = 1.9251 \times 0.1008 \times 1900 = 368.70$

$i_{N_2} = 1.4779 \times 0.7106 \times 1900 = 1995.37$

$i_{O_2} = 1.5638 \times 0.0240 \times 1900 = 71.31$

则 $i'' = 763.76 + 368.70 + 1995.37 + 71.31 = 3199.14$

根据公式（4-40）

$$t = \frac{(1900 - 1800)(3138.51 - 3012.30)}{3199.14 - 3012.30} + 1800$$

$$=1868℃$$

当 $\eta=0.8$，实际燃烧温度 $t_p=0.8\times1868=1494$ ℃

3. 影响燃烧温度因素的分析

随着高温烧成技术的发展，要求窑炉具有更高的温度。如制品烧成温度为1700～1900℃，则火焰温度应达到1800～2000℃以上，如何获得这样高的温度，是本课程所讨论的重要课题之一。根据实际燃烧温度的公式（4-36）可以看出，影响燃烧温度的因素是多方面的，归纳起来有如下几点。

（1）燃料的热值　随所选用燃料热值的提高，燃烧温度将有所提高，但二者之间并非直线关系。当 Q_{DW}^{w} 热值在4000～16800kJ/m³ 之间，量热计温度随热值增加迅速上升，Q_{DW}^{w} 在16800～29000kJ/m³ 之间时，热值对量热计温度影响逐渐减少，而当 $Q_{DW}^{w}>20000$kJ/m³ 时，热值对量热计温度影响就不大了。

上述事实说明，仅从热值高低来选择高温燃烧所用燃料是不够的，还必须考虑到燃烧产物组成、比热、特别是燃烧产物量的影响。例如天然气热值虽高，但由于主要成分为甲烷，一个体积甲烷将产生三倍的燃烧产物，致使其燃烧温度不可能很高。由此可以看出，即使采用重油、天然气、液化石油气等高热值燃料，如不采取其它措施，也难以达到更高的燃烧温度。

（2）燃料、空气的预热　进行燃料、空气预热，可以提高燃烧温度。这是由于增加了燃料与空气的显热，而不引起燃烧产物体积的增加，尤其对于低热值的燃料，提高燃料和空气的预热温度，效果更为显著。但固体燃料不易预热，液体燃料预热温度过高会产生热分解，影响燃料性质，气体燃料预热温度也受到安全条件的限制，不可能预热至太高温度，因此工程上大多数是采取预热空气的措施来提高燃烧温度。如果能采用窑炉烟气余热来预热空气，不仅可以提高预热温度，而且可以降低排烟温度，节约能源。

（3）氧气的利用　在燃烧所用空气中加入氧气，提高助燃空气中的氧含量，减少空气中的氮含量，可以降低燃烧产物量，提高燃烧温度。同时往火焰中加入氧气，可以显著改变火焰的性能，由于燃烧产物中氮含量减少，三原子气体密度增加，气体辐射能力增强，从而提高窑炉效率和生产能力。但使用氧气成本较高，设备复杂，因此只有在特殊需要时才采用。在工程中，富氧空气的含氧量一般不超过28～30%，富氧程度过高，燃烧产物容积降低速度变慢，燃烧温度提高速度也不明显。

（4）减少散热损失　加强燃烧室或窑炉的保温，以减少散热，可提高燃烧温度。亦可增加小时燃料燃烧量，以减少每千克燃料的散热损失，但此时应注意传热速度，若传热速度不能相应增加，则烟气离窑温度提高，反而增加了燃料消耗。

（5）低过剩空气燃烧　为保证燃料完全燃烧，避免化学不完全燃烧热损失，应供给较理论空气量为多的空气量，即在一般情况下空气过剩系数应略大于1。但从燃烧温度计算公式看出，空气过剩系数过大，将增加燃烧产物量而降低燃烧温度，因此在保证燃料完全燃烧的前提下，应采用较低的空气过剩系数。此外，空气过剩系数大，也是造成低温腐蚀的主要原因：过剩氧热分解产生原子状态氧与烟气中的二氧化硫相作用，

$$SO_2+O=SO_3$$

在150℃以下与排烟中的水分合成硫酸，腐蚀金属管道并污染环境。过剩氧存在，烟气中还会产生 NO_x 造成公害。因此，在燃料燃烧时应尽量减少过剩空气量，使燃料在接近理论空

气量的情况下燃烧。当采用低过剩空气燃烧时，对燃烧过程的组织提出了更高要求，即要求燃料和空气混合更加均匀，否则将造成不完全燃烧，反而降低燃烧温度。

五、近似计算

当燃料的化学组成无法知道时，可根据燃料种类及低位热值利用经验公式来近似计算理论空气量及理论烟气量。由于各人进行实验和整理数据的方法不尽相同，因此，整理得到的经验公式的形式与系数也略有出入。现举一组计算公式列于表 4-14。

表 4-14　燃料燃烧所需理论空气量、生成理论烟气量近似值

燃料种类		理论空气量近似值	理论烟气量近似值
固体燃料		$\frac{0.241Q_{DW}^{y}}{1000}+0.5$　(m^3/kg)	$\frac{0.213Q_{DW}^{y}}{1000}+1.65$　(m^3/kg)
液体燃料		$\frac{0.203Q_{DW}^{y}}{1000}+2$　(m^3/kg)	$\frac{0.265Q_{DW}^{y}}{1000}$　(m^3/kg)
气体燃料	$Q_{DW}^{y}<12500$ (kJ/m^3)	$\frac{0.209Q_{DW}^{y}}{1000}$　(m^3/m^3)	$\frac{0.173Q_{DW}^{y}}{1000}+1$　(m^3/m^3)
	$Q_{DW}^{y}>12500$ (kJ/m^3)	$\frac{0.26Q_{DW}^{y}}{1000}-0.25$　(m^3/m^3)	$\frac{0.272Q_{DW}^{y}}{1000}+0.25$　(m^3/m^3)
天然气	$Q_{DW}^{y}<35800$ (kJ/kJ)	$\frac{0.264Q_{DW}^{y}}{1000}+0.05$　(m^3/m^3)	$\frac{0.264Q_{DW}^{y}}{1000}+1.05$　(m^3/m^3)
	$Q_{DW}^{y}>35800$ (kJ/m^3)	$\frac{0.264Q_{DW}^{y}}{1000}$　(m^3/m^3)	$\frac{0.282Q_{DW}^{y}}{1000}+0.38$　(m^3/m^3)

注：表中 m^3 均指标准状态下的体积。

第三节　燃料燃烧过程

燃料种类虽然很多，但从燃烧的角度来看，各类不同燃料均可归纳为两种基本组成：一种是可燃气体，如 H_2、CO、C_nH_m 等；另一种是固定碳。如液体燃料，加热后形成气态碳氢化合物，同时在高温缺氧的情况下，有一部分碳氢化合物受热分解生成固体碳粒子，因此，液体燃料的燃烧可以看作是可燃气体及固定碳的燃烧。固体燃料在受热时逸出挥发分，余下的可燃物为固定碳，因此，固体燃料的燃烧实质上也是可燃气体及固定碳的燃烧。所以研究燃料的燃烧过程，可以从分别研究两种基本燃料的燃烧过程着手。

在燃料的燃烧过程中，除需具有燃料和与之相适应的空气，同时保证二者均匀混合外，还需达到燃烧所需的最低温度即着火温度，而燃烧则是指燃料中的可燃物与空气中氧的剧烈氧化反应并产生大量热量的过程。

一、着火温度

一般燃烧过程都分为着火、燃烧两个阶段。着火是燃烧的准备阶段，在该阶段燃料进行着缓慢的氧化，氧化时放出的热量只有一部分传到外面，另一部分用来提高本身温度，使氧化过程增强，放出了比开始更多的热量，这样逐步地使过程强化起来，最后放出的热量与散失的热量相等，即进入了相当于临界温度——着火点的热平衡状态。这个平衡很容易被破坏，只要温度略高于该临界温度就要着火燃烧，因此，把该温度称为着火温度。

该过程可以清楚地用图 4-3 说明。

当容器中充满了煤气、空气混合物，它们之间进行氧化反应则放出热量，其放热量 Q_1 可表示为

$$Q_1 = Ae^{-E/RT}$$

式中　E ——活化能，kJ/kmol；

　　　R ——气体常数，kJ/（kmol·K）；

　　　T ——气体温度，K；

　　　A ——系数。

Q_1 随温度的变化在图 4-9 中以曲线 Ⅰ 表示 。

容器中所进行的氧化反应，使混合气体的温度上升，当气体温度高于容器外围空气温度时，则有热量通过容器壁向外围散失，其散失热量 Q_2 可表示为

$$Q_2 = K(T - T_0)$$

式中　T_0—— 周围介质温度,K；

　　　K ——系数，J/（m^2·h·K）。

Q_2 随外界温度 T_0 的变化，在图 4-3 中以 Ⅱ 、Ⅲ 等直线表示。

当混合气体温度在 T_A 和 T_B 之间时，由于散热速率大于放热速率，温度不能稳定，必然不断下降，直至到达 A 点时才停止；当混合气体温度低于 T_A 时，由于放热速率大于散热速率，温度必然继续上升，直至到达 A 点，因此，A 点是稳定点。此时混合气体温度很低，氧化反应速率慢，属于缓慢氧化。当混合气体温度略低于 T_B 时，散热速率大于放热速率，温度不断降低；而当温度略高于 T_B 时，放热速率大于散热速率，温度不断上升，这样由于偶然的偏差会使它离开平衡状态，因此，B 点为不稳定点。

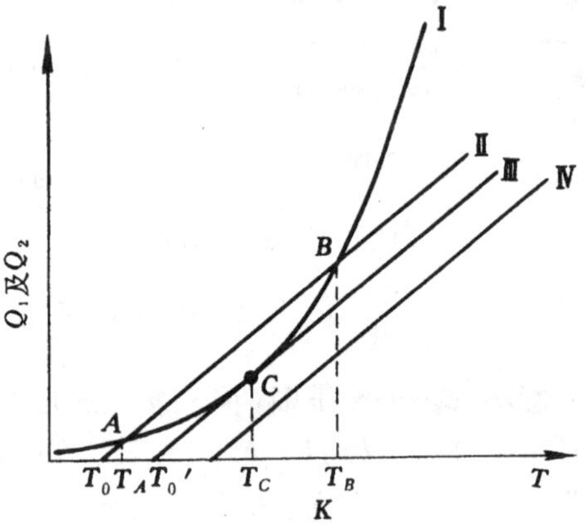

图 4-3　着火温度的定义

当周围介质温度为 T'_0 时，散热曲热 Ⅲ 与放热曲线 Ⅰ 相切于 C 点，C 点是稳定情况下存在的极限点，即着火点。此时的温度 T_C 叫做着火温度，即在一定条件下燃料稳定燃烧的最低温度。

由上述分析可以看出，着火温度并不是一个常数，它不仅与可燃气体混合物的组成及有关参数有关，还与散热条件有关。

表 4-15 例举了各类燃料的着火温度以供参考。

表 4-15　各类燃料的着火温度

燃料种类	着火温度（℃）	燃料种类	着火温度（℃）	燃料种类	着火温度（℃）
天然气	530	原油	380～530	木柴	250～300
高炉煤气	530	汽油	415～430	泥煤	225～250
焦炉煤气	640～650	轻柴油	350～380	褐煤	200～350
发生炉煤气	640～650	重油	300～350	高挥发分烟煤	200～400
甲烷	600～800			低挥发分烟煤	300～500
乙烷	530～570			无烟煤	600～700
氢	540～590			焦炭	600～700
一氧化碳	630～650				
硫化氢	300～400				

二、火焰传播速度

前述的着火过程，是混合气体在整个容器中同时达到某一温度，如超过这个温度，便自动地不需外界作用而着起火来的过程，也称之为自燃着火。而窑炉中可燃混合物的着火不是自动进行的，而是靠明火或燃烧室炽热墙壁的辐射热而点燃的，即热源在某处点火，燃烧火焰向其它方向传播，然后整个系统达到着火的这一过程，称之为工艺点火。

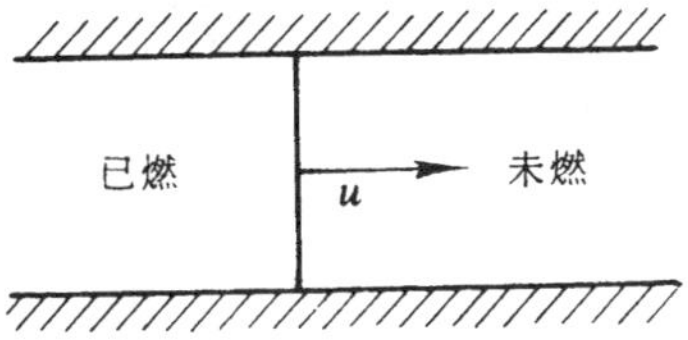

图 4-4 火焰传播过程

在有外界热源存在的情况下，可燃混合物的点火及燃烧过程可叙述如下：在如图 4-4 的一根管子内充满可燃混合物，当一处被点燃后，在管子中出现一薄层火焰，即出现了燃烧区，同时在管子中还存在着未燃着的可燃混合物，它们处于预热区。预热区接受燃烧区所传递的热量而被加热，同时燃烧区的燃烧产物也通过分子扩散到达预热区，燃烧产物中的水汽及二氧化碳等气体因为能吸收燃烧区的辐射热，当其扩散到预热区时，更加速了可燃混合物的加热过程。由于燃烧区传热、传质综合作用的结果，使靠近燃烧区的薄层也达到着火温度而着火燃烧。

在管子中已燃烧的区域和未燃烧的区域被一个正在燃烧的薄层所分开，该薄层表面称为前焰面。当可燃气体混合物处于静止状态时，由于前焰面将热量传递给预热区的可燃混合物使其着火燃烧，形成新的前焰面，即可以看成前焰面以一定的速度向前推进。前焰面在其法线方向上的移动速度称为火焰传播速度。当前焰面固定不动时，火焰传播速度可用可燃混合物进入燃烧区的速度来表示。

影响火焰传播速度的因素很多，因为火焰传播过程是一个化学反应过程，同时又是传热、传质过程，因此，凡能加速化学反应过程和燃烧区向预热区传热、传质的因素，都有助于提高火焰传播速度。

(1) 可燃气体的热值高，获得燃烧产物的温度就高，从而加强了对可燃混合物的传热，提高了火焰传播速度；可燃气体的导热系数大，火焰传播速度就快，如氢的导热系数较其它可燃气体的导热系数都大，因此它具有较其它气体大得多的火焰传播速度、而甲烷导热系数小，火焰传播速度则慢。

(2) 增加可燃气体和空气的预热温度，可提高火焰传播速度。

(3) 在可燃气体与空气的混合物中，可燃气体浓度变化，火焰传播速度也随之变化。对于各种不同的可燃气体，火焰传播速度都有一个极大值，该值处于空气过剩系数略小于 1 的情况下。

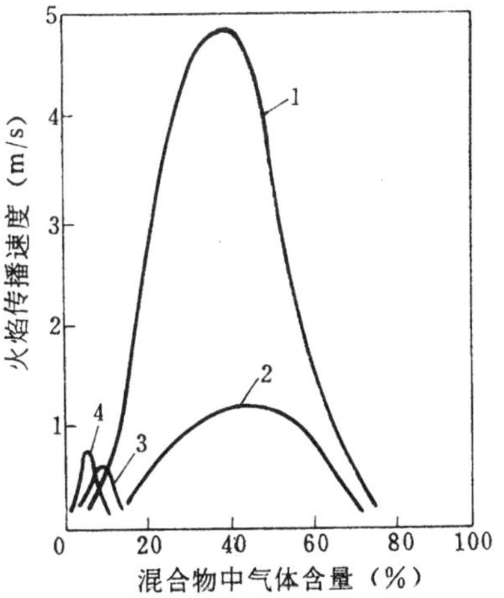

图 4-5 可燃气体火焰传播的浓度范围

1—氢；2—一氧化碳；3—甲烷；4—乙烷

此外，实验还证明：在可燃气体混合物中，只有在一定浓度范围内火焰才能传播，如果超过这个范围，燃烧只限于在点火源附近而不能传播，亦即存在着火焰传播的上限和下限。各种可燃气体火焰传播的浓度范围如图 4-5 所示。如果可燃物浓度超过上限，就说明混合物中可燃气体的浓度太高，氧气浓度不足，可燃物不能充分燃烧，放热少，火焰不能传播；相反，如果混合物中可燃气体的浓度太低，燃烧放出的热量少，不足以将邻近一层加热至着火温度，火焰也不能传播。若可燃气体浓度处在火焰传播范围内，当有明火接触时，一处着火，火焰就很快传至整个容器，使容器内可燃混合物着火燃烧，因此，火焰传播的浓度范围也称为着火浓度范围。某些可燃气体着火浓度范围列于表 4-16。

表 4-16 气体燃料的着火浓度范围

燃料名称	着火浓度范围（%）		燃料名称	着火浓度范围（%）	
	下限	上限		下限	上限
甲烷	5.0	15.0	丙烯	2.0	11.1
乙烷	3.22	12.45	丁烯	1.7	9.0
丙烷	2.37	9.5	汽油气	1.0	6.0
丁烷	1.86	8.41	煤油气	1.4	7.5
戊烷	1.40	8.0	天然气	5.0	16.0
己烷	1.25	6.9	一氧化碳	12.5	74.2
庚烷	1.0	6.0	氢	4.0	74.2
乙烯	3.0	34.0			

（4）在气流中火焰传播速度还和气流速度有关。气流的湍流化，将加速燃烧区的传热与传质过程，从而加速可燃混合物的预热，增大火焰传播速度。随着气流湍流化程度增加，前焰面变形，愈来愈弯曲，最后发生破裂，如图 4-6 中的 *a* 和 *b* 。由于燃烧表面急剧增大，这时不应再称为前焰面，因为它已在整个炽热容器中散布开来，这时燃烧区好象由许多燃烧中心所组成，使火焰传播速度大为加快。

此外，火焰传播速度还和惰性气体含量，管子直径等因素有关，不再详述。

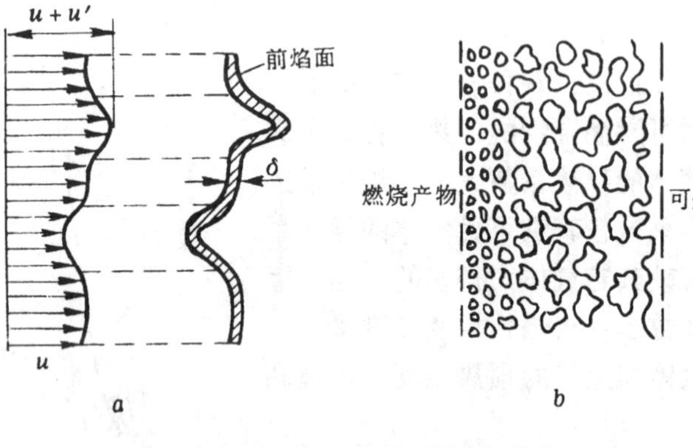

图 4-6 火焰前焰面随气流速度变化

a —小尺度的湍流；*b*— 大尺度的湍流

单一气体的最大火焰传播速度及最大速度下气体的浓度列于表 4-17。

火焰传播速度是决定可燃气体与空气混合物最合适喷出速度的必要参考数据，因此对烧嘴设计及操作都具有重要意义。

当可燃气体与空气混合物经烧嘴喷入窑内时，气流速度逐渐降低，温度逐渐升高至着火温度以上而导致燃烧。若在点燃处气体的流速大于火焰传播速度，则火焰根部不断向前移动，最后火焰根部将稳定在两者速度的相等处。

表 4-17 单一气体的最大火焰传播速度及最大速度下的气体浓度

气体种类	空气助燃下火焰传播速度	
	最大法向火焰传播速度（m/s）	最大速度下的燃气浓度（%）
H_2	4.83	38.5
CO	1.25	45.0
CH_4	0.67	9.8
C_2H_6	0.85	6.5
C_3H_8	0.82	4.6
C_4H_{10}	0.82	3.6
C_2H_4	1.42	7.1

如果增大气流速度，火焰将在离烧嘴更远处才能稳定。当气流速度过大，此外可燃气体混合物已被周围介质所稀释，可燃气体浓度降低，火焰不能传播。当有点火源时可以点火，点火源撤除后，由于各点气流速度都大于火焰传播速度，火焰将被“吹走”，后来的气体不能着火，导致火焰熄灭，此种情况称为“脱火”。

如果降低气流速度至低于火焰传播速度，火焰将稳定在距烧咀较近处。气流速度过低，前焰面将发展至烧嘴内部，此种情况称为“回火”。出现“回火”现象，不仅中断正常燃烧过程，而且由于燃烧在烧嘴内的有限空间进行，极易引起烧嘴或管道爆炸事故。

无论“脱火”还是“回火”都是我们不希望的，火焰只能在一定气流速度范围内保持自身稳定。

在实际生产中，当可燃混合物自烧嘴喷出的速度比较高，而且已超过脱火极限时，火焰不能保持自身稳定。为了保持稳定燃烧，必须从其它方面获得热量，使可燃混合物加热到着火温度以上。这一热量来源于高温燃烧室壁面和火焰的辐射热，以及高温烟气的回流。

三、可燃气体（H_2、CO、C_nH_m）的燃烧

可燃物与氧气之间的燃烧反应过程并非象燃烧计算时所用的化学反应式那样简单，实际上燃烧反应过程是复杂的链锁反应过程。

按照链锁反应理论，当系统中受到任何形式的激发（分子相互碰撞，高温热分解、电火花、光的照射等）时，形成了原子和化学根，它们起着活性核心的作用，即它们是发生链锁反应的刺激物。这些活性核心与稳定分子相作用，即发生链锁反应，由此活化了整个过程。

氢的燃烧按分枝链锁反应进行。所谓分枝链锁反应是指反应中一个中间物质产生两个链锁刺激物分别进行链锁反应，这样就形成了很多分枝：

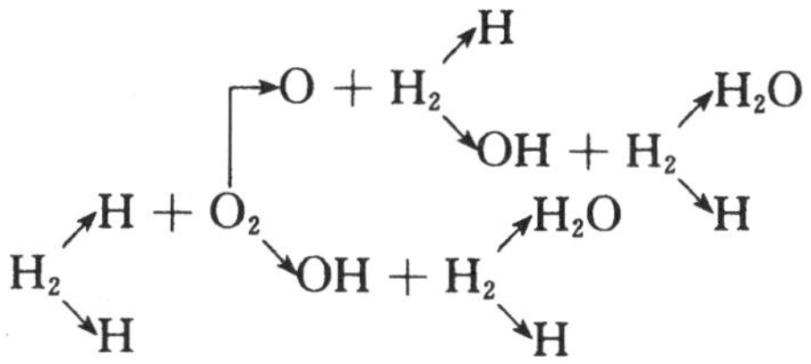

或写成

$$H + O_2 = OH + O$$

$$OH + H_2 = H_2O + H$$

$$O + H_2 = OH + H$$

$$OH + H_2 = H_2O + H$$

其总反应式为

$$H + 3H_2 + O_2 = 2H_2O + 3H$$

反应生成的 H 将会按同样方式与 O_2 进行反应。

CO 的燃烧反应和 H_2 的燃烧反应一样，也属于分枝链锁反应。许多实验证明干燥的 CO 难于燃烧，而水汽的存在对于 CO 的燃烧具有决定性的影响，这是由于水汽的存在使可燃混合物中具有活性核心 H、OH 的缘故。

在有 H、OH 存在的情况下，CO 的氧化反应为

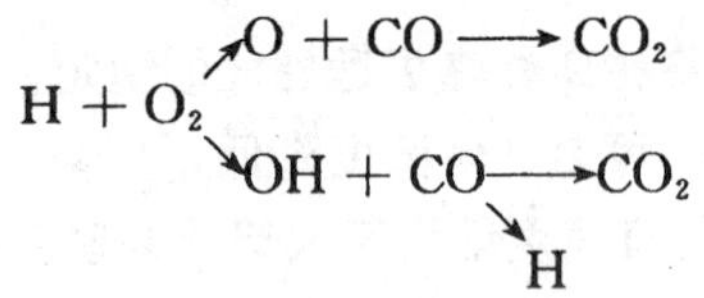

气态烃的燃烧，比氢或一氧化碳燃烧更复杂，以甲烷为例说明其链锁反应过程

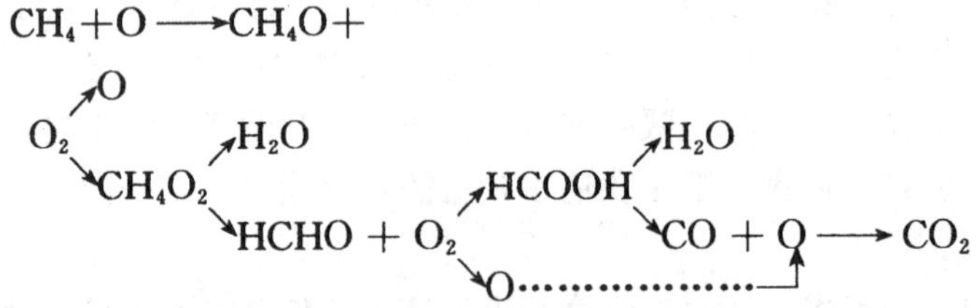

对于碳氢化合物的燃烧，氧原子是发生链锁反应的活性核心，甲醛的存在能产生氧原子，对碳氢化合物的燃烧有利。

由上所述可知，气体燃料的燃烧，是按链锁反应进行的。当气体燃料与空气的混合物加热至着火温度后，要经过一定的感应期才能迅速燃烧。在感应期内不断生成含有高能量的链锁刺激物，此时并不放出大量热，不能立即将邻近层气体温度升高而燃烧，这一现象叫延迟着火。延迟着火时间不仅与气体燃料种类有关，也与温度、压强有关。温度愈高、压强愈大，延迟着火时间愈短。

四、固定碳的燃烧

碳的燃烧属于多相（气、固相）燃烧。对于多相燃烧过程，可燃物与氧化剂之间的接触是靠各相之间的扩散来达到的。因此燃烧反应速度不仅取决于可燃物与氧之间的化学反应速度，也和氧化剂的物理扩散速度有密切关系。

燃烧反应速度和氧浓度的关系为

$$u = KC_n \qquad 或 \qquad C_n = \frac{u}{K} \tag{1}$$

式中 u ——燃烧反应速度，可以用单位时间，单位碳粒表面氧化反应消耗氧的体积表示，$m^3/(m^2 \cdot h)$；

K ——反应速度常数，m/h；

C_n ——靠近表面处氧的浓度，m^3/m^3。

另一方面，在表面上起反应的氧气体积等于从周围向该表面扩散的氧气体积，所以燃烧反应速度也可以用扩散速度表示

$$u = \alpha_D (C - C_n)$$

或

$$C - C_n = \frac{u}{\alpha_D} \quad (2)$$

式中　α_D ——对流传质系数，m/h；

C ——反应容器中氧的浓度，m^3/m^3。

将式（1）代入式（2）有

$$C - \frac{u}{K} = \frac{u}{\alpha_D}$$

则

$$u = \frac{C}{\frac{1}{K} + \frac{1}{\alpha_D}} \quad (4\text{-}41)$$

由上式可以看出，多相反应总速度与化学反应速度及扩散速度有关，并取决于最慢过程的速度。

在低温阶段，$K \ll \alpha_D$，即在低温阶段化学反应速度比扩散速度低的多，其总反应速度取决于化学反应速度，燃烧处于化学动力控制区域，简称“动力区域”。

在高温阶段，$K \gg \alpha_D$，即在高温阶段化学反应速度远大于氧气扩散速度，其总反应速度取决于物理扩散速度，燃烧处于物理扩散控制区域，简称“扩散区域”。此时反应物理扩散过程的系数 α_D 愈大，则总的反应速度愈快。

在动力区域与扩散区域两个极限情况之间为过渡区，此时的燃烧速度与化学反应速度及扩散速度都有关，情况较为复杂。碳的燃烧速度与温度、气流速度的关系如图 4-7。

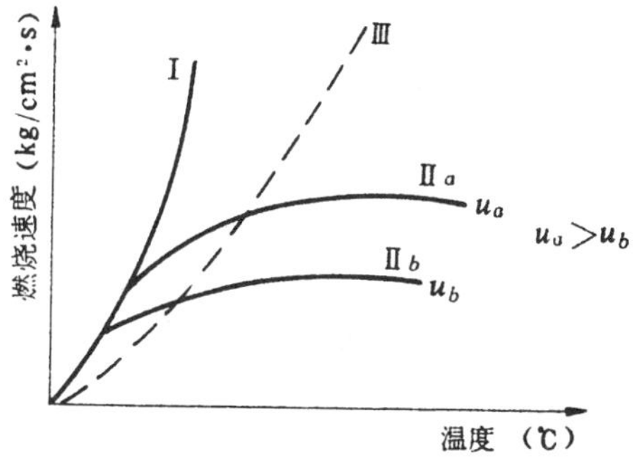

图 4-7　碳的燃烧速度和温度气流速度的关系
曲线 I 为动力区；曲线 I 与 II 之间为过渡区；
曲线 II 右侧为扩散区（u_a、u_b 为气流速度）

燃料在窑炉中燃烧时，碳的燃烧一般是在扩散区域内进行的，因此空气与燃料的良好混合，并具有较大的相对速度，是强化燃烧的主要途径。

有关碳的氧化理论有如下几种论述：

（1）认为碳与氧相互作用首先生成二氧化碳，二氧化碳继续与碳作用生成一氧化碳

$$C + O_2 = CO_2$$

$$CO_2 + C = 2CO$$

（2）认为碳与氧作用首先生成一氧化碳，然后一氧化碳又被进一步氧化为二氧化碳

$$2C + O_2 = 2CO$$

$$2CO + O_2 = 2CO_2$$

（3）第三种理论认为：首先生成碳氧复合物 C_mO_n，这种复合物进一步分解为二氧化碳和一氧化碳。这两种分解物是同时生成的，其相对数量与温度有关

$$mC + \frac{1}{2}nO_2 = C_mO_n$$

$$C_mO_n = xCO_2 + yCO$$

当温度低于 1300℃时，　　$4C + 3O_2 = 2CO_2 + 2CO$

当温度高于 1300℃时，　　$3C + 2O_2 = 2CO + CO_2$

第四节　气体燃料燃烧过程及燃烧设备

在窑炉中使用气体燃料（煤气）时，由于气体燃料能够与空气均匀混合，燃烧所需空气过剩系数小，因此可以达到较高的燃烧强度和完全燃烧程度。同时燃烧操作简单，燃烧过程易于实现自动化，所以气体燃料是窑炉中主要应用的燃料之一。

煤气的燃烧过程基本上可以归纳为：煤气与空气的混合；将混合物加热到着火温度；煤气中的可燃组分与空气中的氧发生激烈的化学反应进行燃烧。在上述过程中，煤气中的可燃组分与空气中的氧在高温下进行燃烧反应是非常快的，可以认为是在一瞬间完成的。将可燃物加热到着火温度，在高温炉膛或燃烧室中也是比较快的。唯有煤气、空气混合过程是一种物理扩散过程，需要一定时间，因此它是决定燃烧速度的主要因素。

根据煤气、空气混合条件不同，煤气的燃烧方法和燃烧设备（烧嘴）基本上可以分为两大类：一类为煤气与空气预先不进行混合，或不进行充分混合，二者在燃烧空间内边混合边燃烧，此时燃烧速度受到混合速度的限制，燃烧缓慢且具有明显的火焰，这种燃烧方式称为“有焰燃烧”（扩散燃烧），所用烧嘴称为“有焰烧嘴”；另一类为煤气与空气在进入燃烧室或炉膛之前进行了充分的混合，这种可燃混合物一旦遇到高温环境立即着火燃烧，速度极快，火焰很短甚至无火焰，这种燃烧方式称为“无焰燃烧”（动力燃烧），所用烧嘴称为“无焰烧嘴”。

煤气与空气的混合就是两流股的混合，其机理及影响因素见第一章流股有关内容。本节着重介绍各种燃烧方式的特征及燃烧设备。

一、有焰燃烧与有焰燃烧设备

1. 有焰燃烧的特点

采用有焰燃烧法，煤气在烧嘴内不与空气混合，喷出后靠扩散作用进行混合燃烧，在炉内形成具有一定形状和长度的火焰。由于煤气、空气事先未进行混合，煤气中的碳氢化合物在受热缺氧的情况下发生热分解而析出碳粒，碳粒尺寸很小（0.01～0.15 微米），但它们的数目却非常大（每立方厘米为 10^7～10^{10}个），这些碳粒具有较强的辐射力，可以辐射可见光波，因此火焰不仅黑度大而且光辉可见，故称为有焰燃烧（亦称扩散燃烧）。

正如传热一章所述，此时燃烧产物与周围物体之间所进行的热交换属于火焰辐射，它较单纯的气体辐射具有更高的辐射力。碳粒对火焰辐射力的影响可参见图 4-8。该图给出了碳粒对焦炉煤气辐射力的影响。由图可以看出，纯焦炉煤气的辐射力没有最高点，只是在燃烧过程中随着 CO_2 和 H_2O 的不断增加而逐渐增大，直到燃烧过程结束为止。而当燃烧增碳的煤气或重油时，则辐射力显著提高，而且每条曲线上都有一个最高点。

有焰燃烧的火焰结构如图 4-9。

当煤气由单管烧嘴喷出后，靠扩散与空气进行混合，当达到化学反应所需的比例（a=1）立即燃烧，形成极薄的火焰层即前焰面。由于沿流动方向煤气逐渐消耗于燃烧，所以前

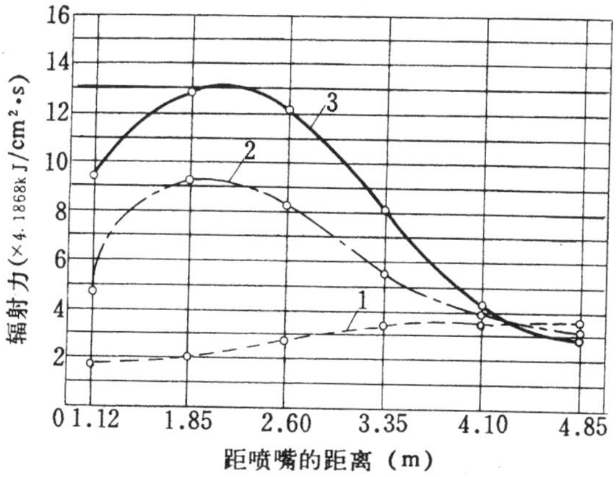

图 4-8 碳粒对焦炉煤气辐射力的影响

1—纯煤气；2—煤气+$\frac{1}{3}$重油；3—纯重油

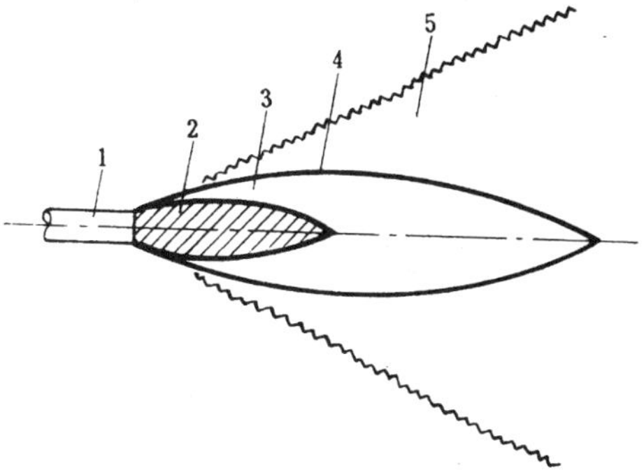

图 4-9 有焰燃烧的火焰结构

1—单管烧嘴；2—火焰冷核心（纯煤气）；3—煤气和燃烧产物混合物（$\alpha<1$）；4—燃烧前焰面（$\alpha=1$）；5—空气和燃烧产物混合物（$\alpha>1$）

焰面逐渐移向中心，最后达到中心线，形成锥形火焰。由锥顶至喷口的距离就是火焰长度。

根据煤气出口的流速不同，有焰燃烧又可分为层流燃烧与湍流燃烧两种类型。

层流燃烧：煤气喷出速度低，燃烧速度取决于层流中的分子扩散速度。由于扩散速度小，所以燃烧速度慢，火焰长。

湍流燃烧：煤气喷出速度提高，喷出气流呈湍流状态，燃烧速度取决于湍流的扩散速度，由于扩散速度增大，所以燃烧速度也随之增加。

火焰长度 l 取决于气流的速度 u_g 和煤气与空气的混合速度即扩散速度 u_d

$$l = B\frac{u_g}{u_d} \quad \text{m} \tag{4-42}$$

式中　B —— 比例系数。

层流时，扩散速度不随流速而改变，则火焰长度与气流速度成正比，气流速度愈大，火焰愈长。

湍流时，由于气流速度的增加，扩散速度也随之增加，因此火焰长度取决于 u_g 与 u_d 的变化程度。

图 4-10 表示了火焰长度与煤气喷出速度的关系。当煤气喷出速度低，处于层流区时，火焰长度随流速增加而增加；当煤气喷出速度增大，处于过渡区时，由于扩散速度增加更快，故火焰长度随流速增加反而减小；当煤气喷出速度继续增加，处于湍流区时，火焰长度随流速增加，开始略有降低，而后又略有增加，基本上趋于稳定。

采用有焰燃烧法，由于获得的火焰长，使炉内温度分布较为均匀；火焰黑度大因此火焰辐射力大；空气、煤气分别送入窑内，预热温度不受限制；烧嘴结构简单，对煤气压力及净化程度均无特殊要求。但有焰燃烧法燃烧空间的热强度低〔热强度即每立方米窑炉空间每小时发出的热量 kJ/（$m^3\cdot h$)〕燃烧不完全，且由于采用了较大的空气过剩系数，降低了燃烧温度。

当煤气与一部分空气事先进行混合（这部分空气称为一次空气）至燃烧空间后再进一步与空气混合并燃烧（这部分空气称为二次空气），此时获得的火焰长度较事先完全不混合时获得的火焰长度为短，通常称之为短焰燃烧。当采用短焰燃烧时，借助于调节一、二次空气的比例，可以在一定范围内调节火焰的长度。

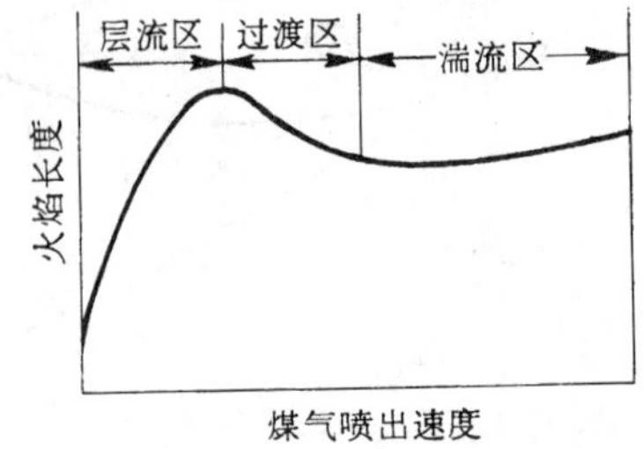

图 4-10　火焰长度与煤气喷出速度的关系

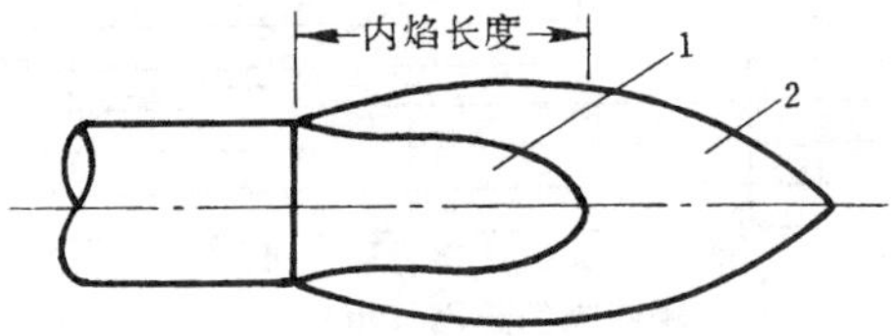

图 4-11　短焰燃烧火焰

1—内焰；2—外焰

内焰的长度与气流喷出速度有关，随气流喷出速度的增加，内焰长度增大。同时，内焰长度还与一次空气量有关，随着一次空气量的减少内焰加长，当一次空气量为零时内焰消失（与外焰重合），此时即为长焰燃烧；随着一次空气量的增加内焰变短，当一次空气量为煤气燃烧所需的理论空气量时，即为无焰燃烧。

2. 有焰烧嘴

烧嘴的结构形式、煤气空气的送入方式等都直接影响火焰的性质。当煤气、空气单独送入燃烧空间时，获得的火焰最长；当煤气、空气按两流股同心喷入时，燃烧情况得到改善，火焰缩短；当在空气管道内安装旋流装置时，能使煤气、空气的混合过程进一步改善，火焰缩短；收缩出口断面，增加煤气、空气的相对速度，同时二者呈一定交角时，燃烧更完全，火焰进一步缩短。若煤气、空气在烧嘴内进行部分混合，则可以获得更完全的燃烧和更短的火焰。

在工业窑炉中常用的有焰烧嘴有如下几种：

（1）单管式煤气烧嘴　其构造如图 4-12。隧道窑采用单管式烧嘴时，煤气通过烧嘴送入砌在窑墙上的燃烧室，热空气由隧道窑冷却带经高压喷射装置通过窑墙送入燃烧室，二者在燃烧室进行部分混合即送入窑内，边混合边燃烧。此类烧嘴获得的火焰长，温度均匀，煤气、空气都可以预热至较高温度，其中煤气温度可达 450～500℃。此类烧嘴对煤气压力要求不高，一般为 50～200 帕。由于煤气喷出后才与空气混合燃烧，不致发生回火现象，所以喷出煤气的流速只需克服窑内反压，满足热工制度对火焰的要求即可。

当使用热发生炉煤气及未净化的煤气时可采用此种烧嘴。

（2）套管式烧嘴　常用的套管式烧嘴构造如图 4-13。这种烧嘴结构简单，煤气燃烧时所得火焰较长，不易发生回火，它要求煤气空气压力都不高，通常采用的压力为 800～1500 帕。

套管式烧嘴标准系列分为四组，第一组用于热值 4000～6000kJ/m³ 的煤气，第二组用

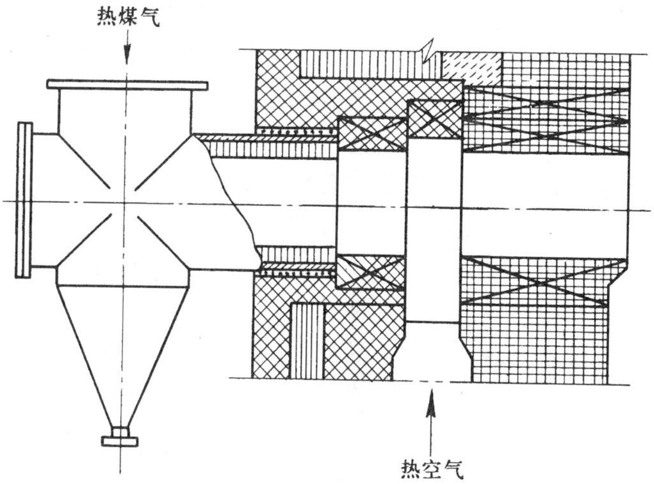

图 4-12　单管式烧嘴

于 6000～9000kJ/m³ 的煤气，第三组用于焦炉煤气，第四组用于天然气。

套管式烧嘴结构尺寸及选型计算可参考有关资料。

（3）涡流式烧嘴　其构造如图 4-14。该烧嘴结构简单，其特点是在空气通路上安装涡流叶片，使空气流旋转，加强空气与煤气的混合，在较小的空气过剩系数条件下也能保证完全燃烧。

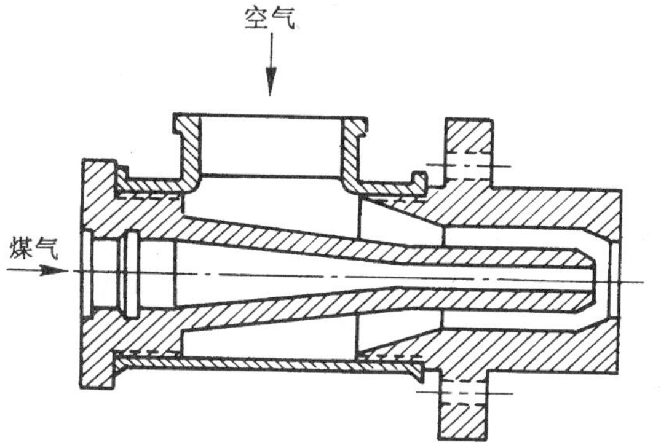

图 4-13　套管式烧嘴

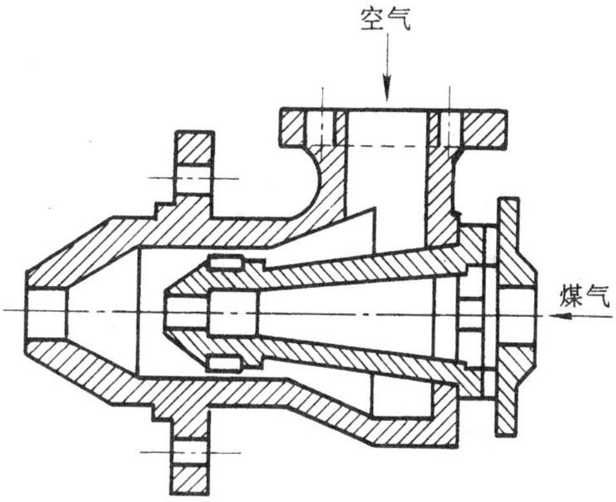

图 4-14　涡流式烧嘴

涡流叶片的角度对空气、煤气的混合及火焰长度有显著的影响，叶片的角度愈大，混合愈好，火焰愈短，但叶片角度大，空气阻力也加大。

这种烧嘴要求煤气、空气压力都不高，标准设计时取烧嘴前煤气压力为 800 帕，烧嘴前空气压力为 2000Pa，在此条件下涡流式烧嘴系列及主要尺寸可参考有关资料。

涡流式烧嘴适用于要求火焰较短的小型窑炉及干燥筒的燃烧室。可使用混合煤气，净化的发生炉煤气、焦炉煤气等。

二、无焰燃烧及无焰燃烧设备

1. 无焰燃烧的特点

无焰燃烧是将煤气、空气预先混合成均匀的可燃混合物，然后送入燃烧室或炉膛中进行燃烧。由于煤气、空气预先混合均匀，因此可以在较小空间内快速进行燃烧，火焰很短且透明，无明显轮廓，同时由于在较小的空气过剩系数下达到完全燃烧，因此可以显著提高燃烧温度，并且有较高的燃烧热强度。但此种燃烧方式局部温度高，在大容积窑炉空间内温度分布不易均匀。

由于煤气、空气的预先混合，当遇到高温热源时会迅速着火并进行燃烧，前焰面有可能会扩展到烧嘴内部而发生回火现象。为了避免回火现象的发生，一方面煤气、空气的预热温度应受到限制，不能接近于燃料的着火温度；另一方面在烧嘴设计和实际操作时，必须使可燃混合物的最小喷出速度大于火焰传播速度。

当可燃混合物的喷出速度过大时，又会造成脱火，为了防止脱火，必需采用稳定燃烧装置，一般用燃烧火道（烧嘴砖）和稳燃器作为稳定燃烧的装置，如图 4-15。这是由于燃烧火道或稳燃器的炽热表面辐射作用，使可燃混合物喷出后迅速接受热量而达到着火温度。此外，高温循环气流加入到刚喷出的混合物中去，起到了连续点火的作用。

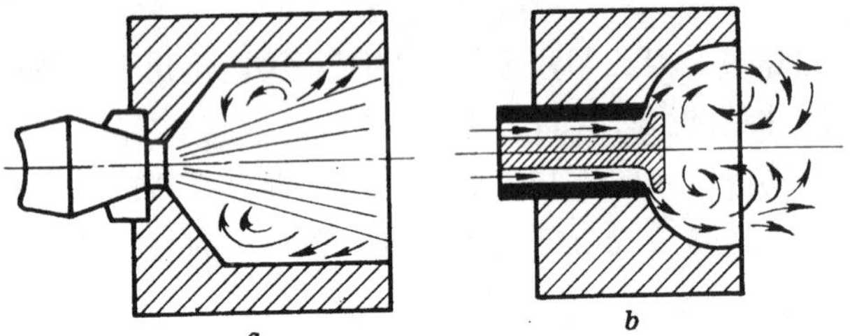

图 4-15 燃烧火道

a—燃烧火道；*b*—稳燃器

2. 无焰烧嘴

为了使煤气、空气均匀混合，常采用喷射式无焰烧嘴，如图 4-16。喷射式烧嘴一般是用煤气的喷射作用将空气带入混合管内，个别情况下也有用空气的喷射作用带动煤气的。采用喷射式烧嘴，煤气与空气流量自动成比例，而且空气是靠煤气的喷射作用吸入的，因此不需要风机输送。

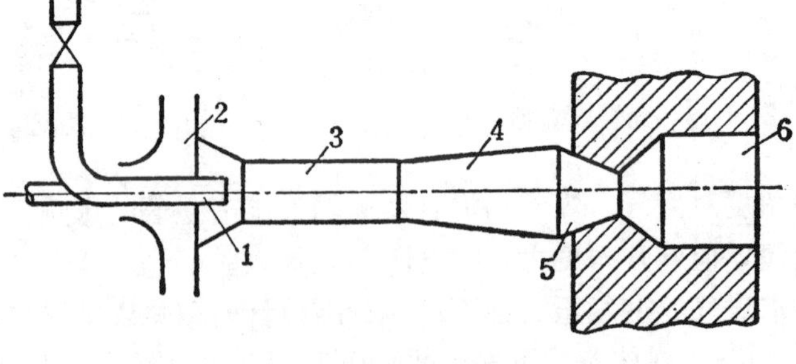

图 4-16 喷射式无焰燃烧器示意图

1—煤气喷嘴；2—空气吸入口；3—混合管；4—扩张管；5—烧嘴喷头；6—燃烧室

采用喷射式烧嘴时，为了能起到喷射作用和使可燃混合物具有一定的喷出速度，要求煤气具有较高的压力。煤气的热值愈高，单位体积煤气所需带入的空气量愈多，要求煤气压力也愈高。

三、其它类型煤气燃烧设备

1. 高速烧嘴

高速烧嘴属于无焰或超短焰烧嘴。这种烧嘴的出现，促进了间歇式窑和连续式窑的重大改进。

高速烧嘴的工作原理如图 4-17。具有一定压力的煤气和空气经混合后（也可以不混合）进入具有高负荷的燃烧室中迅速点火燃烧，由于燃烧产物体积膨胀和燃烧室内气体压力的作用（约 2500 帕），在通过狭窄喷口时将会产生高速气流，一般在 100m/s 以上。同时借助调节调温空气量，喷出气流温度可以在很大的范围内（200～1800℃）进行调节。

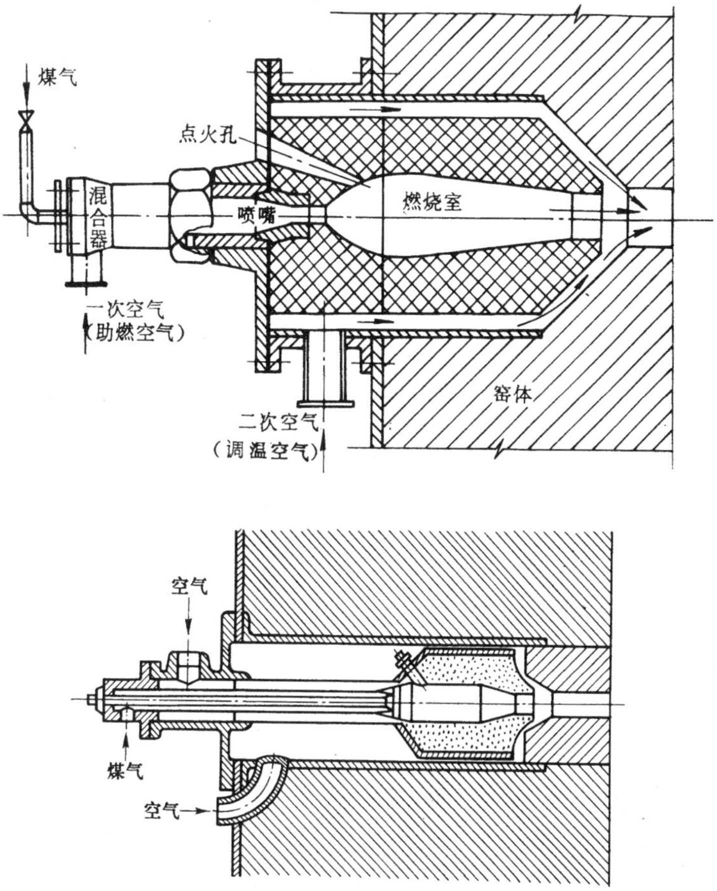

图 4-17 高速烧嘴

a—预混式高速烧嘴；*b*—非预混式高速烧嘴

高速烧嘴有预混式和非预混式两大类。非预混式高速烧嘴煤气和空气分别送入，在燃烧室进行混和、燃烧。为加速混合，可采取相应的强化混合措施，但混合质量仍不如预混式好，而且混合要占据一定的空间，使燃烧室热强度降低，完全燃烧程度也较差。预混式高速烧嘴，采用喷射器进行煤气空气混合，由于混合质量好，燃烧室热强度高，并且可以在较小的空气过剩系数情况下达到完全燃烧。

在高速喷嘴中，煤气、空气或二者的混合物以高速喷入燃烧室空间，气流喷出速度远大于火焰传播速度。为了稳定燃烧，燃烧室结构可以作成坑道式，当混合气体进入燃烧室时立即燃烧，燃烧产物在突然扩大的燃烧室中流速降低，压力升高造成回流，以保证喷口附近可燃气体混合物着火燃烧。也可设置由特殊耐热材料构成的板式稳燃器或电点火装置，以保证可燃混合物稳定燃烧。

高速烧嘴燃烧室要承受很高热负荷（约 $1.2\times10^5 kW/m^3$），因此选用的材料在耐高温性能，抗高温气流冲刷及隔热等方面都必须具备优良的性能。

采用高速烧嘴最突出的特点是窑内温度分布均匀，这是由于喷出的高速气流带动窑内原有气流一起形成环流，使窑内气流始终受到强烈搅动，因而整个窑内温度分布非常均匀。同时借助调节调温空气量，可以很方便地调节喷出气流的温度，因而可以很准确地控制窑内温度。

此外由于窑内气流运动速度的提高，显著地增强了对流换热效果，从而提高了窑炉热效率，降低了燃料消耗。

高速烧嘴由于具有上述这些特点，因此在窑炉中以对流换热为主的阶段，可以发挥显著效益。如在间歇式窑的低温阶段，当采用一般烧嘴时，为了避免窑内升温过快，往往需要少开烧嘴或烧嘴开启很小，这样造成窑内温度分布极不均匀。而采用高速烧嘴时，通过调节调温空气量来调节低温阶段温度，再加上气流的强烈循环，使整个窑内即使在低温阶段，温度分布也很均匀。隧道窑预热带的上下温差问题，也可采用高速烧嘴造成低温气流循环而消除。

2. 自身预热烧嘴

自身预热烧嘴又称换热式烧嘴，是把烧嘴、换热器、排烟系统有机地组成一个整体，其工作原理如图 4-18。在烧嘴本体的上方安装了一个逆流式的换热器，依靠喷射空气的抽力作用将窑内的烟气吸引到围绕烧嘴的环缝及竖直的换热器中，经与空气进行热交换后排出。燃烧所需空气经换热器后可预热至 350～500℃。预热空气和煤气混合、燃烧，并以较高速度喷入炉膛，一般可达 80m/s，这样可以促进炉气的再循环，从而改善了传热过程，并具有较好的温度均匀性，这种烧嘴可以用在 600～1400℃的工业炉上，当用于 1000℃以上的窑炉时效果更好。

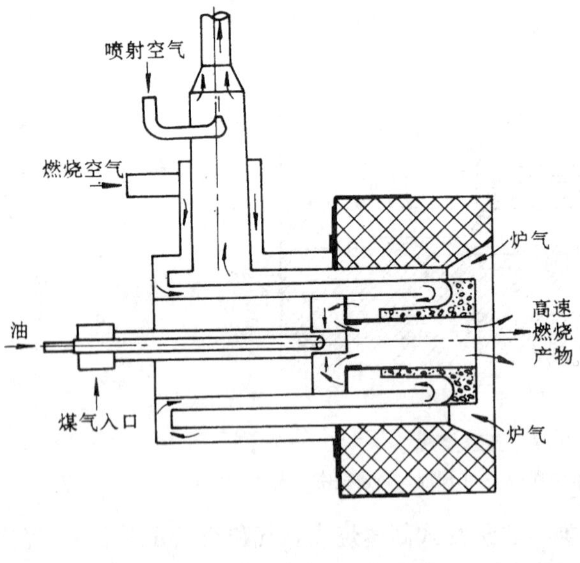

图 4-18　自身预热烧嘴

3. 平焰烧嘴

平焰烧嘴喷出的火焰为向四周展开的圆盘形，并紧贴在炉墙或炉顶的内表面。该烧嘴能将炉墙或炉顶内表面均匀加热到很高温度，具有很强的辐射能力，有利于物料均匀加热和强化炉内传热过程。

平焰烧嘴工作原理如图 4-19。为了得到圆盘式的平面火焰，必须在烧嘴砖出口处形成平展气流，为此可以使空气经螺旋导向叶片从烧嘴处旋转，再经喇叭口形烧嘴砖喷出。旋转气流一方面由于产生较大的离心力使气流获得较大的径向速度，另一方面由于气体的附壁效应，使气体向炉壁表面靠拢，从而形成平展气流。煤气可以从轴向喷出，然后靠空气旋转产生的负压而吸引到平展气流内，与空气边混合边燃烧，形成平面火焰。

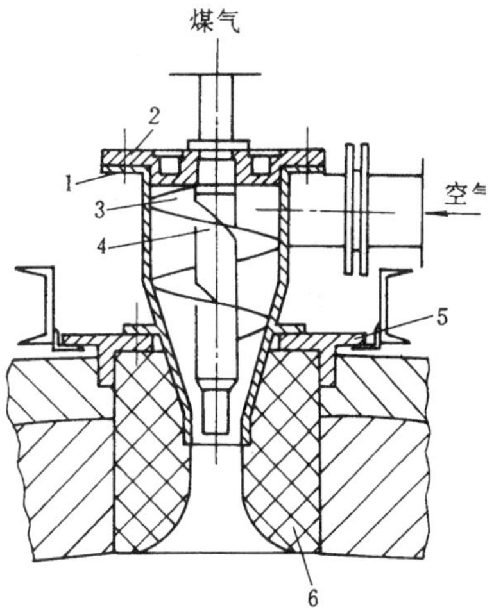

图 4-19 平焰烧嘴

1—外壳；2—盖板；3—螺旋片；4—煤气喷头；5—烧嘴；6—烧嘴砖

4. 低氧化氮（NO_x）烧嘴

低NO_x烧嘴是为了适应环境保护，减少环境污染而发展起来的新型煤气烧嘴。

氮的氧化物NO_x一般包括N_2O、NO、NO_2、N_2O_4等，其中NO和NO_2对大气污染危害最大，对人体健康有严重影响。

煤气燃烧时空气中的少量氮与氧化合生成NO，进一步氧化后生成NO_2。煤气中的氮也会在燃烧时与空气中的氧化合生成NO和NO_2。烟气中NO的生成与火焰温度有关，火焰温度越高，NO的生成量越多。NO_x的生成量与空气过剩系数有关，空气过剩系数小，混合气体的氮含量降低，NO_x的生成量减少。此外，氮的氧化反应为可逆反应，高温气体缓慢冷却，NO_x可重新分解成氮和氧。为此可以采用烟气的再循环，使部分烟气与新生成燃烧产物混合，以降低火焰温度及氧气浓度。采用含氮量低的煤气作燃料，可以减少NO_x的生成量。

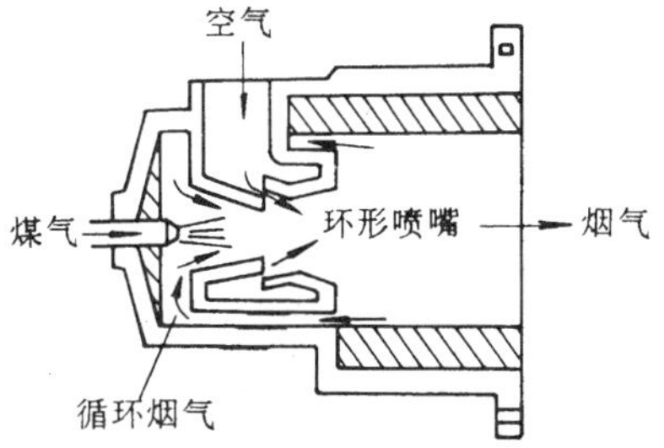

图 4-20 废气再循环式低NO_x烧嘴

一种烟气再循环的低NO_x烧嘴工作原理如图4-20。它是利用空气从环形喷嘴喷出时的喷射作用使一部分烟气回流到煤气烧嘴附近，与空气、煤气掺混在一起，防止生成局部高温，并可降低氧气浓度。

第五节 液体燃料燃烧过程及燃烧设备

液体燃料热值高，燃烧时可以获得较高的燃烧温度，燃烧过程易于控制，便于实现自动化，因此液体燃料是高温窑炉用主要燃料之一。液体燃料包括有汽油、煤油、轻柴油等轻质油和重油。在硅酸盐工业窑炉中主要以重油作为燃料，下面所述燃烧过程及设备都是针对重油而言。

重油的燃烧过程较气体燃料的燃烧过程复杂，它包括油的雾化、油雾与空气的混合、可燃混合物的预热、油雾的蒸发、受热分解以及着火燃烧等一系列过程。

为了保证重油燃烧过程的顺利进行，必须做到以下各方面：重油首先应均匀细小地雾化，以增加其自由活性表面；供给满足重油燃烧的足够的空气量并创造良好的混合条件；燃烧室应具有足够的高温，使可燃混合物迅速点火燃烧；创造良好的燃烧条件，使燃烧过程稳定正常进行。

一、重油雾化

1. 雾化原理及方法

将油流股通过重油烧嘴破碎成细小颗粒的过程称为油的雾化过程。油的雾化过程和一般物质的细碎过程一样，各种物质都有保持其表面状态不受破坏的内力，只有施加的外力超过其内力时，才能破坏其表面状态使物质细碎。保持油流股表面状态的内力是油的粘性力和表面张力，而油流股所受的外力可以是高速喷出雾化剂给油流股的冲击力，也可以是高压油流股向外界施加一个力，使油流股受到一个相反的作用力而破坏。根据雾化原理的不同，雾化方式可以分雾化剂雾化和机械雾化两大类。

（1）雾化剂雾化　用空气或高压蒸汽作雾化剂，当雾化剂以较大的速度和动量喷出并与油流股相遇，对油流股产生冲击、摩擦作用，使油流股表面受到一个外力；另一方面，油流股本身的粘性力和表面张力要使油流股维持其现状，当冲击、摩擦产生的外力大于其内力时，油流股就会破碎成细粒。根据雾化剂所用压力不同，这类方法可分为

1）高压雾化　雾化剂压力在 100kPa 以上；

2）中压雾化　雾化剂压力在 10～100kPa；

3）低压雾化　雾化剂压力在 3～10kPa。

（2）机械雾化　是将重油加以高压（1.0～3.5Pa），使其以较大的速度并以旋转方式从小孔喷入气体空间，这种方法是依靠油本身的高压，也称为油压式雾化。当重油以高速由小孔喷出时，油流股本身将产生强烈的脉动，由此产生很大的径向分力和波浪式运动，使油流股连续性遭到破坏而分散成细颗粒。同时当高速油流在与周围静止介质作相对运动时，周围气体的摩擦作用对油流股产生附加外力。高速油流旋转喷出时，其离心力的作用也可使油流破碎。

2. 雾化炬特征

重油雾化后形成的颗粒群分布在气体介质中，这些颗粒群运动的轨迹组成了轮廓比较规则的雾化炬。雾化炬特征可由以下各项指标加以说明。

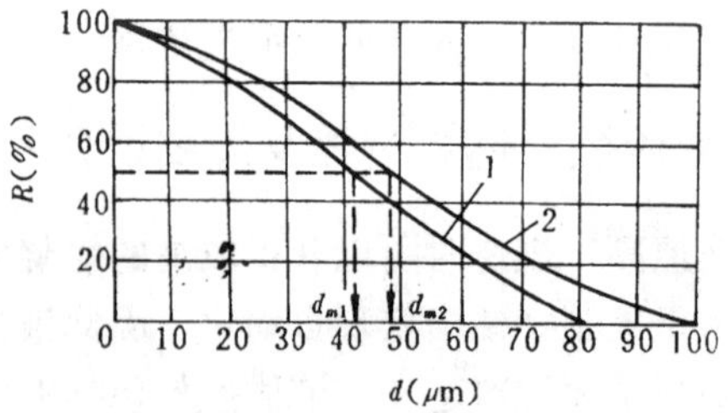

图 4-21　雾化炬中颗粒尺寸分布特性曲线
1—均匀度好；2—均匀度差

（1）油粒直径　雾化后油的粒径分布是不均匀的，可以用雾化炬液滴尺寸分布特性曲线图来表示，如图 4-21。图中横坐标表示雾化炬中液滴的直径，纵坐标表示大于 d_i 的所有液滴的质量占全部液滴总质量的百分数，以 R 表示。由图看出雾化后油滴直径分布不均匀，液滴间尺寸相差越小，雾化颗粒均匀程度越好。

雾化后油滴直径通常用平均直径表示。颗粒平均直径是最基本的雾化质量的参数，计算平均直径的方法有多种，其中比较通用的是索太尔平均值（S.M.D），即

$$d_s = \frac{\Sigma(n_i d_i^3)}{\Sigma(n_i d_i^2)} \tag{4-43}$$

式中　n_i—— 直径为 d_i 的液滴数。

（2）雾化角　即雾化炬的张角。雾化角通常是以喷口为中心，以 100mm 长为半径作弧，

与边界相交，交点与中心相连所得之角即为雾化角，如图 4-22。雾化角大可形成张角较大、短而粗的火焰，反之则形成细而长的火焰。凡有助于提高切向分速度的因素都会使雾化角增大，如采用带旋流装置的烧嘴，可得到大的张角（60°～90°或更大），而提高轴向速度的因素都会使张角减少，即采用直流式烧嘴张角小，只有 10°～20°左右。

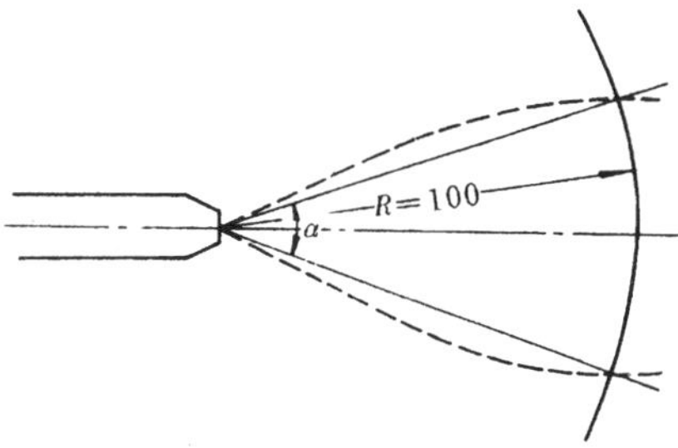

图 4-22　雾化炬张角

（3）油粒流量密度　油雾中油粒质量密度是指在单位时间内，在油粒运动的法线方向上，单位面积所通过油粒的质量〔g/(cm² · s)〕。油粒流量密度可由实验测得，其结果可用流量密度分布曲线来表示，如图 4-23。根据这些曲线可以判断油粒分布的均匀程度，曲线在 R 方向的分散距离反应了张角的大小，此外曲线最高位置是否在中心或与中心对称，反映了烧嘴的对称性。

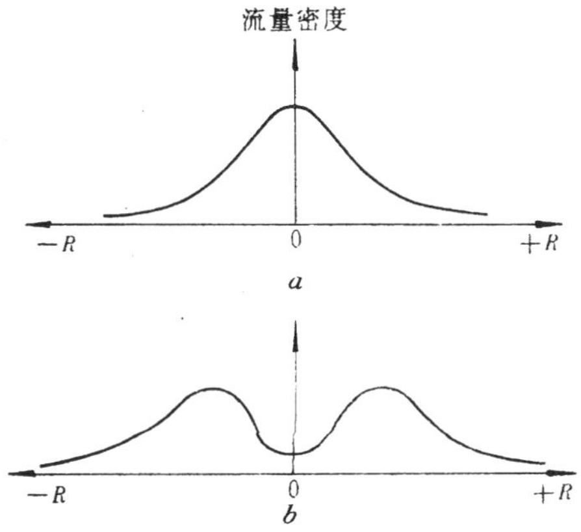

图 4-23　油粒流量密度分布曲线

a —直流式烧嘴；b —旋流式烧嘴

（4）油雾射程　在水平喷射时，油粒降落前在轴线方向所移动的距离称为油雾射程。一般轴向分速度越大，射程越远，切线分速度越大射程越近。射程在一定程度上反映火焰的长度。

3. 影响雾化质量的因素

（1）油温　提高油温可以降低油的粘度，减少内力改善雾化质量。为了达到良好的雾化，油的粘度一般不高于 5～10°E。根据不同种类油的温度——粘度曲线，可将油加热到所要求的温度。

油温也影响油的表面张力，温度升高表面张力有所减少，但在实际工作条件下表面张力变化很小，所以可不去考察表面张力对雾化质量的影响。

（2）雾化剂压力　提高雾化剂压力，雾化剂喷出速度增加，可以获得较大的气流动量，使油流股受到更大冲击而破碎成更小的颗粒，所以高压油烧嘴比低压油烧嘴可以获得更好的雾化质量。

（3）雾化剂的流量　雾化剂单位消耗量（每 kg 油消耗雾化剂量，kg/kg 油）对雾化质量也有影响，特别是低压油烧嘴，由于雾化剂压力低，出口速度不大，所以要把燃烧用空气的大部分或全部作为雾化剂，以产生较大动量。对于高压油烧嘴，雾化剂用量可少的多，增加雾化剂用量，颗粒平均直径有所下降，但当雾化剂用量达到一定值后，如再增加则颗粒平均直径虽有减少但不显著，且压缩空气成本高，过多的蒸汽用量还会降低燃烧温度，所以实际上也不允许过多增加高压雾化剂的用量。

（4）油压　油压决定着油的流出速度。采用空气作雾化剂的烧嘴，油压不宜太高，特别对于低压雾化油烧嘴，油压过高油流喷出速度过快，雾化剂来不及对油流股起作用，使油得不到良好雾化。

对于机械雾化油烧嘴，它是靠油流股本身脉动而实现雾化的，因此油压愈高，油流股喷出速度愈大，可以达到更好的雾化效果。

(5) 烧嘴结构　在烧嘴结构中影响雾化质量的因素有：油与雾化剂出口断面尺寸；雾化剂与油流股交角及二者相遇位置；雾化剂旋转角度；雾化剂与油的出口孔数，各孔形状和相对位置。这些因素的影响是复杂的，目前还不能对其进行定量计算，在设计烧嘴时只能从上述各因素着手改善雾化质量。

二、油雾与空气的混合

由燃烧计算得知，每千克重油燃烧大约需要10标准立方米空气，这个量是很大的。而一般气体燃料燃烧所需空气量较重油燃烧所需空气量小，且为均相混合，所以油雾与空气混合不象煤气与空气混合那样容易，因此就不象煤气燃烧那样易于得到短的火焰和达到完全燃烧。

煤气与空气混合同样取决于两流股的相对速度、中心流股开始尺寸、两流股交角、流股旋转情况等各方面的因素。油的雾化质量直接影响油雾与空气的混合，只有雾化的很细，且油粒在流股断面上分布比较均匀，才有可能与空气很好地混合，因此雾化与混合是相互联系的两个过程。

三、重油的燃烧过程

重油的燃烧应包括如下过程。

(1) 蒸发　油粒受热表面开始蒸发产生油蒸气，大多数油沸点不高于200℃，所以蒸发是在较低温度下进行的。

(2) 热解和裂化　油及其蒸气都是由碳氢化合物组成，它们在高温状态下与氧分子接触可以发生燃烧反应。但与氧接触之前便达到高温，则会发生热分解现象，油蒸气热解以后可以产生固体的碳和氢气，实际燃油炉子所见到的黑烟，便是烟气中含有热解产生的碳粒所致，但这种碳粒并非纯碳，其中还含有少量的氢。

尚未来得及蒸发的油粒本身，如果剧烈受热而达到较高温度，液体状态的油会发生裂化现象。根据所处条件不同，碳氢化合物裂化可以按对称方式进行或非对称方式进行，例如十五烷的裂化可按下述两种不同的方式进行

$$C_{15}H_{32} = C_7H_{16} + C_8H_{16} \qquad \text{对称型}$$

$$C_{15}H_{32} = CH_4 + C_{14}H_{28} \qquad \text{非对称型}$$

非对称型裂化得到的轻碳氢化合物很快被烧掉，而余下的重碳氢化合物则燃烧很慢。

$$C_{14}H_{28} + 21O_2 = 14CO_2 + 14H_2O$$

进行上述反应一个分子可燃物需21个分子氧相结合，实际上这些碳氢化合物的氧化都是在空气显著不足的情况下进行的，因此很难保证迅速完全燃烧。

不对称裂化发生在高温情况下（650℃以上），也就是说在重油燃烧过程中裂化主要以不对称方式进行，如不能很好地组织燃烧，则会出现烟囱冒大量黑烟，燃烧室结成焦瘤，若在烧嘴内部结焦，则会堵塞烧嘴使燃烧中断。

(3) 着火燃烧　气体状态的碳氢化合物与氧分子接触且达到着火温度时，便开始激烈的燃烧反应，此外固体状态碳粒也开始燃烧，而其中气体状态的燃烧是主要的。

由图4-24可知，在含氧高温介质中，油蒸气及热解、裂化产物等可燃物质不断向外扩散，氧分子不断向内扩散，两者混合达适当比例（在 $\alpha=1$ 附近）即着火燃烧，在前焰面处温度最高，产生的热量又向油滴传去，使油滴继续受热、蒸发……。

在油滴的燃烧过程中，一方面燃烧反应要由油的蒸发提供可燃物质，另一方面油的蒸发又要靠燃烧反应提供热量，在稳定过程中蒸发速度和燃烧速度是相等的。但是如果油的蒸气与氧的混合燃烧过程有条件强烈地进行，那么整个燃烧速度就取决于油的蒸发速度。反之，如果蒸发很快而蒸气燃烧很慢，则整个过程的速度便取决于油蒸气的均相燃烧。所以液体燃料的燃烧不仅包括均相燃烧，还包括对液粒表面的传热、传质过程。

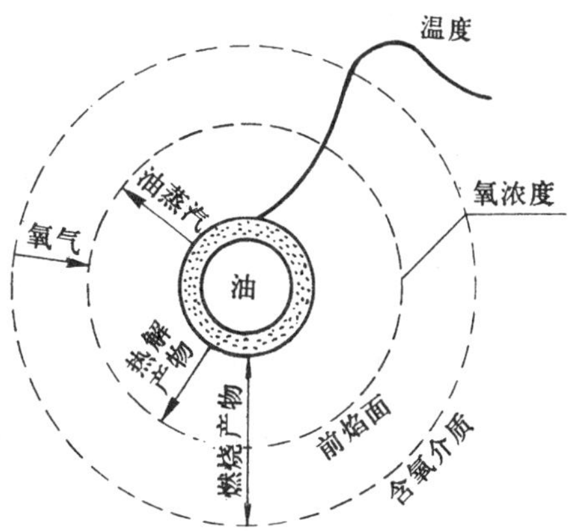

图 4-24　单个油滴的燃烧过程

重油也可以乳化燃烧。在重油中掺入少量水，并使其与油形成乳浊液，可以在一定范围内节约燃料。油中掺水对重油燃烧的影响，从现在来看主要是可以改善雾化质量。因重油掺水后，油滴中有水滴，也就是油包在水的外面，水的沸点比油低，油喷进炉膛后水首先蒸发，体积膨胀，可以将油滴破碎，起到二次雾化的作用。

此外，在高温下碳可以和水蒸气进行反应

$$C + H_2O = CO + H_2$$

因此在火焰根部缺氧的情况下，采用蒸汽雾化或油中掺水，增加了油雾密集处的水蒸气量，对于减少炭黑的生成可起到有利作用。

掺水量过多，废气量随之增大，燃烧温度下降，因此油中掺水应有一个最佳值。

四、重油烧嘴

在燃油系统中烧嘴是一种主要设备。重油的雾化、油雾与空气的混合、燃烧温度和火焰形状等方面都直接和烧嘴结构有关。

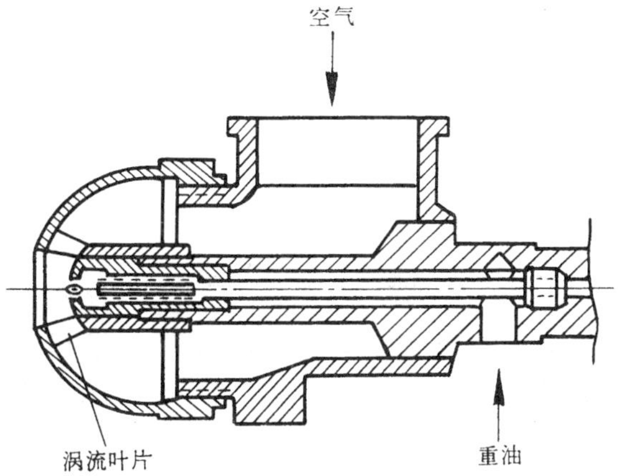

图 4-25　套管式低压油烧嘴

根据重油燃烧过程的特点，对重油烧嘴的基本要求是：有一定的燃烧能力；在一定调节范围内能保证雾化质量；能造成空气与油雾混合的良好条件；燃烧稳定；结构简单、调节方便、坚固可靠等。

1. 低压烧嘴

低压烧嘴是用风机供给的空气作雾化剂，烧嘴前风压一般为 50 ～ 100Pa，高的达 120Pa。由于雾化剂的压力低，所以雾化剂与油流的相对速度小。在这种情况下重油雾化所受的外力，主要不是来源于雾化剂的速度，而是雾化剂的质量所产生的较大动量。因此在低压烧嘴中必须用大量的空气，通常把重油燃烧所需全部空气都作为雾化剂经烧嘴喷入。低压烧嘴构造举例如图 4-25。

由于全部燃烧用空气参加雾化，所以低压烧嘴混合条件好，燃烧所需空气过剩系数小，

一般 $\alpha=1.10\sim1.15$。由于混合好，低压烧嘴火焰一般比较短。

低压烧嘴油压不宜过高，一般为 300 ～ 1500Pa。油压过高使油流股的喷出速度太快而来不及很好雾化。

低压烧嘴的燃烧能力不大，一般不超过 150 ～ 200kg/h。这是因为在雾化剂及油的压力均较低的情况下，如果再加大燃烧能力就要增大喷出口断面，使雾化质量不易保证，且烧嘴尺寸将很庞大。

在低压烧嘴中空气的预热受到限制，因为全部空气经过烧嘴与油管接触，如果预热温度太高会将油管加热，使油在喷出前热分解析出炭粒，造成烧嘴堵塞。

对于低压烧嘴，空气不仅是燃烧反应的氧化剂，同时又是雾化剂。当调节油量时，燃烧所需空气量也随之变化，从而也影响雾化质量。例如减少油量，空气量也相应减少，若空气出口断面不变，则空气出口速度降低，雾化质量变坏。为此低压烧嘴的空气出口断面最好做成可调节的。当空气量变化时，空气出口断面也应相应变化，以保持空气具有一定的喷出速度。

比例调节式烧嘴是低压烧嘴中广泛应用的一种型式，该烧嘴空气出口断面及油出口断面能够改变，油量与空气量可按比例调节。

2. 高压烧嘴

高压烧嘴是用高压气体（如压缩空气或蒸汽）做雾化剂，燃烧所需空气的大部分或全部由风机另行供给，所以和低压烧嘴相比，空气与重油的混合条件差、火焰较长，为保证完全燃烧，所需空气过剩系数较大，约为 1.20～1.25。高压烧嘴的优点是只有少量气体（雾化剂）通过烧嘴本体，因此在烧嘴体积较小的情况下可以获得较大的燃烧能力，此外空气预热也不受重油受热分解的限制，可以提高空气预热温度。常用的高压烧嘴有以下几种。

（1）外混交流式高压烧嘴　外混交流式高压燃嘴是高压烧嘴中最简单的一种，目前在隧道窑上广泛采用。烧嘴本体构造如图 4-26。

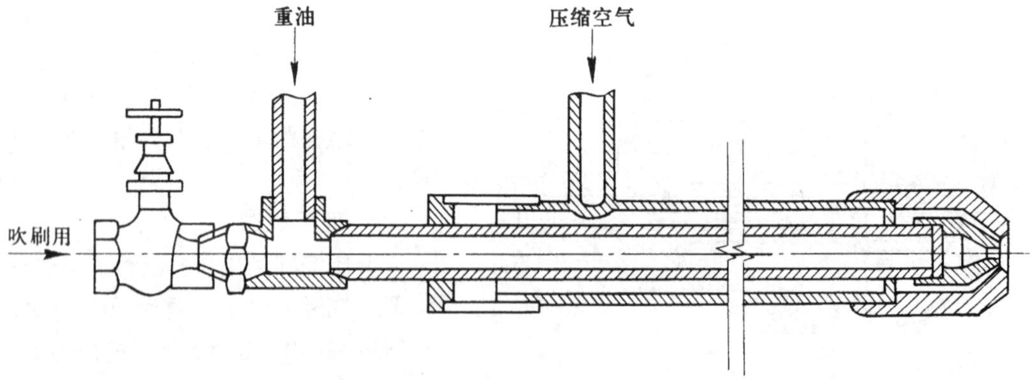

图 4-26　外混交流式高压油烧嘴

该烧嘴采用压缩空气或蒸汽做雾化剂。当进行高压操作时，压缩空气压力在 300kPa 大气压以上，一般在 3 ～ 700kPa 范围内；低压操作时，蒸汽压力仅为 0.5 ～ 100kPa。无论采用高压或低压操作，雾化油滴平均直径均在 100μm 以上，雾化质量较差。

(2) 外混旋流式高压烧嘴（GW 系列）由于在该烧嘴喷头内部装有旋流叶片，使雾化剂在喷头内按一定角度（30°）旋转后喷出，从而改善了雾化质量。其雾化油滴平均直径小于 100μm，且火焰形状及调节性能好，结构简单、操作可靠。

(3) 内混式烧嘴　内混式烧嘴油管喷口在雾化剂喷管里面，雾化剂可以在较长一段距离内与高速油流混合，同时当油气相混时，气被油所包围，当此高压气体喷出后，由于体积膨胀而将油滴进一步破碎，即起到二次雾化作用，因此，雾化质量好，雾化粒度一般小于 40μm，甚至可达 10μm 左右。采用内混式烧嘴，不但可以得到较细的油粒，而且油粒在流股中分布均匀，有利于与空气混合，所获得的燃烧温度高、火焰短。同时内混式烧嘴雾化剂包围着油烧嘴，防止了由于炉膛高温辐射热使重油分解析出炭粒堵塞烧嘴的现象发生。但是，此种烧嘴由于雾化剂在油喷口处的反压力较大，所以油压必须较高才能使油流喷出。

图 4-27 是采用了拉伐尔管的内混式高压雾化烧嘴。

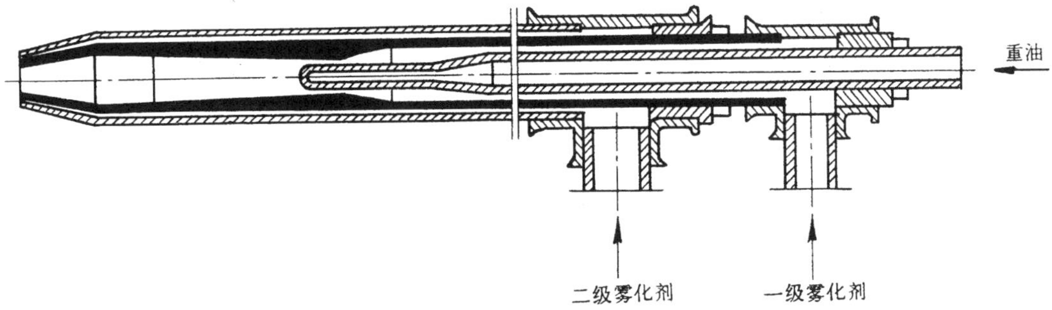

图 4-27　具有拉伐尔管的内混式高压雾化烧嘴

该烧嘴一级雾化采用拉伐尔管，雾化剂经拉伐尔管进行绝热膨胀，获得更高速度后与重油流股相遇，二者再进行二级雾化。该烧嘴雾化质量好，燃烧能力高。

采用拉伐尔管时，拉伐尔管尺寸按高压气体流出原理设计，并且加工制造要精细准确，否则扩张管将有可能造成能量损失，达不到预期效果。

3. 机械雾化烧嘴

机械雾化烧嘴不需要雾化剂，重油在本身压力作用下由烧嘴喷出而雾化。燃烧所需全部空气另行供给。为了保证雾化质量，要求重油具有高的喷出速度，故要求油压高。机械雾化烧嘴构造举例如图 4-28。

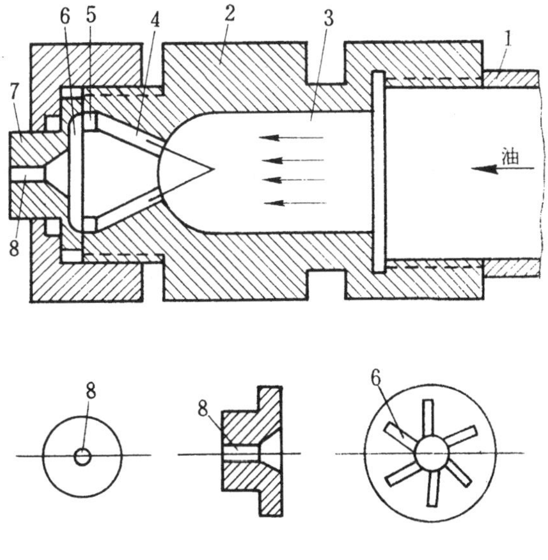

图 4-28　机械雾化烧嘴

1—油管；2—分油器；3—分油室；4—分油道（4 个或 6 个）；5—环形油槽；6—雾化槽；7—雾化片；8—喷出口

重油经过分油道 4 进入环形油槽

5，然后通过切线方向雾化槽6由小孔旋转喷出。由于高速旋转的离心力，重油产生很大的切线速度，与周围空气冲击和摩擦，从而得到很好的雾化，并使油流股旋转，造成与空气混合的有利条件。

因为机械雾化烧嘴不需要雾化剂，所以空气预热温度不受限制，但雾化后的颗粒较大(直径为100～200μm)，机械雾化烧嘴燃油量大，一般多用于回转窑及大容积燃烧室的锅炉上。

4. 转杯式烧嘴

转杯式烧嘴原理如图4-29。该烧嘴有专门的电机带动转杯和风机叶轮旋转，油通过空心轴进入高速旋转的杯的内壁（杯转速为3000～6000转/分），并在内表面上形成很薄的油膜。由于转杯是一个向外扩张的空心圆锥体，在高速旋转时产生很大离心力，薄油膜层就沿着转杯内表面快速向前运动，油膜层越来越薄，最后雾化成小油滴脱离杯口，呈螺旋曲线形向前运动。

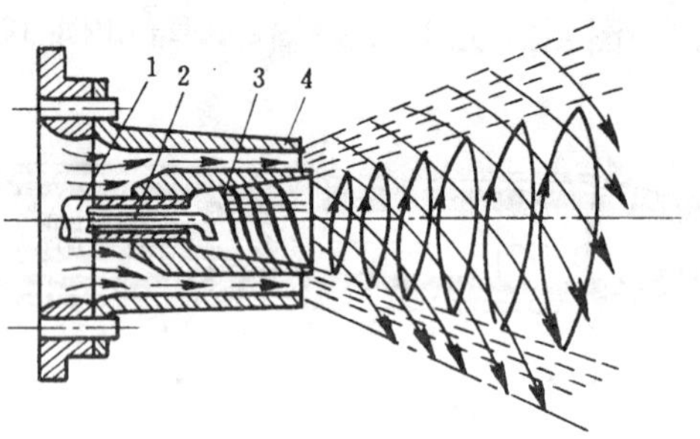

图4-29　转杯式烧嘴原理

1—转轴；2—进油管；3—转杯；4—一次风嘴

油粒离开喷嘴后立即遇到一次空气。一次空气由固定在转轴上的风机叶轮供给，空气通过导流叶片产生旋转运动。当一次空气与油粒旋转方向相反时，可使油流扩张程度缩小（否则油将呈伞形飞离喷口），使雾化、混合、燃烧效果均较好。

转杯式烧嘴结构紧凑，动力消耗少，火焰粗而旋转，火焰稳定，开工点火容易，操作方便。对于小油量、单个烧嘴，很难选择标准油泵和风机时，采用转杯式烧嘴较为合适。

第六节　固体燃料燃烧过程及燃烧设备

固体燃料的燃烧是一个复杂的物理、化学过程，它是化学动力学、气体力学、传热、传质过程的综合。固体燃料可以块状、粉状进行燃烧。在每种情况下燃烧各具特点，分述如下。

一、固体燃料（煤）的燃烧过程

煤的燃烧过程可以分为准备、燃烧和燃尽三个阶段。

1. 准备阶段

准备阶段包括煤的干燥、预热，挥发分逸出和焦炭的形成。

刚被送入炉膛的煤，强烈受热升温。当温度达100℃以上时，水分迅速汽化，直至完全烘干。随着煤的温度继续上升，挥发分开始逸出，最终形成焦炭。

在这一阶段，煤的干燥、预热、逸出挥发分都是吸热过程，其热量来源于燃烧室内的高温烟气、灼热火焰、炉墙及邻近已燃着的煤。一般都希望这个阶段所需的时间愈短愈好，而影响它的主要因素除煤的性质和水分含量外，还有燃烧室的温度及燃烧室结构。

2. 燃烧阶段

燃烧阶段包括挥发分的燃烧和固定碳的燃烧。

挥发分是由碳氢化合物、氢、一氧化碳等组成的气态物质，比焦炭容易着火，因此逸出的挥发分达到一定温度和浓度时，它就先于固定碳着火燃烧。通常把挥发物着火燃烧的温度粗略地看作煤的着火温度。挥发分多的煤着火温度低，反之，挥发分含量少的则着火温度高。达到着火温度时虽能着火但燃烧缓慢，生产中为保证燃烧过程稳定，加快燃烧速度，往往要求把煤加热到较高温度，例如褐煤加热到550～600℃；烟煤加热到750～800℃；无烟煤加热到900～950℃。

固定碳是煤中的主要可燃组分，是煤燃烧放出热量的主要来源，由于碳的燃烧属于多相燃烧反应，燃烧所需的时间长，且完全燃烧程度也较挥发分燃烧差，因此，如何保证固定碳的燃烧，是组织燃烧过程的关键。

在这一阶段，要保持较高的温度条件，供给足够的空气，并要使燃料和空气很好地混合。

3. 燃尽阶段（灰渣形成阶段）

焦炭即将燃尽时，燃料中的矿物杂质及低熔点物质所形成的灰渣将包围于其表面，使空气很难掺入到里面参加燃烧，从而使燃烧速度下降，尤其是高灰分燃料就更难燃尽。此阶段的放热量不大，所需空气量也很少，但仍需保持较高温度，并给于一定时间，尽量使灰渣中的可燃物质充分燃烧，同时，在操作中配以拨火等技术措施，使灰渣中的可燃物质燃尽。

二、人工操作的燃烧室

1. 层状燃烧过程

煤在层状燃烧室的燃烧过程依次为：新加入的燃料受热蒸发水分、逸出挥发分、焦炭燃烧、形成灰渣。因此，燃烧室自上而下可分为预热干燥带、燃烧带（氧化、还原）及灰渣带。沿层状燃烧室高度，各带分布及气体成分的变化如图4-30所示。

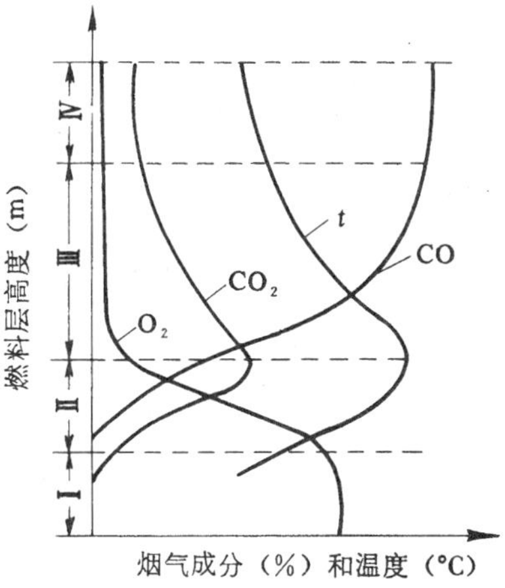

图4-30 煤的层状燃烧过程

Ⅰ—灰渣带；Ⅱ—氧化带；Ⅲ—还原带；Ⅳ—干燥预热带

当由层状燃烧室炉篦下面通入的空气（一次空气）通过灰渣带时，炉篦及灰渣被冷却，空气被预热而温度升高。

空气再继续上升与灼热焦炭接触，进行燃烧反应，根据碳燃烧的第三种理论，燃烧产物中有CO_2，也有CO，只是在该阶段CO_2生成量较CO生成量为大，即以氧化反应为主，也称之为氧化带。在氧化带的顶端气体成分中CO_2含量达最高，O_2含量显著降低，气体温度最高。

当煤层厚度大于氧化层厚度时，气流中的CO_2与碳接触被还原成CO，该区域称为还原带。在还原带中CO_2含量减少，CO含量增加，气体温度降低。

热气流继续上升，把新加入的煤干燥、预热、干馏，并把燃料中逸出的水蒸气、挥发分带入燃烧空间，此带称为干燥预热带。在燃烧室或炉膛空间再送入部分空气（二次空气）使煤中逸出的挥发分及气流中的CO进一步燃烧。

为保证人工操作层状燃烧室的完全燃烧，通常采用较大的空气过剩系数；$\alpha=1.3$～

1.7。而二次空气用量一般为全部空气用量的10～15%。

由上述分析可以看出，煤层厚度的改变，将引起燃烧产物成分的变化。当煤层较薄，空气量较充分时，通过燃烧反应获得大量CO_2，而CO含量很少，同时由于二次空气由燃烧室空间送入，使逸出的挥发分及不完全燃烧产物进一步燃烧，获得完全燃烧的烟气送入窑炉空间，此种燃烧方法称为完全燃烧操作。

当煤层厚度增加时，生成的CO_2将进一步被还原成CO，和煤中的挥发分同时进入窑炉空间进一步燃烧放出化学潜热，此种燃烧方法称为半煤气操作。

继续增加煤层厚度，则CO_2的还原反应加剧，CO数量逐渐增加，从而获得发生炉煤气。

2. 人工操作的层状燃烧室

人工操作的层状燃烧室包括有水平炉篦的燃烧室（如图4-31）和倾斜炉篦的燃烧室（如图4-32）。

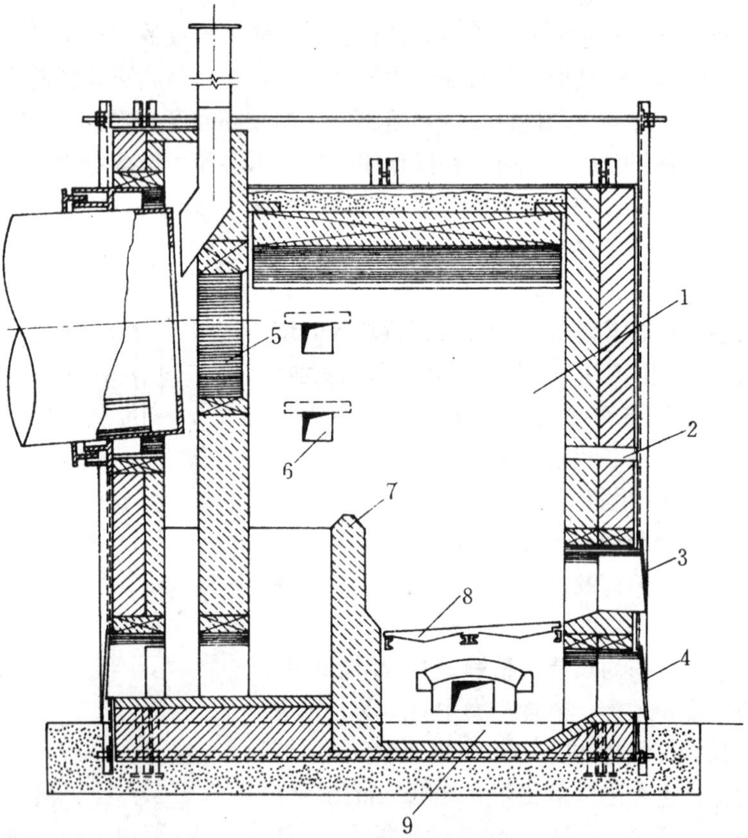

图4-31　水平炉篦燃烧室

1—炉膛；2—看火孔；3—加煤口；4—清灰门；5—喷火孔；6—风量调节孔；7—挡火墙；8—炉篦；9—灰坑

在层燃燃烧室中，新加入的燃料下面受到热烟气、灼热焦炭的加热，上面受到炉膛高温火焰及炉墙的辐射，即受到强烈的双面加热，为燃料的着火提供了极为有利的条件。所以，这种燃烧室能够适用于较难燃烧的燃料，对煤种的适应性较强。

但由于人工操作的层燃燃烧室间歇操作，使燃烧不稳定。在加煤时由炉门漏入大量冷空气，降低了炉内温度；加煤过后大量挥发分逸出并燃烧，焦炭也进行燃烧，而此时由于煤层厚，流体阻力大，通风量反而有所减少。当煤即将燃尽时，流体阻力减小，通风量有所增加，反而降低了炉内温度。特别是自然通风而又使用高挥发分烟煤时，大量逸出的挥发分在较低炉温和缺氧情况下，分解裂化成微细的炭粒子，由烟囱排出，这不仅增加了燃料不完全燃烧热损失，也严重地污染了大气。针对人工操作层燃燃烧室的这一特点，在操作上应予以注意。

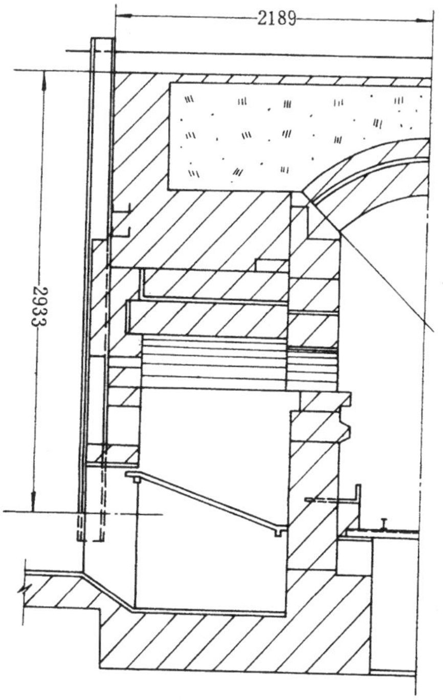

图 4-32 微倾斜燃烧室

层燃燃烧室主要尺寸可由下述方法计算。

燃烧室空间的容积可根据下式计算

$$BQ_{DW}^{y} = K_v V$$

$$V = \frac{BQ_{DW}^{y}}{K_v} \tag{4-44}$$

式中 V ——燃烧室的容积，m^3；

B ——每小时燃料消耗量，kg/h；

K_v ——燃烧室容积热强度，即燃烧室每立方米容积，每小时放出的热量，$kJ/m^3 \cdot h$，其数值见表 4-18。

燃烧室炉篦面积可根据下式计算

$$B = K_F F$$

$$F = \frac{B}{K_F} \tag{4-45}$$

式中 K_F ——燃烧室炉篦外观热强度，即燃烧室每平立米炉篦面积每小时燃煤的千克数，$kg/m^2 \cdot h$，其数值见表 4-18。

表 4-18 燃烧室热强度

燃烧室型式	燃烧室炉篦热强度〔kg/（m²·h）〕		燃烧室容积热强度〔kJ/（m³·h）〕	燃烧室热效率（%）
	强制通风	自然通风		
烟煤燃烧室	150～180	30～60	1046700	0.8
无烟煤燃烧室	60～100	30～60	1046700	0.8
焦炭燃烧室	～150	～75	1046700	0.8
煤粉燃烧室	—	—	670000	0.9
重油燃烧室	—	—	1046700	0.95
煤气燃烧室	—	—	1256000	0.95

在炉篦面积确定之后，就需要进一步确定每个燃烧室尺寸及燃烧室个数。对于人工操作的燃烧室。考虑到操作方便，燃烧室长度与宽度一般不大于 1200×800 毫米。

三、具有回转炉篦的燃烧室

具有回转炉篦的燃烧室其加煤、清渣、除灰等项操作都是机械进行的，因此属于机械化燃烧室，其构造示意如图 4-33。

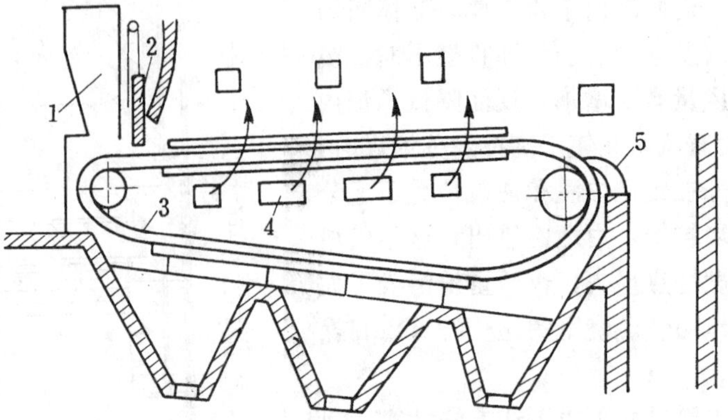

图 4-33　具有回转炉篦的燃烧室

1—煤斗；2—煤闸门；3—炉篦；4—分区送风仓；5—除渣板

燃料由缓缓移动的炉篦引入炉内，空气由炉篦下部的风道送至各风仓后穿过炉篦与煤垂直相遇。煤随炉篦移动逐步完成干燥、预热、燃烧、燃尽各阶段，灰渣由装在炉篦末端的除渣板铲除而落入灰斗。

与层燃燃烧室不同，回转炉篦燃烧室中新加入的煤落在冷炉篦上，而不是落在燃烧的煤层上，因此煤主要利用炉子的高温辐射自上而下地加热至着火温度而燃烧，即回转炉篦燃烧室属于单面加热的设备。同时燃料又受炉篦自前向后移动的影响，使燃烧的各阶段与水平成一倾角。煤在回转炉篦上的燃烧过程如图 4-34。

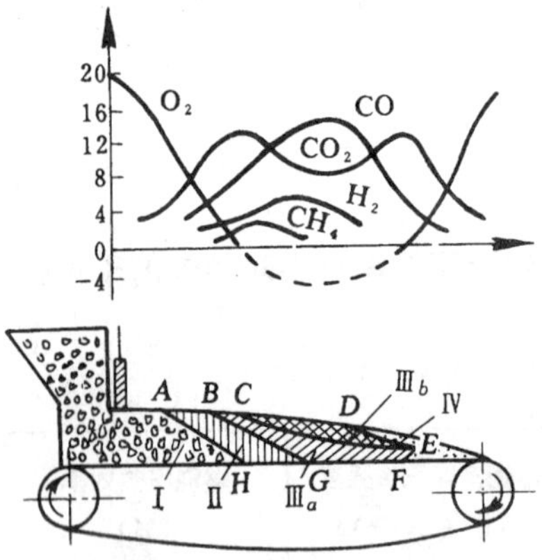

图 4-34　回转炉篦上的燃烧过程

区域Ⅰ是新燃料区，燃料在这里进行干燥、预热，由于该区域底部不存在灼热焦炭，其热量来源主要靠炉内高温辐射，燃料加热、点燃均从上向下慢慢传递，其着火条件差。挥发分从 AH 所示的斜面开始逸出。区域Ⅱ是挥发分逸出燃烧区。从 BG 线开始，形成的焦炭着火燃烧，但由于燃料层的厚度一般都超过氧化层的高度，因此焦炭燃烧区又可分为氧化区Ⅲ$_a$和还原区Ⅲ$_b$。由于回转炉篦单面引火，最上层燃料首先点燃，因此灰渣也先在此处形成，如图中 D 点。同时由于空气由炉篦下送入，最底层燃料的氧化、燃尽也较快，较早形成了灰渣。可见，炉篦尾部未燃尽的燃料被上下灰渣所夹，使多灰分燃料难以燃尽，增加了不完全燃烧热损失。

在具有回转炉篦的燃烧室中，燃料的燃烧是沿炉篦自前往后分段进行的，因此其烟气组成成分沿炉篦长度各不相同，从图 4-34 中可以看出，在炉篦的两端空气过剩，而在燃烧区空气不足以适应燃烧需要，燃烧室中有较多的 CO、H_2、CH_4 等可燃气体，为此可采取分段送风，改变燃烧室结构及增设二次风等措施来改善燃烧情况。

第七节　固体燃料气化及煤气发生炉

将煤或焦炭等固体燃料，通过高温在气化剂的作用下，得到气体燃料的方法，称为固体燃料的气化。气化剂可以是空气或水蒸气，也可以是空气、水蒸气混合物，获得的煤气分别称为空气发生炉煤气、水煤气和混合煤气。固体燃料气化所用的设备称为煤气发生炉。

煤气发生炉由炉身、炉栅、灰盘、装料设备、煤气导出设备等部分所组成。炉身为圆筒形，外包钢板，内衬耐火材料。煤由上部装料设备装入炉内，生成的灰渣落入灰盘然后被除去，灰盘中有水起封闭煤气的作用。生成的煤气由上部导管引出。煤气发生炉构造及煤气发生过程示意如图 4-35。

根据燃料在煤气发生炉内进行的物理化学变化，可沿高度分为空层、干燥层、干馏层、还原层、氧化层、灰层。当采用空气、水蒸气混合物作气化剂时，在煤气发生炉中固体燃料的气化过程如下：

自炉栅下送入的气化剂首先进入炉栅上的灰渣层，由于灰渣温度较高，气化剂被预热。被预热的气化剂向上运动，与燃料中的碳相互作用，生成 CO_2 和 CO，该层被称为氧化层

$$C+O_2=CO_2+409000\quad kJ/kmol$$

$$C+\frac{1}{2}O_2=CO+123000\quad kJ/kmol$$

在该层中所进行的氧化反应均为放热反应，可使该层达到较高的温度。

氧化层中生成的 CO_2 以及水蒸气等气体，继续向上流动遇到炽热的焦炭，进行还原反应，因此该层称为还原层

$$C+CO_2=2CO-162000\quad kJ/kmol$$

$$C+H_2O=CO+H_2-119000\quad kJ/kmol$$

$$C+2H_2O=CO_2+2H_2-75200\quad kJ/kmol$$

$$CO+H_2O=CO_2+H_2+43600\quad kJ/kmol$$

在上述反应中，大多数为吸热反应，要增加反应速度，就必须提高炉内温度，而氧化层碳燃烧放出的热量，为此还原反应提供了热量来源。

在还原层中，产生了可燃气体 CO 及 H_2，煤气质量的好坏，主要取决于煤气中 CO 和 H_2 的含量，因此该层是很重要的。由碳与水蒸气的反应平衡常数与温度的关系（如图 4-36）和碳与 CO_2 的反应平衡常数与温度的关系（见表 4-19）可以看出，提高温度对保证煤气质量是有利的，如气化层温度保持在 1100～1200℃，煤气质量将得到改善。同时由于气化过程中不仅存在着均相反应，更存在着多相反应，为促进气化反应进行，在高温条件下还应使气流具有较大流速，提高在扩散区域内分子的扩散速度，以加速多相反应的进行。

还原层上部的燃料受高温气流的加热，被干馏而逸出挥发分，此层称为干馏层。在干馏层上部燃料受干燥作用排除了水分同时被加热，该部分称为干燥层，或将此二层统称为干燥、干馏层。

在燃料层上部的空间称为空层。在空层中也有少量化学反应，CO 和水蒸气减少，CO_2 和 H_2 略有增加。

在煤气发生炉内各层的作用可以综述于表 4-20。

发生炉煤气所用气化剂的选择：在一般工业炉中所用的发生炉煤气多以空气、蒸汽混

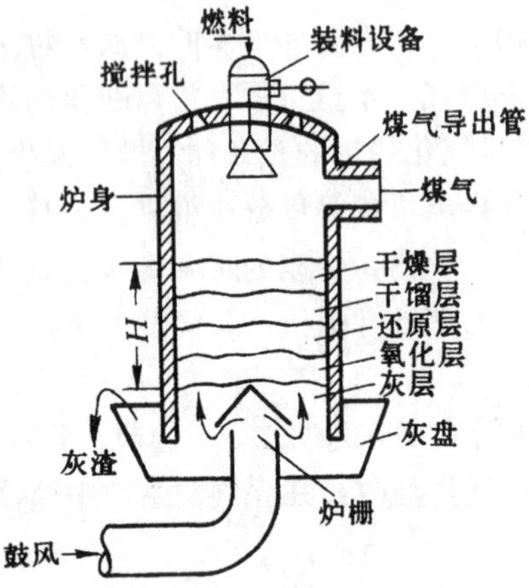

图 4-35　煤气发生炉构造及煤气发生过程示意图

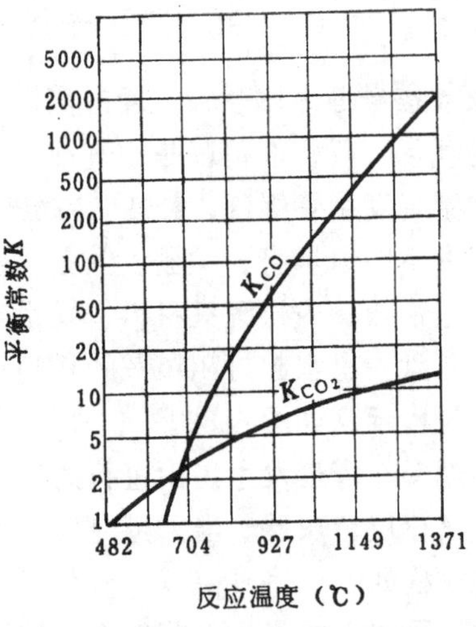

图 4-36　碳与水蒸气反应的平衡常数与温度的关系

$$\left(K_{CO}=\frac{P_{CO}\cdot P_{H_2}}{P_{H_2O}},\ K_{CO_2}=\frac{P_{CO_2}^{1/2}\cdot P_{H_2}}{P_{H_2O}}\right)$$

表 4-19　$C+CO_2 \rightleftharpoons 2CO$ 平衡时的气体组成和平衡常数

温　度　(℃)	CO　(%)	CO_2　(%)	$K_P=\frac{P_{CO}^2}{P_{CO_2}}$
800	86.20	13.80	—
850	93.77	6.23	14.11
900	97.88	2.12	43.04
950	98.68	1.32	73.77
1000	99.41	0.59	167.5
1050	99.63	0.37	268.3
1100	99.85	0.15	664.7
1200	99.94	0.06	1665

表 4-20　煤气发生炉内各层的作用

名　称		进　行　的　过　程　与　作　用	化　学　反　应
灰渣层		支持燃料层 分配气化剂 防止风汽帽（或炉栅）受高温影响利用灰渣物理热预热气化剂	
气化层（火层）	氧化层	碳被气化剂中的氧气氧化成 CO_2 及 CO 并放出热量以维持必要的反应温度	$C+O_2=CO_2$ $C+\frac{1}{2}O_2=CO$
	还原层	CO_2 还原成 CO 水蒸气与碳反应生成 H_2 和 CO，CO_2	$C+CO_2=2CO$ $C+H_2O=CO+H_2$ $C+2H_2O=CO_2+2H_2$ $CO+H_2O=CO_2+H_2$
煤层	干馏层	燃料获得热气体传递的热量进行热分解，析出产物为：CO、CO_2、H_2O、CH_4、C_2H_4、H_2、N_2、NH_3、水蒸气以及焦油等	
	干燥层	利用气体物理热，蒸发燃料中水分	
空　层		聚集气体	有时煤气中部分 CO 与水蒸气进行反应 $CO+H_2O=CO_2+H_2$

合物作为气化剂，这是由于当全部采用空气作气化剂（空气发生炉煤气）时，其煤气中的可燃组分为CO，随鼓风带入大量不可燃组分N_2，因此其热值低。同时由于氧化反应放出大量热，炉内温度高，耐火内衬易损坏，从而降低了炉子的使用寿命。而全部采用水蒸气作气化剂（水煤气）时，获得的可燃组分为CO和H_2，煤气的热值高。但由于气化反应都是吸热反应，为维持炉内的温度，要采取鼓入空气及水蒸气交替进行的措施，所以操作复杂，成本较高，无特殊需要则不采用。因此一般工业窑炉用发生炉煤气多采用空气、蒸汽混合鼓入（混合煤气），反应得到可燃气体CO和H_2，其热值较空气发生炉煤气为高，炉体寿命也较长，因此较为广泛采用。

第八节　燃烧污染及防治

在燃料的燃烧过程中，排放大量燃烧产物，其中的烟尘、SO_2、NO_x等都给大气造成污染。各种污染物的浓度一旦超过环境所允许的浓度极限，就导致大气质量恶化，影响人的健康，使各种生物及设备直接或间接地遭到损坏。下面对于燃烧所形成污染物所产生原因、危害及防治措施分述如下。

一、二氧化硫（SO_2）

SO_2是无色有刺激性的气体，主要导致上呼吸道的疾病，大气中含有1～5ppm[1]就可能引起肺功能的损伤，此外SO_2对动物、植物也都有损伤，对金属、建筑材料等都有腐蚀作用。

烟气中的SO_2是由于燃料中的硫燃烧生成的，当燃料中的硫含量高时，则在排放的烟气中SO_2量就随之增大。

对SO_2污染的防止和管理一般可采取如下途径，并可规纳如图4-37。

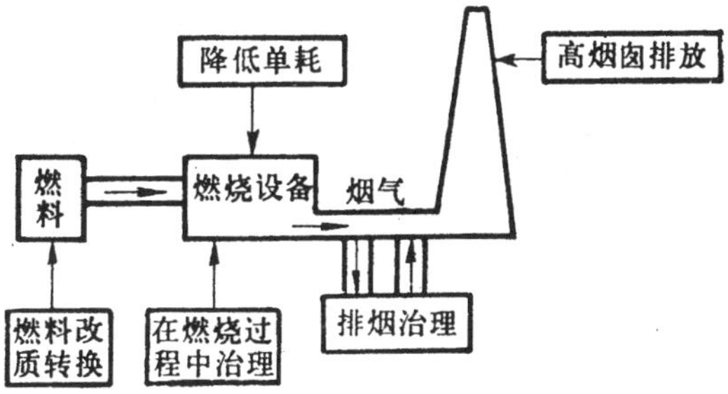

图4-37　燃烧污染治理途径

1. 提高窑炉热效率，降低燃料消耗量　这样不仅节约了燃料，而且排放烟气中的SO_2含量也随之减少，因此降低能耗本身就是一项很重要的治理措施，必须予以重视。

2. 高烟囱排放　这样可以降低污染源区域的污染物浓度，但高烟囱排放不能从根本上消除污染，只能解决局部、暂时的问题。

3. 燃料脱硫　燃料脱硫是指在燃烧之前把燃料的硫除去。燃料脱硫的方法很多，如把固体燃料转换为气体、液体燃料，在转换过程中脱硫。还可以采用洗煤、重油加氢脱硫等方法。

4. 燃烧脱硫　在燃烧过程中脱硫，一般采用沸腾燃烧脱硫。细碎煤沸腾燃烧时加入一定量的脱硫剂（石灰或白云石），在灼热的沸腾燃料层中边燃烧边脱硫，使SO_2与脱硫剂形成硫酸钙，随灰渣排出。

5. 排烟脱硫　当烟气中SO_2含量高时，也可在排烟过程中进行脱硫，排烟脱硫可在消

[1] 1ppm$=10^{-6}$（相当于1米^{3}空气中含有1厘米^{3}有害气体）。

除大气污染的同时回收硫。排烟脱硫方法很多，例如活性炭法，即利用活性炭的活性和比表面积大的特点，对烟气中 SO_2 进行吸附，再用水脱吸附回收副产物硫酸。

二、氮的氧化物（NO_x）

燃烧生成的 NO_x 主要有两个途径，一为燃料中的氮化物在燃烧过程中分解、氧化生成的，这和 SO_2 的生成途径相似，都是来自于燃料，不同的是燃料中的氮不是全部转化为 NO_x，其生成量和燃料中氮含量及燃烧条件有关，NO_x 生成的另一条途径是供燃烧用空气中的氮和氧在高温下反应生成的，亦即在高温下把无毒的氮和氧化合成有毒的 NO_x，其生成量与火焰温度、烟气中氧含量等因素有关。

NO_x 所造成的危害在某种意义上比 SO_2 还大，对人体的影响主要是对肺部的影响，当空气中含 NO_x 达 $10mg/m^3$ 时，就会感到强烈臭味，大于 $100mg/m^3$，一分钟内就不能正常呼吸。对于生物、设备的影响和 SO_2 类似。

NO_x 和 SO_2 一样属于酸性气体，在治理上有不少共同之处。而多数是用控制燃烧的方法来达到治理的目的。特别是在保证燃料完全燃烧的前题下采用低的空气过剩系数时，由于氧几乎全部与燃料化合，使得氮没有和氧结合的机会，从而达到低 NO_x 的目的。

三、烟尘

烟尘主要由没有完全燃烧的微小碳粒以及随废气排出的灰分所组成。颗粒较大的烟尘，直径大于 10μm，一般都在发生地点附近降落，而小于 10μm 颗粒则长时间飘浮于大气中，直径小于 3μm 的微粒比起粗粒危害更大，特别是小于 0.01～0.1μm 的微粒，有 50%会在肺的深部沉积下来难于排出，严重危害人体健康。

为了消除烟尘，一方面要合理地选择燃料并组织好燃烧过程。一般说来燃烧气体燃料烟尘甚少，选用液体燃料当燃烧不完全时，烟囱将冒大量黑烟，不仅造成环境污染，而且也浪费了燃料，破坏了窑炉正常热工制度，因此燃烧重油时更应注意合理地组织燃烧过程。固体燃料燃烧室在加煤、撬灰时也易造成大量烟尘，为此除在操作上改进外，还应从燃烧室结构上加以改进。

另一方面要在烟气进入烟囱之前进行除尘，常采用的除尘设备有如下几种。

1. 重力除尘器　重力除尘器是利用尘粒的重力使尘粒自然沉降，如重力除尘室。此种设备适用于处理 20～40μm 的尘粒，构造简单但效率低。

2. 离心除尘器　离心除尘器利用旋转运动产生的离心力，将粉尘从气流中分离出来，如旋风除尘器。这种除尘器适用于处理 5μm 以上的微粒，该设备效率较高，但小颗粒易逸逃。

3. 洗涤除尘器　洗涤除尘器是使灰尘与洗涤液相接触，利用液滴与灰尘的作用清除气体中的灰尘，它适用于 1μm 以下的微粒。这种洗涤器包括重力喷淋洗涤塔，离心洗涤塔，文氏管洗涤器等。洗涤除尘对气体温度、湿度都没有限制，对含 SO_2 的气体可以选用适当洗涤液加以中和。但洗涤所产生的废水，还需要一套废水处理系统，而且有些废水含有腐蚀性物质，使处理变得更加困难。

4. 袋式除尘器　袋式除尘器是清除细尘粒的一种有效的除尘设备，除尘效率高，用玻璃纤维作滤袋，一般可承受 250～300℃的温度，采用金属纤维滤袋，可承受 400℃的温度。

5. 电除尘　电除尘适用于微粒大于 0.05μm 的尘粒，最大捕集能力达 0.001μm，可适用于不同性质的温度达 500℃气体的除尘。但由于在除尘器中烟气流速小，因而设备体积庞大，加之需要高压直流电源所以造价高。

以上为单项有害物质的作用，这些物质在一定条件下发生反应后，生成新的污染物——二次污染物。SO_2，NO_x 尘粒是产生二次污染物的主要组分。除此之外，当大气中 SO_2 和 NO_x 的浓度高时，还会出现酸性雨，造成的污染更加严重。

为了减少烟尘及有害气体对周围大气的污染，除采取上述各项措施外，可在厂区周围植树造林，利用植物吸收 CO_2 和 SO_2 的本能吸收一部分有害气体，并利用林带对大气中灰尘的阻挡、过滤作用，限制污染范围。

习题与思考题

1. 工业用燃料有哪些种，各具有什么特性，各种燃料分别适用于什么样的窑炉？

2. 燃料的高位与低位热值的区别是什么，对固（液）体燃料和气体燃料高、低位热值之间如何进行换算？

3. 影响燃料实际燃烧温度的因素有哪些，在工业窑炉中可采取哪些有效措施提高实际燃烧温度？

4. 什么叫火焰传播速度，影响火焰传播速度的因素有哪些，火焰传播速度的概念与窑炉设计和操作有什么关系？

5. 煤气燃烧方式有几种类型，各种燃烧方式有哪些特点，各应用在什么场合？

6. 高速烧嘴的原理是什么，高速烧嘴的出现对窑炉发展的意义是什么？

7. 影响重油雾化与燃烧的因素有哪些，各种类型燃油烧嘴的特点是什么？

8. 块状固体燃料在层状燃烧室中的燃烧过程是什么，在层状燃烧室中如何实现完全燃烧与半煤气操作？

9. 高炉、焦炉混合煤气，煤气温度 28℃，煤气干基组成如下：

组成（%）	CO^d	CH_4^d	H_2^d	$C_2H_4^d$	O_2^d	CO_2^d	N_2^d
高炉煤气	26.2	0.6	3.0	—	0.3	13.9	56.0
焦炉煤气	9.0	25.4	57.9	2.9	0.4	3.1	1.3

混合煤气热值为 7854kJ/m^3，问此时两种煤气各占比例为多少？混合煤气的湿基组成如何？

10. 天然气干基组成如下：

组成（%）	CH_4^d	$C_2H_6^d$	$C_3H_8^d$	$C_4H_{10}^d$	CO_2^d	N_2^d
	94.67	1.88	1.15	0.2	0.15	1.95

水分含量为 0.8%，空气过剩系数 1.15。

计算该煤气的低位热值，并计算 1 标准立方米天然气完全燃烧所需空气量、生成烟气量、烟气组成及烟气密度？

11. 某窑炉用发生炉煤气干基组成：

组成（%）	CO^d	H_2^d	CH_4^d	$C_2H_4^d$	CO_2^d	O_2^d	N_2^d
	20.08	21.0	8.45	0.96	10.99	0.3	38.22

水分含量 2.3%

小时燃料消耗量为 2389m^3/h，空气过剩系数 1.16。

计算该窑炉每小时消耗空气量、生成烟气量、烟气组成及密度，当窑炉高温系数 $\eta=0.8$ 时，计算实际燃烧温度，若将实际燃烧温度提高至 1450℃，空气应预热至多少度？

12. 已知煤的可燃基组成

组成（%）	C^r	H^r	O^r	N^r	S^r
	80.2	6.1	11.6	1.4	0.7

应用基水分 $W^y\% = 3.5\%$，干燥基灰分 $A^g\% = 8.2\%$

求该煤的应用基组成，用门氏公式计算热值，烧成某种产品标准燃料消耗量为185kg/t，需用该种煤多少kg？

13. 已知烟煤的可燃基组成：

组成（%）	C^r	H^r	O^r	N^r	S^r
	82.4	6.0	9.2	1.7	0.7

$W^f\% = 3.0\%, A^f\% = 15\%, W^y\% = 5\%, \alpha = 1.3$

求1kg煤完全燃烧所需空气量、生成烟气量及烟气组成，并用经验公式计算其低位热值（长焰煤）？

14. 已知烟煤工业分析如下：

组成（%）	W^f	A^f	V^f
	2.0	16.0	26.5

$W^y\% = 7.8\%$，焦渣特征6

计算其低位热值。

15. 重油元素分析如下：

组成（%）	C^y	H^y	O^y	N^y	S^y	A^y	W^y
	85.6	10.5	0.5	0.5	0.7	0.2	2.0

重油预热温度为90℃，空气预热温度为200℃，$\alpha=1.2$，计算1kg重油完全燃烧所需空气量、生成烟气量、烟气组成及量热计温度？

16. 计算如下空气过剩系数

（1）烟气分析结果（%）

CO_2	O_2	N_2
13.6	5.0	81.4

（2）烟气分析结果（%）

CO_2	O_2	CO	CH_4	N_2
15.45	4.0	0.53	0.4	79.62

（3）发生炉煤气组成（%）

CO_2^d	CO^d	H_2^d	CH_4^d	$C_2H_4^d$	O_2^d	N_2^d
5.6	28.5	15.5	2.1	0.2	0.5	47.6

烟气分析结果（%）

CO_2	O_2	N_2
17.6	2.6	79.8

第五章 竖 窑

硅酸盐工业中的各种原料如镁石、白云石、高铝矾土、硬质粘土的煅烧以及冶金石灰石和水泥熟料的煅烧，主要是在竖窑和回转窑中进行。

应用较广泛的原料煅烧设备是以焦炭为燃料的竖窑。这种竖窑具有设备简单，投资较省，热利用好，燃料消耗量低等优点。其缺点是消耗大量的冶金焦炭，同时，燃料灰分夹杂于熟料之中，降低产品质量；操作不当时还易出现欠烧与过烧，造成产品质量不均匀，也会出现粘窑，结砣等现象，妨碍生产正常进行；竖窑煅烧耐火原料时，对原料的适应性较差，不能煅烧碎料；对于高纯原料，如白云石、镁石等采用一步煅烧时，由于达不到所要求的煅烧温度，难以烧结，欠烧率较高。

为了提高煅烧质量，充分利用矿山资源，节约燃料，在耐火原料的煅烧工艺上可采用二步烧煅技术。对于高纯原料选用多层炉、沸腾炉、悬浮轻烧炉等作为一步轻烧设备，之后可采用具有先进技术装备的高温竖窑或回转窑，来进行烧结。

在我国，目前虽以焦炭竖窑为主，但燃油、燃气竖窑也有应用，特别在高温竖窑的研究与应用方面已取得了较好效果。

第一节 竖窑的结构

竖窑是一个筒状窑体，物料从窑顶加入，煅烧后从窑底排出。燃料燃烧所需空气由窑底部送入，燃烧产物由窑顶部排出，因此竖窑属于逆流式热工设备。

物料在竖窑内需要经过三带，即预热带、煅烧带和冷却带。在预热带，物料借助于烟气的热量进行预热；在煅烧带，物料借助于燃料燃烧所放出的热量进行煅烧；在冷却带，煅烧好的物料与鼓入的冷空气进行热交换，本身被冷却，而空气被加热后进入煅烧带做助燃空气。为了保证物料煅烧过程各阶段充分进行，竖窑内三带应分别维持一定高度，并应力求稳定。

竖窑的类型很多，可以按不同的特征进行分类。如按使用燃料的种类可分为固体燃料竖窑（其中包括混料式竖窑和外设燃烧室竖窑），液体燃料竖窑和气体燃料竖窑；按煅烧物料种类可分为粘土竖窑，高铝矾土竖窑，镁石竖窑，白云石竖窑，石灰石竖窑，水泥竖窑；按通风方式可分为压入通风竖窑，抽出通风竖窑和均衡通风竖窑；水泥竖窑还可按操作方式分为普通竖窑和机械竖窑两种类型。

一、竖窑窑体形状

窑体形状对物料在窑内的运动和气流在窑内的分布具有重要影响。保证窑内物料均匀下沉和顺行，并使气流能均匀地沿窑截面分布，是对竖窑窑体形状的基本要求。常见的窑体形状有以下四种。

1．直筒形竖窑

直筒形竖窑为上下内径相同的圆筒形。这种类型适用于煅烧各种耐火原料，可以使用各种燃料，因而被广泛地采用。其结构如图 5-1。

这种竖窑结构简单，坚固，有利于物料顺行和均匀下沉，而且砌筑方便，但物料在窑内自上而下运动时，由于物料在煅烧时体积产生收缩，使其与窑壁间形成环形缝隙，造成窑周边阻力比窑中间阻力小，同时物料在贴近窑壁处的堆积也较中部疏松，从而使竖窑同一断面通风不均，致使物料煅烧质量不够均匀。

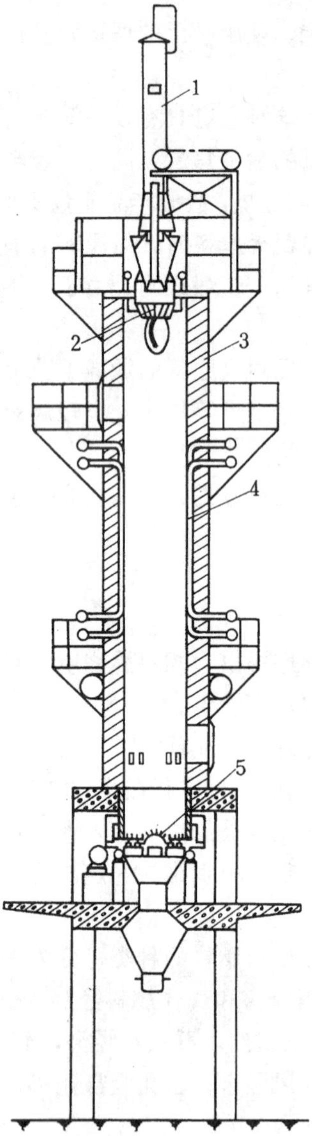

图 5-1　直筒形机械化竖窑

1—烟囱；2—布料器；3—窑炉内衬；4—汽化冷却炉衬；5—出料器

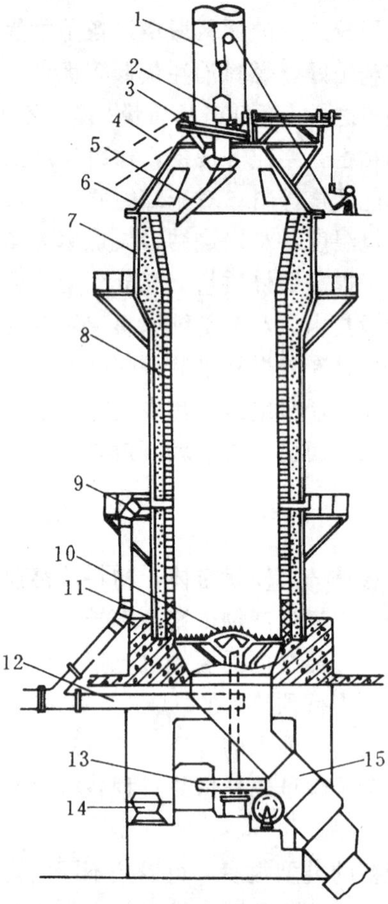

图 5-2　机械化水泥竖窑

1—烟囱；2—钢丝绳防扭器；3—传动装置；4—皮带加料机；5—撒料溜子；6—窑罩；7—窑体；8—耐火砖；9—腰风管；10—卸料篦子；11—铸铁窑衬；12—底风管；13—蜗轮传动装置；14—电动机；15—卸料密封装置（三道闸门）

2. 喇叭形竖窑

为克服直筒形竖窑的弊端，将预热带内径略加扩大，形成喇叭形竖窑，故称喇叭形竖窑。这样可以避免或减少由于物料收缩与窑壁之间形成的缝隙，从而使气流沿截面均匀分布。如图 5-2。

3. 哑铃形竖窑

为了扩大窑的容积（一般为容积大于 50m³ 时），常采用预热带和冷却带扩大的哑铃形窑。如图 5-3。

这种哑铃形截面的变化有一定要求，即由煅烧带向预热带扩大时应在较长距离内平缓过渡，以利窑内物料顺行；反之，如果在预热带上端设置急剧过渡的扩大口，将会影响周边物料的下沉，导致周边物料过热分解，强度下降，在加料时受料块撞击易粉碎。但由煅烧带到冷却带的扩大则宜在很短距离内完成，以利于从冷却带周边上行的气流向煅烧带中心流动。

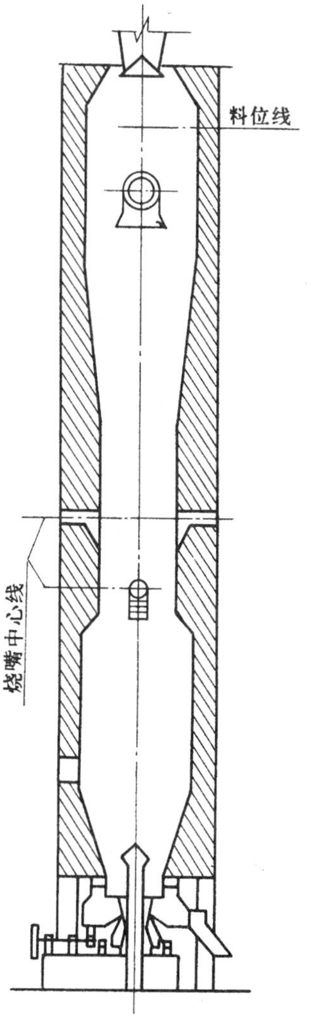

图 5-3　哑铃型重油石灰竖窑

4. 矩形截面竖窑

以重油与煤气为燃料的竖窑以及外设燃烧室的竖窑，由于圆形截面受火焰穿透深度的限制，窑容积不能太大。因此，设计大容积重油、煤气和外设燃烧室竖窑时，需采用矩形截面，称这种窑为矩形截面竖窑。其容积范围大致为：

白云石、镁石及粘土、高铝矾土竖窑，容积大于 50m³；

石灰石竖窑容积大于 100m³。

二、竖窑的内径与高度

窑的内径由煅烧物料性质，煅烧温度，生产操作灵活程度等因素来确定。窑的内径越大，产量越高，但若内径太大，则难以在全窑截面上保持通风及燃烧均匀，窑内煅烧情况也不易掌握，故煅烧不同的物料，其内径也不尽相同。现有白云石及镁石竖窑的内径多为 1.6～2.5 米，石灰石竖窑内径为 2.4～4.0 米，而水泥竖窑的内径一般在 2.5 米以内。

竖窑的高度，决定于物料在窑内预热、煅烧和冷却所需停留的时间。窑体过高，流体阻力大，风机能力不足时，竖窑的产、质量降低，且动力消耗大；窑体过短，熟料冷却效果差，空气预热不够，同样也会使窑的产、质量降低，热耗增高。因此窑体应有最佳的高径比。

竖窑的高径比 K_L 为窑的有效高度（指从窑底出料口到加料口之间垂直距离）H 与内径 D 之比，即 $K_L = \dfrac{H}{D}$。

高径比的大小，一般根据物料性质，煅烧温度，产量及能量消耗等因素确定。高径比过大则窑身过长，气流透过料层的阻力就加大，高径比过小则窑身过短，不能充分进行热交换。耐火材料竖窑的高径比可取 5～7。对于煅烧温度要求很高的白云石、镁石竖窑，宜采用较大的高径比 $K_L = 6 \sim 7.6$，高温竖窑甚至达 10 以上。石灰石和粘土竖窑由于煅烧温度较低，K_L 值可取下限 5。而水泥竖窑一般为 3～4。

各种竖窑的技术指标见表 5-1。

表 5-1　我国主要竖窑技术性能

项目＼窑型	20m³ 机械化白云石竖窑	40m³ 机械化白云石竖窑	250m³ 机械化石灰竖窑	100m³ 矩型竖窑	高温镁砂竖窑	机械化水泥竖窑
有效直径(m)	φ1.85/φ1.65	φ1.94	φ4.00	预热带 D×H＝2×6 烧成带 D×H＝1.2×6 冷却带 D×H＝2×6	φ0.7～0.8	φ2.5
有效高度(m)	10	13.74	20	11.6	9	10
物料块度(mm)	30～120	30～75	40～60； 60～120	25～150	30×20×14	<200
焦炭块度(mm)	25～40	25～50 或 50～70	25～40	0～25	重　油	
标准燃料消耗(%)	35	18～25		10	10～11	12.6
煅烧温度(℃)	1600～1700	1650～1700	1100～1200	1250～1400	1900～2000	
加料装置	气动加料钟		旋转布料器		固定式加料斗	双撒料溜子
出料装置	φ1600 圆盘出料机	φ1800 φ1200 圆盘出料机	螺锥出灰机	拖板出料机	电振出料机	盘式出料机
卸灰装置	电磁振动给料机	液压三段闸门			料　封	四段闸门
附属设备	排烟机	排烟机	排烟机	自动送煤机排烟机	排烟机、压缩机	

三、竖窑的内衬

对于竖窑内衬材料的要求是能耐高温，散热少，并且有一定的强度等。竖窑窑体内衬一般分为三层，最里层为工作层，工作层外侧为永久层，永久层与壳体钢板之间为隔热层。各层内衬材料的材质应根据其工作特点和使用要求而定。

预热带和冷却带部位的工作层要能承受机械磨损、温度波动及物料的剧烈撞击。而煅烧带部位的工作层，除承受机械磨损、物料撞击外，更重要的是高温作用下强烈的化学腐蚀作用。煅烧不同原料的竖窑内衬工作层的工作条件差别甚大，即使在同一竖窑内，各带内衬工作层承受的温度、化学侵蚀、机械磨损、温度变化以及物料的撞击作用等，也相差甚远。因此，选择竖窑内衬工作层材质时，原则上应根据煅烧物料的性质及各带不同部位工作条件特点、操作要求选择相适应的耐火材料。这是延长内衬使用寿命重要的一环。

永久层不直接接触火焰和物料，其作用是当工作层过度磨损或烧穿时起保护窑体的作用。故可采用一般的耐火材料。但对于高温竖窑的煅烧带，其永久层材质仍要求严格，以确保窑体在高温下不致烧穿。

竖窑窑体材质的选用见表 5-2。

表 5-2　竖窑窑体砌筑材料

层	带＼材质＼窑别	石灰竖窑	粘土竖窑	白云石、镁石竖窑	高铝竖窑	高温竖窑
工作层	煅烧带	粘土砖	粘土砖（1 等）	焦油白云石	高铝砖	高纯镁砖
	其它带	耐火混凝土	粘土砖		粘土砖	
永久层	煅烧带	建筑砖	建筑砖	粘土砖	粘土砖	高纯镁砖
	其它带	建筑砖	建筑砖	粘土砖	粘土砖	
隔热砖		粘土熟料	粘土熟料	粘土熟料或石棉板、矿渣填料	粘土熟料及矿渣	镁质捣打料

四、布料装置

布料装置是竖窑的关键设备之一，它决定物料在窑内分布是否合理，影响气流在窑内的分布，甚至影响窑的一系列热工参数和操作状态。因此，对布料装置的基本要求是尽可能消除或减少靠近窑壁处孔隙率过大的现象，均衡窑内通风阻力。合理的布料方法是大块料布于窑中心，中小块料布于四周，以使风量沿窑截面保持均匀。常用的布料装置有如下四种。

1. 固定式布料钟

在竖窑的顶部设置固定料钟，加料时料块沿料钟撒向窑内。这种布料器结构简单，省钢材，但不能调节，布料不均匀，仅适用于小型竖窑。

2. 回转式分级布料器

回转式分级布料器克服了固定式布料器的缺点，整个布料器随伞形齿轮旋转，在布料器中间有一倾斜筛板，料块由进料斗落入布料器中，大块的筛上料通过布料斗短腿撒向窑的中间，小块的筛下料由布料斗长腿撒向窑的周边。其结构如图 5-4 所示。这种布料器使窑内布料合理，窑截面气流分布均匀。

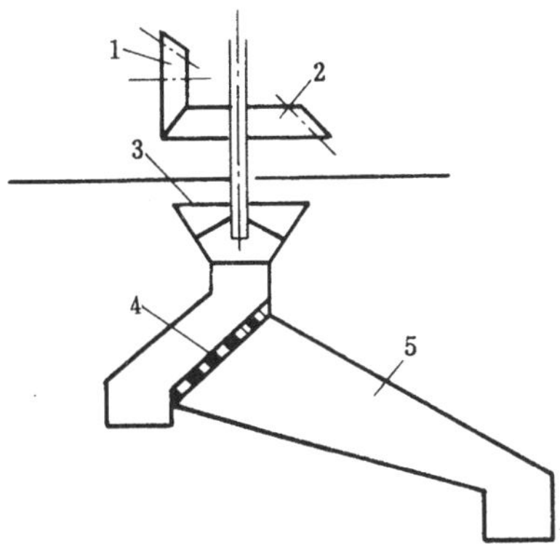

图 5-4 回转式分级布料器

1—小齿轮；2—大齿轮；3—进料斗；4—筛板；5—布料器

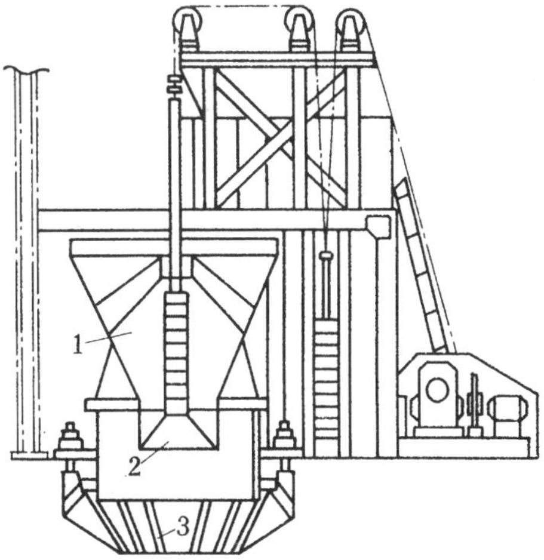

图 5-5 升降式布料器

1—料斗；2—布料钟；3—伞形调节器

3. 升降式布料器

升降式布料器由料斗，布料钟，伞形调节器等组成。如图 5-5 所示。布料钟的升降机构有电动和气动两种。布料钟的行程一般为可调的。布料状态可通过伞形调节器活动板的张度变化作一定的调节。

4. 水泥竖窑的机械加料装置

机械加料装置是在窑罩内安装的回转撒料溜子。如图 5-6 所示。加料斗上面装有传动齿轮，由电动机通过减速机带动回转，撒料溜子通过绞链与加料斗下口相连，随加料斗一起转动。并可以作正反向旋转，也可以停在某一位置下料，下料溜子

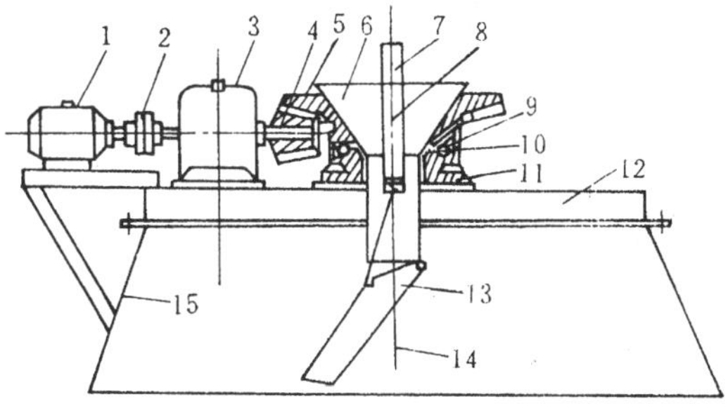

图 5-6 带有撒料溜子的布料器

1—电动机；2—联轴节；3—减速机；4—小伞齿轮；5—与加料斗连在一起的大伞齿轮；6—加料斗；7—套管；8—钢丝绳；9—钢圈；10—钢球；11—底座；12—窑罩顶盖；13—撒料溜子；14—窑中心线；15—窑罩

与窑中心线有 0°～45°的夹角，可以根据下料位置的需要随时调整角度的大小，以便能沿窑断面均匀布料。

五、出料装置

出料装置对稳定竖窑生产具有重要意义。该装置应能保证出料时窑内物料均匀下沉，窑内三带相对位置不被破坏，而且对大块物料能起破碎作用，并且易于解决密封问题。常用的出料装置有以下三种。

1. 拖板出料机

拖板出料机本体为带有四个轮子的平板小车，安装于导轨上，通过传动装置使小车在导轨上作往复运动，推动窑内物料落入窑下的受料斗。拖板小车上安装三角横梁，以减轻拖板小车所承受的料压，并起分料作用。其结构如图 5-7 所示。

拖板出料机结构简单，运转可靠，便于制造，投资省。其缺点是出料均匀性较差，对窑内结砣物料无破碎作用。故只适用卸松散状物料。目前仅在中小型石灰石竖窑和外设燃烧室的矩形粘土竖窑上使用。

2. 圆盘出料机

圆盘出料机主要部件为一旋转的圆盘，盘上装有可拆换的铸钢衬板，衬板上铸有棱形齿，并有大小不等的下料孔。当圆盘转动时，物料通过盘上的下料孔落于窑下的受料斗内。齿盘则以液压、伞齿轮、立轴或棘轮方式支承于底座上或固定于传动主轴上，如图 5-8 所示。这种出料机对物料有破碎作用，能连续均匀出料，使用效果好。主要用于煅烧水泥熟料竖窑，白云石及镁石竖窑上。

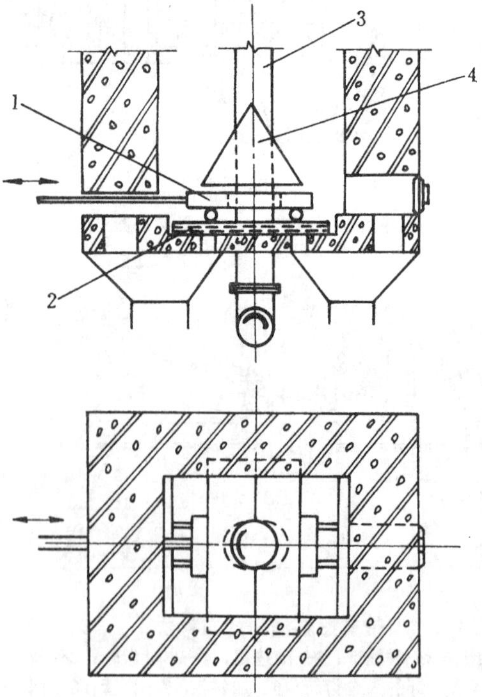

图 5-7 拖板出料机

1—平板小车；2—轨道；3—轴；4—三角横梁

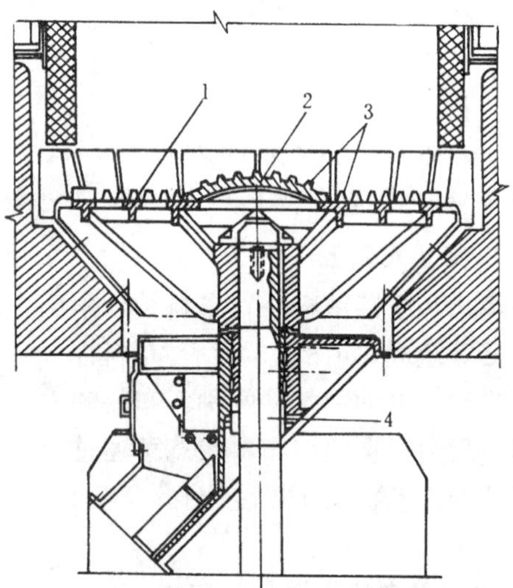

图 5-8 圆盘出料机

1—出料盘；2—中心盘；3—破碎齿；4—竖轴

3. 摆动齿辊出料机

摆动齿辊出料机主要由并列的带有棱形齿的辊子组成。其结构如图 5-9 所示。熟料受辊齿的倾轧而破碎。辊齿的摆动由液压传动，由于辊子的长径比较大，转速慢，工作温度高，辊子上压有很高的熟料层，因而对耐热性能、密封结构及材料强度要求很高。此种出料机适用于高温下易结砣料的破碎，特别适用于水泥机械化竖窑。

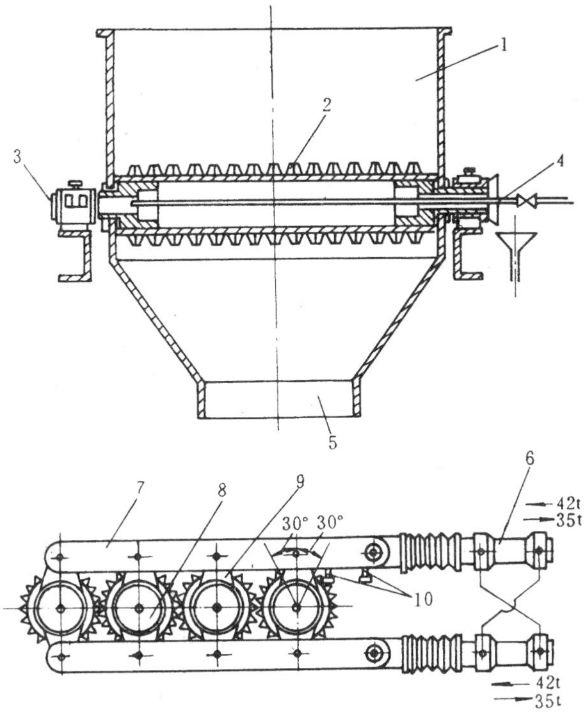

图 5-9　摆辊式出料机

1—窑体；2—辊子；3—轴承；4—冷却水管；5—出料口；6—油缸；7—连杆；8—辊轴；9—摇杆；10—行程开关

六、密封装置

在竖窑生产中，加大窑内鼓风量是提高竖窑产、质量的主要措施之一。增加窑内鼓风，除了增加鼓风机能力外，加强窑的密封性能也是很重要的。为了防止空气自下部逸出，造成漏损和飞扬，必须安装有效的密封装置。密封装置的结构要保证熟料能连续地从窑内卸出，而高压空气能连续地入窑。常用的密封装置有三道闸门和料封管等。

1. 机械密封装置——三道闸门

三道闸门由三个互相迭置，倾角为 45°的机壳组成。为使容积足够，而又能降低高度，其壳体做成向下方扩大的形式，如图 5-10。机壳内有一道截流阀和二道密封闸门。第一道截流阀是一块可绕固定轴心摆动的扇形铁板，其作用是截流、控制卸料量和卸料时间。第二道和第三道密封闸门，由圆盘形的闸门和与其相配合的圆环形的闸门框所组成。闸门框固定在机壳上，闸门则由曲柄带动可绕固定轴心作 80°的摆动，能开启或闭合。为保证密封，闸门圈做成凸形，闸门框做成凹槽，使其闭合紧密，锁风良好。另外，三道闸门启闭顺序应配合好，其开闭次序如下：①打开第二道闸门，②打开截流阀，③关闭截流阀；④关闭第二道闸门，⑤打开第三道闸门（卸料），⑥关闭第三道闸门。因为第二道闸门始终不与熟料直接接触，工作条件最好，主要起封气作用。而第三道闸门因有熟料留在其中，会引起卡料、磨损或变形，故封气性较差。

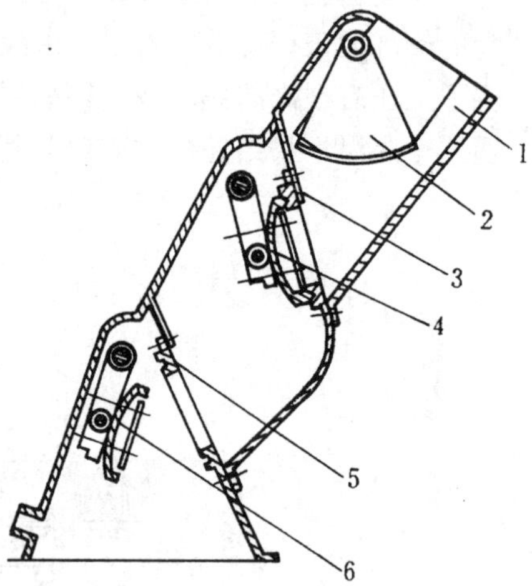

图 5-10 三道闸门结构图

1—机壳；2—第一道截流阀；3—第二道门框；4—第二道密封闸门；5—第三道门框；6—第三道密封闸门

2. 料封管的密封装置

料封管的密封装置是利用下料管中的物料柱来锁风的。其整个系统由料封部分，自动控制部分和收尘部分所组成。料封部分的结构，如图 5-11 所示。

它主要是一段直径为 350～400mm 的料封管，管的上端通过接头与竖窑下料溜子相联结，管的下端设有一台电磁振动节流器。

熟料卸入料封管内，形成一定高度的料柱，根据料柱高度的变化，通过电控线路自动控制电磁振动节流器。当料柱堆积到一定高度时进行出料，料

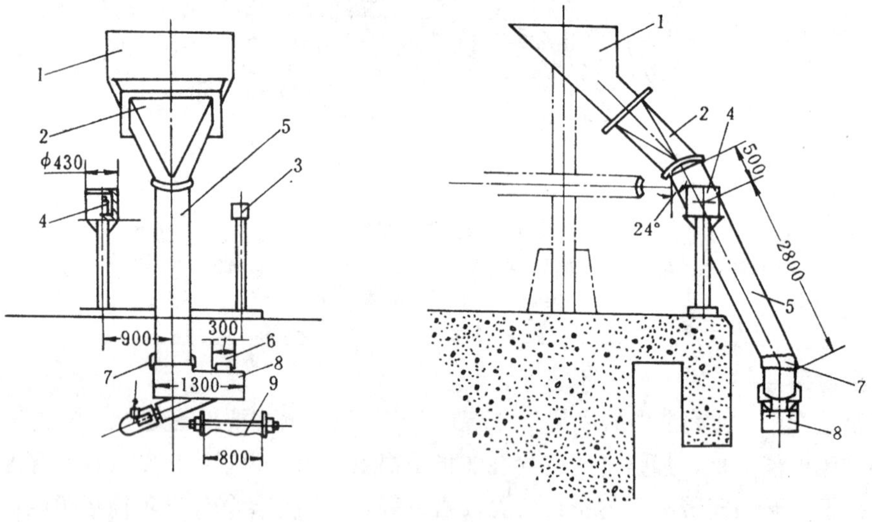

图 5-11 料封密封装置

1—竖窑溜子；2—天方地圆接头；3—探测器；4—γ-射线料位计；5—料封管；6—收尘管；7—防尘布；8—电磁振动节流器；9—板式输送机

柱下降到一定高度后便停止出料。这样使料封管内始终保持一定高度的料柱，实现锁风之目的。监视料柱高度的方法有：γ-射线法，是用 γ-射线直接测定料位的变化，借以控制振动节流器。另一种是压差控制法。即根据料位高低所产生的压差变化来控制料封管下面的

振动节流器。

七、通风装置

由于竖窑内燃料燃烧需要大量的空气，窑内燃料燃烧所产生的烟气也需及时排出，因此竖窑必须设有鼓风与排风装置。

鼓风装置根据风管插入窑体的位置可分为底部鼓风和腰部鼓风两种方式。

底部鼓风是将总风管引至窑体下面，从卸料篦子下部送风入窑。进风口上装有风帽，对准窑体中心，所以底部鼓风是属于中心鼓风方式。腰部鼓风是将总风管环绕窑身中部，从风管上沿周围均匀设置的风口鼓风入窑，风口正对竖窑截面中心，所以腰部鼓风是属于周边鼓风方式。

因为竖窑横截面中心流体阻力较大，中心通风差，采用中心鼓风方式有利于均匀送风。当空气从竖窑底部鼓入，流经冷却带时，被熟料预热后进入高温煅烧带助燃，因而能提高燃料的燃烧温度，增加传热速率，降低热耗，底部鼓风还有利于卸料装置的冷却。

由于竖窑内流体阻力很大，竖窑鼓风最好采用回转式鼓风机（罗茨、叶氏两种）。这种风机主要优点是送风量稳定，窑内阻力增减时风量变化很小，同时这种风机的鼓风压力及效率均较高。离心式风机可以用于风压在 1.4kPa 以下的竖窑，但离心式风机的风量随窑内阻力变化而变化，当窑内阻力增加时，风量很快下降，影响竖窑正常操作。

竖窑的排气装置，对于自然排风其装置由窑罩与烟囱组成。烟囱抽力大小对排气起重要作用，烟囱愈高，抽力愈大。但烟囱过高，安装加固困难。当煅烧水泥时，大量的水汽凝结在烟囱壁上，淌入窑内，影响操作。

对于采用抽出通风或均衡通风的竖窑，则必须采用机械排烟，对于压入式通风竖窑，只有在废气除尘时才考虑机械排风。

第二节　竖窑的工作原理

一、竖窑内物料的运动

引起物料在竖窑中的运动的原因有两种：一种是由于物料在煅烧过程中的体积收缩而引起上层物料（预热带和煅烧带）的运动；另一种是由于下部物料的卸出而引起全窑物料的运动。由此可知，预热带上层物料的运动包含了全部收缩运动及出料运动，而冷却带几乎只有出料运动。

这两种不同性质的运动受着不同因素的支配，收缩运动决定于煅烧物料的收缩情况及燃料的燃尽情况，而出料运动则取决于出料装置的性能及窑内情况。

物料在窑内某一断面处的下降速度可用下式计算

$$u = \frac{G}{0.785D^2\rho_m} \quad \text{m/h}$$

式中　G ——窑的产量，kg/h；

D ——窑的内径，m；

ρ_m ——物料的平均堆积密度，kg/m³。

由上述可知，窑的出料量愈大，则物料下降速度愈大；窑内径愈大以及物料的堆积密度愈大，则物料下降速度愈小。

物料在各带停留时间可按下式计算

$$\tau = \frac{H}{u} \quad h$$

式中　τ ——物料在该带停留时间，h；

H ——该带的高度，m；

u ——物料在该带平均下降速度，m/h。

物料的运动速度影响物料在窑内停留时间。如果停留时间过短，必然会生烧并增加热耗；停留时间过长，则将使窑的产量降低，同时也影响产品质量。物料在窑内的停留时间必须与传热情况相配合，如能适当提高煅烧温度，加大气体流速，减少物料块度等，均可加速传热效率，缩短物料在窑内的停留时间，提高窑的产量。

竖窑内物料运动与回转窑内物料的运动不同。在回转窑内，物料在火焰中不断地翻滚，能比较均匀地接受火焰传给的热量，因而物料煅烧比较均匀。而在竖窑内，物料主要依靠自重作垂直向下运动，互相之间很少混合，因而会造成物料受热不均，这是竖窑煅烧的熟料质量不均匀的原因之一。

二、竖窑内气体的流动

竖窑中的空气由窑底部鼓入，烟气由上部经烟囱排出。气体穿过厚达数米至十余米的散料层时，能量损失很大。因此，研究竖窑内气体的运动，对于保证煅烧带燃料燃烧所需空气量的供应，气流在窑断面上的合理分布，降低气体流动过程的能量损失，保证竖窑产量，质量等方面都是有意义的。

1. 竖窑产量与鼓风条件的关系

在竖窑断面固定不变时，若空气流量增加，则气流速度也随之增大。由于空气量增大，燃料燃烧速度加快，即单位时间内窑内燃烧强度随之提高，同时，气流与物料间对流换热增强，从而加快了物料预热、煅烧和冷却过程，窑的产量，煅烧物料质量都可以提高、随着气流速度的增加，气体流经物料层的能量损失也随之加大。因此，为了保证竖窑煅烧物料产量、质量的提高，必须保证竖窑所选用的风机具有足够的风量与风压。为减少动力消耗，在实际操作中应确定较为经济合理的气流速度。

2. 窑内气体运动的能量损失

竖窑内气体流动，属于气体通过散料层的流动，气体流动过程的能量损失可由式（1-37）表示。

$$h_l = \lambda^* \frac{9}{4} \frac{(1-\varepsilon)^2}{\varepsilon^3 \phi^2} \frac{H}{d_m} \frac{\rho u^2}{2} \quad N/m^2$$

由公式可知，影响阻力损失的因素应包括如下各方面。

（1）随竖窑高度增加，阻力损失加大。

（2）随空窑速度 u 增加，阻力损失加大。阻力损失 h_l 与空窑速度之间关系视气体运动性质不同而异。当层流时，$\lambda^* = \frac{220}{Re^*}$，此时阻力损失与速度一次方成正比。湍流时，$Re^* > 7000$，$\lambda^*$ 与 Re 数无关，阻力损失与速度平方成正比。在其它情况下，阻力损失与速度的 1～2 次方成正比。

（3）在竖窑中气体温度有极大的变化，可以从 20℃变动到 1600～1700℃，在其它条件相同的情况下，由于温度升高，气体实际速度增加，阻力损失也随之加大。

（4）在竖窑中所煅烧物料块度愈小，阻力损失愈大。

（5）表明料块形状特征的球形度 Φ 和孔隙率 ε 稍有变化，竖窑阻力损失将发生明显变化。

对于非球形颗粒的球形度 Φ，考虑到表面粗糙程度的影响，也可用下式计算

$$\Phi=\frac{1}{d_m}\sqrt[3]{\frac{6m}{n\pi\rho}}$$

式中　m ——料层中采取的试样质量，kg；

ρ ——物料密度，kg/m^3；

n ——试样中料块个数。

在料块中如果夹杂有大量碎块，即公式中 n 增加，再加上由于颗粒大小不等，小块料填充于大块料孔隙之间，孔隙率显著降低，阻力将明显增加。所以在竖窑中希望颗粒尽可能均一。

3. 竖窑断面上的气流分布——窑壁效应

由于竖窑中物料堆积方式不同，将明显影响气体流动过程。在靠近窑壁处，物料堆积与窑壁之间的孔隙率较物料之间堆积的孔隙率为大，加之物料收缩造成周边缝隙较大，使气体较易从周边通过，即在窑的同一断面上，周边气流的分配较中心为多。由于气流分配不均匀，致使物料在窑的同一断面煅烧不均匀，这一现象称为窑壁效应。

竖窑断面上气流不均匀分布，影响着煅烧带物料在竖窑中的位置与形状。例如，用固体燃料的混料窑，由于气流易于从周边通过，周边燃料就较早点燃，且燃烧速度较快，而窑的中心，由于气体阻力大，气流不易通过，需较晚才能点燃，燃烧过程也比较缓慢，从而形成如图 5-12 所示的“碗”状煅烧带。随着鼓风压力的提高，空气量供应充分，整个煅烧带将向上移动，并相应缩短，但其周边上火仍比中心处快，故仍呈“碗”状，如图 5-12 *a*。若竖窑阻力很大，鼓风压力低，空气量供应不足，则煅烧带向下移动，并且拉长，如图 5-12 *b*。这样不仅降低了煅烧带温度，而且使冷却带变短，影响了物料的冷却与煅烧。

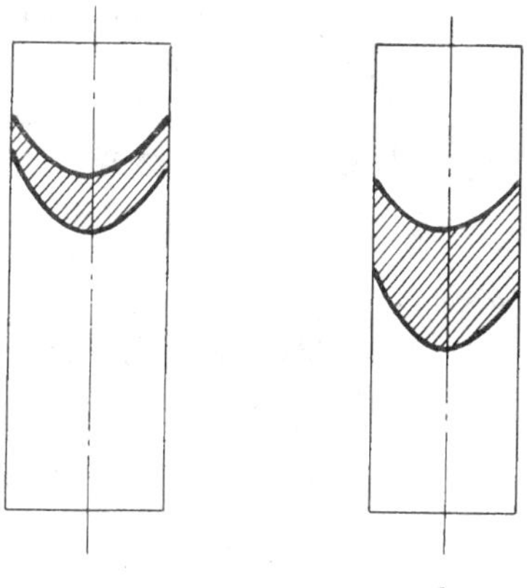

图 5-12　竖窑内煅烧带

如果竖窑周边气体流动阻力过小，而燃料量又较多，将会造成窑四周温度过高，使燃料中灰分与物料中的低熔点物质粘结成砣，并粘附于窑壁，出现粘窑事故。这样，气流与物料运动都受到影响，窑的正常热工制度遭到破坏。为克服上述现象，应增加周边流体阻力，均衡窑断面通风，为此必须进行合理的布料，将碎料布于周边，以增加阻力，同时应减少周边燃料量，以降低温度。

4. 竖窑的通风方式

为了保证竖窑内气体正常流动，并维持煅烧带所需空气量，竖窑可采用三种不同的通风方式。第一种为压入通风，即用风机由窑底鼓入空气，在窑内形成正压。第二种为抽出通风，由窑顶抽风，在窑内形成负压。第三种为均衡通风，即由窑底进行鼓风，窑顶进行抽风，在窑内形成既有正压区，又有负压区，并在窑的一定高度处形成零压面的压力制度。

竖窑不同通风方式所形成的各种压力制度的特点及应用范围如表5-3所示。

表5-3 各种压力制度比较及应用

	正压制度	负压制度	正、负压结合制度
实施措施	采用向窑底送风的风机压力来克服窑内气体运动的全部阻力	借排烟机的抽力克服窑内气体运动的全部阻力	同时采用鼓风机和排烟机分别克服不同高度料柱的通风阻力
优点	1. 单位产量所需风机风压及风量小，电耗最少 2. 窑顶空间压力小，布料装置无须严格密封 3. 窑顶废气可由窑顶烟囱的自然抽力排出，无须排烟机 4. 窑的产量大时，需要风压和风量大时，风机容易选择	1. 窑底部为负压，可采用敞开式简单结构 2. 便于实现连续出料，出料时无需停止窑的通风（排烟），有利于提高产量	1. 窑顶负压小于负压制度竖窑，有利于选择排烟机 2. 窑下鼓风可采用大风量（设置过剩热风排出口），以强化料的冷却 3. 可以克服较大的竖窑通风阻力
缺点	窑底正压高，要求严格密封，密封结构复杂，并难免漏气	1. 窑顶负压高，布料装置要求严格密封，结构较复杂 2. 要求排烟机的风压最高，风量最大，单位产品电耗最高 3. 大容积竖窑难以选择适当风压的排烟机	1. 在不同程度上存在正压制度和负压制度的缺点 2. 鼓风排烟两套系统投资高 3. 零压区的调节增加操作复杂性
应用	各种类型混料式固体燃料竖窑和中小型煤气竖窑和天然气竖窑	可用于容积不大的重油竖窑	适用于各种重油竖窑和煤气竖窑

三、竖窑内燃料的燃烧

固体、液体和气体燃料均可作为竖窑燃料。其中以固体燃料（主要是焦炭和无烟煤）用于竖窑的历史较久。

1. 固体燃料在竖窑内的燃烧

燃烧固体燃料的竖窑有混料式、外设燃烧室和燃料与生料混合成球入窑的三种形式。

（1）混料式竖窑内燃料燃烧　它是借助固体燃料在料层中直接燃烧放出的热量来加热物料的。其加料方式根据燃料与物料接触方式可分为混合加料法和交替加料法。前者将燃料与原料按比例均匀混合后加入窑内，后者将燃料与原料分层交替加入窑内。

混料式竖窑对燃料质量要求比较严格。因为混料式竖窑内燃料的灰分夹杂于熟料中，使熟料质量降低。此外，在高温下灰分易熔化，使窑内物料结砣，影响竖窑的正常操作，并对炉衬有腐蚀作用，故用于混料式竖窑的燃料，要求其灰分尽量要低。

竖窑预热带一般处于缺氧状态，燃料中逸出的挥发分得不到充分的燃烧就随烟气由烟囱排走，故混料式竖窑应以焦炭和无烟煤为燃料。

在混料式竖窑中，固体燃料的燃烧过程为干燥、预热、燃烧、燃尽几个阶段。当燃料在预热带向下运动时被加热至着火温度，从冷却带来的预热的空气在进入煅烧带下部时，开始与燃料接触，燃烧在煅烧带中进行。在此带下部空气过剩系数较大，而在上部则近于1.0甚至小于1.0。

燃料的块度直接影响到燃烧速度和煅烧带厚度。为保证物料在煅烧带有足够的停留时间，对燃料与物料的块度都有一定的要求。因燃料块度过小，燃烧速度快，使高温带过于集中，物料在高温带停留时间过短，煅烧时其主要反应来不及进行，影响煅烧质量。但是如果燃料块度过大，则燃烧速度减慢，燃烧带拉长，造成火力不集中，降低煅烧带温度，且使冷却带相应缩短，影响熟料质量，增加热耗。此外，燃料块度过大，灰分易集中，降低熟料质量。生产中常用焦炭的块度为25～40mm，无烟煤由于其单位质量的表面积比焦炭小得多，燃烧速度慢，故其块度比焦炭要小些。

（2）外设燃烧室竖窑的燃料燃烧　燃料在外设燃烧室中进行燃烧，燃烧产生的烟气通过窑壁火孔进入窑内。如图5-13。这种窑可以使用挥发分含量高的燃料，燃料灰分对物料的粘污也较混料竖窑为轻，所以这种窑使用的燃料种类比较广泛，也可以使用劣质煤。但由于部分热量在燃烧室中散失，故其燃料消耗量较混料式竖窑为高。此外，物料煅烧不均匀，窑中心部位易出现生烧现象。为克服此现象，外设燃烧室竖窑一般砌成矩形截面，根据烟气所能透过的深度来确定矩形断面宽度，以保证沿断面均匀煅烧。

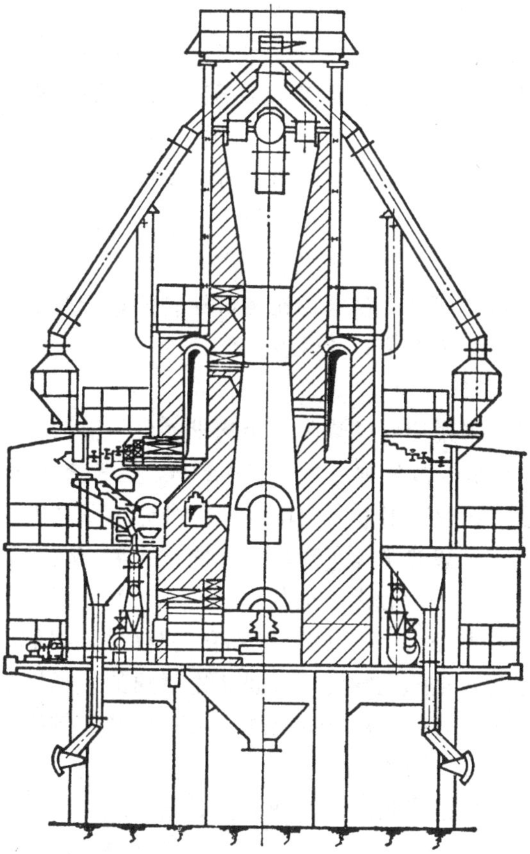

图 5-13　100m³ 外设燃烧室燃煤矩型竖窑

（3）水泥工业竖窑的燃料燃烧　水泥工业竖窑所用的燃料是和生料预先混合成球后入窑的。这也属于混料法的一种。由于使用燃料细度及混合过程不同，煅烧方法区分为“黑料块法”与“白料块法”。前者是将燃料与生料共同磨细，再成球入窑；后者是用较粗的燃料（大约为3～5mm）与已磨好的生料相混合成球入窑。燃料分布在生料球中。因此，从燃料燃烧的角度可以把生料球看成是一种多灰分的燃料，其燃烧过程和生料反应过程紧密相联。在竖窑中燃料和生料一起在窑内由温度较低和缺氧的环境移向氧气较多的高温带进行燃烧。

当采用"黑料块法"煅烧熟料时，因燃料全部为煤粉，燃烧速度快，在预热带，料球表面上煤粉的挥发分很快逸出，固定碳与 CO_2 作用生成 CO，因此废气中 CO 含量可高达 6%～8%，热损失较大。用"白料块法"时，化学不完全燃烧损失则大大减少，但燃烧速度却降低。因此"黑料块法"与"白料块法"相比，"黑料块法"煅烧熟料单位热耗要偏高一些。

煅烧带的厚度，主要决定于燃料燃烧的速度，而燃烧速度又决定了燃烧时的物理和化学过程的速度，在燃烧温度很高的情况下，化学反应速度是很大的，因此燃烧速度主要决定于物理扩散的速度。故燃料块度愈小，气流速度愈快，其燃烧速度愈快，形成煅烧带愈薄。"黑料块法"由于燃料的颗粒细，燃烧速度较"白料块法"快，因此形成高温带也较"白料块法"薄，窑内不易结砣。

2. 竖窑内气体燃料燃烧

当竖窑用高炉、焦炉混合煤气为燃料时，由于其热值较低，竖窑中的煅烧温度仅能达到 1200～1300℃，故不适用于高温煅烧，一般用来煅烧温度不太高的石灰石，粘土熟料等。如用天然气为燃料，由于热值高，可用于高温煅烧，煅烧镁石，可以获得气孔率较低、体积密度较高的镁砂。

煤气竖窑一般在窑的煅烧带设置数对烧嘴，助燃所需空气来自冷却带。为了保证窑中心部位的物料充分煅烧，煤气应具有足够的压力。这种窑由于受煤气渗透深度的限制，其直径不能太大，一般在 2m 以内，或采用矩形竖窑。

3. 竖窑内液体燃料的燃烧

竖窑以重油为燃料，可采用套管式烧嘴，用压缩空气或高压蒸汽进行雾化，将数对烧嘴均匀地分布于煅烧带。重油压力一般为 200～300kPa，压缩空气压力略大于油压，这对于直径为 2m 的竖窑，可保证物料均匀煅烧。如能将重油竖窑冷却物料的多余空气抽出，并经进一步预热作为一次空气送入煅烧带，可显著提高煅烧温度。例如高温竖窑以重油为燃料，一次空气预热至 300℃以上，其煅烧温度可达 1900～2000℃。

重油竖窑对燃烧室的要求是：必须具有一定的容积，适合喷射张角的形状与燃烧火焰的长度，以保证重油良好地雾化和正常燃烧。燃烧室材质的高温性能要好，以便在高温下能承受预热带、煅烧带衬砖重力的作用。其材质一般选用纯度较高的镁铝砖砌筑，并要合理设计燃烧室的结构形式。

采用重油竖窑，由于煅烧温度高，燃料灰分少，因此煅烧产品质量较好。

四、竖窑内的热交换

在竖窑内，气体通过散料层时与料块间的热交换较火焰炉内热交换为强烈。料层中的气流系在通过料块间的孔隙时与物料表面进行热交换的。整个传热过程不仅包括气体与料块表面间的对流与辐射，而且温度不同的料块间也存在着辐射与传导，同时料块内部也存在着导热。热交换的特点为；

(1) 料层中物料块的表面温度不仅取决于气体与物料表面的热交换（外部热交换），而且还取决于料块内部的导热（内部热交换）。

(2) 在竖窑中外部热交换的形式以气体对于物料的对流热交换及固体之间的辐射热交

换为主。由于气体层厚度很小以及烟气中：原子气体浓度（或分压）也不很大，故烟气本身的辐射能力较弱。

（3）物料内部热交换取决于料块尺寸、形状及导热系数等。

在竖窑不同带段，由于所处温度不同，热交换方式也不尽相同。预热、冷却带由于温度较低，辐射热交换效果不显著，均以对流换热为主。

根据实验计算求得的竖窑各带总换热系数 α 大致如下：

预热带　　$\alpha = 57$　W/（$m^2 \cdot ℃$）

煅烧带　　$\alpha = 140$　W/（$m^2 \cdot ℃$）

冷却带　　$\alpha = 87 \sim 128$　W/（$m^2 \cdot ℃$）

至于各带传热系数的计算公式，不少学者进行过研究，但由于所依据的条件不同，结果也不一致。下面是H. B季莫费也夫提出的气流与物料的热交换关系式，可作参考。

当 $20 < Re < 200$　　$\alpha_c = 0.123 \dfrac{\lambda}{\nu} u$　　W/($m^2 \cdot ℃$)

当 Re>200 时　　$\alpha_c = 0.709 \dfrac{\lambda u^{0.67}}{\nu^{0.67} d_e^{0.33}}$　　W/($m^2 \cdot ℃$)

式中　α_c——对流换热系数，W/（$m^2 \cdot ℃$）；

λ——气体导热系数，W/（$m^2 \cdot ℃$）；

υ——气体的运动粘度，m^2/s；

d_e——料块平均当量直径，m；

u——空窑速度，m/s。

在竖窑热交换过程中，对流换热占重要地位。随着气体流速的提高，单位时间内可以燃烧更多的燃料，故产生的热量增加，但散热量并不成比例增加，传热效率也随之增加，物料温度上升较快，故可缩短物料在窑内的停留时间，从而可提高竖窑的产量和产品质量。

减少物料块度，增加气流与物料的接触面积，减少物料内部导热热阻，也可提高传热速率。但块度过小，将增大竖窑流体阻力，因此入窑块度应有一定限度。

第三节　竖窑的热工计算

竖窑的热工计算步骤和其它窑炉相类似，首先根据原料、燃料的情况，熟料的质量、产量，投资情况等确定竖窑的类型及结构，计算窑体容积及主要尺寸，确定燃料消耗量及全窑流体阻力，根据风量、风压选择合适的风机，设计烟囱。

一、竖窑容积及主要尺寸的确定

竖窑产量确定后，窑的容积按下式计算

$$V_K = \frac{G}{EN} K_v \quad m^3$$

式中　V_K——窑的容积，m^3；

G——窑的产量（按合格料计），t/d；

E——窑的利用系数（按合格料计），t/（$m^3 \cdot d$）；

N——拟定的窑数，座；

K_v——竖窑容积备用系数，$K_v = 1.10 \sim 1.15$。

竖窑的利用系数为按竖窑单位有效容积计算的日产量，t/（$m^3 \cdot d$）。利用系数有两种表示方法，即按合格料和按出窑料计。一般计算窑的合格料产量或进行产量比较时可采用前者；计算窑的鼓风量，燃料消耗量等利用后者较为方便。影响竖窑的利用系数的因素是多方面的，如原料烧结的难易程度，入窑块度，杂质含量；燃料的质量及块度；鼓风压力及风量；窑的结构；装窑出窑的制度等都在不同程度上影响着竖窑的利用系数。各类竖窑的利用系数的设计指标可参考有关资料。按合格料计，焦炭白云石竖窑利用系数大致为1.0～1.7t/（m^3·d）；焦炭镁砂竖窑0.92～1.15t/（m^3·d）；焦炭粘土、高铝矾土竖窑0.77～1.28t/（m^3·d）。

窑的内径D可根据已确定的高径比K_L及窑的容积按下式计算

$$D=\sqrt[3]{\frac{V_K}{0.785K_L}}\quad \text{m}$$

则竖窑高度应为　$H=K_LD$　(m)

对于水泥竖窑，其直径和高度的计算方法为

$$D_i=\sqrt{\frac{m\cdot 1000}{0.785m_F}}\quad \text{m}$$

式中　D_i——竖窑煅烧带有效内径，m；

m——要求竖窑生产能力，kg/h；

m_F——竖窑单位面积产量，kg/（m^2·h）。

机械竖窑　$m_F=1500\sim2100$　kg/（m^2·h）

普通竖窑　$m_F=600\sim1000$　kg/（m^2·h）

竖窑直径确定后，再根据高径比确定竖窑的有效高度。可按下式计算

$$H=K_LD_i\quad \text{m}$$

式中　H——竖窑的有效高度，m；

K_L——竖窑的高径比。其数值原则上为内径小的窑取大值，内径大的窑取小值。高径比H/D一般为3～4。

二、燃料消耗量的确定

竖窑的燃料消耗量多以单位质量的出窑量（或合格料质量）所消耗的标准燃料量的百分数表示，称为“单位标准燃料消耗”。

按出窑料计与按合格料计的单位标准燃料消耗换算如下

$$B=B_0J\quad \%$$

式中　B——按合格料计的单位标准燃料消耗，%；

B_0——按出窑料计的单位标准燃料消耗，%；

J——出窑料综合合格率，%。

竖窑的燃料消耗量也可以用焦比表示，在煅烧耐火原料竖窑中，焦比定义为每吨生料所消耗的燃料吨数，用百分数表示。

影响单位标准燃料消耗的因素是多方面的，如原料的烧结性，原料难于烧结，则要求煅烧温度高，煅烧时间长，单位标准燃料消耗大；在其它条件相同时，提高窑的利用系数，将使窑的散热损失减少，燃耗下降；此外，降低出窑废气温度和出料温度，加强窑体隔热，正确选择燃料，改进操作等都可以在不同程度上降低竖窑单位标准燃料消耗。

竖窑单位标准燃料消耗可由有关设计参考资料查出，如烧结白云石，镁石一般在32%~58%，粘土为6.5%~8%，高铝矾土为8.3%~10.5%。

已知单位标准燃料消耗，则可按下式计算标准燃料小时消耗量

$$q_0 = G_0 B_0 = GB \quad \text{kg/h}$$

式中　q_0—— 标准燃料小时消耗量，kg/h；

G_0、G ——分别为按出窑料和按合格料计的产量，kg/h。

三、竖窑风量与风压的计算

以焦炭或无烟煤为燃料的竖窑，其鼓风量一般按窑内燃料燃烧所需空气量来确定，因此可采用燃烧计算来确定所需空气量，也可按实际的单位燃料鼓风量计算总风量。

按燃料燃烧计算标态鼓风量

$$q_V = G_0 B_0 \frac{29300}{Q_{DW}^{Y} K_\tau} L_0 \alpha l \quad \text{m}^3/\text{h}$$

式中　q_V ——竖窑标态鼓风量，m^3/h；

G_0 ——竖窑产量（按出料量计），kg/h；

B_0 ——单位标准燃料消耗，%；

Q_{DW}^{Y} ——燃料的应用基低位热值，kJ/kg；

L_0 ——每千克燃料燃烧所需标态空气量，m^3/kg；

α ——空气过剩系数，焦炭或无烟煤竖窑取1.10；

K_τ ——鼓风时间系数，对于停风出料的竖窑 $K_\tau = \frac{\tau}{60}$；

τ ——1小时内实际鼓风时间，min；

l ——管道及闸门漏风系数，根据鼓风压力和系统的密封条件确定。l 具体取值如下：

	风压>10000Pa	风压<10000Pa
良好的密闭	1.10~1.15	1.05~1.10
欠佳的密闭	1.15~1.20	1.10~1.15

竖窑鼓风量也可按同类型竖窑实测单位标准燃料所需鼓风量进行计算。要确定竖窑所需鼓风压力必须进行竖窑阻力计算。气体通过竖窑的压力损失可按式（1-37）进行计算，但该公式较为复杂，在实际设计中可采用实测数据按下式计算

$$\Delta p = \left(\frac{u_2}{u_1}\right)^2 \left(\frac{d_1}{d_2}\right) \left(\frac{K_1}{K_2}\right) \Delta p_0 \psi$$

式中　Δp ——单位料柱压力损失，Pa/m

u_1、u_2 ——分别为测定的和设计的窑内气体标态流速，按空窑计，m/s；

d_1、d_2 ——分别为测定的和设计的原料平均块度，mm；

K_1、K_2 ——分别为测定的和设计的鼓风时间系数；

Δp_0 ——单位料柱压力损失（平均值），Pa/m；

$$\Delta p_0 = \frac{p_1 - p_2}{H}$$

p_1、p_2 ——分别为不同高度上两点的窑内压力，Pa；

H——两个压力测量点之间的有效通风料柱高度，m；

ψ——系数。根据测定的和设计的原料及燃料的平均块度、碎末含量、物料在窑内块度的变化和结砣程度等不同适当考虑。

竖窑的平均单位压力损失数据见表5-4。

表 5-4 竖窑的单位压力损失

竖窑类型	利用系数〔t/(m³·d)〕	焦比(%)	原料块度(mm)	风压(Pa)		料柱高度(m)	单位料柱压力损失(Pa/m)
				底风压 p_1	顶压 p_2		
焦炭白云石竖窑	1.5	18～19	20～70	11500	～0	～13	885
	2.1	18～19	20～70	21500	～0	～13	1650
焦炭白云石竖窑	0.9～1.0	35	40～120	～12000	～0	～11	1090
焦炭镁砂竖窑	1.55	20～22	25～100	16000～18000	～0	～12	1330～1500
	1.17	20～22	25～100	9000～10000	～0	～9	1000～1110
混末煤石灰竖窑	1.34	10.6	50～200	5600～6400		17.5	322～366
	1.10	9.8	50～200	3650～4600		17.5	208～263
无烟煤石灰竖窑	1.08	6.95	70～150	5500～5900	500	20	250～270
	1.02	7.2	70～150	5000～5400	500	20	225～245
	0.903	7.15	70～150	3500～3800	500	20	150～165
	0.85	7.15	70～150	2800～3200	500	20	120～135

第四节 高温竖窑

生产实践表明，高纯镁石、白云石等原料用一步煅烧法很难烧结，故通常采用二步煅烧法，即先将这些原料在其分解温度下进行轻烧，使原料充分分解，然后将轻烧粉用高压成球机成球，送入高温窑炉内进行二步煅烧，即可获得高纯度高密度的熟料。为适应二步煅烧技术的发展，建造了高温高效竖窑。这种竖窑的容积一般都不大，生产窑容积为 15～30m³，试验窑小于 4m³。其特点是不加纯氧，最高煅烧温度可达 2000℃左右，技术经济指标先进，热耗低，窑的利用系数可高达 6～10t/（m³·d）。煅烧的熟料理化指标好，质量均匀，因而是较理想的高温煅烧设备。

煅烧镁石高温竖窑如图 5-14 所示，其主要技术经济指标列于表 5-5。

表 5-5 高温竖窑主要技术经济指标及镁砂性能

项目 \ 窑别 \ 指标	奥地利RCE竖窑	美国尼柯竖窑	中国HM矿竖窑
窑内径（m）	1.5	长轴 2.74　短轴 1.07	0.7
有效高度（m）	8.5	7.62～10	9.0
窑容积（m³）	15	18～28	3.5
窑断面形状	圆	椭圆	圆
最高煅烧温度（℃）	2000	＞1900	1900～2000
利用系数〔t/（m³·d）〕	10	6～10	5～8

续表 5-5

项目 \ 指标 \ 窑别		奥地利RCE竖窑	美国尼柯竖窑	中国HM矿竖窑
每千克成品热耗（kJ/kg）		2678	1442～2266	3159
出料温度（℃）		<100		50～60
窑顶废气温度（℃）		800		<500
燃料		重油、天然气	重油、天然气	裂化油
加出料方式		连续	连续	连续
镁砂性能	MgO/（%）	96.2～97.8	94～98	>98
	颗粒体积密度（g/cm³）	>3.30	>3.30	>3.30

注：窑的有效高度为窑顶至出料机距离。

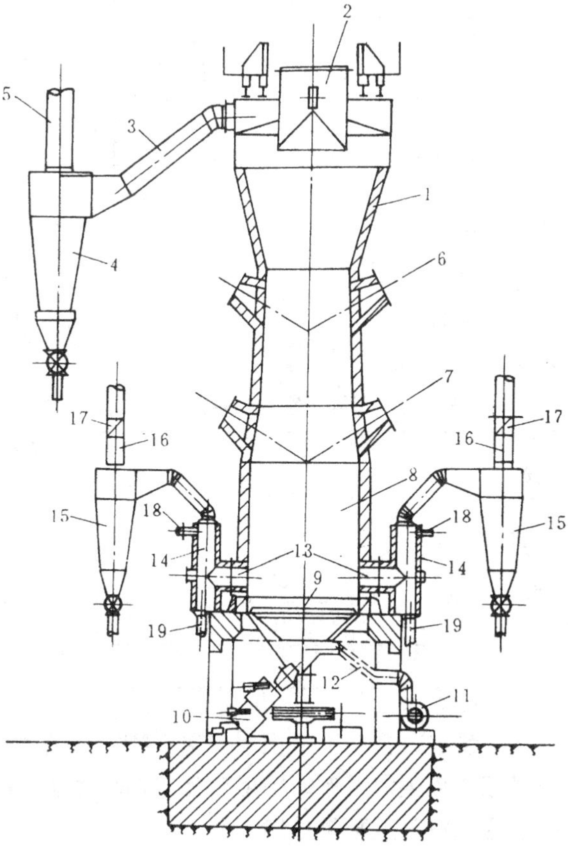

图 5-14 煅烧镁石的高温竖窑

1—窑体；2—窑顶；3—废气管道；4—旋风分离器；5—净化气体排出管；6、7—上下煅烧带；8—窑身下部；9—炉篦；10—出料闸阀；11—鼓风机；12—进风管；13—排风管；14—尘降室；15—旋风分离器；16—排风管；17—节流阀；18—管道；19—卸尘管

高温竖窑在结构上及技术操作上的特点可归纳如下。

一、结构特点

高温竖窑窑体形状可为直筒形或哑铃型，容积小，高径比大（$H/D>10$），采用高压鼓风，鼓风压力达 50～70kPa。连续装、出料，以保证物料经常松动，使料柱保持良好的透气性。为了实现自动操作，保证窑内热工制度与压力制度相对稳定，一般都采用双 γ 射线料位控制仪进行控制，并将其与电磁振动出料机联锁，根据料位高度变化，自动开停电磁振动出料机，使料封管中料柱高度不低于某一定值。高温竖窑对内衬材料要求很高，尤其是工作层内衬材料其高温性能、化学稳定性都要好，对物料不能造成污染，互相间不起化学作用。煅烧镁石的高温竖窑一般选用 MgO>98%～99%高纯度高密度直接结合镁砖。隔热层也需选择镁质捣打料等耐高温又具隔热性能的材料。

二、燃料及燃烧方式

为了获得高温，采用高热值的重油、天然气等燃料。在窑体的煅烧带设置有 2～3 排烧嘴。高温竖窑不设燃烧室，增加烧嘴数量，将烧嘴直接插到物料中，使燃料直接在物料中进行燃烧，如图 5-15 所示。这种燃烧方式强化传热，提高燃烧效率，因此供热强度大，从而成功地解决了高温煅烧问题。有关竖窑实际达到的供热强度对比见表 5-6。

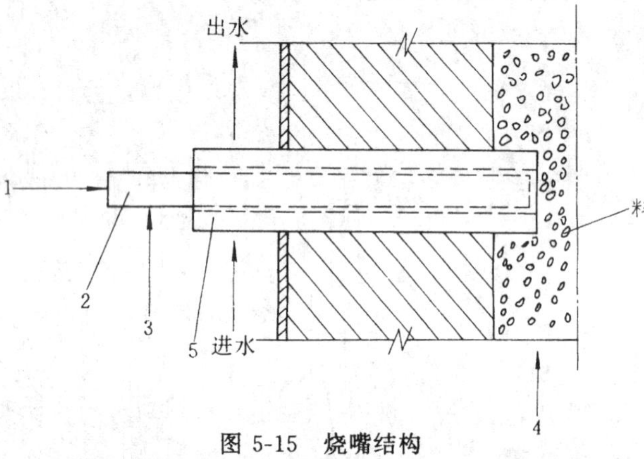

图 5-15 烧嘴结构

1—油；2—烧嘴；3—一次空气；4—二次空气；5—水套

表 5-6 不同竖窑实际供热强度对比

竖窑类型 \ 供热强度	按竖窑煅烧带截面计的供热强度 $\times10^4$ (W/m^2)	按竖窑两排烧嘴之间的容积计算的供热强度 $\times10^4$ (W/m^3)
DM 矿 $50m^3$ 圆形重油竖窑	93	58
HM 矿 $65m^3$ 方形重油竖窑	100	52
国外高温竖窑	≥116	175
HM 矿 $3.5m^3$ 高温重油竖窑	119	177

为了保证每只烧嘴油压稳定，且互不干扰，采用一嘴一泵的供油方式，以便灵活调节每个烧嘴的供油量。为保证烧嘴正常工作，采用密闭水循环系统。

三、预热空气，并采用低空气过剩系数燃烧

为了保证高温煅烧熟料迅速冷却，在冷却带鼓入了较多冷空气。要使燃烧过程在低空气过剩系数条件下进行，必须抽出多余热风，因此在高温竖窑冷却带上端设有热风抽出装置，抽出多余热风可以回收作为一次空气。窑内余下空气作为二次空气进一步加热至更高温度（可高达 1500℃）进入煅烧带，与燃料混合、燃烧，燃烧温度可达 2000℃以上。

四、严格操作制度

高温竖窑操作要求极为严格，不同煅烧品种，要对其温度、供油量、风温、风压、风量、一、二次风比例、重油雾化介质的压力及流量、加出料量、出料温度等参数，根据不同情况及时相应调正，使其各种制度相对稳定，确保煅烧质量。

高温竖窑要求原料的纯度高，料球尺寸小而均匀单一，其块度比近似等于1，这样可增大外部传热速率，减小物料内部传热阻力，因而使物料在窑内停留时间大为缩短，窑的生产能力相应提高。在原料条件合格情况下，防止粉料入窑，避免在高温煅烧带物料粘窑和结圈事故，保证物料由上至下的运动。

五、良好的轻烧工艺条件

生产实践与科学试验表明，用高温竖窑煅烧高纯原料，其轻烧工艺条件，轻烧温度，轻烧粉性能，细磨工艺及成球机压力等对二步煅烧料的质量均有重要的影响。

轻烧设备的选择关系到轻烧粉的质量，残余CO_2的含量，轻烧温度的均匀性等。目前，常用的轻烧设备为多层炉、沸腾炉和悬浮轻烧炉等。轻烧温度以矿石的分解温度高低来决定，其基本要求是，矿石要分解得完全、迅速、均匀，且轻烧物中的矿物晶粒不能长大。因此，轻烧物料分解得愈完全，在其二步烧结时，就不必再消耗大量的分解热，只需完成轻烧物料本身的烧结。这也是二步煅烧竖窑利用系数高，燃耗低的重要原因之一。

轻烧物料在其成球之前进行细磨处理，可使物料表面积大大增加，促进其烧结过程在竖窑内更快完成。

轻烧物料成型设备及压力的大小对物料的二步煅烧影响也很大，成型压力愈大，相邻颗粒间平均距离愈小，接触面愈大，愈有利于烧结。

第五节　原料轻烧设备

原料轻烧设备有多层炉，沸腾炉和悬浮炉等。这些设备不仅可作为原料的轻烧设备，根据它们的工作温度，所处理的物料的工艺目的不同，还可作为物料干燥，预热和煅烧设备，有的还可作为固体燃料的燃烧设备。

一、多层炉

图5-16所示为一种形式的多层炉。它具有一个多层的筒形炉体，外面由钢板围成，内砌耐火材料。每一层的炉底均由耐火材料构成，并设有下料孔。通过炉子中心的垂直转轴带动耙臂旋转，耙臂上有齿借以耙拌物料，故也将这种炉子称为耙式炉。在耙臂的作用下，可将加在周边的物料耙向中心，而在另一层则又可将集中在中心的物料耙向周边，亦即按螺旋路线推动物料由上至下依次通过各层，最后经炉底卸出。在炉子中段数层设置烧嘴，燃料在炉膛内直接燃烧。耙臂用空气冷却，空气由鼓风机送至中心转轴，并通过一条通道流至耙臂前端，再从臂的外层间隔室返回到耙根部，经由中心转轴中的外环形通道流至排气孔排出。该空气可以作为助燃空气或作为其它热源。

多层炉由于物料被分配在多层炉膛内，加之耙齿对物料的搅拌作用，因此具有热交换条件好，产品质量较均匀等优点。其缺点是烟气中含尘较多，设备比较复杂。

二、沸腾炉

当流体（气体或液体）由装有篦板的竖直容器的下部通过篦板上的散料层，且当流体速度大于临界流化速度而小于极限流化速度的情况下，颗粒物料将处于悬浮状态，且具有较明显的上表面，这一较紧密悬浮的颗粒物料层称为沸腾床或流化床。

轻烧氧化镁粉的沸腾炉如图5-17所示，矿粉经旋风预热系统预热至400℃后进入沸腾

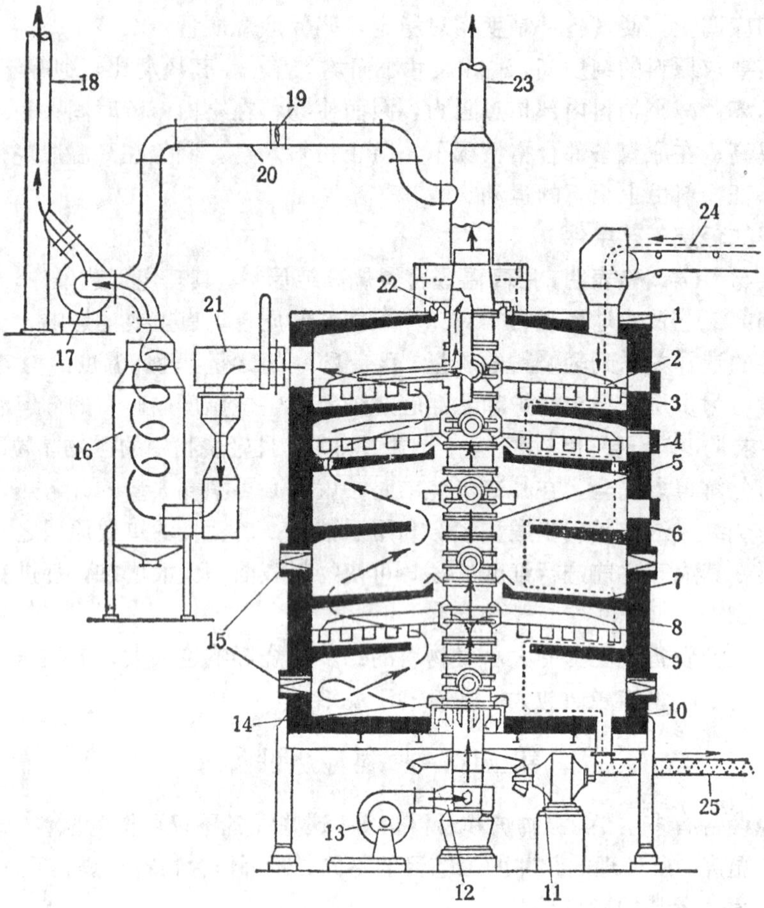

图 5-16　多层炉

1—送料口；2—耙臂；3—耙齿；4—小门；5—中心轴；6—内炉膛；7—下料孔；8—钢壳；9—耐火炉衬；10—产品出口；11—电动机；12—冷却空气；13—鼓风机；14—底封；15—烧嘴；16—文丘里洗涤器（或收尘器）；17—引风机；18—通入大气的干净空气；19—闸板；20—风管系统；21—气体出口；22—顶部密封；23—冷却转轴的空气（通向大气、或进燃气烧嘴或进热交换器）；24—送料；25—产品处理系统

炉。炉内下部为浓相流化床，上部为稀相流化床，经雾化的燃油在沸腾炉内燃烧，助燃空气由分布板进入，使床层颗粒沸腾，并将矿石加热、分解（煅烧），在炉内轻烧过的氧化镁细粉经过稀相段被烟气带出炉外，未煅烧好的菱镁矿继续在炉内轻烧，已变细的菱镁矿离开沸腾床进入稀相区继续分解，合格的轻烧氧化镁粉被烟气带出炉外，少量未分解的杂质集于炉底，定期清除。该沸腾炉主要技术参数见表 5-7。

表 5-7　沸腾炉主要技术参数

加矿量 (t/h)	产量 (t/h)	轻烧温度 (℃)	产品耗油量 (kg/t)	标态风量 (m^3/h)	单位产品电耗 (kW·h/t)
3.4～3.9	1.6～2.0	850～900	133～147	1850	99.4

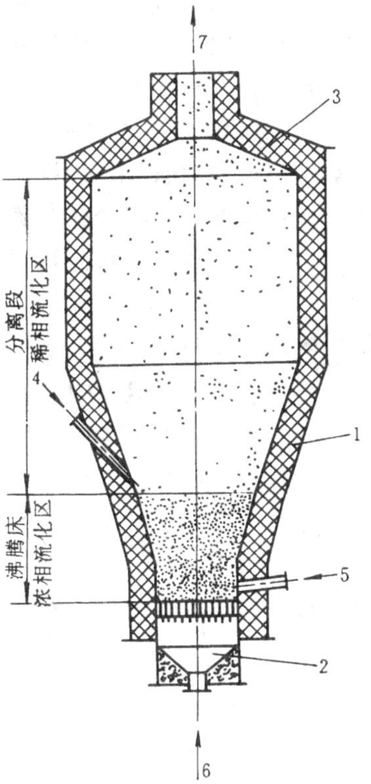

图 5-17　沸腾炉结构示意图

1—炉体；2—空气分布器；3—炉顶盖；4—进料口；5—喷油孔；6—进风口；7—出口

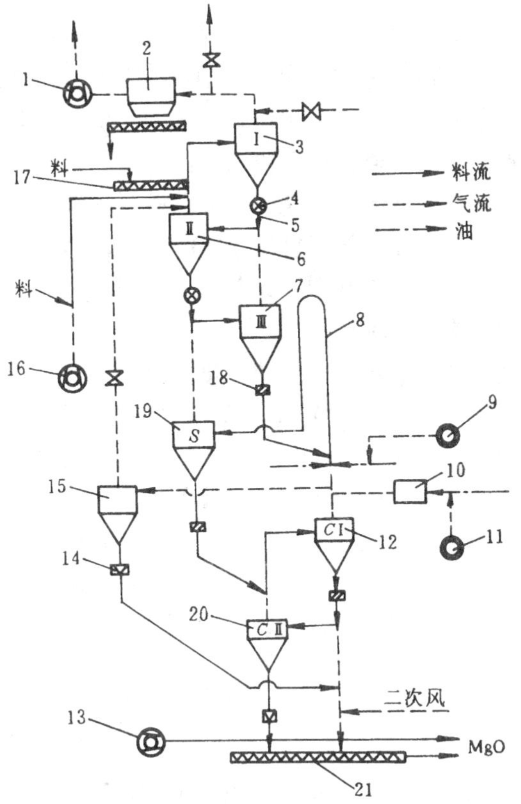

图 5-18　悬浮焙烧炉系统

1—排烟机；2—布袋除尘器；3—旋风预热器Ⅰ；4—格式锁气器；5—粉料溜管；6—旋风预热器Ⅱ；7—旋风预热器Ⅲ；8—反应管；9—主一次风机；10—燃烧室；11—辅助一次风机；12—旋风冷却器CⅠ；13—成品输送风动泵；14—单板阀锁气器；15—旁路旋风除尘器；16—加料风动泵；17—加料螺旋机；18—双板阀锁气器；19—成品集料器S；20—旋风冷却器CⅡ；21—成品出料螺旋

三、悬浮炉

悬浮炉是在载热气体的作用下，使细粒状或粉状物料悬浮于热气流之中，气、固间发生激烈的传热和传质过程的一种窑炉。

在悬浮炉中，物料呈悬浮状态，传热传质速率比物料在固定床和沸腾床中大得多。炉内气体处于剧烈的紊流状态，燃料的燃烧均匀，炉温均匀。物料在炉内呈悬浮状态，因此物料的受热也均匀。且结构简单，操作方便。在悬浮炉中，物料的收集必须靠气、固两相分离后方可得到。

二步煅烧工艺生产高纯镁砂过程中所采用的悬浮焙烧炉工作系统如图 5-18 所示。

该炉用以焙烧菱镁矿浮选精矿粉。炉子主要由三部分构成：(1) 原料预热系统，主要由Ⅰ、Ⅱ、Ⅲ三级旋风预热器及其进气管和下料溜子等组成；(2) 原料轻烧系统，主要由燃烧器、反应管、旋风收料器和下料溜子等组成；(3) 冷却系统，主要由二级旋风筒、进口管和下料溜子等组成。

符合要求的合格原料由加料螺旋 17 或加料风动泵 16 加至Ⅱ级筒 6 的排气管内，以相近于气流的速度与气体同向流动，并被气体加热，一起进入Ⅰ级旋风预热器 3，在Ⅰ级旋风预热器中与气流分离并沉积，完成第Ⅰ级预热过程。从Ⅰ级旋风预热器 3 沉积的物料通过粉料溜子进入Ⅲ级旋风预热器 7 的排气管内，被气流带入Ⅱ级旋风预热器 6，在Ⅱ级旋风预热器中物料再次被分离沉积，完成第Ⅱ级预热过程。其后进入第Ⅲ级旋风预热器 7，进行第Ⅲ级预热，完成全部预热过程。经Ⅲ级预热后的原料温度已达 600～700℃，碳酸盐分解率达 25%左右，最后由第Ⅲ级旋风预热器的下料溜子进入反应管 8 中进行轻烧。物料的轻烧主要在反应管内完成。

在反应管底部，大约在与进料点相同的水平面上，燃料由烧嘴送入反应管，与来自冷却系统的、温度为 600～700℃的二次风混合、燃烧。燃烧放出的热量被悬浮于气流中的物料立即吸收，物料分解在瞬间完成，即物料在反应管内仅停留 1.3～1.5s 即可完成轻烧。轻烧后的物料被气体带入收集成品料的旋风筒 19 中，经分离后通过溜子进入冷却系统。

同物料在预热系统的运动规律一样，物料经旋风筒 12、20 二级冷却后被排出炉外，由螺旋 21 或风动泵 13 送至下步工序。经二级冷却后，物料由 850～950℃降至 300℃以下。

出Ⅰ级旋风预热器的废气温度一般低于 180℃，经布袋除尘器净化后由排烟机排入大气。

思考题及习题

1. 竖窑窑体形状有几种，各具有什么特点，各适用于什么情况？

2. 竖窑布料装置、卸料装置对窑的正常操作有哪些影响，有哪几种布料、卸料装置，各具什么特点？

3. 竖窑通风对竖窑操作有哪些影响，竖窑中的流体阻力与哪些因素有关，在竖窑的实际操作中如何减少流体阻力，以保证燃料燃烧所需空气量的供应？

4. 竖窑中结炉瘤的原因是什么，对竖窑正常操作有哪些影响，怎样避免炉瘤的产生，产生后又如何处理？

5. 各种不同类型竖窑对所用燃料都有哪些要求？各选用什么样的燃料较为合适？

6. 竖窑热交换的特点是什么，怎样提高各带中气流与物料的热交换速率？

7. 高温竖窑在结构上与技术措施上与普通竖窑相比有哪些特点？

8. 原料轻烧的意义是什么，有哪些轻烧设备，各具什么特点？

9. 要求煅烧白云石熟料竖窑日产合格熟料 125t/d，因窑炉检修不能停产需选用两座窑，求每座竖窑所需的容积及窑的直径与高度。

第六章 回 转 窑

第一节 概 述

回转窑属于可以旋转的窑炉。回转窑最先用于煅烧水泥熟料，目前已被广泛应用于水泥、耐火材料和冶金工业等部门。煅烧粘土熟料的回转窑如图 6-1。

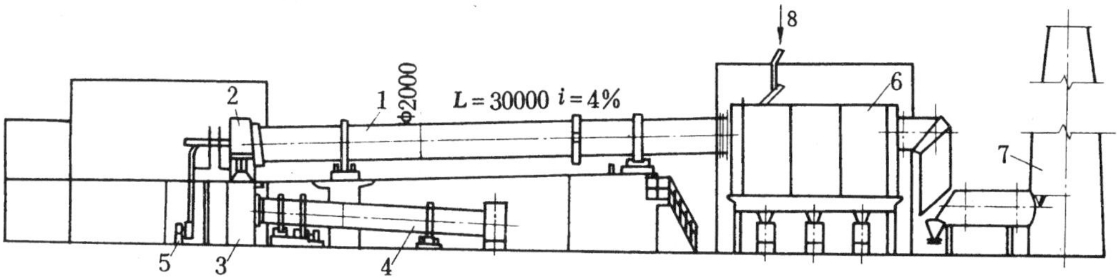

图 6-1 φ2×30m 回转窑系统

1—回转窑窑体；2—窑头小车；3—热烟室；4—冷却筒；5—窑头鼓风机；6—集尘室；7—烟囱；8—进料

回转窑的窑体与水平成一定角度，由电动机通过减速器由大齿轮带动旋转。燃料及助燃用的一次空气通过伸进窑头小车的烧嘴送入窑内，助燃用的二次空气从冷却筒进入并被预热后经热烟室入窑。燃烧产物流经窑体、集尘室、除尘器用排烟机送至烟囱排入大气。被煅烧的原料经窑尾加料管入窑，利用倾斜的窑体的转动，使物料向前运动，在此同时，被煅烧的原料与从窑头方向来的燃烧产物相遇而加热并达到烧结，再从窑头落入冷却筒。冷却筒内物料的运动也是借助于筒体的倾斜和旋转进行的。

一、回转窑分类

回转窑可以按煅烧物料的种类、生产工艺特点、预热设备类型、筒体的特征等进行分类。

按煅烧物料的种类分，有煅烧耐火原料（粘土质熟料，高铝质熟料，制砖镁砂等）的回转窑；煅烧水泥熟料的回转窑；煅烧石灰的回转窑等。

按生产工艺特点分，有干法回转窑；半干法回转窑；湿法回转窑等。

按生料预热设备分，有具有回转炉篦子加热机的回转窑；具有悬浮预热器的回转窑；具有立筒预热器的回转窑；具有窑外分解系统的回转窑等。

按回转窑的筒体特征分，有直筒式回转窑；一端扩大的回转窑；两端扩大的回转窑等。

我国现有各类回转窑规格见表 6-1。

二、回转窑的优、缺点

回转窑生产能力大，一般大、中型水泥厂均采用回转窑煅烧水泥熟料，在耐火材料工业中，采用一条φ3/3.6×60米镁砂回转窑可年产冶金镁砂5～6万吨，相当于3～4座47立方米的机械化竖窑年产量，因此煅烧原料数量大时，可选用回转窑。回转窑煅烧原料适应性强，能煅烧各种耐火原料。能煅烧各种难烧结和易结砣的耐火原料，例如氧化铝含量较高的矾土在竖窑内煅烧难于控制，温度高易于粘窑结砣，温度低易出现欠烧产品，采用回转窑煅烧比较合适。对于极难烧结的白云石料，经工艺处理后，也可在回转窑内烧出合格的白云石砂。对于矿山采掘原料所剩下的碎料，也可在回转窑内煅烧，以充分利用矿山资源。回转窑的煅烧质量比较均匀、稳定，一般不需拣选。回转窑可生产各种合成镁质耐火材料，例如根据国家的资源特点，可生产镁钙砂、镁化白云石砂、高钙镁砂以及普通冶金镁砂等。回转窑机械化程度高，劳动强度小。

回转窑与竖窑相比，所用设备多、材料多，基建投资大。回转窑飞灰损失大，单位产品消耗的原料多，且除尘问题的解决较为复杂。回转窑热交换特点决定了其热效率较竖窑低，水泥厂干法中空回转窑废气温度可达650℃以上。在回转窑尾部安装各种类型热交换装置，可以降低废气排出温度，以进一步提高窑的热效率。

表6-1 回转窑规格

<table>
<tr><td colspan="2">规格(m)</td><td>φ2×30</td><td>φ2.5×50</td><td colspan="2">φ3/3.6×60</td><td>φ2.5/3×93</td><td>φ3.5×145</td><td>φ3×45</td><td>φ3.2×48</td><td>φ3.0×46.5</td></tr>
<tr><td colspan="2">长径比</td><td>15</td><td>20</td><td colspan="2">19.2</td><td>34.7</td><td>41.4</td><td>15</td><td>15</td><td>15.5</td></tr>
<tr><td colspan="2">斜度(%)</td><td>4</td><td>3</td><td colspan="2">3.5</td><td>3.5</td><td>3.5</td><td>3.5</td><td></td><td>3.5</td></tr>
<tr><td colspan="2">转速(r/min)</td><td>0.269～1.34</td><td>最高1.6</td><td colspan="2">0.7～1.35</td><td>0.43～1.28</td><td>0.46～1.36</td><td>0.5～1.35</td><td></td><td></td></tr>
<tr><td colspan="2">内容积(m^3)</td><td>53</td><td>162</td><td colspan="2">338</td><td>387</td><td>1100</td><td>240</td><td></td><td></td></tr>
<tr><td colspan="2">内表面积(m^2)</td><td>140</td><td>314</td><td colspan="2">500</td><td>662</td><td>1472</td><td>368</td><td></td><td></td></tr>
<tr><td colspan="2">煅烧带内截面积(m^2)</td><td>1.77</td><td>3.24</td><td colspan="2">7.75</td><td>5.31</td><td>7.6</td><td>5.33</td><td></td><td></td></tr>
<tr><td colspan="2">设计能力(t/h)</td><td>4～4.5
(粘土)</td><td>6(高铝)
10(粘土)</td><td colspan="2">9(镁砂)
9～12.5
(高铝)</td><td>10
(水泥熟料)</td><td>25
(水泥熟料)</td><td>14～17
(水泥熟料)</td><td>400(t/d)
(水泥熟料)</td><td>700(t/d)
(水泥熟料)</td></tr>
<tr><td rowspan="3">热交换装置</td><td>型式</td><td></td><td></td><td>加热机</td><td>竖式预热器</td><td>链条带</td><td>链条带</td><td>立筒预热器</td><td>立筒预热器</td><td>悬浮预热器</td></tr>
<tr><td>规格</td><td></td><td></td><td>3.2×18</td><td></td><td>长18.5(m)</td><td>长26(m)</td><td>φ4×20</td><td>φ3.99×17</td><td>φ3.15×9.40(2)
φ4.48×8.26(1)
φ3.50×5.96(2)
φ4.48×9.50(1)
旋风分解炉
φ2.0×5.0</td></tr>
<tr><td>传热面积(m^2)</td><td></td><td></td><td colspan="2">多筒式</td><td>558.9</td><td>1168</td><td></td><td></td><td></td></tr>
<tr><td rowspan="2">冷却机</td><td>型式</td><td>单筒</td><td>单筒</td><td colspan="2">单筒</td><td>推动篦式</td><td>多筒式</td><td>推动篦式</td><td>回转篦式</td><td>水平推动炉篦</td></tr>
<tr><td>规格(m)</td><td>φ1.4×15</td><td>φ1.8×23</td><td colspan="2">φ2.5×35</td><td>φ1.8×10.35</td><td>11-φ1.1×5</td><td>φ2.2×12.6</td><td>φ1.6×12</td><td>φ2.2×12.6</td></tr>
</table>

三、回转窑内段带的划分

根据煅烧原料的物理化学变化原理及回转窑尾部余热利用装置的不同，煅烧不同原料的回转窑的段带有不同的划分方法。最简单的情况为在回转窑内煅烧粘土、高铝熟料，沿回转窑长度分为干燥带、预热带、煅烧带和冷却带（熟料冷却主要在另外的冷却装置中进行）。

对于煅烧水泥熟料，一般要经过自由水分蒸发、粘土质原料脱水、碳酸盐分解、固相反应、烧成和冷却六个过程，因此相应地将回转窑内分为干燥、预热、分解、放热反应、烧成及冷却各带。当然各带不一定都在回转窑筒体内，装有炉篦加热机或悬浮预热装置的回转窑，干燥、预热过程都在窑外相应装置上进行，具有窑外分解炉的回转窑，其分解过程也在窑外进行。只有湿法长窑各带均在回转窑筒体内进行。回转窑内各带划分情况如图 6-2 所示。

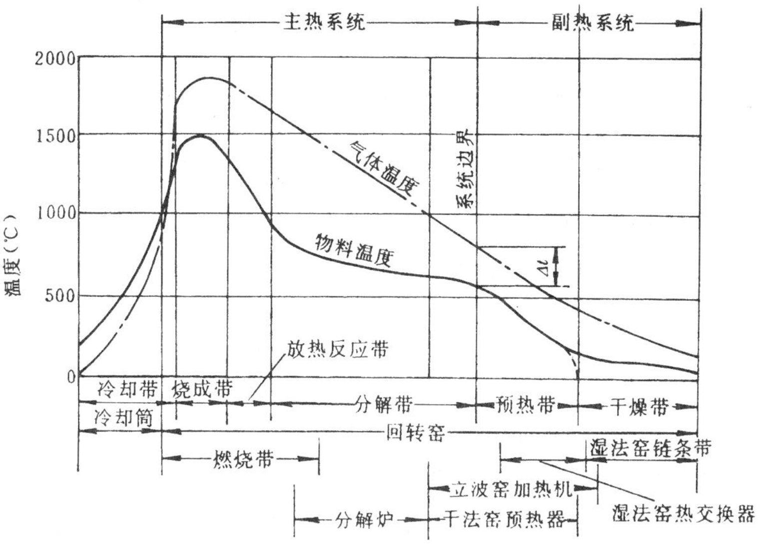

图 6-2 回转窑内物料温度和气体温度以及各带划分的大致情况

第二节 回转窑结构

一、窑体

1. 窑体型式

为了使回转窑的窑体适应各反应带的不同需要，设计成不同的窑体型式，即变化回转窑各带的筒体直径，或改变回转窑长度与直径的比例关系，常见的窑体型式有如下四种。

（1）直筒形窑　整个窑体直径相同，结构简单，部件及衬砖规格较少，便于制作和维修。直筒形窑长度与直径之间应有正确的比例关系，加大窑长可降低窑尾温度，提高预热能力，但过长对窑产量提高及热耗降低都不大，而且会使窑钢材用量增加。

（2）热端扩大窑型　扩大回转窑燃料燃烧区域（燃烧带）的直径，这样可以加大燃烧带的容积，从而提高窑的发热能力，同时加大了火焰气体辐射层的厚度，改善了窑内高温区域的传热。而且对于直径较小的窑，扩大燃烧带直径可以减少窑内结圈的机会，从而延长了窑的运转周期。

（3）冷端扩大窑型　主要用于湿法长窑，它是一种扩大干燥带和预热带的窑型，可以在该部分内多挂链条及安装其它热交换装置，增加热交换面积，从而提高窑的预热能力，降低窑尾风速和废气温度。

(4) 哑铃形窑　冷端扩大的目是为放置热交换装置而不致过多地提高气体流速，热端扩大是为提高窑的发热能力，中间收缩可节省钢材，同时在分解带物料容重最轻，运动速度最快，中间收缩可以提高分解带的料层厚度，有助于防止滑动，使物料在分解带内翻滚煅烧，但有分解带扬尘较大的缺点。

2. 长径比

窑的长度与直径的比值称为长径比。其表示方法为筒体的有效长度 L 与筒体内径 D 之比，$K_L=\frac{L}{D}$(变径窑为筒体平均直径)；另一种为有效长度与筒体砌砖后的平均直径 D_m 之比，称有效长径比，$K_m=\frac{L}{D_m}$。

目前耐火材料工业采用回转窑系中、小型，筒体直径 D 一般不大于 2～3m，内衬厚度为 200～250mm，故 $\frac{L}{D}$ 与 $\frac{L}{D_m}$ 相差较大，而对于大型窑二者相差不大。一般将 $\frac{L}{D}$ 用于设计中选型，但 $\frac{L}{D_m}$ 更反映小型窑的热工特点。

选择回转窑长径比应根据物料要求的煅烧温度，加热制度以及窑尾是否设置预热装置等因素考虑。煅烧烧结温度高的原料（如镁石）的高温回转窑，长径比应较大，对设有预热装置的回转窑，由于预热装置起了窑的部分长度所起的作用，长径比可适当减少，且预热装置效率愈高，窑的长径比可愈小。

根据我国现有耐火材料工业回转窑生产情况看，用于煅烧粘土、高铝熟料的回转窑长径比取 15～20，煅烧温度高取上限，煅烧镁石、白云石回转窑取 30～40，带预热装置的取下限。水泥工业中回转窑长径比，干法长窑 30～35；干法短窑 15～20；湿法长窑 30～40。

3. 筒体

筒体是一个长的钢制圆筒，所用钢板厚度一般为 20～40mm，随着筒体直径的增大，筒体钢板需加厚，例如直径为 5.5m 的大窑，滚圈下钢板的厚度达 100mm。筒体大多是由钢板焊接而成的。在筒体的长度方向，每隔一定距离装设有加固圈，以增加筒体的强度和刚度，减小窑体的变形。筒体通过若干滚圈支撑在托轮上，随着窑的长度的增加，支撑点数目一般也相应增加。对于大型窑，为防止窑衬材料的轴向串动，在筒体内侧每隔一段距离，设有一卡砖圈。

4. 窑体内衬材料

窑体内衬材料的选择主要根据内衬工作条件的要求，如煅烧物料的种类，性质，最高煅烧温度等，还要尽量减少窑体的散热损失，施工及拆卸方便，提高窑衬的综合寿命。

煅烧粘土质耐火原料的回转窑煅烧带采用Ⅲ等高铝砖，煅烧高铝矾土熟料时，煅烧带采用高铝砖。煅烧镁石、白云石等碱性耐火材料时，窑内高温区采用镁铝砖或镁铬砖。

随着回转窑的大型化、高温化及各项新技术的采用，对窑衬耐火材料提出了更为复杂和苛刻的要求。由于窑内热负荷的增加，热应力、机械应力、化学侵蚀以及物料磨损增大，都会使窑衬寿命降低，砖耗增大，这样不仅使耐火材料及检修费用增多，而且停机减产所造成的损失将更大。因此，各国都重视和加强对回转窑耐火材料的研制和损毁机理的研究，并力求改进施工、生产操作和耐火材料的合理匹配使用，以进一步满足生产工艺的要求，降低耐火材料消耗，提高回转窑的运转周期。

窑的卸料口和冷却带处所用的衬料主要受到炽热熟料、携带粉尘的热的二次空气以及火焰辐射作用的影响，机械磨损和化学侵蚀都很严重。因此，主要要求这些部位的衬料具有良好的抗磨蚀性和较高的热震稳定性。如在水泥回转窑冷却带一般使用Al_2O_3含量为70%～80%的高铝砖、耐热震高铝砖、尖晶石砖和镁铬砖；卸料口使用高铝砖、以刚玉为骨料的耐热混凝土，有时也使用碳化硅砖。

煅烧带的衬料主要承受高温冲击和化学侵蚀，特别是大型和超高温窑的热负荷很大，这就更加加剧了该部分耐火材料的损坏。因此，对煅烧带使用的耐火材料，除要求有足够的耐火度外，还要求在高温下易于粘挂窑皮，保护衬料。如干法水泥回转窑，目前普遍使用镁铬质等碱性耐火材料。在煅烧镁铝尖晶石的超高温回转窑的煅烧带采用的则是高纯镁砖。

与煅烧带相邻的放热反应带，经常经受着比煅烧带更为严峻的工作条件。这是因为该处温度变化频繁，筒体温度较高，化学侵蚀也比较严重，因此要求窑衬能承受高温冲击，有较高的热态抗折强度和较小的弹性模量。干法水泥窑该带常用的砖种有普通镁铬砖、直接结合镁铬砖和优质高铝砖等。

分解带与预热带相邻区域，由于热应力与化学应力较小，可使用各种质量的粘土砖、高铝砖等。分解带与放热反应带相邻区域的高磨损、高温区内可采用 Al_2O_3 含量为 50%～60%的高铝砖、普通镁铬砖等。

预热带由于温度较低，一般均采用粘土砖内衬。

二、支撑及传动装置

1. 滚圈

在回转窑的筒体上安装有滚圈。回转窑通过滚圈和窑基上的托轮接触，滚圈在托轮上转动。托轮安装在钢筋混凝土的窑基上。图 6-3 所示为一种活套滚圈安装示意图。这种滚圈的优点是，当滚圈在托轮上滚动时，能在一定程度上自行调位，从而保证滚圈和托轮母线沿长度方向密切接触，同时通过滚圈与座板间的间隙可以缓冲温差所造成的热应力。

2. 托轮

托轮是回转窑的支撑装置，它是筒体的立足点，托轮除了支撑筒体的重力外，还在径向和轴向对筒体起着定位的作用。目前，绝大部分的回转窑采用将托轮轴承直接置于基础上的刚性支撑方法。

图 6-4 为托轮安装位置示意图。托轮的数量根据窑的长短不同而不同，与滚圈的位置相对应，一般为 2～4 对。托轮中心线必须和窑的中心线相互平行。从筒体的横断面来看，当筒体的中心和两个托轮的中心相互连线所构成的角度为 60°时比较合适。由于托轮回转较快，因而产生摩擦热。为保护托轮，延长托轮的使用寿命，采用水冷却的办法，在托轮底座装有水槽，通以冷水进行冷却。此外，为了避免轴承受窑体辐射的影响，一般在窑体热端的托轮上还设有易于装卸的遮热板。

3. 挡轮

回转窑是倾斜安装的，斜率为 3°～5°。在正常运转情况下，由于窑体本身的重力而产生的沿轴线方向向下滑动的分力等于滚圈与托轮间产生的摩擦力，使窑体处于平衡状态。但有时向下滑动的力大于摩擦力，窑体就会向下窜动。

挡轮安装在靠近传动设备附近的一个滚圈的两侧，如图 6-5。它的作用是检验窑体是否有纵向移动。回转窑正常运转时，滚圈处于两挡轮的中间位置，滚圈两侧与挡轮的工作面间的间隙为 30～40mm。当滚圈的任何一侧与挡轮接触，而使该侧挡轮转动时，说明窑体向该方向发生了窜动。所以，这种挡轮只起回转窑是否发生上下窜动的报警作用。

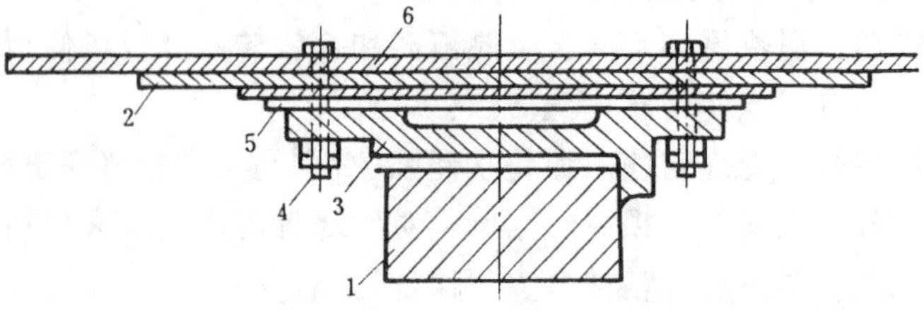

图 6-3　回转窑的滚圈安装示意图

1—滚圈；2—垫板；3—座板；4—螺栓；5—垫板；6—窑体

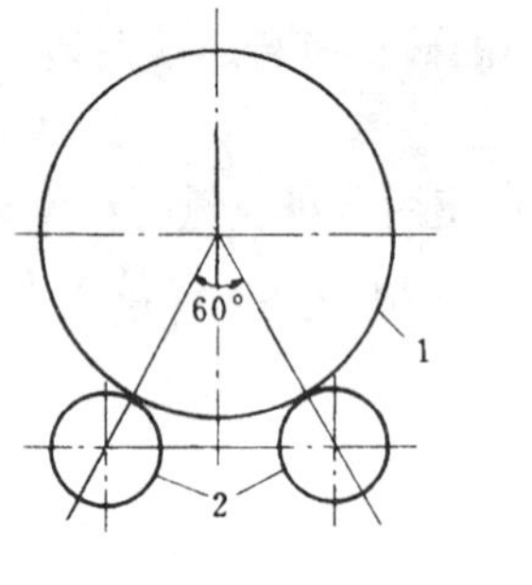

图 6-4　托轮的安装位置示意图

1—简体；2—托轮

当窑体窜动比较小时，可通过增加托轮与滚圈间的摩擦力，以及调整托轮的歪斜角（托轮中心线与窑体中心线在水平面投影的夹角）等方法来调整。这种方法将产生滚圈与托轮接触不良，滑动摩擦增大、表面润滑不良以及托轮调整频繁等后果。为克服歪斜托轮所造成的不良后果，设计了推力挡轮，继而随着窑的大型化又出现了一种新型的挡轮装置——液压挡轮。其原理及结构可参阅有关书籍，此处不再赘述。

4．传动装置

回转窑的传动装置是回转窑的重要组成部分。对回转窑传动装置的基本要求是：能安全可靠地传递足够的功率；在足够的调整范围内可实现平稳准确的无级调速；投资小；维护简便。

回转窑的传动装置如图 6-5 所示，窑体借大齿轮带动一起转动。在安装时大齿轮的中心应与窑体重合，为了使窑体受力均匀，一般应将大齿轮安装在窑体中部，尽量使大齿轮两边窑体负荷相近。大齿轮是通过弹簧钢板与窑体相连的，弹簧的一端通过螺钉与大齿轮相连，另一端与窑体加固圈铆接在一起。弹簧钢板的作用是缓冲窑体启动时，大齿轮和小齿轮间的冲击力，以维持大、小齿轮的正常传动。

三、窑口及密封装置

1. 窑头小车

为了检修方便，回转窑的窑头做成可以活动的，在窑头下部装有四个轮子，可以在轨道上来回移动，窑头正面留有一个安装烧嘴的圆孔，在该圆孔的两侧留有相互对称的看火孔。窑头下部有一个大方孔直接与热烟室相连，煅烧好的物料从大方孔经过热烟室，自动落入冷却机。

2. 窑口结构

现代大型回转窑，窑口的热负荷非常大，所以窑口必须用专门的耐热钢扇形板保护，使窑筒体钢板免受高温直接辐射。目前回转窑窑口结构形式主要是气冷式窑口，导热管式窑口和剧冷式窑口三种形式。

图 6-6 所示为窑头风冷密封装置。内扇形护板 4 用螺栓牢固地固定在筒体 5 上，在周围借助于定位件焊上一定宽度的钢板圈 6，在钢板圈上安装有由耐热钢螺栓固定的耐热外扇形护板，而安装在窑头小车 7 上的耐热扇形板处在两圈耐热扇形护板之间，实现摩擦式密

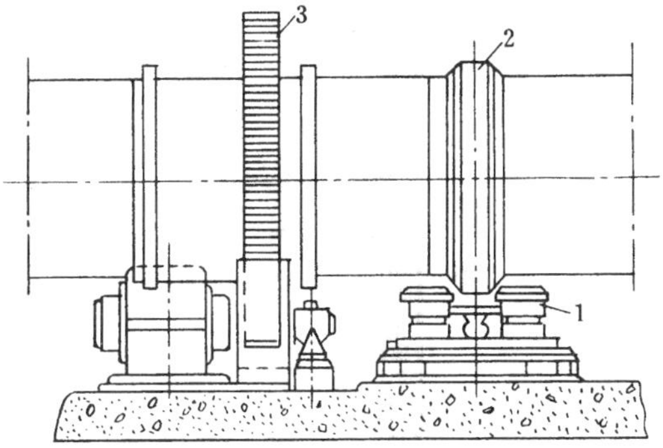

图 6-5　回转窑的传动装置

1—挡轮；2—滚圈；3—大齿轮

封。空气被送进窑筒体与筒体同心安装在筒体外部的钢板圈之间的环形腔内，冷却窑口。在扇形板之间必须留有几个毫米的缝隙，以利于窑口的维修和避免热冲击造成窑口变形。这种结构虽然部分冷空气会通过缝隙漏进窑内，但它们已被预热，而不会给窑的热工制度造成较大的影响。

3. 密封装置

回转窑进、出口处的密封对于设备的正常运转，保持回转窑稳定的热工制度等是至关重要的。

设计一种构造简单，操作可靠的密封装置，涉及的因素很多，也很困难。这是因为窑体在其运转过程中，有时将出现筒体的上下窜动、弯曲以及端部的摆动。此外，密封部件还要经受严重的粉尘和高温的影响。良好的密封装置应满足构造简单、易安装、摩擦部件少、具有良好的密封性能、操作可靠、不影响窑的热工制度等条件。

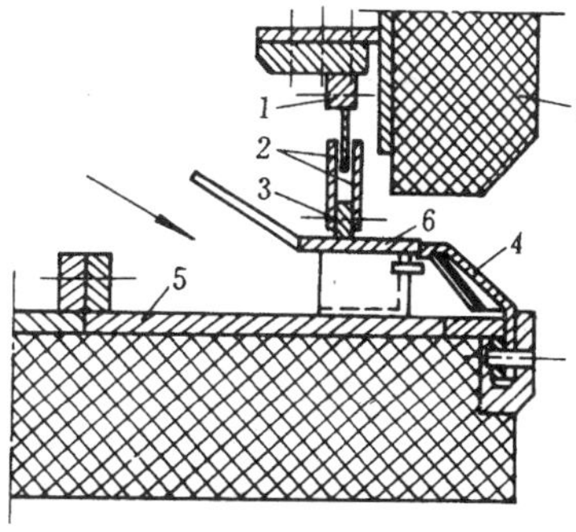

图 6-6　窑头风冷及密封

1—密封圈；2—耐磨扇形板；3—支承环；4—内扇形护板；5—筒体；6—钢板圈；7—窑头小车

回转窑的密封装置主要有摩擦式、迷宫式（曲径式）和气封式三种结构形式。

迷宫式密封有径向和轴向两种，如图 6-7。密封件由静止密封环 1 和活动密封环 2 构成。前者固定在不动的构筑物上，后者则固定于筒体上。由于在空气通过弯曲的通道时，产生流体阻力，从而减少了漏风量。

迷宫式密封装置的优点主要是结构简单，没有接触面，因而不受磨损。它的密封效果与间隙的大小及迷宫数量有关。为了防止静止环和活动环在运转中发生接触，迷宫在径向和轴向的预留间隙都不可能太小，一般不小于 20～40mm。因此，即使在迷宫数量相当多的情况下，迷宫式密封的效果也是相当差的。

摩擦式密封是一种古老的密封法，但近年来采用以石墨块为摩擦件取得较好的效果。图 6-8 为石墨块密封装置示意图。

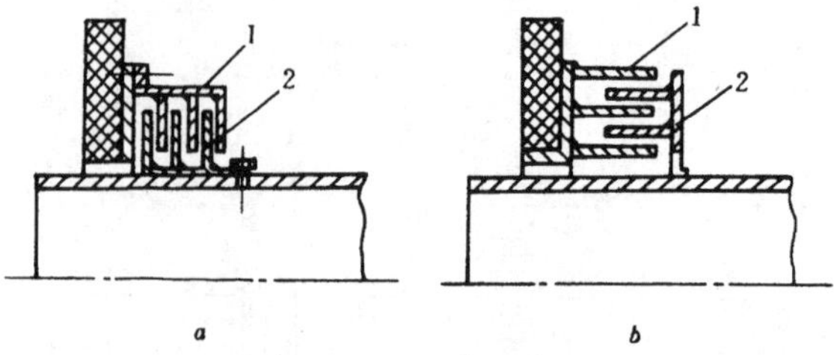

图 6-7 迷宫式密封装置

a— 径向式；b— 轴向式

1—静止密封环；2—活动密封环

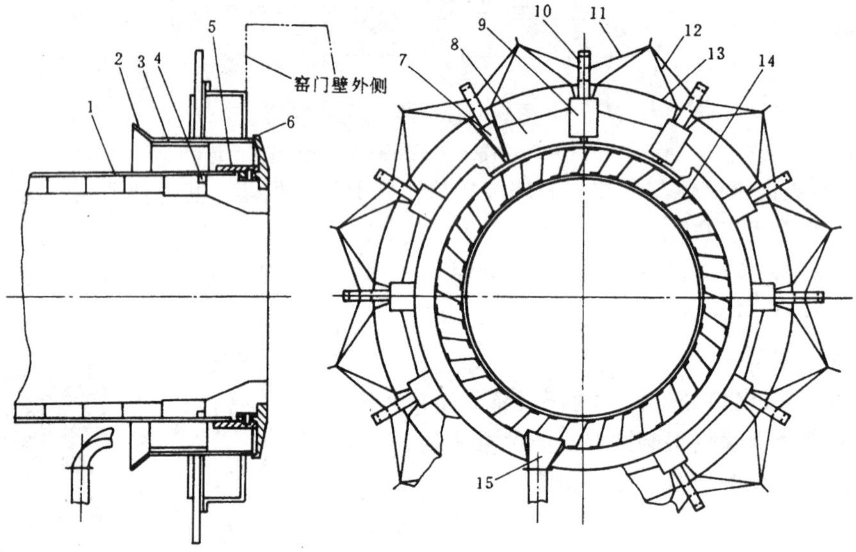

图 6-8 窑头密封装置

1—窑筒体；2—喇叭口；3—外筒；4—挡砖圈；5—搭接板；6—窑口护板；7—钢楔；8—石墨块；9—挡板；10—弹簧压力调节板；11—弹簧；12—弹簧支架；13—可调密封圈；14—S 型支撑板；15—冷却风管

石墨块 8 放在可调的密封圈 13 和挡板 9 之间，在整个圆周上一般要安装 24～36 块石墨块，相邻石墨块间靠钢楔 7 定位。固定在弹簧压力调节板 10 上的张力弹簧 11 通过活动的弹簧支架 12 对石墨块产生一个指向窑体中心的压力，使石墨块始终与外筒 3 接触，在石墨块和外筒间实现摩擦式密封。弹簧通过弹簧支架对石墨块的压力大小可通过调节弹簧在调节板 10 上的固定位置来实现。

石墨块式密封与其它摩擦式密封相比，其主要优点为：因石墨块耐高温，又可与筒体紧密接触，因此密封效果较好，并且构造简单，石墨块更换容易，可大大提高窑的作业率。

第三节 回转窑生料预热装置

为了利用回转窑窑尾烟气中的余热，提高回转窑的热效率，解决窑内预热、分解及煅烧能力的矛盾，一般回转窑的窑尾都安装有不同形式的生料预热、预分解装置。

一、炉篦式加热机

炉篦式加热机的构造如图6-9所示。炉篦加热机是一个由金属外壳罩着的活动炉篦子等许多部件构成的预热装置。炉篦子在上、下支撑装置的支撑下，由主动轮带动回转。炉篦子上部空间用两道隔墙分为干燥室Ⅲ、预热室Ⅱ和分解室Ⅰ三部分。

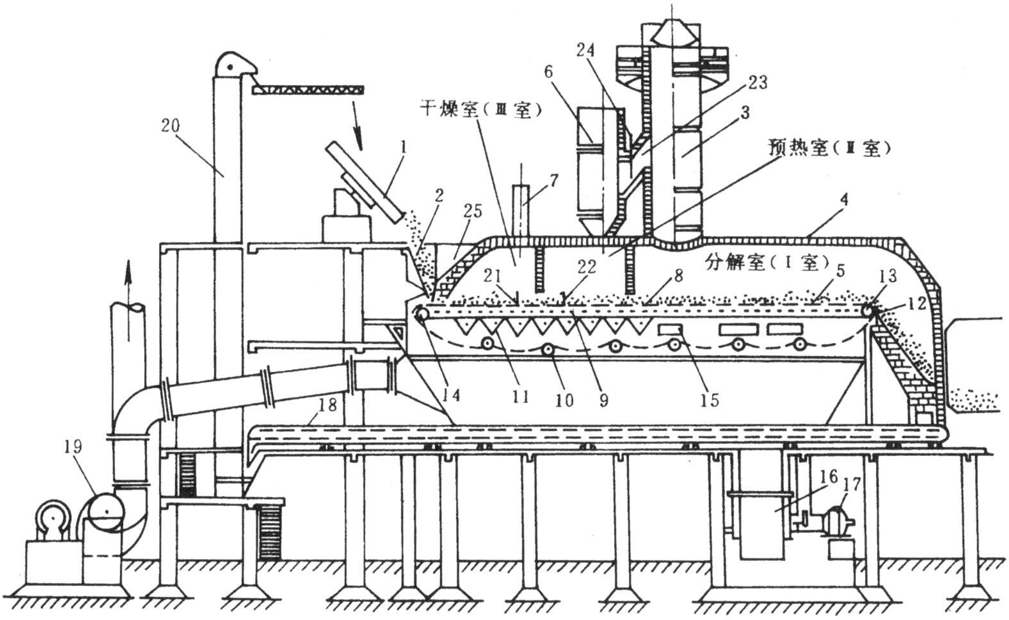

图6-9 回转炉篦子加热机结构

1—成球盘；2—下料溜子；3—辅助烟囱；4—金属外壳；5—活动篦床；6—冷风烟囱；7—冷风管；8—炉篦子；9—上支承部分；10—下支承部分；11—调节风斗；12—刮板；13—主动轮；14—从动轮；15—吸风口；16—1号排风机；17—电动机；18—链式输送机；19—2号排风机；20—生料提升机；21—第一松料犁；22—第二松料犁；23—斜烟道；24—调节闸板；25—料层控制板

加热机的主要部件是活动篦床，它是由许多块生铁铸成的炉篦子组成，炉篦子上有篦孔，总的有效通风面积占加热机工作面积的20%～30%。

炉篦子加热机的工作过程是：在干生料粉中加12%～14%的水，经过成球盘制成直径为5～15mm的料球，由下料溜子均匀分布在活动篦床上，由料层控制板控制一定的料层厚度，一般为150～200mm。随着炉篦子的移动，料球经过各室，先后被干燥、预热和部分分解后，被加热至850℃左右，由刮板刮入回转窑内进行煅烧。自回转窑来的900～1000℃的高温气体，首先进入分解室Ⅰ，然后分为两部分。一部分直接通过料层，与料球进行热交换。由于热交换条件好，气体温度很快降低，由吸风口经1号排风机排出；另一部分气体由辅助烟囱斜烟道及冷风烟囱进入Ⅱ室，但因为该室还有湿料球，气体温度不宜太高。否则料球将因加热过急而大量炸裂，增大通风阻力。因此，必须通过冷风烟囱掺入部分冷空气，使气体温度降低至600～700℃以后进入Ⅱ室。进入Ⅱ室的热气体，大部分经过料层，将物料加热，另一小部分，经过Ⅱ、Ⅲ室之间隔墙上的孔进入Ⅲ室，并由Ⅲ室上的冷风管调节温度，一般控制在350～500℃，通过Ⅱ、Ⅲ室的气体由2号排风机排出，此时废气温度已降到100～150℃。

在炉篦子加热机中传热的主要方式为对流换热和传导传热。由于气体和料球接触较好，料球间的气体流速高，所以传热效率较高，窑的熟料单位热耗较低。

带有炉篦子加热机的回转窑的主要缺点是：对原料的适应性不强。这是因为生料需预先成球才可入窑煅烧，因此对原料的可塑性应有一定的要求；在加热机内，同截面料层上下及内部间的温差较大，因而使生料预热不均，从而进一步影响煅烧的均匀性，使熟料质量降低；加热机结构复杂，磨损零件多，容易损坏，维修工作量大，窑的运转率较低。

二、悬浮预热器

在回转窑尾部安装悬浮预热器，使原来在窑内以堆积状态进行的物料预热及部分碳酸盐分解过程，移到悬浮预热器内以悬浮状态进行，因此呈悬浮状态的生料粉能与热气流充分接触，气、固接触面大，传热速度快、效率高，有利于提高窑的生产能力，降低熟料烧成热耗。同时它尚具有运动部件少，附属设备不多，维修比较简单，占地面积较小，投资费用较低等优点。其不足之处是，预热器系统流体阻力较大，电耗较高，需要高大的建筑物，对原料的碱、氯、硫等含量限制较严，在这些有害成分含量高时，容易使预热器产生粘结、堵塞等。

悬浮预热器的种类很多。如按发明和制造厂商分类，有洪堡型、史密斯型、盖波尔型、多波尔型、维达格型、米亚格型等悬浮预热器等；若以旋风筒级数分，有2级、3级、4级和多级悬浮预热器；按预热器的结构分，则有旋风筒组合，旋风筒与涡室组合及立筒式悬浮预热器；按物料和热气流的流动方向分，有同流、逆流和混合流热交换型悬浮预热器。

1. 以多级旋风筒组合的悬浮预热器

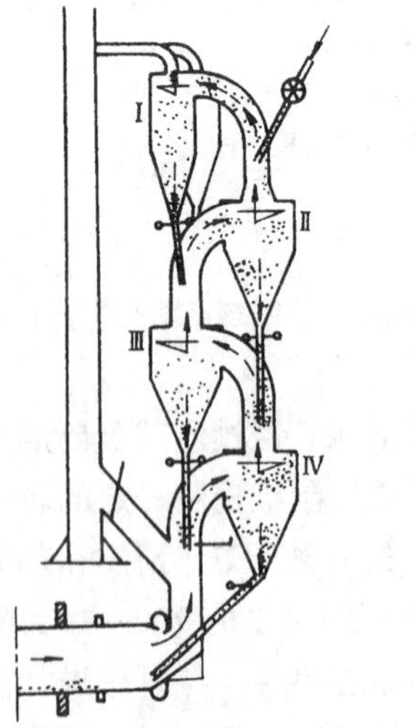

图6-10　洪堡型预热器原理图

洪堡型悬浮预热器是这种类型的代表，如图6-10。图中虚线表示物料流动方向，实线表示热气流流动方向。物料由输送设备提升进入悬浮预热器系统最上部的连接管，喂入第Ⅱ级旋风筒的排风管内，物料由热气流带入第Ⅰ级旋风筒(双筒，以提高收尘效率)，在此处物料和气流进行分离；热气流作为废气经收尘后排入大气。被分离出来的物料由Ⅰ级旋风筒的下料管进入Ⅲ级旋风筒的排气管内，被热气流带到Ⅱ级旋风筒，在此，物料再次从热气流中分离出来。如此反复地进行热交换，物料最后由第Ⅳ级旋风筒的下料管进入回转窑。因物料在各级旋风筒间的连接管内和热气流作同向流动，因此这种悬浮预热器属于同流热交换型悬浮预热器。

由旋风筒和连接管道所组成的热交换设备单元，生料粉状颗粒总是从两旋风筒间的连接管道接近下一级旋风筒气流出口处的上升管道区段中加入。加入的生料粉被撒料装置分散后，首先被气流携带作加速运动，而后进入等速运动阶段。

在加速段，随着生料粉颗粒的加速，气流与颗粒间相对速度不断减小，对流换热系数也不断减小；在等速段由于气-固相对速度稳定，对流换热系数也基本保持恒定。因此对于稀相输送床加热管，尤其是它的加速段的起始区，由于气-固两相具有对流换热系数大、传热面积大和温差大等特性，故传热速率较快。也就是说，在旋风筒（包括管道）的热交换单元设备中，生料粉与高温气流的热交换主要发生在管道中，而不是在旋风筒之中。在管道中进行的热交换又主要发生在生料颗粒加速运动段的起始区。这就是旋风筒（包括管道）热交换单元设备中热交换的特点。至于旋风筒本身在热交换单元中的主要任务是气、固分离，即收尘。

在悬浮预热器中，由于传热速率快，热效率高，生料粉能在数秒至数十秒内从常温提高到750℃以上。出预热器的废气温度可降低至350～400℃，入窑生料已部分完成碳酸钙分解，从而大大减轻窑的预烧负担。预热器的流体阻力一般为4000～8000Pa。

2. 以立筒为主组合的悬浮预热器

图6-11为一种立筒为主组合的悬浮预热器，简称立筒预热器（盖波尔型）。它为一垂直立筒，立筒内有三个缩口，将立筒分为四个钵。立筒顶部有一组旋风筒，窑尾废气由立筒底部进入立筒且由下向上运动。生料粉由立筒顶部上升风道加入，随气流进入旋风筒，经过初步同流热交换后被捕集，由立筒肩部送入立筒内。在立筒预热器中，物料与气流逆向流动，当物料经过缩口时被高速气流吹起，产生“喷腾效应”，在钵室内进行循环加热，因而延长了生料的停留时间，加强了传热。由于在立筒内生料与气流按相反方向流动，因而，立筒预热器也是一种“逆流热交换器。”

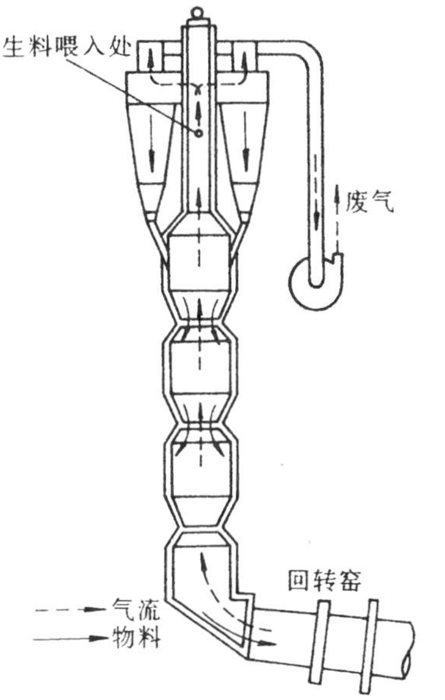

图6-11　立筒预热器

立筒预热器较旋风预热器结构简单，钢材消耗量与制造费用均小些。由于横截面积较大，所以不会由于结皮或结皮脱落而引起故障，操作可靠；阻力较低，仅2000Pa左右，生料预热部分的电耗也较低；由于本身是自承重结构，土建费用较低，为了节省钢材，立筒筒体也可采用钢筋混凝土结构。但是，立筒预热器的热交换不如旋风预热器充分，因而热效率较低，热耗较高，产量提高幅度也较低，约在20%左右。

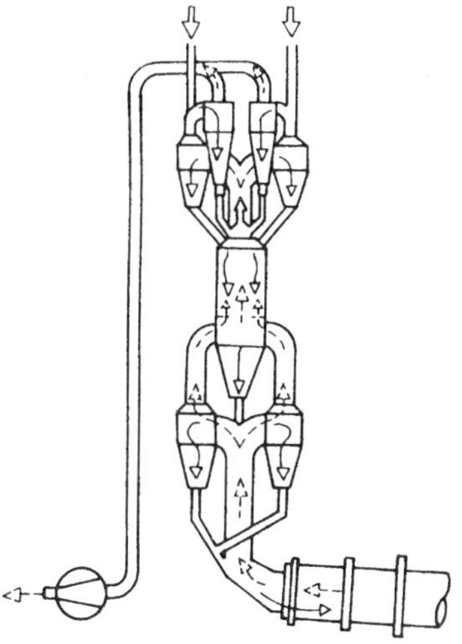

图6-12　多波尔型预热器

3. 旋风筒与立筒混合组合的悬浮预热器

这种悬浮预热器一般由三级旋风筒和一个涡流立筒所构成，多波尔型预热器属于这种预热器，如图6-12所示。一、二、四级均由两个平行布置的旋风筒组成，第三级为一个涡流立筒，生料在一、二级旋风悬浮预热器内进行两级预热后，两股料流进入立筒。由第四级旋风筒来的烟气自立筒下部侧面以切线方向导入，生料在立筒中与气流混合及热交换，然后被回转窑窑尾来的烟气带入第四级旋风筒，经第四级旋风筒进行热交换后分离入窑。由此可见，这种悬浮预热器属混流热交换型预热器。

第四节　回转窑熟料冷却装置

出回转窑筒体时熟料的温度很高，如水泥熟料可达1000～1200℃；耐火原料熟料出窑温度为1000～1300℃或更高。这样高温度的熟料必须经过冷却，以便于运输、储存和下工序的正常进行；尽量回收熟料中的热量，提高入窑二次空气温度，降低单位产品的热耗；人为控制熟料冷却速度，以满足熟料的质量要求。冷却机按其结构不同主要可分为筒式冷却机和篦式冷却机两大类型。

一、筒式冷却机

1. 单筒冷却机

单筒冷却机如图6-13所示。冷却筒直径一般为1.2～3.0m，长度为14～20m，长径比在10左右；筒体转速较回转窑高，一般为2～10r/min；斜度也较大，一般为3%～4%；筒体热端镶砌厚度为120～150mm的耐火材料，其余部分安装有耐热铸铁或其它材料的扬料板。

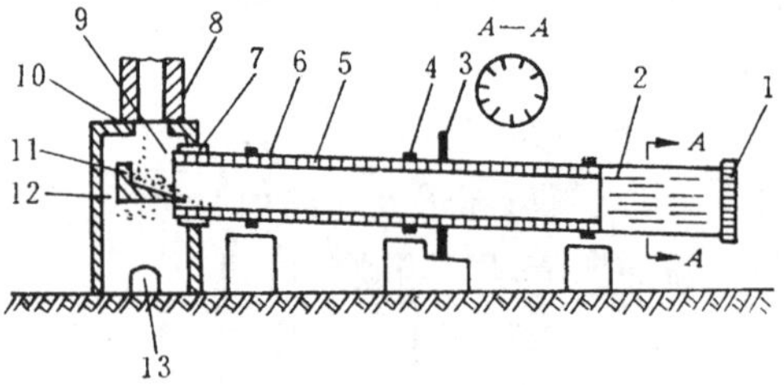

图6-13　单筒冷却机

1—卸料篦子；2—扬料板；3—大牙轮；4—轮带；5—耐火砖；6—筒体；7—密封装置；8—窑头；9—热烟室；10—通料口；11—溜子；12—风道；13—清理积料门

熟料进入冷却机后，随着筒体的回转而翻动。扬料板把移向冷却筒卸料端的熟料不断升举到一定高度后淋撒下来，以利与冷却空气间的热交换。由于筒体是倾斜的，熟料呈螺旋状向前移动。进入冷却筒的冷空气，是靠窑尾排风机的抽力从外界吸入的大气。冷空气与熟料进行热交换将熟料冷却，本身被加热，全部入窑作为二次空气供燃料燃烧用。

单筒冷却机的优点是结构简单、坚固；全部冷空气经预热可回收入窑，热效率较高，一般可将空气预热至600～800℃；熟料冷却电耗低。其缺点是冷却速度慢，熟料冷却效果较差，冷却后的熟料温度一般为150～250℃；扬尘较大，冷却筒的直径愈大，扬尘愈大；由于冷却筒只能布置在窑的下部，因此要求窑的建筑高度提高；入窑二次空气的数量和温度难以调节。

2. 多筒冷却机

多筒冷却机如图6-14所示。它们是由围绕着窑的卸料端的6～14个冷却筒所构成。筒体一般由6～15mm厚的钢板制成，在筒内高温端装砌有耐热钢带叶衬板或耐火材料。在中段和冷端装有角铁，或在角铁上挂有小链条。冷却筒末端装有卸料嘴。

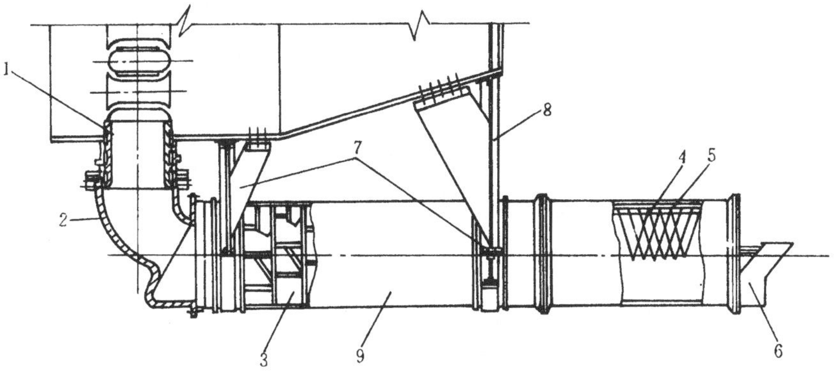

图 6-14　多筒冷却机冷却筒的构造

1—衬套；2—弯头；3—带叶衬板；4—链条；5—角铁链条架；6—卸料嘴；

7—冷却筒固定装置；8—窑头板；9—冷却筒筒体

高温熟料由接料颈管进入弯头，然后进入冷却筒内。全部冷却空气都是靠窑尾排风机在窑头处产生的负压吸进来的。冷却空气以逆流方式将熟料冷却，然后全部作为二次空气从接料颈管进入窑内。

采用多筒冷却机熟料可均匀地分布在各冷却筒内，因此冷却筒虽短，但也能将物料冷却至 200～300℃；由于二次空气是沿回转窑筒体四周均匀进入窑内的，不会产生涡流，有利于燃料与空气的混合；冷却空气全部进入窑内作为二次空气，免去了废气的净化；多筒冷却机结构简单，没有运动部件；冷却单位熟料耗用的金属量和占地较少，电耗较低。

在多筒冷却机中，当熟料由煅烧带移向窑头时，由于物料过热和过粘，可能会引起接料管堵塞，造成窑头负压显著升高，同时也会导致接料管内耐火衬料磨损加剧；窑高温出料端的筒体被多个冷却筒开口削弱，加之冷却筒的重载，因此大大降低了该处筒体的强度；由冷却筒至窑门内的一段窑筒体只是为了满足结构需要而设置，因此窑长没有充分利用；热量集中在窑头附近，恶化了操作环境；冷却筒直径愈大，熟料进入冷却筒的降落高度就愈大，这样不但加剧了磨损，也增加了噪音。

二、箆式冷却机

箆式冷却机属于骤冷式冷却设备，冷却熟料用的冷风由专门的风机供给。熟料以一定的厚度铺在箆子上随炉箆的运动而不断前进。冷空气则垂直于熟料运动方向穿过料层而流动，因此热交换效率较高，熟料冷却效果好。根据炉箆子运动型式不同，箆式冷却机可分为推动式（水平推动式、倾斜推动式）、回转式、振动式三种。

水平推动式冷却机的结构示意及工作原理如图 6-15 所示。它主要由箆床、高压风管、中压风室、废气烟囱、拉链机等部分组成。

箆床是冷却机的主要部件，是由横向一行一行间隔排列的固定箆板和活动箆板所组成。活动箆板在传动装置带动下，作水平往复运动，将熟料向前推动。一般小型水平推动式冷却机箆床做成一段；而较大型的箆床做成两段，并且安装的水平高度不同，后一段低于前一段，以便熟料在推动过程中进行翻动。

高温熟料由窑口流到冷却机后，首先落到冷却机进料端的一排倾斜固定篦板上，受到从篦板下部鼓进高压风的急速冷却。随后由篦床推动前进，并且受到中压风的继续冷却。篦床下部分成两个风室，称为一室（热室）和二室（冷室）。每个风室均与中压风机相通，进风处设有闸板，可根据需要调节各室风量。

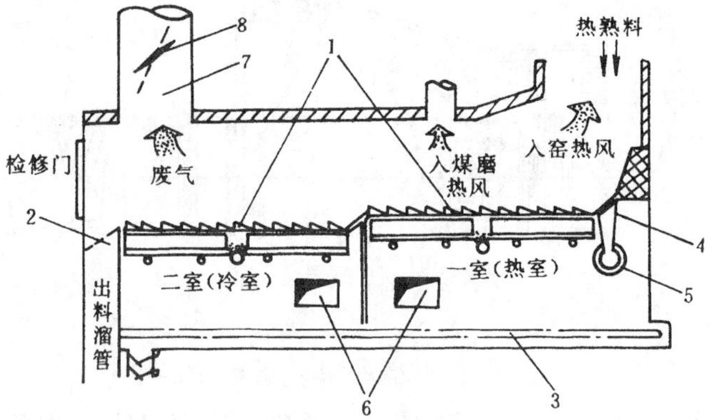

图 6-15　水平推动篦式冷动机示意图

1—篦床；2—铁栅；3—拉链机；4—倾斜固定篦板；5—高压风管；6—中压风进口；7—废气烟囱；8—闸板

冷风与熟料进行热交换后，成为热风，这些热风一部分进入窑内作为二次空气；一部分被引作其它用途；多余的热风则由废气烟囱排入大气。

篦式冷却机有高压风骤冷，出窑熟料冷却速度快，从而保证所要求的熟料质量。这种冷却机让冷却风从料层中穿过，能进行良好的热交换，熟料经 25～35min 即可冷却到 100℃左右，并可将入窑二次风加热到 600～800℃。篦式冷却机电耗高，机体结构及操作也较复杂，且篦床部分需消耗部分耐磨合金。

第五节　回转窑内燃料燃烧

回转窑可以采用气体、液体和固体（粉状）燃料。煅烧粘土、高铝熟料，水泥熟料多采用粉状固体燃料—煤粉；煅烧镁石、白云石熟料，由于要求煅烧温度高，可采用天然气、重油、液化石油气等高热值燃料。本节着重介绍煤粉在回转窑内的燃烧过程。

一、回转窑用煤的质量要求

粘土、高铝熟料和水泥熟料的煅烧温度在 1300～1450℃，相应地回转窑内要求燃烧火焰温度必须达到 1500～1600℃，同时要求物料在高温下停留足够的时间，故要求烧成带具有均匀的高温火焰，亦要求火焰要有一定的长度。在其它条件不变的情况下，火焰的温度和长度，与燃料的质量与性能有关。为了达到上述要求，对回转窑用煤的热值、挥发分含量、灰分均有一定的要求，见表 6-2。

表 6-2　回转窑对煤的质量要求

窑　型	干燥基灰分（%）	干燥基挥发分（%）	干燥基低热值（kJ/kg）
湿 法 窑	<28	18～30	>21000
干 法 窑	<25	18～30	>23000

由上表可见，回转窑用煤的热值越大越好，灰分越低越好，这样可以有利于达到要求的火焰温度。至于挥发分则要求在一定范围之内，这是因为如果煤的挥发分过低（<18%），着火缓慢，形成的黑火头过长，使高温部分火焰变短，影响熟料质量；如果挥发分过高（>30%），火焰变长，同时在对煤进行烘干时，会有一部分挥发分逸出，造成浪费。

上述要求是在煤的供应正常情况下的指标。如果不能满足上述要求，根据具体情况，可适当放宽。如果用一种煤不能达到上述要求，也可以考虑几种煤搭配使用。一般挥发分较低的煤，只要采取适当措施，如降低煤粉细度，改善煤粉与一次空气混合情况，也是可以使用的。

煤粉细度一般应小于10%（0.080毫米方孔筛筛余），也可根据煤的质量用下式进行计算

$$R = (1 - 0.01A^y - 0.0011W^y)0.5V^y$$

式中　R——0.080mm 方孔筛筛余(%)；

A^y、W^y、V^y—— 分别为煤中灰分、水分、挥发分的含量(%)。

煤粉越细，表面积越大，越容易着火，燃烧越迅速，形成的火焰越短，但是粉磨的动力消耗越大。反之，煤粉过粗，燃烧所需时间长，形成的火焰过长，对煅烧不利。

二、煤粉制备

回转窑的煤粉制备系统通常采用烘干兼粉磨的工艺流程。当原煤水分大于12%时，应采用烘干与粉磨分别进行的流程。回转窑煤粉制备系统分直吹式和中间仓式两种。

图6-16所示为直吹式煤粉制备系统。在这种系统中，干燥粉磨后的煤粉不经中间储仓而直接入窑燃烧。该系统具有流程简单，所占厂房面积小，动力消耗较低等优点。其主要缺点是煤磨与窑互相牵制，因此必须要求二者的操作要很好配合，煤磨往往不能满负荷运转。

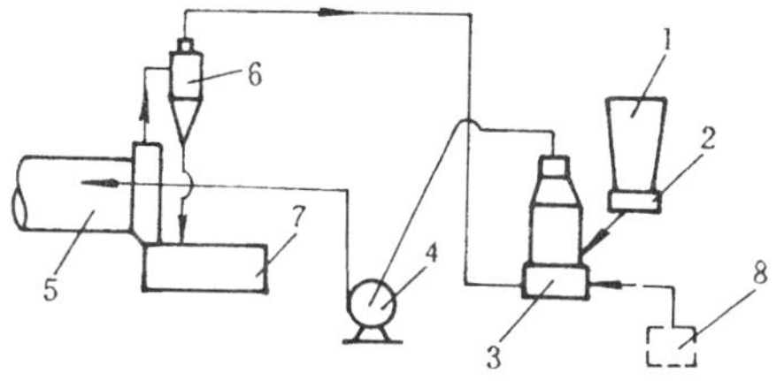

图6-16　直吹式煤粉制备系统

1—原煤仓；2—喂煤机；3—煤磨；4—煤磨排风机；5—窑；6—旋风除尘器；7—冷却机；8—热风炉

图6-17所示为具有中间储仓的磨煤系统。在该系统中出磨煤粉首先经旋风分离器分离后送至煤粉储仓，再由储仓供入窑内燃烧。这种系统具有煤磨操作不受窑的干扰，可在额定负荷下运转，粉磨效率较高，较易控制，且煤粉细度比较稳定等优点。但这种系统流程比较复杂，占地面积大，电耗高。

具有中间仓的煤粉制备系统，根据废气处理方法的不同又可分为单风机系统（图6-17*a*）和双风机系统(图6-17*b*)。在单风机系统中，煤磨排风与窑头鼓风共用一台风机，煤磨废气全部入窑。而在双风机系统中，煤磨排风机与窑头鼓风机分开设置，煤磨废气可以

根据操作的需要一部分入窑，一部分回磨循环，当废气量过大时，还可以把一部分废气经过除尘后排放。

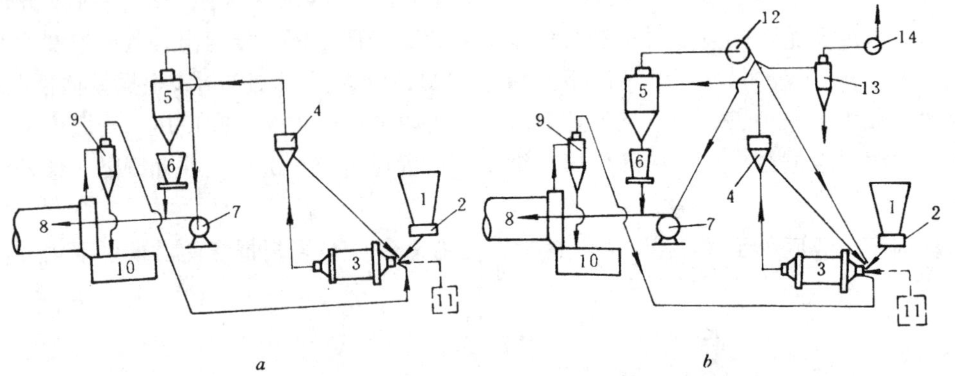

图 6-17　中间仓式煤粉制备系统示意图

1—原煤仓；2—喂煤机；3—煤磨；4—粗分离器；5—旋风分离器；6—煤粉仓及喂煤机；7—窑头鼓风机；8—窑；9—旋风分离器；10—冷却机；11—热风炉；12—煤磨排风机；13—旋风除尘器；14—除尘排风机

三、煤粉燃烧过程

回转窑煤粉的燃烧设备为单管式烧嘴，如图 6-18。这种烧嘴由喷煤管和喷煤嘴两部分组成。它由窑头伸入窑内，用鼓风机将一次空气及其夹带的煤粉喷入窑内，并悬浮在窑内进行燃烧，二次空气由冷却装置经窑头进入窑内。为了使窑内火焰根据要求前后移动，喷煤管设有前后伸缩的装置，同时喷煤管在横向的位置也可借助调整螺丝在一定范围内进行调节。

喷煤嘴的型式及尺寸对煤粉燃烧过程有很大的影响，常用的几种喷煤嘴型式如图 6-19 所示。直筒式出口风速小，射程近，形成短而粗的火焰；拔哨式出口风速较大，煤粉射程远，一次风与煤粉混合较好，形成火焰粗而短；拔哨带导管式除具有拔哨式的优点外，可使火焰适当加长。为了增加煤粉与空气的混合，使煤粉喷出后能迅速燃烧，并使火焰集中，有的在管内焊有与筒壁呈一定角度的铁板（风翅），促使空气与煤粉喷出后旋转，达到均匀混合的目的，风翅角度大小根据煤的质量及要求的火焰长度而定，角度越大，形成的火焰越短。

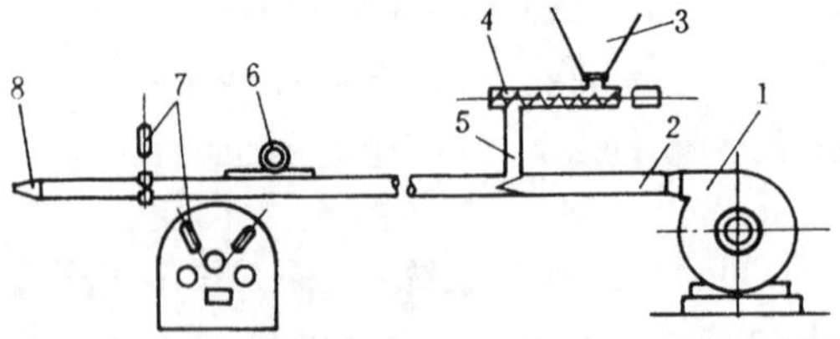

图 6-18　煤粉燃烧装置系统图

1—鼓风机；2—喷煤管；3—煤粉仓；4—喂煤螺旋；5—下煤管；6—喷管伸缩器；7—喷煤管调整装置；8—喷煤嘴

煤粉随空气经喷煤嘴喷入窑内后，借助窑内的高温，依次进行煤粉的干燥、预热，逸

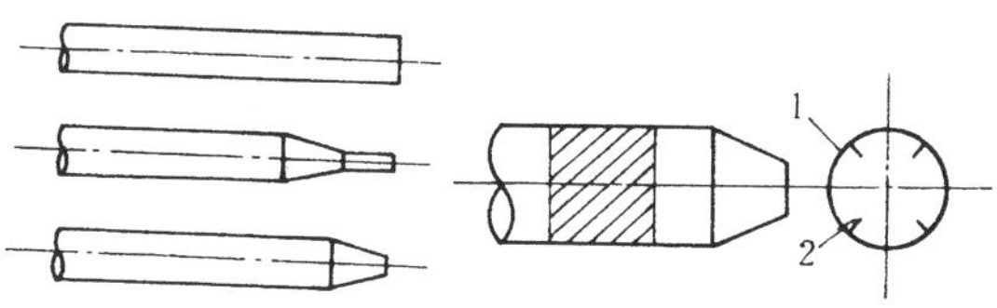

图 6-19　喷煤嘴的形式

1—喷煤管；2—风翅

出挥发分并燃烧、焦炭粒子的燃烧等过程。煤粉、空气自喷煤嘴喷出后，在窑内经历干燥、预热、逸出挥发分的阶段形成了黑火头。黑火头末端着火燃烧，形成火焰，如图 6-20 所示。在煤粉燃烧过程中，挥发分的燃烧是迅速的，而随后进行的焦炭粒子的燃烧相对于挥发分的燃烧则是十分缓慢的，这是由于焦炭粒子表面包围了一层燃烧产物薄膜，使氧分子向炭粒子表面扩散受到很大阻力，同时焦炭粒子周围的氧浓度也不断降低，更减缓了其燃烧进程。

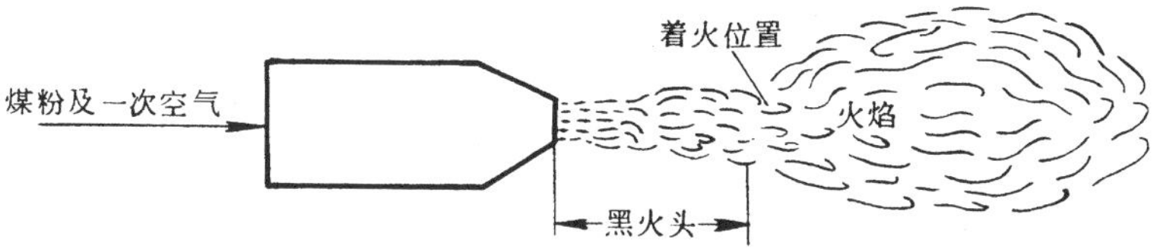

图 6-20　燃料在窑内燃烧的火焰示意图

为了保证燃料完全燃烧，获得较高的燃烧温度，应控制进入回转窑的总空气量，其空气过剩系数在 1.05～1.15 之间；总空气量确定后，还必须合理地确定一、二次空气的比例。

一次空气的作用是向窑内输送煤粉和供挥发分燃烧。一次空气的用量应根据燃料挥发分的多少而定，回转窑一般用烟煤作燃料，一次空气量约占总风量的 25%～30%。一次空气的速度也是煤粉燃烧的一个重要参数。喷煤嘴喷出的速度，原则上必须大于火焰传播速度，而且还必须保证煤粉颗粒有一定的射程，并在射程内呈悬浮状态，以保证火焰有一定的长度，一般喷出口风速为 50～70m/s。提高一次空气温度可以使煤粉干燥、预热过程加快，着火早，黑火头缩短。但一次空气温度不可太高，一般低于 150℃，否则有使丸分喷管中的混合物发生着火爆炸的危险。

二次空气的作用是供焦炭粒子燃烧，它事先不与燃料混合，因此可以预热至较高的温度，以提高窑内火焰温度。

四、回转窑内火焰长度及火焰位置

1. 火焰的长度

火焰长度是指煤粉从开始燃烧到完全烧尽在窑中所走过的距离，亦即燃烧带的长度。在回转窑中火焰过短或过长都是不合适的。火焰过短，则燃烧集中，局部温度升高，影响该处窑衬使用寿命。火焰过长，则火力不集中，火焰温度低，降低烧成带的容积热力强度（即烧成带内单位时间、单位容积所产生的热量），且窑尾废气温度高、热量损失增多。

火焰长度主要决定于气体在窑内的流速及燃料燃烧所需的时间，即可表示为

$$L = u\tau \quad \text{m}$$

式中　L——火焰长度，m；

u——气流速度，m/s；

τ——燃料燃烧所需时间，s。

由于燃烧所用空气由一、二次空气组成，故气流速度与一、二次空气速度都有关系。随一次空气速度增加火焰伸长，但当一次空气速度增加至一定值后，由于速度的增加改变了燃料与空气的混合情况，而使燃烧时间缩短，故火焰缩短。例如对于直径较小的回转窑，一次空气速度超过 40m/s 时，火焰反而缩短。而二次空气速度增加，与煤粉及一次空气混合物相对速度减少，火焰变长。

以煤粉为燃料的回转窑，燃料燃烧时间与煤粉细度、挥发分含量、煤粉与空气混合情况有关。煤粉愈细时，比表面积愈大，燃烧速度愈快，火焰愈短。挥发分含量增多，火焰拉长。煤粉与一次空气、二次空气混合条件（相对速度、交角、湍动情况等）对火焰长度也有很大影响。混合条件愈好，则燃烧速度愈快，火焰愈短。对于以重油为燃料的回转窑，火焰长度还与重油雾化质量有关。

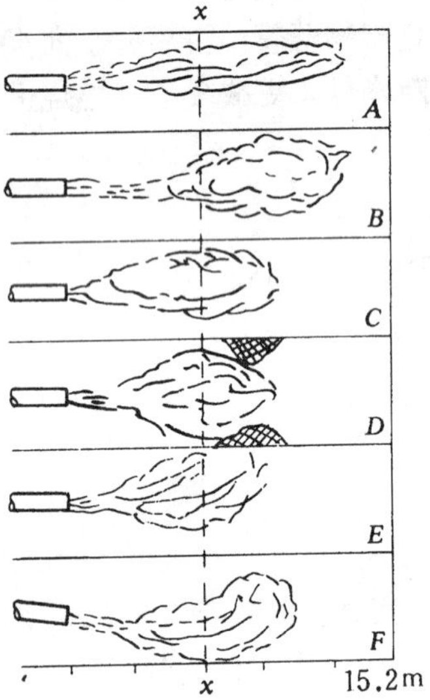

图 6-21　火焰形状示意图

随着一、二次空气比例、喷出速度、混合条件的变化，同时也随着烧嘴尺寸、位置等条件变化，在回转窑中燃料燃烧所形成的火焰可以有不同的形状。如图 6-21 所示，火焰 A 长而且在窑内空间具有不稳定的浮动，它要在很长一段距离内放出热量。而火焰 C 则在烧成带较短的距离内放出热量，并且在空气量和温度发生小变动时，仍能较好地保持固定位置，因此，它是窑中最好的火焰形状。

2. 火焰的位置

通常在回转窑中所见到的黑火头长度就是燃料喷出后至着火燃烧前所走过的距离。黑火头过长，火焰位置便要向窑尾方向移动，使回转窑有效传热面积减少。黑火头过短，火焰位置移向窑头，熟料出窑温度提高，增加冷却机负荷。影响火焰位置的因素有喷煤管出口位置、气流速度、一次空气温度、煤中挥发分含量等。如降低煤粉喷出速度（扩大煤粉烧嘴直径），适当提高一次风温度，选用挥发分含量较高的煤等，均可使燃料在距喷嘴较近处着火，黑火头缩短。

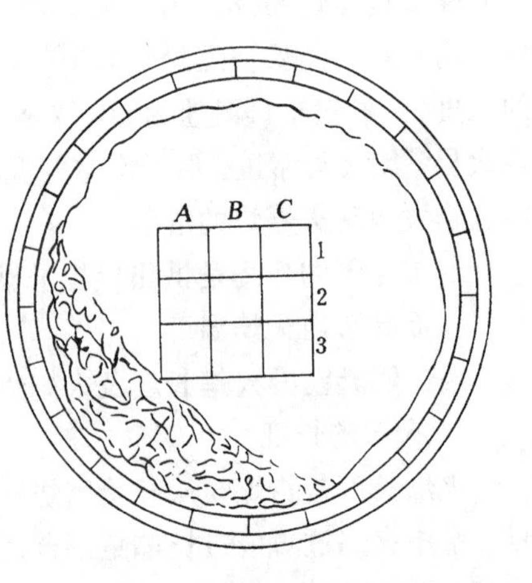

图 6-22　火焰在窑内位置示意图

火焰在窑横断面上的位置，应当是略靠近物料层，如图 6-22 所示的断面，火焰最恰当的位置应当在 $2A$ 或 $2B$ 处。若火焰太逼近料层，例如 $3A$ 处就会使一部分燃料进入料层出现炭的沉积。若火焰位置偏向窑壁如 $1C$、$2C$、$1B$，就会使高温火焰直接碰到窑壁上，影响窑衬寿命。

第六节　回转窑内的物料运动与气体运动

一、物料运动

回转窑内物料的运动情况直接影响物料在窑内的受热时间、受热面积；影响料层温度的均匀性和气体与物料表面的温差，从而影响传热过程；影响煅烧物料的质量和产量。

物料在回转窑内的运动情况如图 6-23 所示。假设物料处于理想运动情况，即不考虑物料颗粒在窑壁上和料层内的滑动，以及物料颗粒大小对物料运动的影响。随着窑的回转，A 点物料由于摩擦力的作用与窑壁一起像一个整体一样慢慢升起，直到倾斜的物料层表面与水平面所构成的角度大于物料自然休止角时，物料在重力作用下才会沿料层表面滑落下来。又由于回转窑是倾斜安装的，所以 A 点的物料颗粒不会落回到原来的 A 点，而是落在同 B 点同在一条铅垂投影线上的 C 点。这样物料在筒体的轴线方向就向前移动了一段距离 CA。在 C 点又重新被带回到 D 点，落在 E 点上，如此不断前进。

实际上物料在回转窑内运动时，物料颗粒的运动是呈周期性变化的，物料颗粒或埋在料层里与窑一起向上运动，或到料层表面上降落下来，但是只有在物料颗粒降落的过程中，才能沿着窑长方向移动。

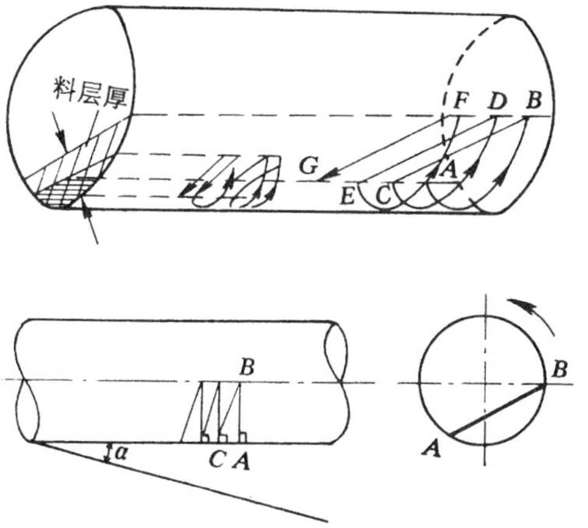

图 6-23　物料在回转窑内运动情况

回转窑内物料运动的情况比较复杂，影响因素很多，因此要想用简单的公式来准确计算物料在窑内各带的运动速度是比较困难的。

在对回转窑内物料运动规律进行分析和模型试验后，得出很多计算回转窑内物料运动速度的公式，下面介绍一个常用的公式。

物料在窑内的运动速度

$$u=\frac{L}{60\tau}\quad \text{m/s}$$

式中　τ ——物料在窑内的停留时间，min；

L ——窑长，m。

物料在窑内运动速度的经验公式为

$$u=\frac{\alpha D_i n}{60\times 1.77\sqrt{\beta}}\quad \text{m/s}$$

式中　n——窑转数，r/min；

β——物料的休止角，度；

α——窑的倾斜角，度；

D_i——窑的衬砖内径，m。

则物料在窑内的停留时间

$$\tau=\frac{1.77\sqrt{\beta}L\times 60}{\alpha D_i n}\quad \text{m/s}$$

由上述公式得出：

(1) 物料运动速度 u 与窑的倾斜角 α、窑的衬砖内径 D_i 以及转速 n 成正比，与物料休止角 β 的平方根成反比。

(2) 当窑径一定时，u 与 $n\alpha$ 的乘积成正比。若使物料在运动速度保持一定，则 n 与 α 成反比，即窑的倾斜角愈大，窑的转速应愈低。

(3) 实际生产中，D_i、α、β 已为定值，则 u 与 n 成正比，即改变窑速，窑内物料的运动速度随之变化。

如窑内有结圈或人工砌筑的挡料圈时，物料的运动速度要降低。此外，窑内的热交换装置（如链条、热交换器等）也会影响物料的运动速度。

在煅烧过程中，窑内各带发生的物理化学变化对物料颗粒的形状、粒度、松散度及密度均有影响，因此各带物料的运动速度是不同的。为了了解窑内各带运动速度，可用放射性同位素进行测定。煅烧镁砂回转窑（ϕ3.5×90m）内物料在各带运动速度见表 6-3。由表列数据可以看出，在分解带中段和末段以及煅烧带首段中粉料多(约 60%)，物料流速极快，煅烧带末端产生液相，料速减慢。

窑内料层厚度不同，物料被带起的高度也不同，料层厚，带起高，在窑回转一周时，物料被带起的次数少，即翻动的次数少，受热的均匀性和传热效果就差；但料层过薄，窑的产量降低，因此必须选择合适的料层厚度。通常用窑内物料的填充系数来表示料层厚度。所谓填充系数是物料所占窑横断面积与窑净空横断面积之比。窑内物料填充系数一般在 6～15%。当窑内物料的流量稳定时，移动速度快的地带，其填充系数小。在实际生产中，为了稳定窑的热工制度，必须稳定窑速，若需降低窑速时，则应相应地减少喂料量，以保持窑内物料的填充系数不变。

表 6-3　窑内镁砂在各带物料的运动速度

项　目	预热带	分解带			煅烧带		冷却带	冷却筒
		1	2	3	1	2		
窑段长度（m）	0～15	16～38	39～55	56～65	66～74	75～81	82～90	
平均运动速度（m/min）	0.57	0.64	0.94	0.99	1.34	0.23	0.23	1.125

二、气体运动

回转窑内气体流动对燃料燃烧和传热过程有着直接的影响，进而也影响着回转窑的正常操作和产品的产量、质量。

各种型式的回转窑，窑内气体流动的方向都是由窑头向窑尾流动。促使这种流动的方法有两种：一是自然抽风，即利用烟囱产生的抽力使窑内气体流动。另一种方法是强制通风，即用风机驱使窑内气体流动。对于具有筒式冷却机的回转窑大多采用窑尾强制排风。对于具有篦式冷却机的回转窑除设有窑尾排风机外，同时窑头处的冷却机也设有鼓风机。机械强制通风方法大大改善了回转窑的通风效果，目前绝大多数回转窑多采用这种通风方式。

窑内气体沿着窑的长度方向由窑头向窑尾流动时，气体的温度和组成都在不断地发生变化，因此流速也在不断发生变化。窑内气体流速的大小，一方面影响对流换热系数，因而影响传热速率、窑的产量和热耗；另一方面也影响窑内飞灰生成量，即影响料耗。当流速过大时，传热系数增大，但气体与物料的接触时间减少，总传热量有时反而会减少，表现为废气温度升高、热耗增大、飞灰增多、料耗加大，不经济。相反，流速低，传热速率低，产量会有显著下降，也不合适。窑内气流速度，各带不同，一般以窑尾风速来表达，如直径 3m 左右的湿法窑，以 5m/s 左右为宜。

在回转窑内，气体的流动状态是属于湍流范围，沿窑截面气流速度分布一般是均匀的。但在窑头及窑尾处，气流速度分布受窑头、窑尾及烟室形状和密闭情况的影响，这些地方往往由于通风管道的面积变化和方向改变而形成涡流，导致流体局部阻力的增大。如果结构型式不当，则会影响窑内通风，使高温火焰不顺畅，因而影响窑的生产能力。

通常用窑尾负压表示窑的流体阻力。气体通过整个窑筒体的阻力，主要来源于窑内流体的摩擦阻力。对于中空回转窑筒体来说，其阻力是很小的，摩擦阻力系数一般可取 0.05 左右。阻力的大小，主要决定于气体流速的大小。一般每米窑长流体阻力为 5.9～9.8Pa。通常“零”压线控制在窑头附近，这样根据窑筒体的长度大致可以估算窑尾所需的压力。对于大型窑来说，窑尾负压比较高，为了防止大量空气漏入窑尾，在窑尾处要设有有效的密封装置。在窑的正常操作时，窑尾负压不应当有较大的波动，否则窑内情况不正常，如遇结圈，负压就会显著上升；如密封设备不良，窑尾漏风过多，负压就会显著下降。

第七节　回转窑内的热交换

在回转窑中，各不同部位气体温度不同，并且随着窑的旋转，物料及衬砖温度都在发生变化。因此分析回转窑内的热交换，首先应了解窑内衬砖及物料温度的变化规律。

当回转窑稳定运行时，一定截面上气体温度可认为不随时间而变化，而衬砖温度变化较大。因为随着窑的转动，对某部分衬砖来说时而曝露在空间，与气流接触，时而又被物料所覆盖，其温度出现周期性的变化，如图 6-24 所示。

由图 6-24 可见，对于某块衬砖从 A 点转到 B 点过程中，由于热气体传来的热量使得衬砖表面温度沿窑的转动方向逐渐升高，同时衬砖蓄积热量。当转到 B 点时，温度达到最高，此时衬砖的温度高于物料的温度。当由 B 点再转回 A 点过程中，由于高温衬砖与低温的物料相接触，衬砖蓄积的热量将不断向物料传递，使衬砖温度由 B 点处的最高温度下降到 A 点处的温度。另外由于从 A 点到 B 点的弧长大于从 B 点至 A 点的弧长，因此衬砖的加热期比放热期长，即 $\tau_1 > \tau_2$。这样衬砖在与筒体一起回转的整个过程中反复进行着周期性的吸热和放热过程，与此同时衬砖的温度也相应发生着周期性的变化。

回转窑内某截面气体、物料、窑衬、环境间的传热可以通过图 6-25 加以说明。高温气体以辐射、对流方式传热给物料上表面和曝露的衬砖表面，同时对物料运动中所产生的存在于气体中的粉尘进行加热。衬砖接受的热量向三个方向传递：暴露的衬砖表面直接对物

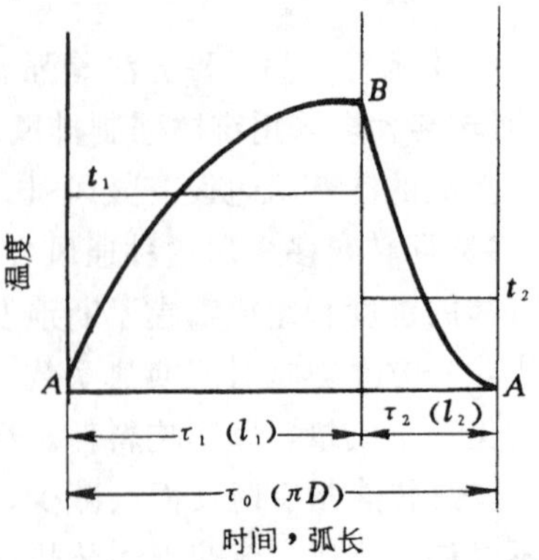

图 6-24　回转窑衬砖表面温度变化情况

τ_0—回转窑转动一周所需时间，min；τ_1—在一转中衬砖与热气体接触的时间，min；τ_2—在一转中衬砖与物料的接触时间，min；l_1—与热气体接触的衬砖弧长，m；l_2—与物料接触的衬砖弧长，m；t_1—与热气体接触部分的衬砖表面的平均温度，℃；t_2—与物料接触部分的衬砖表面的平均温度，℃

料表面进行辐射换热；暴露的衬砖表面转到物料层下面时，主要以导热的方式将蓄积的热量直接传给物料；衬砖以综合传热方式通过筒体向环境散热。在物料内部属于散料层内的传热。物料上、下表面向中心的传热既包括物料间的接触导热作用，也包括空隙中气体的导热和气体与物料颗粒表面间的对流换热，还包括物料颗粒表面间以及气体与颗粒表面间的辐射换热。

沿回转窑长度方向气体与物料间的热交换，既有气体与物料间的辐射换热，也有气体与物料间的对流换热。由于沿窑长度方向气体的温度是变化着的，因此气体与物料间的主要热交换方式也是变化的。在干燥、预热带以对流换热方式为主；在预热带末端至煅烧带的首端（温度在1000℃左右），则以辐射和对流方式换热为主；在煅烧带则以辐射换热为主。在冷却设备中煅烧好的物料与冷空气之间的热交换以对流换热方式为主。

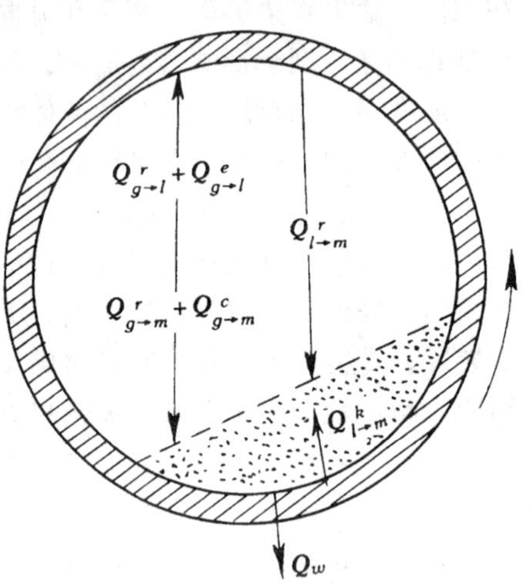

图 6-25　回转窑内热交换

第八节　窑外分解技术

干法煅烧水泥熟料一般可分为生料的预热、分解和烧成三个主要过程。分析这三个过程各具不同的特点。预热和分解过程，温度不需要很高（900℃以下），但需要消耗很多的热量，尤其是分解过程更为突出，所需热量大约占总热耗的50%；而烧成过程则必须具有较高的温度（1400℃左右）和足够的反应时间，需要的热量相对较少。三个过程所需的温度和热量的比例如图6-26所示。

用普通回转窑生产水泥熟料，预热、分解、烧成均在回转窑内进行。实践证明，回转窑作为烧成设备尚能满足要求，能达到足够的煅烧温度和保证物料在高温下具有足够的停留时间。但对需要热量较大的预热、分解过程则不适应。这主要是因为窑内物料堆积在窑的底部，气流从物料表层流过，气流与物料的接触传热面积小，传热速率慢。又因为分解带粉料处于层状堆积状态，料层内部分解出的CO_2向气流扩散的面积小、阻力大、速度慢，并且料层内部颗粒被CO_2气膜包围，CO_2分压大，分解温度要求高，这就增大了碳酸盐分解的困难，降低了分解速率。因此，为了解决碳酸盐分解需热与给热的矛盾，提高回转窑的单机产量，过去采用的是增加窑体尺寸的办法。但是随着窑体尺寸的增大，窑的衬料寿命缩短，运转率降低，同时设备制造和运输也出现困难。窑外分解技术较好地解决了这些矛盾。

窑外分解技术是在悬浮预热器与回转窑之间增加了一个分解炉，向分解炉加入占总燃

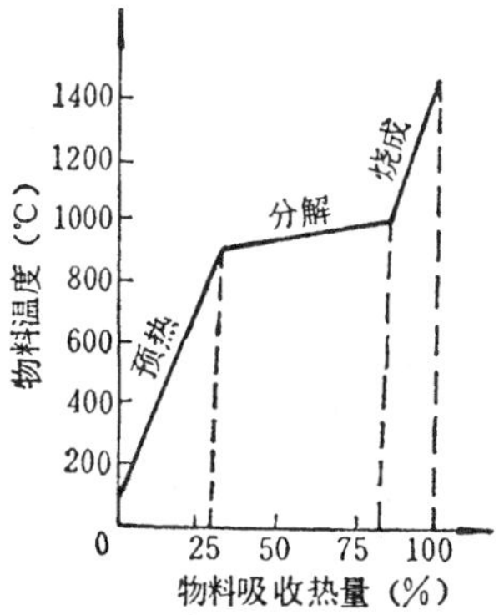

图 6-26 熟料形成所需温度—热量图解

料消耗30%～60%的燃料，使燃料燃烧放热过程与生料分解吸热过程同时在悬浮状态下紧密配合、极其迅速地进行，使入窑生料分解率达到85%以上。将煅烧熟料的预热、分解、烧成三个过程分别对应在悬浮预热器、分解炉和回转窑内进行。窑外分解技术的采用可大大减轻回转窑的热负荷，窑的产量可比悬浮预热器窑提高1～2倍，同时延长了窑衬的使用寿命，提高了窑的运转率。

一、生产流程

图6-27所示为窑外分解系统的一种生产流程。第Ⅲ级旋风筒以前流程与旋风悬浮预热器系统相同。物料在Ⅲ级筒被分离后，经底部进入连接窑尾烟道缩口上面的倒U形管道内，被窑尾烟气带入分解炉，物料在900℃左右的分解炉内随气流一起作螺旋运动，受热分解，然后与气流一起进入Ⅳ级旋风筒，与气流分离后，进入回转窑，煅烧好的熟料经冷却机冷却后，由熟料输送机运出。

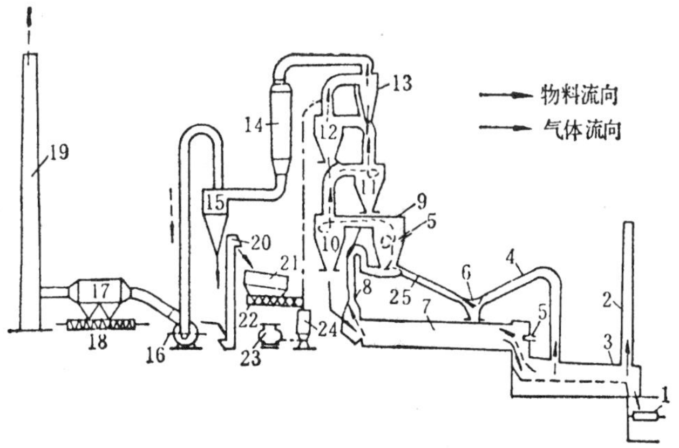

图 6-27 预分解窑系统生产流程

1—熟料输送机；2—排风烟囱；3—回转篦式冷却机；4—二次风管；5—喷油枪；6—沉降室；7—回转窑；8—窑尾缩口；9—分解炉；10—Ⅳ级旋风筒；11—Ⅲ级旋风筒；12—Ⅱ级旋风筒；13—Ⅰ级旋风筒；14—增湿塔；15—旋风收尘器；16—排风机；17—电收尘器；18—回灰螺旋输送机；19—烟囱；20—生料提升机；21—振动筛；22—双管螺旋输送机；23—罗茨鼓风机；24—气力提升泵；25—蝶阀

在冷却机中被熟料预热的空气分两路引向窑尾及窑头。一路入窑作为窑的二次空气供窑内燃料燃烧用；另一路经管道（二次风管）在分解炉的底部与窑尾烟气混合，以切线方向经涡壳进入分解炉，作为分解炉燃料燃烧的二次空气。分解炉的锥体部分有烧嘴，喷入占总量50%～60%的燃料，在入炉气体中燃烧、放热，使生料分解，然后携带粉料进入Ⅳ级筒，与粉料分离后进入Ⅲ、Ⅱ、Ⅰ级筒预热生料。出Ⅰ级筒的废气经增湿塔增湿，然后经旋风收尘器，排风机，电收尘器，最后由烟囱排入大气。

上面介绍的窑外分解系统生产流程是一种将窑尾烟气和部分冷却熟料后的热空气相混合后作为分解炉的二次空气的生产流程。根据窑尾烟气、入炉空气流程及分解炉的型式不同，窑外分解系统生产流程还有多种型式，可参考有关资料。

二、分解炉的类型与结构

分解炉是一个燃料燃烧、热量交换与分解反应同时进行的热工设备，而且这些过程都是在悬浮状态下进行的，传热与传质速率均很快，因此是一种高效率的热工设备。

分解炉自 70 年代问世以来，得到迅速发展，到目前为止已经出现了很多种型式。根据其结构与工作原理不同，可分为旋流式、喷腾式、旋流喷腾式、沸腾式等多种类型。

1. 旋流式分解炉（SF 型分解炉）

旋流式分解炉结构比较简单，如图 6-28 所示。它由上旋流室、下旋流室和反应室构成。反应室设有 1～3 个燃料喷嘴，以重油为燃料，其用量约占油耗量的 50%。由Ⅲ级旋风筒预热至 760～800℃的物料被来自窑尾的 900℃左右的烟气带入分解炉内。分解炉用的二次空气由专设的二次风管由冷却机引入窑尾（400℃左右）与窑尾烟气混合后进入分解炉内。

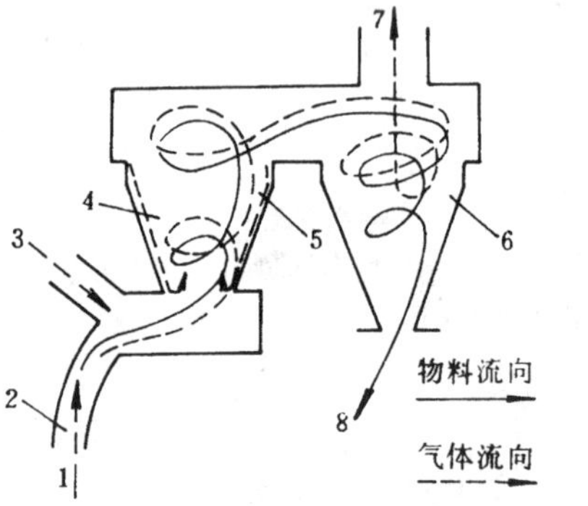

图 6-28　旋流式分解炉内气流及物料运动示意图
1—窑尾烟气；2—Ⅲ级筒来料；3—二次风入口；4—燃料喷口；5—分解炉；6—Ⅳ级预热器；7—进Ⅲ级预热器；8—入窑物料

由于气体沿炉壁以切线方向进入炉内，在炉内物料与气流旋转上升，这种运动方式造成炉内气流的紊流状态，炉温均匀，有利于燃料的燃烧及气、固之间的传热及物料的分解。分解炉内的平均温度为 900℃左右，经过预热分解后物料入窑温度可达 860～895℃，入窑生料分解率可达 80%～90%，产量比同规格带悬浮预热器窑增加一倍多。

2. 带预燃室的分解炉（RSP 型分解炉）

RSP 型分解炉如图 6-29 所示。它由旋涡分解室（SC）、预燃室（SB）及混合室（MC）构成。SB 炉非常小，主要是给 SC 炉起点火作用，并能保证 SC 炉进行稳定的燃烧，SC 炉是 RSP 型分解炉最重要的组成部分。分解炉的燃料用量为燃料总消耗量的 55%～60%，其中少量燃料在 SB 炉内燃烧，大部分在 SC 炉内燃烧。燃烧所需的空气是从冷却机抽来的热空气（约 700℃），热空气量约等于理论空气量，热空气从 SC 炉的两侧以切线方向送入，另一部分热空气以切线方向进入 SB 炉。从第Ⅲ级旋风筒来的预热生料喂入 SC 炉，生料进入 SC 炉后，被从冷却机抽来的热空气吹散，使生料成涡流运动，很快进行碳酸钙分解反应，生料随气流沿输送管往下运动进入混合室，与出窑废气混合并流向第Ⅳ级旋风筒。

RSP 炉既有强烈的旋转运动，又有喷腾运动。由于物料随二次风以旋流状态进入 SC 炉，既有利于物料混合及热交换，又有利于保护炉内温度的均匀分布。同时由于窑烟气以高速进入 MC 室，形成喷腾运动，并且由于 MC 室截面较大，风速降低，有利于物料的继续加热分解。

3. 喷腾式分解炉（KSV 型）

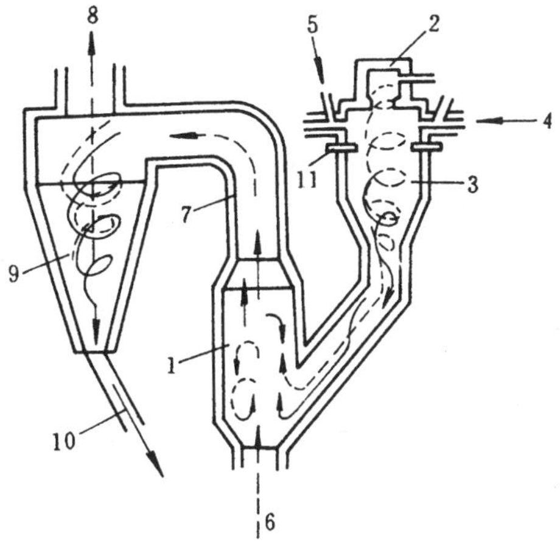

图 6-29　RSP 型分解炉

1—混合室；2—SB 炉（旋风预燃室）；3—SC 炉（涡旋分解室）；4—热空气入口；5—预热生料入口；6—回转窑烟气入口；7—上升管道；8—废气出口；9—第Ⅳ级旋风筒；10—落料管；11—燃烧嘴

KSV 炉内的燃料燃烧及生料的加热分解是在喷腾床的“喷腾效应”及涡流室的“旋风效应”的综合作用下完成的。其结构如图 6-30 所示。

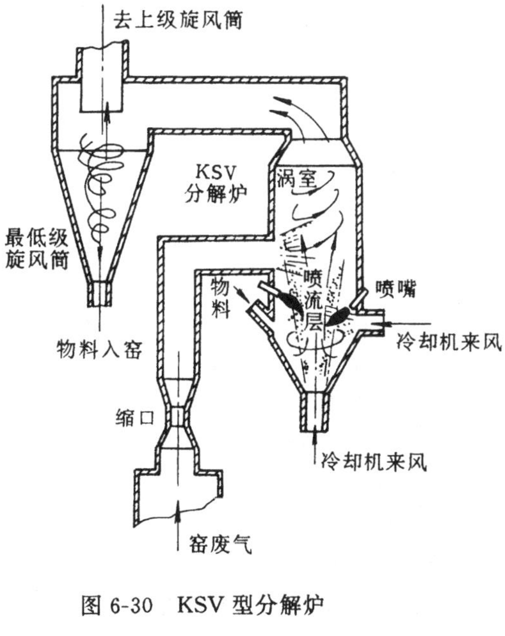

图 6-30　KSV 型分解炉

KSV 炉是由下部的喷腾床及上部的涡流室两个部分组成。而喷腾床由下部倒锥体入口喉管及圆筒室组成，涡流室则为喷腾床的扩展部分。从冷却机来的二次风分两路入炉。一路由炉底部喉管喷入形成喷腾床；另一路从圆筒体的最下部以切线方向入炉，以便加强气流与生料的混合。由炉底喷入的二次风风速为25～30m/s，入炉后形成一定高度的上升气流，并且在倒锥体处由于断面扩大，产生涡流。由圆筒体部分进入的二次风速为20m/s，炉内断面风速为8～10m/s。窑尾烟气从炉圆筒部分中间偏下部位，以切线方向进入。燃油从炉的圆筒部分的几个不同高度分别喷入。生料亦分两路入炉。从上一级旋风筒下来的生料约有75%从炉的圆筒部分与二次风切线进口的交界处进入，使生料和气体充分混合并在上升气流作用下形成喷腾床。生料随气流流动在喷腾床停留一定时间后，进入涡流室，并通过排气口进入最低一级旋风筒内，由此分离入窑。同时，为了防止窑尾1000～1100℃的高温烟气在入炉管道中的粘结堵塞，从上一级旋风筒下来的生料约有25%从烟道缩口上部加入，以吸收烟气显热，如果烟气温度不高，加入烟道中的生料，可根据需要相应减少。

第九节　回转窑选型计算

回转窑的选型计算主要是根据所要求的生产能力（t/年）确定回转窑的主要尺寸，其中主要为窑的长度L与直径D。应当指出，回转窑的生产能力除与窑筒体尺寸有关外，还与其它许多因素有关，如生产的产品品种，采用的生产方法，窑的类型，热交换装置的型式，操作水平，运转情况及辅助设备的配套情况等。这些因素很难得到一定的数值关系，只能根据不同的窑型做大量实际统计工作，得出较为接近实际的经验公式。本节仅就耐火原料煅烧用回转窑选型计算的有关问题做一介绍。

一、回转窑规格的计算

首先根据生产能力用经验公式确定所需窑体内表面积，用图表法确定长度L与直径D，再与同类型回转窑进行比较并作适当调整。

$$F=\frac{41.7G}{A_0JZ}\quad m^2$$

式中　F——窑体衬砖内表面积，m^2；

G——每年要求提供的耐火熟料成品量，t/年；

A_0——单位面积产量指标(按出窑量计)，kg/($m^2\cdot h$)；煅烧不同耐火原料，A可参考下列数值：粘土$A=30$，高铝矾土$A=25$；镁石$A=18$，白云石$A=20$；

J——出窑料综合合格率，%，一般为96%～99%；

Z——窑的年工作日数，d，一般为300%～330。

例题　要求年煅烧粘土熟料量为33000t/年，选择合适的窑尺寸。

根据公式　$F=\frac{41.7G}{A_0JZ}=\frac{41.7\times 33000}{300\times 0.99\times 330}=140\quad m^2$

查图6-31，当$F=140m^2$时，取$L/D=15$，则得长度为30m，窑外径为2.0m，并可由图确定，当$A=30$时，窑的小时产量约为4.2t。

二、回转窑燃料消耗量的确定

合理确定回转窑的燃料消耗量，是保证窑内火焰温度，物料煅烧质量的重要方面，同时也是正确选择窑头鼓风机，窑尾排风机的重要依据。在设计窑炉时可根据热平衡计算来确定燃料消耗量，也可参考生产数据加以确定。

按单位质量出窑料所消耗的标准燃料质量的百分数计的单位标准燃料消耗B_0见表6-4。

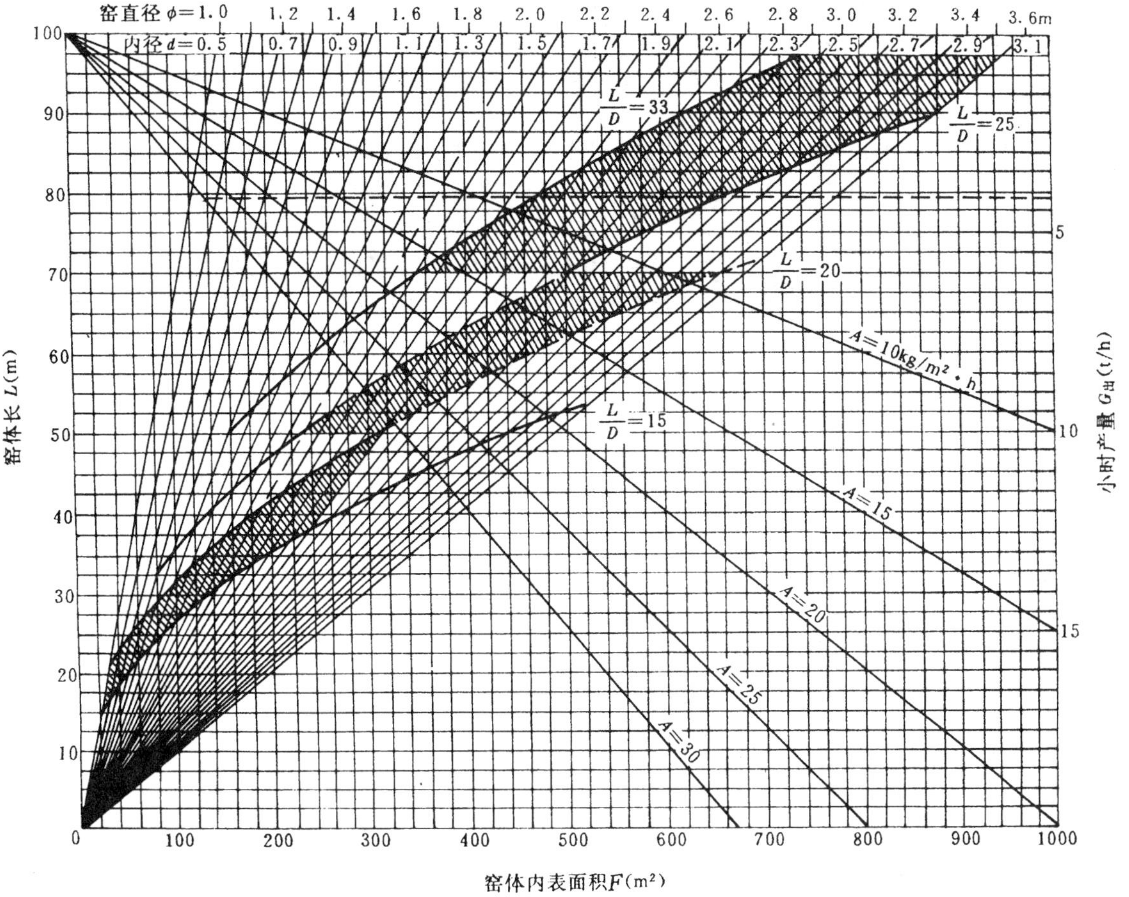

图 6-31　回转窑选型算图（阴影区内为推荐的 L/D 的可选区，本图适于直筒型窑）

表 6-4　标准燃料单位消耗设计指标 B_0

项　　目	硬质粘土	高铝矾土		镁石（半干法生产冶金镁砂）	白云石（半干法）	石灰
		三级	一、二级			
窑尾无预热装置	14～16	20	28			
窑尾带预热装置				40	40	17～20

思考题与习题

1. 回转窑与竖窑相比较具有哪些优缺点，什么情况下用回转窑煅烧熟料较为合适，从提高煅烧熟料产量、质量，降低热耗方面考虑，在耐火材料领域内的回转窑应作哪些方面的改进与发展？

2. 煅烧不同物料回转窑内段带如何划分，各段带的工作条件如何，对窑衬材料都有哪些要求，适合各段带的耐火材料有哪些，今后回转窑内衬用耐火材料的发展趋势如何？

3. 回转窑有哪些基本部分组成，对每个组成部分的基本要求是什么，怎样才能达到这些要求？

4. 炉篦式加热机的工作原理及主要优缺点是什么？

5. 悬浮预热器的基本工作原理是什么，有哪几种基本类型，各具有什么特点？

6. 熟料冷却装置有哪几种类型，各具哪些特点？

7. 对回转窑用煤粉提出哪些基本要求，为什么要有这些要求，如何保证回转窑内具有稳定的，足够的温度和合乎要求长度的火焰？

8. 物料在回转窑内如何运动的，影响物料在窑内运动速度和停留时间的因素有哪些？

9. 回转窑内各带热交换的特点是什么，在不同段带如何提高气流与物料之间的传热速率？

10. 在回转窑操作过程中应控制哪些因素，各操作控制因素之间的关系是什么？

11. 窑外分解技术对干法煅烧水泥的意义是什么，窑外分解炉有哪些类型，各具什么特点？

12. 煅烧高铝矾土回转窑，要求年产量为55000t，年工作日330d，出窑料合格率96%，试选择合适的回转窑的长度与直径。

第七章　隧　道　窑

在耐火材料、陶瓷等制品的生产过程中，烧成是一道重要工序，对产品的产量和质量影响较大。烧成设备主要有两大类，一类为连续式窑，如隧道窑；另一类为间歇式窑，如倒焰窑等。

隧道窑的主要优点是产量大、燃料消耗低、热效率较高、劳动条件好等，其缺点是基建投资较大、热工制度不易经常调整、钢材用量及附属设备较多等，故多用于产量大、品种较为单一的制品。

目前，我国耐火材料和陶瓷工业所用隧道窑种类较多，且大多数是我国自行设计建造的，已经积累了较为丰富的经验。但在自动控制、节约能源等方面仍有很多工作要做。现已在电子计算机进行辅助设计和窑炉的自动控制等方面着手进行工作。

本章将以耐火材料工业用、明焰车式隧道窑为重点，介绍各种类型隧道窑的工作原理、结构特点、热工特性等内容，为合理组织窑炉生产、改造旧窑炉和设计研究新型窑炉奠定一定的基础。

第一节　概　　述

一、分类

隧道窑有各种不同的分类方法，大致可规纳如下：按烧成温度的高低可分为，低温隧道窑（1000～1350℃）、中温隧道窑（1350～1550℃）、高温隧道窑（1550～1750℃）和超高温隧道窑（1750～1950℃）；按烧成品种可分为耐火材料隧道窑、陶瓷隧道窑、红砖隧道窑；按热源可分为火焰隧道窑、电热隧道窑；按火焰是否进入隧道可分为明焰隧道窑、隔焰隧道窑和半隔焰隧道窑；按窑内运输设备可分为车式隧道窑、推板隧道窑、辊底隧道窑、输送带隧道窑、步进式隧道窑和气垫隧道窑；按通道多少可分为单通道隧道窑和多通道隧道窑。

二、工作系统

隧道窑因类似铁路山洞的隧道而得名。目前多用单通道明焰车式隧道窑。通道两侧的窑墙和上部窑顶用耐火材料和保温材料砌筑而成，下部窑底由沿窑内轨道移动的窑车构成，两端设有窑门。

隧道窑属于逆流操作的热工设备，即窑车上的坯体，由于推车机的推动，在隧道内与气流依相反方向作连续或间歇移动，并沿窑车前进方向依次完成预热、烧成和冷却过程，因而将隧道窑沿窑长分为预热、烧成和冷却三带。这三带的具体划分各有不同，有以砌筑体分，有以温度分等。但多数以燃烧室的设置来分，即设有燃烧室的部分为烧成带，其前后各为预热和冷却带。正常生产时，按规定时间从窑头向窑内推入一辆装好坯体的窑车，同时从窑尾向窑外顶出一辆制品已被烧好的窑车。窑车进入预热带后，车上坯体首先与来自烧成带燃料燃烧所生成的烟气接触，并逐渐被加热；进入烧成带后，借助燃料燃烧放出的大量热，达到所要求的最高烧成温度，再经一定时间的保温，坯体被焙烧成制品；高温烧成的制品进入冷却带，与从窑尾鼓入的大量冷空气进行热交换，经冷却的制品推出窑外。被加热的空气一部分作为助燃空气，送往烧成带，另一部分抽出供坯体干燥或气幕用。燃料在烧成带燃烧后所产生的高温烟气，沿窑内通道流入预热带，在加热坯体时本身被冷却，最后自预热带排烟口、支烟道、主烟道经排烟机、烟囱被排出。

隧道窑的工作系统随燃料种类、窑体结构、焙烧品种、烧成温度等不同有较大差异，图7-1为其中的一种系统图。

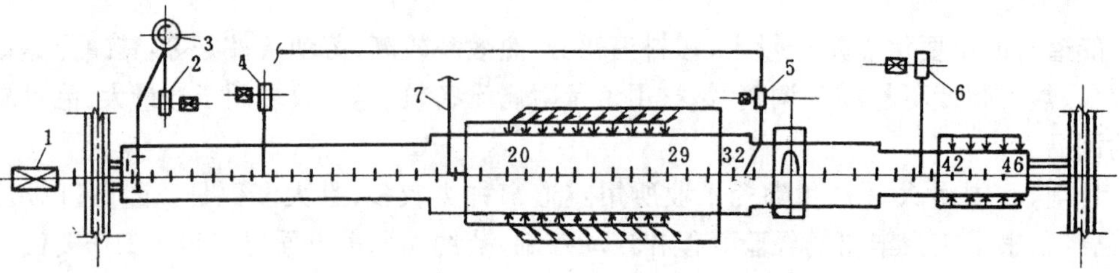

图 7-1　101.2×2.2×1.6m 粘土砖隧道窑系统图

1—推车机；2—排烟机；3—烟囱；4—气幕风机；5—抽热风兼一次风机；6—冷却送风机；
7—燃料管

由上述分析可以看出，隧道窑中由于制品和气流按逆流方向运动，烧成制品及燃烧产物的热量都得到较充分的利用，因此较间歇式窑炉热效率高。

在耐火材料工业中，某些隧道窑在预热带前同一中心线上设有干燥带，利用从冷却带抽来的热风干燥砖坯。设置窑前干燥带可省去单独的干燥工序，节约燃料，减少破损，同时减轻劳动强度。但各种不同砖坯只能按同一干燥制度进行干燥，干燥废品也无法选出，它们必须随同正品一道继续其后的烧成过程，造成燃料浪费。所以对于形状和尺寸相差比较悬殊或干燥废品较多的砖坯，不宜入窑前干燥带，而应另设干燥器。

三、隧道窑的规格

隧道窑的规格通常用窑长×内宽×有效高度（即从车台平面至拱顶内衬的最大高度）来表示。表7-1列出了烧制几种不同制品隧道窑的规格。

表 7-1　隧道窑的规格

制品品种	窑的规格(mm)			窑各带的长度(m)			窑的产量
	长　度	宽　度	高　度	预热带	烧成带	冷却带	
粘土砖	101.2	2.2	1.6	41.8	22.0	37.4	3～3.5(万 t/年)
粘土砖	99.0	3.08	1.9	45.0	24.0	30.0	5～5.5(万 t/年)
高铝砖(LZ-65, LZ-75)	156.0	3.2	1.1	72.0	24.0	60.6	3.5(万 t/年)
硅砖	157.5	2.24	1.9	50.0	50.0	57.5	2.5(万 t/年)
镁质制品	156.0	3.2	1.1	72.0	24.0	60.0	4～4.5(万 t/年)
日用瓷	92.0	1.3	1.4	29.86	26.47	35.67	7.0×10^6(8″盘/年)
电瓷(还原焰)	116.59	2.2	2.0	38.52	28.00	50.07	562(万 t/年)
卫生瓷(隔焰)	92.0	1.1	1.204	30.0	22.0	40.0	2.0×10^5(件/年)
釉面砖釉烧	33.88	0.75	0.886	13.47	6.9	13.51	1.8×10^5(m^2/年)

第二节　隧道窑结构

一、断面尺寸和长度

窑的尺寸主要依据烧成制品的工艺要求和产量而定。

隧道窑的长度主要取决于制品的烧成制度及产量要求。而烧成制度主要取决于制品在烧成过程中的物理化学变化。如硅砖由于在加热及冷却过程中相变较复杂，对烧成制度有较严格的要求，所以硅砖隧道窑较长。而粘土砖的烧成制度不如硅砖严格，窑长的波动范围较大。

就窑体本身而言，应考虑投资、燃耗及操作等方面的因素。短而较宽的窑单位产品投资较少，散热损失较少，而且窑内气体流动能量损失小，可减少漏气和降低排烟机的动力消耗。但如果窑太短，出窑烟气温度可能太高，容易损坏排烟机并造成较大的热量损失；冷却带太短也会造成冷却效果差，制品出窑温度高，拣选条件恶劣，而且增加制品和窑车所带走的热损失。近年来，随着顶烧间歇式燃烧方式的出现，以及采用新的强化烧成与冷却的方法，隧道窑正在向较宽而短的方向发展。

隧道窑各带长度应根据制品烧成温度曲线来确定，一般原则是：

(1)为了更好地利用热量，预热带长度应根据排出烟气温度来确定，烟气温度一般应低于250℃。

(2)烧成带长度应按制品最终烧成温度所需持续的时间长短而定。

(3)冷却带长度应根据出窑制品的温度来确定，该温度一般应低于100℃。

隧道窑的高度主要取决于坯体在烧成过程中的特性及允许的上下温差。如镁砖由于其荷重软化温度和它的烧成温度接近，砖垛高度不宜太高，故其窑高通常在1米左右；而硅砖由于其荷重软化温度高，其窑高通常在1.9～2.1m。我国现有粘土砖隧道窑和高铝砖隧道窑的高度分别为1.5～1.9m和1.1～1.5m。砖垛上下所允许的温差也是考虑窑高时应注意的一个因素。窑高增加，上下温差加大，造成烧成制品质量不均匀。

窑的宽度与窑的产量及允许的温差有关。产量随宽度的增加而提高，但对侧烧窑，太宽则中心温度易偏低。按宽度不同，我国耐火材料工业用隧道窑常分为“大断面”和“小断面”两种类型，前者指宽为3米左右的窑，后者指宽为1.8～2.2米的窑。此外，为降低燃料消耗和减轻劳动强度，在部分中小厂中还兴建一些宽约1米的小隧道窑。

隧道窑总长及各带长度可按下述公式确定

$$V = \frac{G_h \tau}{\eta g} \quad \mathrm{m^3} \tag{7-1}$$

式中　V——隧道窑有效容积，m^3；

G_h——成品小时产量，kg/h；

τ——总烧成时间，即制品在窑内停留时间，h；

η——成品率，%；

g——装窑密度，kg/m^3。

当隧道窑横截面积 A 已确定时，则其窑长 L 可由下式计算

$$L = \frac{G_h \tau}{\eta g A} \quad \mathrm{m} \tag{7-2}$$

各带长度可按下式计算

$$
\begin{aligned}
L_1 &= \frac{\tau_1}{\tau}L \\
L_2 &= \frac{\tau_2}{\tau}L \qquad (7\text{-}3) \\
L_3 &= \frac{\tau_3}{\tau}L
\end{aligned}
$$

式中 L_1、L_2、L_3——分别表示预热、烧成及冷却带长度，m；

τ_1、τ_2、τ_3——分别为预热、烧成及冷却时间，h。

窑断面及窑车长度确定后，可根据所设计的码垛图（装砖图）算出装砖量 g，再算出推车间隔时间 $\Delta\tau'$

$$\Delta\tau' = 24 \times 60\,\frac{Jgn}{G} \quad \text{min/辆} \qquad (7\text{-}4)$$

式中 J——年工作日，d/年

g——装砖量，kg/辆；

η——成品率，%；

G——年成品产量，kg/年。

算出 $\Delta\tau'$ 后，尽可能选用整数，以便操作。选定 $\Delta\tau$ 后，再进一步核算该窑的实际生产能力 G_p

$$G_p = 24 \times 60\,\frac{Jg\eta}{\Delta\tau} \quad \text{kg/年} \qquad (7\text{-}5)$$

显然，G_p 应大于（至少等于）G，若不符合此要求，应重新设计，直至相符。

烧成各种耐火制品隧道窑设计指标见表 7-2。

表 7-2 烧成各种耐火制品隧道窑设计指标

制品品种	隧道窑规格(m)	窑车尺寸(m)	窑车装砖量	推车时间间隔	产量	烧成温度	燃料种类	单位成品标准燃料消耗	平均废品率	年工作日数
	长×宽×高	长×宽	(t/辆)	(min)	(t/年)	(℃)		(%)	(%)	(日)
粘土砖	101.2×2.2×1.6	2.2×2.2	4～4.5	60	30000～35000	1300～1400	煤气	8～10	5～8	360
							重油	12～13.5		
粘土砖	99×3.08×1.9	3.0×3.1	10～10.5	80～90	50000～55000	1300～1400	煤气	8～10	5～8	360
							重油	12～13.5		
硅砖	157.5×2.24×1.9	2.5×2.3	7.0	120	25000	1400～1420	煤气	18～20	8～12	360
一、二等高铝砖	204(45)①×3.2×1.1	3.0×3.1	8.5	110～120	32000～35000	1500～1600	煤气	18～20	8～10	350
镁质制品	156×3.2×1.1	3.0×3.1	10.5	100②～120	40000～45000③	1600～1650	煤气	18～20	5～8	350

①括号内数据为窑前干燥器的长度。

②为烧镁砖的数据。

③为烧镁砖的数据。

二、窑顶结构

窑顶是窑体的重要组成部分，它对于窑的寿命有决定性影响。窑顶所选材质必须能长期承受高温、重量轻、保温性能好，其结构应严密不漏气，并有利于窑内气流的合理分布。

窑顶一般有拱顶、平吊顶、吊拱顶三种类型。

1. 拱顶

窑顶结构为一拱形，通过拱脚砖架设在窑墙上，拱脚砖两边的窑墙上安设有拱脚梁，以承受拱顶产生的横推力，窑墙外设有立柱，通过上下拉杆拉紧，使窑顶和窑墙形成一个整体，如图 7-2 所示。

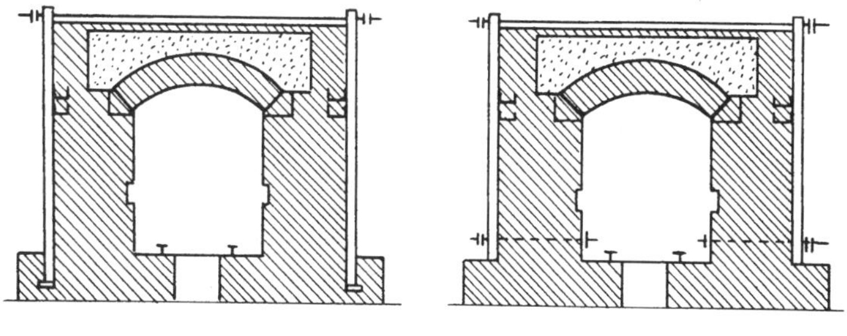

图 7-2　拱顶结构

a—立柱埋入窑基；b—立柱用上下拉杆连接

拱顶横推力大小与拱自重、拱中心角大小有关。如图 7-3 所示，当拱顶自重为 Q 时所产生的横向推力应为

$$F = \frac{Q}{2} K_t \mathrm{ctg} \frac{\alpha}{2} \quad \mathrm{N/cm} \tag{7-6}$$

式中　F——拱脚横向推力，N/cm；（按沿窑长度方向上单位长度的重力计算）

Q——拱顶荷重，N/cm；

α——拱中心角，(°)；

K_t——温度应力系数，设计常用值如下：

温度(℃)	<650	650～1000	1000～1200	1200～1400	1400～1600	>1600
系数(K)	1	1.5	2	3	3.5	4

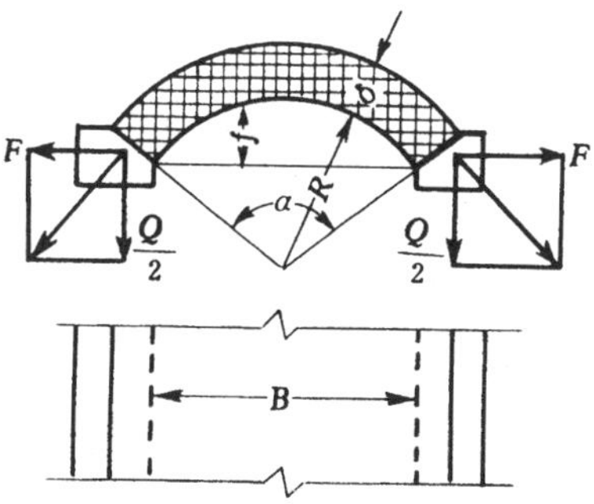

图 7-3　拱顶自重及推力分析

在进行拱顶设计时，拱心角 α 的选择很重要，拱心角太小，拱脚砖所受的力大，而且由于拱脚砖和灰缝的收缩，在使用中容易产生下沉的现象。反之，若拱心角大，拱半径小，当拱心角 $\alpha=180°$ 时为半圆拱，拱脚砖受热膨胀后，拱会被挤起而产生开裂；同时拱高增加，拱与砖垛之间的空间加大，容易造成上下温差。所以隧道窑一般采用 60°～90° 拱心角。

通常可以根据拱高 f 和跨度 B（窑内宽）之比把拱分为下列几种形式

半圆拱　$f=\frac{1}{2}B$　$\alpha=180°$

标准拱　$f=(\frac{1}{3}\sim\frac{1}{7})B$

倾斜拱　$f=(\frac{1}{8}\sim\frac{1}{10})B$

平　拱　$f=0$

拱的跨度B、拱高f、拱心角α和拱半径R是拱的重要参数，只要预先确定其中的任意两个，即可根据下列公式求出另外几个。

$$f=R(1-\cos\frac{\alpha}{2})$$

$$R=\frac{B}{2\sin\frac{\alpha}{2}} \tag{7-7}$$

$$f=\frac{B}{2}\text{tg}\frac{\alpha}{4} \tag{7-8}$$

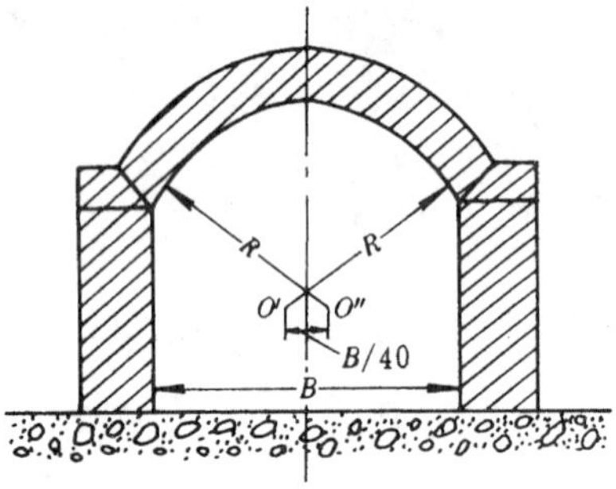

图 7-4　双心拱

确定这几个尺寸后即可进行拱顶配砖计算。为减少砖型、简化计算，通常可选用拱跨系列。这样，一旦选定拱中心角（如 60°、90°、120°等），并确定拱顶内衬厚度，即可查表求得每环拱顶内衬所用砖型与块数。至于拱顶内衬材质，则视窑炉种类、烧成温度及不同部位而定。如粘土砖隧道窑烧成带拱顶内衬多用硅砖，而预热带和冷却带拱顶内衬多用粘土砖。拱顶内衬上部则根据不同的界面温度选用相应的保温材料。

有时为了使拱顶结构更加坚固，避免拱顶下落，可做成双心拱，即拱顶由两个半弧构成，如图 7-4 所示，左方拱弧的圆心移至拱心垂直线之右，右方亦然。

2. 平吊顶

平吊顶结构如图 7-5 所示，窑顶是平的，窑顶砖通过吊挂机构吊在窑顶上面的钢梁上。吊挂方法是两块大吊砖之间夹数块小吊砖，大小吊砖之间凹进和凸出的部分互相咬合构成一个整体，通过金属吊杆悬挂于钢梁上。

平吊顶窑顶不易下沉。窑墙所承受的负荷小，有利于延长窑体寿命。平吊顶结构便于码垛，砖垛和窑顶之间的间隙较小，有利窑内气流的合理分布。但建造平吊顶窑需用较多的投资和钢材，气密性也没有拱顶结构好。目前这种结构多用于烧成温度较高的镁砖和高铝砖隧道窑上。

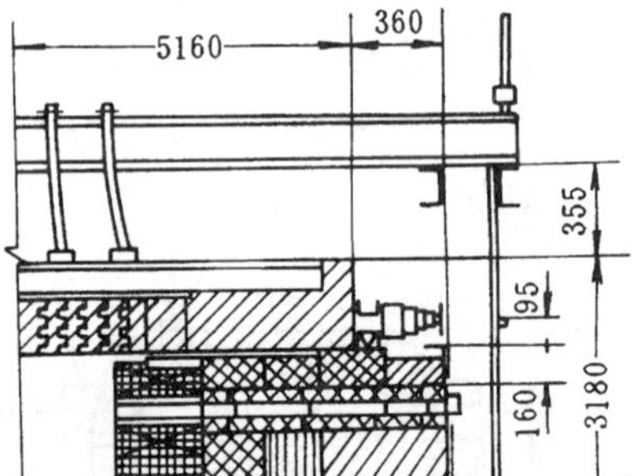

图 7-5　平吊顶结构

3. 吊拱顶

隧道窑在温度最高的烧成带采用吊拱顶，如图 7-6 所示。这种窑顶较之平吊顶窑节省钢材，节约投资，窑顶的气密性较好，散热也较少。这种结构目前仅用于烧成镁质和高铝质制品的小型隧道窑。

吊拱顶的大吊砖通过吊杆挂在钢梁上，大小吊砖之间用“销钉”联成一个整体。各吊挂点大吊砖的数目可为1～2块，但中心吊挂点的大吊砖应在3块以上，以利吊挂。材质多为镁铝质。

三、窑墙结构

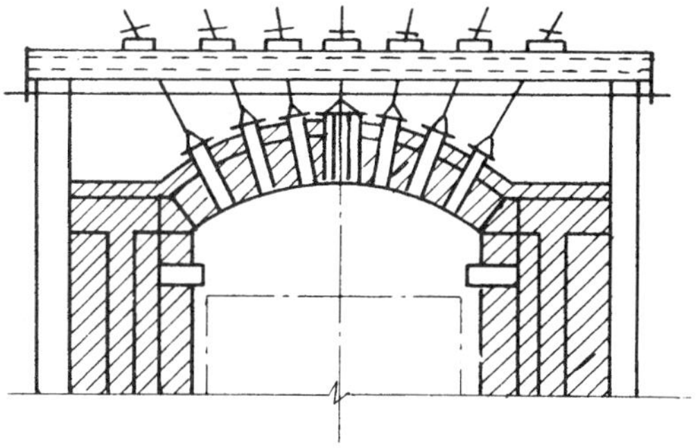

图 7-6　吊拱顶结构

窑墙是窑体的重要组成部分，它不仅要承受高温作用，而且还要支撑窑顶，同时向外界空间散热，故窑墙必须能耐高温、具有一定的强度，并能保温。因此，选用合适的材质与厚度，对减少投资、降低燃料消耗、延长窑体寿命和改善劳动条件等都至关重要。一般而言，一条隧道窑窑墙的厚度应根据高、中、低温分成2～4段，烧成带及其附近温度最高，窑墙最厚；窑头及窑尾温度最低，窑墙亦最薄；中温部分的厚度介于上述二者之间。较理想的窑墙结构应为“薄壁”结构，其总热阻较大，又能承受高温荷重作用。显然，具有高强度而隔热性能良好的轻质耐火材料能达此目的，如氧化铝空心球制品等。但目前这类材料价格昂贵，一般厂矿难以采用，而其它保温材料多因其强度太低不能直接用作窑墙内衬。

一般窑墙通常由三部分材料砌成：最内层（内衬）为重质耐火材料，它主要承受高温荷重作用，烧成温度愈高，要求材质质量亦愈高，价格也愈昂贵。这些材料的导热系数一般较大，故所形成的热阻并不大，因而只能靠增加这部分材料的厚度来形成较大的热阻。

中间部分为保温层，可根据需要，由数种不同的轻质材料构成，其选用的原则为在低于极限使用温度范围内长期安全使用，并使其隔热性能最好，即用较薄的保温材料获得较大的热阻，这就无疑要尽可能选用那些密度小、导热系数低的保温材料。显然，保温层厚度对窑墙总厚度起决定作用，因为它决定了隧道窑热损失的大小和窑体投资的多少。保温层加厚无疑会减少窑墙热损失，但却增加了基建投资和砌筑维修费用；反之，则减少投资、增大热损失、浪费燃料、恶化操作条件。因此，设计窑炉时必须全面考虑，选择一个总费用最低的“经济厚度”。不过，所谓经济厚度是一个受燃料、材料价格和隧道窑使用寿命影响的变数，设计时必须精心选择。

最外层通常用建筑红砖或粘土砖砌筑，以保护保温材料不被损坏。但为了增大窑墙总热阻，减薄窑墙厚度，近年来国内外不少窑墙最外层也采用保温材料（拱脚梁等承受压力部分除外），节能效果较为显著。101.2m粘土砖隧道窑各带窑墙、窑顶材质及厚度见表7-3。

四、各带结构及装置

1. 预热带窑墙排烟装置

来自烧成带的烟气需经排烟口排出窑外，排烟口设在预热带两侧窑墙并靠近车台平面，这样迫使气流向下流动，从而减少上下温差。排烟口的数量根据隧道窑的类型不同而异，少则3～5对，多达十几对。多设排烟口是为了灵活地调节升温曲线。如当坯体进口温度要求较低时，就要从靠近烧成带方向的排烟口多抽出一些烟气，若排烟口太少，则起不到调节作用；此外，每个排烟口尺寸也不宜太大，否则影响该处窑墙的强度。当然，过多的排烟口也不利，特别是将较高温度的烟气过多抽出，既浪费热量，又影响排烟机寿命，故排烟口数量应结合窑炉具体情况加以确定。

表 7-3　101.2×2.2×1.6 米粘土砖隧道窑各带窑墙、窑顶材质及厚度

车位号	部位	温度范围（℃）	窑墙的砌砖 材质	窑墙的砌砖 各层厚度（mm）	窑墙的砌砖 总厚度（mm）	窑顶的砌砖 材质	窑顶的砌砖 各层厚度（mm）	窑顶的砌砖 总厚度（mm）
1～7	预热带	50～400	粘土砖	350	960	粘土砖	300	700
			红砖	610		轻质粘土砖②	70	
8～16	预热带	500～1000	粘土砖	350	960	耐火粘土火泥	20	
			轻质粘土砖②	240		高炉渣①（粒度 7～10mm）	257	
			红砖	370		红砖	53	
17～32	烧成带	1100～1350	硅砖	350	1280	硅砖	300	850
						轻质粘土砖②	235	
			轻质粘土砖②	465		耐火粘土火泥	50	
						粘土熟料（粒度 5～10mm）	212	
			粘土砖	465		红砖	53	
33～39	冷却带	1100～500	粘土砖	350	1075	粘土砖	300	700
			轻质粘土砖②	240		轻质粘土砖②	70	
			红砖	485		耐火粘土火泥	20	
40～46	冷却带	400～100	粘土砖	350	840	高炉渣①（粒度 5～10mm）	257	
			红砖	490		红砖	53	

①高炉渣 ρ=0.9；②轻质粘土砖 ρ=1.3。

预热带烟道布置方式大致有三种：地下烟道排烟、金属烟道排烟和窑墙内烟道排烟。

地下烟道排烟如图 7-7 所示。烟气由窑内进入排烟口，通过烟道闸板 1 进入支烟道 2，然后进入总烟道，经排烟机送入烟囱排出。所有烟道均埋设于地面以下。其优点是钢材用量少、窑体整齐美观，但土方工程量较大，且在地下水位较高的地方须有较好的防水层，否则容易积水，影响正常排烟。

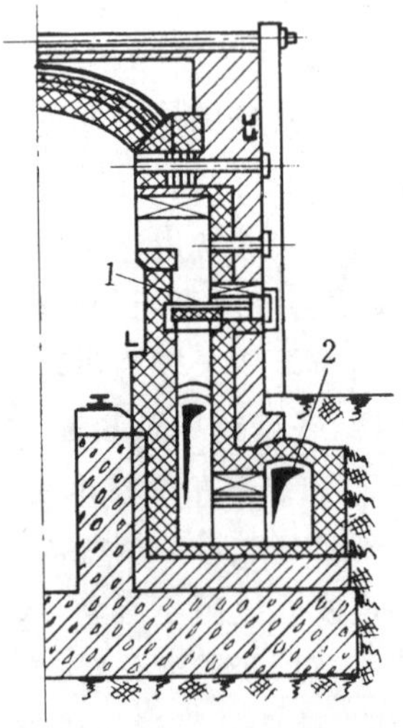

图 7-7　地下烟道结构
1—烟道闸板；2—支烟道

金属管道排烟如图 7-8 所示。烟气经设置在窑墙上的排烟管直接进入支烟道内，再汇集于总烟道，最后由排烟机经烟囱排出。每条排烟管上都设有闸板，以控制每个排烟口的排烟量。这种排烟方式窑墙结构简单，但需较多钢板。当烟气温度较高，特别是腐蚀性气体含量较高时，烟气直接进入烟道容易腐蚀管道，提高环境温度，且易出碰撞或烫伤事故。

窑墙内烟道排烟如图 7-9 所示。烟气进入两侧窑墙的排烟口，通过窑墙内的上升支烟道集中到窑墙上部的主烟道中，再由金属烟道经排烟机、烟囱排出。这种结构既无地下烟道，钢材用量也较少，窑体较美观，但窑墙结构较复杂。

2. 烧成带燃烧室的设置和结构

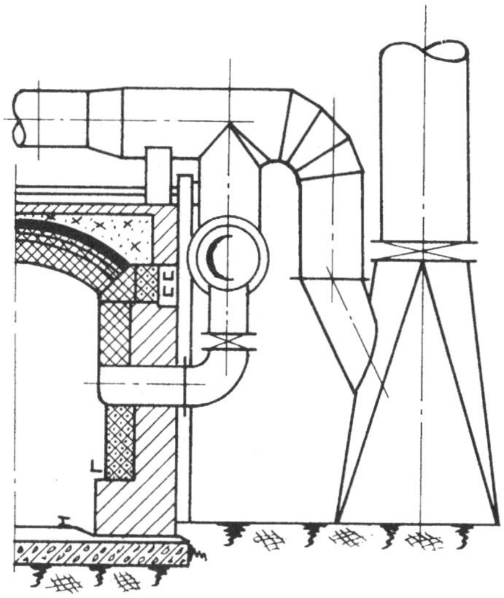

图 7-8　金属烟道结构

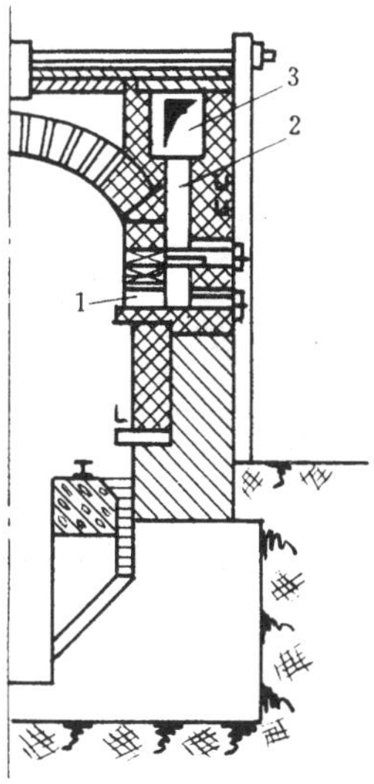

图 7-9　窑墙内烟道结构

1—排烟口；2—上升支烟道；3—主烟道

目前，绝大部分隧道窑都采用侧墙燃烧室。燃烧室一般选用拱形。它一方面受高温火焰气体的辐射，另一方面要承受窑墙和窑顶的重力，在拱的尺寸和烧嘴的喷射角不相适应的情况下，还要受火焰喷射流股的冲刷，工作条件十分恶劣。所以，燃烧室拱的损坏常常是隧道窑大修的主要原因之一。因此，必须选用合适的材料和设计合理的结构。

燃烧室的拱必须与窑墙厚度及流股的喷射角相适应。其尺寸最好大于喷射流股在窑墙内壁的断面尺寸，以免火焰直接冲刷拱顶或窑墙。在某些隧道窑内采用双层拱，上层拱承受窑墙及窑顶的重力，下层拱与火焰直接接触，起保护上层拱的作用。然而在实际设计过程中，上述原则并不一定都能满足，燃烧室拱仍然是隧道窑的一个薄弱环节。

在一般情况下，烧嘴中心线应靠近车台平面，因为火焰喷入窑内通常总向上飘浮，烧嘴设在底部有利温度分布均匀。侧烧窑上烧嘴的位置设在两窑车之间或者窑车中部。当设在窑车中部时，砖垛中间应留有横向火道。

3. 烧成带一次空气送风装置

燃料燃烧所需的一次空气，一般由风机单独供给，也可用高温风机从冷却带抽出部分热空气送至各烧嘴，但抽出空气温度不能超过风机所能允许的使用温度。

当要求采用高温助燃空气时，可采用喷射器作为一次空气输送装置，如图 7-10 所示。利用窑两侧的喷射器喷出高速气流而产生的负压自冷却带吸出热风，热风随高速气流经窑两侧气道送至每个烧嘴。

4. 冷却带抽热风装置

为使制品有效地冷却，从冷却带鼓入的冷风量一般都比燃料燃烧所需的空气量要大，因此，热空气在进入烧成带之前要从窑内抽出一部分，抽热风装置如图 7-11 所示。为避免烧成带烟气向冷却带倒流，抽热风口位置不宜太靠近烧成带，一般应距烧成带最后一对烧嘴 9 米左右。

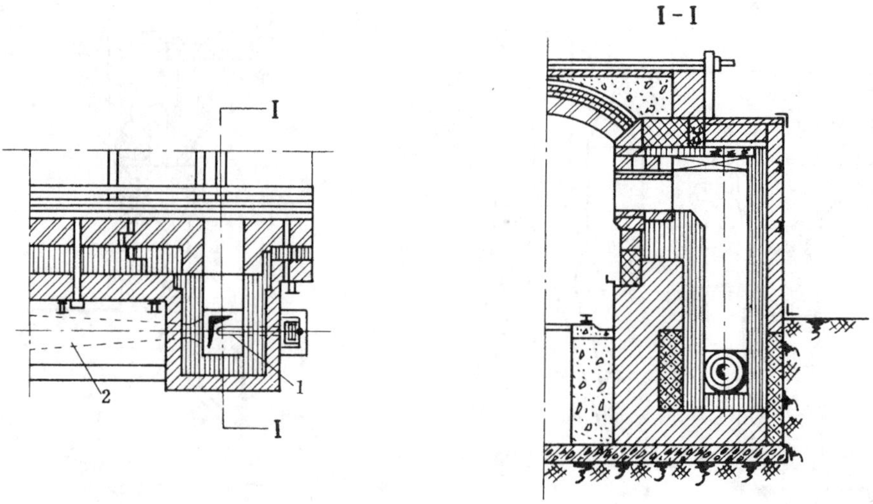

图 7-10　烧成带喷射气道结构

1—喷射器；2—喷射气道

5. 冷却带送风方式和装置

冷却带的送风方式有分散送风和集中送风两种形式。分散送风口分散在窑墙两侧，有时分为上下两排，其中一部分应设在窑车之间，以便使冷风能进入到中间火道以冷却砖垛中间的制品。集中送风口可设在窑顶和尾部窑门两侧，如图 7-12 所示。

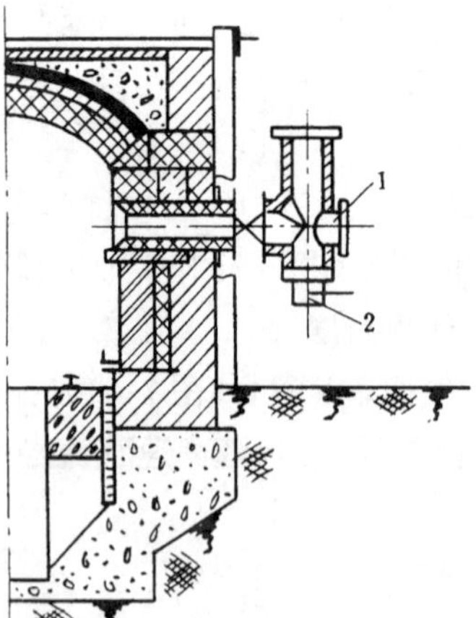

图 7-11　抽热风装置结构

1—抽热风装置；2—掺冷空气阀

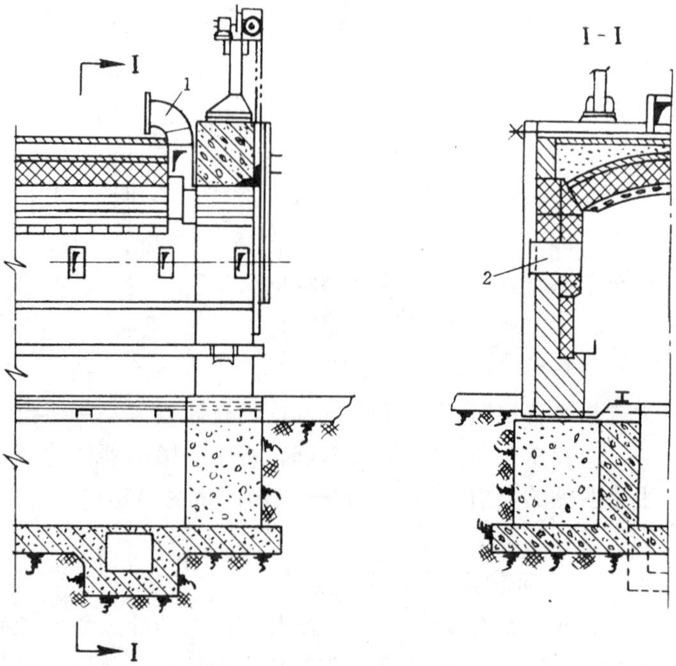

图 7-12　集中送风装置

1—窑顶送风装置；2—窑两侧送风口

在冷却带，由于气流速度不大，特别是横向速度更小，所以横向对流换热系数不大，因此冷却效果差。为改变这种情况，某些隧道窑在冷却带出口端窑顶上设置耐热轴流风机，迫使气流作上下循环流动；或者在冷却带两侧窑墙设置特殊的冷却风管，增加气流的横向流动速度，以提高冷却效果。

五、窑车和窑体的密封结构

窑车是隧道窑的重要组成部分之一，它构成了隧道窑的窑底。窑车结构和窑车衬砖材质的正确选择与砌筑，对于窑的正常运转及窑内的热工制度都具有重要影响。

窑车结构大致如图7-13所示。车架可由型钢铆接或焊接而成，也可采用铸铁，前者制作较方便，但温度较高时易变形；后者整体性好，不易变形，但较脆。制作窑车时必须严格控制尺寸，使之与窑的尺寸相配合，特别是在长度方向上更应予以注意，因为一条窑内要放置数十辆窑车，每一辆窑车可能误差不大，但数十辆窑车累积误差是相当可观的，易造成与窑长不相配合的事故。

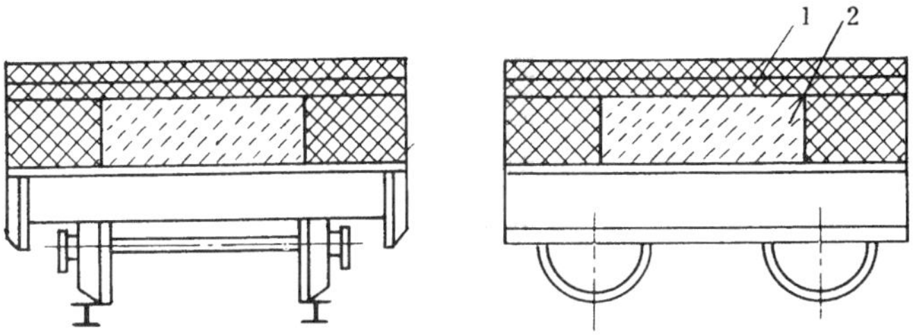

图7-13　2.2×2.2m粘土砖隧道窑窑车

1—粘土砖；2—轻质砖

窑车的衬砖不仅要承受砖垛的重力，还要承受高温及温度的周期性变化，因此所选用的材质在荷重软化温度、抗热震稳定性及高温体积稳定性方面都应予以注意。目前窑车一般由耐火砖和轻质保温砖砌筑，也可以采用耐火混凝土或耐火混凝土预制块。

窑车衬砖材质的选择，对窑内温度分布也有影响。窑车在窑内行进时先加热后冷却，窑车内温度分布在行进过程中一直在变化着，因此属于不稳定传热。窑车在预热带不断被加热，相当数量的热量蓄积于窑车中，该热量主要由预热带下部烟气供给，造成了沿窑断面上下温差。而在冷却带，窑车衬砖蓄积热量放出，使靠近车台平面部分温度升高，延长了冷却时间。因此在衬砖材质选择上，还应注意选用密度小、热容量及导热系数小的材料，以减少其蓄热量及散热损失。因此，应努力研制低蓄热窑车，如采用轻质材料（轻质耐火砖、轻质耐火混凝土和耐火纤维）、立柱棚板结构（采用全耐火纤维作窑车衬料，制品装在立柱支撑的棚板上）、空心砖或空心耐火混凝土预制块等（或空心结构中夹以轻质材料）。

窑车与窑墙之间的接缝是窑内外互相漏气的主要通道，如果密封不好，在预热带窑外的冷空气会大量漏入窑内，造成较大的上下温差；而在冷却带大量热空气又会漏到窑下，损坏窑车轴承及金属构件，提高窑底部温度。

窑车与窑墙间密封结构包括砂封与曲封两部分。

砂封结构是在窑车两侧设插板，也称裙板。在窑墙下部设有砂封槽，槽内灌满砂子，插板埋入砂中即可起到砂封作用。由于窑车在移动过程中把部分窑砂带出，因此要不断补充窑砂。在窑墙上每隔一定距离设有加砂孔，窑砂可从加砂孔直接加入窑内的砂封槽中。插板应由铸铁制成，且可更换；如用钢板，易变形成为刮板，将窑砂刮出砂封槽外。

曲封结构即在窑车和窑墙上，砌筑一种凹进和凸出的结构，使它们互相咬合，增加窑内外漏气通道的阻力。其形式各种各样，图 7-14 所示为其中的一种形式。窑车之间也常采用类似结构。

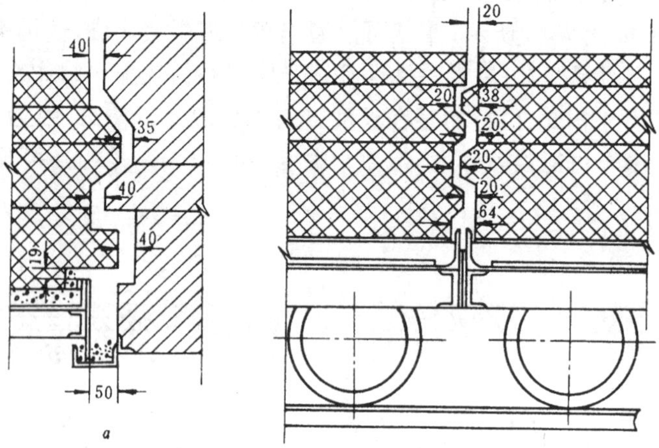

a　　b

图 7-14　曲缝密封结构

a— 窑体曲折封闭式结构；*b*— 窑车上曲折封闭式结构

第三节　隧道窑的温度制度

一、制定合理的温度制度

合理而稳定的热工制度对所有热工设备都很重要。就隧道窑而言，其热工（烧成）制度主要包括温度制度、压力制度和气氛制度。这些制度相互影响，且与窑车砖垛码放及推车制度等密切相关，其中温度制度是核心。从本质上看，其它各种制度都是为温度制度服务的。因此，制定并稳定隧道窑的温度制度，对稳定产品的产量和质量非常重要，其中烧成带的温度制度尤为重要。影响温度制度的因素很多，这些因素大致有两大类，一类为工艺方面的，诸如原料、品种、配方、加工工艺各过程直至半成品的强度、水分、形状等；另一类就是窑炉方面的，如结构、燃料种类及性能、空气过剩系数、燃烧室和烧嘴的结构、一、二次空气的比例及预热温度等。因此，在制定温度制度以前，必须对上述诸因素作详细地了解与分析，再参考制品的烧成试验报告和生产实践经验，才能制定出较为理想的温度制度，再经生产实践检验，作某些必要的修改，然后稳定之。一旦通过实践检验证明是较好的温度制度，就不能任意修改或调整。

在确定温度制度时，还必须考虑窑内不同部位砖垛温度的不均匀性。如实践表明，沿窑车前进方向气流温度分布的情况为：在预热带至烧成带最高烧成温度处（即坯体加热阶段），一般为前部高后部低、上部高下部低、中间高两边低，只是越接近最高烧成温度，其温度不均匀性就越小。但有时由于在预热带形成的温差太大，经烧成后仍有部分欠烧品。当制品进入冷却阶段后，由于窑车蓄热的影响，底部温度反而比上部高。就某砖垛而言，在升温阶段表面温度比中心温度高，在冷却阶段则相反。从一辆窑车来看，由于侧烧窑的烧嘴一般都安装在两窑之间，故其后部因受烧嘴的影响，温度升高，所以窑车上砖垛温度最低的部位大约在后偏前一点的中间部位。窑内制品的烧成曲线是其温度制度的具体反映。值得注意的是，实际烧成曲线会随测温部位不同而异（有测温车时看得最明显），故对某窑炉，应确定具有代表性的测温点。

当上述问题都充分考虑后，才能制定出较理想的烧成温度曲线。操作时应使实际烧成曲线与该理想曲线相吻合，但由于各种原因往往会有一定的误差。一般情况下，预热带误差较大，冷却带次之，烧成带较小。图 7-15 为 104×2.2×1.65 米粘土砖隧道窑温度曲线和压力曲线。

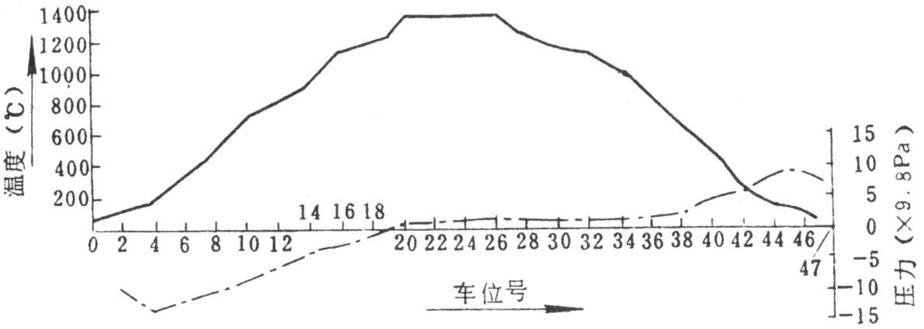

图 7-15　104×2.2×1.65m 粘土砖隧道窑温度曲线及压力曲线

二、预热带温差形成的原因

理论研究与实际测量都表明：隧道窑中以预热带所产生的上下温度差最大，其原因虽然较多，但主要有如下几点。

1. 热气体的浮升力

窑内任一断面各处温度不可能均匀一致，而温度较高的气体在几何压头（习惯上称浮升力）的作用下，便会自动上浮至顶部，较冷的气体便下沉至砖垛的下部，形成上下温差。

2. 负压形成的冷热气体分层

预热带通常处于负压区，外界冷空气在压强差的作用下，便会从窑体或窑车不严密处漏入窑内，而冷空气的密度较大，大多留在砖垛下部，较热的气体上升至顶部，形成冷热气体分层。

3. 砖垛码放不合理

窑内同一断面气体的热量分布为上多下少，故窑车码放砖垛时本应上部密码下部稀码，但从砖垛的稳固性考虑，往往又不得不码放成上稀下密，同时砖垛与窑顶之间要保持一定间距，造成较多热气流由上部空间通过，以致下部温度更低。

在上述各因素的影响下，窑内气体便产生“偏流”。图 7-16 为某隧道窑内预热带气体流速沿高度方向的分布情况。由图可知，随着高度的增加，气体流速增大；且超过砖垛高度后，气流速度突然增大，最大值可达底部最低流速的三倍以上。毫无疑问，偏流的结果，导致下部气体流量减少，温度降低，上下温差加大。

4. 窑车蓄热

在预热带窑车上的衬砖及金属件也需预热升温，其所需热量主要来自下部烟气。窑车蓄热量一般都较大，当窑车台面用重质耐火材料砌筑时更是如此。因此，窑车蓄热也是形成预热带上下温差的主要原因之一。

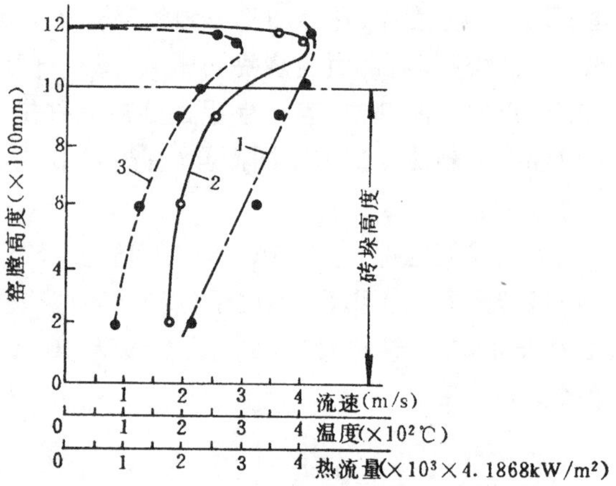

图 7-16 窑内气体的偏流

1—窑内气流的温度；2—气流流速；3—热流量沿高度方向的分布

三、减少预热带上下温差的措施

1. 窑底静压平衡

窑底静压平衡方法是在窑车底部进行强制通风，在窑底通道内形成一条与窑内相近似的压力曲线，使窑的每个断面的上下压力大致平衡，相对压差很小(或为零)。从而可以避免冷空气从预热带底部吸入窑内，也可阻止冷却带和烧成带的热气体或火焰下窜，即防止或减少窑内与窑底进行冷热气体的交换。这是克服窑内上下温差的主要措施之一。模拟实验表明，对隧道窑采用分段抽鼓风并设置多挡板的窑底静压平衡措施是可取的。实际操作时，使窑底静压绝对值比同一断面窑内静压绝对值略大一点(如 10 Pa)更好。对窑底设置检查廊的隧道窑，则采用Ⅱ形板将窑车与检查廊隔离，再安装一些挡板，即可获得较好的效果。但挡板的数量与形状需根据具体窑炉进行设计计算。

2. 采用高速调温烧嘴

高速调温烧嘴能调节二次空气量，使燃烧产物达到所需的温度。这样，可沿预热带长度方向设置较多的烧嘴，使其从车台平面处高速喷入窑内，由于气流喷入速度高，引起窑内气体激烈循环扰动，使砖垛上下、左右、前后和内外温度均匀，并使对流换热系数大为增加，达到快速烧成之目的。目前，国外隧道窑多采用这种烧嘴，效果良好。

3. 采用低蓄热窑车

低蓄热窑车可最大限度地降低窑车蓄热量，使烟气的热量主要用于加热砖坯，以减少上下温差。同时还可使制品在冷却带加快冷却，有利于快速烧成。研究表明，用陶瓷纤维作车衬填料，可比传统窑车减少 25%的蓄热量，可降低燃耗 10%～15%。不过，低蓄热窑车需要研究的问题较多，较为突出的是其热行为及高温结构强度等。

4. 改进窑体结构、加强窑体密封

目前，倾向于建造短、宽、矮的隧道窑，这样可使预热带负压绝对值减小，矮窑的上下温差相对较小，但这种改进毕竟是有限的。

采用全封闭窑门、密封窑体一切应封闭的孔洞，以减少窑内外冷热气流的热交换，对减少窑内上下温差显然是有利的；有条件时还应在窑的前后各设置一个预备室，以尽可能减少因推车时开启窑门对窑内温度及压力制度的影响。窑底检查廊目前倾向于取消或密封。但全密封措施应与窑底静压平衡相配合，否则当窑底温度过高时会烧坏窑车。

5. 窑内横向循环

在预热带某些部位的窑墙和窑顶内砌筑夹层通道，如图 7-17*a* 所示，在窑墙顶部安装一耐热风机 1，当风机运行时，将隧道窑顶部的热气体通过窑顶小孔 4 抽入窑顶通道 3 中，再通过窑墙通道2送入砖垛下部，造成窑内气流的上下循环运动。也可在预热带窑墙适当部位的上部对称或交错设置几只简易喷射器，如图7-17*b*所示，用压缩空气作喷射介质，利用其从喷射管高速喷出后产生的负压，将窑内砖垛下部的烟气经窑墙内的引射烟道引至窑内，使窑内气流上下循环，从而可减少上下温差。其效果取决于气流循环量的大小，愈大则效果愈好，但造成窑内气体的能量损失也愈大。此外，喷射器的设计与安装也很重要，否则也会影响其效果。这种装置比耐热风机的效果好，且可在较高温度下使用。

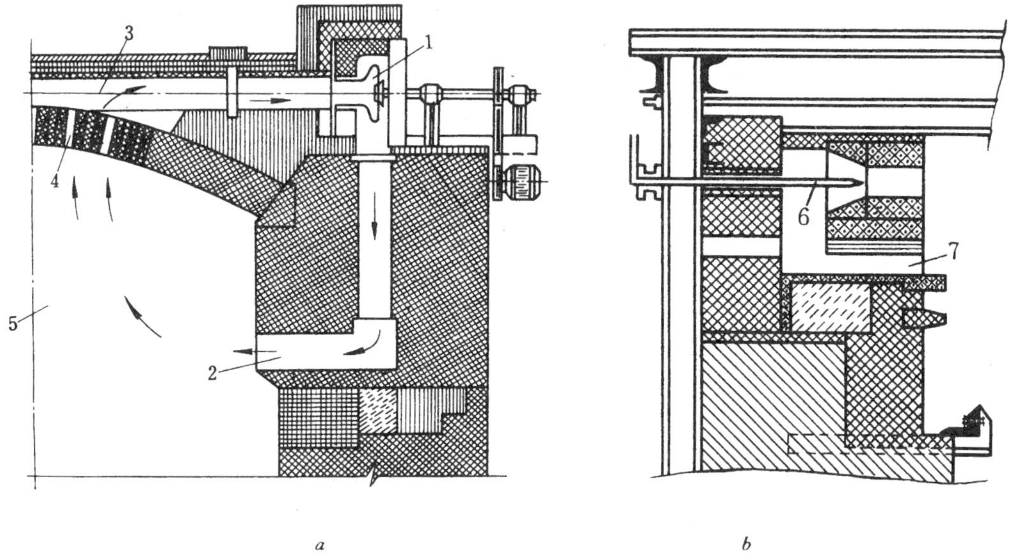

图7-17 横向循环

a—耐热风机；*b*—简易喷射器

1—耐热风机；2—窑墙通道；3—窑顶通道；4—窑顶小孔；5—窑空间；6—喷射管；7—引射烟道

6. 设置窑顶气幕

窑顶气幕结构如图7-18所示。具有一定压强的气体从气幕管进入气幕砖内的喷射通道，与窑内气流成一定角度喷出，在顶部形成一道道气幕，增加顶部气流的阻力，迫使部分热气体向下流动，改变窑内气流的速度分布，以达到均匀窑温之目的。模拟实验表明，气幕改进的方向是采用热风气幕、缩小喷口直径和提高喷出速度。此外，气幕应配合窑底静压平衡使用，并注意温度制度的调整。但气幕使窑顶结构较为复杂，窑内气流能量损失也将相应增大。

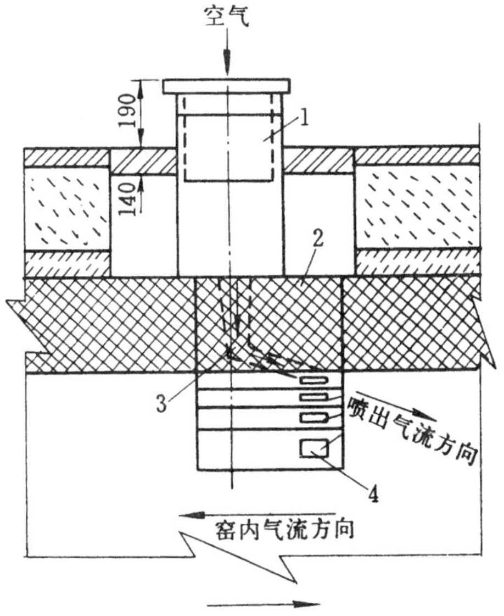

图7-18 窑顶气幕

1—气幕管；2—气幕砖；3—气幕砖通道；4—气幕砖喷出口

第四节 隧道窑的压力制度

一、窑内压力制度的形成

隧道窑内气流情况甚为复杂，有鼓入的

冷空气、抽出的热风、送入的燃料及一次空气、排出的烟气以及为克服预热带上下温差所采用的循环气流，此外还有热气体的漏出及冷空气的吸入等。诸多气流综合作用的结果，在沿隧道窑长度方向上形成一定的静压强分布，即形成隧道窑的压力制度。

在隧道窑内凡有鼓风处形成正压，抽风处形成负压。在冷却带向窑内鼓入大量冷空气，形成正压；在烧成带送入燃料及一次空气，形成微正压（燃煤隧道窑则应形成微负压）；预热带由排烟机（或烟囱）抽出窑内烟气而呈负压。沿窑长方向（从窑头向窑尾）由负压过渡到正压，其间必然有一处内外压强相等（表压为零），此位置称为零压位。

由气体力学原理可知，零压是指在某一高度上，系统内外压强相等。若系统内的压强大于外界压强，则表压为正，反之表压为负。就隧道窑而言，沿长度方向每个车位静压强值均不同。如烧成带虽上部正压大、下部正压小，但均呈正压；预热带上部负压小、下部负压大，但均呈负压；只有在烧成带与预热带交界的一段距离内，中上部为微正压，下部为零压；或上部为微正压，中部为零压，下部为负压；或上部为零压，中下部为负压。在这段长度上可以画出一条倾斜的零压线，下部零压偏于烧成带，上部零压偏于预热带。这样，在隧道窑长度方向上零压位就不止一个，而生产中实际控制的只能为一个，即以预热、烧成带之间下看火孔的零压点定为所要控制的零压位。

还应指出的是，冷却带虽鼓入大量冷空气，但还要抽出一部分热风，抽热风处的局部压强有所降落；烧成带虽送入燃料及一次空气，但也有热气体通过窑车、孔洞等不严密处漏出；预热带虽以排烟为主，但在有气体循环和气幕处将使其静压强有所增加。因此，隧道窑压力制度是受诸多因素所控制的。粘土砖隧道窑较典型的压力曲线如图 7-15 所示。

二、压力制度对温度制度的影响

窑内压力制度的确定，对保证温度制度的稳定、燃料消耗量的降低、砖垛截面烧成的均匀性以及减少漏气、改善操作条件等方面都具有重要意义。如烧成带必须控制微正压，因为如果烧成带处于较大的正压区（零压位在预热带），则会有较多的热气体从窑的不严密处漏出，造成较大的热量损失，提高环境温度，容易烧坏窑车；反之，如果烧成带处于较大的负压（零压位接近冷却带），则会有较多的冷空气漏入窑内，破坏了窑内的热工制度。如自然排烟燃煤隧道窑，由于烧成带必须维持微负压操作，才能使助燃空气由炉篦下吸入，则预热带负压偏大，漏入冷风较多，造成气体分层，上下温差增大，烧成时间必须延长，导致燃耗增高。

三、压力制度的调整

在生产实践中，窑内各种因素不可能一成不变，如各种气体的流量、压强的变化，推车间隔时间、装窑密度及方式的改变等都会使窑内的静压强分布发生变化，如不及时加以调整，就会影响全窑的温度制度。实际操作时，压力制度常以调整全窑的零压位位置为依据。正常情况下，零压位应位于预热带与烧成带交界面处。

零压位位置与燃烧设备的类型、鼓风与抽风位置、风压、风量的大小及喷出速度、砖垛码法等因素有关。

在生产实践中，压力制度的调整主要是通过调节烟道闸板来调整窑内的零压位位置。这是因为在通常情况下，排烟机或烟囱所形成的抽力可视为常数，由于气体在窑内和烟道内的几何压头与动压头都相差不大，零压位的压强主要取决于气流的能量损失，而能量损失中最主要的为烟道闸板所造成的局部能量损失，故可用调节烟道闸板来调节零压位置。提起闸板，能量损失减少，抽力加大，零压位将向冷却带方向移动；反之，若降低闸板，能量损失加大，抽力减小，零压位向预热带方向移动，从而可使零压位始终保持在某一预定位置。

当然，隧道窑的压力制度除了控制零压位外，还要考虑窑内冷却带正压和预热带负压绝对值的大小，即压力曲线的斜率。生产实践中常希望此斜率较小，压力曲线比较平缓，使窑炉接近于零压状态下操作，这样，漏出和吸入窑内的气体量都较少，有利于生产。在需要提高窑的产量、必须采用大抽力操作时，应尽可能采用窑底静压平衡，以减少漏气。

第五节　隧道窑的码垛原理

隧道窑窑车上的砖垛码放得好坏，对窑内压力制度、气流分布、传热面积大小等有很大影响，而砖垛的稳定性是保证隧道窑正常生产的必要前提。

一、砖垛的稳定性

窑车在前进过程中要承受推车机的推力作用和砂封的摩擦力作用，加之轨道安装上的误差及窑车变形等因素的影响，窑车在运行过程中常有一定程度的晃动，因而要求窑车上的砖垛（或料垛）必须稳固，否则容易发生倒垛事故，影响正常生产。

为了保证窑车上的砖垛有足够的稳定性，码垛时除保证砖坯有足够的强度外，还必须做到“平、稳、直”。“平”即窑车平面与各层砖坯（或匣钵）之间都必须平整，以免歪斜，故码垛时常撒少量窑砂。窑砂种类随砖种不同而异。如硅酸盐类制品可用 0～2 毫米石英砂或谷壳；镁质制品可用 0～2 毫米铬矿砂、铝铬砂或废镁铬砂等。撒少量窑砂还可防止坯体在烧成过程中彼此发生粘连。“稳”是指每一块砖、每一列砖和每一垛砖（或匣钵）都必须码放稳固。“直”是指砖垛上下、前后都必须码直，使各窑车砖垛成为一条直线，每条纵向火道首尾相连，以保证气流通道畅通。

在实际生产中，砖型较多，为保证砖垛的稳固，异型砖通常应码放在上部，下部为标普型，故这些砖型应有一定比例，否则会给码垛操作带来困难。

二、砖垛阻力

如前所述，隧道窑内的砖垛阻力通常都取经验值，但要准确计算或进行研究就要通过模拟实验加以确定。

根据流体力学相似原理，用水力模型和空气动力模型来模拟窑炉系统的复杂管路或砖垛阻力系数，首先要几何条件相似，起始和边界条件相似，并维持动力相似。在隧道窑中气流呈湍流状态，因而只要维持模型与窑炉的雷诺准数 Re 相等即可。而当雷诺准数相等时，另一个非决定性准数欧拉准数 Eu 必相等。

$$Eu = f(Re)$$

即

$$\frac{\Delta p}{\rho u^2} = f\left(\frac{\rho d u}{\mu}\right) \tag{7-9}$$

式中　Δp——流体流动过程的压力降，用于克服能量损失，Pa；

u——流体流速，m/s；

ρ——流体密度，kg/m^3；

d——通道当量直径，m；

μ——流体动力粘度，Pa・s。

气体通过砖垛的能量损失 h_{ld}

$$h_{ld} = K_d \frac{\rho u^2}{2}$$

$$K_d = \frac{2h_l}{\rho u^2} = \frac{2\Delta p}{\rho u^2} = 2Eu \tag{7-10}$$

即局部阻力系数 K_d 为欧拉准数的 2 倍。利用模型试验，求出欧拉准数，即可确定气体通过砖垛的局部阻力系数。

例 7-1 用水力模型模拟隧道窑求预热带中一段的局部阻力系数。模型与隧道窑及砖垛几何相似，其尺寸为隧道窑的 $\frac{1}{10}$，并维持初始与边界条件相似。已知窑内气流速度为 1m/s，该段窑内气体平均温度为 500℃。

解 要模型与隧道窑相似，必须维持二者的雷诺准数相等。

$$Re = R'e$$

$$\frac{\rho d u}{\mu} = \frac{\rho' d' u'}{\mu'}$$

水在 20℃的动力粘度 $\mu = 1000 \times 10^{-6}$ Pa·s

水的密度 $\rho = 1000 \text{kg/m}^3$

烟气在 500℃的密度 $\rho' = \rho_0 \frac{T_0}{t' + T_0} = 1.3 \times \frac{273}{500 + 273} = 0.459 \quad \text{kg/m}^3$

烟气在 500℃的动力粘度 $\mu' = 33.64 \times 10^{-6} \quad \text{Pa}\cdot\text{s}$

$$u = u' \frac{\mu}{\mu'} \cdot \frac{d'}{d} \cdot \frac{\rho'}{\rho}$$

$$= 1.0 \times \frac{1000 \times 10^{-6}}{33.64 \times 10^{-6}} \times \frac{10}{1} \times \frac{0.459}{1000} = 0.136 \quad \text{m/s}$$

只有当模型中水的流速为 0.136m/s 时，才能保证与窑内流体动力相似。此时通过模型试验，当其流速为 0.136m/s 时，静压降 $\Delta p = 1000$Pa

$$Eu = \frac{\Delta p}{\rho u^2} = \frac{1000}{1000 \times (0.136)^2} = 54.07$$

局部阻力系数 $K_d = 2Eu = 2 \times 54.07 = 108.14$

该段流体能量损失 $h_l = K_d \frac{\rho u^2}{2} = 108.14 \times \frac{0.459 \times 1^2}{2} = 24.89 \quad \text{Pa}$

三、砖垛通道当量直径对气体流速和流量的影响

当采用不同装砖图时，砖垛与窑墙、窑顶之间的空隙所形成的当量直径与各通道的当量直径各不相同，这就影响了气流分布及窑车上砖坯加热的均匀性。

气体通过每一条通道，其能量损失可表示为

$$h_{l1} = \lambda \frac{\rho {u_1}^2}{2} \cdot \frac{l_1}{d_1}$$

$$h_{l2} = \lambda \frac{\rho {u_2}^2}{2} \cdot \frac{l_2}{d_2}$$

…………………

$$h_{ln} = \lambda \frac{\rho {u_n}^2}{2} \cdot \frac{l_n}{d_n}$$

对于每米长砖垛中的各条通道，可以认为其长度相等，且能量损失也相等

$$l_1 = l_2 = \cdots\cdots = l_n$$

$$h_{l1} = h_{l2} = \cdots\cdots = h_{ln}$$

则
$$\frac{u_1^2}{d_1}=\frac{u_2^2}{d_2}=\cdots=\frac{u_n^2}{d_n}$$

$$\frac{u_1}{u_2}=\frac{\sqrt{d_1}}{\sqrt{d_2}}=\frac{d_1^{0.5}}{d_2^{0.5}} \tag{7-11}$$

即通道中气体流速与该通道当量直径的 0.5 次方成正比。通道当量直径愈大，流速也愈大。

又因为流量
$$q_V=u\frac{\pi d^2}{4}$$

则
$$\frac{q_{V_1}}{q_{V_2}}=\frac{u_1 d_1^2}{u_2 d_2^2}=\frac{d_1^{2.5}}{d_2^{2.5}} \tag{7-12}$$

由上式可以看出，各通道的气体流量与当量直径 d 的 2.5 次方成正比。通道愈大，则其流量愈大。所以为了对砖垛均匀加热，在制定装砖图时应力求使气流合理分布。

四、砖垛通道当量直径对传热的影响

热气体在砖垛通道内流动，其对流换热系数随砖垛的码法不同而变化。可以采用模型实验来确定努赛特准数 Nu 和雷诺准数 Re 之间的关系，以求得对流换热系数之值。

$$Nu=f(Re)$$

或
$$\frac{\alpha d}{\lambda}=n\left(\frac{edu}{\mu}\right)^a$$

$$\alpha=\frac{n\lambda\rho^a}{\mu^a}\cdot\frac{u^a}{d^{1-a}}=n'\cdot\frac{u^a}{d^{1-a}} \tag{7-13}$$

系数 n' 与指数 a 随砖垛码法不同而异，根据现有资料，a 值在 0.5～0.8 之间，一般取 0.8，则上式又可写成

$$\alpha=n'\frac{u^{0.8}}{d^{0.2}} \tag{7-14}$$

α 与流速的 0.8 次方成正比。

对于两个砖垛则有

$$\frac{\alpha_1}{\alpha_2}=\left(\frac{u_1}{u_2}\right)^{0.8}\left(\frac{d_2}{d_1}\right)^{0.2}$$

又根据式(7-9)
$$\frac{u_1}{u_2}=\left(\frac{d_1}{d_2}\right)^{0.5}$$

则
$$\frac{\alpha_1}{\alpha_2}=\left(\frac{d_1}{d_2}\right)^{0.4}\left(\frac{d_2}{d_1}\right)^{0.2}$$

$$\frac{\alpha_1}{\alpha_2}=\left(\frac{d_1}{d_2}\right)^{0.2} \tag{7-15}$$

即砖垛通道当量直径愈大，对流换热系数愈大。适当稀码有利于对流热交换。

在砖垛通道中，高温热气体与制品之间还同时进行着辐射热交换。而气体辐射与辐射层厚度(有效平均射线长度) l 有关。

$$l=0.9\times\frac{4V}{F}=0.9\times\frac{4\times(\text{通道截面积}\times\text{长度})}{(\text{通道周边}\times\text{长度})}$$

$$=0.9\times\frac{4\times(\text{通道截面积})}{\text{通道周边}}=0.9d \tag{7-16}$$

式中　d—— 砖垛通道当量直径。可以认为，气体辐射层厚度 l 接近于通道当量直径 d。

随着砖垛通道加大，气体辐射层厚度增加，气体的黑度及辐射能力也随之增大。

五、码垛的技术操作

1. 装砖密度

装砖密度通常指单位体积内的装砖量。实际上这是一个综合性指标。它反映砖垛的阻力状况和传热情况。装砖密度小，砖垛的阻力一般较小，通风条件较好。同时，辐射层的厚度大，有利于气体辐射，但装砖密度太小则影响装砖量，降低产量，故应适当。

实际生产中各窑车的装砖密度不宜变化太大。因为一定的装砖密度是和一定的烧成制度相配合的。装砖量少的窑车，由于消耗的热量较少，应采用较低的烧成温度或缩短推车时间，否则容易产生过烧。反之，装砖量大则应提高烧成温度或延长保温时间。因此，砖垛大幅度地经常变化会造成隧道窑热工制度的混乱，不利于生产。

2. 砖垛的传热面积

砖垛的传热面积是指暴露在外面与气流进行热交换的面积，它用每立方米砖垛内的传热面积或每立方米砖垛内传热面积占砖垛总面积的百分数来表示。显然，传热面积越大，对烧成越有利。但是不同传热面方向上的传热速率不同。由于隧道窑横向气流速度很小，主要为自然对流换热，所以纵向(沿窑长方向)表面的对流换热系数比横向表面(垂直窑长方向)大。因此，增加纵向表面积更有利于提高热交换效果。

3. 外内通道比 K 值

在隧道窑中大部分气体易从靠近窑墙、窑顶的周边通道流过，造成砖垛内外温度不均。为此在装窑时应适当缩小周边的通道。另一方面又要考虑周边通道散热多，受冷空气漏入(负压区)的影响大，因此其截面积应比砖垛内部通道截面积大一些，考虑到这两方面的因素，内外通道应有一个合适的比例。通常用外通道面积 A_0 与内通道面 A_i 的比值 K 作为控制指标，即

$$K = \frac{A_0}{A_i} \tag{7-17}$$

式中　A_0——砖垛与窑墙、窑顶构成的外通道截面积，m^2；

A_i——砖垛间纵向通道(内通道)截面积之和，m^2。

K 值一般要大于 1，其参考数据如下：

烧成粘土砖、硅砖，K 值一般取 1.3～1.6；

烧成高铝质、镁质制品，K 值为 1.3～1.4。

4. m 值

如前所述，适当稀码有利于对流热交换。因为当总流量不变时，砖垛孔隙当量直径大，气体流速、流量随之加大，换热情况得以改善。但若将所有通道当量直径都同时加大，即意味着装砖量减少，装砖密度下降，产量也降低，随之而变化的是燃料量及一、二次空气量也相应减少，窑内气体总量将随之下降，而通道面积加大，这样，每条通道的流量必然减少，反而不利于传热，故只能适当稀码，并非码得愈稀愈好。为此，必须确定一个适当的通道断面积，通常用此面积与窑横断面面积之比 m 值来表示。

$$m = \frac{A}{F} \times 100\% \tag{7-18}$$

式中　A——纵向通道(外内通道)截面积之和,m^2;

F——窑的横截面积,m^2。

m 值参考数据如下:

烧成粘土砖、硅砖时,m 值一般取 30%～35%;

烧成高铝质、镁质制品时,m 值可取 40%～50%。

显然,由于码垛(装砖)图随品种不同而经常变化,m 值也要在某一范围内变化。为保证制品质量均匀,即令上述参数不变化,还要注意应尽可能将砖垛码放成上密下稀(在保证砖垛稳固的情况下),以尽量减少上下温差。

在通道总面积相同的条件下,可以采用通道数量较多但当量直径较小的"多垛"码法,也可采用通道数量较少、当量直径较大的"少垛"码法。前者换热面积大,传热速率较快,有利于提高砖垛中心部位的温度,但窑内气流阻力较大;后者阻力较小,但换热面积也较小。

每块砖的码放形式对窑内传热也有较大影响。其形式分为侧装、平装和立装 。标普型砖一般采用侧装形式,每块砖之间都留 10 毫米左右的指缝;对荷重软化温度接近其烧成温度的制品(如镁砖等),一般可采用平装;对荷重软化温度比烧成温度高得多的制品(如硅砖等)亦可采用立装。显然,侧装和立装有利于传热,平装最稳固,但传热面积小,砖垛中心温度与其表面温差较大。

总之,一个合理的码垛方案需要综合考虑各方面因素,然后绘制码垛图(装砖图),计算出相应的 m、K 值,并通过生产实践来检验正确与否。至于具体码垛图,则因烧成品种繁多而不同。图 7-19 为某硅砖隧道窑窑车装砖图的一种形式。

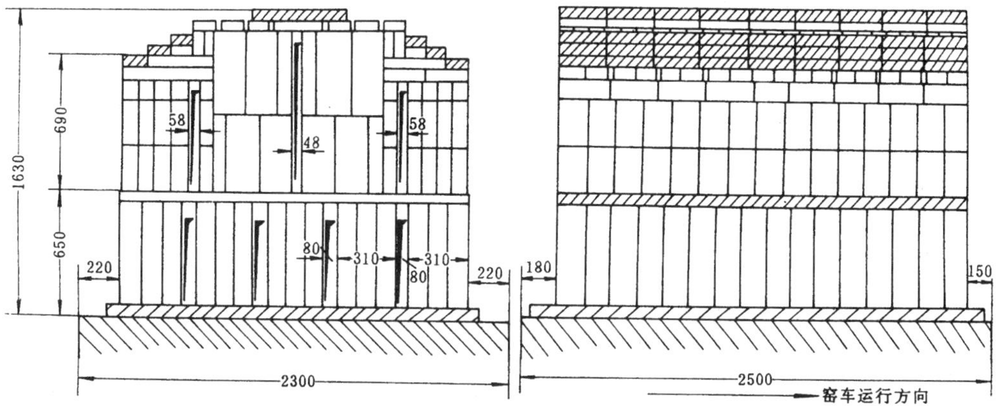

图 7-19　某硅砖隧道窑 2.5×2.3m 窑车装砖图

第六节　隧道窑的热平衡

隧道窑热平衡就是要对进出隧道窑的热量进行计算。根据所规定的范围不同,隧道窑热平衡包括有预热、烧成带热平衡,冷却带热平衡及全窑热平衡。

1. 预热、烧成带热平衡

预热烧成带热平衡,不仅能求出单位产品的燃料消耗量,还可从热平衡的各个项目中分析窑的工作系统、结构等各方面是否合理,主要热耗为哪几项,采取何种改进措施等。

作热平衡计算之前，先需确定计算基准。对于耐火材料工业隧道窑目前规定为：温度以0℃为基准，热平衡计算单位为单位质量出窑制品的热量，即 kJ/kg。

其次是要确定热平衡计算范围当需要计算燃料消耗量时，其范围应为预热带和烧成带，不包括冷却带。

此外，为了防止将热收入和热支出的项目遗漏，常用一个方框图将热平衡计算范围内所有热支出与热收入项目表示出来。

不同类型的窑炉，其热平衡图中的收入与支出项目有一定的差异，故无法列出统一的热平衡方框图，图 7-20 为其中的一种。

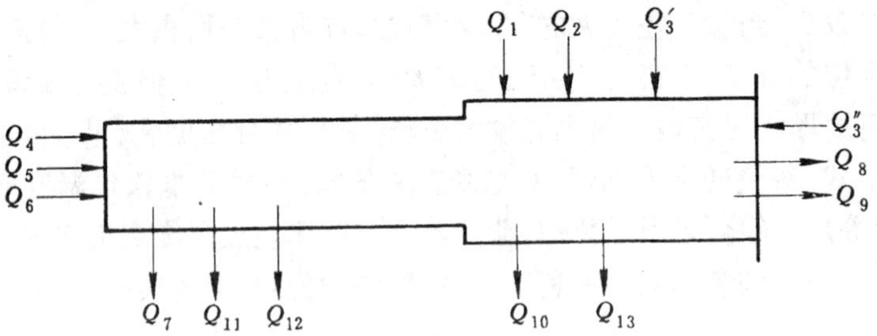

图 7-20　预热、烧成带热平衡

热收入部分

(1)燃料化学热 Q_1

$$Q_1 = BQ_{DW}^{y} \quad \text{kJ/kg}$$

式中　B——每千克制品燃料消耗量，kg/kg 或 m^3/kg；

Q_{DW}^{y}——燃料的低位热值，kJ/kg 或 kJ/m^3。

(2)燃料的显热(物理热)Q_2

$$Q_2 = BC_2t_2 \quad \text{kJ/kg}$$

式中　C_2——燃料的比热，kJ/kg·℃或 kJ/(m^3·℃)；

t_2——燃料入窑时的平均温度，℃。

(3)助燃空气的显热 Q_3　具体计算时，应确定一、二次空气的比例及空气过剩系数，然后再根据各自的入窑平均温度及其比热分别计算出 Q_3' 及 Q_3''，再求和即可。

(4)入窑坯体带入的显热 Q_4

$$Q_4 = G_4(1 - W_r)C_4't_4 + G_4W_rC_4''t_4 \quad \text{kJ/kg}$$

式中　G_4——入窑时含 1 千克干砖坯的湿坯质量，kg/kg；

W_r——入窑湿砖坯所含的相对水分，%；

t_4——入窑砖坯温度，℃；

C_4'、C_4''——分别表示干砖坯及水分的比热，kJ/(kg·℃)。

(5)窑车衬砖及金属件带入显热 Q_5　由于窑车衬砖一般均由多层不同材质构成，且各层温度各异，故计算时应分别计算之，然后求其和。

(6)预热带吸入常温空气带入的显热 Q_6　由于这一部分的吸入量一般难以直接测定，常取烟气出口处的气体进行成分分析，然后通过相应公式求出该处的空气过剩系数(新设计窑炉则选用一个合适的数值)，再算出这部分空气的显热。

热支出部分

(7)坯体物化反应过程所需的热量 Q_7　一般包括下列三项：

1）自由水蒸发耗热 Q_7'

$$Q_7' = G_7 W_r (2490 + 1.93 t_7) \quad \text{kJ/kg}$$

式中　G_7——入窑湿砖坯质量，kg/kg，$G_7 = G_4$；

W_r——入窑湿砖坯相对水分，%；

2490——0℃、1kg 水蒸发所需热量，kJ/kg；

1.93——烟气离窑时水蒸气平均比热，kJ/(kg·℃)；

t_7——烟气离窑时的温度，℃。

2)结构水脱水吸热 Q_7''

$$Q_7'' = G_7 (1 - W_r) K_1 q \quad \text{kJ/kg}$$

式中　K_1——砖坯中结构水百分含量，%；

q——砖坯中结构水脱水吸收热量，kJ/kg；如高岭石中结构水脱水吸热为 6700kJ/kg。

3)其它物化反应吸热 Q_7'''　可由有关参考文献查出，但一般耐火砖坯及陶瓷坯件中，这部分吸热不大，可忽略不计。故

$$Q_7 = Q_7' + Q_7'' + Q_7''' \quad \text{kJ/kg}$$

(8) 制品出烧成带带出的显热 Q_8

$$Q_8 = G_8 C_8 t_8 \quad \text{kJ/kg}$$

式中　G_8——出烧成带制品的质量，$G_8 = G_4(1 - W_r)(1 - K_2)$，kg/kg；

K_2——砖坯灼减，%；

C_8——出烧成带制品比热，kJ/(kg·℃)；

t_8——出烧成带制品温度，℃。

(9)窑车衬砖及金属构件出烧成带时带出的显热 Q_9　其计算方法与 Q_5 基本相同，但由于窑车在窑内行进时的传热为不稳定传热，温度场随时间发生变化。因此，需按不稳定导热进行计算，一般采用有限差分法。

(10)窑体散热损失 Q_{10}　计算时将窑体分成若干区段，按设计的外表面平均温度代入相应的计算式(按稳定综合传热计)中计算之，再求其全窑的散热总量。

(11)出窑烟气带走的热量 Q_{11}　计算时，该处的空气过剩系数应为烟气出口处之值，即与 Q_6 中的系数一致。

(12)燃料不完全燃烧热损失 Q_{12}　按烟气成分分析中的可燃气体含量分别计算各可燃成分的热损失，再汇总之。

(13)窑体开孔(洞)辐射及向窑外漏气的热损失 Q_{13}　按各有关公式计算后汇总。

这样，预热、烧成带热量收支平衡即可用式(7-19)表示之，并可列出相应的热平衡表，算

出各自的百分比。

$$Q_1+Q_2+Q_3+Q_4+Q_5+Q_6=Q_7+Q_8+Q_9+Q_{10}+Q_{11}+Q_{12}+Q_{13} \tag{7-19}$$

上式中，只有燃料消耗量 B 为未知量，故通过此式即可求出 B。但在针对某一具体窑炉进行上述热平衡计算时，可根据实际情况增减某些项目。如当窑车上有架砖或匣钵时，应增减其带入、带出的显热；当以重油为燃料时，应增加雾化剂带入的显热；当窑体密封良好时，可忽略漏入、漏出气体带入或带出的热量等。

2. 冷却带热平衡计算

冷却带热平衡计算方法与预热、烧成带计算方法相同。其计算热平衡区域仅为冷却带。热平衡计算项目也因窑而异。图7-21为常见的一种方框图。

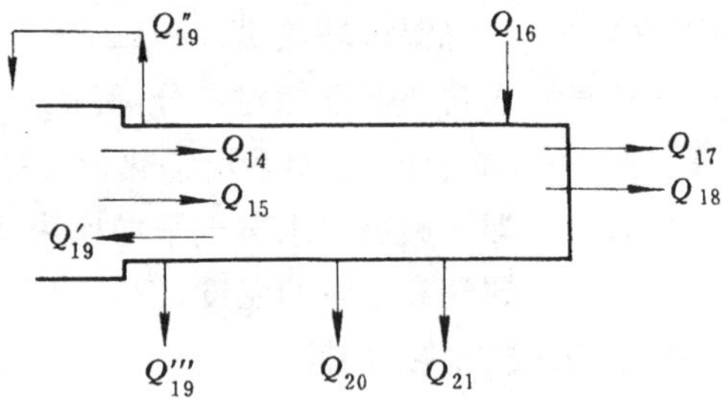

图 7-21 冷却带热平衡

热收入部分

(14) 烧成带制品带入显热 $Q_{14}=Q_8$

(15)窑车衬砖及金属件带入显热 $Q_{15}=Q_9$

(16)冷却制品用空气带入的显热 Q_{16}

$$Q_{16}=V_{16}C_{16}t_{16} \quad \text{kJ/kg}$$

式中 V_{16}——入窑空气量，待求值，m^3/kg；

C_{16}——入窑空气比热，kJ/(m^3 · ℃)；

t_{16}——入窑空气温度，℃。

热支出部分

(17)出窑制品带走显热 Q_{17} 计算方法同 Q_8。

(18)出窑窑车衬砖及金属件带出的热量 Q_{18} 计算方法同 Q_9。

(19)热空气从冷却带带走的热量 Q_{19} 可能包括助燃用一、二次空气及抽出的多余热风所带走的显热，因其各自温度、流量及比热均不相同，故应分别计算，并分别用 Q'_{19}、Q''_{19}、Q'''_{19}表示，再计算总合 Q_{19}。

(20)窑体散热损失 Q_{20} 计算方法同 Q_{10}。

(21)开孔(洞)辐射及漏气热损失 Q_{21} 计算方法同 Q_{13}。

冷却带热平衡即可用式(7-22)表示，并可列出相应的热平衡表，算出各项百分比。

$$Q_{14}+Q_{15}+Q_{16}=Q_{17}+Q_{18}+Q_{19}+Q_{20}+Q_{21} \tag{7-20}$$

通过上式可计算出 Q_{16}，从而可进一步计算入窑空气量 V_{16}。

3. 全窑热平衡及热效率

将预热、烧成带和冷却带热平衡联合起来，即为全窑热平衡，式(7-21)为全窑热平衡方程。图 7-22 为全窑热平衡方框图。

$$Q_1+Q_2+Q_4+Q_5+Q_6+Q_{16}=$$
$$Q_7+Q_{11}+Q_{12}+Q_{17}+Q_{18}+(Q_{10}+Q_{20})+(Q_{13}+Q_{21})+Q'''_{19} \tag{7-21}$$

也可将上述热平衡列成相应的表格，并算出各项的百分比。设计时仅需列出加热和冷却阶段的热平衡，当对生产窑炉进行热平衡测定与计算时，就需列出全窑热平衡。因为这样可以正确评价隧道窑的热利用水平，检查各项热经济指标，以便调整各有关参数，改进窑炉结构，提高窑炉的热效率，并为改进旧窑炉、设计新窑炉、编制节能规划等提供依据。

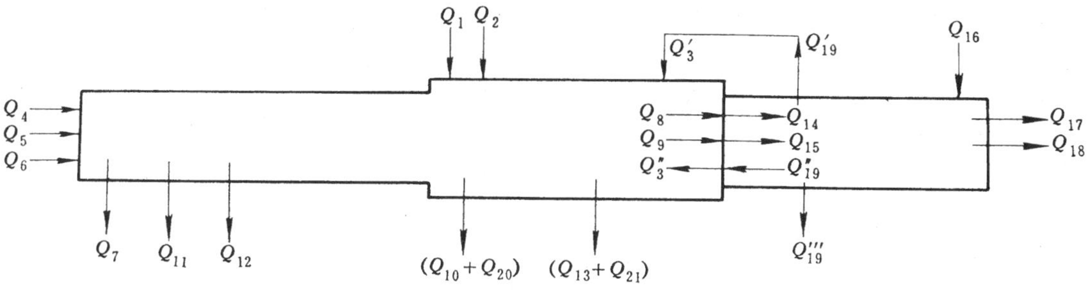

图 7-22 全窑热平衡

隧道窑的热效率是指它烧成制品所消耗的有效热量与所供给的热量之比。所谓"有效热量"，在国标(GB2588－81)中规定：系指达到工艺要求时理论上所必须消耗的热量。对于一般制品，有效热量应包括如下三部分：一是将制品从入窑温度加热到最高烧成温度所需要的热量，二是坯体中物理水加热及汽化耗热量，三是坯体中结晶水脱水所消耗的热量。如果坯体在烧成过程中尚有其它物化反应发生，且需吸热(如放热则应计收入部分)，则这部分热量也应 为有效热量。至于供给隧道窑的热量，则应根据燃料状况及燃烧方式而定，一般应包括燃料的低位热值(主要热源)、燃料所带入的显热、助燃空气所带入的显热(非窑内循环部分)。如系重油之类，还应包括雾化剂带入的显热等。只要将上述各项计算出来，然后将所有有效热量与所有供给的热量相除，再将此比值乘以 100%，即得该窑的热效率。如果坯体码放时需用架砖或匣钵，则计算时应分别注明无架砖(或匣钵)和包括架砖(或匣钵)在内的热效率。

为了提高窑炉热效率，应当尽量减少各种热损失。要充分利用由冷却带抽出的多余热空气及预热带排出烟气的热量，为此可设置各种类型的热交换装置；选用隔热炉衬尽量减少通过窑墙、窑顶的散热损失；如若采用高强隔热轻质砖做为窑内衬，则能耗可降低 20%～30% 或更高；合理地选用燃料并组织好燃烧过程，则可提高窑内温度，减少由于不完全燃烧造成的热损失，当选用高速烧嘴，并取消侧墙预烧室将烧嘴直接插入窑墙内部，燃料和空气流股从烧嘴中迅速喷出，迅速混合燃烧，形成高速流股喷入窑内，不仅可以获得完全燃烧，还可以增强热交换过程；此外还应采用先进的技术控制窑炉操作，主要是用电子计算机进行窑炉热工计算与自动控制，这是现代热工技术发展的重要方面。

第七节 高温隧道窑

关于高温隧道窑，目前尚无统一的划分标准。一般是将烧成温度为 1550℃(或 1600℃)～1750℃(或 1800℃)的隧道窑称为高温隧道窑，超过这一温度的称为超高温隧道窑。它主要用于烧成直接结合碱性砖、刚玉制品、特种陶瓷等。由于其用途不同，结构也不尽相同。表 7-4 列出了部分高温隧道窑的规格及用途。由该表可知，由于烧成品种和产量的不同，其长、宽、高等都有较大的差异。

用于焙烧碱性制品的高温隧道窑的高度通常为 1m 左右。与普通隧道窑一样，窑的高度也是与烧成制品的性质及允许的上下温差有关，窑太高则底部制品易变形。故在1750℃下烧成方镁石尖晶石制品时，宜采用高为0.75米左右的低膛窑。

表 7-4 部分高温隧道窑

序号	烧嘴数（只）	烧成温度（℃）	长度（m）				宽（m）	高（m）	窑车长（m）	烧成品种	产量
			预热带	烧成带	冷却带	总长					
1		1800				58	约3	约1		直接结合镁砖	60t/d
2	22	1750	17.65	19.70	36.65	74	1.20	1.047	1.81	直接结合碱性砖	27t/d
3	22	1850	17.65	19.70	36.65	74	1.20	1.094	1.81	同 上	同上
4	16	1700	29.50	19.80	36.70	86	1.67	1.055	2.055	焦油白云石砖	32t/d
5	16	1900	29.82	17.90	36.60	84.32	1.26	1.026	1.81	同 上	27t/d
6	14	1850	23.70	16.25	20.0	59.95	1.20	1.026	1.81	直接结合碱性砖	10t/d
7	22	1900	23.5	23.1	43.0	89.6	1.25	0.92	1.81	焦油白云石砖	21t/d
8	38	1800				45	0.65	0.8	1.2	碱性砖	8t/d
9	12	1800				30.5	0.56	0.70	1.2	特种陶瓷	1.68t/d
10	10	1750				156	3.2	0.75	3.00	方镁石尖晶石制品	

高温隧道窑的主体结构与一般隧道窑并无显著差异。其主要特点为：在不用纯氧的情况下窑内能获得高温，具有高的窑炉高温结构强度，气密性好，窑车不易被高温气体所损坏，节能效果好，窑炉的热效率高等。

下面以烧成直接结合碱性砖的某高温隧道窑为例作一简介。图7-23为该窑烧成曲线及气体流向示意图。

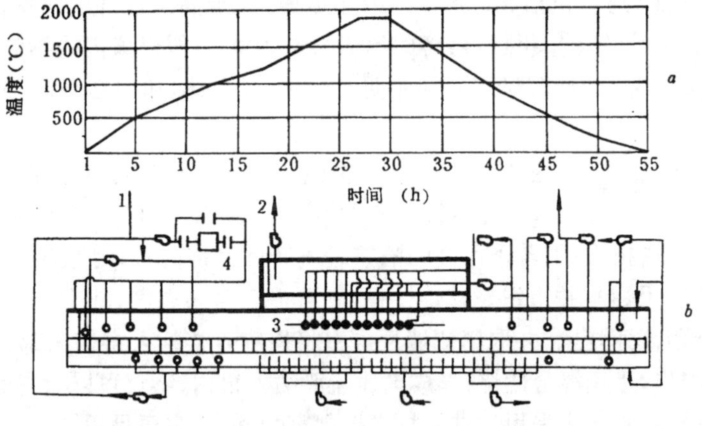

图 7-23 某高温隧道窑烧成曲线及气体流向示意图

a— 烧成温度曲线；*b*— 气体流向

1—排烟机；2—干燥机；3—烧嘴；4—焚烧炉

该窑的高温部分采用直接结合碱性砖砌筑，中低温部分采用高铝砖和粘土砖。窑的框架为全部用钢板包覆的刚性结构，在钢板与炉衬间用耐火纤维板，其间隙可供窑衬材料受热膨胀之用。在窑框架的外侧（包括窑顶、窑墙在内）设置隔热用的隔热罩，防止窑墙散热，同时使冷却空气流入空隙，保护金属件，并将回收的热风作干燥器的热源。窑体结构的特点是采用大宽度、低高度的断面结构。在决定宽度时，充分考虑了窑拱顶的变形，并考虑其耐久性、材质、拱厚等因素。其烧成带断面如图7-24所示。

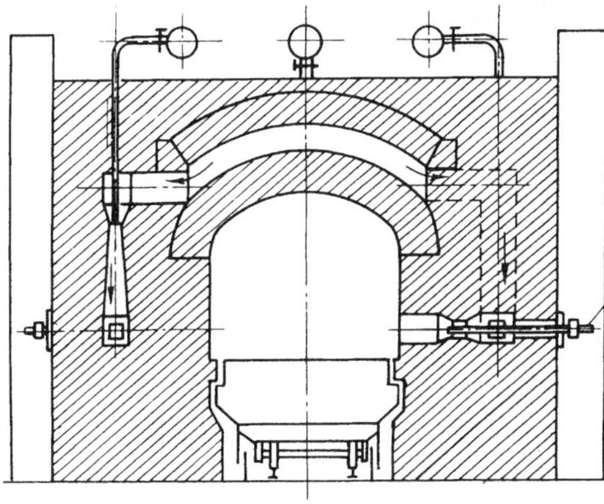

图 7-24 高温隧道窑烧成带断面图

窑的通风方式全部采用通风机强制通风，即在预热带设置排烟机，在冷却带设置鼓风机；在窑车下部采用平衡通风方式。另外，为了达到窑内均热，在预热带和冷却带设置了循环鼓风机。而供干燥使用的回收热风来自两部分：从冷却带窑内抽出和烧成带隔热罩内抽出。该窑通风方式的特点为：

(1)为了提高助燃空气温度，先用耐热风机将冷却带热风抽出，然后送至窑顶夹层进行加热(同时冷却窑顶内衬)，再由喷射器将已预热的热风送入通往烧嘴的空气通道中，最后借助烧嘴流股的喷射作用引入窑内助燃。这种热风温度可达 1000℃左右，从而可确保在不用纯氧的情况下，达到所要求的烧成温度(常用 1850℃，最高可达 1900℃)。

(2)在烧成带钢轨间设置间接冷却蛇形管，对窑车进行冷却。这样可减少直接冷却空气量，容易达到静压平衡，并有效回收空气热量。

(3)大部分通风机都设置变送器，在节省电能的同时，可以在计器室进行集中控制。

由于窑车要经受高达 1900℃的高温，故车台平面上部使用高品位碱性砖，但为了减少窑车质量并隔热，采用了包括使用温度为 1800℃氧化铝砖在内的隔热砖衬砌。

该窑的燃烧装置采用陶瓷烧嘴。这种烧嘴在高温下不必进行水冷就可以安全使用，窑前只有燃料油和雾化空气的配管，烧嘴周围非常紧凑；可以供给较高温度的助燃空气，以保证窑内获得高温，且节约能源；烧嘴部位加强了隔热，减少了散热损失，改善了作业环境；烧嘴很轻，容易安装，投资及维修费用低。这种烧嘴的总装配图如图 7-25 所示。它由装有精密陶瓷(氮化硅质)喷嘴的高压空气喷枪和陶瓷纤维隔热筒构成，喷枪内装有弹簧装置，以防止筒体热膨胀造成的烧嘴间隙变化。这种烧嘴能够只用雾化空气自行冷却，以防烧嘴过热，从而保持良好燃烧和长期稳定操作。因为精密陶瓷烧嘴即使在高温下，也丝毫不象金属那样的氧化损耗，积炭也极少。

为防止停电时烧坏烧嘴，专门设置了柴油发电机，以便不停地供给雾化空气；为了防止烧嘴尖端积碳堵塞，或停电时烧嘴残油发生碳化堵塞，安装了贮油气动式除油装置等。此外，还使用带有 VS 马达的柱塞油泵向各烧嘴供油，并调节油量。如有必要，还可进行遥控或自动控制。

设置有热电温度计、窑压表、油量计及氧浓度计等，以便能恰当地控制空气与燃料之比。

同时还安装了微型计算机数字式调节器，将窑压、助燃空气量、燃油量的自动控制与窑门开闭、推车间隔时间等相联系，并通过在通风机上全面采用的变送器，以及把各烧嘴与带有VS马达的重油计量泵联动，能够既容易又便宜地实现这些自动控制。

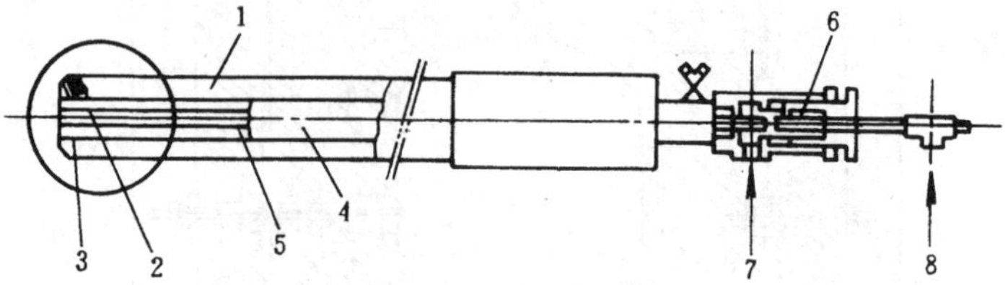

图 7-25　陶瓷烧嘴总装配图

1—保护筒(陶瓷纤维)；2—喷油嘴；3—空气喷嘴；4—风管；5—油管；6—弹簧；7—雾化空气；8—燃料油

目前，我国硅酸盐工业中已有相当数量的高温和超高温隧道窑，其中包括我国自行设计、建造的窑，其烧成温度有的已达1800℃以上，主要技术经济指标可与从国外引进的同类型高温隧道窑相媲美，且具有投资省、附属设备少、操作方便等优点。但在窑内上下温差、节能及自动控制等方面尚需日臻完善。因此，还必须从燃烧方式、烧嘴形式、窑炉砌筑材料的选择，以及空气预热等方面进行进一步研究。

第八节　其它类型隧道窑

除上所述的明焰侧烧式隧道窑外，还有一些其它类型的隧道窑，如顶燃式隧道窑、隔焰隧道窑、半隔焰隧道窑、多通道隧道窑、推板式隧道窑、辊道式隧道窑等。

一、顶燃式隧道窑

顶烧式隧道窑的烧嘴设在窑顶，燃料和空气从顶部烧嘴喷入砖垛间隙中燃烧，其结构示意图如图7-26。这样，烧嘴的数量不受限制，可采用小容量、多点、分散的方式进行布置，从而大大改善了传热情况和砖垛温度的均匀性。特别是当其与间歇式燃烧方式相配合，燃料消耗可降低36～42%。表7-5列出了产量为200t/d粘土砖侧烧窑(烧成温度为1350℃)和顶烧窑相比较的数据。它说明顶烧窑具有明显的优越性。

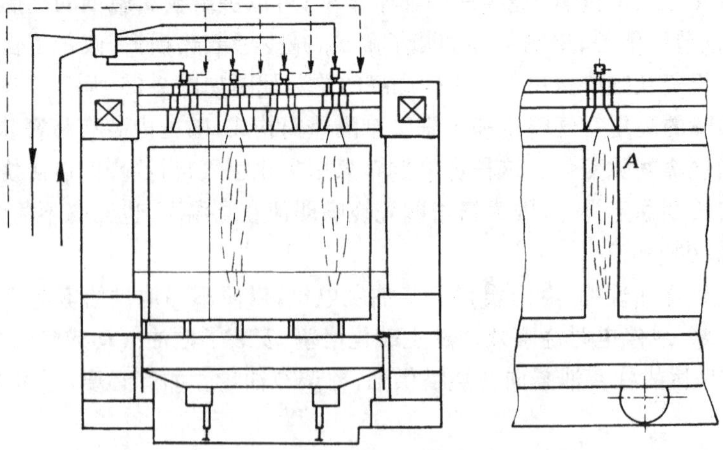

图 7-26　顶烧式隧道窑结构示意图

表 7-5　侧、顶烧隧道窑的对比

窑型＼项目	窑长 (m)	有效宽度 (m)	有效高度 (m)	最大外宽 (m)	基础面积 (m^2)	建筑面积 (m^2)	窑表面积 (m^2)	材料用量 (t)	烧嘴数量 (只)	烧嘴型式
侧烧窑	98	1.2	1.4	4.15	390	2320	780	740	18	低压
顶烧窑	62	2.4	1.4		285	1640	570	360	32	中压

此外，侧烧窑的烧嘴设在靠近车台平面处，窑横断面上静压强分布不均匀(如图 7-27 所示)。在窑底两侧有较大的负压，而中心部位由于烧嘴喷射动压头的转化形成较高的正压，给窑底静压平衡和密封带来困难，产生漏气。而顶烧窑横断面上的静压强分布比较均衡(如图 7-28 所示)，其顶部有较均一的负压，底部有较均一的正压。它与几何压头所造成的静压强分布情况刚好相反，减弱了热气体的偏流现象，有利于窑内气体温度的均匀。顶烧式窑的烧嘴也可不安装在两窑车接头处，可以减少热气体向窑底的泄漏。但顶烧式窑由于烧嘴设在顶部，故使顶部结构较为复杂，多采用吊顶结构。目前，这种窑多用于低温烧成的粘土砖和陶瓷制品。

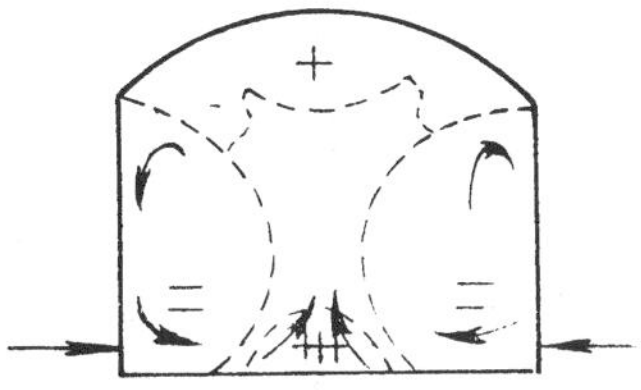

图 7-27　侧烧窑横断面静压强分布

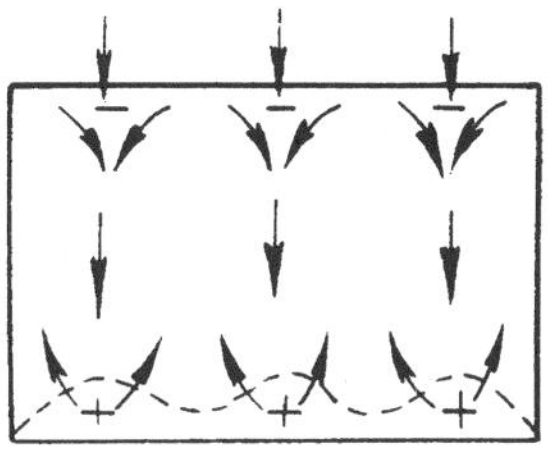

图 7-28　顶烧窑横断面静压强分布

顶烧式隧道窑与间歇式燃烧法相配合，则能收到更好的效果。

间歇式燃烧法是指在制品烧成要求和允许的温度范围内，使烧嘴按预定的时间间隔进行燃烧。如烧成温度为 1300℃，允许温差为±15℃，则可使烧嘴在 1285℃时点火，当温度升到 1315℃时熄火。燃烧停止的时间取决于允许的温度下限，如 1285℃。一旦温度降至此值，便再次点燃烧嘴进行升温，如此反复。采用这种方式，隧道窑窑顶可根据需要设置一些烧嘴，使其在与窑车前进方向垂直码放的砖垛间燃烧，并根据规定的时间与相邻烧嘴反复交替地进行燃烧与停熄。这样，图 7-26 中的 A 点温度变化规律如图 7-29 所示。图中虚线为相邻烧嘴温度变化规律。由图可知，A 点的温度在其允许温度范围内呈近似正弦曲线波动。这种方式有利燃烧产物对制品的传热。因为在这一传热过程中，通常包括两个过程：一是燃烧产物对制品表面的辐射和对流，二是制品内部的不稳定导热。只有当此两过程传热速率近似相等时，传热过程才比较合理。但制品内部的导热过程总是较慢的。这样，当其表面温度升高并逐渐接近燃烧产物的温度时，燃烧产物对制品的传热减弱，它所携带的较多热量就不能传递给制品而被烟气带走。若采用间歇式燃烧法则可克服这一弊病。因当表面温度升高至接近燃烧产物温度时，燃烧中止，而制品内部的导热仍在进行，表面温度逐渐下降，直至进入下一个燃烧周期。

间歇式燃烧法与顶烧式隧道窑相配合(也可与其它窑炉相配合)，可非常明显地降低燃料消耗。

目前，这种顶部间歇燃烧法不能普及的主要原因在于：它要求向很多烧嘴定量供油，并要通过间歇燃烧系统非常正确地控制各烧嘴燃油量的增减，这就使得烧嘴的喷射装置结构复杂，加工精度高。同时应有与之相应的自动调节装置。目前采用电磁空气阀将压缩空气作用在燃料喷射装置上，使其间歇定量喷雾，并用开关把要求喷射的时间关系作用在电磁阀上。间歇式燃烧技术的另一个关键问题是防止烧嘴在中止燃烧时结焦阻塞。为此，烧嘴宜小型化，并用定量压送泵送油。

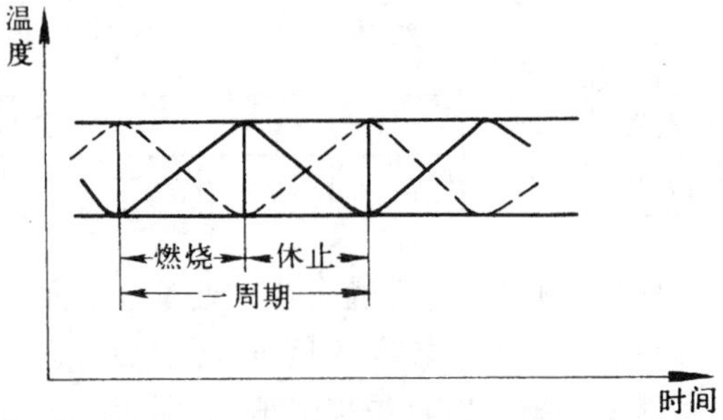

图 7-29　A 点的温度变化

二、隔焰及半隔焰隧道窑

用隔焰板（马弗板）将燃烧产物与制品隔开，借隔焰板的辐射传热使制品烧成的窑，称为隔焰隧道窑，又叫马弗隧道窑。火焰在隔焰道内，制品在窑内不与火焰接触，不用装匣钵。隔焰窑有单隔焰道和多隔焰道两种。多隔焰道的各通道可单独调节，以调整窑内上下温度，达到窑温均匀的目的，但其结构较复杂，如图 7-30 所示。单通道则较简单。

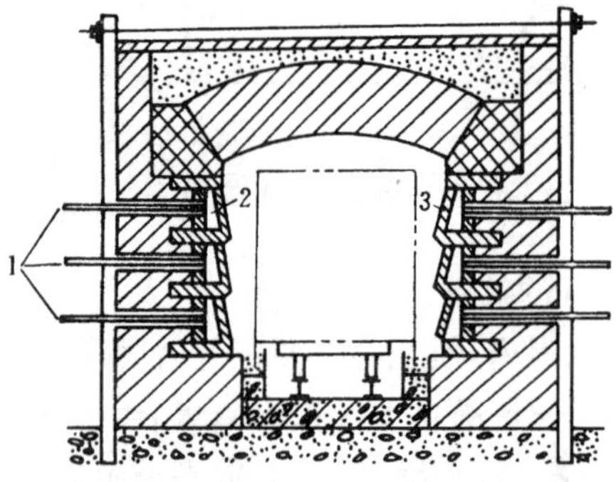

图 7-30　多隔焰道隧道窑

1—烧嘴；2—隔焰通道（火道）；3—隔焰板

隔焰板应采用导热性好、耐火度高、强度大的材料制成，如碳化硅、硅线石及熔融刚玉等，其中以碳化硅最为普遍。碳化硅的导热性能比一般材料大 5～10 倍，能满足使用要求。但碳化硅在 900～1100℃时易氧化，会降低隔焰板的使用寿命。

隔焰板有标准型、双壁型、盒子砖型、单板型等多种，如图 7-31 所示。双壁结构最好，这种隔焰板中间有通道，其作用如同一个小烟囱，能造成窑内气体循环，减少窑内上下温差；且比单板强度大，高温不易变形和破损，也比标准型简单，易于制造。

隔焰窑内主要为固体辐射传热，传热系数大、速率高，且窑内截面一般都不大，窑内温差较小，加之制品不用装钵，因而烧成周期大为缩短，产品质量好，劳动强度低，适于易污染制品和彩色制品的焙烧。但必须解决隔焰板的材质问题。且由于隔焰烧成时燃烧室温度高，须以较好的耐火材料砌筑燃烧室。若能将烧嘴伸入隔焰道，又解决燃烧室的材质问题，则热效率会更高。这种窑的烟气离开隔焰道时温度很高，必须在窑头设置换热器，利用烟气来预热空气，作助燃空气用，以提高燃烧温度，节约燃料，提高热效率。也可将预热空气用于干燥。

隔焰窑虽具有一系列优点，但由于燃烧产物不入窑，窑内不能形成还原性气氛，对那些含铁量高、要求还原性气氛的产品，隔焰窑是不合适的，因而出现半隔焰窑。

半隔焰窑内坯体亦不装钵，在烧成带设一些挡墙，或在隔焰板近车台平面处开些孔洞，使隔焰道与窑内相通，窑车上设火焰通道，以避免火焰直接冲击产品，而燃烧产物可以入窑。

故比隔焰窑经济，它既有固体辐射又有火焰辐射，传热效果好、燃耗低，且可维持还原性气氛，适于截面较小的隧道窑。但这种窑要求燃料清洁，对易污染产品的燃料更要注意，以免影响产品质量。同时，还必须采取措施防止烟气倒流，否则烟气中的游离碳及二氧化硫将使产品釉面无光泽，即产品熏烟。

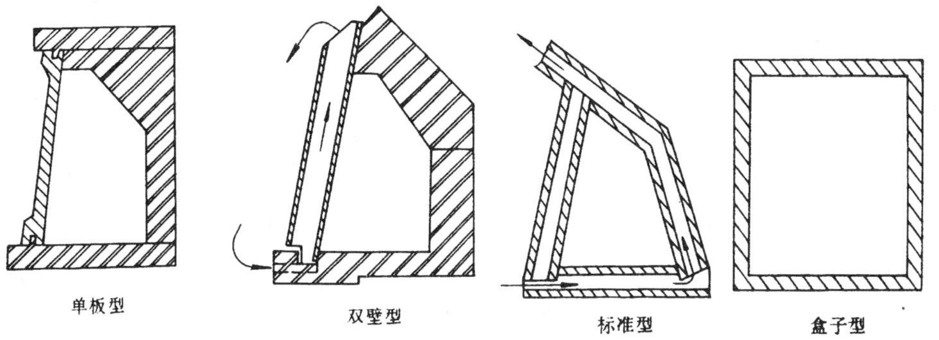

图 7-31 隔焰板的一些形式

半隔焰隧道窑预热带不设隔焰板，燃烧产物与制品接触；还可采用高速调温烧嘴，更有利于快速烧成。

三、非窑车式隧道窑

1. 推板窑

推板窑是以推板放在窑底上作为窑内运载工具的隧道窑。坯体放在彼此相连的推板上，由推进机推入窑内。推板一般以耐火材料制成。这种窑多为隔焰，截面积小，窑底密封，无冷空气漏入，窑内温度较均匀，易于快速烧成，且具有结构简单、操作方便、易于机械化自动化等优点。但推板易磨损。在长期使用过程中，窑床上的某些附着物使推板和窑底间的摩擦阻力逐渐增加；或由于使用时间较长，推板接触处变圆，致使推板拱起罗叠，发生事故。为减少磨损，可在推板与窑底之间放置瓷球，但如瓷球尺寸不一致，使用则不理想。为克服此缺点，可在推板下设置金属滑块，窑底上有滑轨，滑块载着推板在滑轨上滑行，摩擦损耗小，使用较理想。此时，推板和窑墙之间设置砂封槽，以免烧坏滑块和滑轨。推板窑断面结构如图 7-32 所示。

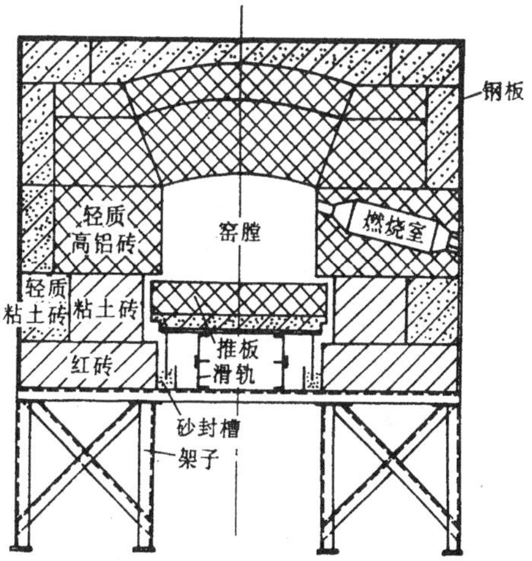

图 7-32 推板窑

推板窑长度一般在 30 米以下，宽小于 1 米。过长则阻力较大，过宽则在加热或冷却过程中，因温度不均推板易开裂。窑高则视制品而定，一般不超过 0.5 米。在窑的预热带上部有排气孔，以便排除坯体加热时放出的水汽和分解出来的气体。

2. 辊底窑

辊底窑也是一种小截面隧道窑，其特点是利用辊子作为运输工具，坯体放在垫板上或直接放在辊子上，利用辊子的转动，使坯体在窑内移动。它可为单通道和多通道；可使用气体、液体燃料，也可用电热。当用重油为燃料时，为防止烟气污染制品，要采取隔焰式。若使用净化的煤气或石油液化气，则可为明焰。电热时，为保护发热体或使温度更均匀，也需将发热体与制品隔开。隔焰板也多为碳化硅质。图 7-33 为辊底烤花窑截面示意图。

低温处的辊子可用耐热钢制成，高温部分则需用非金属材料，如莫来石质、刚玉质、硅线石、重结晶的碳化硅或再加莫来石涂层等。辊子长度一般为 1～1.5 米，直径为 25～27 毫米。辊子的尺寸应精确，且要直而圆。为传动平稳、安全，常需将辊子分成若干组，用链轮、链条分别传动。

这种窑截面较小，窑宽可达 1 米左右，辊子上下可分布烧嘴，窑内温度均匀，适于快速烧成，且能与前后工序连成自动线。

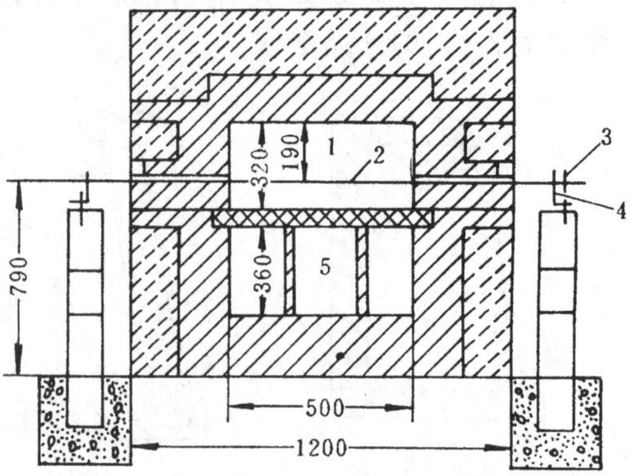

图 7-33　辊底窑

1—隧道；2—辊子；3—链轮；4—支架；5—火道

3. 输送带式窑

输送带式窑是以输送带作为坯体运载工具的隧道窑。被烧成的坯体置于耐热合金钢制成的网状或带状输送带上，由传动机构带动输送带向前移动。窑截面小，温度均匀，可快速烧成，能与前后工序连成自动线，占地面积小。但对输送带材质要求较高，使用温度受到限制。

4. 步进梁式窑

步进梁式窑简称步进窑，它由一组固定梁和一组步进移动梁作为坯体运载工具的隧道窑。梁的长度方向与窑长方向一致。梁为钢结构，其表面有耐火材料，移动梁下有一套机构，使其作步进式的移动。移动梁略低于固定梁，坯体或其垫板放在固定梁上，移动时，坯体被移动梁抬起，向窑尾方向平移一步，移动梁由上向下降落，坯体又落到固定梁上，但已前进了一步。移动梁放下坯体后回复原位，如此反复进行。该窑运行平稳，易与前后工序连成流水线。其断面结构如图 7-34 所示。

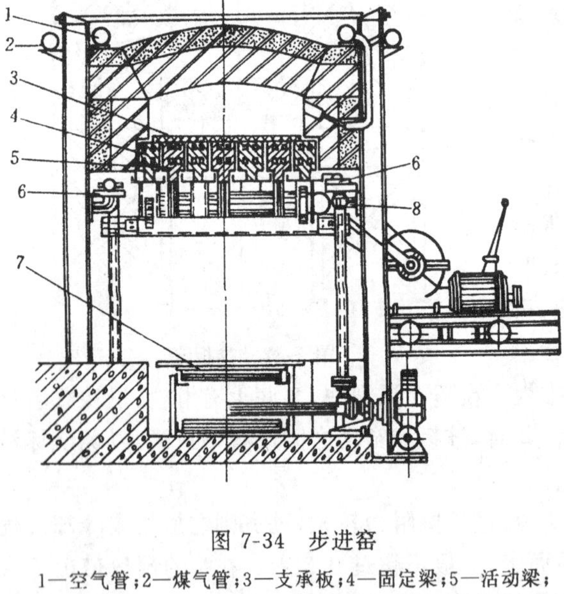

图 7-34　步进窑

1—空气管；2—煤气管；3—支承板；4—固定梁；5—活动梁；6—窑底升降机构；7—支承板返回输送带；8—活动梁传动装置

5. 气垫窑

气垫窑是坯体在气垫状态下烧成的隧道窑。此种窑用多孔隔板将窑室与燃烧设备分开，多孔隔板下部燃烧室内的燃烧产物通过多孔隔板以一定速度压入窑内，使被焙烧制品浮离隔板达 1～2 毫米，形成气垫状态。坯体借助气垫和输送设备向前移动，并在悬浮状态下烧成。制品受热十分均匀，传热很快，适于小型制品的快速烧成，其纵断面结构如图 7-35 所示。

四、多通道隧道窑

多通道隧道窑的特点是：有多条通道，且为隔焰式，火焰在通道外，坯体在通道内，通道截面较小，适于烧成小件产品。

多通道隧道窑一般长 7～15 米，也有长达 30 米的。通道的数目 4～48 个不等，常用的为 16、24、32 个通道。数量再增加则难以控制热工制度。相邻通道一般做成反向的，以利用余热。该窑可用气体和液体燃料，也可用电热。

现以 16 通道燃油多通道隧道窑为例介绍其特点。图 7-36 为其烧成带断面图。

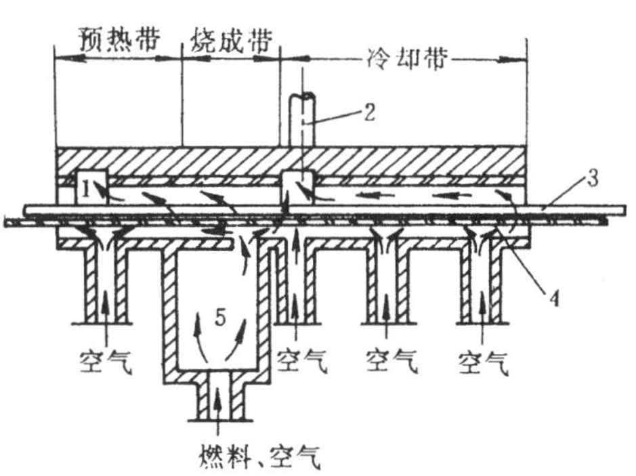

图 7-35　气垫窑

1—再循环区；2—排气；3—焙烧制品；4—多孔隔板；5—燃烧室

16 条通道分为平行的四列，每列四条。在预热及烧成带每条通道的上下及两侧有烟气包围。烧成带两侧有 1～3 对燃烧室。烟气进入烟道后沿烧成及预热带向窑前流动，最后经排烟口、烟道（或管道）、烟囱排出。在烟道中每隔 0.5～1 米设一挡墙，使烟气上下波浪式前进，如图 7-37 所示。在预热带前端隔焰板上可开小孔，使通道和烟气相通，可排出通道内坯体加热时产生的水汽和其它挥发物。为使烟气不流入冷却带，将烧成带和冷却带交界处的烟道堵死。冷却带的冷空气通道中也可设挡墙，使冷空气也在里面作波浪式曲折流动，从而使冷却均匀。冷空气进口在冷却带末端，出口则位于接近烧成带处。

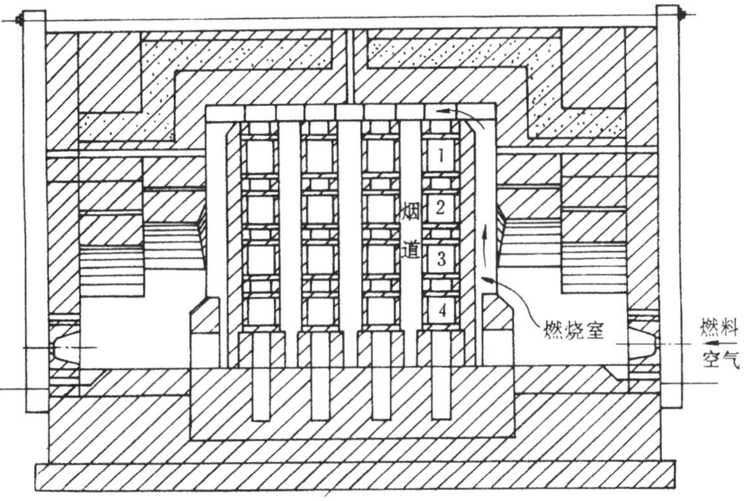

图 7-36　16 通道隧道窑烧成带断面图

坯体放在垫板（或小车）上，用油压推进机将垫板向前推进，推进机上可设与通道数量相等的小推板，将所有通道的垫板同时向前推进。为便于推动，窑体可稍倾斜，从预热带向烧成带倾斜 1°～2°。

多通道隧道窑的优点是：窑炉空间的利用系数高，单位容积产量高，占地面积小，截面小，温差小，产品质量好，热利用好。中小型厂都广为应用。但目前国内多通道隧道窑也存在一些问题，如各孔道温度不一致，尤其是燃煤窑，使用后由于积灰温差更大，影响产品质量；施工质量要求高，稍不注意，就会影响推板的正常运行等。

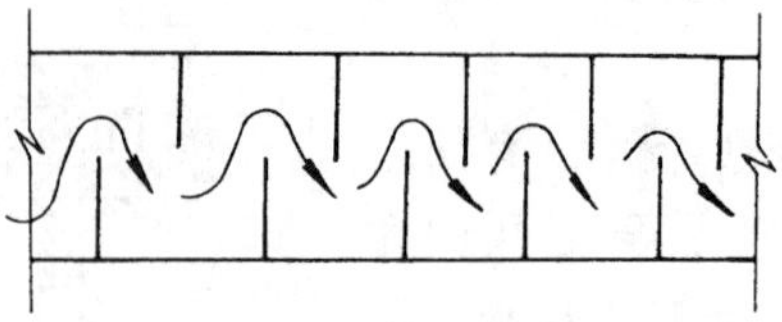

图 7-37　烟道挡墙

习　题

1. 简述隧道窑的工作原理。

2. 如何理解窑墙的“经济厚度”？

3. 何谓隧道窑的热工制度？应如何制定温度制度？

4. 简要分析隧道窑预热带产生上下温差的主要原因及减少温差的主要措施。

5. 隧道窑的压力制度有何特点？何谓零压位？在硅酸盐热工设备中是否都存在零压位？试举例说明之。

6. 简述码放砖垛应遵循的原则；何谓 m、K 值？如何计算？

7. 结合下厂实习，试分析该厂隧道窑所存在的主要问题及改进措施。

8. 高温隧道窑的主要特点何在？

9. 试为年产 1.5 万 t/年 LZ－75 高铝砖选用一座隧道窑，主要决定其长、宽、高及各带长度。已知 $g = 4000\text{kg}/$ 辆，$\eta = 92\%$，$J = 350\text{d}/$ 年，其余参数可参考表 7-2。如选用拱顶，则计算其横向推力。

10. 简述其它类型隧道窑的种类、特点及用途。

第八章　间歇式窑

间歇式窑包括有倒焰窑、钟罩窑、活顶倒焰窑、梭式窑、蒸笼窑等。间歇式窑具有热工制度易于调整、灵活性大、烧成时窑内温度分布较均匀、基建投资少等优点。但传统的倒焰窑由于砌筑体蓄积热量大，烟气带走热量多，热效率低，单位产品燃料消耗高，且装出窑操作劳动强度大，因此这种窑炉过去多用于中、小型工厂及小批量、多品种制品的烧成，并且其中相当一部分逐渐被隧道窑取代。

自70年代末，国外由于新型的筑炉用高级耐火材料的出现（如轻质泡沫氧化铝砖及陶瓷纤维毡等），高速烧嘴的应用，以及采用微处理机对窑温、窑压及气氛进行自动控制，使得新型的间歇式窑在世界各地发展起来，特别在陶瓷工业上，新型间歇式窑大有超过隧道窑之势。这是由于新型间歇式窑较传统倒焰窑具有热效率高、适应性强、占地面积小、烧成周期短、便于自动控制、劳动强度小等优点。在耐火材料工业中，对于生产小批量、高温烧成制品，也出现了采用具有轻质内衬、高热值燃料、高效能的空气预热设备以回收烟气余热，提高助燃空气温度的高温间歇式窑。因此对于间歇式窑炉应从窑炉结构、砌筑体材料选择、燃烧方式及余热利用等方面做进一步研究，以期获得较快的发展。

第一节　倒焰窑

倒焰窑有圆窑与方窑（或矩形窑）之分，且多以容积大小进行分类，也可以最高烧成温度或焙烧品种来分类。倒焰窑的基本结构大致相同，图8-1为某圆窑的结构图。其工作原理为：将煤加入燃烧室2的炉篦上，一次助燃空气由燃烧室下面的灰坑穿过炉篦，通过煤层并使之燃烧。燃烧产物自喷火口4喷至窑顶，再自窑顶经过坯体倒流至窑底，经吸火孔5、支烟道6及主烟道7流向烟囱底部，最后由烟囱排出。坯体自装好至烧成出窑前一直停在窑内。当烟气流经坯体时，以对流与辐射方式将热量传递给坯体。因火焰在窑内倒流，故称倒焰窑。

一、倒焰窑结构

1. 倒焰窑容积

倒焰窑常以其容积大小来表示规格。决定窑容积大小的是产量，同时要考虑燃耗低、温度均匀、方便操作等因素。显然，窑的容积大，产量就大，其单位容积所占有的窑砌体质量和外表面积较之容积小的窑相对要少，因而对单位制品而言，被窑体蓄积和向外散失的热量相对也少，故燃耗相对较低。但如果窑的容积过大，火焰不易到达窑的中心部位，导致窑温不均，废品（欠烧品）增加。若使窑内制品都烧好，就不得不适当延长烧成时间，这样既增加燃耗，又减少窑的周转次数。如果窑的容积过小，其开设窑门处散热损失所占比例增大，如窑门密封不好，还会引起窑内温度不均。究竟选择多大的窑容积才合适，要根据生产规模、产品对温度均匀性的要求、劳动组织条件、投资大小等来决定。

窑容积的计算分成两部分，即拱顶部分和拱顶以下的窑墙部分，后者计算简单。窑顶部分计算又分方形与圆形两种。方形窑拱顶计算与隧道窑完全一样。圆窑顶部容积及其表

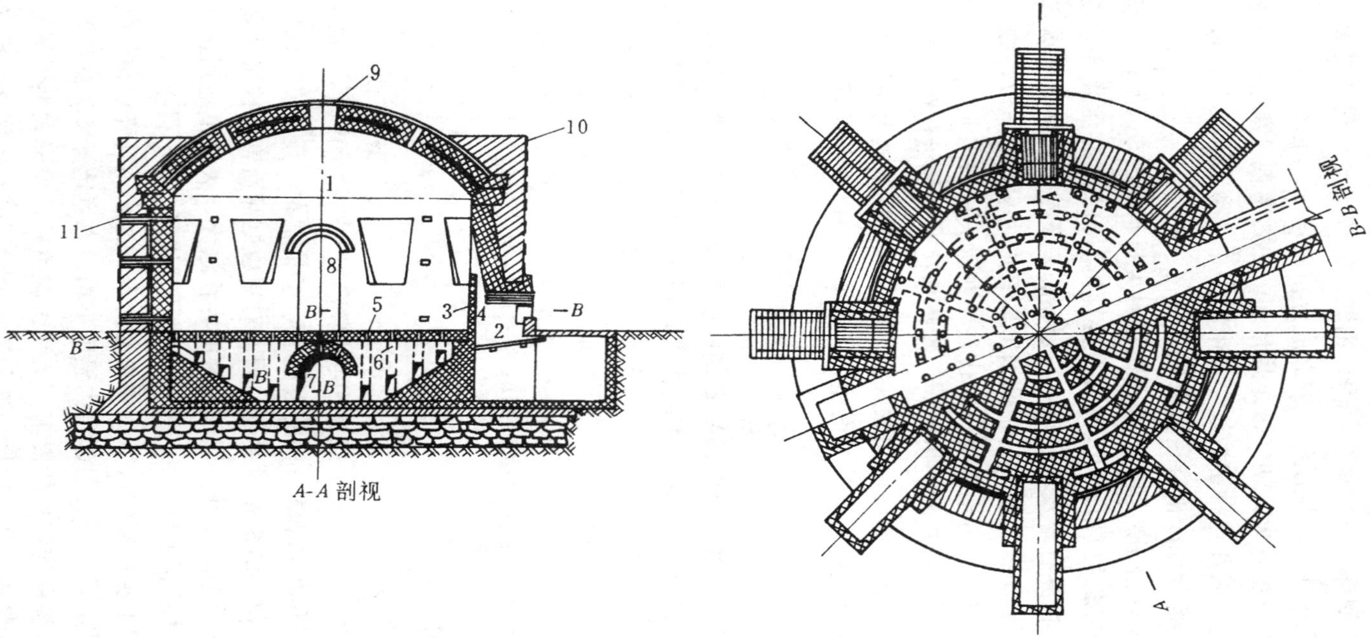

图 8-1　间歇式倒焰窑

1—窑室；2—燃烧室；3—挡火墙；4—喷火口；5—吸火孔；6—支烟道；7—主烟道；8—窑门；9—窑顶孔；10—窑箍；11—看火孔（也可作取样孔）

面积可按式（8-1）、（8-2）计算。

$$V=\frac{\pi}{6}f\left[3\left(\frac{B}{2}\right)^{2}+f^{2}\right]\quad m^{3} \tag{8-1}$$

$$A=\pi\left[\left(\frac{B}{2}\right)^{2}+f^{2}\right]\quad m^{2} \tag{8-2}$$

式中 V ——圆窑顶部容积，m^3；

A ——圆窑顶部的表面积，m^2；

B ——窑的跨度，m；

f ——窑的拱高，m。

倒焰窑的容积，由于其用途与产量不同，差异很大，小到零点几 m^3（试验窑），大至 $300m^3$ 左右。目前，我国耐火材料工业用倒焰窑设计系列为 30、50、80、100、150、$270m^3$ 等；而陶瓷工业用倒焰窑的容积多为 $100m^3$ 左右。

窑容积确定后，还要确定窑体结构形式，即圆形还是方形，这两种窑形在结构与操作上各有其优缺点。

第一，圆窑比方窑温度更易均匀。因圆窑燃烧室依圆周均匀分布，窑内无死角，每个燃烧室所控制的加热面（指窑底面积）为扇形，近燃烧室处是窑底圆的外围，面积最大；而向窑中心处的面积渐趋于零，这符合热量分布条件，使窑中心与四周的温差很小。

第二，当窑容积相同时，圆窑比方窑有较少的窑墙侧面积及较少的砖砌体。因此，圆窑窑体向外界散失和蓄积的热量比方窑少，即单位制品的燃料消耗量相对较低。

第三，圆窑的直径增至很大时，增加了每个燃烧室的加热范围，因而增加了窑内横截面上的温度差。而方窑可以维持其宽度不变，通过增加窑长来增大容积，并相应增加燃烧室的数量，使每个燃烧室所控制的加热面积基本不变。

第四，砌筑圆窑要用大量异型砖，尤其是窑顶呈球缺状，砖型复杂，砌筑更为困难。故容积不大的窑和容积很大的窑多选用方形。

2. 倒焰窑窑高与直径（或宽度）

（1）窑高　决定窑高的因素是：制品在烧成过程中所允许的负荷，即高温荷重；沿窑高温度分布的均匀性；是否方便装卸制品等。由于倒焰窑系“倒焰”，窑内上下温差较小，故其高度可比隧道窑高些。当然也不能太高，因为气体从窑顶向窑底流动过程中，逐渐放出热量，温度逐渐降低，如过高则上下温差就越大。此外，窑太高装卸也不便，且底层制品易变形，虽可通过搭架来解决，但又减少了装砖量。烧成耐火材料的倒焰窑一般为 2.5～4.0m。但窑的拱高可比隧道窑大一些，有时甚至用半圆拱，以尽量减少窑顶的横向推力，节省箍窑用钢材等。圆窑拱高一般为直径的$\frac{1}{6}$～$\frac{1}{4}$，方窑拱高则为跨度的$\frac{1}{3}$～$\frac{1}{2}$。

（2）直径（或宽度）　窑的直径（或宽度）是根据窑的横截面上温度均匀性来决定的。火焰由喷火口喷出后能控制的距离约为 3m。烧无烟煤时，火焰喷出后能控制的距离为 2m 左右。所以，圆窑直径一般为 5～8m；方窑燃烧室设在两边，故其宽度（跨度）为 4～6m。

3. 倒焰窑窑顶

窑顶是窑的最重要构成部分之一，其基本要求与隧道窑窑顶相同，不再赘述。倒焰窑一般都采用拱顶，其上常开若干冷却孔，升温时封闭，快速冷却时打开。

4. 倒焰窑窑墙

窑墙与窑顶构成窑体。设计时既要考虑有足够的机械强度，又要考虑其蓄积和散失的热量尽量减少。因为倒焰窑是间歇式操作，在焙烧过程中，窑体同时被加热，砌体所蓄积的热量往往要超过外表面向外界散失热量的数倍，并可达到窑炉总热耗量的10%～15%。当制品冷却时，砌体所蓄积的热量大部分又传给窑室，使制品冷却受到阻碍。砌体减薄可减少蓄热，但太薄向外散热损失又会增加，且环境温度升高、操作条件恶化。适当采用一些密度小、导热系数低的轻质材料作中间保温层，可使其蓄热和散热量相应减少，节省燃料，降低成本。对那些升温快、烧成时间短的窑，可适当减薄窑墙厚度。这样，既可减少砌窑材料，又可减少窑的蓄热，散热损失也不太大。因为窑墙蓄热需要较长时间，待热量通过窑墙大量传至窑外表面时，快速烧成的制品已处于冷却阶段了。故窑墙的厚度应视升温制度、选用材质等条件而定。一般倒焰窑的窑墙厚度为0.8～1.2m。

5. 倒焰窑的燃烧室、挡火墙和喷火口

(1) 燃烧室　习惯上称火箱。凡以固体燃料（主要为煤）和液体燃料（主要为重油）烧成的倒焰窑都需要设置燃烧室，但燃油时无需炉篦与灰坑。燃气倒焰窑可以不设燃烧室，将煤气与空气混合后由窑墙上的通道直接喷入窑内燃烧。

燃烧室的大小可按每小时最大燃料消耗量来计算。具体计算方法在第四章已介绍，不再重复。倒焰窑的最大燃料消耗量一般常用生产实践中的经验数据（详见本节设计简介）。高温阶段的小时最大燃料消耗量常为平均值的1.2～1.6倍。

当燃烧室的设置个数为10以内时，每个燃烧室的炉篦面积为0.5～1.5m^2。燃烧室的设置间距一般为2～3m。圆窑可取较大数值，方窑则应取较小数值，如1.5m左右。靠近窑门处热损失较多，故近窑门处的燃烧室间距应适当小些，以保证窑内温度均匀。当倒焰窑较高且使用气体或液体燃料时，为使窑内温度上下均匀，可沿窑墙高度设置两排或多排烧嘴。

目前，倒焰窑多以烟煤为燃料，常采用阶梯炉篦或稍向内倾的（约15°）梁状炉篦。前者易于操作，不易漏煤，尤其适宜于燃烧碎煤，燃耗也较低；梁状炉篦则清灰方便。由于助燃所需一次空气是由灰坑穿过炉篦进入燃烧室的，所以炉篦上应有一定的通风面积。如面积太小，阻力大，不易通风，清灰也困难；太大则易漏煤，造成不完全燃烧，浪费燃料。燃烧所需助燃空气多为自然通风，也可封闭灰坑门用风机鼓风，但清灰时应停止鼓风，清灰后需再次封闭灰坑门。

(2) 挡火墙　它的作用是使火焰具有一定方向与流速，合理地送至窑内，且防止一部分煤灰污染制品。挡火墙高低将严重影响窑内上下温差。挡火墙太低，火焰大部分不能到达窑顶，直接进入窑的下部，结果是下部温度高于上部；反之，若挡火墙太高，火焰将全部直冲窑顶，甚至集中在窑的最顶点，仅靠火焰由上而下流动时将热量传给制品，结果是上部易过烧，下部易生烧。故挡火墙高度应合理设计，并根据生产实践作合理调整，以便使大部分火焰送到窑顶，小部分直接进入窑的下部。挡火墙的高度一般为0.5～1.0m。

(3) 喷火口　它是挡火墙与燃烧室上部窑墙之间的空间。若喷火口的截面积过大，火焰喷出速度小、无力，不能到达窑顶的中心，造成上部温度低、下部温度高，且占据窑内较多空间。减少制品装载量。如喷火口太小，火焰喷出时阻力大，喷出困难，容易将燃烧室耐火砖及炉篦烧坏，也易造成窑内下部制品生烧。喷火口的截面积通常为炉篦水平面积的$\frac{1}{4}$～$\frac{1}{5}$。

6. 窑门

在倒焰窑侧墙上设有1～2个窑门，用于装卸制品。在每次装窑完毕后，用耐火砖封闭窑门，并涂以火泥，以加强密封。在封闭窑门时应留观察孔与测温孔，以便随时观察与测定窑内制品的焙烧情况与温度。为减少每次封闭与拆卸窑门的繁重劳动。窑门的大小应以方便操作为原则。较大的窑门一般高约1.8m，宽约0.8m；上部为半圆拱；小窑窑门则根据需要确定。

7. 吸火孔、支烟道、主烟道和烟囱

(1) 吸火孔　它与支烟道、主烟道、烟囱的作用都是排烟。吸火孔设在窑底。其总面积大小及分布情况，对窑的操作控制和窑内水平截面上的温度均匀性影响较大。如总面积太大，火焰在窑内停留时间太短，火焰一经喷火口喷出，很快就从吸火孔跑掉，热量不能充分地传给制品，烟气离窑温度高，热损失大，燃耗较高，且窑温不易控制。如吸火孔面积太小，排烟阻力又大，升温困难，甚至无法升温。根据生产实践，吸火孔的总面积约为窑底面积的3.0%～7.0%。为方便操作和调节，吸火孔面积宜选大一点，以防在烧成过程中出现吸火孔变形、部分堵塞等现象发生。若原设计吸火孔面积过大，可在装窑时用垫脚砖适当堵住一些。

一般来说，吸火孔应均匀地分布在窑底，但为了使窑内水平截面上的温度分布均匀，要注意在烟气不易到达的地方，如远离烟囱的一端、窑的角落处等，在散热较多的地方，如靠近窑门处等，吸火孔应多设一些或设大一些，从而使这些部位烟气流量大一些。

吸火孔的形状以圆形为最好，但要用专门的异型砖，拆卸不便，清扫烟道较困难；而方形或矩形阻力较大，但便于砌筑，可直接用标普型砖砌筑。每个吸火孔面积以100～150cm^2为宜，具体排布以方便砌筑为准。

(2) 支烟道　它分布在窑底吸火孔的下面，用于连接吸火孔与主烟道。为使窑内温度均匀分布，支烟道最好砌成蛛网形或“非”字形，窑底中心有一垂直烟道与主烟道相连，如图8-2*b*、*c*所示。但这种结构复杂，地基要深，且要注意地下水。方窑支烟道多数砌成“非”字形，主烟道两端相通，汇合后进入烟囱，如图8-2*a*所示。主烟道也有只从一端通入烟囱的，但这样另一端温度偏低，只有靠调整吸火孔面积来调节。支烟道的总截面积应大于吸火孔的总面积。

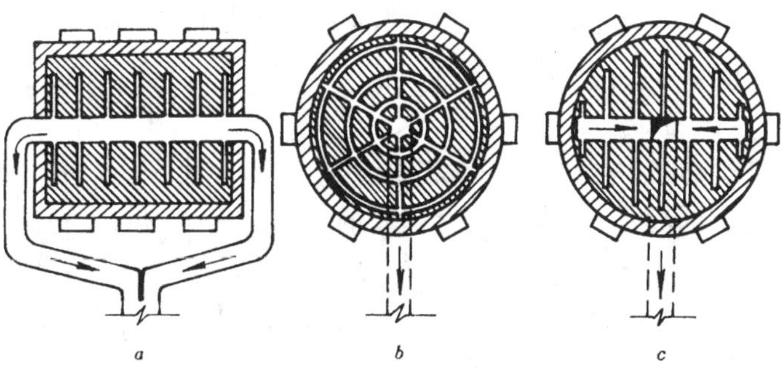

图8-2　倒焰窑支烟道的分布

(3) 主烟道　它是连接支烟道和烟囱的。其截面积应大于或等于支烟道的总面积，以便流体流动时阻力较小，有利于主烟道上的闸板能控制窑内抽力的大小。当然也要考虑便于清扫烟道的积灰。主烟道的高度应大于其宽度（跨度）。为方便砌筑，其跨度亦应尽可能系列化。但主烟道的截面积也不宜过大，以免砌筑困难和浪费材料。其长度也应适当，太长会增加能量损失，太短会使主烟道及烟囱底部温度升高，一般选用 10～18m 为宜，但其总长不应超过烟囱的高度。主烟道应尽量少拐弯，特别是急剧拐弯，以减少局部能量损失，砌筑时应微向上倾斜，避免向下倾斜。当两窑或两窑以上合用一座烟囱时，主烟道汇合处的夹角要小，截面也应稍加扩大，以降低流速，减少冲击。

主烟道上的闸板安装位置要适当。当其靠烟囱太近时，烟气在闸板与烟囱底部之间就没有一段较稳定的流动，闸板稍许变化就会引起窑内压力的较大波动；但若太靠近窑炉，则因温度较高易烧坏，故闸板应安装在离窑炉稍远一点的地方。当烧成温度很高时，闸板应由高温耐火混凝土制作，或在钢制闸板内通水冷却，以免烧坏。闸板应安装升降装置。

（4）烟囱　这是产生“抽力”使窑内气体流动的装置，其工作原理、计算公式及注意事项等已在第一章讨论过。显然，在设计倒焰窑时，应尽量避免一座窑一座烟囱，应为 2～3 座窑合用一座烟囱。这样既节省投资，又便于操作，并免受低温阶段烟囱抽力不足之苦。安排生产时，尽量做到共用烟囱的每座窑升降温与装出窑的时间错开，使烟囱一直处于“热”的状态，保证每座窑在低温阶段具有一定的抽力。

为了缩短冷窑时间，除及时打开窑门冷却外（有时还用轴流式风机向窑内鼓风），往往在窑顶设置冷却孔，其直径为 200～300mm。当窑较大时，需在窑顶开几个冷却孔，每个孔的直径均不宜太大，以免使窑顶的强度受到影响，且应均布。

二、倒焰窑工作原理

1. 窑内气体流动

如上所述，倒焰窑内的气流属“倒焰”，这样有利于窑内横截面上的温度分布均匀，其原理可用图 8-3 说明。在窑内分别选取 1-1 和 2-2 截面，并以 1-1 为基准面，列这两截面的柏努利方程，则有

$$h_{s1} + h_{g1} + h_{k1} = h_{s2} + h_{g2} + h_{k2} + h_{l1\to2}$$

因为　$h_{g1} = 0, h_{k1} = h_{k2}$，则上式化简为

$$h_{s1} - h_{s2} = h_{g2} + h_{l1\to2}$$

显然，两截面静压头之差（$h_{s1} - h_{s2}$）为气体流动的推动力，用于克服几何压头 h_{g2} 和能量损失 $h_{l1\to2}$。在这种情况下，h_{g2} 起阻碍气流向下流动的作用。如果要使窑内砖垛间Ⅰ、Ⅱ两条通道中气流分布均匀，则应满足式（8-3）

$$(h_{g2} + h_{l1\to2})_{\mathrm{I}} = (h_{g2} + h_{l1\to2})_{\mathrm{II}} \qquad (8\text{-}3)$$

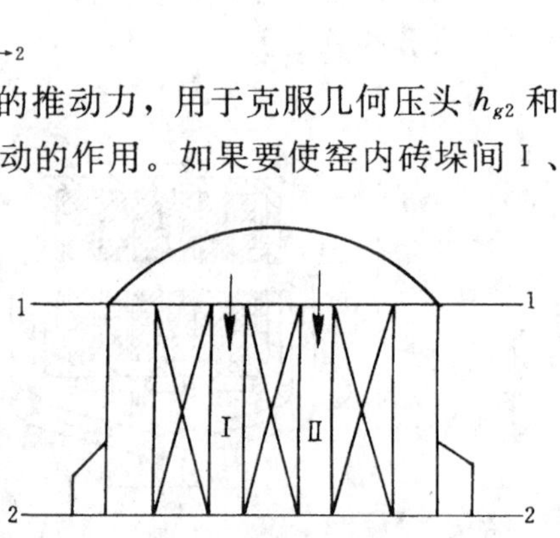

图 8-3　垂直分流法则

但在生产实践中，影响窑内温度的因素很多，难免会引起各通道中温度 的波动。如由于某些因素的影响，使通道Ⅰ中的烟气温度高于通道Ⅱ中的温度，即 $t_{\mathrm{I}} > t_{\mathrm{II}}$，结果使通道Ⅰ中的烟气密度 ρ_{I} 小于通道 Ⅱ 中的 ρ_{II}，从而使 $h_{g2}^{\mathrm{I}} > h_{g2}^{\mathrm{II}}$，而能量损失变化很小。当气体从上而下流动时，几何压头是起阻力作用的，故有

$$(h_{g2} + h_{l1\to2})_{\mathrm{I}} > (h_{g2} + h_{l1\to2})_{\mathrm{II}}$$

即Ⅰ通道中的总“阻力”（或总“能量损失”）加大，迫使热气体流量减小，温度下降；而Ⅱ通道的情况正好与Ⅰ通道相反，流量相对增大，温度升高，直至两通道温度趋于一致，从而起到自动调节温度的作用。这一原理就是气体垂直分流法则。该法则指出：在几何压头起主导作用的条件下，当气体被冷却（制品被加热）时，应自上而下流动；当气体被加热（制品被冷却）时，应自下而上流动。应用此法则，不难证明，倒焰窑内的制品在冷却阶段及各种蓄热室中，为何冷空气总是从底部进入、从上部流出的。

不过，值得注意的是，上述法则的自动调节作用是有条件的，即只有在能量损失较之几何压头较小的场合下，且并联通道阻力不大时才有较显著的作用。如果由于码垛不当等原因造成各通道间阻力差别很大时，仅靠垂直分流法则的作用是不能达到上述目的的。

倒焰窑内的静压强分布对烧成亦有较大影响。对自然通风的倒焰窑，窑内静压强分布的情况大致为：顶部为正压，底部为零压。这是由于燃烧产物由煤层上升至窑顶时的几何压头转化为静压强，使窑顶的静压强为正值；当燃烧产物由窑顶倒流至窑底时，静压强需克服流体流动的阻力，并部分转化为几何压头，故静压强由正值逐渐降为零。如果到窑底仍维持正压，则窑内静压强过大，热气体经窑墙不严密处漏出较多，散热较大，恶化操作环境；如窑底为负压，则窑内会吸入冷空气，造成上下温差，如同隧道窑预热带的情况。故应尽可能将窑底调整为零压状态。调整的办法主要是调节烟道闸板，提起闸板，阻力减小，抽力加大；反之抽力减小。当开始点火升温时，烟囱的抽力很小，应将闸板全部提起。

2. 窑内传热

（1）窑内传热的特点　倒焰窑是间歇操作的窑炉，窑内制品及窑体各部分的温度随时间而变化。在加热和冷却过程中，制品及窑体均同时吸收或放出热量，故倒焰窑内的传热过程全属于不稳定传热。要计算窑墙、窑顶砌体内不同时间的温度分布情况，以及它们所蓄积和散失之热量，通常都应用有限差分法。

（2）单位制品热耗大的原因　由计算可知，倒焰窑在升温过程中所蓄积的热量，在燃料消耗总能量中约占20%～30%。这部分热量非但不能利用，而且在冷却过程中又释放出来，阻碍产品的冷却，延长了冷却时间。烧好的产品冷却所带走的热量，约占燃料总能量的20%～30%，这部分热量也不易利用而浪费掉。烟气离开吸火孔时的温度，至少应比产品的烧成温度高约20～30℃，以利烟气与制品间的传热。但如此高温的烟气被烟囱排出所带走的热量，约占燃料总热量的30%～50%。这些热量的损失，便是倒焰窑单位制品燃料消耗大的主要原因。虽然现在有些厂矿在烟道中安装换热器，利用烟气来加热空气，以利用部分余热，但由于烟气温度波动太大，有时换热器在高温下易烧坏，操作也较困难，因而未能广泛采用。

三、倒焰窑的节能途径

对传统倒焰窑，虽不能从砌筑体材质上根本解决，但增加隔热、安装余热回收装置等，也可在一定程度上节约能源。如烧成硅砖用倒焰窑，针对原窑顶散热量较大、烟气出口温度高等弊端，在窑顶加一层陶瓷纤维衬，在主烟道安装换热器以回收烟气余热。在窑顶表面敷以陶瓷纤维毡，使窑顶表面温度由原来的175℃降至115℃。在烟道中安装换热器配置状况如图8-4。为了保护换热器，在烟道上设有大气吸气孔，同时考虑到在特殊情况下使烟气不通过换热器，设置有旁通烟道。由于安装了换热器，助燃空气温度提高，则可提高燃烧温度，降低燃耗。该窑改造前后的热平衡及热效率见表8-1。

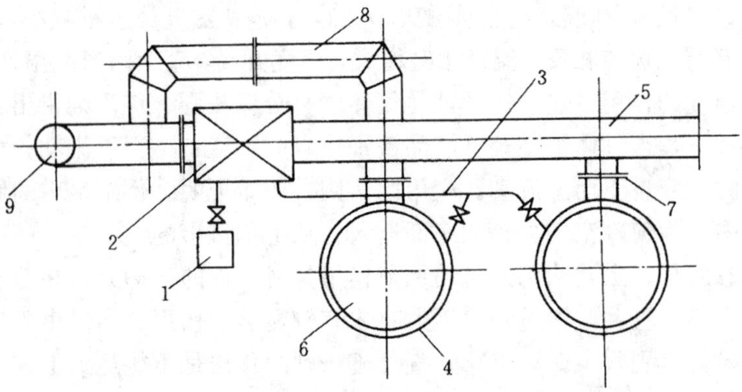

图 8-4　倒焰窑换热器配置状况

1—风机；2—换热器；3—热风总管；4—热风支管；5—主烟道；6—窑；7—烟道闸板；8—旁通烟道；9—烟囱

四、设计简介

倒焰窑设计的基本条件和方法与其它工业窑炉大致相同。但因其传热过程为不稳定传热，故其燃料消耗很少通过热平衡计算来确定，通常都按经验数据选取。表 8-2 列出了燃煤倒焰窑设计指标。据此，即可按式（8-4）计算出每座窑的年产量 G

表 8-1　某硅砖倒焰窑改造前后的热平衡

项目名称		改造前 MJ	改造前 MJ/t	改造前 %	改造后 MJ	改造后 MJ/t	改造后 %
热收入	重油 燃烧热 Q_0	2808880	10800	99.4	2275650	7850	93.8
	重油 显热	8520	30	0.3	7490	30	0.3
	助燃用空气显热	5980	20	0.2	14820	50	0.6
	回收烟气热量				123780	420	5.1
	制品及架砖显热	3110	10	0.1	5300	20	0.2
合计		2826490	10860	100	2427040	8370	100
热支出	制品显热 Q_1	468580	1800	16.6	533130	1840	22.0
	制品水分蒸发热 Q_2	25900	100	0.9	29470	100	1.2
	架砖显热 Q_3	138810	530	4.9	157310	540	6.5
	烟气带走热	1020860	3920	36.1	718870	2480	29.6
	窑体散热	338520	1300	12.0	203100	700	8.4
	窑体蓄热等	833820	3210	29.5	785150	2710	32.3
合计		2826490	10860	100	2427030	8370	100
热效率	制品 (η_1)	$(Q_1+Q_2)/Q_0$		17.6	$(Q_1+Q_2)/Q_0$		24.7
	制品＋架砖 (η_2)	$(Q_1+Q_2+Q_3)/Q_0$		22.5	$(Q_1+Q_2+Q_3)/Q_0$		31.6
备注	前提条件	(1) 装窑量：制品 260.15t，架砖 77.07t (2) 重油用量：65.45kg (3) 温度：重油 73℃，空气 5℃，制品 10℃，自然对流			(1) 装窑量：制品 290.00t，架砖 87.34t (2) 重油用量：58.27kg (3) 重油 73℃ 空气 15℃，制品 15℃，自然对流		

表 8-2 烧煤倒焰窑设计指标

指标项目	单位	粘土砖倒焰窑			硅砖倒焰窑			LZ-48 高铝砖倒焰窑		LZ-65、LZ-75 高铝砖倒焰窑		镁砖倒焰窑	
		容积(m^3)			容积(m^3)			容积(m^3)		容积(m^3)		容积(m^3)	
		100	150～200	≥250	100	150～200	≥250	150	≥250	150	≥250	80～100	150～200
装窑密度 ρ	t/m^3	0.7～0.75	0.75	0.75	0.75	0.75～0.8	0.75～0.8	0.8	0.85	0.85	0.9	0.85～0.9	0.9
成品率 η	%	92～94	92～94	92～94	85～90	85～90	85～90	92	92	90	90	90	90
标准燃料消耗 B_0	%	30	28	26	52	50	48	45～60	45～60	60～75	60～75	50～60	50～60
装窑时间	h	16～24	24～32	32～48	16～24	24～32	32～48	24～32	32～48	24～32	32～48	16～24	24～32
烧成时间	h	56～64	72～80	88～96	110～130	120～150	150～180	130～150	160～200	150～160	220～240	100～120	120～150
冷却时间	h	64～72	72～80	80～96	80～100	100～120	120～140	90～100	100～110	100～110	110～120	80～100	100～110
出窑时间	h	16～24	24～32	32～40	16～24	24～32	32～40	16～24	32～40	24～32	32～40	16～24	24～32
周转一次需时	h	152～184	192～224	232～280	222～278	268～334	334～408	260～306	324～398	298～334	394～448	212～268	268～324
年工作日数	d/a	300	300	300	300	300	300	300	300	300	300	300	300
年周转次数 n	次/a	47～39	37～32	31～26	32～26	27～22	22～17	28～23	22～18	24～22	18～16	34～27	27～22

$$G = V\rho\eta n \quad t/a \tag{8-4}$$

式中 V ——窑的有效容积，m^3；$V = zV_n$；

V_n ——选用或计算出的几何容积，m^3；

z—— 容积系数，可按下列数据选取

V_n (m^3)	<60	60～130	130～250	>250
z	0.8	0.85	0.90	0.90

ρ——装窑密度，t/m^3；

η ——平均成品率，%；

n ——年周转次数，次/年。

一座窑每年燃料消耗量可按式（8-5）计算

$$B_a = GB_0 \frac{7000 \times 4.1868}{Q_{DW}^{Y}} \quad t/a \tag{8-5}$$

式中 B_0 ——标准燃料消耗量，%；

Q_{DW}^{Y} ——燃料的低位热值，kJ/kg 或 kJ/m^3。

燃烧室炉篦、吸火孔与主烟道的面积可参考表 8-3 所列。

表 8-3 倒焰窑的一些经验数据

窑容积 (m^3)	每 $10m^3$ 窑容积所具有的面积 (m^2)			炉篦总面积占窑底总面积 (%)	吸火孔总面积占窑底总面积 (%)	喷火口面积占炉篦面积 (%)
	炉 篦	吸火孔	主烟道			
>100	0.5～1.0	0.05～0.15	0.06～0.15	15～25	1.5～5.0	20～25
<100	1.0～1.5	0.10～0.20	0.15～0.25	25～35	3.0～7.0	20～25

方窑拱顶及燃烧室、主烟道、窑门等拱顶配砖计算方法及原则与隧道窑相同。但圆窑拱顶配砖计算比较复杂。因为圆窑拱顶一圈圈向上砌筑，所用砖型每圈各异，只是同圈所用砖型尺寸相同（砖的长度即为拱厚，砖厚度的计算方法与方窑相同，因为通过拱顶中心作一垂直截面，该面上的拱砖与方窑相似）。宽度则上下内外各不相同，应根据全拱用砖圈数来确定对应于每一圈的四个宽度的同心圆，然后假定该圈用砖块数，以此块数去除四个同心圆的长，所得结果就是所求四个宽度的尺寸。如在图 8-5 中，圆窑的拱顶除拱心部分外，假设全拱用砖六圈，求其一圈 a、b、c、d 拱砖的四个宽度。

可以 a、b、c、d 四点至拱弧中心线 $O_1 - O_2$ 的四种距离为半径，作四个同心圆，规定该圈砖的块数，即可在图上作出四个宽度，分别为 aa'、bb'、cc'、dd'。值得注意的是，计算所得宽度应包括灰缝在内。

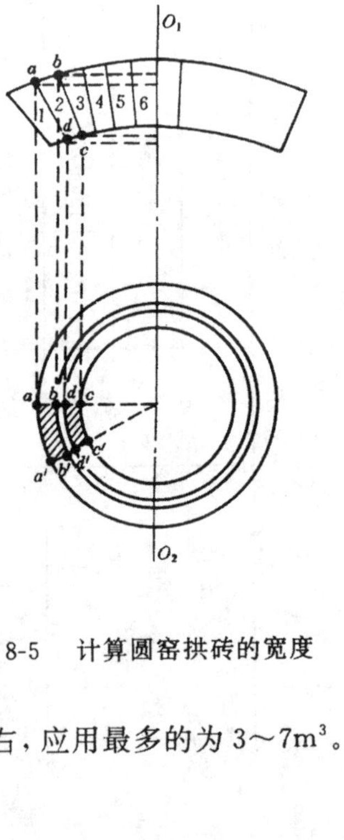

图 8-5 计算圆窑拱砖的宽度

五、高温倒焰窑

在耐火材料工业中，高温烧成是生产优质耐火材料的重要环节。我国现有高温倒焰窑可由小于 $1m^3$（试验窑）至 $15m^3$ 左右，应用最多的为 3～$7m^3$。

要使这种窑炉达到1700～1800℃的高温，必须在砌筑体的材质、燃料的选择与燃烧的组织及利用烟气余热预热助燃空气等方面采取相应的技术措施。

如前所述，间歇式窑炉在加热过程中有相当一部分热量蓄积于窑砌筑体内部，但砌筑体所用材质不同，蓄热量差别也较大。表 8-4 给出了由不同材质砌筑的窑墙采用有限差分法计算所得的蓄热、散热情况。图 8-6 表明不同材质砌筑的窑墙内的温度分布。

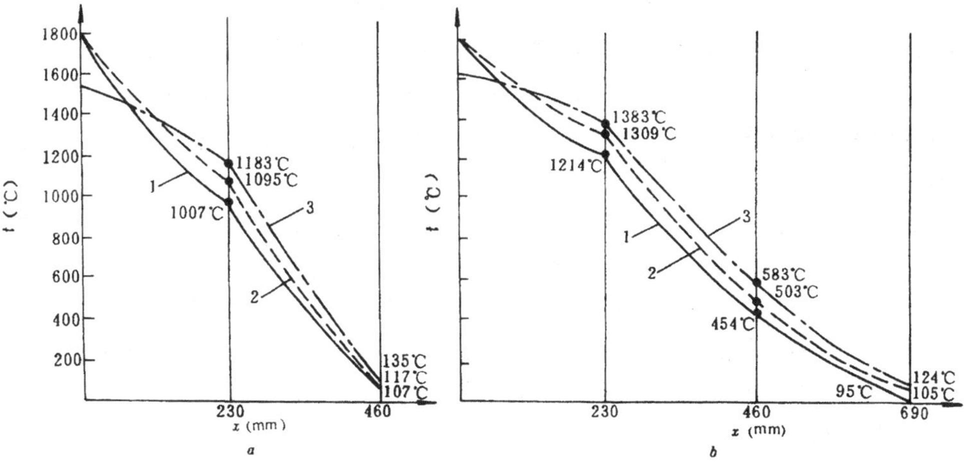

图 8-6　间歇式窑窑墙温度分布

a—两种材料构成的窑墙；（Al_2O_3 空心球砖 230mm 轻质粘土砖 $\rho=1.0$　230mm）

b—三种材料构成的窑墙（刚玉砖 230mm，轻质硅砖 230mm，粘土砖 230mm）

由图可以看出，间歇式窑砌筑体温度场是不稳定的，当起始条件相同时，随边界条件变化砌筑体内部各点温度都会发生变化。升温结束时（1800℃）窑墙内温度分布如曲线 1，保温阶段窑墙内表面温度不再变化，但窑墙内部温度仍再升高如曲线 2，当窑炉冷却时内表面温度下降，内部温度继续升高至某一定值后再下降，如曲线 3，由此看出间歇式窑与连续式窑砌筑体内温度分布有本质的差别。

表 8-4　不同窑墙结构蓄热、散热比较

窑墙结构 材料及厚度（mm）	第一层 *X*　*XB* $\times10^2$MJ/m² （%）	第二层 *X*　*XB* $\times10^2$MJ/m² （%）	第三层 *X*　*XB* $\times10^2$MJ/m² （%）	总散热量 $\times10^2$MJ/m²	总热支出 $\times10^2$MJ/m²
氧化铝空心球砖　230 轻质粘土砖 $\rho=1.0$　230	4.93　79.5	1.27　20.5		1.28	7.48
刚玉砖　230 轻质硅砖　230 粘土砖　230	15.16　82.1	2.17　11.7	1.14　6.2	2.57	21.04

注：*X* 代表蓄热量，*XB* 代表各层蓄热量占总蓄热量的百分数。

由表 8-4 中的两种砌筑方案比较看出，选用轻质、薄壁结构其蓄热、散热总支出明显低于重质、厚壁结构。进一步分析可以看出，在间歇式窑中蓄热损失远大于散热损失，因此间歇式高温窑的节能途径是应尽量减少蓄热损失。如果只强调增加窑墙厚度以降低表面温度，尽管散热损失有所降低，但由于厚度增加带来蓄热所造成的能量消耗则更大。

窑墙蓄热沿厚度方向的分布是不均匀的，内衬材料的蓄热量最大，可达总蓄热量的80%左右。为了减少蓄热，必须寻求耐高温低蓄热材料作为间歇式高温窑的内衬材料。从目前生产中采用的窑墙结构看，当氧化铝空心球砖230mm，轻质粘土砖230mm，生产实践表明窑温可在17～24h内达到1800℃，这正是由于砌筑体薄、蓄热少，可以快速升温的原故。同时由于采用全轻质结构，窑体外表面温度最高仅达80～95℃，散热损失也相应减少。

综上所述，低蓄热薄壁结构是一种值得重视的窑衬结构，但必须指出，低蓄热材料密度小，没有传统重质材料所具有的强度，因此必须加强对轻质高强材料的研制，并且选择合理的窑炉结构。

高温倒焰窑的窑底需承受窑体及制品的重力，因此必须采用重质材料，如电熔再结合镁砖、电熔再结合刚玉砖等，这样窑底砌筑体蓄热仍较大。如经测定，当窑内温度为1570℃，由窑底排出烟气温度为1070℃；窑内温度为1650℃，排烟温度为1200℃，说明有相当热量用于加热窑底。经对高温倒焰窑热平衡测定与计算表明，当采用轻质材料内衬时窑墙、窑顶蓄热占9.91%，窑底蓄热占13.48%，这是传统倒焰窑无法克服的缺点，只有改变窑炉结构，如采用车底式窑并用低蓄热窑车，此项热损失才可减少。

高温倒焰窑目前采用的燃料有重油、柴油等液体燃料和液化石油气、天然气、焦炉煤气等高热值煤气，同时必须将助燃空气预热至200～250℃或更高，才可以使火焰温度达到1700～1800℃。由于间歇式窑炉温度是逐渐上升的，燃料用量逐渐加大，空气用量也应随之加以调整，既要保证空气量的供应使燃料完全燃烧，同时又要保证在低空气过剩系数下燃烧。只有选择比例调节式烧嘴或采用煤气、空气自动控制系统才能满足上述要求。

高温倒焰窑排烟温度高，烟气带走热量多，采用普通平滑钢管换热器，其允许烟气进入换热器温度仅800～900℃左右，高温烟气则必须掺入冷空气才可进入换热器，致使烟气余热不能充分被利用。为了更多利用烟气余热，提高空气预热温度，则需采用高效能换热器。喷流式换热器由于其传热系数大，单位面积传热量高，并且换热器器壁温度低，是高温倒焰窑比较理想的换热设备。此外也可采用陶瓷换热器，可将助燃空气预热到更高温度。

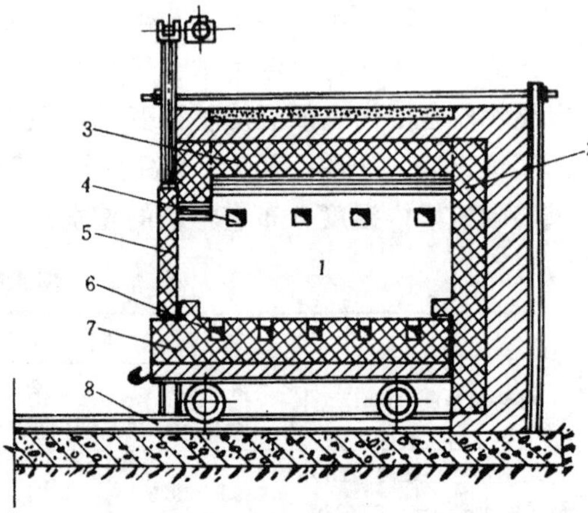

图 8-7 梭式窑结构示意图

1—窑室；2—窑墙；3—窑顶；4—烧嘴；5—升降窑门；6—支烟道；7—窑车；8—轨道

第二节 梭式窑

梭式窑是一种车底式窑，其结构示意如图8-7。梭式窑可以在窑室长度的两个方向设有窑门，也可只设一个窑门，窑车进出都通过此窑门，所以又称为抽屉窑。由于梭式窑在窑外装卸制品，大大减轻了劳动强度，改善了劳动条件。

一、结构

梭式窑的容积视烧成产品产量，烧成制度和燃烧装置的特性来决定。耐火材料工业用梭式窑目前为 $7m^3$ 左右，日用陶瓷梭式窑容积在 0.5～$15m^3$ 左右，由于等温高速烧嘴的出现，大截面梭式窑相继出现，如电瓷行业梭式窑容积可达 64～$80m^3$。国外某些梭式窑技术数据如表 8-5。

梭式窑窑内烟气的排出有几种不同形式，最简单的为在窑车台面上、窑的端墙或侧墙上设排烟孔，这种排烟方式使窑内温度、压力都不够均匀，另一种是在窑车上设吸火孔，窑车面以下设水平支烟道，烟气由支烟道进入车面以下窑墙上设置的排烟孔，如图 8-8 所示，或是在窑车上设有吸火孔、支烟道，再进入窑车上的竖直烟道而进入车下的总烟道。

表 8-5 国外梭式窑的技术数据

项目内容 \ 序号	1	2	3	4
有效容积 (m^3)	4	5.27	6.58	5.73
有效宽度 (mm)	1250	1220	1160	1400
有效高度 (mm)	1600	1600	1350	1640
有效长度 (mm)	2000	2700	4200	2500
最高烧成温度（℃）	1300	1300	1350	1370～1380
烧成周期（加热结束时的总时间）(h)	15	15	30	36
气氛性质	还原焰	还原焰		还原焰
燃料种类	丙烷、丁烷	丁烷	液化石油气	液化石油气
每窑次燃料消耗量 (kg)	300	385		

梭式窑在结构的处理上要做到密封性能好，特别是窑车车下的密封及窑门处的密封更要处理好，以避免因漏气而影响窑内热工制度。

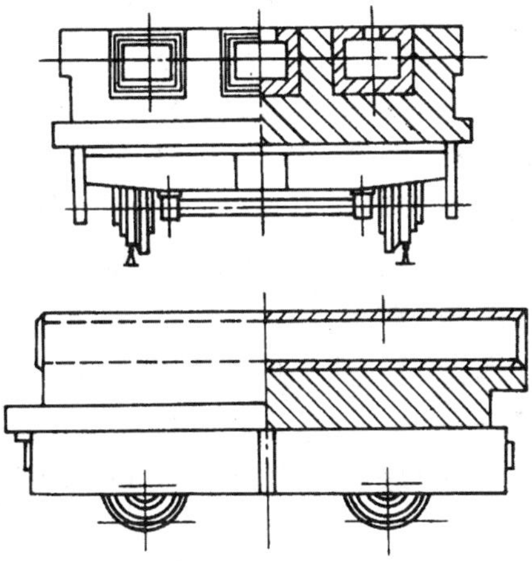

图 8-8 窑车上吸火孔及支烟道

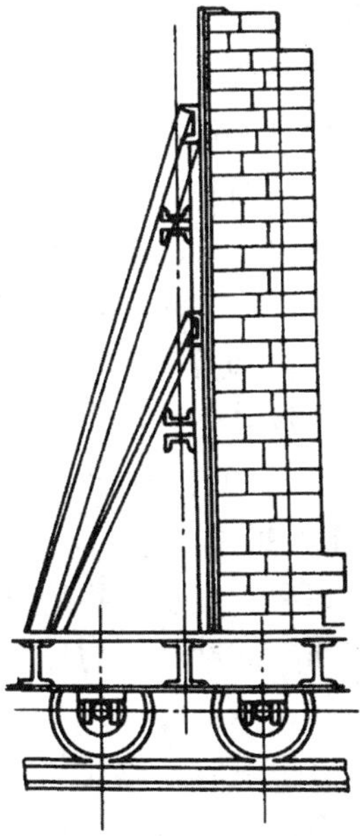

图 8-9 梭式窑窑车式门

梭式窑烧成周期短，因此要求窑门开闭简单、迅速，关闭后气密性要好。窑门有多种型式，可以将窑门直接砌筑在装载制品的窑车上，也可以砌筑单独的窑门车，如图 8-9。当采用全轻质材料内衬时，还可采用倾斜升降式窑门，即在窑门升起或降落前，必须使窑门倾斜一定的角度，以使窑车、窑门的曲缝结构彼此脱开，脱开后的窑门在两侧油缸压力的作用下自动升降。

梭式窑的砌筑体多采用薄壁结构。陶瓷工业用梭式窑窑墙可由轻质砖230mm，纤维毡30mm，外包钢板构成。也有的采用全纤维衬总厚度230mm，表面温度75℃。窑墙减薄后为了防止窑墙受热变形，可把里衬耐火材料同围护钢板用一系列特殊元件钩挂固定起来，允许里衬耐火材料和围护钢板有平行的膨胀与收缩，但不允许里衬向内倾斜。采用此种薄墙，多用悬挂式平顶结构，这种结构把窑墙和窑顶分隔开来，窑墙不再承受窑顶自重压力。同时在窑顶处采用压力平衡装置，如图8-10，这种装置不仅可以降低悬挂构件及窑顶砌块的温度，还可以通过调整风量，使窑内压力与窑顶挂钩砖区域压力达到平衡，减少漏气并延长窑顶寿命。

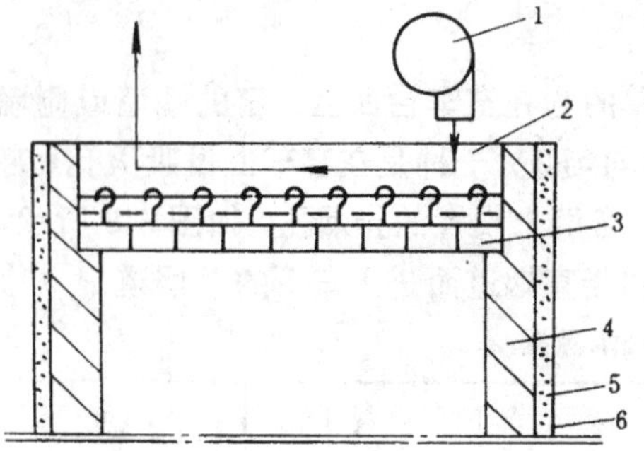

图 8-10 窑顶压力平衡装置

1—压力平衡风机；2—窑顶盖板；3—悬挂窑顶砖砌块；4—轻质砖窑墙；5—纤维保温砌块；6—窑墙钢板

二、燃烧技术

梭式窑通常都采用高速调温烧嘴。因为在火焰炉内，燃烧产物是以对流和辐射传热的方式将热量传给制品的。当装窑方法一定时，对流传热与烟气和制品之间的温差成正比，与窑内烟气流速的0.8次方成正比；而辐射传热则与烟气和制品绝对温度的四次方的差成正比。若通过增大烟气与制品之间的温度差来提高传热速率，从传热角度来看是有利的，但从造成制品内外温差来说是不利的。如果通过增大烟气的流速，就能使整窑制品都较均匀而迅速地加热。采用高速调温烧嘴，烟气与制品间的温差不大，而窑内烟气流速却比使用一般烧嘴大数十倍，从而在保证制品烧成质量的同时，提高了传热速率，达到制品允许的尽可能快的烧成目的。传统的自然通风倒焰窑，在低温阶段由于燃料消耗量小，烟气流速低，不易均匀地充满整个窑室，容易使窑内温差大，以致装在窑底部的坯体表面凝有水珠；但在喷火口附近的坯体却因升温过快而产生废品。采用高速烧嘴，由于气流在窑内强烈循环，使低温阶段窑内温度均匀。在高温阶段，一般倒焰窑内的制品主要靠烟气的辐射传热，对流传热作用仍较小，不可能在制品所允许的速度下快速烧成，使制品整个烧成周期延长，燃耗增加。而梭式窑在采用高速调温烧嘴后，燃烧产物以很高的速度（100m/s以上）喷射入窑。在整个烧成过程中，燃烧产物的对流传热速率大大提高；即使在高温阶段，对流传热作用也很大，且能使整窑制品均匀烧成。这就会缩短窑的生产周期，提高窑的生产能力和产品质量，节省燃料，降低成本。

在使用高速调温烧嘴时，码放坯体时要留适当的火焰通道，使窑内气流能旋转，避免高速火焰直接冲刷到坯体表面，影响火焰流动，造成较大温差。烧嘴应在同一水平面上交错布置，以免互相干扰，减弱高速喷射作用，其布置情况如图8-11所示。

在梭式窑中，除进出窑外，窑车是固定不动的，故窑室的密封性比隧道窑好。此外，由于窑车不动，可保证烧嘴对准窑车上留出的火焰通道，这也比隧道窑使用高速调温烧嘴方便些。

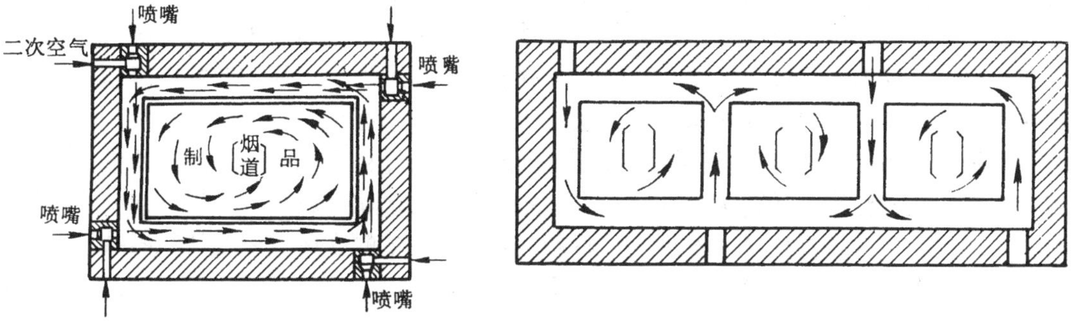

图 8-11　高速调温烧嘴布置及窑内气体循环

三、控制技术

现代化梭式窑采用微处理机对窑温、窑压及气氛进行自动控制。

1. 温度控制

大容积梭式 窑采用多个烧嘴时，可分成几个区域进行温度控制。每个区域的温度由一台单回路调节器带动执行电机，开大或关小煤气、空气联动阀门来进行控制。各台温度调节器所控制温度的给定值由一台装有微机的程序器来遥控。这样将烧成曲线存入程序器中，窑内温度就会按给定的曲线自动升温或保温。焙烧不同产品所需要的程序还可存入模块中，更换产品时将相应模块插入程序器就可启动运行。

2. 压力控制

对梭式窑内压力进行自动控制，在烧成全过程窑内可具有一个较为固定的压力值。传统间歇窑采用自然通风，随窑内燃料量、空气量及烟道闸板的变化，窑内压力变化很大。若采用机械排烟，把温度与压力控制分开，温度通过煤气和一次空气联动控制，压力则通过一台带有微机的调节器通过执行电机带动排烟机进口翻板单独进行调节。

3. 气氛控制

燃料燃烧情况是通过煤气、一次空气联动调节进行的，这种联动调节控制可使燃烧在任何情况下都处于完全燃烧状态，使火焰呈中性，$\alpha=1$。氧化气氛是通过改变二次空气流量来实现的。还原气氛则是通过专门设置的还原气氛管道通往燃烧器内，按工艺要求焙烧进入还原阶段，二次空气关闭，与此同时还原煤气通过程序器自动和燃烧器接通，气氛轻重通过改变其流量来实现。

此外，新型梭式窑还要具有比较完善的监测和安全联锁保护系统以及报警装置。

第三节　钟　罩　窑

钟罩窑是一种由窑墙、窑顶构成的整体，形如钟罩、并可移动的间歇窑。其结构基本上与传统的圆形倒焰窑相同。烧嘴沿窑墙周边安装一层或数层，每个烧嘴的安装位置都使火焰喷出方向与窑横截面的圆周成切线方向。钟罩窑常备有两个或数个窑底，在每个窑底上都设有吸火孔、支烟道和主烟道。窑底结构分窑车式和固定式两种。使用时，窑车式钟罩窑先通过液压设备将窑罩提升到一定的高度，然后将装载坯体的窑车推至窑罩下，降下窑罩，严密砂封窑罩与窑车之间接合处，即可开始点火烧成。烧成的制品经冷却至一定温度后，将窑罩提起，推出窑车，并推入另一辆已装好坯体的窑车。固定式钟罩窑则利用吊装设备将窑罩吊起，移至装载好坯体的固定窑底上，密封窑底与窑罩，即可点火焙烧。制品经烧成冷却后，再将窑罩吊起，移至另一个固定窑底上，用于另一座窑的烧成。

这种窑可以取消一般窑炉所需的窑门。但由于窑墙、窑顶是可移动的整体结构，受窑罩结构和吊装设备的限制，故容积不能太大。

由于钟罩窑装卸制品不受窑体限制，与传统倒焰窑相比，大大改善了劳动条件，减轻了劳动强度。这种窑特别适宜于小批量生产。某些采用高速调温烧嘴、轻质内衬材料的钟罩窑，不但减少了窑体蓄热量和散热量，而且大为减轻窑罩的金属钢架结构和吊装设备的负荷。这种窑也可以采用程序控制系统，实现窑炉各阶段自动控制升温。

第四节 蒸 笼 窑

蒸笼窑属于大型瓷件的焙烧设备，窑体为圆形，其高度可达 4m 以上，如图 8-12 所示。

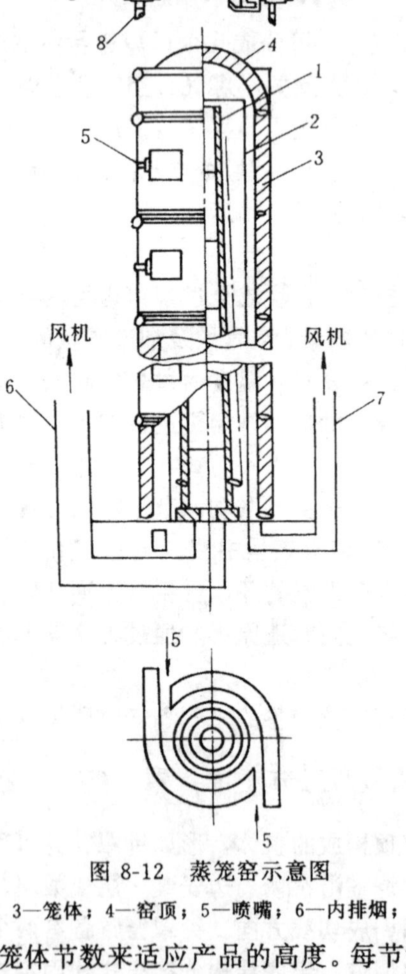

图 8-12 蒸笼窑示意图

1—套管；2—围钵；3—笼体；4—窑顶；5—喷嘴；6—内排烟；7—外排烟；8—吊车

笼体由若干节组成，用增减笼体节数来适应产品的高度。每节笼体上装有 2～4 个沿切线方向布置的烧嘴。为了使产品受热均匀，在被烧制的瓷件周围有一层围钵，火焰主要在窑体与围钵之间流动，围钵上开有小孔，使少量气流与瓷件接触，类似于半马弗结构。蒸笼窑采取了内外分别排烟方式，一部分烟气在围钵外面经吸火孔排走，还有一部分经瓷套内孔排入烟道，这样有利于瓷套内外受热均匀。

传统倒焰窑、平焰窑在高度方向上都存在着温度差，特别是低温阶段温差更大。蒸笼窑虽高，但采用增加笼体节数的办法使上下温差很小。若在蒸笼窑上采用高速烧嘴，可形成强烈旋转气流，使沿高度方向上温差不大于 20℃，并且消除了一般燃烧器喷口处局部过热现象，可以实现无围鉢烧成，火焰直接向制品传热，强化了窑内传热，省去了加热围鉢耗热，简化装出窑操作，为缩短烧成时间节约燃料创造了条件。

习题与思考题

1. 倒焰窑由哪些基本部分组成？各部分的作用是什么？其结构尺寸应根据哪些原则确定？
2. 试用气体垂直分流法则说明倒焰窑在加热及冷却时气体运动的方向。
3. 某厂年产 5000t 粘土砖，作出选型计算以确定窑容积、座数、炉篦、吸火孔、喷火口面积等。
4. 间歇式窑与连续式窑相比有哪些优缺点，间歇式窑发展的主要途径有哪些？
5. 分析若在间歇式窑中获得高温，应采取哪些技术措施？

第九章　玻璃工业窑

玻璃生产中所用的热工设备统称为玻璃窑炉，其中包括玻璃熔窑、退火窑和一些玻璃加工用的窑炉。

熔制玻璃的窑炉有池窑及坩埚窑两大类型，本章以池窑为主，介绍其结构特点及有关的热工特性。对坩埚窑作一般介绍。

第一节　玻璃的熔制过程

玻璃料的熔制是在玻璃熔窑中进行的，为了解玻璃熔窑的结构与性能，必须首先了解玻璃的熔制过程。

按照料方混合好的配合料，经过高温加热形成玻璃液的过程，叫做玻璃的熔制。熔制过程的目的是要获得均匀、纯净、透明、并适合于成形的玻璃液。

玻璃熔制是玻璃制造中的主要过程之一。熔制速度和熔制的合理性对产品的质量、产量和成本的影响很大。

玻璃熔制过程可分为依次进行的五个阶段。

一、硅酸盐形成阶段

配合料入窑后，在高温（约 800～1000℃）作用下迅速发生一系列物理的、化学的和物理-化学的变化，如粉料受热、水分蒸发、盐类分解、多晶转变、组分熔化以及石英砂与其它组分之间进行的固相反应。这个阶段结束时，配合料变成由硅酸盐和游离二氧化硅组成的不透明的烧结物。

二、玻璃液形成阶段

配合料加热到 1200℃时，形成了各种硅酸盐，出现一些熔融体，还剩一些未起变化的石英砂粒。继续升高温度时，硅酸盐和石英砂粒完全熔解于熔融体中，成为含大量可见气泡的、在温度上和化学成分上不够均匀的透明的玻璃液。

硅酸盐形成与玻璃液形成阶段没有明显的界限。硅酸盐形成阶段尚未结束时玻璃液形成阶段已开始。两个阶段所需时间相差很大，硅酸盐形成进行得极为迅速，而玻璃液形成却很缓慢。实际熔制时配合料直接加热到 1300℃左右，硅酸盐形成得快，要划分这两个阶段很困难。所以生产上把这两个阶段视作为一个阶段，称为配合料熔化阶段。

三、玻璃液澄清阶段

玻璃液形成阶段结束时，整个熔融体包含许多气泡和灰泡（小气泡）。从玻璃液中除去肉眼可见的气体夹杂物，消除玻璃液中的气孔组织的阶段称为澄清阶段。当温度升高，玻璃液的粘度迅速降低，使气泡大量逸出。因此，澄清过程必须在较高的温度下进行。

四、玻璃液均化阶段

玻璃液形成后，各部分玻璃液的化学成分和温度都不相同，还夹杂一些不均体。为消除这个不均性，获得均匀一致的玻璃液，必须进行均化。均化过程与澄清过程混在一起，没有明显的界限，可以看作一面澄清，一面均化，而均化的结束往往在澄清之后。

玻璃液的均化主要依靠扩散和对流作用。高温是一个主要条件，因为它可以减小玻璃液的粘度，使扩散作用加强。此外，搅拌是提高均匀性的一个很好的方法。

五、玻璃液冷却阶段

澄清均化后的玻璃液粘度太低，不适于成形，必须把它提高到成形所需的范围，所以玻璃液要均匀冷却到成形温度。根据玻璃性质和成形方法的不同，成形温度比澄清温度低200～300℃。

必须指出，以上五个阶段的作用和变化机理各有特点，互不相同，但又彼此密切联系。在实际熔制过程中各阶段之间没有明显的界限，有些阶段可能是同时或部分同时进行的。

玻璃熔制过程是在玻璃熔窑内实现的。所以玻璃熔窑的结构尺寸、砌筑材料、热工制度等因素都直接影响着玻璃熔制过程。

第二节　玻璃池窑

玻璃池窑是最普遍的一种玻璃熔窑。由于配合料在这种窑的槽形池内被熔化成玻璃液，故名池窑。

一、池窑的分类

1. 按使用热源分

(1) 火焰窑　以燃烧燃料为热能来源。燃料可以是煤气、重油和煤。

(2) 电热窑　以电能作为热量来源。

(3) 火焰—电热窑　以燃料为主要热源，电能为辅助热源。

2. 按熔制过程连续性分

(1) 间歇式窑　玻璃熔制的各个阶段系在窑内同一部位不同时间依次进行，窑的温度制度是变动的。

(2) 连续式窑　玻璃熔制的各个阶段系在同一时间、不同部位同时进行，窑内温度制度是稳定的。

3. 按烟气余热回收设备分

(1) 蓄热式窑　按蓄热方式回收烟气余热。

(2) 换热式窑　按换热方式回收烟气余热。

4. 按窑内火焰流动的方向分

(1) 横焰窑　窑内火焰作横向流动、与玻璃液流动方向相垂直。

(2) 马蹄焰窑　窑内火焰呈马蹄形流动。

(3) 纵焰窑　窑内火焰作纵向流动、与玻璃液流动方向相平行。

池窑内气体流动方向如图 9-1。

5. 按制造的产品分

(1) 平板玻璃窑　制造平板、压延等玻璃。

(2) 日用玻璃窑　制造瓶罐、器皿、化学仪器、医用、电真空及其它工业玻璃。

6. 按窑的规模分

大型窑—日产玻璃液 150～400t；

中型窑—日产玻璃液 50～150t；

小型窑—日产玻璃液 50t 以下。

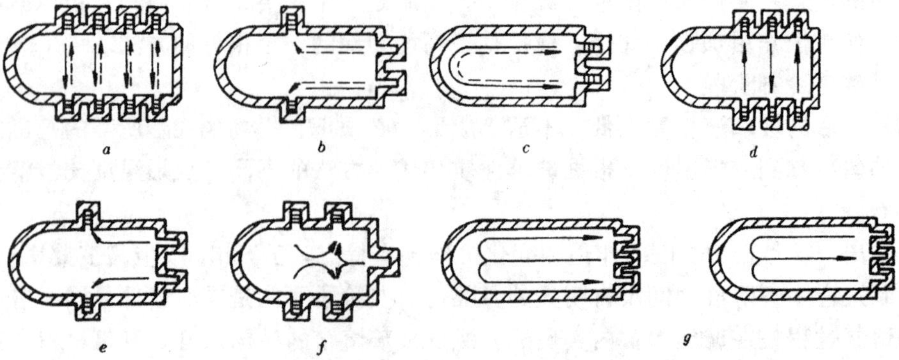

图 9-1　池窑内的气体流动方向

a—横火焰窑；*b*—蓄热式纵火焰窑；*c*，*g*—马蹄形火焰窑；*d*—横火焰窑；*e*—换热式纵火焰窑；*f*—联合火焰窑

二、池窑结构

根据我国目前能源情况，玻璃池窑基本上都采用火焰池窑，火焰池窑结构包括：玻璃熔制，热源供给，余热回收，排烟供气四大部分。图 9-2 为典型的蓄热式横焰池窑的立体图，各部分的结构和作用分述如下。

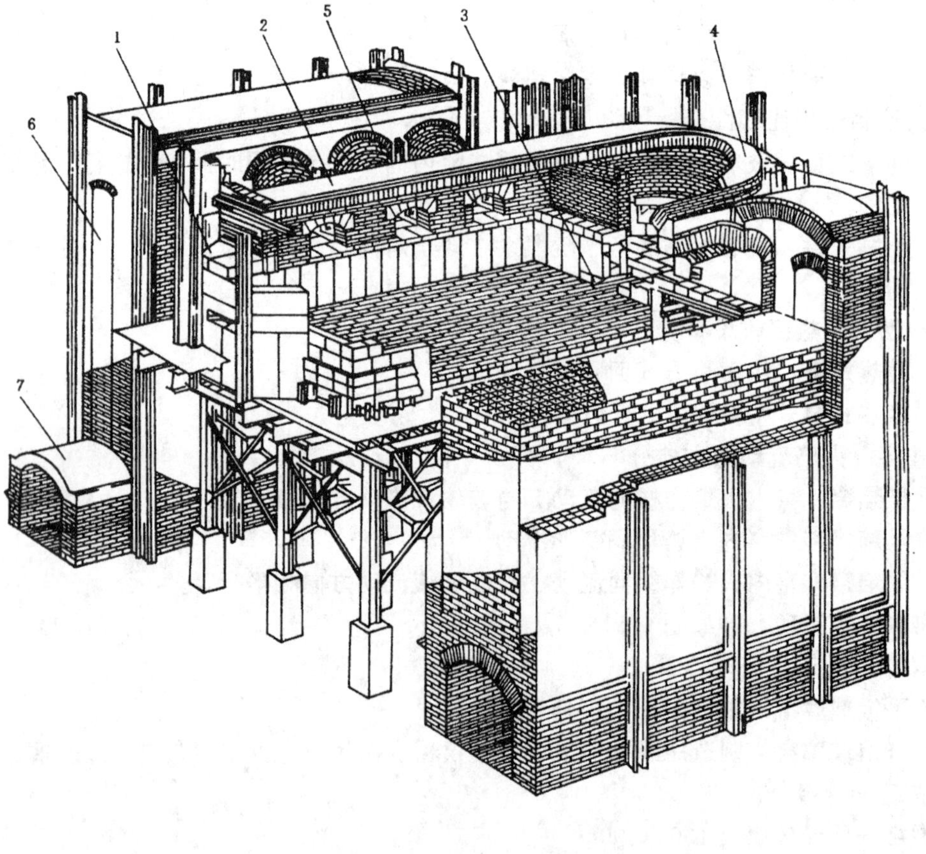

图 9-2　蓄热式横焰池窑立体图

1—投料口；2—熔化部；3—流液洞；4—冷却部；5—小炉；6—蓄热室；7—烟道

1. 玻璃熔制部分

(1)熔化部　它是进行配合料熔化和玻璃液澄清、均化的部分，鉴于采用火焰表面加热的熔化方法，熔化部分为上下两部分。上部称为火焰空间，下部称为窑池，如图 9-3 所示。

火焰空间充满来自热源供给部分的炽热火焰气体，在此，火焰气体将自身热量传给玻璃液、窑墙和窑顶。火焰空间应使燃料完全燃烧，保证供给熔化、澄清所需的热量(尚需留有一定余量)，在结构上应尽量减少向外界散热。

火焰空间由胸墙和大碹构成。为便于热修，胸墙和大碹单独支承。

窑池是配合料熔化成玻璃液并进行澄清的地方，它应能供给足够量的熔化完全、透明的玻璃液。

窑池由池壁和池底两部分构成。池壁和池底均用大砖砌筑，为便于大砖制造，减少材料加工量和施工方便，窑池基本上都呈长方形或正方形。

窑池始端连接一个投料池，配合料在此入窑。

(2) 投料口　配合料从投料口投入窑内，受火焰空间和玻璃液传来的热量，在投料口处配合料部分熔融(尤其是表面)，可以大大减少窑内的粉料飞扬，同时也改善了投料口处的操作环境和保护了投料机不被烧损。

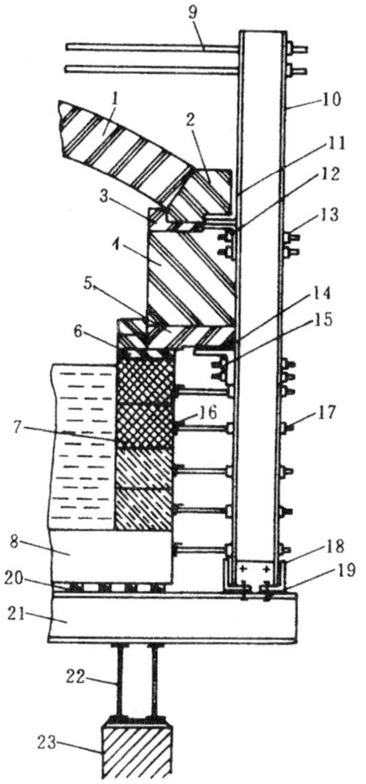

图 9-3　横焰窑熔化部剖面图

1—窑顶（大碹）；2—碹脚（碹碴）；3—上间歇砖；4—胸墙；5—挂钩砖；6—下间歇砖；7—池壁；8—池底；9—拉条；10—主柱；11—碹脚（碴）角钢；12—上巴掌铁；13—联杆；14—胸墙托板；15—下巴掌铁；16—池壁顶铁；17—池壁顶丝；18—柱脚角钢；19—柱脚螺栓；20—扁钢；21—次梁；22—主梁；23—窑柱

投料口有两种位置，设在窑纵轴前端的称正面投料。设在窑纵轴侧面的称侧面投料。横焰窑都用正面投料，纵焰窑都用侧面投料，马蹄焰窑多用侧面投料，个别的为正面投料。

(3) 冷却部　它是熔化好的玻璃液进一步均化和冷却的部位，也是将玻璃液分配给各供料通路的部位。冷却部应供纯净、透明、均匀且具有既定温度的玻璃液。

(4) 分隔装置　在熔化部和冷却部之间的气体空间和窑池玻璃液中都设有分隔装置。

1)气体空间的分隔装置　为使熔化澄清好的玻璃液迅速冷却和减少溶化部作业制度波动对冷却部的影响，在熔化部和冷却部之间的气体空间设了分隔装置。分隔装置有完全分隔和部分分隔两种。完全分隔可以免除熔化部向冷却部散热，减少熔化部的热量支出，减轻了冷却部散热的负担，减少了冷却部的面积，完全分隔后，冷却部的温度只受玻璃液流动的影响，便于控制。但用低热值燃料时，由于冷却部玻璃液温度较低，需熔化部给予一部分热量时，则不能完全分隔。分隔方法如图 9-4。

2) 玻璃液分隔装置　为使熔化澄清好的玻璃液迅速冷却，挡住液面上未熔化砂粒和浮渣，以及调节玻璃液流，在熔化部和冷却部之间的窑池中设了分隔装置。其装置有浅层和深层分隔两种。浅层分隔目前有卡脖和冷却水管两种，深层分隔装置有流液洞、窑坎等。各种玻璃液分隔装置如图 9-5。

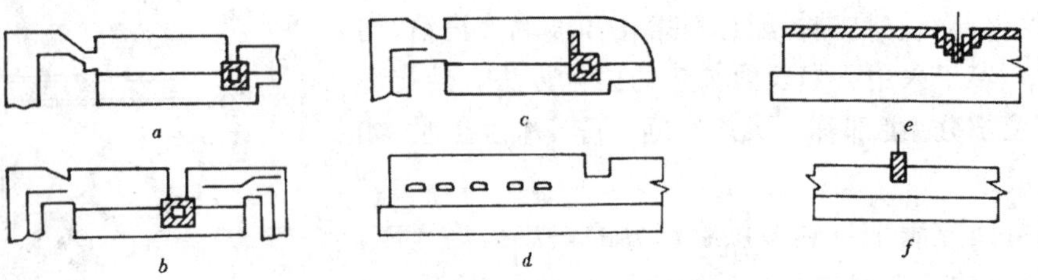

图 9-4　气体空间分隔

a、b—完全分隔；c—花格墙；d—矮碹；e—吊矮碹；f—吊墙

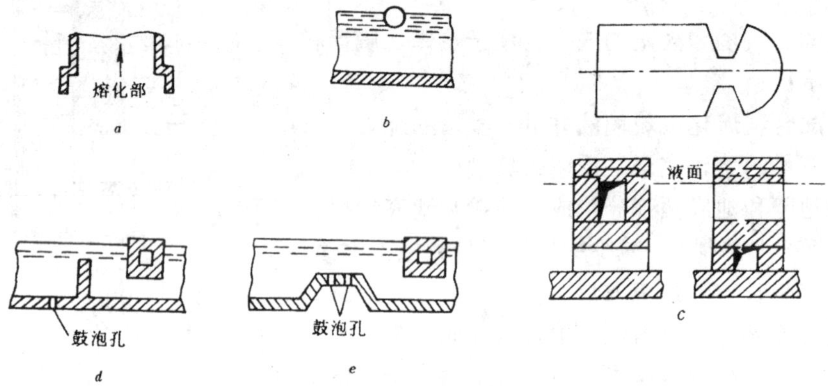

图 9-5　玻璃液分隔装置

a—卡脖；b—冷却水管；c—流液洞；d—窑坎（挡墙式）；e—窑坎（斜坡式）

2. 热源供给部分　为供给热源，设置了燃料燃烧设备，俗称小炉。小炉结构应保证火焰有一定长度，有足够大的覆盖面积，紧贴玻璃液面、不发飘、不分层，还要满足窑内所需的温度和气氛的要求。小炉结构随燃料种类不同略有不同。其结构包括空气、煤气通道、舌头、预燃室和喷火口四部分。烧发生炉煤气的小炉结构如图 9-6 所示

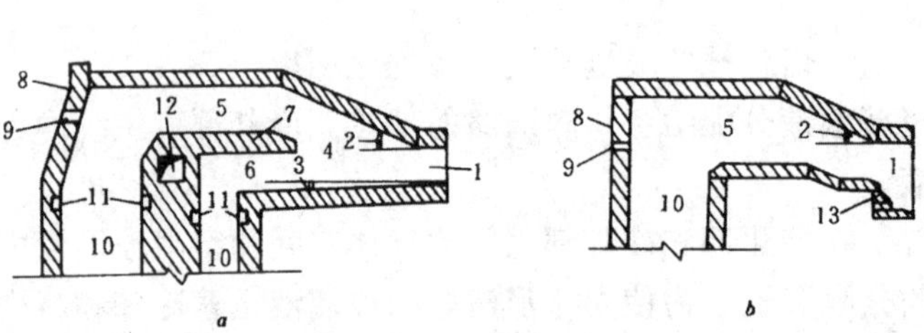

图　9-6　小炉结构

a—烧煤气小炉；b—烧油小炉

1—喷出口；2—空气下倾角；3—煤气上倾角；4—预燃室；5—空气水平通道；6—煤气水平通道；7—舌头；8—后墙；9—看火孔；10—垂直上升道；11—闸板台；12—风洞；13—喷嘴砖

(1) 空气、煤气通道　这是经过加热的空气、煤气离蓄热室后，在进预燃室会合之前流过的一段通道。空气、煤气在通道内继续加热。空气、煤气通道也是烟气从火焰空间排

至蓄热室所经过的通道。由直立和水平通道组成。

(2) 舌头　它是分隔空气、煤气的水平通道。舌头的长短、厚薄和形状对火焰长度和发飘情况有很大关系。

舌头的长度盖过煤气上升道，其超过煤气上升道的一段长度叫做探出长度，探出长度能控制煤气向上倾角和空气、煤气的混合，以及预燃程度。

舌头的形状有拱舌和平舌两种。目前都用拱舌，它能克服火焰发飘，尤其是喷出口礅碴处火焰发卷的现象，使火焰能平射喷出。

(3) 预燃室　它是空气、煤气出水平通道后，籍助气流涡动、分子扩散和相互撞击，在入窑前预先进行部分混合和燃烧的地方。因为混合速度远较燃烧速度慢，为了保证煤气在窑内完全燃烧，故设预燃室。由此可见，预燃室长度是一个重要的结构指标，它是空气、煤气混合燃烧的路程，也反映了混合燃烧时间。

(4) 喷火口　它是喷出火焰的地方。火焰由此入窑。喷火口的形状、大小和长度对喷出火焰的速度、厚度、阔度和方向有很大的影响。

燃油小炉结构比烧煤气小炉简单些。它使用油喷嘴，没有煤气通道、舌头，甚至没有预燃室。

3. 余热回收部分

为了提高窑内火焰温度，设置了烟气余热回收设备。利用烟气余热来加热助燃空气和煤气，预热的空气、煤气可以加速燃烧，提高火焰温度和节省燃料。

烟气余热回收设备有蓄热室、换热器和余热锅炉。

图 9-2 所示的为具有蓄热室的池窑。蓄热室是用耐火砖（格子砖）作蓄热体，蓄积从窑内排出烟气的部分热量，来加热进入窑内的空气、煤气。蓄热室结构简单，可加热大量气体，并且可以把冷气体加热到较高温度。但蓄热室系间歇作业，加热温度不稳定，当用连续式池窑时必须成对配置，并且一定要使用交换器。

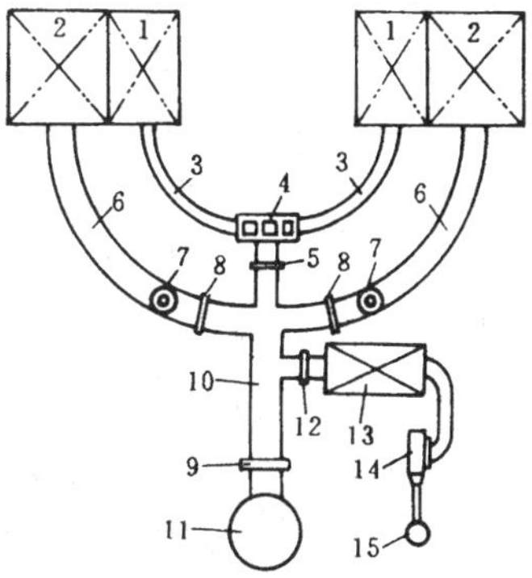

图 9-7　排烟供气系统

1—煤气蓄热室；2—空气蓄热室；3—煤气烟道；4—跳罩式煤气交换器；5—中间闸板；6—空气烟道；7—圆盘阀；8—水冷闸板；9—大闸板；10—总烟道；11—大烟囱；12—废热锅炉闸板；13—废热锅炉；14—排烟泵；15—小烟囱

4. 排烟供气装置

为使池窑作业连续、正常、有效地进行，设置了一套排烟供气系统。包括交换器，空气、煤气烟道，中间烟道，鼓风机，总烟道，烟囱等，图 9-7 是烧煤气排烟供气系统。

交换器是气体换向设备，它能依次向窑内送入空气、煤气以及由窑内排出烟气。此外，还能调节气体流量和改变气体流动方向。交换器的类型较多，图 9-8 所示的是闸板式交换器。

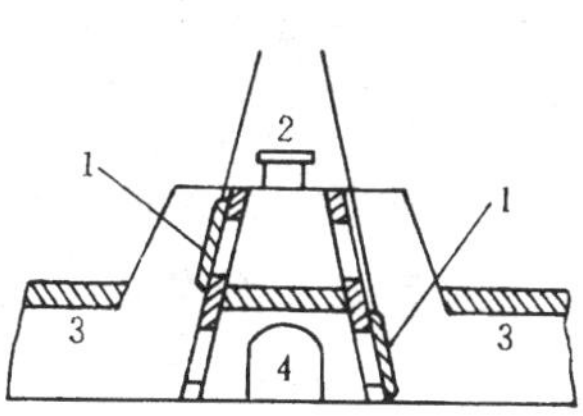

图 9-8　闸板式交换器

1—闸板；2—空气入口；3—空气通道（通空气蓄热室）；4—总烟道（通烟囱）

烟道除用作排烟供气外，还能通过闸板调节气体流量和窑内压力。在中间烟道和总烟道上都设闸板。中间烟道闸板用来调节烟气在空气、煤气蓄热室中的分配，因而也能调节煤气预热温度。

三、玻璃池窑的工作原理

在大型池窑内，经常存放一千吨或一千吨以上的玻璃液。这些玻璃液在窑内进行着复杂的流动，对生产影响很大。

1. 窑池内玻璃液的流动

在连续式玻璃池窑内，玻璃熔化的各个阶段是在同一时间、不同地区进行着。正因为这一特点，就决定了它在窑内沿着物料前进方向的温度分布是不同的。窑内温度制度的确定，主要是根据玻璃熔化过程，满足各个阶段所要达到的温度。在窑池的纵向和横向上，玻璃液都存在温度差，纵向的温差可由各阶段的温度分布看出，而横向温差则是窑中心温度高，两侧靠池墙的玻璃液温度低。

玻璃液的密度与温度成反比变化，因此，玻璃液的温度差引起了玻璃液的密度差，在窑池内有着不同密度的玻璃液，就不免要产生流动。现取窑池中两个截面来讨论：

如图 9-9 所示，设 A 是温度较高的部位，B 是温度较低的部位，在 A 处的玻璃液密度为 ρ_1，B 处的玻璃液密度为 ρ_2，显然 $\rho_2 > \rho_1$。

假定用隔板把 A、B 两处隔开，使其间玻璃液互不流动，而仍维持它们对窑底的静压强相同，即

$$P = H_1\rho_1 g = H_2\rho_2 g$$

式中　H_1、H_2——A、B 两处的液面高度，m

由于 $\rho_2 > \rho_1$，因此 $H_1 > H_2$，密度差愈大，高度差也愈大。如果将隔板移开，A 处上部的玻璃液自动流向 B 处，由于这一流动，引起液面高度的变化，两处的静压强分布当然也就产生相应的变动。

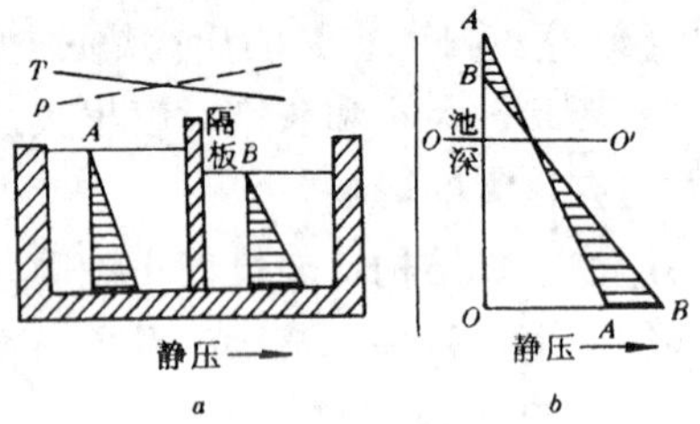

图 9-9　沿池深玻璃液的静压分布

从图 9-9 中 A、B 两处静压分布的重叠投影可以看出，在 O-O' 截面以上，A 处玻璃液的静压大于同一水平面 B 处的静压，故玻璃液是由 A 流向 B，O-O' 截面以下，B 处玻璃液的静压较同一水平面 A 处为大，故玻璃液又由 B 流向 A。如果不考虑其它外界影响，当 A、B 液面达到这样一个高度时，即由 A 流向 B 的玻璃液相当于 B 流向 A 的量，这时玻璃液的高度就处于稳定，而 A、B 两处的玻璃液在不同高度进行着稳定的循环的流动，通常把这种流动称为玻璃液的自然对流。

玻璃液流动的推动力乃是由于密度差而引起的静压差，而静压差的大小首先决定于温度的分布，如果其它条件不变，玻璃液流程上温度梯度愈大，对流也愈激烈。

其次是决定玻璃液的密度和温度的关系，玻璃液的密度随温度变化越大，对流也相应地增大。此外，窑池深度也有一定的影响，通常是窑池愈深，对流也就愈激烈。

但是，玻璃液流动时，必须克服各层相互滑动的摩擦力。因而它又和玻璃液的粘度有关，而粘度的大小除决定于玻璃成分外，与所处的温度也有关系。众所周知，玻璃液粘度在高温时随温度变化小，低温时随温度变化大，所以，窑池表面层的玻璃液流速大，越向下，粘度增长越快，流速越来越小，到接近池底时已成为不动层。

窑的结构也影响着对流，因窑结构不同而造成散热条件不同，引起对流的差异，玻璃液分隔装置对玻璃液流动有很大影响。

其它如投料推力、成型速度、火焰空间温度分布、火焰长度、小炉喷出口火焰下倾角等都能引起玻璃液对流的某些变动。

池窑中的玻璃液流，按其流动方向的不同可分为：纵流、横流及回旋流。

纵流是沿窑长方向流动的液流，又有直流和回流之分。在玻璃液表面，由热点流向投料口和由热点流向成形部的液流称直流。从深层流回至澄清带的液流称为回流。由池底升起的玻璃液流，从热点流向各个方面，因此热点也被称为液流源泉。

横流是在窑宽方向上，窑中心温度高于两侧池墙，因而自热点中心向两旁引起的玻璃液的横向流动。

回旋流是纵流、横流搅合一起形成的回旋流动。

图 9-10 为由热点形成的纵流（a)、横流(b) 示意图。

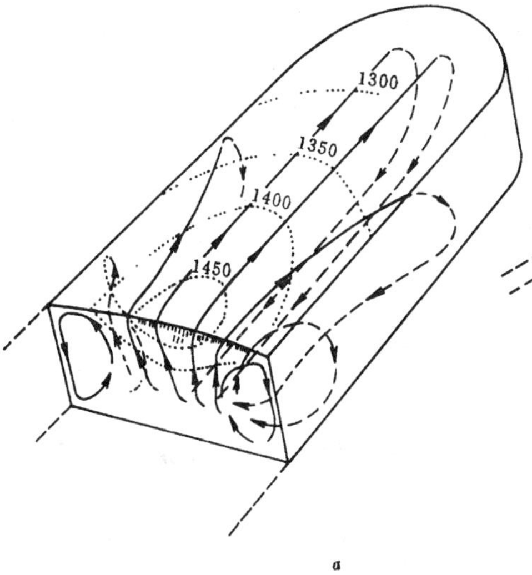

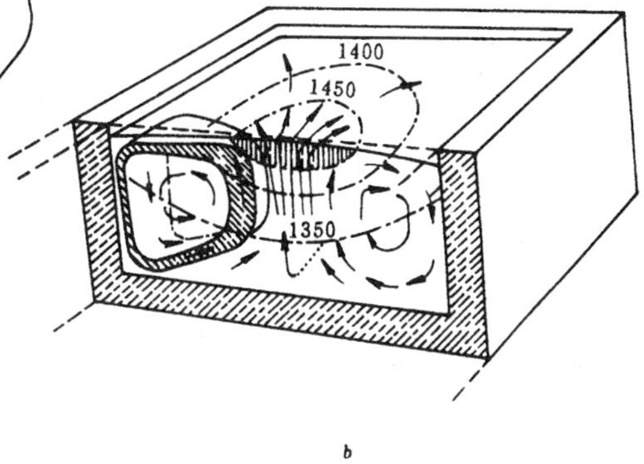

图 9-10　由热点形成的液流

2. 池窑内热交换

在目前普遍采用火焰作表面加热的熔窑内，加热过程是在窑内火焰空间、玻璃液和配合料内进行的。其中存在固体、液体、气体本身及相互间的热交换。

（1）火焰空间内的热交换　池窑火焰空间内存在着火焰—玻璃液，火焰—窑体，窑体—玻璃液之间复杂的热交换过程。这些热交换主要包括热辐射和热对流两种传热方式。据研究资料指出，火焰和窑体传给玻璃液的热量约 90％是以辐射方式，10％以对流方式进行。其传热量通常用以下公式表示。

当窑体内表面对外热损失等于火焰以对流方式传给窑体的热量时

$$T_L = T_m^4 + \frac{\varepsilon_g[1+\varphi_{L.m}(1-\varepsilon_g)(1-\varepsilon_m)]}{\varepsilon_g+\varphi_{L.m}(1-\varepsilon_g)[\varepsilon_m+\varepsilon_g(1-\varepsilon_m)]}(T_g^4-T_m^4)$$

$$\Phi = E_m\varepsilon_g\varepsilon_m\frac{1+\varphi_{L.m}(1-\varepsilon_g)}{\varepsilon_g+\varphi_{L.m}(1-\varepsilon_g)[\varepsilon_m+\varepsilon_g(1-\varepsilon_m)]}(T_g^4-T_m^4)$$

式中　T_L——窑体温度，K；

T_g——火焰温度，K；

T_m——物料的温度，K；

ε_m——火焰的黑度；

ε_m—— 物料的黑度；

$\varphi_{L.m}$—— 窑体对物料辐射角系数，$\varphi_{L.m}=\dfrac{F_L}{F_m}$；

F_L——窑体内表面积，m^2；

F_m——物料的总表面积，m^2；

Φ——窑内物料单位时间内所得到的净热量，kJ/h。

由上式可知，如果提高火焰温度，或降低玻璃液温度，都能使物料所得净热量增大。但其中物料温度不能任意变更，它要符合熔制工艺所提出的要求，因而提高火焰温度具有重大作用。然而，火焰温度常常受到窑体耐火材料性能的限制，因为火焰温度与窑体的温度有关，在实际计算中，往往先确定窑体温度的大小，然后据此而定出火焰温度的数值。窑体温度必须定得恰当，如过高，会使窑体烧损加剧，也使玻璃液的质量降低。过低，又会减弱熔窑的熔化能力，不能很好发挥窑的潜在能力，因此窑体温度的确定是设计中值得考虑的问题。

由上式可看出：

$$\varepsilon_g=1\text{ 时}，\quad T_L=T_g$$

$$\varepsilon_g=0\text{ 时}，\quad T_L=T_m$$

实际上，$1>\varepsilon_g>0$，因此，$T_g>T_L>T_m$。

火焰黑度越大，使窑体温度趋向于火焰温度，火焰黑度越小，窑体温度就趋向于物料温度。

应该指出：火焰和窑体都对玻璃液辐射，如果火焰的黑度很大，则窑体的辐射热量很少能达到玻璃液，因为辐射热量在途程中已被气体（火焰）吸收，这时主要靠火焰的辐射热量来加热玻璃液。

(2) 玻璃液内的热交换　玻璃液之间也同样进行着复杂的热交换。玻璃液内的传热方式以辐射和传导为主，对流也起一定作用。

通过液面向深层玻璃液的传热过程有：

火焰与窑衬对玻璃液面的辐射传热，以及液面向火焰空间的反射。

透过玻璃液的辐射传热，向下层玻璃液辐射以及向池壁、池底辐射。

玻璃液的对流传热与玻璃液的流动同时发生。

传导传热是发生在高温表面把热量传给低温的深层，导热系数随玻璃液的性质和温度不同而不同，一般随温度升高而增加。

(3) 配合料内的导热　窑内配合料料堆是一种多孔性烧结体，其内含有大量气体。因而导热系数极小。当烧结体密度为 $1000kg/m^3$ 时，其导热系数仅为 0.964　W/(m.℃)，在这样小的导热系数下，料堆很厚时，要把热量传给下层极为困难。

但在窑池内熔制时，单位表面配合料从火焰空间吸收的热量比玻璃液要多两倍左右，加上在投料池的预熔，使配合料入窑后不久，表面就熔化，向下流散，带走了热量，充填孔隙，加快了下层配合料的熔化，同时，从热点流向投料口的玻璃液也加热着配合料的下层，所以，配合料入窑不久就改变了原来的状态，形成一种粘稠的带有许多翻腾气泡的玻璃液，使传热状况大为改善。

第三节 坩 埚 窑

坩埚窑是在窑内放置坩埚，在坩埚内将配合料熔化成玻璃液的。

坩埚窑与池窑相比，窑结构简单，造价较低，建造快，宜于迅速投产，其操作制度易调节，并可采用机械搅拌，延长保温时间等方法生产均匀性较好，质量较高的玻璃。同时，它对工艺的适应性强，可以随时换料或同时在不同坩埚内熔制几种性质和熔制制度相近的玻璃。目前，用于生产的坩埚窑都是间歇作业的，故其产量小，热效率较低，不易实现机械化，玻璃液利用率低，因而生产效率不高。与此同时，坩埚本身的制造也较复杂，换坩埚时劳动强度较大，这些都是不利因素。尽管如此，坩埚窑仍有它的适用性，它适用于生产量少，品种多，产品质量较高或具有某些特殊性能的玻璃，如光学玻璃，晶质玻璃，仪器玻璃等。同时，也适用进行科学研究或试制新品种玻璃。

一、坩埚窑的分类

坩埚窑可以按照本身的特点来分类。

1. 按气体（火焰）流动的方向分，按气体流动方向可分成倒焰式、平焰式与综合火焰三种。如图 9-11 所示。

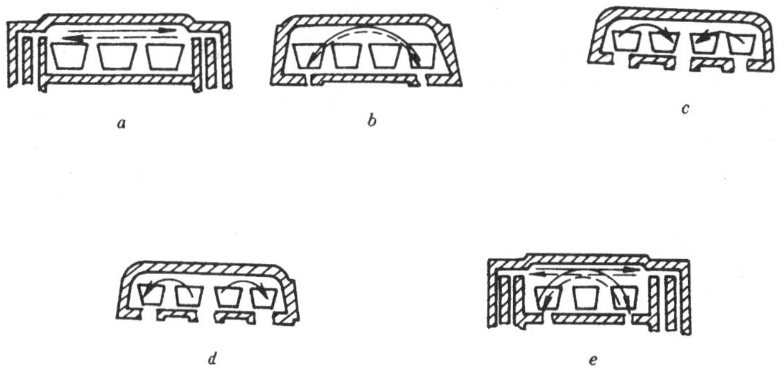

图 9-11 坩埚窑内气体流动方向

a— 平焰式；*b*— 倒焰式蓄热室坩埚窑；*c*、*d*— 倒焰式换热器坩埚窑；*e* —综合火焰窑

所谓倒焰式乃是火焰起初向上，然后自上向下进行流动，温度沿整个坩埚窑的高度均匀分布，玻璃熔制的均匀性较好，可以熔制高级玻璃，但是，由于自窑底抽出烟气，使窑的底部温度较高，坩埚底部受到强烈的侵蚀，加速坩埚的损坏。

平焰窑的特点是火焰在坩埚的上面流动，窑底部的气体温度较低，对坩埚底部起到一定保护作用。可以在高温下熔制，增加对粉料的热传递，从而提高窑的生产率，减少燃料消耗量，提高窑的热效率。但在操作中，温度沿坩埚窑的高度分布不理想，特别是在成形阶段，上部温度降低，窑底的温度更低，使操作难以进行。在蓄热式坩埚窑中，可采用综合火焰的形式，即设有两套燃烧设备，既有平焰也有倒焰。在熔化和澄清阶段，是以平焰式进行高温熔制，而在冷却和成形阶段则以倒焰式来改善温度的均匀分布。

2. 按坩埚类型分

按坩埚类型可分成开口和闭口坩埚 两 种 。 如图 9-12。

开口坩埚由于玻璃液直接与火焰接触，故传热好，熔化快，产量大。根据窑内放置坩埚的数量，又有单坩埚、双坩埚之分。这两种窑主要用来熔制光学玻璃。

闭口坩埚内玻璃液不和火焰接触，由坩埚壁间接传热，故熔化慢，产量小，但玻璃液不会被污染，也不受气氛性质的影响。可用来熔化铅玻璃及各种有色玻璃。

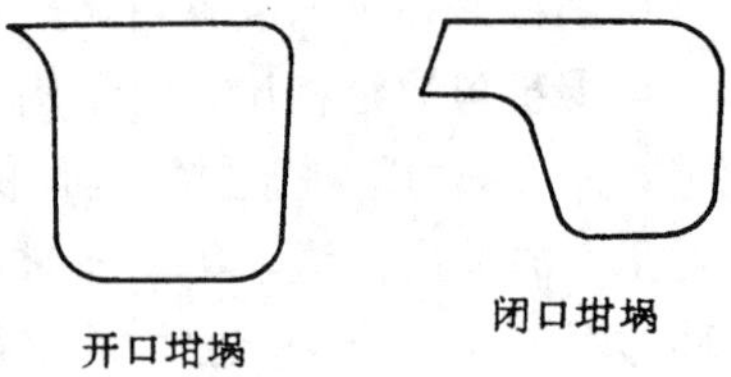

图 9-12　坩埚形状图

3. 按燃料燃烧的程度分

按燃料燃烧的程度可分成直火式（完全燃烧）与半煤气式（不完全燃烧）坩埚窑两种。

4. 按余热回收方式分

以燃料化学能为热源并按余热回收方式分为蓄热式和换热式两大类。

蓄热式坩埚窑比换热式的热回收率高，因而空气预热温度较高，相应的火焰温度也较高，用开口坩埚时可使窑的热效率提高。但用开口坩埚的蓄热式坩埚窑时，要求所有坩埚同时加料、熔化、冷却和成形。

换热式坩埚窑中的换热器可用金属换热器或陶质换热器。金属换热器的气密性好，传热效果较佳，但要求其材料能耐高温和耐腐蚀。而陶质换热器的气密性虽不如金属换热器，但有耐高温和耐腐蚀的特性，因而得到广泛的应用。

二、坩埚窑的构造

坩埚窑由炉膛、燃烧设备、加料设备、余热利用设备、排气和送风设备、气体通道、闸门及交换器所组成。其中一些内容已在池窑一节中述及，此处仅以闭口坩埚的换热式坩埚窑为例介绍其结构特点。半煤气坩埚方炉如图 9-13。

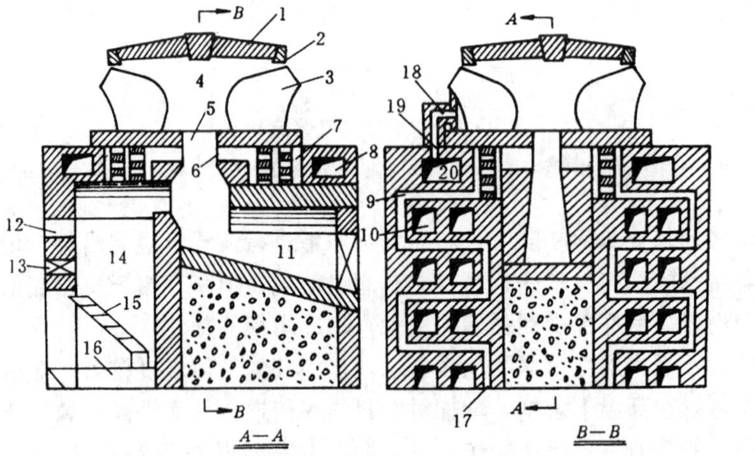

图 9-13　半煤气坩埚方炉简图

1—炉盖；2—炉边；3—坩埚；4—炉膛；5—喷火口；6—二次空气出口（出风口）；7—方风道；8—圈火道；9—风道；10—火道；11—漏料坑；12—加煤口；13—抽砖（观察或清渣用）；14—半煤气火箱；15—炉栅；16—水箱；17—二次空气进口；18—小火道；19—吸火口；20—圈火道

1. 炉膛

一种广泛采用的闭口坩埚的换热式坩埚窑的炉膛，由窑底、窑柱、窑墙和窑顶等四部分组成。它是燃烧和传热的火焰空间。

窑底俗称炉盘，是炉膛的底座。炉盘的中间是喷火口，喷火口的周围均匀分布着6～12个坩埚。每个坩埚的外侧各相应有一吸火孔。

炉盘处于高温之下，承受荷重且受玻璃液的侵蚀，在生产期间又不能任意更换，故应选用优质耐火材料。

窑柱俗称炉腿，它位于两个坩埚之间，其作用是用来支承窑顶。

窑墙对炉膛起围蔽保温作用，是临时性砌筑物。更换坩埚时拆除，换完坩埚后再砌好。窑墙用标准粘土砖砌成。窑墙下部设一小火道，使离窑烟气经小火道进入吸火孔。为防止坩埚破裂时漏出的玻璃液从吸火孔流入圈火道，故小火道底应高出炉盘一定高度。

窑顶俗称炉盖。它长期承受高温作用，尤其是炉心处直接承受火焰冲击，故应选用优质耐火砖砌筑。炉盖距离炉盘的高度与火焰分布有关，直接影响炉温。

由窑底、窑柱、窑墙和窑顶所组成的窑膛形状有圆形、椭圆形和矩形三种。选用时根据坩埚形状、窑的大小和加热方法而定。

2. 燃烧设备

半煤气坩埚窑的燃烧设备是半煤气火箱和喷火筒式燃烧设备（见图9-16）。煤加入半煤气火箱燃烧，产生部分可燃气体（煤气）和燃烧产物。喷火筒设在炉盘中心的下面。喷火筒式燃烧设备的喷火口多为圆形（也有方形）。煤气从底下进入，二次空气从炉盘下圆筒四周以一定的角度进入并与煤气相遇而混合，部分煤气在这里预燃。预燃过多，将使喷火口温度过高而烧坏，并降低了窑膛温度，影响玻璃熔化。预燃过少，也会影响煤气和炉膛内充分燃烧，同样会降低窑膛温度。

若采用重油为燃料时，喷火筒结构不变，只需将半煤气火箱换以油喷嘴即可。此时油喷嘴的安装位置很重要，它关系到炉温、炉龄、油耗等技术经济指标。对油喷嘴安装位置的要求是：高温区应在窑膛中心，要达到完全燃烧且应尽量减轻对喷火口的烧损，调整油喷嘴要方便等。

思考题

1. 玻璃池窑的工作原理是什么，池窑由哪几部分构成，每个组成部分的作用及结构特点各是什么？
2. 池窑内玻璃液流动的主要原因是什么，影响玻璃液流动的因素都有哪些？
3. 玻璃池窑内火焰空间及玻璃液内热交换的特点各是什么，影响热交换的因素有哪些？
4. 坩埚窑的工作原理是什么？坩埚窑由哪些基本部分组成？

附录 1 干空气的热物理性质

(P =760mmHg≈1.01×10^5Pa)

t (℃)	ρ (kg/m^3)	C_p 〔kJ/ (kg・℃)〕	$\lambda\times10^2$ 〔W/ (m・℃)〕	$\alpha\times10^6$ (m^2/s)	$\mu\times10^6$ (Pa・s)	$\nu\times10^6$ (m^2/s)	Pr
−50	1.584	1.013	2.04	12.7	14.6	9.24	0.728
−40	1.515	1.013	2.12	13.8	15.2	10.04	0.728
−30	1.453	1.013	2.20	14.9	15.7	10.80	0.723
−20	1.395	1.009	2.28	16.2	16.2	11.61	0.716
−10	1.342	1.009	2.36	17.4	16.7	12.43	0.712
0	1.293	1.005	2.44	18.8	17.2	13.28	0.707
10	1.247	1.005	2.51	20.0	17.6	14.16	0.705
20	1.205	1.005	2.59	21.4	18.1	15.06	0.703
30	1.165	1.005	2.67	22.9	18.6	16.00	0.701
40	1.128	1.005	2.76	24.3	19.1	16.96	0.699
50	1.003	1.005	2.83	25.7	19.6	17.95	0.698
60	1.060	1.005	2.90	26.2	20.1	18.97	0.696
70	1.029	1.009	2.96	28.6	20.6	20.02	0.694
80	1.000	1.009	3.05	30.2	21.1	21.09	0.692
90	0.972	1.009	3.13	31.9	21.5	22.10	0.690
100	0.946	1.009	3.21	33.6	21.9	23.13	0.688
120	0.898	1.009	3.34	36.8	22.8	25.45	0.686
140	0.854	1.013	3.49	40.3	23.7	27.80	0.684
160	0.815	1.017	3.64	43.9	24.5	30.09	0.682
180	0.779	1.022	3.78	47.5	25.3	32.49	0.681
200	0.746	1.026	3.93	51.4	26.0	34.85	0.680
250	0.674	1.038	4.27	61.0	27.4	40.61	0.677
300	0.615	1.047	4.60	71.6	29.7	48.33	0.674
350	0.566	1.059	4.91	81.9	31.4	55.46	0.676
400	0.524	1.068	5.21	93.1	33.0	63.09	0.678
500	0.456	1.093	5.74	115.3	36.2	79.38	0.687
600	0.404	1.114	6.22	138.3	39.1	96.89	0.699
700	0.362	1.135	6.71	163.4	41.8	115.4	0.700
800	0.329	1.156	7.18	188.8	44.3	134.8	0.713
900	0.301	1.172	7.63	216.2	46.7	155.1	0.717
1000	0.277	1.185	8.07	245.9	49.0	177.1	0.719
1100	0.257	1.197	8.50	276.2	51.2	199.3	0.722
1200	0.239	1.210	9.15	316.5	53.5	233.7	0.724

附录 2 在大气压力（$P=1.01\times10^5$Pa）下烟气的热物理性质

（烟气中组成成分：CO_2%=13%；H_2O%=11%；N_2%=76%）

t (℃)	ρ (kg/m³)	C_P 〔kJ/(kg·℃)〕	$\lambda\times10^2$ 〔W/(m·℃)〕	$a\times10^6$ (m²/s)	$\mu\times10^6$ (Pa·s)	$\nu\times10^6$ (m²/s)	Pr
0	1.295	1.042	2.28	16.9	15.8	12.20	0.72
100	0.950	1.068	3.13	30.8	24.4	21.54	0.69
200	0.748	1.097	4.01	48.9	24.5	32.80	0.67
300	0.617	1.122	4.84	69.9	28.2	45.81	0.65
400	0.525	1.151	5.70	94.3	31.7	60.38	0.64
500	0.457	1.185	6.56	121.1	34.8	76.30	0.63
600	0.405	1.214	7.42	150.9	37.9	93.61	0.62
700	0.363	1.239	8.27	183.8	40.7	112.1	0.61
800	0.330	1.264	9.15	219.7	43.4	131.8	0.60
900	0.301	1.290	10.00	258.0	45.9	152.5	0.59
1000	0.275	1.306	10.90	303.4	48.4	174.3	0.58
1100	0.257	1.323	11.75	345.5	50.7	197.1	0.57
1200	0.240	1.340	12.62	392.4	53.0	221.0	0.56

附录 3 气体的平均定压比热

〔kJ/(m³·℃)〕

温度 (℃)	C_{RO_2}	C_{N_2}	C_{O_2}	C_{H_2O}	C_{CO}	C_{H_2}	C_{H_2S}	C_{CH_4}	$C_{C_2H_4}$	$C_{烟气}$	$C_{干空气}$	$C_{湿空气}$
0	1.6203	1.2992	1.3075	1.4913	1.302	1.277	1.516	1.566	1.767	1.424	1.3008	1.3247
100	1.7199	1.3013	1.3193	1.5018	1.302	1.290	1.541	1.654	2.106	1.424	1.3050	1.3289
200	1.8079	1.3029	1.3368	1.5173	1.310	1.298	1.574	1.767	2.328	1.424	1.3096	1.3339
300	1.8807	1.3080	1.3582	1.5378	1.319	1.302	1.608	1.892	2.529	1.440	1.3180	1.3427
400	1.9435	1.3172	1.3628	1.5592	1.331	1.302	1.645	2.022	2.721	1.457	1.3301	1.3553
500	2.0453	1.3293	1.4005	1.5830	1.344	1.306	1.683	2.144	2.893	1.474	1.3440	1.3695
600	2.0591	1.3419	1.4193	1.6077	1.361	1.310	1.721	2.269	3.048	1.491	1.3582	1.3837
700	2.1076	1.3553	1.4369	1.6337	1.373	1.315	1.758	2.382	3.190	1.507	1.3724	1.3984
800	2.1516	1.3682	1.4528	1.6601	1.390	1.319	1.796	2.495	3.341	1.520	1.3862	1.4126
900	2.1914	1.3816	1.4662	1.6864	1.403	1.323	1.830	2.596	3.450	1.532	1.3992	1.4260
1000	2.2265	1.3938	1.4800	1.7132	1.415	1.327	1.863	2.696	3.567	1.545	1.4118	1.4390
1100	2.2592	1.4055	1.5336	1.7396	1.428	1.336	1.892	2.784		1.557	1.4235	1.4511
1200	2.2885	1.4164	1.5022	1.7656	1.440	1.344	1.922	2.872		1.566	1.4344	1.4624
1300	2.3157	1.4290	1.5123	1.7907	1.449	1.352	1.947			1.578	1.4453	1.4738
1400	2.3404	1.4373	1.5219	1.8150	1.461	1.361	1.972			1.591	1.4549	1.4838
1500	2.3634	1.4470	1.5311	1.8388	1.470	1.369	1.997			1.604	1.4641	1.4934
1600	2.3848	1.4553	1.5399	1.8619	1.478	1.377				1.616	1.4729	1.5026
1700	2.4041	1.4624	1.5483	1.8841	1.486	1.386				1.629	1.4809	1.5110
1800	2.4225	1.4704	1.5558	1.9054	1.495	1.394				1.641	1.4888	1.5194
1900	2.4392	1.4779	1.5638	1.9251	1.499	1.398				1.654	1.4959	1.5269
2000	2.4551	1.4851	1.5713	1.9448	1.507	1.407				1.666	1.5031	1.5340
2100	2.4698	1.4913	1.5784	1.9628	1.511	1.415					1.5093	1.5407
2200	2.4836	1.4980	1.5851	1.9812	1.520	1.424					1.5173	1.5479
2300	2.4970	1.5031	1.5922	1.9984	1.524	1.432					1.5219	1.5537
2400	2.5096	1.5085	1.5989	2.0147	1.528	1.440					1.5273	1.5596
2500	2.5213	1.5144	1.6056	2.0306	1.537	1.449					1.5340	1.5658

附录 4 耐火材料及建筑材料的导热系数

材料	最高使用温度 (℃)	体积密度 (kg/m^3)	导热系数 〔W/(m·℃)〕	备注
耐火材料				
粘土砖	1300～1400	1900	$0.698+0.64\times10^{-3}t$	
高铝砖				
Al_2O_3 56%	1500～1600	2380	$1.22+0.41\times10^{-3}t$	气孔率 19%
Al_2O_3 74%		2530	$1.75+0.45\times10^{-3}t$	气孔率 20%
刚玉砖				
Al_2O_3 90%	1700～1800	2750	$1.70+0.29\times10^{-3}t$	气孔率 23%
Al_2O_3 98%		3000	$2.90-0.58\times10^{-3}t$	气孔率 21%
硅 砖	1600	1850～1950	$0.815+0.756\times10^{-3}t$	
镁 砖	2000			
	(荷重下 1500～1600)	2700	$4.3-0.477\times10^{-3}t$	
镁铬砖	1750	2800	$4.05-0.825\times10^{-3}t$	
碳化硅砖				
再结晶 SiC	>1600		$35.6-23.4\times10^{-3}t$	气孔率 21.7%
SiC 90%	1600	2320	$20.9-8.72\times10^{-3}t$	
SiC 77%	1500	2360	$14.6-6.35\times10^{-3}t$	
SiC 50%	1400	2200	$5.23-1.28\times10^{-3}t$	
电熔莫来石砖	1600	2850	$2.33+0.163\times10^{-3}t$	
电熔锆刚玉砖	1600～1700		600℃ 1000℃	
ZrO_2 32.5%		3450	3.72 4.08	
ZrO_2 35%		3500	3.96 4.20	
ZrO_2 41%		3650	3.84 4.08	
电 熔	1650～1900			
Al_2O_3 93%		2800	2.09 3.38	
Al_2O_3 95%		3200	3.96 4.42	
Al_2O_3 99%			6.40 6.51	
耐火混凝土				
矿渣硅酸盐水泥——高炉矿渣	700		0.53～1.2	20～400℃
硅酸盐水泥——粘土砖块	1300		0.41～0.28	20～400℃
建筑材料				
红砖	600	1700～1800	$0.465+0.51\times10^{-3}t$	
混凝土	200	1900～2300	0.7～1.2	20℃
钢筋混凝土		2200～2500	1.55	
玻 璃		2500	1.09	30℃
干木板		250	0.06～0.21	垂直木纹方向
自然干燥土壤		1800	1.16	

附录5 绝热材料的导热系数

材　　料	最高使用温度 (℃)	体积密度 (kg/m³)	导热系数 〔W/(m·℃)〕	备　注
散　料				
石棉粉	600	600～860	0.082～0.093	
锅炉炉渣		1000	0.29	
锯木屑		200	0.07	20℃
苦土粉（MgO85%）	450	216	0.067～0.08	38～204℃
膨胀蛭石	1000	100～300	0.052～0.058	
膨胀珍珠岩	最高 800 最低 −200	50	$0.058+0.14\times10^{-3}t$	−200℃～常温
制　品				
轻质粘土砖	1300～1400	1300	$0.407+0.35\times10^{-3}t$	
〃	1300	1000	$0.291+0.256\times10^{-3}t$	
〃	1250	800	$0.262+0.232\times10^{-3}t$	
〃	1150	400	$0.0815+0.221\times10^{-3}t$	
轻质高铝砖	1350	750	$0.175+0.268\times10^{-3}t$	
轻质硅砖	1550	1200	$0.465+0.465\times10^{-3}t$	
硅藻土砖	900	700	$0.198+0.268\times10^{-3}t$	
〃	900	600	$0.145+0.314\times10^{-3}t$	
〃	900	550	$0.11+0.145\times10^{-3}t$	
〃	900	500	$0.093+0.244\times10^{-3}t$	
石棉蛭石制品	600	250～300	$0.815+0.232\times10^{-3}t$	
水泥蛭石制品	600	400～450	$0.104+0.198\times10^{-3}t$	
水泥珍珠岩制品	600	350～400	$0.065+0.105\times10^{-3}t$	
水玻璃珍珠岩制品	600	250～300	$0.065+0.14\times10^{-3}t$	
磷酸盐珍珠岩制品	800～1000	200～250	$0.0524+0.291\times10^{-3}t$	
超细玻璃棉制品	350～400	18～20	$0.0326+0.232\times10^{-3}t$	
粉煤灰泡沫混凝土	300	500	$0.099+0.198\times10^{-3}t$	
水泥泡沫混凝土	250	450	$0.1+0.198\times10^{-3}t$	
石棉板	600	900～1200	$0.157+0.14\times10^{-3}t$	
沥青矿渣棉毡	600	100	$0.04+0.151\times10^{-3}t$	
硅酸铝耐火纤维	1260		260℃ 540℃ 815℃ 1095℃	
针刺毡		48	0.09 0.20 0.31 0.47	
〃		64	0.07 0.19 0.27 0.40	
〃		96	0.06 0.12 0.23 0.38	
〃		128	0.05 0.10 0.18 0.28	
Saffil耐火纤维 粘合预制块	1600	96	200℃ 600℃ 1000℃ 1600℃ 0.077 0.131 0.225 0.502	Al_2O_3 95%
泡沫氧化铝砖	1500	380～480	～0.25	Al_2O_3 94.23%
刚玉空心球砖	1800	1250	0.80	820℃

附录 6　各种材料的辐射黑度 ε

材料名称和表面状况	温　度 (℃)	ε
磨光的钢铸件	770～1305	0.52～0.56
压轧钢板	21	0.657
有非常粗糙的氧化层钢板	24	0.80
磨光的铬	150	0.058
粗糙的铝板	25	0.055
磨光的铸铁	200	0.21
生锈的铁板	20	0.685
稍加磨光的黄铜	38～260	0.12
无光泽黄铜	38	0.22
镀锡发亮铁片	25	0.043～0.064
镀锌铁皮	38	0.23
镀锌铁皮被氧化成灰色	24	0.276
磨光或电镀层银	38～1090	0.01～0.03
抛光的铝	—	0.052
粗糙红砖	20	0.93
混凝土	—	0.63
耐火砖	—	0.71～0.85
粘　土	—	0.37
白色粗糙石灰浆	—	0.87
光滑水泥砂浆	—	0.68
粗糙石棉水泥履面板	—	0.86
粗糙屋面焦油纸毡	—	0.90
粗糙矿渣混凝土	—	0.90
16 种颜色油漆	100	0.92～0.96
黑色油灯煤烟	—	0.93
无光泽纸	—	0.93
平静水面	—	0.96
雪	—	0.98
光滑铝粉漆	—	0.40
光滑玻璃	—	0.94
磨光大理石	—	0.93

附录 7 湿空气的相对湿度φ（%）表

干球温度	干湿球温度差（℃）																						
（℃）	0.6	1.1	1.7	2.2	2.8	3.8	3.9	4.4	5.0	5.6	6.1	6.7	7.2	7.8	8.3	8.9	9.4	10.0	10.6	11.1	11.7	12.2	12.8
23.9	96	91	87	82	78	74	70	66	63	59	55	51	48	44	41	38	34	31	28	25	22		
24.4	96	91	87	83	78	74	70	67	63	59	55	52	48	45	42	38	35	32	29	26	23		
25.0	96	91	87	83	79	75	71	67	63	60	56	52	49	46	42	39	36	33	30	27	24		
25.6	96	91	87	83	79	75	71	67	64	60	57	53	50	46	43	40	37	34	31	28	25		
26.1	96	91	87	83	79	75	71	68	64	60	57	54	50	47	44	41	37	34	31	29	26		
26.7	96	91	87	83	79	76	72	68	64	61	57	54	51	47	44	41	38	35	32	29	27	24	21
27.8	96	92	88	84	80	76	72	69	65	62	58	55	52	49	46	43	40	37	34	31	28	25	23
28.9	96	92	88	84	80	77	73	70	66	63	59	56	53	50	47	44	41	38	35	32	30	27	25
30.0	96	92	88	85	81	77	74	70	67	63	60	57	54	51	48	45	42	39	37	34	31	29	26
31.1	96	92	88	85	81	78	74	71	67	64	61	58	55	52	49	46	43	41	38	35	33	30	28
32.2	96	92	89	85	81	78	75	71	68	65	62	59	55	53	50	47	44	42	39	37	34	32	29
33.3	96	92	89	85	82	78	75	72	69	65	62	59	56	54	51	48	45	43	40	38	35	33	30
34.4	96	93	89	86	82	79	75	72	69	66	63	60	57	54	52	49	46	44	41	39	36	34	32
35.6	96	93	89	86	82	79	76	73	70	67	64	61	58	55	53	50	47	45	42	40	37	35	33
36.7	96	93	89	86	83	79	76	73	70	67	64	61	59	56	53	51	48	46	43	41	39	36	34
37.8	96	93	90	86	83	80	77	74	71	68	65	62	59	57	54	52	49	47	44	42	40	37	35
38.9	96	93	90	86	83	80	77	74	71	68	66	63	60	57	55	52	50	47	45	43	41	38	36
40.0	97	93	90	87	84	80	77	74	72	69	66	63	61	58	56	53	51	48	46	44	41	39	37
41.1	97	93	90	87	84	81	78	75	72	69	66	64	61	59	56	54	51	49	47	45	42	40	38
42.2	97	93	90	87	84	81	78	75	72	70	67	64	62	59	57	54	52	50	47	45	43	41	39
43.3	97	94	90	87	84	81	78	76	73	70	67	65	62	60	57	55	53	50	48	46	44	42	40
44.4	97	94	90	87	84	82	79	76	73	70	68	65	63	60	58	56	53	51	48	47	45	43	41
45.6	97	94	91	88	85	82	79	76	74	71	68	66	63	61	59	56	54	52	50	48	45	43	41
46.7	97	94	91	88	85	82	79	77	74	71	69	66	64	61	59	57	55	52	50	48	46	44	42
47.8	97	94	91	88	85	82	79	77	74	72	69	67	64	61	60	57	55	53	51	49	47	45	43
48.9	97	94	91	88	85	82	80	77	74	72	69	67	65	62	60	58	56	54	51	49	47	46	44
50.0	97	94	91	88	85	83	80	77	75	72	70	68	65	63	61	58	56	54	52	50	48	46	44
51.1	97	94	91	88	86	83	80	78	75	73	70	68	65	63	61	59	57	55	53	51	49	47	45
52.2	97	94	91	89	86	83	81	78	75	73	71	68	66	64	62	59	57	55	53	51	49	47	46
53.3	97	94	91	89	86	83	81	78	76	73	71	69	67	65	62	60	58	56	54	52	50	48	46
54.4	97	94	92	89	86	84	81	78	76	74	71	69	67	65	62	60	58	56	54	52	50	49	47
55.6	97	94	92	89	86	84	81	79	76	74	72	69	67	65	63	61	59	57	55	53	51	49	47
56.7	97	94	92	89	86	84	81	79	76	74	72	70	67	65	63	61	59	57	55	53	51	50	48
57.8	97	94	92	89	87	84	82	79	77	74	73	70	68	66	64	61	59	58	56	54	52	50	49
58.9	97	94	92	89	87	84	82	79	77	75	73	70	68	66	64	61	60	58	56	54	52	51	49
60.0	97	94	92	89	87	84	82	79	77	75	73	70	68	66	64	62	60	58	56	54	52	51	49

附录 8　空气及煤气的饱和水蒸气含量

（0.1MPa）

温 度	蒸汽压强	含 水 气 量				温度	蒸汽压强	含 水 气 量			
		质量（g/m^3）		气体百分数（%）				质量（g/m^3）		气体百分数（%）	
（℃）	（Pa）	对干气体	对湿气体	对干气体	对湿气体	（℃）	（Pa）	对干气体	对湿气体	对干气体	对湿气体
0	611	4.87	4.84	0.605	0.602	32	4755	39.60	37.70	4.93	4.69
2	706	5.64	5.60	0.701	0.697	34	5320	44.50	44.20	5.54	5.25
4	813	6.51	6.46	0.810	0.804	36	5941	50.10	47.10	6.23	5.86
6	935	7.48	7.42	0.930	0.922	38	6625	55.30	52.70	7.00	6.55
8	1073	8.59	8.52	1.07	1.06	40	7376	63.10	58.50	7.85	7.27
10	1228	9.81	9.73	1.22	1.21	42	8200	70.80	65.00	8.80	8.10
12	1403	11.20	11.10	1.40	1.38	44	9101	79.30	72.20	9.90	9.00
14	1599	12.90	12.70	1.60	1.58	46	10087	88.80	80.00	11.00	9.90
16	1817	14.60	14.40	1.82	1.79	48	11161	99.50	88.50	12.40	11.00
18	2064	16.70	16.40	2.08	2.04	50	12335	111.40	97.90	13.85	12.18
20	2338	19.00	18.50	2.36	2.30	60	19920	196.00	158.00	24.50	19.70
22	2644	21.50	21.00	2.68	2.61	70	31160	361.00	249.00	44.90	31.60
24	2984	24.40	23.60	3.04	2.94	80	47347	715.00	379.00	89.10	47.10
26	3361	27.60	26.70	3.43	3.32	90	70107	1870.00	563.00	233.00	70.00
28	3780	31.20	30.00	3.88	3.73	100	101325		816.00		100.00
30	4243	35.10	33.70	4.37	4.19						